EUL VERLAG

Der Einfluss von Ertragsteuern auf die Kapitalstruktur von personenbezogenen Kapitalgesellschaften

***

Tax Shield und Tax Drivers in einer quantitativen Modelluntersuchung

Inaugural-Dissertation
zur Erlangung des Grades
Doctor oeconomiae publicae (Dr. oec. publ.)
an der Ludwig-Maximilians-Universität München

Dipl.-Kfm. Martin Raßhofer, MBR

Referent:	Korreferent:
Univ.-Prof. Dr. Dr. Manuel R. Theisen	Univ.-Prof. Dr. Bernd Rudolph

Promotionsabschlussberatung: 10. Februar 2010

Reihe: Steuer, Wirtschaft und Recht · Band 301

Herausgegeben von vBP StB Prof. Dr. Johannes Georg Bischoff, Wuppertal, Dr. Alfred Kellermann, Vorsitzender Richter (a. D.) am BGH, Karlsruhe, Prof. (em.) Dr. Günter Sieben, Köln, und WP StB Prof. Dr. Norbert Herzig, Köln

Dr. Martin Raßhofer

Der Einfluss von Ertragsteuern auf die Kapitalstruktur von personenbezogenen Kapitalgesellschaften

Tax Shield und Tax Drivers in einer quantitativen Modelluntersuchung

Mit einem Geleitwort von Prof. Dr. Dr. Manuel René Theisen, Ludwig-Maximilians-Universität München

EUL VERLAG

Bibliografische Information der Deutschen Nationalbibliothek

Die Deutsche Nationalbibliothek verzeichnet diese Publikation in der Deutschen Nationalbibliografie; detaillierte bibliografische Daten sind im Internet über <http://dnb.d-nb.de> abrufbar.

Dissertation, Ludwig-Maximilians-Universität München, 2010

ISBN 978-3-89936-908-3
1. Auflage April 2010

JOSEF EUL VERLAG GmbH
Brandsberg 6
53797 Lohmar
Tel.: 0 22 05 / 90 10 6-6
Fax: 0 22 05 / 90 10 6-88
E-Mail: info@eul-verlag.de
http://www.eul-verlag.de

Bei der Herstellung unserer Bücher möchten wir die Umwelt schonen. Dieses Buch ist daher auf säurefreiem, 100% chlorfrei gebleichtem, alterungsbeständigem Papier nach DIN 6738 gedruckt.

Geleitwort

Die Erfassung und die Analyse des Einflusses von Steuern auf die Kapitalstruktur von Unternehmen und Konzernen bilden traditionelle Schwerpunkte in der Betriebswirtschaftlichen Steuerlehre. Dennoch wurde – historisch betrachtet – der Bedeutung des Einflusses von Steuern auf die Finanzierungsentscheidungen lange Zeit keine, später eine zu geringe Beachtung geschenkt. Noch in den 50er Jahren des vergangenen Jahrhunderts waren es nur wenige, wissenschaftlich anspruchsvollere Ansätze, die der Steuer überhaupt eine Funktion und Entscheidungserheblichkeit eingeräumt haben. Im Rahmen der modernen Unternehmenstheorie aber hat sich zunehmend die Erkenntnis durchgesetzt, dass die Kapitalstruktur der Unternehmen – jedenfalls unter Berücksichtigung realitätsnaher Prämissen und Rahmenbedingungen – nicht nur durch den Einfluss der Steuern maßgeblich geprägt wird, sondern dass, unter Berücksichtigung der steuerdifferenten Behandlung verschiedener Finanzierungsalternativen, in Form der Steuern ein unmittelbarer Gestaltungsparameter für die zugrunde liegenden Finanzierungsentscheidungen besteht.

Vor diesem Hintergrund hat sich mein akademischer Schüler und langjähriger Mitarbeiter Martin Raßhofer die Aufgabe gestellt, im Rahmen einer systematischen Wirkungsanalyse, den Einfluss der „steuerbedingten Faktoren“ – insbesondere Steuerart, Steuersystem, Steuertarif und Bemessungsgrundlage – auf die Finanzierungsentscheidung ceteris paribus zu quantifizieren und somit den Verlauf der damit potenziell verbundenen Tax Shield-Funktion zu untersuchen und zu erklären.

Der aus der gewählten Zielsetzung der Arbeit heraus überzeugende Ansatz des Verfassers, den in der Literatur überwiegend nur als Faktum eingebrachten Tax Shield, der sich durch finanzierungsartenspezifische Steuerdifferenzierungen ergeben kann, hinsichtlich seiner potenziellen Faktoren im Rahmen einer isolierenden Analyse darzustellen, wird überzeugend aufbereitet. Die Darstellung der steuerlichen Determinanten der Kapitalausstattung für die ausgewählten Modellunternehmen umfasst auch die Umsetzung der alternativen Finanzierungsvarianten – auf der Basis geltenden deutschen Steuerrechts – auf Unternehmensebene. Die umfangreiche formelmäßige Darstellung (im Anhang) und die Aufbereitung und Erklärung im Text belegen die klare Struktur des Argumentations- und Modellaufbaus und machen auch die, für die gewählte Modellsituation zugrunde gelegte, Fallkonstellation deutlich und sehr gut nachvollziehbar.

Der Verfasser zeigt die Zusammenhänge zwischen Fremd- und Eigenfinanzierung in Hinblick auf die entsprechende steuerliche Entlastung bei steigender Grenzfremdfinanzierung auf. Zudem stellt Martin Raßhofer u. a. den Einflussfaktor „Steuersystem" dar. Dieser Komponente kommt auf Ebene des Unternehmens eine besondere Bedeutung zu, als der Wechsel vom klassischen Anrechnungssystem zum Teileinkünfteverfahren im Jahr 2009 letztlich eine vollkommene Veränderung der systemhaften Erfassung von Unternehmensgewinnen in der Bundesrepublik Deutschland bedingt hat. Damit ist allerdings keine wesentliche Veränderung der Fremdfinanzierung, sehr wohl aber eine – zum Teil gravierende – Veränderung der steuersystembedingten Mehrbelastung der Eigenfinanzierung verbunden.

Insgesamt kann die von Martin Raßhofer vorgelegte Untersuchung als eine brillante Analyse bezeichnet werden, die sowohl hinsichtlich ihrer Aufbereitung und methodentechnischen Ausarbeitung wie auch hinsichtlich des Forschungsansatzes und letztlich der Ergebnisse uneingeschränkt überzeugt. Die zusätzlich gebotene grafische Aufbereitung potenzieller ertragsteuerlicher Einflussfaktoren auf die Kapitalstruktur gibt ergänzend einen überzeugenden Einblick in die Struktur und die einzelnen Untersuchungselemente der wissenschaftlichen Analyse. Die Tatsache, dass mit dem Thema der Arbeit einer der ältesten Untersuchungsbereiche der Betriebswirtschaftlichen Steuerlehre erneut aufgegriffen wurde, stellt keine Einschränkung des verdienstvollen Ansatzes dar. Vielmehr ist es ihm – vor dem Hintergrund der relevanten Veränderungen durch die jüngsten Steuerreformansätze – in beeindruckender Weise gelungen, die Analysefaktoren spezifisch und bei isolierender Betrachtungsweise auf den neusten Stand des geltenden Steuerrechts zu bringen. Ich wünsche der Arbeit eine – sehr verdiente – hohe Aufmerksamkeit in Wissenschaft und Praxis!

München/Landskron im März 2010 Univ.-Prof. Dr. Dr. *Manuel R. Theisen*

Vorwort

Die vorliegende Arbeit entstand während meiner Tätigkeit als wissenschaftlicher Mitarbeiter am Lehrstuhl für Allgemeine Betriebswirtschaftslehre, Betriebswirtschaftliche Steuerlehre und Steuerrecht der Ludwig-Maximilians-Universität München. Sie wurde im Wintersemester 2009/2010 von der Fakultät für Betriebswirtschaft unter dem Titel „Der Einfluss von Ertragsteuern auf die Kapitalstruktur von personenbezogenen Kapitalgesellschaften – Tax Shield und Tax Drivers in einer quantitativen Modelluntersuchung“ als Dissertation angenommen. Die in der Druckfassung berücksichtigte und eingearbeitete Literatur und Rechtsprechung entspricht dem Rechtstand Februar 2010.

Mein ganz besonderer Dank gilt meinem verehrten akademischen Lehrer und Doktorvater, Herrn Prof. Dr. Dr. *Manuel René Theisen*, der mir als wissenschaftlicher Mitarbeiter an seinem Lehrstuhl die Möglichkeit einer Promotion eingeräumt hat und meine Dissertation von Anfang an gefördert und unterstützt hat. Für das mir entgegengebrachte Vertrauen, die stets sehr gute Zusammenarbeit, die gewährten Freitheiten und die hervorragenden Arbeitsbedingungen an seinem Lehrstuhl, die wesentlich zum Gelingen dieser Arbeit beigetragen haben, bin ich ihm sehr dankbar. Herrn Prof. Dr. *Bernd Rudolph* danke ich für die bereitwillige Übernahme des Korreferats.

Ganz herzlich danken möchte ich Herrn Dr. *Alexander Linn*, MBR, Herrn Dr. *Sven Petersen*, MBR und Herrn Dipl.-Kfm. *Axel von Bredow*, MBR, die meine Dissertation von der ersten Minute an unterstützt sowie mit zahlreichen konstruktiven Anregungen und einer inhaltlicher Überprüfung des Manuskripts zum Gelingen der Arbeit beigetragen haben. Bis zur letzten Minute standen sie trotz vielfältiger eigener Verpflichtungen jederzeit als engagierte Diskussionspartner und Helfer zur Verfügung. Hierfür mein besonderer Dank! Frau Dipl-Kffr. *Sybille Wünsche*, MBR, Herrn Dipl.-Kfm. *Michael Polaschek*, MBR und Herrn Dipl.-Kfm. *Bernhard Brielmaier* danke ich ebenso für die Hilfsbereitschaft und inhaltliche Prüfung des Manuskripts. Frau *Beate Kahn* danke ich sehr herzlich für den Ansporn und die Motivation, die sie mit Ihrer stets positiven Denk- und Arbeitsweise auf mich ausstrahlt und ihre leidenschaftliche Hingabe für sprachliche und grammatikalische Verbesserungen im gesamten Manuskript. Meinen weiteren Kollegen am Lehrstuhl danke ich für die sehr gute Zusammenarbeit während meiner Zeit als wissenschaftlicher Mitarbeiter.

Für die Unterstützung bei der Recherche, der Literaturbeschaffung und der Durchsicht des Manuskripts möchte ich den studentischen Hilfskräften des Lehrstuhls, insbesondere Frau *Franziska Hermann*, Frau *Eva Horrichs*, Herrn *Thomas Israel* (B.Sc.) und Herrn Dipl.-Kfm. *Rainer Eppensteiner* danken.

Während meiner Promotion und bereits während des Studiums habe ich zudem im privaten Bereich sehr viel Rückhalt und Unterstützung erhalten. Mein ganz besonderer Dank geht schließlich an meine Familie und meine Freundin *Julia*, die mein Promotionsvorhaben immer mit vollem Verständnis und größter Geduld begleitet haben, mir so den Rücken freigehalten haben und stets aufmunternd zur Seite standen.

München, im März 2010 *Martin Raßhofer*

Inhaltsübersicht

Inhaltsverzeichnis

Abbildungsverzeichnis

Tabellenverzeichnis

Abkürzungsverzeichnis

a. A.	anderer Auffassung
Abl.	Amtsblatt
Abl. EG	Amtsblatt der Europäischen Gemeinschaft
AE	Anteilseigner
AER	The American Economic Review (Zeitschrift)
a. F.	alte Fassung
AGS	Abgeltungsteuer
AktG	Aktiengesetz
AO	Abgabenordnung
AR	Der Aufsichtsrat (Zeitschrift)
ARV	Anrechnungsverfahren
AStG	Außensteuergesetz
AV	Antragsveranlagung
BA	Betriebsausgabe
BB	Betriebs-Berater (Zeitschrift)
BDI	Bundesverband der Deutschen Industrie e. V.
Bearb.	Bearbeiter
ber.	berichtigt
Beschl.	Beschluss
BFH	Bundesfinanzhof
BFHE	Sammlung der Entscheidungen des Bundesfinanzhofs
BFuP	Betriebswirtschaftliche Forschung und Praxis (Zeitschrift)
BGH	Bundesgerichtshof
BilMoG	Bilanzrechtsmodernisierungsgesetz
BJE	Bell Journal of Economics (Zeitschrift)
BM	Bundesministerium (Österreich)
BMF	Bundesministerium der Finanzen (Deutschland)
BMG	Bemessungsgrundlage
BR-Drs.	Bundesratsdrucksache
BStBl.	Bundessteuerblatt
BT-Drs.	Bundestagsdrucksache
Buchst.	Buchstabe
BVerfG	Bundesverfassungsgericht
BVerfGE	Entscheidungen des Bundesverfassungsgerichts
CER	China Economic Review (Zeitschrift)
CESifo	Center for Economic Studies / ifo Institut
CJE	Canadian Journal of Economics (Zeitschrift)
DB	Der Betrieb (Zeitschrift)
DBW	Die Betriebswirtschaft (Zeitschrift)
DRSC	Deutsches Rechnungslegungs Standards Committee
DStJG	Deutsche Steuerjuristische Gesellschaft
DStR	Deutsches Steuerrecht (Zeitschrift)

DStRE	Deutsches Steuerrecht – Entscheidungsdienst (Zeitschrift)
DStZ	Deutsche Steuer-Zeitung (Zeitschrift)
EBIT	Earnings before interest and taxes
EBITDA	Earnings before interest, taxes, depreciation and amortization
EBT	Earnings before taxes
ECTR	European Community Tax Review (Zeitschrift)
EK	Eigenkapital
EL	Economics Letters (Zeitschrift) / Ergänzungslieferung
endg.	endgültig
ESt	Einkommensteuer
EStG	Einkommensteuergesetz
ET	European Taxation (Zeitschrift)
EuGH	Europäischer Gerichtshof
FA	Finanzarchiv (Zeitschrift)
FB	Finanz Betrieb (Zeitschrift) / Freibetrag
FDI	foreign direct investments
FG	Finanzgericht / Freigrenze
FK	Fremdkapital
FM	Financial Management (Zeitschrift)
Fn.	Fußnote
FR	Finanz-Rundschau (Zeitschrift)
FTFIN	Foundations and Trends in Finance (Zeitschrift)
gem.	gemäß
GewSt	Gewerbesteuer
GewStG	Gewerbesteuergesetz
GewStR	Gewerbesteuer-Richtlinien
GmbHG	Gesetz betreffend die Gesellschaften mit beschränkter Haftung
GmbHR	GmbH-Rundschau (Zeitschrift)
GmbH-StB	Der GmbH-Steuer-Berater (Zeitschrift)
GrS	Großer Senat
Habil.	Habilitation
HBR	Harvard Business Review (Zeitschrift)
HEV	Halbeinkünfteverfahren
HS	Hebesatz
http	Hypertext Transfer Protocol
i. d. F.	in der Fassung
IDW	Institut der Wirtschaftsprüfer e. V.
IFA	International Fiscal Association
InsO	Insolvenzordnung
i. S.	im Sinne
i. S. d.	im Sinne des/der
IStR	Internationales Steuerrecht (Zeitschrift)
ITPF	International Tax and Public Finance (Zeitschrift)
i. V. m.	in Verbindung mit
JACF	Journal of Applied Corporate Finance (Zeitschrift)
JATA	Journal of American Taxation Association (Zeitschrift)

JB	The Journal of Business (Zeitschrift)
JBF	Journal of Banking and Finance (Zeitschrift)
JE	Journal of Economics (Zeitschrift)
JEP	The Journal of Economic Perspectives (Zeitschrift)
JF	The Journal of Finance (Zeitschrift)
JfB	Journal für Betriebswirtschaft (Zeitschrift)
JFE	The Journal of Financial Economics (Zeitschrift)
JFQA	Journal of Financial and Quantitative Analysis (Zeitschrift)
JNS	Jahrbücher für Nationalökonomie und Statistik
JPE	Journal of Public Economics (Zeitschrift)
JPoE	Journal of Political Economy (Zeitschrift)
JStG	Jahressteuergesetz
KapGes	Kapitalgesellschaft
KOM	Dokumente der Europäischen Kommission
KSt	Körperschaftsteuer
KStG	Körperschaftsteuergesetz
KStR	Körperschaftsteuer-Richtlinien
MIR	Management International Review (Zeitschrift)
MIT	Massachusetts Institute of Technology
MoMiG	Gesetz zur Modernisierung des GmbH-Rechts und zur Bekämpfung von Missbräuchen
m. w. N.	mit weiteren Nachweisen
naBA	nicht abzugsfähige Betriebsausgabe
nat. Pers.	natürliche Person
NJW	Neue Juristische Wochenschrift (Zeitschrift)
n. rkr.	nicht rechtskräftig
NTJ	National Tax Journal (Zeitschrift)
NV	nicht veröffentlicht
psp	personal tax penalty
PSP	Peters, Schönberger und Partner
QJE	The Quarterly Journal of Economics (Zeitschrift)
QREF	The Quarterly Review of Economics and Finance (Zeitschrift)
RBF	Research in Banking and Finance (Zeitschrift)
RES	The Review of Economics and Statistics (Zeitschrift)
REStud	The Review of Economic Studies (Zeitschrift)
RFS	The Review of Financial Studies (Zeitschrift)
RGBl.	Reichsgesetzblatt
RJE	The RAND Journal of Economics (Zeitschrift)
RL	Richtlinie
Rn.	Randnummer
Rs.	Rechtssache
RStBl.	Reichssteuerblatt
Rz.	Randziffer
sbr	Schmalenbach Business Review (Zeitschrift)
Schr.	Schreiben

SE .... Societas Europaea (Europäische Aktiengesellschaft)
SEC .... Securities and Exchange Commission
SFB .... Spezialforschungsbereich
SJE .... The Swedish Journal of Economics (Zeitschrift)
SMZ .... Steuermesszahl
SSRN .... Social Science Research Network
StabSiG .... Gesetz zur Sicherung von Beschäftigung und Stabilität in Deutschland
StB .... Der Steuerberater (Zeitschrift)
SteuerStud .... Steuer und Studium (Zeitschrift)
StSenkErgG .... Steuersenkungsergänzungsgesetzes
StSenkG .... Steuersenkungsgesetz
StuB .... Steuern und Bilanzen (Zeitschrift)
StuW .... Steuer und Wirtschaft (Zeitschrift)

Tab. .... Tabelle
TEV .... Teileinkünfteverfahren

Univ. .... Universität
UntStRefG .... Unternehmensteuerreformgesetz
Urt. .... Urteil

VA .... Verlustausgleich
vbw .... Vereinigung der Bayerischen Wirtschaft e. V.
VCI .... Verband der Chemischen Industrie e. V.
vGA .... verdeckte Gewinnausschüttung
VGG .... Vermögensgegenstand
VO .... Verordnung
Vol. .... Volume
VR .... Verlustrücktrag
VV .... Verlustvortrag

WiSt .... Wirtschaftswissenschaftliches Studium (Zeitschrift)
WPg .... Die Wirtschaftsprüfung (Zeitschrift)
WS .... Wirtschaft und Statistik (Zeitschrift)

ZEW .... Zentrum für Europäische Wirtschaftsforschung
ZfB .... Zeitschrift für Betriebswirtschaft
zfbf .... Schmalenbachs Zeitschrift für betriebswirtschaftliche Forschung
zfhF .... Zeitschrift für handelswissenschaftliche Forschung
ZgS .... Zeitschrift für die gesamte Staatswissenschaft
zugl. .... zugleich
zvE .... zu versteuerndes Einkommen

Symbolverzeichnis

α	Faktor der Zinsabzugsbeschränkung (Zinsschranke)
β	Faktor der unangemessenen Zinszahlung
BMG	Bemessungsgrundlage
BMG_{EK}^{ESt}	einkommensteuerliche Bemessungsgrundlage bei Eigenfinanzierung
BMG_{FK}^{ESt}	einkommensteuerliche Bemessungsgrundlage bei Fremdfinanzierung
γ	gewerbesteuerlicher Hinzurechnungsfaktor
Δs	Steuervorteil der Fremdfinanzierung
Δs^{AGS}	Steuervorteil der Fremdfinanzierung im System der Abgeltungsteuer
Δs^{D}	Steuervorteil der Fremdfinanzierung (Durchschnittsbetrachtung)
$\Delta s^{D_{n+1}}$	Steuervorteil der Fremdfinanzierung in Periode $n+1$ (Durchschnittsbetrachtung)
Δs^{Grenz}	Steuervorteil der (Grenz-)Fremdfinanzierung
Δs_{Misch}^{Grenz}	Steuervorteil der (Grenz-)Mischfremdfinanzierung
Δs^{M}	Steuervorteil der Fremdfinanzierung (Mischfinanzierung)
Δs^{n+1}	Steuervorteil der Fremdfinanzierung in Periode $n+1$
$\Delta s^{t_{02}}$	Steuervorteil der Fremdfinanzierung in Periode t_{02}
Δs_{p}	Steuervorteil der Fremdfinanzierung (partielle vGA)
Δs_{Sz}	Steuervorteil der Fremdfinanzierung (Szenarioanalyse)
Δs_{t}	Steuervorteil der Fremdfinanzierung (totale vGA)
$\Delta\sigma_{e}$	personal tax penalty (einkommensteuerlicher Nachteil der Fremdfinanzierung)
${}^{dyn}\Delta s$	dynamischer Steuervorteil der Fremdfinanzierung
${}^{dyn}\Delta s^{D}$	dynamischer Steuervorteil der Fremdfinanzierung (Durchschnittsbetrachtung)
${}^{dyn}\Delta s_{p}$	dynamischer Steuervorteil der Fremdfinanzierung (partielle vGA)
ΔVV	jährlicher Verbrauch des Verlustvortrags
ΔVV_{EK}^{GewSt}	jährlicher Verbrauch des gewerbesteuerlichen Verlustvortrags bei Eigenfinanzierung
ΔVV_{FK}^{GewSt}	jährlicher Verbrauch des gewerbesteuerlichen Verlustvortrags bei Fremdfinanzierung

ΔVV_{EK}^{KSt}	jährlicher Verbrauch des körperschaftsteuerlichen Verlustvortrags bei Eigenfinanzierung
ΔVV_{FK}^{KSt}	jährlicher Verbrauch des körperschaftsteuerlichen Verlustvortrags bei Fremdfinanzierung
$\Delta VV_{FK(t)}^{KSt}$	jährlicher Verbrauch des körperschaftsteuerlichen Verlustvortrags bei Fremdfinanzierung in Periode t
$\Delta VV_{FK(w)}^{KSt}$	jährlicher Verbrauch des körperschaftsteuerlichen Verlustvortrags bei Fremdfinanzierung in Periode w
$EBIT$	Earnings before interest and taxes
$E\hat{B}IT$	kritischer EBIT-Wert
$EBIT^{t_{02}}$	Earnings before interest and taxes in Periode t_2
$EBIT_t$	Earnings before interest and taxes in Periode t
$EBIT_{t_{-1}}$	Earnings before interest and taxes in Periode t_{-1}
$EBIT_{t_0}$	Earnings before interest and taxes in Periode t_o
$EBIT_w$	Earnings before interest and taxes in Periode w
$EBIT^{Grenz}$	Renditeanspruch aus der Grenzkapitalausstattung
$EBIT_{EK}^{Grenz}$	Renditeanspruch aus der (Grenz-)Eigenkapitalausstattung
$EBIT_{FK}^{Grenz}$	Renditeanspruch aus der (Grenz-)Fremdkapitalausstattung
$EBIT^{Start}$	Renditeanspruch aus der Startkapitalausstattung
$EBIT_{EK}^{Start}$	Renditeanspruch aus der (Start-)Eigenkapitalausstattung
$EBIT_{FK}^{Start}$	Renditeanspruch aus der (Start-)Fremdkapitalausstattung
EBT	Earnings before taxes
EK^{Gesamt}	(Gesamt-)Eigenkapital
EK^{Grenz}	(Grenz-)Eigenkapital
EK^{Start}	(Start-)Eigenkapital
FB	Freibetrag
FK^{Gesamt}	(Gesamt-)Fremdkapital
FK^{Grenz}	(Grenz-)Fremdkapital
FK^{Start}	(Start-)Fremdkapital
GE	Gewerbeertrag
HS	Hebesatz
θVV	Laufzeit Verlustvortrag
θVV_{EK}^{GewSt}	Laufzeit gewerbesteuerlicher Verlustvortrag bei Eigenfinanzierung
θVV_{FK}^{GewSt}	Laufzeit gewerbesteuerlicher Verlustvortrag bei Fremdfinanzierung
$\theta VV_{FK(w)}^{GewSt}$	Laufzeit gewerbesteuerlicher Verlustvortrag bei Fremdfinanzierung in Periode w
θVV_{EK}^{KSt}	Laufzeit körperschaftsteuerlicher Verlustvortrag bei Eigenfinanzierung

θVV_{FK}^{KSt}	Laufzeit körperschaftsteuerlicher Verlustvortrag bei Fremdfinanzierung
$\theta VV_{FK(w)}^{KSt}$	Laufzeit körperschaftsteuerlicher Verlustvortrag bei Fremdfinanzierung in Periode w
i	Zinssatz
i_s	Nettozinssatz
k	Zeitraum zwischen Gewinnerzielung und Erhebung der Unternehmensteuer
l	Zeitraum zwischen Gewinnerzielung und Erhebung der Einkommensteuer bei Fremdfinanzierung
m	Zeitraum zwischen Gewinnerzielung und Erhebung der abgeltenden Einkommensteuer bei Ausschüttung
n	Zeitraum zwischen Gewinnerzielung und Günstigerprüfung bei Eigenfinanzierung
$naBA$	nicht abziehbare Betriebsausgabe
ptp	personal tax penalty (einkommensteuerlicher Nachteil der Fremdfinanzierung)
q	Diskontierungsfaktor
q^t	Diskontierungsfaktor bei t Perioden
r^{EK}	Renditefaktor Eigenkapital
r^{FK}	Renditefaktor Fremdkapital
r_{ang}^{FK}	angemessener Renditefaktor Fremdkapital
$r_{vereinb}^{FK}$	vereinbarter Renditefaktor Fremdkapital
s	nominaler Steuersatz
s_a	Steuersatz (Abgeltungsteuer)
s_e	Steuersatz (Einkommensteuer)
$\hat{s}_e$	einkommensteuerlicher Indifferenzsteuersatz
$\breve{s}_e$	kritischer Einkommensteuersatz
$\hat{s}_{e(p)}$	einkommensteuerlicher Indifferenzsteuersatz (partielle vGA)
s_{EK}	Gesamtsteuerbelastung bei Eigenkapitalfinanzierung
$s_{EK(BA)}$	Gesamtsteuerbelastung der Eigenfinanzierung bei Abzugsfähigkeit der Gewerbesteuer
s_{FK}	Gesamtsteuerbelastung bei Fremdkapitalfinanzierung
$s_{FK(BA)}$	Gesamtsteuerbelastung der Fremdfinanzierung bei Abzugsfähigkeit der Gewerbesteuer
$s_{FK(t)}$	Gesamtsteuerbelastung der Fremdfinanzierung (totale vGA)
$s_{FK(p)}$	Gesamtsteuerbelastung der Fremdfinanzierung (partielle vGA)
s_g	Steuersatz (Gewerbesteuer)
$s_{g(BA)}$	Steuersatz (Gewerbesteuer) bei Abzugsfähigkeit der Gewerbesteuer

s_i .... Steuersatz einer Steuerart *i*

s_k .... Steuersatz (Körperschaftsteuer)

$s_{k(BA)}$ .... Steuersatz (Körperschaftsteuer) bei Abzugsfähigkeit der Gewerbesteuer

$\hat{s}_e^{AGS}$ .... einkommensteuerlicher Indifferenzsteuersatz im System mit Abgeltungsteuer

$\hat{s}_e^{ARV}$ .... einkommensteuerlicher Indifferenzsteuersatz im körperschaftsteuerlichen Anrechnungsverfahren

s_e^{AV} .... Steuersatz (Einkommensteuer) bei Antragsveranlagung

s_{EK}^{AV} .... Gesamtsteuerbelastung der Eigenfinanzierung bei Antragsveranlagung

s_{FK}^{AV} .... Gesamtsteuerbelastung der Fremdfinanzierung bei Antragsveranlagung

s_{Misch}^{AV} .... Gesamtsteuerbelastung der Mischfinanzierung bei Antragsveranlagung

s_{Misch}^{BA} .... Gesamtsteuerbelastung der Mischfinanzierung bei Abzugsfähigkeit der Gewerbesteuer

s_e^{EK} .... Steuersatz (Einkommensteuer) bei Eigenkapitalfinanzierung

s_e^{FK} .... Steuersatz (Einkommensteuer) bei Fremdkapitalfinanzierung

$s_e^{FK(Misch)}$ .... Steuersatz (Einkommensteuer) bei (Fremd-)Mischfinanzierung

s_{EK}^{Gesamt} .... Gesamtsteuerbelastung der (Gesamt-)Eigenfinanzierung

s_{FK}^{Gesamt} .... Gesamtsteuerbelastung der (Gesamt-)Fremdfinanzierung

s_{Misch}^{Gesamt} .... Gesamtsteuerbelastung der (Gesamt-)Mischfinanzierung

s_{EK}^{gH} .... Gesamtsteuerbelastung der Eigenfinanzierung in Abhängigkeit des gewerbesteuerlichen Hinzurechnungsfaktors

s_{FK}^{gH} .... Gesamtsteuerbelastung der Fremdfinanzierung in Abhängigkeit des gewerbesteuerlichen Hinzurechnungsfaktors

s_{Misch}^{gH} .... Gesamtsteuerbelastung der Mischfinanzierung in Abhängigkeit des gewerbesteuerlichen Hinzurechnungsfaktors

s_{EK}^{Grenz} .... Gesamtsteuerbelastung der (Grenz-)Eigenfinanzierung

s_{FK}^{Grenz} .... Gesamtsteuerbelastung der (Grenz-)Fremdfinanzierung

s_{Misch}^{Grenz} .... Gesamtsteuerbelastung der (Grenz-)Mischfinanzierung

$\hat{s}_e^{HEV}$ .... einkommensteuerlicher Indifferenzsteuersatz im Halbeinkünfteverfahren

s_e^{Misch} .... Steuersatz (Einkommensteuer) bei Mischfinanzierung

$s_{EK}^{Progression}$ .... Gesamtsteuerbelastung der Eigenfinanzierung unter Berücksichtigung des progressiven Einkommensteuersatzes

$s_{FK}^{Progression}$ .... Gesamtsteuerbelastung der Fremdfinanzierung unter Berücksichtigung des progressiven Einkommensteuersatzes

$s_{Misch}^{Progression}$	Gesamtsteuerbelastung der Mischfinanzierung unter Berücksichtigung des progressiven Einkommensteuersatzes
s_{Misch}^{Start}	Gesamtsteuerbelastung der (Start-)Mischfinanzierung
s_{EK}^{Sz}	Gesamtsteuerbelastung der Eigenfinanzierung (Szenarioanalyse)
s_{FK}^{Sz}	Gesamtsteuerbelastung der Fremdfinanzierung (Szenarioanalyse
$s_{FK}^{t_{02}}$	Gesamtsteuerbelastung bei Fremdkapitalfinanzierung in Periode t_{02}
$s_{FK}^{t_{n+1}}$	Gesamtsteuerbelastung bei Fremdkapitalfinanzierung in Periode $n + 1$
$\hat{s}_{e}^{TEV}$	einkommensteuerlicher Indifferenzsteuersatz im Teileinkünfteverfahren
s_{FK}^{vGA}	Gesamtsteuerbelastung der Fremdfinanzierung unter Berücksichtigung der verdeckten Gewinnausschüttung
s_{Misch}^{vGA}	Gesamtsteuerbelastung der Mischfinanzierung unter Berücksichtigung der verdeckten Gewinnausschüttung
s_{EK}^{ZS}	Gesamtsteuerbelastung der Eigenfinanzierung unter Berücksichtigung der Zinsschrankenregelung
s_{FK}^{ZS}	Gesamtsteuerbelastung der Fremdfinanzierung unter Berücksichtigung der Zinsschrankenregelung
s_{Misch}^{ZS}	Gesamtsteuerbelastung der Mischfinanzierung unter Berücksichtigung der Zinsschrankenregelung
$s_{EK}^{ZS_{n+1}}$	Gesamtsteuerbelastung der Eigenfinanzierung unter Berücksichtigung der Zinsschrankenregelung in Periode $n + 1$
$s_{FK}^{ZS_{n+1}}$	Gesamtsteuerbelastung der Fremdfinanzierung unter Berücksichtigung der Zinsschrankenregelung in Periode $n + 1$
${}^{dyn}\Delta\hat{s}_{e}$	dynamischer einkommensteuerlicher Indifferenzsteuersatz
${}^{dyn}s_{EK}$	dynamische Gesamtsteuerbelastung bei Eigenkapitalfinanzierung
${}^{dyn}s_{FK}$	dynamische Gesamtsteuerbelastung bei Fremdkapitalfinanzierung
${}^{dyn}s_{FK(p)}$	dynamische Gesamtsteuerbelastung der Fremdfinanzierung (partielle vGA)
SMZ	Steuermesszahl (Gewerbesteuer)
σ_{e}	effektiver Steuersatz (Einkommensteuer) bei Fremdfinanzierung
σ_{g}	effektiver Steuersatz (Gewerbesteuer) bei Fremdfinanzierung
$\sigma_{g(BA)}$	effektiver Steuersatz (Gewerbesteuer) der Fremdfinanzierung bei Abzugsfähigkeit der Gewerbesteuer
$\sigma_{g(gH)}$	effektiver Steuersatz (Gewerbesteuer) in Abhängigkeit des gewerbesteuerlichen Hinzurechnungsfaktors
$\sigma_{g(t)}$	effektiver Steuersatz (Gewerbesteuer) in Periode t
$\sigma_{g(t_0)}$	effektiver Steuersatz (Gewerbesteuer) in Periode t_{o}
$\sigma_{g(w)}$	effektiver Steuersatz (Gewerbesteuer) in Periode w

σ_k .... effektiver Steuersatz (Körperschafsteuer) bei Fremdfinanzierung

$\sigma_{k(BA)}$ .... effektiver Steuersatz (Körperschafsteuer) bei Fremdfinanzierung bei Abzugsfähigkeit der Gewerbesteuer

$\sigma_{k(gH)}$ .... effektiver Steuersatz (Körperschaftsteuer) in Abhängigkeit des gewerbesteuerlichen Hinzurechnungsfaktors

$\sigma_{k(t)}$ .... effektiver Steuersatz (Körperschaftsteuer) in Periode t

$\sigma_{k(t_0)}$ .... effektiver Steuersatz (Körperschaftsteuer) in Periode t_0

$\sigma_{k(w)}$ .... effektiver Steuersatz (Körperschaftsteuer) in Periode w

σ_e^{EK} .... effektiver Steuersatz (Einkommensteuer) bei Eigenfinanzierung

$\sigma_{e(BA)}^{EK}$ .... effektiver Steuersatz (Einkommensteuer) der Eigenfinanzierung bei Abzugsfähigkeit der Gewerbesteuer

σ_e^{FK} .... effektiver Steuersatz (Einkommensteuer) bei Fremdfinanzierung

$\sigma_e^{FK(Misch)}$ .... effektiver Steuersatz (Einkommensteuer) bei Mischfinanzierung

$\sigma_e^{FK(Start)}$ .... effektiver Steuersatz (Einkommensteuer) der (Start-)Fremdkapitalausstattung

$\sigma_{e(BA)}^{FK}$ .... effektiver Steuersatz (Einkommensteuer) bei Fremdfinanzierung bei Abzugsfähigkeit der Gewerbesteuer

$\sigma_{g(t_0)}^{EK}$ .... effektiver Steuersatz (Gewerbesteuer) bei Eigenfinanzierung in Periode t_0

$\sigma_{g(t_{-1})}^{EK}$ .... effektiver Steuersatz (Gewerbesteuer) bei Eigenfinanzierung in Periode t_{-1}

$\sigma_{g(t_0)}^{FK}$ .... effektiver Steuersatz (Gewerbesteuer) bei Fremdfinanzierung in Periode t_0

$\sigma_{g(t_{-1})}^{FK}$ .... effektiver Steuersatz (Gewerbesteuer) bei Fremdfinanzierung in Periode t_{-1}

$\sigma_{k(t_0)}^{EK}$ .... effektiver Steuersatz (Körperschaftsteuer) bei Eigenfinanzierung in Periode t_0

$\sigma_{k(t_{-1})}^{EK}$ .... effektiver Steuersatz (Körperschaftsteuer) bei Eigenfinanzierung in Periode t_{-1}

$\sigma_{k(t_0)}^{FK}$ .... effektiver Steuersatz (Körperschaftsteuer) bei Fremdfinanzierung in Periode t_0

$\sigma_{k(t_{-1})}^{FK}$ .... effektiver Steuersatz (Körperschaftsteuer) bei Fremdfinanzierung in Periode t_{-1}

ς_g .... effektiver Steuersatz (Gewerbesteuer) bei Fremdkapitalfinanzierung und Zinsschranke

$\varsigma_{g(v)}$ .... effektiver Steuersatz (Gewerbesteuer) bei kurzfristiger Fremdkapitalfinanzierung und Zinsschranke in Periode v

ς_g^D .... effektiver Steuersatz (Gewerbesteuer) bei Fremdkapitalfinanzierung und Zinsschranke (Durchschnittsbetrachtung)

$\varsigma_g^{D_{n+1}}$	effektiver Steuersatz (Gewerbesteuer) bei Fremdkapitalfinanzierung und Zinsschranke (Durchschnittsbetrachtung) in Periode $n+1$
ς_g^{M}	effektiver Steuersatz (Gewerbesteuer) bei Mischfinanzierung und Zinsschranke (Durchschnittsbetrachtung)
$\varsigma_g^{t_{02}}$	effektiver Steuersatz (Gewerbesteuer) bei Fremdkapitalfinanzierung und Zinsschranke in Periode t_2
$\varsigma_g^{t_{n+1}}$	effektiver Steuersatz (Gewerbesteuer) bei Fremdkapitalfinanzierung und Zinsschranke in Periode $n + 1$
ς_k	effektiver Steuersatz (Körperschaftsteuer) bei Fremdkapitalfinanzierung und Zinsschranke
$\varsigma_{k(v)}$	effektiver Steuersatz (Körperschaftsteuer) bei kurzfristiger Fremdkapitalfinanzierung und Zinsschranke in Periode v
ς_k^{D}	effektiver Steuersatz (Körperschaftsteuer) bei Fremdkapitalfinanzierung und Zinsschranke (Durchschnittsbetrachtung)
$\varsigma_k^{D_{n+1}}$	effektiver Steuersatz (Körperschaftsteuer) bei Fremdkapitalfinanzierung und Zinsschranke (Durchschnittsbetrachtung) in Periode $n+1$
ς_k^{M}	effektiver Steuersatz (Körperschaftsteuer) bei Mischfinanzierung und Zinsschranke (Durchschnittsbetrachtung)
$\varsigma_k^{t_{02}}$	effektiver Steuersatz (Körperschaftsteuer) bei Fremdkapitalfinanzierung und Zinsschranke in Periode t_2
$\varsigma_k^{t_{n+1}}$	effektiver Steuersatz (Körperschaftsteuer) bei Fremdkapitalfinanzierung und Zinsschranke in Periode $n + 1$
ξ_g	effektiver Steuersatz (Gewerbesteuer) bei Fremdkapitalfinanzierung und verdeckter Gewinnausschüttung
ξ_k	effektiver Steuersatz (Körperschaftsteuer) bei Fremdkapitalfinanzierung und verdeckter Gewinnausschüttung
t_{01}	Periode t_1
t_{02}	Periode t_2
τ	Anteil der Steuerfreiheit der Dividendenbezüge gemäß § 30 Nr. 40 Buchst. d) EStG
u	Periode der Inanspruchnahme kurzfristiger Fremdkapitalfinanzierung (= Startperiode des Zinsvortrages)
v	Periode der letztmaligen Verrechnung des Zinsvortrages (= Endperiode des Zinsvortrages)
V	Verschuldungsgrad (Fremdkapital/Eigenkapital)
V^*	Verschuldungskoeffizient (Fremdkapital/Gesamtkapital)
VR	Verlustrücktrag
VR^{KSt}	körperschaftsteuerlicher Verlustrücktrag
VR_{EK}^{GewSt}	gewerbesteuerlicher Verlustrücktrag bei Eigenfinanzierung

VR_{FK}^{GewSt} .... gewerbesteuerlicher Verlustrücktrag bei Fremdfinanzierung
VR_{EK}^{KSt} .... körperschaftsteuerlicher Verlustrücktrag bei Eigenfinanzierung
VR_{FK}^{KSt} .... körperschaftsteuerlicher Verlustrücktrag bei Fremdfinanzierung
VV .... Verlustvortrag
VV_t .... Verlustvortrag in Periode t
VV_{t-1} .... Verlustvortrag in Periode t_{-1}
VV^{GewSt} .... gewerbesteuerlicher Verlustvortrag
VV^{KSt} .... körperschaftsteuerlicher Verlustvortrag
VV_{EK}^{GewSt} .... gewerbesteuerlicher Verlustvortrag bei Eigenfinanzierung
VV_{FK}^{GewSt} .... gewerbesteuerlicher Verlustvortrag bei Fremdfinanzierung
VV_{EK}^{KSt} .... körperschaftsteuerlicher Verlustvortrag bei Eigenfinanzierung
VV_{FK}^{KSt} .... körperschaftsteuerlicher Verlustvortrag bei Fremdfinanzierung
Z .... maximal möglicher Anteil des Zinsabzugs
Z_{BA} .... im Rahmen der Zinsschranke maximal abzugsfähiger Anteil des Zinsabzugs
Z_{naBA} .... im Rahmen der Zinsschranke nicht abzugsfähiger Anteil des Zinsabzugs
Z_t .... maximal möglicher Anteil des Zinsabzugs in Periode t
Z_{t_0} .... maximal möglicher Anteil des Zinsabzugs in Periode t_0
Z_{vGA} .... im Rahmen der verdeckten Gewinnausschüttung maximal abzugsfähiger Anteil des Zinsabzugs
Z_w .... maximal möglicher Anteil des Zinsabzugs in Periode w
Z_{ZS} .... im Rahmen der Zinsschranke maximaler Anteil der Zinszahlung
Z_{BA}^D .... im Rahmen der Zinsschranke maximal abzugsfähiger Anteil des Zinsabzugs (Durchschnittsbetrachtung)
Z_{naBA}^D .... im Rahmen der Zinsschranke nicht abzugsfähiger Anteil des Zinsabzugs (Durchschnittsbetrachtung)
Z_{ZS}^D .... im Rahmen der Zinsschranke maximaler Anteil der Zinszahlung (Durchschnittsbetrachtung)
Z_{BA}^M .... im Rahmen der Zinsschranke maximal abzugsfähiger Anteil des Zinsabzugs (Mischfinanzierung)
Z_{naBA}^M .... im Rahmen der Zinsschranke nicht abzugsfähiger Anteil des Zinsabzugs (Mischfinanzierung)
Z_{ZS}^M .... im Rahmen der Zinsschranke maximaler Anteil der Zinszahlung (Mischfinanzierung)
$Z_{BA}^{t_{01}}$ .... im Rahmen der Zinsschranke maximal abzugsfähiger Anteil des Zinsabzugs in Periode t_1
$Z_{BA}^{t_{02}}$ .... im Rahmen der Zinsschranke maximal abzugsfähiger Anteil des Zinsabzugs in Periode t_2

$Z_{naBA}^{t_{01}}$	im Rahmen der Zinsschranke nicht abzugsfähiger Anteil des Zinsabzugs in Periode t_1
$Z^{t_{02}}$	maximal möglicher Anteil des Zinsabzugs in Periode t_2
${}^{eff}Z_{BA}^{t_{01}}$	im Rahmen der Zinsschranke maximal abzugsfähiger, effektiver Anteil des Zinsabzugs in Periode t_1
${}^{eff}Z_{BA}^{t_{02}}$	im Rahmen der Zinsschranke maximal abzugsfähiger, effektiver Anteil des Zinsabzugs in Periode t_2
${}^{eff}Z_{naBA}^{D}$	im Rahmen der Zinsschranke nicht abzugsfähiger, effektiver Anteil des Zinsabzugs (Durchschnittsbetrachtung)
${}^{eff}Z_{naBA}^{D_n}$	im Rahmen der Zinsschranke nicht abzugsfähiger, effektiver Anteil des Zinsabzugs in Periode n (Durchschnittsbetrachtung)
${}^{eff}Z_{naBA}^{D_{dyn}}$	im Rahmen der Zinsschranke nicht abzugsfähiger, effektiver Anteil des Zinsabzugs (dynamische Durchschnittsbetrachtung)
${}^{eff}Z_{naBA}^{t_{01}}$	im Rahmen der Zinsschranke nicht abzugsfähiger, effektiver Anteil des Zinsabzugs in Periode t_1
zvE	zu versteuerndes Einkommen (Einkommensteuer)

1. Finanzierungsentscheidungen aus Sicht der Betriebswirtschaftlichen Steuerlehre

1.1 Problemstellung

In der neoklassisch geprägten Unternehmenstheorie beruht der Produktionsprozess[1] eines Betriebes[2] auf zielgerichteten Planungs- und Entscheidungsprozessen rational handelnder Wirtschaftsindividuen.[3] Als Element wirtschaftlicher Betätigung setzt der Produktionsprozess Investitionen (Mittelverwendung) voraus, die erst getätigt werden können, wenn die Finanzierungsstrategie (Mittelherkunft) feststeht und finanzielle Mittel tatsächlich verfügbar sind.[4] Die kurz- und mittelfristige Liquiditätssicherung und die mittel- und langfristige Koordination und Disposition von Finanzmitteln[5] erfordern einen an den individuellen Zielsetzungen eines Unternehmens ausgerichteten Planungs- und Entscheidungsprozess bezüglich der Herkunft des Kapitals und der Dauer der Kapitalbereitstellung einerseits und der Rechtsstellung und Risikoposition der Kapitalgeber andererseits.[6] Aufgabe einer betriebswirtschaftlichen Theorie ist es hierbei, durch die Aufdeckung von – aus Axiomen ableitbaren[7] – Gesetzmäßigkeiten zu einem geeigneten

---

1 Zur neoklassisch geprägten Produktivitätsbeziehung zwischen Faktoreinsatz und Faktorertrag s. grundlegend *Gutenberg, E.*, Betriebswirtschaftslehre, 1957, S. 25.

2 Ein Betrieb wird definiert als „eine planvoll organisierte Wirtschaftseinheit ..., in der Sachgüter und Dienstleistungen erstellt und abgesetzt werden"; *Wöhe, G.*, Betriebswirtschaftslehre, 2008, S. 2. Vgl. auch *Loitlsberger, E.*, Finanzierungsinstrumentarium, 1984, S. 54. Insofern wird dem „abgeleiteten" Betriebs-Begriff von *H. Vormbaum* gefolgt, der erwerbswirtschaftlich orientierte Betriebe mit dem Begriff der Unternehmung gleichsetzt; *Vormbaum, H.*, Finanzierung, 1996, S. 1.

3 S. *Wöhe, G.*, Betriebswirtschaftslehre, 2008, S. 3, 81 f., 96 f. Zur Theorie der Unternehmung vgl. *Hax, H.*, Theorie, 1991, S. 51-57. Zu Unternehmen als Instrumente nutzenmaximierender Wirtschaftssubjekte vgl. *Schmidt, R. H./Terberger, E.*, Finanzierungstheorie, 1997, S. 40-43. Zur Differenzierung zwischen einem personenbezogenen Unternehmensbegriff und einem firmenbezogenen Begriff von einer Unternehmung als Institution s. *Schneider, D.*, Finanzierung, 1992, S. 6.

4 Vgl. *Lausberg, F.-W.*, Kapitalstruktur, 1973, S. 45 f.; *Schmidt, R. H./Terberger, E.*, Finanzierungstheorie, 1997, S. 13 f.; *Wöhe, G./Bilstein, J.*, Unternehmensfinanzierung, 2002, S. 3.

5 Im Gegensatz zum Liquiditätsplan, der die kurzfristige Liquidität sicherstellen soll, bildet der Finanzplan regelmäßig den Ausgangspunkt für die mittel- bis langfristige Finanzierung eines Unternehmens; vgl. *Munkert, M. J.*, Finanzierungsberatung, 2008, S. 1548. Die Finanzierungsentscheidung der Unternehmen kann als Teilbereich der Corporate Finance betrachtet werden; s. *Rudolph, B.*, Unternehmensfinanzierung, 2006, S. 3.

6 Zu den Systematisierungs- und Abgrenzungsansätzen der Finanzierungsformen vgl. *Schmalenbach, E.*, Beteiligungsfinanzierung, 1966, S. 1 f.; *Swoboda, P.*, Risikograd, 1985, S. 344-349; *Vormbaum, H.*, Finanzierung, 1996, S. 30-35; *Schmidt, R. H./Terberger, E.*, Finanzierungstheorie, 1997, S. 18-25; *Rudolph, B.*, Kapitalstruktur, 1998, S. 36-39; *Theisen, M. R.*, Finanzwirtschaft, 2004, S. 492 f.; *Rudolph, B.*, Unternehmensfinanzierung, 2006, S. 5-7; *Perridon, L./Steiner, M.*, Finanzwirtschaft, 2009, S. 357-360; *DRSC u. a.*, Equity, 2008, S. 11-13; *Drukarczyk, J.*, Finanzierung, 2008, S. 5-7.

7 Zur deduktiven Gewinnung von Theoremen müssen Grundaussagen (Axiome) widerspruchsfrei, unabhängig und vollständig sein. Vgl. hierzu *Schanz, G.*, Methodologie, 1988, S. 29 f.; *Schweitzer, M.*, Methoden, 2004, S. 70 f.

System zu gelangen,[1] das einen realen Wirtschaftsprozess und dessen Zusammenhänge beschreiben und erklären kann.[2] Eine Theorie ermöglicht dem Entscheidungsträger eine Prognose von Ereignissen und bietet damit eine Entscheidungshilfe in konkreten Entscheidungssituationen – beispielsweise im Bereich der Kapitaltheorie zur simultanen Bestimmung von Kapitalbeschaffung und Kapitalverwendung.[3]

Den Grundstein der kapitalmarktbezogenen Finanzierungstheorie legten 1958 *F. Modigliani/M. H. Miller* mit dem Irrelevanztheorem der Kapitalstruktur, nach dem die Kapitalstruktur im neoklassischen Modell keinen Einfluss auf die Höhe des Marktpreises von Unternehmensanteilen hat.[4] Der Marktwert ergibt sich nach *F. Modigliani/M. H. Miller* vielmehr durch die Diskontierung der zukünftig zu erwartenden Gewinne eines unverschuldeten Unternehmens mit der geforderten Eigenkapitalrendite eines vollständig eigenfinanzierten Unternehmens der gleichen leistungswirtschaftlichen Risikoklasse. Der Marktwert der Eigenkapitalanteile bleibt nach dem Irrelevanztheorem von der Verschuldung unberührt, da bei einer zusätzlichen Verschuldung die zukünftigen aus der Grenzinvestition folgenden höheren Rückflüsse pro Eigenkapitalanteil genau mit der – um die gestiegene Risikoprämie der Eigenkapitalgeber – erhöhten Diskontierungsrate zu bewerten sind.[5]

Der geringe Umfang der einbezogenen institutionellen Rahmenbedingungen, die stark von der Realität abstrahierenden ökonomischen Rahmenmodelle der Neoklassik und ein offenkundiger Widerspruch zur großen Bedeutung der unternehmerischen Finanzie-

---

1 Vgl. *Schanz, G.*, Methodologie, 1988, S. 29; *Schanz, G.*, Theorie, 1994, Sp. 2086 f.; *Schneider, D.*, Theorie, 1997, S. 5.

2 Vgl. *Albert, H.*, Theorien, 1972, S. 7; *Hax, H.*, Theorie, 1991, S. 53; *Raffée, H.*, Betriebswirtschaftslehre, 1993, S. 17; *Chmielewicz, K.*, Forschungskonzeptionen, 1994, S. 11.

3 S. grundlegend zur ökonomischen Handlungstheorie *Koch, H.*, Handlungstheorie, 1971; *Koch, H.*, Theorie, 1974. Vgl. auch *Mellwig, W.*, Handlungstheorie, 1978, S. 23 f.; *Chmielewicz, K.*, Forschungskonzeptionen, 1994, S. 11. Zur Mehrdeutigkeit des Theoriebegriffs vgl. *Schneider, D.*, Betriebswirtschaftslehre, 1993, S. 155 f.

4 S. *Modigliani, F./Miller, M. H.*, Capital, 1958. Das Modell unterliegt der Annahme eines vollkommenen Kapitalmarktes, vernachlässigt somit Transaktionskosten und asymmetrische Informationsverteilungen; vgl. auch *Graham, J. R.*, Review, 2003, S. 1075; *Weichenrieder, A.*, Unternehmensfinanzierung, 2007, S. 3 f. Zu den Eigenschaften eines vollkommenen Kapitalmarktes vgl. *Richter, R.*, Theorie, 1991, S. 400 f.; *Rudolph, B.*, Unternehmensfinanzierung, 2006, S. 47. Die Irrelevanzthese wurde in einem Modell ohne Steuern aufgestellt; der Originalaufsatz aus dem Jahr 1958 enthält zwar einen Abschnitt, der den Einfluss von Steuern berücksichtigen soll, berechnet diesen jedoch falsch; vgl. *Modigliani, F./Miller, M. H.*, Capital, 1958, S. 293-296; *Modigliani, F./Miller, M. H.*, Correction, 1963, S. 433 f.

5 Die von den Anteilseignern geforderte Eigenkapitalrendite entspricht nach *F. Modigliani/M. H. Miller* den Eigenkapitalkosten einer ausschließlich eigenfinanzierten Unternehmung zuzüglich eines Risikoaufschlags für ein höheres Kapitalstrukturrisiko, welches bei einer zusätzlichen Verschuldung eingegangen wird.

rungsentscheidung in der Praxis, veranlassten *F. Modigliani* und *M. H. Miller* im Jahr 1963 ihr Modell um eine Unternehmensteuer („corporate tax") zu erweitern.[1] Die Integration einer Unternehmensteuer in das neoklassisch geprägte Ursprungsmodell liefert unter der Vorstellung, dass der Fremdkapitalzinsabzug ein Tax Shield offeriert,[2] erste Erkenntnisse über einen erheblichen Einfluss der Besteuerung auf die Kapitalstruktur von Unternehmen.[3] Das – bei Umsetzung in der Praxis wiederum von der Realität abweichende – Ergebnis einer optimalen Fremdkapitalausstattung in Höhe von nahezu 100 % hat die Weiterentwicklung der Kapitalstrukturtheorie nachhaltig beeinflusst.
Empirische Beobachtungen eines schwankenden Verschuldungsgrades und die dadurch beschränkte Erklärungskraft der neoklassischen Theorien führte ab Mitte der achtziger Jahre einerseits zu interdisziplinären Erklärungsansätzen, die z. B. verhaltenspsychologische Ansätze in wirtschaftswissenschaftliche Theorien integrieren, und andererseits zu dynamischen Erklärungsansätzen, die – ausgehend von einer Flexibilität der Zielkapitalstruktur – Wiederanpassungsprozesse in Abhängigkeit von Markt- und Zeiteffekten berücksichtigen.[4] Durch eine schrittweise Auflösung der restriktiven Annahmen der Neoklassik haben sich in der neoinstitutionellen Kapitalstrukturtheorie zwei wesentliche Hauptklassen etabliert:[5] Während agency-theoretische Ansätze zur Kapitalstruktur das Finanzierungsverhalten von Unternehmen durch Einbeziehung von Finanzintermediären und asymmetrisch verteilten Informationen zwischen Management und Kapitalgeber

---

[1] S. *Modigliani, F./Miller, M. H.*, Correction, 1963. Zur übermäßigen Abstraktion von der Realität in neoklassisch geprägten Ansätzen s. *Furubotn, E. G.*, Development, 1994, S. 10-16. Zur Kritik an der Irrelevanzthese vgl. insbesondere *Baxter, N. D.*, Capital, 1967; *Stiglitz, J. E.*, Theorem, 1969; *Moxter, A.*, Verschuldungsumfang, 1970, S. 144-154; *Gordon, M. G.*, Finance, 1989 m. w. N.

[2] Als „Tax Shield" wird hier der Gesamtsteuervorteil aufgrund einer Fremdkapitalaufnahme bezeichnet. Vgl. auch *Brealey, R. A./Myers, S. C./Allen, F.*, Finance, 2006, S. 469; *Ballwieser, W.*, Unternehmensbewertung, 2007, S. 117, 125; *Schmalenbach-Gesellschaft für Betriebswirtschaft e.V.*, Kapitalstrukturpolitik, 2009, S. 325.

[3] Analysen und Modelle, die den Einfluss von Steuern auf die Kapitalstruktur untersuchen, werden im Folgenden „steuerbasiert" genannt.

[4] Vgl. beispielsweise Marsh, P., Choice, 1982; Brennan, M. J./Schwartz, E. S., Policy, 1984; Jalilvand, A./Harris, R. S., Behavior, 1984; Kane, A./Marcus, A. J./McDonald, R. L., Advantage, 1984; Titman, S., Effect, 1984; Brander, J. A./Lewis, T. R., Structure, 1986; Maksimovic, V., Capital, 1988; Fischer, E. O./Heinkel, R./Zechner, J., Choice, 1989; Harris, M./Raviv, A., Informational, 1990; Maksimovic, V./Titman, S., Policy, 1991; Hovakimian, A./Opler, T./Titman, S., Choice, 2001; Banerjee, S./Heshmati, A./Wihlborg, C., Dynamics, 2004.

[5] Die Neue Institutionenökonomik basiert historisch betrachtet auf der Neoklassik; über eine exakte Abgrenzung zwischen der Neoklassik und der Neuen Institutionenökonomik besteht – nicht zuletzt aufgrund dieser historischen Entwicklung – in der Literatur keine Einigkeit; vgl. *Richter, R.*, Theorie, 1991, S. 396; *Furubotn, E. G.*, Development, 1994, S. 5; *Petersen, S. A.*, Organisationsform, 2006, S. 50 f. m. w. N.

(z. B. Pecking-Order-Theorie und Signalling-Theorie) beschreiben,[1] argumentieren Vertreter der Trade-off-Theorie, dass Unternehmen ihren Kapitalwert durch eine Balance von Vor- und Nachteilen der Fremdkapitalfinanzierung maximieren.[2] In Abbildung 1 sind die wesentlichen bestehenden Kapitalstrukturtheorien anhand einer Kategorisierung nach steuerbasierten und nicht steuerbasierten Theorien aufgeführt.[3]

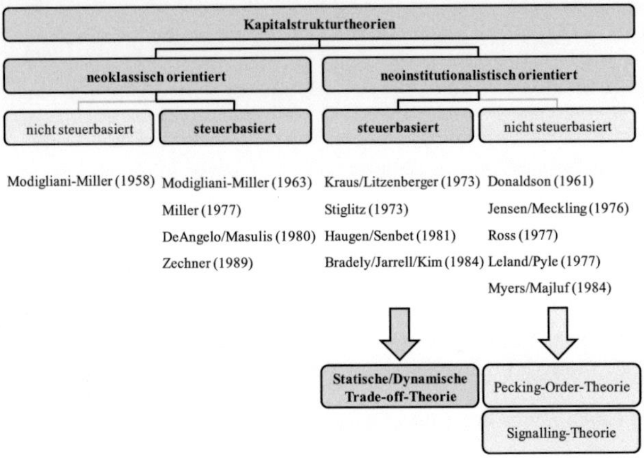

Abbildung 1: Klassifikation von grundlegenden Kapitalstrukturtheorien

Die Fremdkapitalpräferenz in der Trade-off-Theorie ist durch die steuerrechtlichen Vorgaben begründet, wonach Fremdkapitalvergütungen in der Regel die ertragsteuer-

1 Vgl. zur Pecking-Order-Theorie *Donaldson, G.*, Capacity, 1961; *Myers, S. C.*, Puzzle, 1984; *Myers, S. C.*, Capital, 1993; *Rudolph, B.*, Akquisitionsfinanzierung, 2000, S. 143-146. Zur Signalwirkung von Fremdkapital s. *Ross, S. A.*, Signalling, 1977; *Fama, E. F./French, K. R.*, Decisions, 1998. *H. E. Leland/D. H. Pyle* untersuchen die Signalfunktion des Eigenkapitals, s. *Leland, H. E./Pyle, D. H.*, Asymmetries, 1977. Zu Wettbewerbsverzerrungen zwischen Alt- und Neuaktionären s. *Myers, S. C./Majluf, N. S.*, Information, 1984. Eine Gegenüberstellung der Trade-off-Theorie und der Pecking-Order-Theorie findet sich beispielsweise bei *Myers, S. C.*, Puzzle, 1984, S. 577-585; *Laß, F.*, Finanzierungsentscheidungen, 1999, S. 72-90; *Shyam-Sunder, L./Myers, S. C.*, Tradeoff, 1999; *Fama, E. F./French, K. R.*, Predictions, 2002; *Perridon, L./Steiner, M.*, Finanzwirtschaft, 2009, S. 538-556.

2 Im Wesentlichen werden der Steuervorteil der Fremdfinanzierung und direkte und indirekte Insolvenzkosten gegenübergestellt, vgl. beispielsweise Ansätze zur steuerbasierten Kapitalstrukturtheorie von *Kraus, A./Litzenberger, R. H.*, Leverage, 1973; *Stiglitz, J. E.*, Taxation, 1973; *Scott, J. H.*, Structure, 1976; *Kim, H. E.*, Capacity, 1978; *Barnea, A./Haugen, R./Senbet, L. W.*, Financing, 1981; *Haugen, R./Senbet, L. W.*, Agency, 1981; *Bradley, M./Jarrell, G. A./Kim, H. E.*, Existence, 1984; *Goldstein, R./Ju, N./Leland, H.*, Dynamic, 2001; *Hackbarth, D./Hennessy, C. A./Leland, H. E.*, Trade-off, 2007.

3 Einen aktuellen Überblick über den Stand der nicht steuerbasierten Corporate Finance-Theorie und nicht steuerliche Einflussfaktoren geben *Frank, M. Z./Goyal, V. K.*, Theories, 2007; *Elsas, R./Florysiak, D.*, Structure, 2008, S. 40-48; *Neus, W./Walter, A.*, Theory, 2008. Abbildung 1 erfolgt in Anlehnung an *Laß, F.*, Finanzierungsentscheidungen, 1999, S. 18, ergänzt anhand der Literaturübersichten von *Frydenberg, S.*, Theory, 2004; *Graham, J. R.*, Review, 2006; *Frank, M. Z./Goyal, V. K.*, Theories, 2007; *Hundsdoerfer, J./Kiesewetter, D./Sureth, C.*, Forschungsergebnisse, 2008.

liche Bemessungsgrundlage auf Ebene der Kapitalgesellschaft mindern (Tax Shield), während Vergütungen für die Bereitstellung von Eigenkapital der steuerlich irrelevanten Gewinnverwendung des Kapitalnehmers zuzuordnen sind.[1] Ein zunehmender Verschuldungsgrad erhöht jedoch die Wahrscheinlichkeit einer Unternehmensinsolvenz,[2] sodass der Steuervorteil aus einer Fremdfinanzierung nach der statischen Trade-off-Theorie den – mit Erhöhung des Verschuldungsgrades und Insolvenzgefahr – steigenden direkten und indirekten Insolvenzkosten gegenüberzustellen ist, die den Unternehmenswert reduzieren.[3] Der optimale Verschuldungsgrad resultiert in der Trade-off-Theorie aus dem Minimum der durchschnittlichen Gesamtkapitalkosten beziehungsweise,[4] wie in Abbildung 2 gezeigt, aus dem Maximum des Unternehmenswerts:[5]

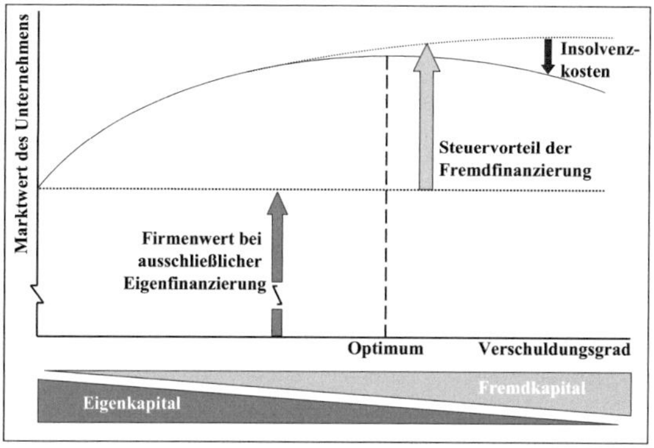

Abbildung 2: Unternehmenswertmaximierung in der Trade-off-Theorie

---

1 S. § 8 Abs. 1 S. 1 KStG, § 7 Satz 1 GewStG i. V. m. § 4 Abs. 4 EStG; vgl. auch *Jacobs, O. H.*, Financing, 1989, S. 464; *Theisen, M. R.*, Finanzwirtschaft, 2004, S. 492. Zu einem Überblick über eine länderspezifische Einordnung von Fremdkapitalvergütungen vgl. Beiträge der Nationalberichterstatter in *IFA (Hrsg.)*, Deductibility, 1994.

2 Zur Bedeutung von Insolvenzkosten vgl. *Robichek, A. A./Myers, S. C.*, Financing, 1965, S. 20 f.; *Hirshleifer, J.*, Capital, 1970, S. 264. *A. Kraus/R. H. Litzenberger* stellen die steuerlichen Effekte auf Unternehmensebene den Insolvenzkosten gegenüber; vgl. *Kraus, A./Litzenberger, R. H.*, Leverage, 1973.

3 Vgl. *Myers, S. C.*, Puzzle, 1984, S. 577-581; *Rudolph, B.*, Kapitalstruktur, 1998, S. 46; *Schneider, D.*, Steuerwirkung, 2002, S. 207 f.; *Brealey, R. A./Myers, S. C./Allen, F.*, Finance, 2006, S. 488-490; *Weichenrieder, A.*, Unternehmensfinanzierung, 2007, S. 5. Abweichend hiervon erklärt *M. H. Miller* 1977 eine in der Realität anzutreffende niedrigere Fremdkapitalausstattung als 99,9 % durch die steuerliche Belastung auf Ebene der natürlichen Person („personal tax"), s. *Miller, M. H.*, Debt, 1977. Vgl. auch *Harris, M./Raviv, A.*, Structure, 1991; *Kale, J. R./Noe, T. H./Ramirez, G. G.*, Effect, 1991; *Graham, J. R.*, Benefits, 2000; *Frydenberg, S.*, Theory, 2004, S. 26; *Kußmaul, H.*, Steuerlehre, 2008, S. 179.

4 Vgl. *Jääskeläinen, V.*, Financing, 1966, S. 143; *Rudolph, B.*, Unternehmensfinanzierung, 2006, S. 109-113. Anhaltspunkte für eine Anpassung der bilanziellen Kapitalstruktur an eine Zielkapitalstruktur liefern *Taggart, R. A.*, Decisions, 1977; *Marsh, P.*, Choice, 1982.

5 In Anlehnung an *Shyam-Sunder, L./Myers, S. C.*, Tradeoff, 1999, S. 220; *Brealey, R. A./Myers, S. C./Allen, F.*, Finance, 2006, S. 477; *Perridon, L./Steiner, M.*, Finanzwirtschaft, 2009, S. 510.

Unterschiedliche Untersuchungsmethoden (mikro- vs. makroanalytische Untersuchung) und Unternehmensdaten aus unterschiedlichen Größenklassen, Untersuchungszeiträumen und Ländern mit wiederum unterschiedlichen Finanzsystemen führen in empirischen Untersuchungen auch innerhalb der Trade-off-Theorie zu heterogenen Ergebnissen bezüglich des Einflusses der Besteuerung auf die Kapitalstruktur von Unternehmen.[1] Die klassische Konzentration der Trade-off-Theorie auf die Abwägung von Steuervorteil und Insolvenzkosten ist in jüngerer Diskussion einem generellen Abwägungsprozess zwischen Vor- und Nachteilen der Eigen- und Fremdkapitalaufnahme gewichen.[2]

Auch die moderne Finanzierungstheorie ist bisher nicht in der Lage, einen vollständigen Erklärungsansatz vorzuweisen, der die Entscheidungen über die Finanzierungsstruktur in der Praxis umfassend erklären oder prognostizieren könnte.[3] Im Wesentlichen verbleiben zwei Marktunvollkommenheiten als relevante Determinanten der Kapitalstrukturentscheidung: Neben der Tatsache einer asymmetrischen Informationsverteilung zwischen den verschiedenen Marktteilnehmern ist die Existenz nicht finanzierungsneutraler Steuersysteme und deren Auswirkungen auf die Kapitalstruktur – vor allem in der Bundesrepublik Deutschland[4] – wenig analysiert.[5] Steuerliche Details, die zu einer unternehmensindividuellen Effektivsteuerbelastung führen – wie z.B. weitere Komponenten der Bemessungsgrundlagenermittlung, Verlustverrechnungsbeschränkungen oder progressive Steuertarifverläufe – bleiben oftmals unberücksichtigt.[6]

---

1 Vgl. *Francfort, A. J./Rudolph, B.*, Kapitalstrukturen, 1992, S. 1059-1065, 1076; *Rajan, R. G./Zingales, L.*, Evidence, 1995, S. 1458; *Rudolph, B.*, Kapitalstruktur, 1998, S. 50; *Frydenberg, S.*, Theory, 2004, S. 25. Übersichten zu empirischen Untersuchungen zum Einfluss der Besteuerung auf die Kapitalstruktur finden sich bei *Harris, M./Raviv, A.*, Structure, 1991, S. 327-330; *Hermanns, J.*, Kapitalstruktur, 2006, S. 23-38; *Frank, M. Z./Goyal, V. K.*, Theories, 2007, S. 6-24; *Weichenrieder, A.*, Unternehmensfinanzierung, 2007, S. 15-26.

2 Vgl. *Hermanns, J.*, Kapitalstruktur, 2006, S. 160, 164.

3 *Myers, S. C.*, Structure, 2001, S. 81: „There is no universal theory of the debt-equity choice".

4 Vgl. *Hermanns, J.*, Kapitalstruktur, 2006, S. 6, 160; *Weichenrieder, A.*, Unternehmensfinanzierung, 2007, S. 33 f.

5 Vgl. *Wosnitza, M.*, Kapitalstrukturentscheidungen, 1995, S. 1, 3. Finanzierungsneutralität wird als Steuerlastgleichheit der Finanzierungsmöglichkeiten definiert; vgl. auch *Fischer, L.*, Finanzierungsneutralität, 1970, S. 324; *Schmitz-Dörner, H. J.*, Konzernfinanzierung, 2000, S. 188; *Schneider, D.*, Steuerwirkung, 2002, S. 171 f.; *Homburg, S.*, Steuerlehre, 2007, S. 251-256; *Schreiber, U./Ruf, M.*, Auswirkungen, 2007, S. 1102.

6 Vgl. *Spengel, C.*, Unternehmensbesteuerung, 2003, S. 195.

Dieses Zwischenergebnis überrascht, da Erkenntnisse über die wirtschaftliche Steuerbelastung[1] und Wirkung[2] von Steuern auf die Finanzierungsentscheidung in doppelter Hinsicht von Bedeutung sind: Zum einen setzen rationale ökonomische Entscheidungen von Steuerpflichtigen und Unternehmen unter der Zielsetzung einer Nachsteuermaximierung der Zahlungsüberschüsse detaillierte Kenntnisse über die Ausgestaltung und Entscheidungsrelevanz der Steuerbelastung einerseits und der Steuerwirkung andererseits voraus.[3] Zum anderen kann der Gesetzgeber die Besteuerung nur in Kenntnis der tatsächlichen Wirkung steuerrechtlicher Neuerungen und Änderungen in Richtung einer „ökonomisch richtig wirkende[n] Besteuerung“[4] als Voraussetzung der Steuergleichheit und verfahrenstechnischen Vereinfachung lenken, gesetzgeberische Ziele begründen[5] und den Zielerreichungsgrad ex post beurteilen.[6] Die Bedeutung von Kenntnissen über die ökonomische Wirkung von steuerlichen Einflussfaktoren auf die Finanzierungsentscheidung betont *J. R. Graham* in zweifacher Hinsicht:

---

1 Während die rechtliche Steuerbelastung Steuerzahlungen zu rechtlichen Bemessungsgrundlagen ins Verhältnis setzt, ist die wirtschaftliche Steuerbelastung auf Renditeaspekte nach Steuern fokussiert; vgl. *Schneider, D.*, Steuerwirkung, 2002, S. 11, 17.

2 Eine Steuerwirkung liegt dann vor, wenn es durch die Steuerzahlung zu einer Änderung der wirtschaftlichen Handlungen kommt. Zum Begriff der „Steuerwirkung“ s. *Schneider, D.*, Steuerwirkung, 2002, S. 19; *König, R.*, Steuerplanungslehre, 2004, S. 260; *Kußmaul, H.*, Steuerlehre, 2008, S. 2; *Schreiber, U.*, Besteuerung, 2008, S. 1, 528-530.

3 *Wöhe, G.*, Besteuerung, 1981, S. 484: „Steuerzahlungen … [als] Abfluss liquider Mittel“; *Wagner, F. W.*, Neutralität, 1992, S. 3: „Steuern als negative Zielbeiträge“; so auch *Theisen, M. R.*, Steuerpolitik, 2007, S. 424. *Francfort, A. J./Rudolph, B.*, Kapitalstrukturen, 1992, S. 1060: Es werden „Finanzierungsprogramme mit möglichst niedrigen Transaktionskosten, Steuern und Insolvenzkosten präferiert“; *Graham, J. R.*, Benefits, 2001, S. 53: „I think that it is important for treasurers and CFOs to critically reevaluate their companies' debt policies.” Vgl. auch *Hauschildt, J./Wacker, W.*, Entscheidungsprozesse, 1974, S. 252; *Wagner, F. W./Dirrigl, H.*, Steuerplanung, 1980, S. 10; *Fischer, L.*, Steuerbelastung, 1989, S. 135 f.; *Treisch, C.*, Entscheidungsneutralität, 2000, S. 368; *Schneider, D.*, Steuerwirkung, 2002, S. 19; *Jacobs, O. H.*, Entwicklungstendenzen, 2004, S. 251; *König, R./Wosnitza, M.*, Steuerwirkungslehre, 2004, S. 1; *Schreiber, U.*, Steuerplanung, 2007, Sp. 1679 f.; *Wiegard, W.*, Unternehmensteuerreform, 2007, S. 1012; *Herzig, N./Lochmann, U./Liekenbrock, B.*, Study, 2008, S. 583; *Wagner, F. W.*, Steuerforschung, 2008, S. 101 f.

4 *Lang, J.*, Einführung, 2010, S. 15. Vgl. auch *Dziadkowski, D.*, Steuerlehre, 1983, S. 2050; *Wagner, F. W.*, Entwicklungstendenzen, 1984, S. 201 f.; *Grotherr, S.*, Steuerlehre, 1995, S. 102.

5 Primärziel der Besteuerung ist die „Erzielung von [Staats-]Einnahmen“ (§ 3 Abs. 1 AO). Sekundär wird der Besteuerung ein Lenkungs- und Umverteilungs-/Sozialzweck zugesprochen; zuletzt bestätigt durch BVerfG, Urt. v. 20.04.2004, 1 BvR 1748/99, BVerfGE 2004, S. 110, Rz. 56 f.; vgl. auch *Elschen, R.*, Entscheidungsneutralität, 1991, S. 110-114; *Homburg, S.*, Steuerlehre, 2007, S. 5-7. *Schreiber, U.*, Besteuerung, 2008, S. 585: Der Lenkungszweck setzt voraus, dass die Steuerwirkung bekannt ist und die Stärke der Wirkung richtig eingeschätzt wird.

6 Nur durch die Feststellung der tatsächlichen Wirkung von Steuern können Gesetzesbegründungen, die beispielsweise „gegen eine übermäßige Fremdkapitalfinanzierung der Unternehmen gerichtet“ (*Deutscher Bundestag*, UntStRefG 2008 - Entwurf, 2007, S. 31) sind, ex post auf ihren Zielerreichungsgrad hin untersucht werden. Vgl. auch *Wöhe, G./Bieg, H.*, Steuerlehre, 1995, S. 83-85; *Wagner, F. W./Schwenk, A.*, Steuerwirkungen, 2003, S. 376 f.

> "It would be helpful for future research to investigate whether the tax effects on debt versus equity choice are economically important, and if they are not, determine why not."[1]

Auch *P. Fieten* stellt zusammen mit *L. Kruschwitz/A. Löffler* die Problematik des Tax Shield als einen Bereich heraus, dessen Wertbestimmung, Einflussfaktoren und Auswirkungen bisher nur rudimentär untersucht wurden:

> „There is more work to be done in the area of tax shield valuation."[2]

Die vorliegende Untersuchung knüpft daher an der Trade-off-Theorie an und soll durch eine Quantifizierung des Tax Shield die Voraussetzungen für die Existenz und das Ausmaß eines Steuervorteils der Fremdfinanzierung in einem Modellunternehmen detailliert überprüfen. Auch wenn die Trade-off-Theorie nur ein Erklärungsansatz zur Bewältigung des Kapitalstrukturphänomens ist und die Besteuerung nicht als der Haupteinflussfaktor in der Kapitalstrukturpolitik gilt,[3] so ist deren praktische Bedeutung nicht zu unterschätzen: Der Steuervorteil der Fremdfinanzierung nimmt mit Rang 3 der Überlegungen im Bereich der Kapitalstrukturpolitik bei 58,14 % der befragten Manager in 16 europäischen Ländern einen „wichtigen" oder „sehr wichtigen" Stellenwert ein.[4] Innerhalb der Bundesrepublik Deutschland beeinflusst der Steuervorteil der Fremdfinanzierung bei 21 % der antwortenden Unternehmen explizit die adäquate Höhe der Fremdkapitalausstattung.[5]

---

1 *Graham, J. R.*, Review, 2006, S. 600.

2 *Fieten, P. et al.*, shields, 2005, S. 187.

3 Vgl. *Grinblatt, M./Titman, S.*, Strategy, 2002, S. 525. Zu den typischen betriebswirtschaftlichen Einflussfaktoren Anlagenintensität, Unternehmensgröße, Verhältnis von Markt- zu Buchwert des Eigenkapitals, Flexibilität, Liquidität, Haftung, Volatilität der Einkünfte, Insolvenzwahrscheinlichkeit, Branchenzugehörigkeit, Wachstumsrate und Risikolage vgl. *Remmers et al.*, Determinants, 1974; *Aggarwal, R.*, Structure, 1981; *Bradley, M./Jarrell, G. A./Kim, H. E.*, Existence, 1984; *Dammon, R. M./Senbet, L. W.*, Leverage, 1988; *Harris, M./Raviv, A.*, Structure, 1991; *Francfort, A. J./Rudolph, B.*, Kapitalstrukturen, 1992, S. 1059; *Graham, J. R./Lemmon, M. L./Schallheim, J. S.*, Endogeneity, 1998; *Huang, S. G./Song, F. M.*, Determinants, 2006. Ein fundamentales Argument gegen die Gültigkeit der Trade-off-Theorie stellt die empirisch beobachtete negative Korrelation zwischen der Profitabilität eines Unternehmens und dem Verschuldungsgrad dar; vgl. *Myers, S. C.*, Puzzle, 1984; *Titman, S./Wessels, R.*, Determinants, 1988; *Rajan, R. G./Zingales, L.*, Evidence, 1995.

4 S. *Bancel, F./Mittoo, U. R.*, Survey, 2004, S. 112 f. Vergleichbare Werte aus den Vereinigten Staaten von Amerika: 44,85 %, Rang 4; vgl. *Graham, J. R./Harvey, C. R.*, evidence, 2001, S. 212. Unter Kapitalstrukturpolitik wird in Anlehnung an *B. Rudolph* die „Festlegung einer grundsätzlichen, strategischen Kapitalstruktur" (strategische Kapitalstrukturpolitik) „und die Anpassung dieser Struktur im Zeitablauf an die sich stets ändernden Bedingungen an den Märkten" (taktische Kapitalstrukturpolitik) verstanden; *Rudolph, B.*, Unternehmensfinanzierung, 2006, S. 114 f.

5 S. Befragung von *Brounen, D./Jong, A. d./Koedijk, K.*, Survey, 2006, S. 1415.

1.2 Zielsetzung

Ziel der vorliegenden Untersuchung ist es, eine von anderen betriebs- und finanzwirtschaftlichen Aspekten des funktionellen Entscheidungsprozesses losgelöste Aussage über die Relevanz einzelner ertragsteuerlicher Parameter im Kontext von betrieblichen Finanzierungsentscheidungen zu gewinnen (Ceteris-paribus-Methode).[1] Im Rahmen dieser Arbeit soll keine „steuerlich optimale" Kapitalstruktur ermittelt werden,[2] da die „steuerliche Betrachtungsweise"[3] zwar eine wichtige Rahmenbedingung für die Unternehmensfinanzierung darstellt, Entscheidungen aus primär steuerlichen Beweggründen (ohne Berücksichtigung weiterer nicht steuerlicher Einflussfaktoren und deren Interdependenzen) zu ineffizienten Ergebnissen führen können.[4] Vielmehr soll hier im Rahmen einer systematischen Wirkungsanalyse der Einfluss der „steuerbedingten Faktoren"[5] (Steuerart, Steuersystem, Steuertarif, Bemessungsgrundlage) auf die Finanzierungsentscheidung ceteris paribus quantifiziert und somit der Verlauf der Tax Shield-Funktion in Abbildung 2 analysiert und erklärt werden.[6]

---

1 Zur Rechtfertigung und Verwirklichung einer Isolierung der Betriebswirtschaftlichen Steuerlehre innerhalb der Betriebswirtschaftslehre vgl. *Swoboda, P.*, Einflüsse, 1967, S. 6; *Wittmann, F.*, Einfluß, 1986, S. 257; *Zechner, J.*, Kapitalstruktur, 1989, S. 9. Zur Gewinnung von quantitativen Abhängigkeitsverhältnissen durch isolierende Abstraktion von der Realität in Reduktivmodellen vgl. *Wöhe, G.*, Betriebswirtschaftslehre, 2008, S. 13. *Adam, D.*, Entscheidungen, 1998, S. 384: „Die betriebswirtschaftliche Planungs- und Entscheidungslehre muß [!] sich .. darum bemühen, den Einfluß [!] von Steuern auf die Entscheidungen transparent zu machen." Die Isolierung einzelner Einflussfaktoren ist notwendige und gängige Prämisse der Kapitalstrukturtheorie, da – aufgrund vielfältiger Einflussfaktoren – aus einzelwirtschaftlicher oder gesamtwirtschaftlicher Sicht nahezu ausgeschlossen ist, einen optimalen Verschuldungsgrad zu quantifizieren; vgl. *Francfort, A. J./Rudolph, B.*, Kapitalstrukturen, 1992, S. 1061; *Schmidt, R. H./Terberger, E.*, Finanzierungstheorie, 1997, S. 29-31. *Graham, J. R.*, Review, 2006, S. 591: „We need more .. research along the lines …, where tax effects are isolated from information and other factors and therefore the interpretation is fairly unambiguous."

2 Vgl. hierzu *Schneller, M. I.*, Structure, 1980; *Zechner, J.*, Kapitalstruktur, 1989; *Husmann, S.*, Finanzierung, 2007. Für die Implikationen der Trade-off-Theorie spricht, dass nach einer empirischen Untersuchung nur 19 % der befragten Unternehmen über keine (strikte oder flexible) Soll-Verschuldungsquote verfügen; vgl. *Graham, J. R./Harvey, C. R.*, evidence, 2001, S. 211. In Deutschland definiert etwa die Hälfte der befragten Großunternehmen quantitative Zielvorgaben im Rahmen einer strategischen Kapitalstrukturpolitik; vgl. *Schmalenbach-Gesellschaft für Betriebswirtschaft e. V.*, Kapitalstrukturpolitik, 2009, S. 351. Zum Problem des optimalen Verschuldungsgrades unter Unsicherheit vgl. grundlegend *Gutenberg, E.*, Verschuldungsgrad, 1966.

3 *Rudolph, B.*, Unternehmensfinanzierung, 2006, S. 9.

4 Vgl. *Hauschildt, J./Wacker, W.*, Entscheidungsprozesse, 1974, S. 253; *Bieg, H.*, Entscheidung, 1984, S. 548; *Theisen, M. R.*, Finanzierungsform, 1986, S. 20; *Theisen, M. R.*, Risiken, 1991, S. 108 f.; *Spengel, C./Lammersen, L.*, Methoden, 2001, S. 223; *Jacobs, O. H.*, Unternehmensbesteuerung, 2007, S. 945; *Schreiber, U./Overesch, M.*, Analyse, 2007, S. 820; *Breuer, W.*, Finanzierung, 2008, S. 144.

5 *Spengel, C.*, Steuerbelastungsvergleiche, 1995, S. 1.

6 Vgl. ähnliche Vorgehensweise bei *Givoly, D. et al.*, Evidence, 1992, S. 333: „In essence, we analyze the derivation of the optimal capital structure decision instead of its level."

Die Fremdkapitalfinanzierung wird mit dem Ziel der Unternehmenswertmaximierung und damit dem Subziel der Kapitalkosten- und Steuerminimierung in der Literatur einer Eigenkapitalbeschaffung oftmals vorgezogen,[1] sofern nur eine steuerliche Wirkung auf Ebene der Kapitalgesellschaft in die Betrachtung einbezogen wird.[2] Es ist jedoch zu untersuchen, inwiefern sich der in Abbildung 2 dargestellte Steuervorteil der Fremd- gegenüber der Eigenkapitalfinanzierung reduziert oder in einen Steuervorteil der Eigen- gegenüber der Fremdfinanzierung umkehrt, wenn in einer Fortführung und Präzisierung der Trade-off-Theorie sowohl Änderungen steuerrechtlicher Rahmenbedingungen[3] als auch zusätzliche steuerliche Einflussfaktoren[4] in die Berechnung des Tax Shield einbezogen werden.[5] Ein Urteil über die Relevanz oder Irrelevanz der Kapitalstruktur für den Marktwert des Unternehmens erfordert somit eine detaillierte Untersuchung der wesentlichen Determinanten der Kapitalstruktur.[6] Die vorliegende Arbeit soll Erkenntnisse liefern, welche steuerlichen Parameter in die Finanzierungsentscheidung einzubeziehen sind, welche steuerlichen Auswirkungen diese Parameter auf die Gesamtsteuerbelastung der Finanzierungsalternativen ausüben und in welchem Umfang Steuern in der künftigen Entwicklung einer möglichst vollumfänglichen Finanzierungstheorie Berücksichtigung finden müssen. Hierbei liegen die Schwerpunkte der Untersuchung in der Ermitt-

---

1 Zum klassischen Zielkriterium der Steuerbarwertminimierung vgl. insbesondere *Marettek, A.*, Steuerbilanzpolitik, 1970, S. 22; *Theisen, M. R.*, Finanzierungsgesellschaften, 1998, S. 721 f.; *Theisen, M. R.*, Konzern, 2000, S. 575-578; *Vera, A.*, Zielsystem, 2001, S. 309. Auch bei personenbezogenen Kapitalgesellschaften steht eine Maximierung des Unternehmensvermögens im Mittelpunkt der – auf die Konsumpräferenz des Individuums abgestimmten – Zielsetzung der Anteilseigner; vgl. *Moxter, A.*, Präferenzstruktur, 1964, S. 11; *Wagner, F. W./Dirrigl, H.*, Steuerplanung, 1980, S. 70 f.; *Dirrigl, H./Wagner, F. W.*, Ausschüttungspolitik, 1993, S. 267 f.

2 Vgl. *Siegel, T.*, Kapitalstruktur, 1984, S. 223; *Bitz, M.*, Kapitalstruktur, 2001, Sp. 1337 f.; *Myers, S. C.*, Structure, 2001, S. 84 f.; *Schultze, W.*, Steuervorteile, 2005, S. 238; *Bachmann, C./Schultze, W.*, Unternehmensbewertung, 2008, S. 10, 19; *Elsas, R./Florysiak, D.*, Structure, 2008, S. 42. Zur möglichst umfangreichen Berücksichtigung von Steuern trotz z. T. „technischer Probleme" vgl. *Wagner, F. W.*, Unternehmung, 1972; *Moxter, A.*, Unternehmensbewertung, 1976, S. 170-172; *Wagner, F. W.*, Unternehmenstheorie, 1991, S. 75; *Kruschwitz, L./Löffler, A.*, Unternehmensbewertung, 2004, S. 91; *Ballwieser, W./Kruschwitz, L./Löffler, A.*, Unternehmensbewertung, 2007, S. 765 f., 769; *Jonas, M.*, Unternehmensbewertung, 2008, S. 826, 832 f.

3 Eine empirische Bestätigung der steuerbasierten Trade-off-Theorie in den USA liefern *Gordon, R. H./MacKie-Mason, J. K.*, Effects, 1990; *Givoly, D. et al.*, Evidence, 1992 auf Grundlage des Tax Reform Act of 1986.

4 Beispielhaft seien hier die Einkommensteuerbelastung auf Anteilseignerebene, unterschiedliche Besteuerung bei natürlichen und juristischen Personen als Anteilseigner, eine Beschränkung des steuerlichen Zinsabzuges, die steuerliche Behandlung von Refinanzierungskosten und das Bestehen von steuerlichen Verlustvorträgen genannt.

5 *Wiedermann-Ondrej, N.*, Payments, 2007, S. 27: „Summarizing it can be stated that taxes can change the cost of financing considerably and it is therefore essential to know the effect of tax law provisions."

6 Vgl. *Francfort, A. J./Rudolph, B.*, Kapitalstrukturen, 1992, S. 1059.

lung von – aus dem Unternehmensteuerreformgesetz 2008[1] resultierenden – Steuerwirkungen auf die steuerinduzierte Finanzierungsentscheidung.

1.3 Abgrenzung zu bestehenden Untersuchungen

Zu den Aufgaben der Betriebswirtschaftlichen Steuerlehre gehört es, den Einfluss der Besteuerung auf ökonomische Entscheidungen als Teildisziplin der Entscheidungstheorie zu untersuchen und Unternehmen (sowie die Steuergesetzgebung) zu beraten.[2] Die in Abbildung 3 aufgeführten potenziellen steuerlichen Einflussfaktoren auf die Kapitalstruktur beinhalten sowohl durch Staat und Umweltfaktoren extern vorgegebene Einflüsse, als auch interne – in der Entscheidungsbefugnis des Unternehmens bzw. der Gesellschafter liegende – Einflüsse:[3]

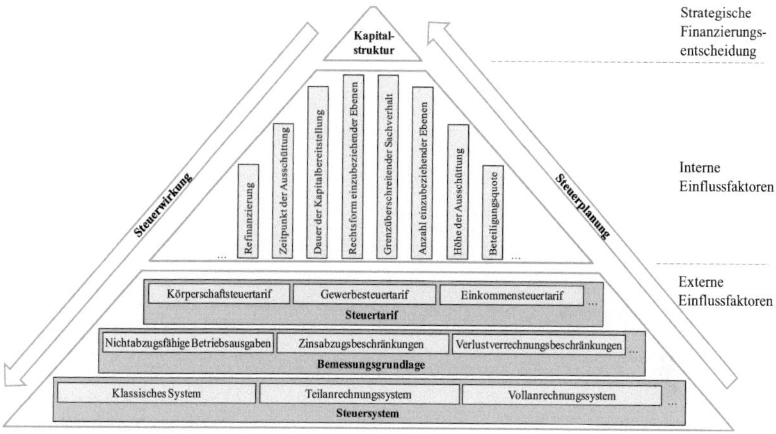

Abbildung 3: Potenzielle ertragsteuerliche Einflussfaktoren auf die Kapitalstruktur

1 Unternehmensteuerreformgesetz (UntStRefG) 2008 vom 14.08.2007, BGBl. I 2007, S. 1912-1938. Zu politischem Hintergrund und Eckpunkten der Reform vgl. *Homburg, S.*, Company, 2007, S. 592-609.

2 Vgl. *Pohmer, D.*, Steuerlehre, 1958, S. 146 f.; *Fischer, L./Schneeloch, D./Sigloch, J.*, Steuerlehre, 1980, S. 700 f.; *Tipke, K.*, Steuerrechtsordnung I, 2000, S. 19 f.; *Jacobs, O. H.*, Entwicklungstendenzen, 2004, S. 251; *Wagner, F. W.*, Steuerforschung, 2004, S. 237; *Lang, J.*, Einführung, 2010, S. 16 f.; *Schmiel, U.*, Steuerlehre, 2005, S. 7-54; *Hundsdoerfer, J./Kiesewetter, D./Sureth, C.*, Forschungsergebnisse, 2008, S. 63 f.

3 Zu im Folgenden vernachlässigten internen und externen nicht steuerlichen Einflussfaktoren (wie beispielsweise die regionale Lage, die politische Situation und die Kapitalmarktsituation) vgl. *Wittmann, F.*, Einfluß, 1986, S. 52 f. Zu einzelnen Einflussfaktoren vgl. auch *Taggart, R. A.*, Patterns, 1985; *Jacobs, O. H./Spengel, C.*, Finanzierung (Teil I), 1992, S. 84.

Während die externen Einflussfaktoren die Steuerbelastung als Produkt von Bemessungsgrundlage und anzuwendendem Steuertarif unmittelbar beeinflussen,[1] wirken sich die internen Einflussfaktoren als Folge einer vorausgehenden strategischen Unternehmensentscheidung und Vorstufe der externen Einflussfaktoren nur mittelbar auf die Steuerbelastung aus.[2] Die bestehenden steuerbasierten Kapitalstrukturtheorien und die den empirischen Untersuchungen zugrundeliegenden Hypothesen haben größtenteils gemeinsam, dass sie von einem steuerlichen Vorteil der Fremdfinanzierung i. S. eines Tax Shield ausgehen und die wirtschaftliche Steuerbelastung innerhalb eines Landes aufgrund eines einheitlichen Steuerregimes als homogen ansehen bzw. nicht zwischen rechtlicher und wirtschaftlicher Steuerbelastung differenzieren.[3] Ferner wird speziell in empirischen Studien nur selten zwischen personen- und firmenbezogenen Kapitalgesellschaften differenziert.[4] Im Gegensatz dazu wird in der vorliegenden Untersuchung die Wirkung der externen Einflussfaktoren isoliert analysiert und untersucht, welche Veränderung der effektiven Steuerbelastung durch die einzelnen steuerlichen Einflussfaktoren („Tax Drivers“) und deren Variation eintritt.[5] Die isolierte Betrachtung einzelner ertragsteuerlicher Einflussfaktoren in dieser Arbeit hat gegenüber einer aggregierten

---

[1] Zum Begriff „Steuertarif“ und der Abgrenzung zum Begriff „Steuersatz“ vgl. *Koch, K.*, Steuersatz, 1981, S. 1342; *Homburg, S.*, Steuerlehre, 2007, S. 61-65.

[2] Alternativ werden in der Literatur auch die Begriffe „Umweltfaktoren“ und „Unternehmungsfaktoren“ verwendet; s. *Wittmann, F.*, Einfluß, 1986, S. 52.

[3] Vgl. *Elsas, R./Florysiak, D.*, Structure, 2008, S. 42; *Scholze, A.*, Relevanz, 2009, S. 428, 436. *B. Rudolph* kommt hiervon abweichend unter Einbezug von Körperschaft-, Gewerbe- und Einkommensteuer zum Ergebnis eines negativen Tax Shield; s. *Rudolph, B.*, Unternehmensfinanzierung, 2006, S. 107. Der effektive Steuersatz ist nachweislich ein endogener Faktor, der zumindest teilweise vom Unternehmen selbst gesteuert werden kann; vgl. *Myers, S. C.*, Puzzle, 1984, S. 579; *Graham, J. R./Lemmon, M. L./Schallheim, J. S.*, Endogeneity, 1998, S. 131. Zur Messung von Entscheidungswirkungen anhand rechtlicher und wirtschaftlicher Steuerbelastungsvergleiche vgl. insbesondere *Schneider, D.*, Finanzierung, 1992, S. 176-184; *Henselmann, K.*, Steuerbelastung, 1994, S. 74-76.

[4] Eine Differenzierung zwischen personen- (bzw. auch anteilseigner-) und firmenbezogener Kapitalgesellschaft erfolgt anhand des Kriteriums der „Personalunion von Kapitalgeber und Unternehmensleitung“; *Wagner, F. W./Dirrigl, H.*, Steuerplanung, 1980, S. 70; vgl. auch *Schneider, D.*, Finanzierung, 1992, S. 12. Zur Notwendigkeit einer Differenzierung vgl. *Mellwig, W.*, Besteuerung, 1985, S. 1 f.; *Kußmaul, H./Dreger, M.*, Finanzierungsvergleich, 1996, S. 1179; *Siegel, T.*, Finanzierung, 2001, Sp. 1999. „Eine personenbezogene Kapitalgesellschaft ist durch eine begrenzte Gesellschafterzahl charakterisiert, wobei einzelne Gesellschafter zugleich eine Geschäftsführungsfunktion als Gesellschafter-Geschäftsführer übernehmen können“; *Dirrigl, H./Wagner, F. W.*, Ausschüttungspolitik, 1993, S. 273. Eine Differenzierung nach personen- (bzw. anteilseigner-) und firmenbezogener Kapitalgesellschaft findet sich in qualitativen und quantitativen Ausführungen bei *Siegel, T.*, Optimierung, 1981; *Siegel, T.*, Kapitalstruktur, 1984; *Haase, K. D.*, Steuerpolitik, 1986; *Wosnitza, M.*, Steuerreform, 1992; *Jacobs, O. H.*, Konzernfinanzierung, 1996, S. 39; *Haase, K. D./Diller, M.*, Finanzierung, 2002; *Patek, G.*, Entscheidungsfelder, 2007, S. 445; *Perridon, L./Steiner, M.*, Finanzwirtschaft, 2009, S. 488.

[5] Vgl. so auch *Schneeloch, D.*, Gesellschafterdarlehen, 1984, S. 41; *Niemann, R.*, Verlustverrechnungsbeschränkungen, 2004, S. 5; *Oestreicher, A./Klett, M./Koch, R.*, Auswirkungen, 2008, S. 22.

Betrachtung den wesentlichen Vorteil, dass Einflussfaktoren hinsichtlich ihrer steuerlichen Wirkung untersucht, Einflussfaktoren mit gleicher Wirkungsrichtung gruppiert, Dependenzen und Interdependenzen analysiert und die steuerlichen Wirkungen eines einzelnen Einflussfaktors losgelöst von der Gesamtwirkung einer Steuerreform aufgezeigt und quantifiziert werden können.[1] Kenntnisse über die isolierte Wirkung der steuerlichen Einflussfaktoren sind nicht nur für den Gesetzgeber im Rahmen von Steuerreformen von Bedeutung, insbesondere Unternehmen benötigen Informationen über die Steuerwirkung der einzelnen Einflussgrößen, da nur in Ausnahmefällen alle Änderungen einer Steuerreform in einer einzelnen Unternehmensentscheidung vereint sind.

Die Frage, inwiefern die Änderung steuerrechtlicher Rahmenbedingungen die Wahl der Finanzierungsform und damit den Marktwert beeinflusst, wurde unter dem Aspekt einer Zerlegung und isolierten Betrachtung einzelner steuerlicher Einflussfaktoren auf die Finanzierungsentscheidung in der Literatur bisher nicht diskutiert.[2] In dieser Untersuchung wird hinterfragt, unter welchen Umständen und in welchem Ausmaß die im Schrifttum oftmals bemängelte Nichtberücksichtigung der steuerlichen Vorbelastung von Dividenden auf Anteilseignerebene die Kapitalkosten, den Steuervorteil der Fremdfinanzierung und schließlich die Kapitalpräferenz der Investoren beeinflusst bzw. sogar umkehrt und dadurch die „Qualität der Anlagepolitik"[3] und die Rangfolge von Entscheidungsalternativen zueinander (Rangfolge-Varianz)[4] beeinflusst.[5]

1.4 Vorgehensweise

Im Bereich der theoretischen Betriebswirtschaftslehre werden Forschungsergebnisse regelmäßig aus einem – durch Abstraktion aus der Realität gewonnenen – Grundmodell unter Festlegung bestimmter Annahmen (z. B. Unternehmensziel) deduktiv ermittelt.[6]

---

1 Vgl. *Wagner, F. W.*, Entwicklungstendenzen, 1984, S. 205 f., 219; *Givoly, D. et al.*, Evidence, 1992, S. 335; *Jacobs, O. H.*, Entwicklungstendenzen, 2004, S. 254; *Kavcic, C./Vogel, A.*, Ziele, 2008, S. 123; *Maßbaum, A./Sureth, C.*, Financing, 2008, S. 13-20.

2 *J. R. Graham* gibt hierzu den Anstoß: „Another important area for future research is to isolate the market value of the tax benefits of debt."; *Graham, J. R.*, Review, 2006, S. 667.

3 *Rudolph, B.*, Portfolio-Management, 1994, S. 7.

4 S. *Wagner, F. W.*, Neutralität, 1992, S. 3; *Treisch, C.*, Entscheidungsneutralität, 2000, S. 368; *Zeller, F.*, Portfoliomanagement, 2005, S. 113.

5 Vgl. *Endres, D./Spengel, C./Reister, T.*, Unternehmensteuerreform, 2007, S. 483; *Homburg, S.*, Unternehmensfinanzierung, 2007, S. 686, 690; *Rädler, A. J.*, Schlechterstellung, 2007; *Wiegard, W.*, Unternehmensteuerreform, 2007, S. 1011 f.; *Kiesewetter, D. et al.*, Reform, 2008, S. 957 f.

6 Vgl. *Menger, C.*, Oekonomie, 1883, S. 36-48; *Moxter, A.*, Betriebswirtschaftslehre, 1957, S. 62. Zu den Vorteilen einer modelltheoretischen Analyse in der Betriebswirtschaftlichen Steuerlehre vgl. *Wagner, F. W.*, Steuerforschung, 2004, S. 238, 247-249.

Aussagekräftige, valide Steuerbelastungsvergleiche und damit einhergehende Rückschlüsse von Modellrechnungen[1] auf die Wirklichkeit würden eine strukturgleiche Abbildung der ökonomischen und steuerlichen Daten sowie ihrer jeweiligen Abhängigkeiten im Modell erfordern.[2] Beispielsweise müssten sämtliche Handlungsmöglichkeiten (bzw. hier genauer: Finanzierungsmöglichkeiten) eines Unternehmens über den gesamten Planungszeitraum erfasst, kombiniert und aufgrund von Interdependenzen simultan mit allen weiteren betriebswirtschaftlichen Unternehmensentscheidungen gewürdigt werden (Totalmodell).[3] Da eine strukturgleiche Abbildung der realen Sachverhalte unter Berücksichtigung von Unsicherheiten im Totalmodell aus Komplexitätsgründen nicht durchführbar ist,[4] werden im Rahmen dieser Arbeit – wie in der betriebswirtschaftlichen Literatur üblich[5] – ausschließlich die typischen und für personenbezogene Kapitalgesellschaften bedeutsamen Alternativen der Eigen- und Fremdfinanzierung durch den Gesellschafter zur Beurteilung einer Finanzierungsentscheidung betrachtet (Partialmodell).[6] Als Konsequenz der Komplexitätsreduktion dürfen die Ergebnisse modellgestützter Steuerbelastungsvergleiche nicht generalisiert werden;[7] Tendenzaussagen über die relative Vor- oder Nachteilhaftigkeit von Entscheidungsmöglichkeiten nach Steuern sind jedoch hilfreich und als Second-best-Lösung notwendig, um Zusammenhänge „transparent zu machen und das Auffinden zielgerichteter Entscheidungen zu unterstützen“[8].

---

1 Steuerbelastungsvergleiche werden grundsätzlich mit Modellrechnungen durchgeführt; vgl. *Schneider, D.*, Finanzierung, 1992, S. 192; *Henselmann, K.*, Steuerbelastung, 1994, S. 6; *Spengel, C.*, Steuerbelastungsvergleiche, 1995, S. 6. Zur Rechtfertigung einer Modellbildung vgl. *Schreiber, U.*, Unternehmensbesteuerung, 1991, S. 62.

2 Vgl. zur modelltheoretischen Abbildung der Realität *Kosiol, E.*, Modellanalyse, 1961, S. 321; *Bamberg, G./Coenenberg, A. G./Krapp, M.*, Entscheidungslehre, 2008, S. 12 f. Speziell zu Steuerbelastungsvergleichen vgl. *Widdau, P.*, Steuerbelastung, 1984, S. 179 f.

3 Zur Beurteilung von Total- und Partialmodellen unter Berücksichtigung des Handlungs- und Planungszeitraums vgl. *Schneider, D.*, Finanzierung, 1992, S. 26-31.

4 Zu den Problemen der Isomorphie zwischen Modell und Realität und der daraus notwendigerweise erforderlichen Komplexitätsreduktion durch Partialmodelle vgl. *Schreiber, U.*, Steuerpolitik, 1989, S. 11; *Ballwieser, W.*, Komplexitätsreduktion, 1990, S. 7-11; *Spengel, C.*, Steuerbelastungsvergleiche, 1995, S. 6-8; *Petersen, S. A.*, Organisationsform, 2006, S. 37-39 m. w. N.

5 Vgl. *Niemann, R./Sureth, C.*, Risikobereitschaft, 2008, S. 122.

6 Insbesondere „bei der Finanzierung personenbezogener Kapitalgesellschaften durch die Gesellschafter weichen sonst wichtige Einflussgrößen wie Zahlungs-, Informations-, Kontroll- und Sicherungsbeziehungen jedoch oft rein steuerlichen Optimierungsüberlegungen“; *Haase, K. D./Diller, M.*, Finanzierung, 2002, S. 229. Vgl. so auch *Bauer, A.*, Unterkapitalisierungsregelungen, 2009, S. 163.

7 Vgl. *Schreiber, U.*, Steuerpolitik, 1989, S. 11.

8 *Spengel, C.*, Steuerbelastungsvergleiche, 1995, S. 7 f. Ferner lassen sich durch eine modellgestützte Analyse auch diejenigen ökonomischen Aussagen abgrenzen, die sich unter den getroffenen Annahmen nicht ableiten lassen und damit nicht haltbar sind; vgl. *Petersen, S. A.*, Organisationsform, 2006, S. 73.

Zunächst wird unter der Zielsetzung einer steuerlichen Suboptimierung,[1] das heißt einer Minimierung der Steuerzahlungen,[2] für jeden Einflussfaktor eine ordinalskalierte Rangordnung ertragsteuerlicher Präferenz von Eigen- oder Fremdkapital durch Berechnung der ertragsteuerlichen Gesamtbelastung eines Modellunternehmens ermittelt und somit die relative steuerliche Vorteilhaftigkeit[3] gegenüber der jeweiligen Finanzierungsalternative aufgezeigt.[4] Hierbei werden nicht nur steuerliche Belastungsdifferenzen zwischen den Finanzierungsalternativen beleuchtet, sondern auch die Gesamtsteuerbelastung der Finanzierungsmaßnahmen; so wird es möglich, das Gesamtausmaß der steuerlichen Belastung zu analysieren.[5]
Um möglichst anschauliche und genaue Ergebnisse zu gewinnen, beschränkt sich die Untersuchung auf den spezifischen Betriebstyp der Kapitalgesellschaft, die vor allem aufgrund von Haftungsbeschränkungen die in Deutschland – nach dem Einzelunternehmen – am häufigsten anzutreffende Rechtsform ist und bei der aufgrund des Zusammenwirkens von Körperschaft- und Gewerbesteuer auf Unternehmensebene und Einkommensteuer auf Anteilseignerebene (Trennungsprinzip) sehr viel größere Steuerasymmetrien auftreten als bei einer Personengesellschaft.[6] Ferner werden lediglich die

---

1 Vgl. *Hauschildt, J./Wacker, W.*, Entscheidungsprozesse, 1974, S. 253.

2 Neben der Sicherstellung der jederzeitigen finanziellen Liquidität und strategischen Flexibilität ist das Gewinnziel, und damit verbunden die Befriedigung der Konsumbedürfnisse des Investors, das bedeutsamste quantifizierbare Ziel einer Unternehmung; vgl. *Moxter, A.*, Präferenzstruktur, 1964, S. 11; *Koch, H.*, Optimalitätskriterium, 1968, S. 389-393; *Schulte, K.-W.*, Wirtschaftlichkeitsrechnung, 1986, S. 41 f.; *Schmalenbach-Gesellschaft für Betriebswirtschaft e.V.*, Kapitalstrukturpolitik, 2009, S. 334.

3 Eine absolute Minimierung der Steuerbelastung i. S. einer vollständigen Vermeidung von Steuerzahlungen wäre nur durch eine Einstellung der wirtschaftlichen Aktivitäten zu erreichen; vgl. *Wöhe, G./Bieg, H.*, Steuerlehre, 1995, S. 92; *Kessler, W.*, Konzernbesteuerung, 2008, S. 6; *Kußmaul, H.*, Steuerlehre, 2008, S. 138.

4 Vgl. so auch *Fischer, L.*, Steuerbelastung, 1989, S. 135; *Schneider, D.*, Meßkonzepte, 1990, S. 497. Anforderungen an aussagekräftige Steuerbelastungsvergleiche sind die Berücksichtigung aller entscheidungsrelevanten Steuerarten und Interdependenzen, die Berücksichtigung von Unterschieden in Steuersätzen und Bemessungsgrundlagen, eine mehrperiodige Betrachtung und die Einbeziehung des Ausschüttungsfalls; vgl. *Haase, K. D./Schneeloch, D.*, Analyse, 1983, S. 99; *Schneider, D.*, Steuerbelastungsvergleiche, 1988, S. 284-286, 290 f.; *Jacobs, O. H.*, Einflußfaktoren, 1991, S. 257-259; *Spengel, C.*, Steuerbelastungsvergleiche, 1995, S. 5-11; *Jacobs, O. H./Spengel, C.*, Burden, 2000, S. 334-336; *Spengel, C./Lammersen, L.*, Methoden, 2001, S. 223; *König, R./Wosnitza, M.*, Steuerwirkungslehre, 2004, S. 3. „Urteile über die Vorteilhaftigkeit oder Unvorteilhaftigkeit … ergeben sich … erst aus dem Vergleich alternativer Programme"; *Moxter, A.*, Finanzierungstheorie, 1965, S. 7.

5 Vgl. *Schneeloch, D.*, Gesellschafterdarlehen, 1984, S. 40.

6 Vgl. auch *Eggert, W./Weichenrieder, A.*, Unternehmensfinanzierung, 2002, S. 532. Zur Verbreitung der Kapitalgesellschaft in der Bundesrepublik Deutschland vgl. *Mödinger, P.*, Unternehmensregister, 2007, S. 346 f.; *Kornblum, U.*, Rechtstatsachen, 2009.

ertragsteuerlichen Rahmenbedingungen der laufenden Besteuerung betrachtet.[1] Die kasuistische (teilweise dynamische)[2] Veranlagungssimulation eines Modellunternehmens erweist sich hierbei aufgrund höherer Anschaulichkeit, der Berücksichtigung von Bemessungsgrundlagen und Interdependenzen der Steuerarten, der Berücksichtigung von Zeiteffekten und rechnerischer Genauigkeit als das geeignete Quantifizierungsverfahren.[3] Zur Bestimmung der Steuerbelastung und zur Beurteilung der Steuerwirkung werden analytische Steuerbelastungsvergleiche durchgeführt.[4] Aus der jeweiligen absoluten ertragsteuerlichen Gesamtbelastungsfunktion kann durch Differenzierung die Funktion der Grenzsteuerbelastung ermittelt werden.[5] Während durch die Ermittlung der marginalen Steuerbelastung oder der Differenzsteuerbelastung die Steuerwirkung und relative steuerliche Vorteilhaftigkeit einer Handlungsmöglichkeit hinterfragt wird, wird durch die Berechnung von Durchschnittssteuersätzen die persönliche Steuerlast einer natürlichen Person mit ihrer gesamten wirtschaftlichen Aktivität gemessen.[6] Die Steuerwirkung einzelner Parameter wird deskriptiv dargestellt (Steuerwirkungsanalyse),[7] durch stufenweise Variation getroffener Annahmen die Sensitivität der Ergebnisse isoliert

---

1 Mit der Körperschaft-, Gewerbe- und Einkommensteuer werden im Folgenden die wichtigsten Ertragsteuern betrachtet. Diesen Steuerarten ist gemeinsam, dass die Bemessungsgrundlage an die Saldogröße zwischen Erträgen und Aufwendungen im betriebswirtschaftlichen Sinne anknüpft; vgl. *Theisen, M. R.*, Steuerpolitik, 2007, S. 423 f. Zur Bedeutung von Ertragsteuern für betriebswirtschaftliche Entscheidungsprozesse vgl. *Adam, D.*, Entscheidungen, 1998.

2 Zur Berücksichtigung des Zeitfaktors in steuerlichen Belastungsvergleichen und daraus resultierenden Zins- und Liquiditätseffekten vgl. grundlegend *Jacobs, O. H.*, Steuerbelastungsanalyse, 1991, S. 258; *Scheffler, W.*, Außenfinanzierung, 1993, S. 491; *Spengel, C.*, Steuerbelastungsvergleiche, 1995, S. 10 f.

3 Vgl. *Kußmaul, H.*, Betriebswirtschaftslehre, 1995, S. 6 f. Vgl. zur Gegenüberstellung von Teilsteuerrechnung und Veranlagungssimulation *Schreiber, U.*, Unternehmensbesteuerung, 1987, S. 17-49; *Schneider, D.*, Meßkonzepte, 1990, S. 501; *Scheffler, W.*, Veranlagungssimulation, 1991; *Spengel, C.*, Steuerbelastungsvergleiche, 1995, S. 27-33.

4 Steuerliche Verteilungswirkungen werden bei betriebswirtschaftlichen Fragestellungen regelmäßig nicht betrachtet; vgl. *Herzig, N./Watrin, C.*, Anforderungen, 2000, S. 380; *OECD*, Burdens, 2000, S. 33.

5 Vgl. beispielsweise *Dirrigl, H./Schaum, W.*, Ausschüttungsplanung, 1989, S. 294. Zukunftsorientierte ökonomische Maße der Effektivsteuerbelastung, wie beispielsweise effektive Grenzsteuersätze, sind vergangenheitsorientierten Kennzahlen (z. B. Jahresabschlussdaten) zur steuerlichen Quantifizierung von Unternehmensentscheidungen überlegen; vgl. *Sureth, C./Halberstadt, A./Bischoff, D.*, Einfluss, 2009, S. 51.

6 Vgl. *Henselmann, K.*, Steuerbelastung, 1994, S. 65-67; *Hundsdoerfer, J./Kiesewetter, D./Sureth, C.*, Forschungsergebnisse, 2008, S. 63.

7 Vgl. *Kleineidam, H.-J.*, Steuerlehre, 1970, S. 115 f.; *Fischer, L./Schneeloch, D./Sigloch, J.*, Steuerlehre, 1980, S. 700.

analysiert (Sensitivitätsanalyse)[1] und durch partielle Ableitung nach dem jeweils betrachteten Parameter quantifiziert;[2] mögliche gegenläufige Effekte werden hinterfragt und somit die Aussagekraft der Resultate erhöht.[3] Durch die Berechnung von Indifferenzpunkten kann – bei einer vorausgesetzten Indifferenz von nicht steuerlichen Einflussfaktoren – der kritische steuerliche Wert ermittelt werden, ab dem sich eine relative Vorteilhaftigkeit der Fremdkapitalfinanzierung in einen Nachteil gegenüber der Eigenkapitalfinanzierung umkehrt (et vice versa).[4] Ferner kann der Steuervorteil einer Finanzierungsalternative quantifiziert und unter der Kenntnis der Wirkung von nicht steuerlichen Einflussfaktoren beurteilt werden, ob und inwiefern die steuerliche Wirkung einen vor Steuern bestehenden Vor- oder Nachteil umkehren kann.

Während ein in der Literatur verwendeter weiter Finanzierungsbegriff auch bestimmte außerordentliche finanztechnische Vorgänge (z. B. Kapitalerhöhung und Umstrukturierung) sowie die innerbetriebliche Abstimmung und Umgliederung finanzieller Mittel beinhaltet,[5] ist der im Folgenden verwendete enge Finanzierungsbegriff auf den Vorgang der Bereitstellung finanzieller Mittel beschränkt.[6] Der hier verwendete Finanzierungsbegriff beinhaltet ferner – im Gegensatz zu einer monetären, rein am Zugang disponibler, liquider Mittel ausgerichteten Definition – auch die Maßnahmen zur optimalen Strukturierung des Kapitals und den Abfluss liquider Mittel in Form von Zins- und

---

1 Effektivsteuersätze werden zumeist nicht auf Basis der empirisch ermittelten Höhe der gezahlten Unternehmensteuern berechnet, sondern zukunftsorientiert auf Grundlage von flexiblen Modell- und Simulationsrechnungen; vgl. *Sureth, C./Halberstadt, A./Bischoff, D.*, Einfluss, 2009, S. 52. Sensitivitätsanalysen „erlauben dem Investor einen Einblick in die Interdependenzen verschiedener Einflussfaktoren und damit in die Struktur des Projekts"; *Hundsdoerfer, J./Kiesewetter, D./Sureth, C.*, Forschungsergebnisse, 2008, S. 77. Vgl. zur Verwendung von Sensitivitätsanalysen auch *Scheffler, W.*, Außenfinanzierung, 1993, S. 492.

2 Vgl. ähnliche Vorgehensweise bei *Taggart, R. A.*, Patterns, 1985, S. 34.

3 Vgl. *Jacobs, O. H.*, Steuerbelastungsanalyse, 1991, S. 258; *Kußmaul, H./Dreger, M.*, Finanzierungsplanung, 1996, S. 1380; *Spengel, C./Lammersen, L.*, Methoden, 2001, S. 229. Zur Gefahr der Verfälschung von Ergebnissen vgl. *Blumenberg, J.*, Steuerbelastung, 1991, S. 857.

4 Zum Indifferenzsteuersatz vgl. grundlegend *Schult, E.*, Differenzsteuerrechnung, 1979; *Schreiber, U.*, Besteuerung, 2008, S. 600-602, 685 f. *S. Kudert/I. Kaiser* sprechen in diesem Zusammenhang vom „Break Even-Punkt"; *Kudert, S./Kaiser, I.*, Lock-in-Effekte, 2007, S. 5. Durch die Berechnung von Durchschnitts- und Differenzsteuersätzen können – entgegen einer Grenzbetrachtung – Freibeträge, Umfang der Progression und insbesondere die Günstigerprüfung im Anwendungsbereich der Abgeltungsteuer berücksichtigt werden; vgl. *Wosnitza, M./Treisch, C.*, Leistungsfähigkeitskonzeptionen, 1999, S. 361; *Hechtner, F./Hundsdoerfer, J.*, Steuerbelastung, 2008, S. 4; *Hechtner, F./Hundsdoerfer, J.*, Schedulenbesteuerung, 2009, S. 30.

5 Vgl. beispielsweise zur Finanzierung des Unternehmenserwerbs am Beispiel der Volksrepublik China *Wang, H.*, Besteuerung, 2006, S. 194-212.

6 Vgl. *Moxter, A.*, Kapitalmarkttheorie, 1963, S. 285-287.

Dividendenzahlungen.[1] Hinsichtlich des Merkmals der Zahlungswirksamkeit sind Investitions- und Finanzierungsentscheidungen zwei Seiten desselben Aspekts;[2] Höhe und Zeitpunkt des Finanzbedarfs werden im Folgenden als durch das Investitionsobjekt vorgegeben angenommen.[3] Die Untersuchung kann sich somit „allein auf die Frage nach der Beschaffung und Strukturierung des Kapitalfonds“[4] also auf die Finanzierungsüberlegung konzentrieren.

---

1 Vgl. *Wöhe, G./Bilstein, J.*, Unternehmensfinanzierung, 2002, S. 3. Vgl. auch *Lehmann, M.*, Finanzierung, 1991, S. 411-413; *Swoboda, P.*, Finanzierung, 1994, S. 1-4; *Wosnitza, M.*, Kapitalstrukturentscheidungen, 1995, S. 4-6; *Vormbaum, H.*, Finanzierung, 1996, S. 24-30; *Lutter, M./Scheffler, E./Schneider, U. H.*, Konzern, 1998, S. 17 f.; *Theisen, M. R./Widmayer, G.*, Kapitalausstattung, 2005, S. 381; *Drukarczyk, J.*, Finanzierung, 2008, S. 1.

2 Zur ausführlichen Begründung s. *Schneider, D.*, Finanzierung, 1992, S. 21. Investitions- und Finanzierungsentscheidungen können jeweils als Zahlungsreihe dargestellt werden, die sich hinsichtlich der Reihenfolge von Ein- und Auszahlungen unterscheiden; vgl. *König, R./Wosnitza, M.*, Steuerwirkungslehre, 2004, S. 4.

3 Vgl. *Lausberg, F.-W.*, Kapitalstruktur, 1973, S. 46.

4 *Gutenberg, E.*, Finanzen, 1969, S. 3.

2. Steuerliche Determinanten der Kapitalausstattung

2.1 Beschreibung des Modellunternehmens

2.1.1 Mischfinanzierung im Modellunternehmen als Ausgangssituation

In dieser Untersuchung werden zwei komplementäre Finanzierungsmöglichkeiten[1] einer personenbezogenen Kapitalgesellschaft gegenübergestellt,[2] um die Wirkung und das Ausmaß steuerlicher Einflussnahme auf die Finanzierungsentscheidung abzubilden:[3] Zur Ermittlung der ertragsteuerlichen Belastungsdifferenz wird als Ausgangspunkt eine Kapitalgesellschaft betrachtet, die von einer natürlichen Person als mehrheitlich beteiligtem Gesellschafter Eigen- und Fremdkapital im Rahmen des Fremdvergleichsgrundsatzes[4] erhalten hat.[5] In die ertragsteuerliche Belastungsdifferenz werden sowohl die

---

1 Zur bestehenden Finanzierungsfreiheit vgl. BGH, Urt. v. 19.09.1988, II ZR 255/87, NJW 41 (1988), S. 3143; BFH, Urt. v. 05.02.1992, I R 127/90, BStBl. II 1992, S. 532; BFH, Urt. v. 17.10.2001, I R 97/00, GmbHR 93 (2002), S. 169; *Herzig, N.*, Finanzierungsfreiheit, 1994, S. 589-602. Zur Einschränkung der Finanzierungsfreiheit aufgrund von Vorschriften zur Mindesteigenkapitalausstattung vgl. *Theisen, M. R./Widmayer, G.*, Kapitalausstattung, 2005, S. 385. Zur Abschaffung der Rechtsprechungsregelungen zum Eigenkapitalersatz durch das Gesetz zur Modernisierung des GmbH-Rechts und zur Bekämpfung von Missbräuchen (MoMiG) vom 23.10.2008, BGBl. I 2008, S. 2026 (Art. 1 Nr. 20 MoMiG i. V. m. § 30 Abs. 1 Satz 3 GmbHG) und einer – aus der im Insolvenzfall folgenden Rückstufung auf den Rang von § 39 Abs. 1 Nr. 5 InsO resultierenden – Einschränkung der Finanzierungsfreiheit bei Gesellschafterdarlehen vgl. *Krolop, K.*, Finanzierungsfolgenverantwortung, 2009, S. 397, 405.

2 Zur betriebswirtschaftlichen Abgrenzung des Gesellschafterdarlehens von der Eigenkapitalzuführung und den Kriterien einer personenbezogenen Kapitalgesellschaft vgl. *Albach, H.*, Finanzierung, 1962, S. 655-686; *Schneeloch, D.*, Steuerpolitik, 2009, S. 237, 239-251.

3 Die Vorteilhaftigkeit einer Finanzierungsform kann sich entweder bei vorgegebener Bruttorendite des Investoren nach der nachsteuerlich verbleibenden Rendite des Kapitalgebers (bzw. der Gesamtsteuerbelastung) oder bei einer vorgegebenen Nettorenditeanforderung des Investoren nach dem erforderlichen Bruttoertragsbedarf richten; vgl. *Haase, K. D./Lüdemann, L.*, Finanzierungspolitik, 2000, S. 751.

4 Zur Angemessenheit und Dokumentation von Finanzierungsbeziehungen vgl. *Pellens, B./Bonse, A.*, Gewinnverwendungspolitik, 1998, S. 394; *Scheffler, E.*, Fremdfinanzierung, 1998, S. 686-692; *Theisen, M. R.*, Konzern, 2000, S. 604-606; *Naumann, M.*, Finanzierungsbeziehungen, 2006, S. 5-13; *Kotyrba, M. H.*, Beziehungen, 2008, S. 212-215; *Lang, J.*, Rechtsanwendung, 2010, S. 161-167; *Nitschke, H./Rödding, A.*, Fremdfinanzierung, 2008, S. 362-381.

5 Im Folgenden kurz Eigen- bzw. Fremdfinanzierung genannt. Vgl. auch *Schneider, D.*, Steuerwirkung, 2002, S. 170. Zur rechtlichen und bilanziellen Abgrenzung von Eigen- und Fremdkapital vgl. *Gerke, W./Bank, M.*, Finanzierungsentscheidungen, 2003, S. 356; *Bigus, J.*, Abgrenzung, 2007, S. 7-12; *Aleth, F./Reichel, G.*, Eigenkapitalfinanzierung, 2008, S. 77 f. Aus Gründen der sprachlichen Vereinfachung werden die Begriffe „Finanzierung durch Gesellschafterdarlehen" und „Fremdfinanzierung" synonym verwendet; vgl. so auch *Schneeloch, D.*, Gesellschafterdarlehen, 1984, S. 41. Die natürliche Person hält die Anteile annahmegemäß im Privatvermögen und unterliegt in Deutschland der unbeschränkten Steuerpflicht (§ 1 Abs. 1 EStG).

Steuerbelastung der Gesellschaft als auch die des Gesellschafters einbezogen.[1] Die personenbezogene Kapitalgesellschaft und der Gesellschafter werden somit als „wirtschaftliche Interessengemeinschaft“[2] betrachtet. Den Ausgangspunkt der Untersuchung stellt hierbei ein Modellunternehmen mit einer Kapitalstruktur in Höhe von 1.000 T€ Eigenkapital und 1.000 T€ Fremdkapital (Startkapital mit Mischfinanzierung) dar:

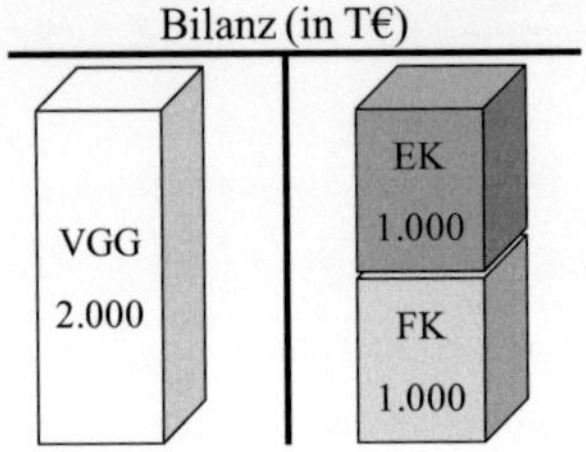

Abbildung 4: Kapitalstruktur in der Ausgangssituation

Im Grundmodell verpflichtet sich die Kapitalgesellschaft gegenüber ihrem Gesellschafter, mithilfe des zur Verfügung gestellten Kapitals in Höhe von jeweils 1.000 T€ Eigen- und Fremdkapital, eine Bruttorendite (*EBIT*) in Höhe von jeweils 10 % des eingesetzten Kapitals zu erwirtschaften[3] und die Rendite nach Gewerbe- und Körperschaftsteuer als Bruttobardividende (Eigenfinanzierung) bzw. als Zinsen (Fremdfinanzierung) vollständig an den Kapitalgeber auszubezahlen.[4] Da auch der Fiskus als Anspruchsberechtigter

---

1 Bei der steuerlichen Analyse einer personenbezogenen Kapitalgesellschaft ist die Einkommensteuerbelastung auf Ebene der natürlichen Person in die Gesamtsteuerbelastung einzubeziehen; vgl. auch *Jacobs, O. H.*, Konzernfinanzierung, 1996, S. 39; *Hundsdoerfer, J./Kiesewetter, D./Sureth, C.*, Forschungsergebnisse, 2008, S. 66. In einer Gesamtschau wäre ebenfalls zu überprüfen, ob nicht eine Fremdfinanzierung über Nichtgesellschafter die dominante Finanzierungsstrategie ist; vgl. *Homburg, S.*, Unternehmensfinanzierung, 2007; *Schreiber, U./Ruf, M.*, Auswirkungen, 2007. Die nachfolgenden Ausführungen gehen von der Annahme aus, dass eine Fremdfinanzierung über Nichtgesellschafter unmöglich oder nur zu Konditionen erreichbar ist, die diese Finanzierungsform trotz eines möglichen Steuervorteils unattraktiv machen; vgl. so auch *Patek, G.*, Entscheidungsfelder, 2007, Fn. 32 auf S. 453.

2 *Schneeloch, D.*, Gesellschafterdarlehen, 1984, S. 40. Diese Vorgehensweise geht auf den in Deutschland weit verbreiteten entscheidungstheoretischen Ansatz *E. Heinens* zurück, der die Entscheidung des Individuums in den Mittelpunkt der Analyse rückt; vgl. *Heinen, E.*, Ansatz, 1971, S. 21, 28. Vgl. zu den Theorien der Betriebswirtschaftslehre auch *Ballwieser, W.*, Theorie, 1991, S. 99-101.

3 Vgl. beispielsweise so auch *Schneeloch, D.*, Gesellschafterdarlehen, 1984, S. 45; *Jacobs, O. H.*, Konzernfinanzierung, 1996, S. 27; *Haase, K. D.*, Steuerbelastungsvergleich, 2008, S. 303; *Zielke, R.*, Steuerplanung, 2009, S. 65.

4 Die Fiktion der residualen Vollausschüttung des freien Cash Flow ist nicht nur notwendige Voraussetzung eines stringenten, aussagekräftigen Steuerbelastungsvergleichs (vgl. *Jacobs, O. H./Spengel, C.*, Unternehmensbesteuerung, 1996, S. 50), sondern ermöglicht bei gleichen steuerlichen Vorschriften für Dividenden und Veräußerungsgewinne eine Einschränkung auf die laufende Ertragsbesteuerung; im vereinfachten, statischen Modell entstehen keine künftigen Cash Flows und somit keine Steuerzahlungen in verschiedenen Veranlagungszeiträumen; vgl. *Kudert, S./Kaiser, I.*, Lock-in-Effekte, 2007, S. 5. Der Solidaritätszuschlag und die Kirchensteuer werden vernachlässigt.

eines Unternehmens betrachtet werden kann,[1] wird die – mit der Startkapitalausstattung – erwirtschaftete Bruttorendite in Höhe von 200 T€ auf die Anspruchsberechtigten (Gesellschafter-Gläubiger, Fiskus und Gesellschafter) aufgeteilt.[2] Unter Beachtung einer wirtschaftlichen Betrachtungsweise, die jeder Finanzierungsalternative die durch sie verursachte Steuerbelastung wirtschaftlich zurechnet, resultieren in der Ausgangssituation folgende Cash Flows an die Anspruchsberechtigten:

in T€	**EK**	**max. FK**
Eingesetztes Kapital	1.000,00	1.000,00
Σ Eingesetztes Kapital	2.000,00	
Σ EBIT KapGes	200,00	
EBIT KapGes	100,00	100,00
Rendite vor Steuern	10 %	10 %
Zins	-	95,30
EBT (KapGes)	100,00	4,70
BMG (GewSt)	100,00	28,53
GewSt ($s_g = 0{,}14$)	14,00	3,99
BMG (KSt)	100,00	4,70
KSt ($s_k = 0{,}15$)	15,00	0,71
Σ Steuer KapGes (GewSt+KSt)	29,00	4,70
Auszahlung an Investor	71,00	95,30
Einkünfte AE (nat. Pers.) = BMG (ESt)	71,00	95,30
ESt ($s_a/s_e = 0{,}25$)	17,75	23,83
Cash Flow Investor	**53,25**	**71,47**
Σ Cash Flow Investor	**124,72**	
Rendite nach Steuern	5,325 %	7,147 %
Cash Flow Fiskus	**46,75**	**28,53**
Σ Cash Flow Fiskus	**75,28**	
Gesamtsteuerbelastung (in % des EBIT)	**37,64**	

Tabelle 1: Cash Flow der Anspruchsberechtigten in der Ausgangssituation

Wie in Tabelle 1 dargestellt, wird in der Eigen- und Fremdfinanzierung eine Bruttorendite in Höhe von 10 % des jeweils eingesetzten Kapitals erzielt. Während im Bereich

[1] Vgl. *Laß, F.*, Finanzierungsentscheidungen, 1999, S. 29 f.; *Drüen, K.-D.*, Unternehmerfreiheit, 2008, S. 154.

[2] Die Verteilung erfolgt in der genannten Reihenfolge; insofern wird im Grundmodell die These des sogenannten „interest-first doctrine" vertreten; vgl. *Baron, D. P.*, Taxes, 1975, S. 1252; *Green, R. C./Talmor, E.*, Liabilities, 1985, S. 1206-1208; *Park, S. Y./Williams, J.*, Clienteles, 1985, S. 204; *Lewis, C. M.*, Taxation, 1990, S. 30, 36.

der eigenkapitalfinanzierten Rendite 53,25 % des anteiligen *EBIT* an den Investor und 46,75 % des anteiligen *EBIT* an den Fiskus ausgezahlt werden, beläuft sich der Cash Flow aus der Fremdkapitalinvestition auf 71,47 % des anteiligen *EBIT* gegenüber einem Anspruch des Fiskus in Höhe von 28,53 % des anteiligen *EBIT*. Die wirtschaftliche Stellung des Fremdkapitalgebers als Steuerdestinatär der – aus der Fremdfinanzierung resultierenden – Unternehmensteuerbelastung bewirkt eine maximale Zinszahlung in Höhe von 95,3 T€.[1] Maximale Fremdfinanzierung (max. FK) bedeutet in diesem Zusammenhang, dass an Gläubiger zu zahlende Fremdkapitalzinsen das anteilige *EBIT* nur insoweit schmälern, als der nach Zinsen verbleibende anteilige Gewinn (*EBT*) zur Begleichung der Gewerbesteuer-Zahllast (resultierend aus einer 25 %-igen Hinzurechnung von Fremdkapitalvergütung und einer Nichtabzugsfähigkeit der Gewerbesteuer) und Körperschaftsteuer-Zahllast (resultierend aus einer Nichtabzugsfähigkeit der Gewerbesteuer) ausreicht.[2]

Ein Vergleich der an den Investor fließenden Cash Flows[3] einerseits und der daraus berechneten Renditen nach Steuern (EK: 5,325 %; FK: 7,147 %) andererseits verdeutlicht, dass die Mischfinanzierung der Ausgangssituation bzw. die daraus resultierenden Renditekennzahlen nach Steuern nicht die Risikoerwartungen eines risikoaversen Investors widerspiegeln.[4] In einer Mischfinanzierung deutet eine Differenz zwischen den Renditen der Eigen- und Fremdkapitalfinanzierung darauf hin, dass nach Renditeaspekten eine steuerlich optimale Kapitalstruktur noch nicht erreicht ist; durch Substitution von Eigenkapital in Fremdkapital (et vice versa) ist eine Verminderung der Steuerbelas-

---

1 Zur Quantifizierung der maximalen Fremdfinanzierung vgl. ausführlich Kapitel 2.1.3, S. 31. Der im Folgenden verwendete Begriff „maximale Fremdfinanzierung“ bzw. „max. FK“ bedeutet, dass den Berechnungen die Modellannahmen einer maximalen Zinszahlung (*Z*) zugrunde liegen.

2 Die Bedingung, dass Unternehmensteuerzahlungen aus sonstigen Finanzquellen oder Privatmitteln des Gesellschafters getätigt werden, kann somit im Grundmodell vermieden und dem Entscheidungsmodell Realitätsnähe und Informationsgehalt geliefert werden; vgl. *Hax, H.*, Entscheidungsmodelle, 1967, S. 749; *Hauschildt, J.*, Ziele, 1973, S. 709.

3 Die Cash Flow-Maximierung auf Ebene der natürlichen Person kann als Zielsetzung der Kapitalstrukturentscheidung betrachtet werden; vgl. *Rudolph, B.*, Kapitalstruktur, 1998, S. 44.

4 Ein risikoaverser Investor würde für die Hingabe von Eigenkapital eine höhere Rendite fordern als für die Hingabe von Fremdkapital, da ein Eigenkapitalinvestor das Existenz- und Investitionsrisiko trägt, Eigenkapital keine Gläubigerstellung einnimmt und im Insolvenzfall erst nachrangig bedient wird. Vgl. *Gutenberg, E.*, Verschuldungsgrad, 1966, S. 688 f., 691; *Elmendorff, W./Thoennes, H.*, Einfluss, 1970, S. 50; *Kahneman, D./Tversky, A.*, Prospect, 1979; *Laß, F.*, Finanzierungsentscheidungen, 1999, S. 25; *Niemann, R./Sureth, C.*, risk, 2004; *Sureth, C./Voß, A.*, Investitionsbereitschaft, 2005, S. 22. *H. Bieg* spricht diesbezüglich sogar von Risikokapital; vgl. *Bieg, H.*, Eigenkapitalausstattung, 1989, S. 26.

tung und somit eine Erhöhung der erzielten Nachsteuer-Rendite möglich.[1] Aus Gründen der Realitätsnähe wird im Grundmodell der vorliegenden Untersuchung jedoch bewusst keine renditemaximierende reine Eigen- oder Fremdkapitalausstattung als Startpunkt gewählt. Vielmehr wird eine realitätsnahe Mischfinanzierung als Ausgangspunkt gewählt, wobei eine Abweichung vom renditemaximierenden Optimum des risikoaversen Investors als Preis einer (Mindest-)Eigen- bzw. Fremdkapitalausstattung betrachtet wird und in Einklang mit dem Differenzcharakter des Eigenkapitals und der Betrachtung der Eigenkapitalvergütung als Residualgröße steht.[2] Eine Abstrahierung von Risikoaspekten des Investors ist in der vorliegenden Untersuchung zulässig, da der Eigen- und Fremdkapitalinvestor ein und dieselbe natürliche Person ist und somit im Insolvenzfall der personenbezogenen Kapitalgesellschaft indifferent zwischen einer Eigen- und Fremdkapitalrückzahlung ist.

Die in diesem Kapitel 2.1.1 dargestellte und steuerlich quantifizierte Mischfinanzierung stellt die fixe und im Folgenden für die Durchschnittsbetrachtung unterstellte Startkapitalausstattung des Modellunternehmens dar. Diese Untersuchung konzentriert sich jedoch nicht auf die steuerliche Behandlung der Startkapitalausstattung, sondern auf die Wirkung von steuerlichen Parametern auf eine anschließende Erweiterungs- bzw. Grenzfinanzierungsentscheidung.[3]

---

1 *Maßbaum, A./Sureth, C.*, Financing, 2008, S. 24: „The after tax profit of a firm can never be maximized through mixed financing. Dependent on the concrete values of the single parameters either an exclusively equity or debt financing results in the highest after tax profit." Da die Gesamtkapitalrentabilität in dieser Untersuchung nicht größer ist als der Fremdkapitalzinssatz, resultiert kein Leverage-Effekt; vgl. *Perridon, L./Steiner, M.*, Finanzwirtschaft, 2009, S. 489. Leverage-Effekte werden zudem in der Literatur zur Effektivsteueranalyse üblicherweise vernachlässigt; vgl. *Haase, K. D.*, Steuerbelastungsvergleich, 2008, S. 307.

2 Vgl. *Lipfert, H.*, Unternehmensfinanzierung, 1965, S. 71; *Bieg, H.*, Eigenkapitalausstattung, 1989, S. 29; *Laß, F.*, Finanzierungsentscheidungen, 1999, S. 5; *Graham, J. R.*, Benefits, 2001, S. 42; *Schneider, D.*, Steuerwirkung, 2002, S. 174-180; *Frydenberg, S.*, Theory, 2004, S. 17; *Theisen, M. R.*, Finanzwirtschaft, 2004, S. 470; *Perridon, L./Steiner, M.*, Finanzwirtschaft, 2009, S. 489; *Bachmann, C./Schultze, W.*, Unternehmensbewertung, 2008, S. 19 f.; *Schmalenbach-Gesellschaft für Betriebswirtschaft e.V.*, Kapitalstrukturpolitik, 2009, S. 324 f. Eigenkapital hat für *E. Loitlsberger* eine zweifache Warteposition: Es wird nur verzinst, soweit ein Gewinn nach Fremdkapitalzinsen vorhanden ist, und nur zurückgezahlt, soweit der Liquidationserlös die Verbindlichkeiten übersteigt; vgl. *Loitlsberger, E.*, Finanzierungsinstrumentarium, 1984, S. 55.

3 Der Begriff Grenzfinanzierung beinhaltet die Betrachtung einer marginalen Einheit, die auch das Kapitalvolumen (i. S. einer Erweiterungsfinanzierung) als Einheit einschließt.

2.1.2 Grenzfinanzierung als Untersuchungsgegenstand

2.1.2.1 Eigen- vs. maximale Fremdfinanzierung

Die ertragsteuerliche Belastungsdifferenz zwischen einer Eigen- und einer Fremdfinanzierung wird mittels eines zur Erweiterung zusätzlichen (Grenz-)Kapitalbedarfs des Modellunternehmens in Höhe von 1.000 T€ simuliert. Der Gesellschafter steht vor der Entscheidung, den Kapitalbedarf des Unternehmens durch eine weitere Zuführung von Eigen- oder (Gesellschafter-)Fremdkapital zu decken. In Abhängigkeit der gewählten Finanzierungsalternative ändert sich der Verschuldungsgrad (V) des Unternehmens gegenüber der Ausgangssituation ($V = 1$) wie folgt:[1]

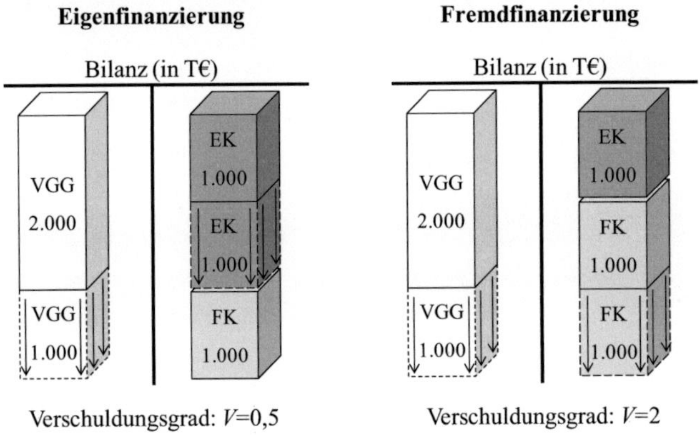

Abbildung 5: Kapitalstruktur in der Grenzfinanzierung

Die in Abbildung 5 als Bilanzverlängerung sowie als Veränderung des Verschuldungsgrades der Kapitalgesellschaft dargestellte bilanzielle Auswirkung der Grenzkapitalaufnahme hat annahmegemäß finanziell zur Folge, dass eine zusätzliche Bruttorendite in Höhe von 10 % des zur Erweiterung aufgenommenen Grenzkapitals erwirtschaftet und

[1] Der Verschuldungsgrad beziffert hier das Verhältnis von Fremdkapital zu Eigenkapital ($V = 2.000$ T€/ 1.000 T€ = 2 bzw. $V = 1.000$ T€ / 2.000 T€ = 0,5). Das Verhältnis von Fremdkapital zu Gesamtkapital bzw. Bilanzsumme, das teilweise ebenfalls als Verschuldungsgrad bezeichnet wird (vgl. *Schmidt, R. H./Terberger, E.*, Finanzierungstheorie, 1997, S. 238; *Ramb, F.*, Finanzierungsstrukturen, 1998, S. 13 – im Original ohne Seitenangabe), erhält hier den Begriff „Verschuldungskoeffizient" oder „Fremdkapitalanteil"; vgl. so auch *Wosnitza, M.*, Kapitalstrukturentscheidungen, 1995, S. 6 f.; *Perridon, L./Steiner, M.*, Finanzwirtschaft, 2009, S. 489, 566. Übersichten zu verschiedenen Begriffsdefinitionen und Maßen des Verschuldungsgrades finden sich bei *Rajan, R. G./Zingales, L.*, Evidence, 1995; *Laß, F.*, Finanzierungsentscheidungen, 1999, S. 2-6.

– wie die Verzinsung der Startkapitalausstattung – als Rendite nach Steuern (Bruttobardividende bzw. Zinsen) vollständig an den Investor ausgezahlt wird.

Aus ertragsteuerlicher Perspektive kann die effektive Gesamtsteuerbelastung in Abhängigkeit der gewählten Finanzierungsalternative additiv aus der effektiven Steuerbelastung der Startkapitalausstattung bei Mischfinanzierung (siehe Tabelle 1 in Kapitel 2.1.1) und der effektiven Steuerbelastung der alternativen Erweiterungs- bzw. Grenzfinanzierung ermittelt werden:

$$s_{EK}^{Gesamt} = s_{Misch}^{Start} + s_{EK}^{Grenz} \tag{2-1}$$

$$s_{FK}^{Gesamt} = s_{Misch}^{Start} + s_{FK}^{Grenz} \tag{2-2}$$

Der relative Steuervorteil der Fremdfinanzierung Δs („benefit function for interest tax deductions“)[1] wird als Differenz der effektiven Gesamtsteuerbelastungen von Eigen- und Fremdfinanzierung berechnet:

$$\boxed{\Delta s = s_{EK}^{Gesamt} - s_{FK}^{Gesamt} = s_{Misch}^{Start} + s_{EK}^{Grenz} - \left(s_{Misch}^{Start} + s_{FK}^{Grenz}\right) = s_{EK}^{Grenz} - s_{FK}^{Grenz}} \tag{2-3}$$

Wie aus Formel 2-3 und Tabelle 2 ersichtlich, kann die Analyse des relativen Steuervorteils der (Grenz-)Fremdfinanzierung im Grundmodell aus Vereinfachungsgründen auf die Steuerbelastungsdifferenz der (Grenz-)Finanzierungsentscheidung beschränkt werden; die effektive Steuerbelastung der Startkapitalausstattung ist im Grundmodell in den Alternativen der Grenzfinanzierung der Höhe nach identisch, unabhängig von den steuerlichen Konsequenzen der Grenzfinanzierung und trägt somit nicht zu einer Erklärung von Steuerbelastungsdifferenzen oder einer potenziellen Änderung der ertragsteuerlichen Rangordnung der Grenzfinanzierungsalternativen bei. Im Grundmodell wird nachfolgend die Gesamtsteuerbelastung der Finanzierungsalternativen ermittelt, der relative Steuervorteil der Fremdfinanzierung quantifiziert und eine Sensitivitätsanalyse dieses Steuervorteils bezüglich der jeweiligen ertragsteuerlichen Einflussfaktoren durchgeführt. Zur Berücksichtigung von progressiven Steuertarifen, Freibeträgen und Freigrenzen wird in einer Durchschnittsbetrachtung der letzte Schritt zur Vereinfachung in Formel 2-3 nicht durchgeführt, um so für jede Finanzierungsalternative die Steuerbelastung

---

1 *Graham, J. R.*, Benefits, 2001, S. 47. Der Steuervorteil der Fremdfinanzierung wird auch „net tax benefit from debt“ bezeichnet; *Kemsley, D./Nissim, D.*, Shield, 2002, S. 2048. Der Steuervorteil der Fremdfinanzierung kann auch negative Werte (= Steuervorteil der Eigenfinanzierung) annehmen.

von Start- und Grenzfinanzierung in Summe ermitteln und analysieren zu können.[1] Zur Ermittlung des relativen Steuervorteils einer Grenzfinanzierung mit Fremdkapital wird im Grundmodell (vgl. Tabelle 2) die ertragsteuerliche Belastungsdifferenz zwischen einer Grenzfinanzierung mit Eigenkapital und einer maximalen Grenzfinanzierung mit Fremdkapital durch eine natürliche Privatperson als Gesellschafter betrachtet.

in T€	**Grenz-finanzierung**	**Startkapital-ausstattung**		**Grenz-finanzierung**
	EK	**EK**	**max. FK**	**max. FK**
Startkapitalausstattung		1.000,00	1.000,00	
zusätzlich eingesetztes Kapital	1.000,00	-	-	1.000,00
Σ eingesetztes Kapital		3.000,00		
Σ EBIT KapGes		300,00		
EBIT KapGes	100,00	100,00	100,00	100,00
Zins	-	-	95,30	95,30
EBT (KapGes)	100,00	100,00	4,70	4,70
BMG (GewSt)	100,00	100,00	28,53	28,53
GewSt ($s_g = 0{,}14$)	14,00	14,00	3,99	3,99
BMG (KSt)	100,00	100,00	4,70	4,70
KSt ($s_k = 0{,}15$)	15,00	15,00	0,71	0,71
Σ Steuer KapGes (GewSt+KSt)	29,00	29,00	4,70	4,70
Auszahlung an Investor	71,00	71,00	95,30	95,30
Einkünfte AE = BMG (ESt)	71,00	71,00	95,30	95,30
ESt ($s_a/s_e = 0{,}25$)	17,75	17,75	23,83	23,83
Gesamtsteuerbelastung	46,75	46,75	28,53	28,53
abzüglich Steuer Startkapital	-	46,75	28,53	-
Steuerbelastung der Grenzfinanzierung	**46,75**	-	-	**28,53**
Differenz zu EK (= Δs)				**18,22**

Tabelle 2: Steuerliche Belastung der Grenzfinanzierung

Wie aus Formel 2-3 und den Berechnungen in Tabelle 2 ersichtlich, ist die Steuerbelastung der Startkapitalausstattung (Spalten 3 und 4) bei einer zusätzlichen alternativen Kapitalaufnahme (Spalte 2 oder 5) unverändert gegenüber der in Tabelle 1 dargestellten Situation ohne Grenzfinanzierung. Der Steuervorteil der (Grenz-)Fremdkapitalaufnahme ist allein auf die Steuerbelastungsdifferenz der Grenzkapitalaufnahme zurückzu-

[1] Vgl. *Hechtner, F./Hundsdoerfer, J.*, Schedulenbesteuerung, 2009, S. 30. Das Grundmodell wird im Laufe dieser Ausarbeitung um Freibeträge, Freigrenzen und progressive Steuertarife erweitert.

führen. Durch den linearen Zusammenhang führt beispielsweise eine Verdoppelung des Verschuldungsgrades zu einer Erhöhung des Steuervorteils der Fremdfinanzierung um 18,22 % des zusätzlich erwirtschafteten *EBIT*.[1] Durch die Prämisse der maximalen Fremdfinanzierung ist in den Steuerberechnungen zur Grenzfinanzierung gewährleistet, dass die Gesamtsteuerbelastung der Kapitalgesellschaft auf beiden Finanzierungswegen jeweils aus den erwirtschafteten Gewinnen der Kapitalgesellschaft getragen wird. Die Gesamtsteuerbelastung der Eigen- und maximalen Fremdfinanzierung lässt sich in Abhängigkeit einer Grenz- oder Gesamtkapitalbetrachtung in effektiven Steuersätzen quantifizieren:

	Eigenfinanzierung	max. Fremdfinanzierung
Startkapitalausstattung	$s_{Misch}^{Start} = \frac{EBIT_{EK}^{Start}}{EBIT^{Start}} * \left(s_g + s_k + (1 - s_g - s_k) * s_a\right) +$	$\frac{EBIT_{FK}^{Start}}{EBIT^{Start}} * \left(\sigma_g + \sigma_k + (1 - \sigma_g - \sigma_k) * s_e\right)$
Grenzkapitalausstattung	$s_{EK}^{Grenz} = s_g + s_k + (1 - s_g - s_k) * s_a$	$s_{FK}^{Grenz} = \sigma_g + \sigma_k + (1 - \sigma_g - \sigma_k) * s_e$
Gesamtkapitalausstattung	$s_{EK}^{Gesamt} = s_{Misch}^{Start} + s_{EK}^{Grenz}$	$s_{FK}^{Gesamt} = s_{Misch}^{Start} + s_{FK}^{Grenz}$

Tabelle 3: Effektive Gesamtsteuerbelastung der Start-, Grenz- und Gesamtkapitalausstattung (Eigen- vs. maximale Fremdfinanzierung)

Zur Ermittlung der Gesamtsteuerbelastung der (Start-)Mischkapitalausstattung wird das mit der Startkapitalausstattung erwirtschaftete *EBIT* zwischen Eigen- und Fremdkapitalinvestition aufgeteilt, jeweils mit dem für jede Finanzierungsalternative spezifischen, aus Gewerbe-, Körperschaft- und Einkommensteuer kombinierten Steuersatz multipliziert und anschließend die Gesamtsteuerbelastungen je Finanzierungsalternative addiert.[2] Den Aufteilungsmaßstab für das erwirtschaftete *EBIT* zwischen Eigen- und Fremdkapitalinvestition bildet das Verhältnis der aus den Finanzierungsalternativen resultierenden Renditeansprüche, die sich wiederum aus dem Produkt von Starteigen- bzw. Startfremdkapital und Eigen- (r^{EK}) bzw. Fremdkapitalrenditefaktor (r^{FK}) ergeben:

[1] Vgl. Tabelle 2, S. 26.
[2] Zur Berechnung der effektiven Steuersätze vgl. Kapitel 2.2, S. 32.

$$EBIT_{EK}^{Start} = EK^{Start} * r^{EK} \tag{2-4}$$

$$EBIT_{FK}^{Start} = FK^{Start} * r^{FK} \tag{2-5}$$

Durch die Formeln in Tabelle 3 kann der Steuervorteil der Fremdfinanzierung (Formel 2-3) als Differenz der Steuerbelastungen von Eigenfinanzierung und maximaler Fremdfinanzierung entweder unter Beachtung der Gesamtkapitalausstattung oder der Grenzkapitalausstattung analytisch ermittelt werden.

2.1.2.2 Mischfinanzierung

Um eine valide Aussage über die relative Steuervorteilhaftigkeit einer Finanzierungsalternative treffen zu können, kann es in Abhängigkeit des gewählten Untersuchungsgegenstandes erforderlich sein, nicht nur die Steuerbelastung des (Grenz-)Eigen- oder (Grenz-)Fremdkapitals zu quantifizieren, sondern das gesamte Grenzkapitalvolumen in die Untersuchung einzubeziehen. Bei der Ausstattung einer Kapitalgesellschaft mit Kapital handelt es sich zwar um ein marginales Entscheidungsproblem, oftmals wird jedoch ein Grenzkapitalvolumen zur Verfügung gestellt, sodass nicht nur die Besteuerung der letzten zugeführten Kapitaleinheit, sondern die steuerliche Belastung des zusätzlichen Volumens als Einheit von Relevanz ist (Differenzbetrachtung).

Von besonderer Bedeutung ist die Steuerbelastung des gesamten zusätzlichen Kapitalvolumens, wenn der Kapitalgesellschaft im Rahmen der Grenzfinanzierung nicht nur Eigen- oder nur Fremdkapital zugeführt wird, sondern der Grenzkapitalbedarf in Form einer gemischten Finanzierung (durch Eigen- und Fremdkapital) gedeckt wird. Eine gemischte Finanzierung kann beispielsweise zu einer in Summe niedrigeren Steuerbelastung als die Extrempositionen einer reinen Eigen- oder Fremdfinanzierung führen, wenn sich der Steuervorteil der Fremdfinanzierung als nicht-lineare Funktion der Untersuchungseinheit darstellt und/oder Sprungstellen – z. B. durch Freibeträge und Freigrenzen veranlasst – existieren. Neben einer gemischten Startkapitalausstattung kann auch der zusätzliche Kapitalbedarf der Kapitalgesellschaft in Form einer Mischung von Eigen- und Fremdkapital zur Verfügung gestellt werden. Beispielsweise bewirkt eine (Grenz-)Kapitalaufnahme in Höhe 50 % Eigenkapital und 50 % Fremdkapital eine Bilanzverlängerung ohne Veränderung des Verschuldungsgrades (vgl. Abbildung 6). Um den Einfluss der Finanzierungsstruktur auf die Unternehmensteuerbelastung zu analysieren, wird der Verschuldungsgrad in der vorliegenden Untersuchung schrittweise variiert.[1]

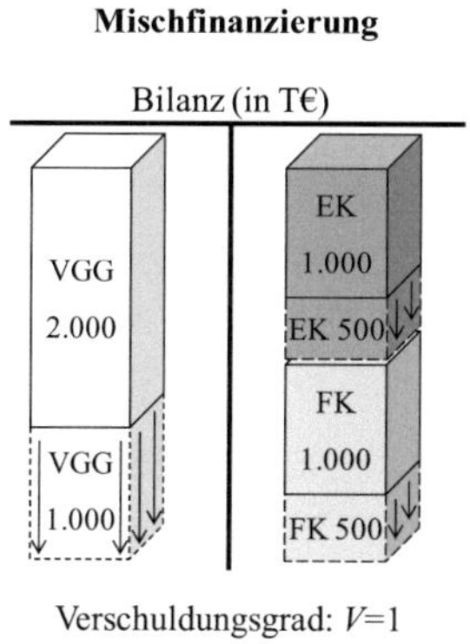

Abbildung 6: Kapitalstruktur und Verschuldungsgrad in der (Grenz-)Mischfinanzierung

Zur Darstellung der Steuerbelastung in der Grenzfinanzierungssituation mit einem bestimmten Anteil (Grenz-)Eigenkapital und einem bestimmten Anteil (Grenz-)Fremdkapital wird das zusätzlich erwirtschaftete *EBIT* ($EBIT^{Grenz}$) – ebenso wie das aus dem Startkapital erwirtschaftete *EBIT* ($EBIT^{Start}$) – anhand der Renditeansprüche auf Eigen- und Fremdkapitalfinanzierung aufgeteilt. Während die Startkapitalausstattung für die absolute Rendite der Finanzierungsalternativen der Startkapitalausstattung maßgebend ist, ist der jeweilige Renditeanspruch für die Grenzfinanzierung neu zu bestimmen aus dem Produkt von Grenzeigen- bzw. Grenzfremdkapital und Eigen- (r^{EK}) bzw. Fremdkapitalrenditefaktor (r^{FK}):

$$EBIT_{EK}^{Grenz} = EK^{Grenz} * r^{EK} \tag{2-6}$$

$$EBIT_{FK}^{Grenz} = FK^{Grenz} * r^{FK} \tag{2-7}$$

Den Aufteilungsmaßstab für das – mit dem Grenzkapital – erwirtschaftete *EBIT* zwischen Eigen- und Fremdkapitalfinanzierung bildet das Verhältnis der aus den Alternativen der Grenzfinanzierung resultierenden Renditeansprüche. Die Gesamt- und Grenzsteuerbelastung der Mischfinanzierung stellt sich demnach wie folgt dar:

[1] Vgl. so auch *Spengel, C.*, Steuerbelastungsvergleiche, 1995, S. 401-404; *Spengel, C./Reister, T.*, Unternehmenssteuerreform, 2006, S. 1744.

	Mischfinanzierung
Start-kapitalausstattung[1]	$s_{Misch}^{Start} = \frac{EBIT_{EK}^{Start}}{EBIT^{Start}} * (s_g + s_k + (1 - s_g - s_k) * s_a) + \frac{EBIT_{FK}^{Start}}{EBIT^{Start}} * (\sigma_g + \sigma_k + (1 - \sigma_g - \sigma_k) * s_e)$
Grenz-kapital-ausstattung	$s_{Misch}^{Grenz} = \frac{EBIT_{EK}^{Grenz}}{EBIT^{Grenz}} * (s_g + s_k + (1 - s_g - s_k) * s_a) + \frac{EBIT_{FK}^{Grenz}}{EBIT^{Grenz}} * (\sigma_g + \sigma_k + (1 - \sigma_g - \sigma_k) * s_e)$
Gesamt-kapital-ausstattung	$s_{Misch}^{Gesamt} = s_{Misch}^{Start} + s_{Misch}^{Grenz}$

Tabelle 4: Effektive Gesamtsteuerbelastung der Start-, Grenz- und Gesamtkapitalausstattung (Mischfinanzierung)

Sofern der Steuervorteil der Fremdfinanzierung analytisch eine Funktion mit streng monotonem Verlauf abbildet, ist die reine Eigen- oder die reine Fremdfinanzierung die dominante Strategie; der Nachsteuergewinn kann durch eine Mischfinanzierung nicht höher ausfallen.[2] Zu untersuchen ist jedoch, ob z. B. progressive Steuertarife, Freibeträge und/oder Freigrenzen die Steuerbelastung der Finanzierungsalternativen derart beeinflussen, dass ab einem kritischen Wert der relative Steuervorteil einer Finanzierungsalternative in einen relativen Steuernachteil umschlägt. Durch die Formeln in Tabelle 4 ist es möglich, die Gesamtsteuerbelastung der Grenzfinanzierung für eine gemischte Finanzierungsstrategie zu berechnen. Die Steuerbelastung der Grenzfinanzierung wird als Summe von Steuerbelastung der anteiligen Eigen- und anteiligen Fremdfinanzierung ermittelt. Darauf aufbauend berechnet sich die Steuerbelastung der Gesamtkapitalausstattung bei Mischfinanzierung aus der Summe der steuerlichen Belastung der Grenzfinanzierung und der gegenüber Kapitel 2.1.2.1 unveränderten Steuerbelastung der Startkapitalausstattung. Der Steuervorteil der Fremdfinanzierung resultiert in der (Grenz-) Mischfinanzierung aus der Gesamtsteuerbelastungsdifferenz von reiner (Grenz-)Eigenfinanzierung und (Grenz-)Mischfinanzierung:

$$\boxed{\Delta s = s_{EK}^{Gesamt} - s_{Misch}^{Gesamt}} \qquad (2\text{-}8)$$

---

1 Vgl. Tabelle 3 in Kapitel 2.1.2.1, S. 27.

2 Vgl. *Maßbaum, A./Sureth, C.*, Financing, 2008, S. 21 und Ausführungen in Kapitel 2.1.1, S. 19.

2.1.3 Quantifizierung der maximalen Fremdfinanzierung

Zur Sicherstellung der Vergleichbarkeit der Finanzierungswege wird in den Alternativen der Grenzfinanzierung von einer gleich hohen vorsteuerlichen ökonomischen Bezugsgröße,[1] dem Gewinn der Kapitalgesellschaft vor Zinsen und Steuern (*EBIT*), ausgegangen.[2] Die Kapitalgesellschaft verpflichtet sich gegenüber ihrem Kapitalgeber, mithilfe des zur Verfügung gestellten Kapitals in Höhe von 1.000 T€, eine Bruttorendite in Höhe von 10 % des eingesetzten Kapitals zu erwirtschaften und die Rendite nach Steuern entweder als Bruttobardividende (Eigenfinanzierung) oder als Zinsen (Fremdfinanzierung) vollständig an den Kapitalgeber auszubezahlen. Um ergebnisverzerrende Liquiditätsdefizite zu verhindern und somit die wirtschaftlichen Grenzen der Fremdfinanzierung modellhaft zu berücksichtigen, werden die Zinsen rechnerisch auf den Betrag beschränkt, der aus dem Bruttogewinn der – durch die Grenzfinanzierung ermöglichten – Grenzinvestition nach Abzug der zusätzlich entstehenden Gewerbe- und Körperschaftsteuerbelastung gedeckt werden kann.[3]

Die Bedingung, dass der effektive Anteil der an den Gesellschafter zu zahlenden Fremdkapitalzinsen (*Z*) das auf die Fremdkapitalgeber entfallende *EBIT* nur insoweit schmälern kann, als der nach Zinszahlung verbleibende Gewinnanteil zur Begleichung der Gewerbesteuer- und Körperschaftsteuer-Zahllast ausreicht, bedeutet formal:[4]

$$EBIT - EBIT * (1 - 0{,}75 * Z) * s_g - EBIT * (1 - Z) * s_k = EBIT * Z \quad \text{bzw.} \tag{2-9}$$

[1] „Gleiche nichtsteuerliche Ausgangsdaten" sind Voraussetzung steuerinduzierter Vergleichsrechnungen; *Jacobs, O. H.*, Unternehmensbesteuerung, 2007, S. 137. Vgl. ebenso *Haase, K. D./Schneeloch, D.*, Analyse, 1983, S. 53, 56; *Jacobs, O. H./Spengel, C.*, Finanzierung (Teil I), 1992, S. 86; *Scheffler, W.*, Finanzierungspolitik, 1992, S. 120; *Spengel, C.*, Steuerbelastungsvergleiche, 1995, S. 29; *Graham, J. R.*, Proxies, 1996, S. 220; *Jacobs, O. H.*, Konzernfinanzierung, 1996, S. 27; *Schultze, W./Zimmermann, R.-C.*, Werteinfluss, 2006, S. 890 f.; *Schreiber, U.*, Besteuerung, 2008, S. 639.

[2] Als gemeinsame Bezugsgröße kommen prinzipiell ein gleich großer Bruttobetrag, die Höhe der Zinsen bzw. der geplanten Ausschüttung und ein gleich großer Nettozufluss beim Gesellschafter in Betracht. Die Auswahl der Bezugsgröße hängt hierbei von der konkreten Fragestellung ab; der hier vorliegende Untersuchungsgegenstand fokussiert, welcher Teil eines vorgegebenen Bruttobetrags letztlich netto dem Gesellschafter zufließt; vgl. *Schneeloch, D.*, Steuerpolitik, 2009, S. 239 f. Da in Übereinstimmung mit dem geltenden deutschen Steuerrecht davon ausgegangen wird, dass Zinsen einkommensteuerpflichtig sind und bezüglich der Zinsen eine traditionelle Einkommensteuer vorliegt, bildet die Besteuerung des ökonomischen Gewinns das Referenzsystem; vgl. *Samuelson, P. A.*, Economic, 1964; *Johansson, S.-E.*, Decisions, 1969.

[3] Vgl. ebenso *Jacobs, O. H.*, Konzernfinanzierung, 1996, Tab. 1a auf S. 29. Vgl. auch *Schneeloch, D.*, Gesellschafterdarlehen, 1984, S. 50; *Schneeloch, D.*, Steuerpolitik, 2009, S. 241 f.

[4] Vgl. Berechnung in Anhang a, S. 219.

$$Z = \frac{1 - s_g - s_k}{1 - 0{,}75 * s_g - s_k} \qquad (2\text{-}10)$$

Die Prämisse der maximalen Fremdfinanzierung bedeutet, dass jeder Finanzierungsalternative die durch sie ausgelöste Unternehmensteuerbelastung zugerechnet wird. Insofern stellt die Prämisse der maximalen Fremdfinanzierung eine Erweiterung der „interest-first doctrine“[1] beziehungsweise der residualen Eigenschaft des Eigenkapitals[2] dar; somit wird einer wirtschaftlichen Betrachtungsweise Rechnung getragen und verhindert, dass bei einer reinen (Grenz-)Fremdfinanzierung die Unternehmensteuerbelastung zulasten periodenfremder Gewinne (Gewinnrücklagen), des aus dem Startkapital erwirtschafteten *EBIT* oder des Privatvermögens des Investors fallen.

2.2 Ermittlung effektiver Unternehmensteuersätze

Zielsetzung einer Steuerwirkungsanalyse ist es, die Höhe und die Unterschiede in der Steuerbelastung von Handlungsalternativen sowie die Bedeutung und die Gewichtung der relevanten steuerlichen Einflussfaktoren auf die Handlungsalternativen („Tax Drivers“) zu ermitteln und analysieren.[3] Bei der Ermittlung des Ausmaßes von Belastungsdifferenzen zwischen Finanzierungsalternativen ist auf die effektive Steuerbelastung der Handlungsalternativen abzustellen.[4] Ein ausschließlicher Vergleich von nominalen Steuertarifen ist aufgrund divergierender steuerlicher Bemessungsgrundlagen der Finanzierungsalternativen nicht zielführend;[5] beispielsweise beträgt der *EBT* in Tabelle 2 bei Eigenfinanzierung 100 T€, der *EBT* bei Fremdfinanzierung 4,7 T€. Die unternehme-

---

[1] Vgl. *Baron, D. P.*, Taxes, 1975, S. 1252; *Green, R. C./Talmor, E.*, Liabilities, 1985, S. 1206-1208; *Park, S. Y./Williams, J.*, Clienteles, 1985, S. 204; *Lewis, C. M.*, Taxation, 1990, S. 30, 36. Zu einer Gegenüberstellung von „interest-first doctrine“ und „principal-first doctrine“ vgl. *Zechner, J./Swoboda, P.*, Critical, 1986, S. 330-340 m. w. N.

[2] Vgl. *Graham, J. R.*, Benefits, 2001, S. 42; *Frydenberg, S.*, Theory, 2004, S. 17; *Perridon, L./Steiner, M.*, Finanzwirtschaft, 2009, S. 489.

[3] Vgl. *Spengel, C.*, Unternehmensbesteuerung, 2003, S. 59.

[4] Vgl. *Auerbach, A. J./Jorgenson, D. W.*, depreciation, 1980; *Bradford, D. F./Fullerton, D.*, Effective, 1981; *King, M. A./Fullerton, D.*, Taxation, 1984; *Givoly, D. et al.*, Evidence, 1992, S. 335 f.; *Spengel, C.*, Steuerbelastungsvergleiche, 1995, S. 46; *Jacobs, O. H./Spengel, C.*, Unternehmensbesteuerung, 1996, S. 51; *Devereux, M. P./Griffith, R.*, location, 1998; *Spengel, C.*, Unternehmensbesteuerung, 2003, S. 60. Bei der Interpretation von Ergebnissen auf Grundlage effektiver Steuersätze ist jedoch zu beachten, dass es sich um Modellanalysen, die unter vereinfachten Annahmen erstellt wurden, handelt; vgl. *Jacobs, O. H./Spengel, C.*, Unternehmensbesteuerung, 1996, S. 51 und Ausführungen in Kapitel 1.4, S. 13.

[5] Vgl. auch *Cordes, J. J./Sheffrin, S. M.*, Advantage, 1983, S. 96; *Fischer, L.*, Steuerbelastung, 1989, S. 134; *Schneider, D.*, Meßkonzepte, 1990, S. 499-501; *Graham, J. R.*, Benefits, 2000, S. 1904 f.; *Schreiber, U./Spengel, C./Lammersen, L.*, Impact, 2002, S. 2; *Schreiber, U.*, Besteuerung, 2008, S. 592.

rische Effektivsteuerbelastung kann durch effektive Grenzsteuersätze oder effektive Durchschnittssteuersätze ermittelt werden.[1]

Im Unterschied zu einer nominalen Steuerbelastung, die eine Steuerzahlung in das Verhältnis zu einer (steuer-)rechtlich ermittelten Bemessungsgrundlage setzt, wird die effektive Steuerbelastung als Verhältnis der Steuerzahlung zu einer wirtschaftlichen Zielgröße ermittelt und stellt sich formal als Verhältnis der steuerbedingten Zielgrößenminderung zur Zielgröße vor Steuern dar:[2]

$$\text{effektiver Steuersatz} = \frac{\text{Zielgröße vor Steuern} - \text{Zielgröße nach Steuern}}{\text{Zielgröße vor Steuern}} \qquad (2\text{-}11)$$

Im Rahmen dieser Untersuchung stellt die Ausgangsgröße *EBIT* für die Steuerbelastung auf Unternehmensebene eine adäquate und über die Finanzierungsalternativen vergleichbare finanzielle Zielgröße vor Steuern dar.[3] Der effektive Steuersatz berechnet sich für eine Steuerart S_i mit nominalem Steuersatz s_i bezogen auf das *EBIT* als Zielgröße vor Steuern wie folgt:[4]

$$\text{effektiver Steuersatz} = \frac{EBIT - (EBIT - EBT * s_i)}{EBIT} = \frac{EBT * s_i}{EBIT} \qquad (2\text{-}12)$$

Im Bereich einer vollständigen Eigenfinanzierung entspricht der nominale, tarifliche Körperschaftsteuersatz (Gewerbesteuersatz) dem effektiven Körperschaftsteuersatz (Gewerbesteuersatz), da die Zielgröße vor Steuern (*EBIT*) dem *EBT* (zu versteuerndes Einkommen für Zwecke der Körperschaftsteuer bzw. Gewerbeertrag für Zwecke der Gewerbesteuer)[5] entspricht.

---

1 Vgl. Sureth, C./Halberstadt, A./Bischoff, D., Einfluss, 2009, S. 52.

2 Vgl. *Fischer, L.*, Steuerbelastung, 1989, S. 147; *Schneider, D.*, Meßkonzepte, 1990, S. 499 f.; *Oldenburg, A.*, Grenzsteuersätze, 1998, S. 42; *Niemann, R./Bachmann, M./Knirsch, D.*, Effektivsteuersätze, 2003, S. 124 f.; *Zeller, F.*, Portfoliomanagement, 2005, S. 60 f.; *Homburg, S./Houben, H./Maiterth, R.*, Eigenfinanzierung, 2007, S. 3 f.; *Merks, P.*, Tax, 2007, S. 326; *Schreiber, U.*, Besteuerung, 2008, S. 592 f. Zu verschiedenen Arten des effektiven Steuersatzes (z. B. marginaler vs. durchschnittlicher effektiver Steuersatz) und Einbeziehung unterschiedlicher Steuerarten (z. B. effektiver Unternehmensteuersatz vs. effektiver Gesamtsteuersatz) vgl. Übersicht bei *Fullerton, D.*, Effective, 1984, S. 25. Zunächst wird die Berechnung des effektiven Steuersatzes auf die Unternehmensebene beschränkt.

3 Vgl. die Ausführungen zum Grundmodell in Kapitel 2.1, S. 19. Finanzielle Zielgrößen sind ein allgemein anerkanntes Instrument zur Messung von effektiven Steuerbelastungen; vgl. *Spengel, C.*, Steuerbelastungsvergleiche, 1995, S. 11. Vgl. auch *Schneeloch, D.*, Steuerpolitik, 2009, S. 239 f.

4 Aus Vereinfachungsgründen wird unterstellt, dass der *EBT* dem zu versteuernden Einkommen für Zwecke der Körperschaftsteuer bzw. dem Gewerbeertrag für Zwecke der Gewerbesteuer entspricht. Zur Berechnung des zu versteuernden Einkommens s. Abschn. 29 Abs. 1 KStR 2004, zur Berechnung des Gewerbeertrags s. Abschn. 38 GewStR 1998.

5 S. §§ 7 Abs. 1 und 8 Abs. 1 KStG sowie §§ 6 und 7 Satz 1 GewStG.

In der Alternative einer maximalen Fremdfinanzierung unterscheiden sich die Bezugsgröße vor Steuern (*EBIT*) und die Steuerbemessungsgrundlage für Zwecke der Körperschaft- und Gewerbesteuer hingegen um den (im Bereich der Gewerbesteuer auf 75 % reduzierten)[1] effektiven maximalen Zinsabzug (*Z*). Zur Berechnung der effektiven Körperschaftsteuerbelastung bei Fremdfinanzierung (σ_k) wird der tarifliche Körperschaftsteuersatz (s_k) in eine Formel transponiert, die nicht das körperschaftsteuerliche zu versteuernde Einkommen, sondern das *EBIT* als identische Bezugsgröße für Eigen- und Fremdfinanzierung verwendet.

$$\sigma_k = \frac{EBIT - (EBIT - EBT * s_k)}{EBIT} = \frac{EBT * s_k}{EBIT} \quad \text{mit } EBT = EBIT * (1 - Z) \qquad (2\text{-}13)$$

Ebenso muss für die Berechnung der effektiven Gewerbesteuerbelastung bei Fremdfinanzierung (σ_g) der tarifliche Gewerbesteuertarif (s_g) in eine Formel transponiert werden, die nicht den Gewerbeertrag, sondern wiederum das *EBIT* als identische Bezugsgröße für Eigen- und Fremdfinanzierung verwendet:

$$\sigma_g = \frac{EBIT - (EBIT - EBT * s_g)}{EBIT} = \frac{EBT * s_g}{EBIT} \quad \text{mit } EBT = EBIT * (1 - 0{,}75 * Z) \qquad (2\text{-}14)$$

Bei einer maximalen Fremdfinanzierung ist der effektive Zinsbetrag (*Z*) gerade so hoch, dass der nach Zinsen verbleibende *EBT* exakt der Höhe der resultierenden effektiven Gewerbe- und Körperschaftsteuerbelastung entspricht.[2] Insofern ist der Zinsbetrag von der Körperschaft- und Gewerbesteuerbelastung abhängig. Die Körperschaft- und Gewerbesteuerbelastung bezieht den Zinsbetrag wiederum mindernd in die Bemessungsgrundlage ein (Zirkelbezug).

Analytisch lässt sich der Zirkelbezug von drei Variablen (effektiver maximaler Zinsbetrag, effektiver Körperschaftsteuersatz und effektiver Gewerbesteuersatz) mit Hilfe von drei Gleichungen (Formel 2-10, Formel 2-13 und Formel 2-14) lösen.[3] Bezogen auf den tariflichen Körperschaft- und Gewerbesteuersatz stellen sich der effektive Körperschaft- und der effektive Gewerbesteuersatz der Finanzierungsalternativen wie folgt dar:[4]

---

1 Zur Berechnung der Gewerbesteuer erfolgt eine Hinzurechnung zum Gewerbeertrag in Höhe von 25 % der Entgelte für Schulden (§§ 7 Satz 1 i. V. m. 8 Nr. 1 Buchst. a) GewStG).

2 Vgl. auch Ausführungen in Kapitel 2.1.3, S. 31.

3 Vgl. Formeln und Berechnungen im Anhang a, S. 219.

4 Zur Herleitung vgl. Anhang a, S. 219.

	Eigenfinanzierung	max. Fremdfinanzierung
Körperschaft-steuersatz	s_k	$\sigma_k = \dfrac{0{,}25 * s_g * s_k}{1 - 0{,}75 * s_g - s_k}$
Gewerbesteuersatz	s_g	$\sigma_g = \dfrac{0{,}25 * s_g * (1 - s_k)}{1 - 0{,}75 * s_g - s_k}$

Tabelle 5: Effektiver Körperschaft- und Gewerbesteuersatz bei Eigen- und Fremdfinanzierung

Auf der Prämisse identischer wirtschaftlicher Zielgrößen vor Steuern basierend, können im Folgenden Aussagen über kombinierte Tarif-, Bemessungsgrundlagen- und Zeiteffekte sowie die relative steuerliche Vorteilhaftigkeit einer Finanzierungsalternative getroffen werden.[1]

[1] Vgl. *Niemann, R./Bachmann, M./Knirsch, D.*, Effektivsteuersätze, 2003, S. 123. Die Differenzierung in Tarif-, Bemessungsgrundlagen- und Zeiteffekte wird erstmals von *Wagner, F. W.*, Entwicklungstendenzen, 1984, S. 211-213 vorgenommen.

3. Einflussfaktor Verschuldungsgrad

3.1 Kapitalstruktur und Verschuldungsgrad

Die Begriffe Kapitalstruktur und Verschuldungsgrad werden oftmals synonym zur Beschreibung der Passivseite einer Unternehmensbilanz verwendet.[1] In dieser Ausarbeitung wird unterschieden zwischen einer qualitativen Verwendung des Begriffs Kapitalstruktur zur deskriptiven Darstellung von Kapitalarten und deren zweckmäßigen Kombinationen[2] und einer quantitativen Verwendung des Begriffs Verschuldungsgrad, als Möglichkeit der Beschreibung der Kapitalstruktur in Form einer Relation zwischen Fremd- und Eigenkapital.[3] Wird beispielweise in der Grenzfinanzierung Eigen- und Fremdkapital (Mischfinanzierung) im gleichen Verhältnis aufgenommen, wie dies bereits in der Startkapitalausstattung vorhanden ist, ändert sich die Kapitalstruktur, nicht aber der Verschuldungsgrad. Im Folgenden wird untersucht, welchen Einfluss die Definition des Verschuldungsgrades auf den Steuervorteil der Fremdfinanzierung in der Trade-off-Theorie ausübt.

In Kapitel 2.1.2 wurde die Abhängigkeit der Gesamtsteuerbelastung der Grenzfinanzierung von dem Aufteilungsverhältnis des zusätzlich erwirtschafteten *EBIT* auf Eigen- und Fremdkapitalinvestition aufgezeigt. Durch Erweiterung und Umformung der Formel zur Berechnung des Verschuldungsgrades

$$V = \frac{FK^{Gesamt}}{EK^{Gesamt}} = \frac{FK^{Start} + FK^{Grenz}}{EK^{Start} + EK^{Grenz}} \tag{3-1}$$

berechnet sich das zur Erreichung eines bestimmten – in der Trade-off-Theorie optimalen – Verschuldungsgrades benötigte (Grenz-)Eigen- und (Grenz-)Fremdkapital wie folgt:

$$EK^{Grenz} = \frac{FK^{Start} + FK^{Grenz} - V * EK^{Start}}{V} \quad \text{bzw.} \tag{3-2}$$

$$FK^{Grenz} = V * \left(EK^{Start} + EK^{Grenz}\right) - FK^{Start} \tag{3-3}$$

---

[1] Vgl. beispielsweise *Wosnitza, M.*, Kapitalstrukturentscheidungen, 1995, S. 6 f.

[2] Vgl. *Schmidt, R. H./Terberger, E.*, Finanzierungstheorie, 1997, S. 238; *Laß, F.*, Finanzierungsentscheidungen, 1999, S. 2 f.; *Perridon, L./Steiner, M.*, Finanzwirtschaft, 2009, S. 10.

[3] Vgl. *Perridon, L./Steiner, M.*, Finanzwirtschaft, 2009, S. 490; *Herzig, N./Bohn, A.*, Zinsabzugsbeschränkung, 2009, S. 255 f.

Die Renditeansprüche des Kapitalgebers in Abhängigkeit des Verschuldungsgrades stellen sich unter Berücksichtigung von Formel 2-6 und 2-7 für den Kapitalgeber einer Grenzfinanzierung in Höhe von insgesamt 1.000 T€ wie folgt dar:[1]

$$EBIT_{EK}^{Grenz} = \frac{FK^{Start} + 1.000\text{ T€} - V * EK^{Start}}{1+V} * r^{EK} \tag{3-4}$$

$$EBIT_{FK}^{Grenz} = \left(1.000\text{ T€} - \frac{FK^{Start} + 1.000\text{ T€} - V * EK^{Start}}{1+V}\right) * r^{FK} \tag{3-5}$$

$$\text{für } EK^{Grenz} + FK^{Grenz} = 1.000\text{ T€}$$

Die Gesamtsteuerbelastung der Grenzkapitalausstattung bei Mischfinanzierung beträgt demnach in Abhängigkeit des Verschuldungsgrades:[2]

$$s_{Misch}^{Grenz} = \frac{\frac{FK^{Start} + 1.000\text{ T€} - V * EK^{Start}}{1+V} * r^{EK}}{EBIT^{Grenz}} * \left(s_g + s_k + (1 - s_g - s_k) * s_a\right) +$$

$$+ \frac{\left(1.000\text{ T€} - \frac{FK^{Start} + 1.000\text{ T€} - V * EK^{Start}}{1+V}\right) * r^{FK}}{EBIT^{Grenz}} * \left(\sigma_g + \sigma_k + (1 - \sigma_g - \sigma_k) * s_e\right) \tag{3-6}$$

$$\text{für } EK^{Grenz} + FK^{Grenz} = 1.000\text{ T€}$$

Unter Berücksichtigung einer Startkapitalausstattung in Höhe von je 1.000 T€ Eigen- und Fremdkapital und einer Bruttorendite für Eigen- und Fremdkapital in Höhe von jeweils 10 % folgt:

$$s_{Misch}^{Grenz} = \frac{2-V}{1+V} * \left(s_g + s_k + (1 - s_g - s_k) * s_a\right) + \left(1 - \frac{2-V}{1+V}\right) * \left(\sigma_g + \sigma_k + (1 - \sigma_g - \sigma_k) * s_e\right) \tag{3-7}$$

$$\text{für } EK^{Grenz} + FK^{Grenz} = 1.000\text{ T€};\ EK^{Start} = FK^{Start} = 1.000\text{ T€};\ r^{EK} = r^{FK} = 0{,}1$$

---

1 Zur Umformung und Berechnung vgl. Anhang b, S. 220.

2 Zur Berechnung der Gesamtsteuerbelastung bei Mischfinanzierung vgl. Tabelle 4 in Kapitel 2.3, S. 30, und Berechnungen in Anhang b, S. 221.

Zur grafischen Darstellung des Steuervorteils der Fremdfinanzierung in Abhängigkeit des Verschuldungsgrades, wird in Abbildung 7 die Gesamtsteuerbelastung der Grenzfinanzierung für Verschuldungsgrade von 0,5 (entspricht einer reinen Grenzeigenfinanzierung) bis 2,0 (entspricht einer reinen Grenzfremdfinanzierung) berechnet und der Gesamtsteuerbelastung einer reinen Grenzeigenfinanzierung gegenübergestellt.[1]

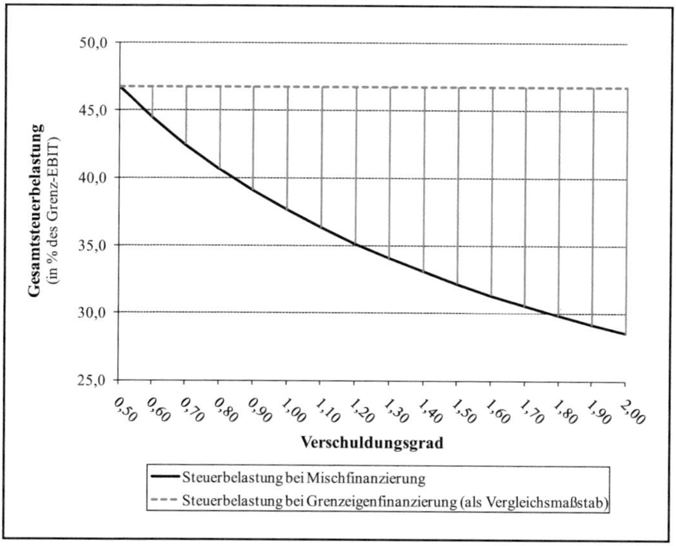

Abbildung 7: Steuerbelastung der Grenzfinanzierung in Abhängigkeit des Verschuldungsgrades (Mischfinanzierung)

Die Gesamtsteuerbelastung einer reinen Grenzeigenfinanzierung ($V = 0{,}5$) beläuft sich für einen Körperschaftsteuersatz in Höhe von 15 %, einen Gewerbesteuersatz in Höhe von 14 % und einen Einkommensteuer- und Abgeltungsteuersatz in Höhe von jeweils 25 % auf 46,75 % des erwirtschafteten (Grenz-)*EBIT*.[2] Die stufenweise Erhöhung des Fremdkapitalanteils in dem Grenzfinanzierungsvolumen erhöht den Verschuldungsgrad. Mit steigendem Verschuldungsgrad reduziert sich die Gesamtsteuerbelastung der Grenzfinanzierung um

[1] Zur Berechnung des Verschuldungsgrades bei reiner (Grenz-)Eigen- und reiner (Grenz-)Fremdfinanzierung vgl. Anhang b, S. 221, und Ausführungen in Kapitel 2.1.2.1., S. 24. In Abbildung 7 werden ein Körperschaftsteuersatz in Höhe von 15 %, ein Gewerbesteuersatz in Höhe von 14 % und ein Einkommensteuersatz in Höhe des Abgeltungsteuersatzes von 25 % unterstellt.

[2] Vgl. Berechnung in Anhang b, S. 221.

$$\frac{\partial s_{Misch}^{Grenz}}{\partial V} = \frac{3*\left(\left(\sigma_g + \sigma_k + (1-\sigma_g-\sigma_k)*s_e\right) - \left(s_g + s_k + (1-s_g-s_k)*s_a\right)\right)}{(1+V)^2} \tag{3-8}$$

$$< 0 \text{ für}: s_g + s_k + (1-s_g-s_k)*s_a = s_{EK}^{Grenz} > s_{FK}^{Grenz} = \sigma_g + \sigma_k + (1-\sigma_g-\sigma_k)*s_e\ ,$$

bis bei einem Verschuldungsgrad von $V = 2$ eine Gesamtsteuerbelastung der maximalen (Grenz-)Fremdfinanzierung in Höhe von 28,53 % des erwirtschafteten *EBIT* erreicht wird.[1]

Wie in Abbildung 7 durch die schraffierte Fläche dargestellt, steigt der Steuervorteil der Fremdfinanzierung mit zunehmendem Verschuldungsgrad, bis er bei einem Verschuldungsgrad von $V = 2$ den maximalen Steuervorteil der Grenzfremdfinanzierung in Höhe von 18,22 % des erwirtschafteten *EBIT* erreicht.[2] Berechnet man den Steuervorteil der Fremdfinanzierung in Abhängigkeit des Verschuldungsgrades, erhält man das – für den steuerlichen Teil der Trade-off-Theorie – charakteristische Ausgangsbild eines konkaven Verlaufs der Funktion:[3]

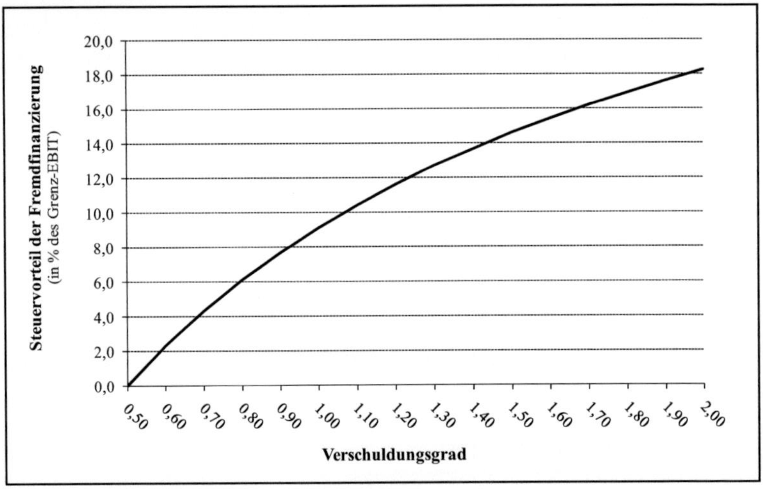

Abbildung 8: Steuervorteil der Fremdfinanzierung in Abhängigkeit des Verschuldungsgrades (Mischfinanzierung)

---

1 Zur Herleitung und Berechnung vgl. Anhang b, S. 222. Die Aussage beruht auf der Annahme, dass Starteigen- und Startfremdkapital je 1.000 T€ betragen und die Grenzkapitalaufnahme auf 1.000 T€ beschränkt ist.

2 0,4675 – 0,2853 = 0,1822.

3 Der Grafik liegen ein Körperschaftsteuersatz in Höhe von 15 %, ein Gewerbesteuersatz in Höhe von 14 % und ein Einkommensteuersatz in Höhe des Abgeltungsteuersatzes von 25 % zugrunde.

Analytisch resultiert der Steuervorteil der Fremdfinanzierung aus der Differenz der Gesamtsteuerbelastung einer reinen (Grenz-)Eigenfinanzierung und der Gesamtsteuerbelastung der Grenzfinanzierung in Abhängigkeit des Verschuldungsgrades (Mischfinanzierung):[1]

$$\Delta s = s_{EK}^{Grenz} - s_{Misch}^{Grenz} = s_{EK}^{Grenz} - \left(\frac{2-V}{1+V} * s_{EK}^{Grenz} + \left(1 - \frac{2-V}{1+V} \right) * s_{FK}^{Grenz} \right) \tag{3-9}$$

Anzumerken ist hierbei, dass die Grenzfinanzierung in Höhe von 1.000 T€ Fremdkapital einen auf die Grenzkapitalausstattung bezogenen Verschuldungsgrad in Höhe von $+\infty$ und einen maximalen Steuervorteil der Fremdfinanzierung bewirkt.[2] Der auf die Gesamtkapitalausstattung bezogene Verschuldungsgrad von $V = 2$ kann zwar theoretisch weiter erhöht werden, beispielsweise durch eine Erhöhung des Fremdkapitalanteils in der Startkapitalausstattung oder durch eine weitere – über das hier betrachtete Grenzfinanzierungsvolumen hinausgehende – Fremdkapitalaufnahme, der Steuervorteil der (Grenz-)Fremdfinanzierung hat jedoch bezüglich des hier betrachteten Grenzkapitalvolumens den Maximalwert in Höhe von 18,22 % des erwirtschafteten *EBIT* erreicht.

Der aus der Trade-off-Theorie bekannte, grundsätzlich konkave Verlauf der Tax Shield-Funktion kann somit bestätigt werden. Detailliert zu untersuchen ist jedoch, inwiefern der Verlauf von der Definition des Verschuldungsgrades abhängig ist und steuerliche Parameter Einfluss auf den Startpunkt, Verlauf und das (positive oder negative) Steigungsverhalten der Tax Shield-Funktion nehmen.

3.2 Variation der Definition des Verschuldungsgrades

Der Begriff des Verschuldungsgrades ist nicht normiert, stellt jedoch die aus finanzwirtschaftlicher Sicht bedeutsamste vertikale Bilanzkennzahl dar.[3] Die in Kapitel 3.1 verwendete Definition in Form einer Relation zwischen Fremd- und Eigenkapital kann zwar als eine oft genutzte, jedoch nur als eine mehrerer möglicher Verwendungen des Begriffs angesehen werden.[4]

---

1 Vgl. Herleitung und Vereinfachung in Anhang b, S. 221.

2 $\lim_{EK^{Grenz} \to 0} \frac{1.000\, T€}{EK^{Grenz}} = +\infty$

3 Vgl. *Franke, G./Hax, H.*, Finanzwirtschaft, 2004, S. 115.

4 Vgl. beispielsweise *Rajan, R. G./Zingales, L.*, Evidence, 1995; *Wosnitza, M.*, Kapitalstrukturentscheidungen, 1995, S. 6 f.; *Perridon, L./Steiner, M.*, Finanzwirtschaft, 2009, S. 490.

Um eine möglichst hohe Validität der Untersuchungsergebnisse zu sichern, wird der Einfluss des Verschuldungsgrades auf den Steuervorteil der Fremdfinanzierung für eine alternative Definition des Verschuldungsgrades (V^*), als prozentualer Anteil des Fremdkapitals am Gesamtkapital, dargestellt.[1] Der Verschuldungsgrad V^* wird zur Unterscheidung von der in Kapitel 3.1 verwendeten Definition „Fremdkapitalanteil" oder „Verschuldungskoeffizient" genannt. Nach der Definition

$$V^* = \frac{FK^{Gesamt}}{\text{Gesamtkapital}} = \frac{FK^{Start} + FK^{Grenz}}{EK^{Start} + EK^{Grenz} + FK^{Start} + FK^{Grenz}} \tag{3-10}$$

variiert der Verschuldungskoeffizient in diesem Unternehmensmodell mit den unterstellten Kapitalvolumina zwischen 0,333 (reine (Grenz-)Eigenfinanzierung) und 0,667 (reine (Grenz-)Fremdfinanzierung).[2] Das (Grenz-)Eigen- und (Grenz-)Fremdkapital berechnet sich in Abhängigkeit des Verschuldungskoeffizienten in allgemeiner Schreibweise wie folgt:

$$EK^{Grenz} = \frac{FK^{Start} + FK^{Grenz} - V^* * \left(EK^{Start} + FK^{Start} + FK^{Grenz}\right)}{V^*} \quad \text{bzw.} \tag{3-11}$$

$$FK^{Grenz} = \frac{V^* * \left(EK^{Start} + EK^{Grenz} + FK^{Start}\right) - FK^{Start}}{1 - V^*} \tag{3-12}$$

Analog zur Vorgehensweise in Kapitel 3.1 beträgt die Gesamtsteuerbelastung der Grenzfinanzierung unter Berücksichtigung einer Startkapitalausstattung in Höhe von je 1.000 T€ Eigen- und Fremdkapital, einer Grenzkapitalausstattung in Höhe von 1.000 T€ und einer Eigen- und Fremdkapitalbruttorendite in Höhe von jeweils 10 % in Abhängigkeit des Verschuldungskoeffizienten:[3]

$$s_{Misch}^{Grenz} = \left(2 - 3V^*\right) * \left(s_g + s_k + \left(1 - s_g - s_k\right) * s_a\right) + \left(3V^* - 1\right) * \left(\sigma_g + \sigma_k + \left(1 - \sigma_g - \sigma_k\right) * s_e\right) \tag{3-13}$$

$$\text{für } EK^{Grenz} + FK^{Grenz} = 1.000\,\text{T€}\,;\; EK^{Start} = FK^{Start} = 1.000\,\text{T€}\,;\; r^{EK} = r^{FK} = 0{,}1$$

---

[1] Vgl. zu den zwei Varianten der Definition des Verschuldungsgrades *Laß, F.*, Finanzierungsentscheidungen, 1999, S. 3; *Franke, G./Hax, H.*, Finanzwirtschaft, 2004, S. 115.

[2] Zur Berechnung der Verschuldungskoeffizienten für eine reine (Grenz-)Eigen- und (Grenz-)Fremdfinanzierung vgl. Anhang b, S. 223.

[3] Vgl. Berechnungen und Vereinfachungen in Anhang b, S. 224.

Die Steuerbelastung der Grenzfinanzierung in Abhängigkeit des Verschuldungskoeffizienten stellt sich demnach als Gerade mit konstanter, negativer Steigung in Höhe von

$$\frac{\partial s_{Misch}^{Grenz}}{\partial V^*} = 3*(\sigma_g + \sigma_k + (1-\sigma_g - \sigma_k)*s_e) - 3*(s_g + s_k + (1-s_g - s_k)*s_a) = -0{,}5466 \quad (3\text{-}14)$$

$$< 0 \text{ für}: s_g + s_k + (1-s_g - s_k)*s_a = s_{EK}^{Grenz} > s_{FK}^{Grenz} = \sigma_g + \sigma_k + (1-\sigma_g - \sigma_k)*s_e$$

dar.[1] Der negative Einfluss des Verschuldungskoeffizienten auf die Gesamtsteuerbelastung der Grenzfinanzierung bewirkt einen mit zunehmendem Verschuldungskoeffizienten linear ansteigenden Steuervorteil der Fremdfinanzierung, der in Abbildung 9 dargestellt ist:

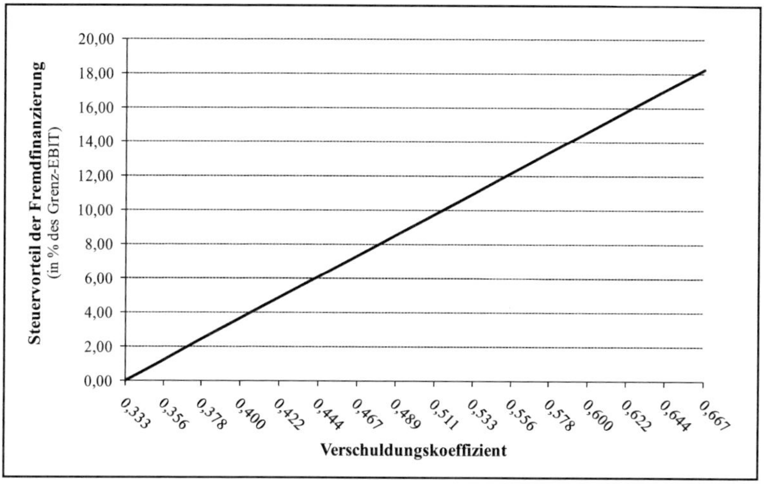

Abbildung 9: Steuervorteil der Fremdfinanzierung in Abhängigkeit des Verschuldungskoeffizienten (Mischfinanzierung)

Analytisch resultiert der Steuervorteil der Fremdfinanzierung aus der Differenz der Gesamtsteuerbelastung einer reinen (Grenz-)Eigenfinanzierung und der Gesamtsteuerbelastung der Grenzfinanzierung in Abhängigkeit des Verschuldungskoeffizienten (Mischfinanzierung):

$$\boxed{\Delta s = s_{EK}^{Grenz} - s_{Misch}^{Grenz} = s_{EK}^{Grenz} - ((2-3*V^*)*s_{EK}^{Grenz} + (3*V^*-1)*s_{FK}^{Grenz})} \quad (3\text{-}15)$$

[1] Vgl. Herleitung in Anhang b, S. 224.

Der Steuervorteil der reinen (Grenz-)Fremdfinanzierung beläuft sich unabhängig von der Definition des Verschuldungsgrades bei den hier unterstellten Rahmenbedingungen auf 18,22 % des – durch die Grenzfinanzierung – zusätzlich erwirtschafteten *EBIT*.[1] Der Verschuldungsgrad und der Verschuldungskoeffizient stellen alternative Möglichkeiten zur relativen Darstellung der Passivseite einer Unternehmensbilanz dar.[2] Die steuerliche Belastung der Grenzfinanzierung, die grundsätzlich an dem absoluten Fremdkapitalvolumen bzw. dessen Verzinsung anknüpft,[3] bleibt von der Art der relativen Beschreibung unberührt. Während somit der Start- und Endpunkt der Tax Shield-Funktionen in Abbildung 8 und Abbildung 9 nicht differieren, ist der Verlauf der Funktionen aufgrund – in Abhängigkeit der alternativen, relativen Darstellung der Passivseite – unterschiedlicher Steigungsparameter verschieden. Der konkave Verlauf der Tax Shield-Funktionen in Abbildung 2 aus Kapitel 1.1 (Trade-off-Theorie) ist somit auf eine Definition des Verschuldungsgrades, nicht auf Dependenzen oder Interdependenzen der Steuerarten oder variable, gegenläufig wirkende Steuereffekte zurückzuführen. Aufgrund einer weiteren Verbreitung der in Kapitel 3.1 verwendeten Definition des Verschuldungsgrades – insbesondere auch zur Beschreibung der Trade-off-Theorie –, wird die Relation von Fremd- zu Eigenkapital in dieser Untersuchung als Darstellungsform der Kapitalstruktur verwendet.

---

1 Bei einem Verschuldungskoeffizienten von 0,667 (reine Grenzfremdfinanzierung) beläuft sich der Steuervorteil der Fremdfinanzierung auf 0,4675 – 0,2853 = 0,1822.

2 Vgl. *Franke, G./Hax, H.*, Finanzwirtschaft, 2004, S. 115 f.

3 Beispielsweise verwies die Vorschrift zur Gesellschafter-Fremdfinanzierung nach § 8a Abs. 1 Satz 1 Nr. 2 KStG a. F. zur Ermittlung von verdeckten Gewinnausschüttungen auf eine Relation von Eigen- und Fremdkapital.

4. Einflussfaktor Steuersystem

Das Steuersystem, als Rahmenkonzept und methodische Verwirklichung der Steueransprüche eines Staates,[1] gibt einer Rechtsordnung u. a. vor, in welchem Ausmaß eine wirtschaftliche Mehrfachbesteuerung[2] von ausgeschütteten Unternehmensgewinnen durch Integration der Unternehmensbesteuerung in die Einkommensteuer vermieden oder abgeschwächt wird.[3] Global betrachtet zeigt sich in den vergangenen beiden Jahrzehnten eine deutliche Tendenz zur Abkehr vom Voll- und Teilanrechnungsverfahren hin zu Shareholder Relief-Verfahren unterschiedlichster Ausgestaltung.[4] Treiber des Systemwechsels sind zum einen die teilweise europarechtlich ungenügende Ausgestaltung von Voll- und Teilanrechnungsverfahren im grenzüberschreitenden Bereich sowie damit verbundene europarechtliche Konflikte im Bereich der Niederlassungs- (Art. 43 EG) und Kapitalverkehrsfreiheit (Art. 56 EG).[5] Zum anderen ist dieser Trend zu klassischen Systemen mit Shareholder Relief-Verfahren ein Ergebnis des Wettbewerbes zur Schaffung attraktiver Standortbedingungen für grenzüberschreitend agierende Unternehmen und Investoren.[6] Während das deutsche Steuersystem aus dogmatischer Sicht als umfassende Einkommensteuer traditionell vom Synthese- und Reinvermögenzu-

---

1 Vgl. *Lang, J.*, Steuerschuldrecht, 2010, S. 197.

2 Während Unternehmensgewinne einerseits auf Ebene der juristischen Person im Rahmen der Gewinnerzielung besteuert werden (§ 1 i. V. m. §§ 7, 8 KStG, § 1 i. V. m. §§ 6, 7 GewStG), unterliegen ausgeschüttete Gewinne auf Ebene der natürlichen Person als Einkünfte aus Kapitalvermögen der Einkommensteuer (§ 1 i. V. m. §§ 2 Abs. 1, 20 Abs. 1 Nr. 1 EStG).

3 Das Ausmaß der Integration kann in drei Klassen eingeteilt werden: keine Integration (klassische Systeme mit (z. B. Deutschland, Frankreich, Italien, Österreich, Spanien) oder ohne (z. B. Irland, Schweiz) Tarifermäßigung), partielle Integration durch Teilanrechungssysteme (z. B. Kanada, Vereinigtes Königreich) und volle Integration durch Vollanrechnungssysteme (Malta); vgl. *Jacobs, O. H.*, Financing, 1989, S. 464; *Hey, J.*, Harmonisierung, 1997, S. 7-56; *Jacobs, O. H.*, Systems, 1999, S. 265-268; *European Commission*, Taxation, 2001, S. 225-232; *BMF*, Vergleich 2008, 2009, S. 15-18.

4 Vgl. *Spengel, C.*, Unternehmensbesteuerung, 2003, S. 22-25, 55; *European Commission*, trends, 2008.

5 Ausländische Anteilseigner einer inländischen Kapitalgesellschaft oder inländische Anteilseigner einer ausländischen Kapitalgesellschaft erhalten weder im Ansässigkeitsstaat der Kapitalgesellschaft eine Steuergutschrift für die Unternehmensteuer noch im Wohnsitzland des Anteilseigners eine Anrechnung auf die persönliche Steuerschuld; vgl. ausführlich *Müller-Dott, J. P.*, Kooperationshemmnisse, 1996, S. 1-3; *Thömmes, O.*, Anrechnung, 1996, S. 13-24; *Schön, W.*, Kapitalverkehrsfreiheit, 1997, S. 774; *Jacobs, O. H.*, Systems, 1999, S. 268-271; *Jaeger, C.*, Körperschaftsteuersysteme, 2001, S. 51-92, 97-109, 209-222, 236-250; *Spengel, C.*, Unternehmensbesteuerung, 2003, S. 274-281; *Cordewener, A./Schnitger, A.*, Vorgaben, 2006.

6 Vgl. *Rädler, A. J.*, Steuerstandort, 1996, S. 254 f.

gangsprinzip geprägt war,[1] bewirkt die Einführung einer abgeltenden Steuererhebung für Einkommensteile (analytische Schedulensteuer)[2] im Rahmen des Unternehmensteuerreformgesetzes 2008 eine Systemmodifikation,[3] deren steuerliche Auswirkungen zu analysieren sind.[4] Erklärtes Ziel der Abgeltungsteuer ist es, private Kapitaleinkünfte einem einheitlichen, wettbewerbsfähigen Steuersatz in Höhe von 25 % zu unterwerfen, um somit einer „weiteren Erosion der deutschen Steuerbasis"[5] entgegenzuwirken und gleichzeitig das Erhebungsverfahren zu vereinfachen.

Sofern ein Steuersystem nicht (mehr) hinsichtlich der steuerlichen Vorbelastung der Kapitaleinkünfte auf Unternehmensebene differenziert, kann dies zu einer Verschiebung der steuerlichen Präferenz der Eigen- oder Fremdkapitalüberlassung führen.[6] Abbildung 10 veranschaulicht den Anwendungsbereich der abgeltenden Steuererhebung nach §§ 43 Abs. 1 Satz 1 Nr. 1 i. V. m. 32d EStG („Abgeltungsteuer") für Zins- und Dividendeneinnahmen, die eine inländische natürliche Person von einer inländischen Kapitalgesellschaft bezieht:[7]

---

1 Vgl. *Ruppe, H. G.*, HHR, Einführung, 1990, Anm. 42; *Genser, B.*, Einkommensteuer, 2003, S. 176-184; *Lang, J.*, Einkommen, 2003, S. 93-102; *Tipke, K.*, Steuerrechtsordnung II, 2003, S. 717-727; *Weber-Grellet, H.*, Mindestbesteuerung, 2003, S. 19-21; *Maiterth, R./Sureth, C.*, Unternehmensfinanzierung, 2006, S. 17.

2 Vgl. zu systematischen Aspekten einer Abgeltungsteuer *Lang, J.*, Systeme, 2001, S. 52, 54; *Wagner, F. W.*, Abgeltungssteuer, 1999. Grundlegend zur Flat Tax vgl. *Jachmann, M.*, Abgeltungssteuer, 2003, S. 2712; *Seer, R.*, Tax, 2004. Als Spezialfall einer Schedulensteuer unterscheidet eine duale Einkommensbesteuerung zwei Einkommensarten mit jeweils getrennten Steuertarifen; vgl. *Spengel, C./ Reister, T.*, Unternehmenssteuerreform, 2006, S. 1747.

3 Vgl. *Eckhoff, R.*, Abgeltungsteuer, 2007, S. 989-991; *Englisch, J.*, Abgeltungssteuer, 2007, S. 222 f.; *Homburg, S.*, Unternehmensfinanzierung, 2007, S. 686 f.; *Hechtner, F./Hundsdoerfer, J.*, Steuerbelastung, 2008; *Spengel, C./Ernst, C.*, Analyse, 2008, S. 835; *Striegel, A.*, Zinszahlungen, 2008, S. 536; *Hechtner, F./Hundsdoerfer, J.*, Schedulenbesteuerung, 2009, S. 23.

4 Die Schedulenbesteuerung mit abgeltender Wirkung wird durch § 2 Abs. 5b Satz 1 EStG und § 43 Abs. 5 Satz 1 EStG umgesetzt. Gemäß § 43 Abs. 1 Nr. 1 EStG wird die Einkommensteuer bei Kapitalerträgen i. S. des § 20 Abs. 1 Nr. 1 EStG (Dividenden) durch Abzug vom Kapitalertrag erhoben, während eine Kapitalertragsteuer von Kapitalerträgen i. S. des § 20 Abs. 1 Nr. 7 EStG (Zinsen) nicht erhoben wird, wenn der Schuldner kein inländisches Kreditinstitut oder Finanzdienstleistungsinstitut ist (§ 43 Abs. 1 Nr. 7 EStG). Zum Erhebungsverfahren der Abgeltungsteuer vgl. auch *Schlotter, J./ Jansen, G.*, Abgeltungsteuer, 2008, S. 141-165. Für verfassungsrechtliche Fragestellungen einer Abgeltungsteuer vgl. *Bäuml, S./Gageur, P.*, Kapitaleinkünfte, 2006, S. 215; *Englisch, J.*, Abgeltungssteuer, 2007, S. 221; *Hey, J.*, Besteuerungsprinzipien, 2007, S. 1307; *Schön, W.*, Steuerpolitik, 2008, S. 11-17.

5 S. so die Begründung der Bundesregierung im Entwurf eines Unternehmensteuerreformgesetzes 2008 vom 27.03.2007; *Deutscher Bundestag*, UntStRefG 2008 - Entwurf, 2007, S. 30.

6 Vgl. *Hechtner, F./Hundsdoerfer, J.*, Steuerbelastung, 2008, S. 1; *Hechtner, F./Hundsdoerfer, J.*, Schedulenbesteuerung, 2009, S. 23.

7 Einen systematischen Überblick über die Besteuerung der Anteilseigner einer Kapitalgesellschaft für die Jahre 2008 und 2009 (jedoch ohne Günstigerprüfung und Antragsveranlagung) geben auch *Schöll, S.*, Abgeltungsteuer, 2007, S. 113; *Schönwald, S.*, Anteilseigner, 2008, S. 531-533.

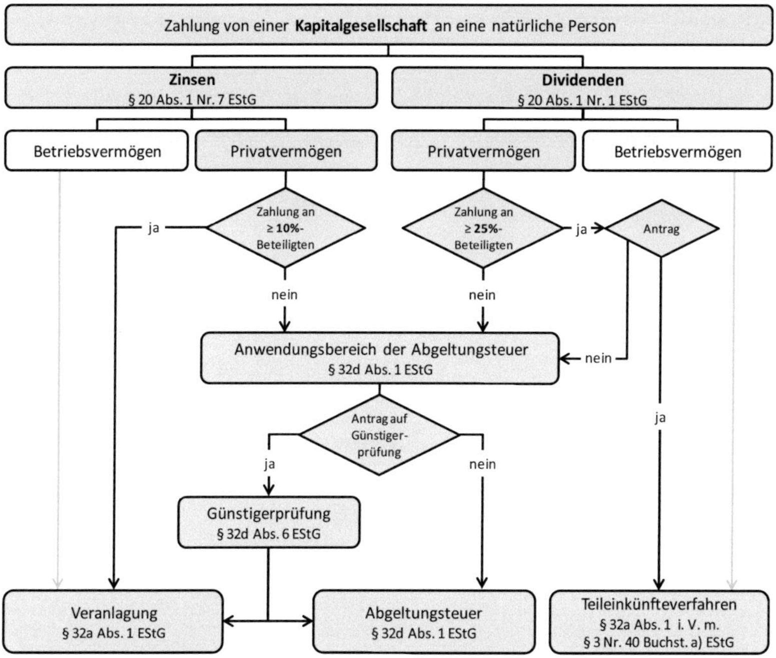

Abbildung 10: Prüfschema zur Anwendung der Abgeltungsteuer im Modellunternehmen

Die Anwendung des abgeltenden Steuertarifs ist abhängig von der Art der Kapitaleinkünfte (Zinsen vs. Dividenden) und der Vermögenszuordnung (Betriebs- vs. Privatvermögen).[1] Abhängig von der Beteiligungsquote (≥ 25 %) kann die steuerpflichtige natürliche Person bei Dividendeneinnahmen eine Veranlagung nach dem Teileinkünfteverfahren wahlweise beantragen (§ 32d Abs. 2 Nr. 3 Buchst. a) EStG),[2] wohingegen bei Zinseinnahmen ein Wechsel zur Veranlagung nach dem allgemeinen Einkommensteuertarif gemäß § 32a Abs. 1 EStG ab einer Beteiligungsquote von mindestens 10 % gesetz-

[1] Der Schwerpunkt der folgenden Untersuchung beruht auf einer Zuordnung zum Privatvermögen der natürlichen Person; vgl. Vorgehensweise und Modellbeschreibung in Kapitel 1.4, S. 13, und 2.1, S. 19. Die Zuordnung zum Betriebsvermögen wurde aus Gründen der Vollständigkeit in die Abbildung 10 aufgenommen.

[2] Die Veranlagung nach dem Teileinkünfteverfahren kann ferner beantragt werden, wenn die natürliche Person zu mindestens einem Prozent an der Kapitalgesellschaft beteiligt und beruflich für diese tätig ist (§ 32d Abs. 2 Nr. 3 Buchst. b) EStG).

lich vorgeschrieben ist (§ 32d Abs. 2 Nr. 1 Buchst. b) EStG).[1] Der Anwendungsbereich des abgeltenden Steuertarifs wird auf Antrag des Steuerpflichtigen eingeschränkt, wenn die tarifliche Besteuerung (§ 32a Abs. 1 EStG) der Kapitaleinkünfte zusammen mit weiteren Einkünften zu einer niedrigeren Einkommensteuer führt (Günstigerprüfung; § 32d Abs. 6 EStG).[2]

Das einer Steuerrechtsordnung zugrundeliegende Steuersystem regelt ferner die Abgrenzung zwischen Einkommenserzielung (z. B. Zinsaufwand) und Einkommensverwendung (z. B. Dividendenzahlung)[3] und die damit verbundene steuerliche Abzugsfähigkeit von Aufwendungen auf Unternehmensebene.[4] Der Einfluss des Steuersystems auf die Finanzierungsentscheidung[5] wird in Tabelle 6 anhand des in Deutschland seit dem 01.01.2001 vollzogenen Wandels von einem körperschaftsteuerlichen Vollanrechnungssystem (ARV) zu einem klassischen System mit Shareholder Relief in Form des Halbeinkünfteverfahrens (HEV) bzw. Teileinkünfteverfahrens (TEV) und abgeltender

---

1 Ein Abzug der tatsächlich entstandenen Werbungskosten ist im Gegensatz zu einer Besteuerung mit abgeltendem Steuertarif (§ 32d i. V. m. § 20 Abs. 9 Satz 1 EStG) bei einer Pflichtveranlagung nach § 32d Abs. 2 Nr. 1 Buchst. b) i. V. m. § 32a Abs. 1 EStG in voller Höhe (§ 32d Abs. 2 Nr. 1 Satz 2 EStG) bei einer Antragsveranlagung nach § 32d Abs. 2 Nr. 3 Buchst. a) i. V. m. §§ 32a Abs. 1, 3 Nr. 40 Buchst. d) EStG zu 60 % möglich (§ 32d Abs. 2 Nr. 3 Satz 2 i. V. m. § 3c Abs. 2 Satz 1 EStG). Zur Ausgestaltung und dem Anwendungsbereich der Abgeltungsteuer vgl. ausführlich *Mertes, H./ Hagen, A.*, Privatanleger, 2007; *Schönfeld, J.*, Abgeltungsteuer, 2007. Nach der Gesetzesbegründung soll die Pflichtveranlagung bei Zinsvergütungen einer – aus der Tarifspreizung resultierenden – steuerlich motivierten Umqualifizierung von Einkünften entgegenwirken (Missbrauchsverhinderungsregelung); vgl. *Deutscher Bundestag*, UntStRefG 2008 - Entwurf, 2007, S. 60. Vgl. auch *Hey, J.*, Missbrauchsgesetzgebung, 2008, S. 168; *Schulz, A./Vogt, R.*, Unternehmensfinanzierung, 2008, S. 2191.

2 Der Antrag nach § 32d Abs. 6 EStG ist nicht mit einer Veranlagungsoption gleichzusetzen, da auch im Rahmen der Günstigerprüfung ein tatsächlicher Werbungskostenabzug nicht möglich ist (§ 20 Abs. 9 EStG); vgl. auch *Mertes, H./Hagen, A.*, Privatanleger, 2007, S. 237. Die Veranlagung bewirkt eine niedrigere Einkommensteuerbelastung, wenn der Differenzsteuersatz der Kapitalerträge niedriger ist, als der abgeltende Steuertarif; siehe auch Kapitel 5.3.2, S. 87. Die von *C. Spengel/C. Ernst* verwendete Bezeichnung „Durchschnittsteuersatz [!]“ setzt m. E. voraus, dass ausschließlich Einkünfte aus Kapitalvermögen vorliegen; vgl. *Spengel, C./Ernst, C.*, Analyse, 2008, S. 835.

3 Entgegen dem deutschen Steuersystem konnten im österreichischen Modell (fiktive) Auszahlungen an Eigenkapitalgeber die steuerliche Bemessungsgrundlage der Wirtschaftsjahre 2000-2004 mindern; vgl. *Bogner, S./Frühwirth, M./Höger, A.*, Eigenkapitalzuwachsverzinsung, 2002, S. 239; *Stöber, B.*, Gleichbehandlung, 2002; *BM für Finanzen*, Steuerreform, 2004, S. 4. Zum in anderen Ländern geplanten (Fürstentum Liechtenstein) bzw. bereits umgesetzten (Belgien) Eigenkapitalzinsabzug vgl. *Gerard, M.*, Equity, 2006, S. 158; *Regierung des Fürstentums Liechtenstein*, Steuerstandort, 2009, S. 30 f.

4 S. § 4 Abs. 4, 4a und 5 EStG; § 8 Abs. 1 und 3 KStG; §§ 9, 10 KStG. S. auch *Demirgüc-Kunt, A./Maksimovic, V.*, Debt, 1999, S. 312; *Jacobs, O. H./Spengel, C.*, Burden, 2000, S. 345; *Auerbach, A. J.*, Policy, 2002, S. 1254.

5 Vgl. zu Analysen vergangener Systemwechsel *Lausberg, F.-W.*, Kapitalstruktur, 1973, S. 57; *Jacobs, O. H./Spengel, C.*, Finanzierung (Teil I), 1992, S. 84; *Scheffler, W.*, Finanzierung, 2000; *Schult, E./Freyer, T./Blaufus, K.*, Dimensionen, 2001; *Schreiber, U./Spengel, C./Lammersen, L.*, Impact, 2002.

Wirkung der Kapitalertragsteuererhebung (AGS) aufgezeigt.[1] Zur Vergleichbarkeit der isolierten[2] Wirkung des Einflussfaktors „Steuersystem“ wird – für sämtliche Systeme einheitlich – ein einkommensteuerlicher Differenzsteuersatz[3] in Höhe von 25 %, ein Körperschaftsteuersatz in Höhe von 15 % und ein Gewerbesteuersatz in Höhe von 14 % unterstellt.[4]

in T€	**max. FK**	**EK**			
		ARV	**HEV**	**TEV**	**AGS**
EBIT KapGes	100,00	100,00	100,00	100,00	100,00
Zins	95,30	-	-	-	-
GewSt (s_g = 0,14)	3,99	14,00	14,00	14,00	14,00
KSt (s_k = 0,15)	0,71	15,00	15,00	15,00	15,00
Steuer KapGes	4,70	29,00	29,00	29,00	29,00
Bruttobardividende	0,00	71,00	71,00	71,00	71,00
Einkünfte AE (nat. Pers.)	95,30	86,00	35,50	42,60	71,00
ESt (s_e/s_a = 0,25)	23,83	21,50	8,88	10,65	17,75
Anrechnung KSt	-	15,00	-	-	-
Verbleibende ESt (AE)	23,83	6,50	8,88	10,65	17,75
Gesamtsteuerbelastung	28,53	35,50	37,88	39,65	46,75
Differenz (zu max. FK)		**6,97**	**9,35**	**11,12**	**18,22**

Tabelle 6: Einfluss des Steuersystems auf die Gesamtsteuerbelastung

Der in Tabelle 6 dargestellte Wandel eines – der deutschen Abgrenzung von Gewinnerzielung und Gewinnverwendung folgenden – Steuersystems bewirkt eine Änderung der

[1] Zu dem vollzogenen Wandel des Steuersystems in der Bundesrepublik Deutschland s. Gesetz zur Senkung der Steuersätze und zur Reform der Unternehmensbesteuerung (Steuersenkungsgesetz – StSenkG) vom 23.10.2000, BGBl. I 2000, S. 1433 und Gesetz zur Ergänzung des Steuersenkungsgesetzes (Steuersenkungsergänzungsgesetz – StSenkErgG) vom 19.12.2000, BGBl. I 2000, S. 1812. Vgl. hierzu auch *Homburg, S.*, Company, 2007, S. 608 f.; *Weinelt, A.*, Körperschaftsteuersystem, 2007, S. 22-30. Im Gegensatz zu *F. Modigliani/M. H. Miller* werden die Ergebnisse in dieser Untersuchung nicht auf das klassische Körperschaftsteuersystem eingeschränkt; vgl. auch *Maßbaum, A./ Sureth, C.*, Financing, 2008, S. 1.

[2] Vgl. Ausführungen zur isolierten Betrachtung in Kapitel 1.3, S. 11.

[3] Zinsen und Dividenden werden bei dem Gesellschafter als „Differenzeinkommen“ betrachtet, dessen steuerliche Belastung in einer vergleichenden Steuerwirkungsanalyse als Differenzsteuerbelastung dargestellt wird; vgl. *Haase, K. D./Schneeloch, D.*, Analyse, 1983, S. 53 f.

[4] Ferner wird für alle Steuersysteme die Gewerbesteuer als nicht abzugsfähige Betriebsausgabe (§ 4 Abs. 5a EStG) und eine gewerbesteuerliche Hinzurechnung in Höhe von 25 % der Fremdkapitalvergütung (§ 8 Nr. 1 Buchst. a) GewStG) fingiert. Der Freibetrag nach § 8 Nr. 1 Halbsatz 2 GewStG wird zunächst in einer Grenzbetrachtung vernachlässigt. Aus Vereinfachungsgründen wird unterstellt, dass der abgeltende Steuertarif nicht erst ab dem 01.01.2009 Gültigkeit besitzt (§ 52a Abs. 1 EStG), sondern bereits alle laufenden Kapitalerträge erfasst, die ab dem 01.01.2008 zufließen. Auch im weiteren Verlauf dieser Arbeit werden diese Annahmen beibehalten; der im Rahmen einer Sensitivitätsanalyse zu untersuchende, variable Einflussfaktor wird jeweils explizit hervorgehoben.

einkommensteuerlichen Belastung bei Eigenfinanzierung auf Anteilseignerebene. Das Körperschaftsteuersystem hat weder Einfluss auf die Steuerbelastung der Unternehmensebene noch Einfluss auf die Gesamtsteuerbelastung bei maximaler Fremdfinanzierung, da die in einem Steuersystem festgelegten Entlastungsmaßnahmen nur bei der Besteuerung von Eigenkapitalvergütungen auf Ebene des Anteilseigners einsetzen.[1] Während die steuerliche Gesamtbelastung der maximalen Fremdfinanzierung somit unabhängig von den hier untersuchten Systemvarianten konstant bei 28,53 % des *EBIT* liegt, erhöht sich die steuerliche Gesamtbelastung der Eigenfinanzierung durch Umstellung eines Systems vom körperschaftsteuerlichen Anrechnungsverfahren auf das klassische System mit Abgeltungsteuer um 11,25 Prozentpunkte, woraus eine Steigerung der relativen Vorteilhaftigkeit der Fremdfinanzierung gegenüber der Eigenfinanzierung (gemessen als die Differenz der jeweiligen Gesamtsteuerbelastung zwischen Eigen- und Fremdfinanzierung) von etwa 161 % resultiert.[2] Bei einer Finanzierung mit Eigenkapital in einem klassischen System mit Shareholder Relief (HEV/ TEV) ist die Steuerbelastung des Anteilseigners, somit die Gesamtsteuerbelastung der Eigenfinanzierung und der Steuervorteil der Fremdfinanzierung abhängig von der in § 3 Nr. 40 EStG festgelegten Höhe der Steuerfreistellung von Dividendenbezügen.[3]

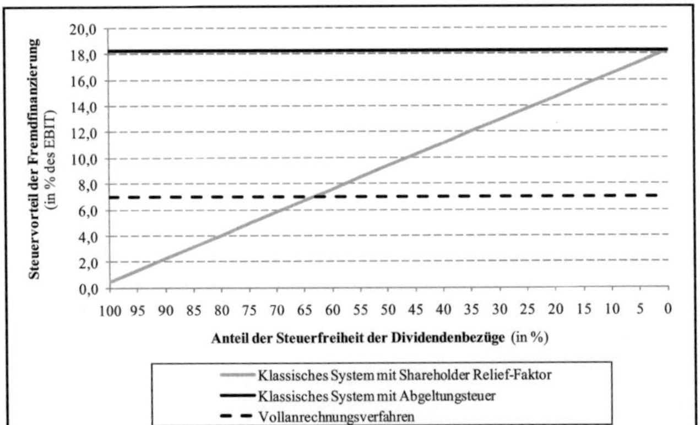

Abbildung 11: Steuervorteil der Fremdfinanzierung in Abhängigkeit des Anteils der Steuerfreiheit der Dividendenbezüge

---

1 Vgl. so auch *Spengel, C.*, Unternehmensbesteuerung, 2003, S. 55.

2 0,4675 – 0,3550 = 0,1125 und (0,1822 – 0,0697) / 0,0697 = 1,614.

3 Durch das Unternehmensteuerreformgesetz 2008 (Art. 1 Nr. 3 Buchst. a) UntStRefG i. V. m. § 3 Nr. 40 EStG) wurde der Anteil der Steuerfreiheit von Dividendenbezügen von 50 % (Halbeinkünfte) auf 40 % (Teileinkünfte) reduziert.

Abbildung 11 stellt den Steuervorteil der Fremdfinanzierung für die in Tabelle 6 aufgeführten Erscheinungsformen eines Steuersystems in Abhängigkeit des steuerfreien Dividendenanteils für einen Einkommensteuersatz in Höhe von 25 % grafisch dar. Während der Anteil der Steuerfreiheit der Dividendenbezüge in einem körperschaftsteuerlichen Vollanrechnungsverfahren und einem klassischen System mit Abgeltungsteuer 0 % beträgt und somit keinen Einfluss auf die Höhe des Steuervorteils der Fremdfinanzierung hat, bewirkt eine im Unternehmensteuerreformgesetz 2008 praktizierte Reduzierung des Anteils der Steuerfreiheit von Dividendenbezügen in einem klassischen System mit Shareholder Relief eine steigende Gesamtsteuerbelastung der Eigenfinanzierung und somit einen linear steigenden Steuervorteil der Fremdfinanzierung. Formal und allgemeingültig kann der Einfluss des Shareholder Relief-Faktors (τ) auf den Steuervorteil der Fremdfinanzierung in einem klassischen System in Abhängigkeit des Körperschaftsteuersatzes, des Gewerbesteuersatzes und des Einkommensteuersatzes wie folgt dargestellt werden:[1]

$$\boxed{\frac{\partial \Delta s}{\partial \tau} = -\left(1 - s_g - s_k\right) * s_e} \quad < 0 \text{ für: } s_g + s_k \in \left]0;1\right[\wedge s_e \in \left]0;1\right[\qquad (4\text{-}1)$$

Der Steuervorteil der Fremdfinanzierung erhöht sich somit unter Zugrundelegung der in Tabelle 6 verwendeten Steuersätze bei einer Reduzierung des Shareholder Relief-Faktors um zehn Prozentpunkte (im Beispiel von 50 % (HEV) auf 40 % (TEV)) um 1,77 Prozentpunkte (in Tabelle 6 von 9,35 % des *EBIT* auf 11,12 % des *EBIT*).[2]

Unabhängig von der absoluten Höhe des Einkommen- und Abgeltungsteuersatzes schneiden sich die Geraden der klassischen Systeme (mit Shareholder Relief und mit Abgeltungsteuer) bei einem Anteil der Steuerfreiheit der Dividendenbezüge in Höhe von 0 %, sofern der Einkommensteuersatz und der Abgeltungsteuersatz die gleiche Höhe aufweisen. In diesem Schnittpunkt entspricht das klassische System mit Shareholder Relief-Verfahren funktional einem klassischen System ohne Shareholder Relief.

Der einkommensteuerliche Indifferenzsteuersatz ist der Einkommensteuersatz, der innerhalb eines bestimmten Steuersystems einer Gesamtsteuerbetrachtung zugrunde liegen muss, um den Investor gerade indifferent zwischen den Entscheidungsalternativen

---

1 Zur Herleitung siehe Anhang c, S. 229.

2 (1 – 0,15 – 0,14) x 0,25 x 10 = 1,77.

zu stellen.[1] In der vorliegenden Untersuchung ist der Investor unter der Zielsetzung der Steuerbarwertminimierung indifferent zwischen einer Finanzierung mit Eigenkapital und einer Finanzierung mit Fremdkapital, wenn die Gesamtsteuerbelastung der Finanzierungsalternativen innerhalb eines Steuersystems eine identische Höhe aufweist.[2] Insofern dient der einkommensteuerliche Indifferenzsteuersatz als Indikator einer Umkehr relativer steuerlicher Vorteilhaftigkeit der Finanzierungsalternativen und berechnet sich in Abhängigkeit der Steuersätze und des zugrundeliegenden Steuersystems wie folgt:[3]

Vollanrechnungsverfahren	**Klassisches System mit Shareholder Relief (HEV)**
$\hat{s}_e^{ARV} = \frac{0{,}75 * s_g - s_g * s_k - 0{,}75 * s_g^2}{0{,}75 * s_g - s_g * s_k - 0{,}75 * s_g^2} = 1$	$\hat{s}_e^{HEV} = \frac{s_g + s_k - \frac{0{,}25 * s_g}{1 - 0{,}75 * s_g - s_k}}{1 - (1 - s_g - s_k) * 0{,}5 - \frac{0{,}25 * s_g}{1 - 0{,}75 * s_g - s_k}}$
Klassisches System mit Shareholder Relief (TEV)	**Klassisches System mit Shareholder Relief (AGS)**
$\hat{s}_e^{TEV} = \frac{s_g + s_k - \frac{0{,}25 * s_g}{1 - 0{,}75 * s_g - s_k}}{1 - (1 - s_g - s_k) * 0{,}6 - \frac{0{,}25 * s_g}{1 - 0{,}75 * s_g - s_k}}$	$\hat{s}_e^{AGS} = \frac{s_g + s_k + (1 - s_g - s_k) * s_a - \frac{0{,}25 * s_g}{1 - 0{,}75 * s_g - s_k}}{1 - \frac{0{,}25 * s_g}{1 - 0{,}75 * s_g - s_k}}$

Tabelle 7: Einkommensteuerlicher Indifferenzsteuersatz in Abhängigkeit des Steuersystems

Unter der Prämisse der Vollausschüttung resultieren in einem Vollanrechnungsverfahren, ohne Anrechnungshöchstbetrag und unabhängig von den Steuersätzen, Unterschiede in der Gesamtsteuerbelastung von Eigen- und Fremdfinanzierung nur, wenn bei der Eigenfinanzierung die gewerbe- und körperschaftsteuerliche Vorbelastung auf Unternehmensebene nicht vollständig auf die Einkommensteuer der natürlichen Person angerechnet wird, oder bei Fremdfinanzierung die Zinsen nicht vollständig abgezogen wer-

[1] Der Indifferenzsteuersatz ist gleichzusetzen mit den Begriffen „kritischer Steuersatz" und „marginaler Investor"; vgl. beispielsweise *Zechner, J./Swoboda, P.*, Critical, 1986; *Swoboda, P.*, Kapitalstruktur, 1991, S. 853; *Laß, F.*, Finanzierungsentscheidungen, 1999, S. 57; *Schult, E./Freyer, T./Blaufus, K.*, Dimensionen, 2001; *Green, R. C./Hollifield, B.*, advantages, 2003, S. 201; *Homburg, S.*, Steuerlehre, 2007, S. 255; *Maßbaum, A./Sureth, C.*, Financing, 2008, S. 12; *Schreiber, U.*, Besteuerung, 2008, S. 688.

[2] Zur Zielsetzung der Steuerbarwertminimierung vgl. Kapitel 1.2, S. 9, und 1.4, S. 13.

[3] Zur Herleitung der Formeln vgl. Anhang c, S. 225-227. Die Günstigerprüfung i. S. d. § 32d Abs. 6 EStG (Abgeltungsteuer) wird hier zunächst vernachlässigt; vgl. hierzu Kapitel 5.3.2, S. 87.

den können.[1] Somit ist eine Indifferenz zwischen Eigen- und Fremdfinanzierung in einem Vollanrechnungsverfahren, das auf einen körperschaftsteuerlichen Anwendungsbereich beschränkt ist, unabhängig von dem tariflichen Körperschaft- und Gewerbesteuersatz lediglich bei einem (hypothetischen) Einkommensteuersatz in Höhe von 100 % möglich.[2] Unter isolierender Betrachtungsweise des Einflussfaktors „Steuersystem" führt die Fremdfinanzierung im körperschaftsteuerlichen Vollanrechnungsverfahren somit für jeden persönlichen Einkommensteuersatz stets zu einer niedrigeren Gesamtsteuerbelastung als die Eigenfinanzierung.[3]

Die Reduzierung des Anteils der Steuerfreiheit von Dividendenbezügen durch das Unternehmensteuerreformgesetz 2008 bewirkt unabhängig von der Höhe des zugrundeliegenden Körperschaft- und Gewerbesteuersatzes eine Erhöhung des einkommensteuerlichen Indifferenzsteuersatzes und somit eine Ausdehnung des Steuervorteils der Fremdfinanzierung.[4] Im vorliegenden Modellunternehmen mit einem Körperschaftsteuersatz in Höhe von 15 % und einem Gewerbesteuersatz in Höhe von 14 % bewirkt die Reduzierung des Anteils der Steuerfreiheit von Dividendenbezügen durch die Einführung des Teileinkünfteverfahrens eine Erhöhung des (theoretischen) einkommensteuerlichen Indifferenzsteuersatzes von 40,64 % (HEV) auf 46,11 % (TEV) und somit ein „squeeze-out" des Steuervorteils der Eigenfinanzierung.[5] Den stärksten Einfluss auf den Steuervorteil der Fremdfinanzierung übt der Einkommensteuersatz in einem klassischen System mit Shareholder Relief in Form einer Abgeltungsteuer aus. Wie aus Abbildung 12 und den zugrunde liegenden Berechnungen ersichtlich, beträgt der Steuervorteil der

---

1 Im Vollanrechnungsverfahren werden Gewinne, die von einer Kapitalgesellschaft an eine natürliche Person ausgeschüttet werden, „im Endeffekt ... mit dem persönlichen Einkommensteuersatz des Anteilseigners besteuert"; Zitat *Scheffler, W.*, Finanzierung, 2000, S. 2442; vgl. auch *Haase, K. D./Lüdemann, L.*, Finanzierungspolitik, 2000, S. 748; *Schneeloch, D./Trockels-Brand, T.*, Anrechnungsverfahren, 2000, S. 909.

2 Vgl. Berechnungen zum einkommensteuerlichen Indifferenzsteuersatz in Tabelle 7, S. 52, und Anhang c, S. 225.

3 Zur Vereinfachung wird ein Anrechnungshöchstbetrag ausgeschlossen, sodass auf Ebene des Anteilseigners eine Erstattung der Körperschaftsteuer erfolgt, sofern die Körperschaftsteuerbelastung größer als die Einkommensteuerbelastung ist. Die Einführung eines Anrechnungshöchstbetrags würde die Steuerbelastung der Eigenfinanzierung jedoch ausschließlich erhöhen und somit das Ergebnis des Steuerbelastungsvergleiches (Steuervorteil der Fremdfinanzierung) lediglich verstärken.

4 $1-(1-s_g-s_k)*0{,}6 \prec 1-(1-s_g-s_k)*0{,}5 \Rightarrow s_e^{TEV} \succ s_e^{HEV}$.

In Abbildung 12, S. 54, wird diese Beziehung durch einen identischen Achsenabschnitt der y-Achse, jedoch eine geringere (negative) Steigung der TEV-Funktion dargestellt.

5 Der marginale Einkommensteuersatz beträgt de lege lata maximal 45 % (§ 32a Abs. 1 Satz 2 EStG); ein theoretischer einkommensteuerlicher Indifferenzsteuersatz in Höhe von 46,11 % wird somit in der Realität nicht erreicht. Zur Berechnung der einkommensteuerlichen Indifferenzsteuersätze im Halb- und Teileinkünfteverfahren vgl. Anhang c, S. 226f.

Fremdfinanzierung für einen Einkommensteuersatz in Höhe von 0 % in einem klassischen System mit einem Abgeltungsteuersatz in Höhe von 25 %: 42,05 % des *EBIT* und kehrt sich ab einem nominalen einkommensteuerlichen Indifferenzsteuersatz in Höhe von 44,13 % in einen Steuervorteil der Eigenfinanzierung um.[1] In der höchsten Progressionsstufe des derzeit in der Bundesrepublik Deutschland maßgebenden Einkommensteuertarifs (Grenzsteuersatz in Höhe von 45 %) beläuft sich der Steuervorteil der Eigenfinanzierung auf 0,83 % des *EBIT*.[2]

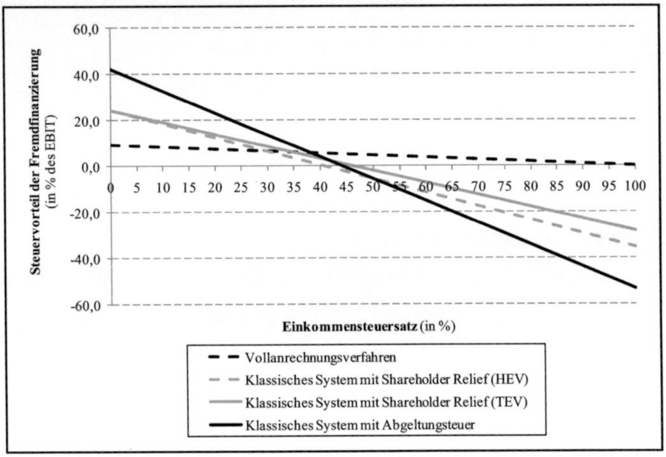

Abbildung 12: Einkommensteuerlicher Indifferenzsteuersatz und Steuervorteil der Fremdfinanzierung in Abhängigkeit des Steuersystems

Wie die Gegenüberstellung des Steuervorteils der Fremdfinanzierung für die Steuersysteme in Abbildung 12 zeigt,[3] hat die Ausgestaltung eines Steuersystems, das auf erster Stufe eine Einordnung steuerlicher Abzugsfähigkeit von (Zins-)Aufwendungen auf Unternehmensebene vornimmt und auf zweiter Stufe Entlastungsmaßnahmen bei der Be-

---

[1] Zum einkommensteuerlichen Indifferenzsteuersatz im System der Abgeltungsteuer in Höhe von 44,13 % vgl. auch *Schreiber, U.*, Besteuerung, 2008, S. 688. Bei dem Indifferenzsteuersatz handelt es sich um eine steuerliche Durchschnittsbetrachtung der Grenzfinanzierung (Differenzbetrachtung). Den Differenzsteuersatz erläutert *Schult, E.*, Differenzsteuerrechnung, 1979. Der einkommensteuerliche Indifferenzsteuersatz in Höhe von 44,13 % des *EBIT* entspricht einem effektiven Einkommensteuersatz (bezogen auf das *EBIT*) in Höhe von 0,4413 x $(1 - \sigma_g - \sigma_k) = 0{,}4206$. Vgl. Berechnungen in Anhang c, S. 228.

[2] Zur Ermittlung der Werte und der einkommensteuerlichen Indifferenzsteuersätze im klassischen System mit Shareholder Relief in Form einer Abgeltungsteuer vgl. Tabelle 7, S. 52, und Anhang c, S. 229.

[3] Die Günstigerprüfung i. S. d. § 32d Abs. 6 EStG wird hier zunächst vernachlässigt; vgl. zur Anwendung der Günstigerprüfung Kapitel 5.3.2, S. 87.

steuerung von Eigenkapitalvergütungen auf Ebene des Anteilseigners vorsieht,[1] einen fundamentalen Einfluss auf die Finanzierungsentscheidung.[2] Während die Eigenfinanzierung in einem – auf die Körperschaftsteuer – beschränkten „Voll"-Anrechnungsverfahren unabhängig von den unterstellten Steuersätzen zu einer höheren Gesamtsteuerbelastung führt als die Fremdfinanzierung, zeigt die Analyse des Steuersystemwechsels, dass nach Einführung des klassischen Systems – insbesondere mit einer parallelen Anwendung der Abgeltungsteuer und dem Teileinkünfteverfahren – nicht von einer generellen Vorteilhaftigkeit der Fremdfinanzierung gegenüber der Eigenfinanzierung auszugehen ist.[3] Die Finanzierungsentscheidung ist in Verbindung mit einer genauen Überprüfung der steuerlichen Parameter (Steuersatz und Bemessungsgrundlage) zu treffen. Auch wenn der Einflussfaktor „Steuersystem" unter Berücksichtigung der Anteilseignerebene eine Schlüsselposition mit sehr hohem Stellenwert im Bereich der steuerinduzierten Finanzierungsentscheidung einnimmt, gehen in der Realität Änderungen des Steuersystems mit einer Vielzahl von Modifikationen weiterer steuerlicher Parameter einher,[4] die entweder gleich- oder gegenläufige Effekte auslösen und im weiteren Verlauf dieser Ausarbeitung einzeln untersucht werden.

---

1 Vgl. *Demirgüc-Kunt, A./Maksimovic, V.*, Debt, 1999, S. 312; *Jacobs, O. H./Spengel, C.*, Burden, 2000, S. 345; *Auerbach, A. J.*, Policy, 2002, S. 1254; *Spengel, C.*, Unternehmensbesteuerung, 2003, S. 55.

2 Vgl. so auch *Spengel, C.*, Steuerbelastungsvergleiche, 1995, S. 115 f.; *Frydenberg, S.*, Theory, 2004, S. 10.

3 Vgl. so auch *Scheffler, W.*, Finanzierung, 2000, S. 2444 f.

4 Vgl. *Stiglitz, J. E.*, Structure, 1988, S. 125.

5. Einflussfaktor Steuertarif

Der in Kapitel 4 bei der Analyse verschiedener Steuersysteme – mit Ausnahme des einkommensteuerlichen Indifferenzsteuersatzes als kritischer Wert – bewusst konstant gehaltene Steuersatz bildet zusammen mit Art und Höhe von Freibeträgen und Freigrenzen die Tarifvorschriften einer Steuerart. In eine Alternativenauswahl einzubeziehende Steuertarifeffekte resultieren aus über verschiedene Veranlagungszeiträume differierenden Steuersätzen, unterschiedlichen – den Entscheidungsalternativen zurechenbaren – Tarifvorschriften (z. B. §§ 32b, 32c, 32d, 34 Abs. 1 EStG) oder Freibeträgen und Freigrenzen. Steuertarifeffekte bewirken aufgrund der zeitlichen Abschnittsbesteuerung regelmäßig permanente Steuerbelastungsdifferenzen.[1] Wenngleich dem tariflichen (nominalen) Steuersatz – insbesondere im internationalen Kontext – eine geringe Aussagefähigkeit für Vergleichsrechnungen oder Vorteilhaftigkeitsanalysen zugesprochen wird,[2] stellt der Einflussfaktor Steuertarif einen belastungsrelevanten Faktor dar,[3] der im internationalen Steuerwettbewerb und im Entscheidungsfeld von Wirtschaft und Politik von hoher Bedeutung ist.[4]

5.1 Körperschaftsteuer

Zur Veranschaulichung des steuerlichen Einflusses des Körperschaftsteuertarifs auf die Finanzierungsentscheidung im derzeit umgesetzten System mit Abgeltungsteuer wird in Tabelle 8 die steuerliche Gesamtbelastung einer Eigen- und Fremdkapitalfinanzierung für die in den Jahren 2003 (s_k = 26,5 %), 2004 bis 2007 (s_k = 25 %) und 2008 bis 2009 (s_k = 15 %) geltenden Körperschaftsteuersätze betrachtet.

---

1 Vgl. *Wagner, F. W.*, Entwicklungstendenzen, 1984, S. 213.

2 Vgl. beispielsweise *Fischer, L.*, Steuerbelastung, 1989, S. 134, 140; *Schneider, D.*, Meßkonzepte, 1990, S. 499-502; *Jacobs, O. H./Spengel, C.*, Unternehmensbesteuerung, 1996, S. 53; *Merks, P.*, Tax, 2007, S. 326; *Schreiber, U.*, Besteuerung, 2008, S. 592; *Sureth, C./Halberstadt, A./Bischoff, D.*, Einfluss, 2009, S. 52.

3 Vgl. *Jacobs, O. H./Spengel, C.*, Finanzierung (Teil I), 1992, S. 84; *Spengel, C./Lammersen, L.*, Methoden, 2001, S. 238; *Jacobs, O. H.*, Unternehmensbesteuerung, 2007, S. 136 f.

4 Vgl. *Devereux, M. P.*, Impact, 1992, S. 109 f.; *Devereux, M. P./Griffith, R.*, location, 1998, S. 335; *Jacobs, O. H./Spengel, C.*, Burden, 2000, S. 336; *Spengel, C./Braunagel, R. U.*, Konzernbesteuerung, 2006, S. 45; *Büttner, T./Ruf, M.*, incentives, 2007, S. 151; *Schirmer, H.-J.*, Steuerrechtsänderungen, 2007, S. 280. Nach einer Untersuchung der Europäischen Kommission kristallisiert sich der nominale Steuersatz auf Unternehmensgewinne als wesentlicher Einflussfaktor der effektiven Unternehmensteuerbelastung heraus; vgl. *European Commission*, Taxation, 2001, insbesondere S. 219.

in T€	$s_k = 0,265$		$s_k = 0,25$		$s_k = 0,15$	
	EK	**max. FK**	**EK**	**max. FK**	**EK**	**max. FK**
EBIT KapGes	100,00	100,00	100,00	100,00	100,00	100,00
Zins	-	94,45	-	94,57	-	95,30
GewSt ($s_g = 0,14$)	14,00	4,08	14,00	4,07	14,00	3,99
KSt	26,50	1,47	25,00	1,36	15,00	0,71
Steuer KapGes	40,50	5,55	39,00	5,43	29,00	4,70
Bruttobardividende	59,50	0,00	61,00	0,00	71,00	0,00
Einkünfte AE (nat. Pers.)	59,50	94,45	61,00	94,57	71,00	95,30
ESt ($s_e / s_a = 0,25$)	14,88	23,61	15,25	23,64	17,75	23,83
Gesamtsteuerbelastung	55,38	29,16	54,25	29,07	46,75	28,53
Differenz zu EK		**26,22**		**25,18**		**18,22**

Tabelle 8: Gesamtsteuerbelastung in Abhängigkeit des Körperschaftsteuersatzes

Die Reduzierung des Körperschaftsteuersatzes um 40 % (von 25 % auf 15 %) bewirkt eine Verringerung der relativen steuerlichen Vorteilhaftigkeit einer Fremdkapitalfinanzierung in Höhe von 27,6 % (gemessen als die jeweilige Differenz der Gesamtsteuerbelastung von Eigen- und Fremdfinanzierung).[1] Der kritische Körperschaftsteuersatz, ab dem sich der in Tabelle 8 dargestellte Steuervorteil der Fremdfinanzierung in einen Steuervorteil der Eigenfinanzierung wandelt, nimmt für einen nominalen Einkommensteuersatz in Höhe des Abgeltungsteuersatzes von 25 % den theoretischen Wert in Höhe von –10,50 % des *EBIT* an;[2] bei einem Einkommensteuersatz in Höhe von 25 % besteht somit für jeden positiven Körperschaftsteuersatz ein Steuervorteil der Fremdfinanzierung. Wie eine – zur Sensitivitätsprüfung durchzuführende – zusätzliche Variation des Parameters Einkommensteuersatz andeutet, kehrt eine Verringerung des Körperschaftsteuersatzes unter den körperschaftsteuerlichen Indifferenzsteuersatz in Höhe von 16,17 % des *EBIT* (bei einem Einkommensteuersatz s_e in Höhe von 45 % für Zinsvergütungen) bzw. 2,84 % des *EBIT* ($s_e = 0,35$) den Steuervorteil der Fremdfinanzierung in einen Steuervorteil der Eigenfinanzierung um.[3] Einhergehend mit der Reduzierung des Körperschaftsteuersatzes verringert sich auch der einkommensteuerliche Indifferenz-

---

1 (0,1822 – 0,2518) / 0,2518 = –0,2764.

2 Vgl. Berechnung in Anhang d, S. 231.

3 Den Berechnungen liegen ein Abgeltungsteuersatz für Dividendenbezüge in Höhe von weiterhin 25 % und ein – zur Sensitivitätsprüfung – variabler Einkommensteuersatz für Zinsvergütungen zugrunde; vgl. zum Einfluss des variablen Einkommensteuersatzes ausführlich Kapitel 5.3, S. 74. Zur Ermittlung der körperschaftsteuerlichen Indifferenzsteuersätze vgl. Anhang d, S. 231.

steuersatz für Zinsvergütungen (KSt-Satz in Höhe von 26,5 %: 52,75 %; 25 %: 51,63 %; 15 %: 44,13 %).[1] Der beispielhaft für die Jahre 2008 und 2009 verwendete Körperschaftsteuersatz in Höhe von 15 % unterschreitet für einen marginalen Einkommensteuersatz in Höhe von 45 % den körperschaftsteuerlichen Indifferenzsteuersatz in Höhe von 16,17 %. Die Reduzierung des Körperschaftsteuersatzes bewirkt somit in der Grenzbetrachtung eine Umkehr der relativen steuerlichen Vorteilhaftigkeit der Finanzierungsalternativen. Formal lässt sich die Gesamtsteuerbelastung der Finanzierungsalternativen wie folgt darstellen:

$$s_{EK} = s_g + s_k + (1 - s_g - s_k) * s_a \qquad (5\text{-}1)$$

$$s_{FK} = \sigma_g + \sigma_k + (1 - \sigma_g - \sigma_k) * s_e \qquad (5\text{-}2)$$

Durch Substitution des effektiven durch den nominalen Gewerbesteuer- und Körperschaftsteuersatz aus Tabelle 5 (Kapitel 2.2) errechnet sich die Gesamtsteuerbelastung der Fremdfinanzierung in Abhängigkeit vom zugrunde gelegten nominalen Einkommen-, Gewerbe- und Körperschaftsteuersatz wie folgt:[2]

$$s_{FK} = \frac{0{,}25 * s_g}{1 - 0{,}75 * s_g - s_k} * (1 - s_e) + s_e \qquad (5\text{-}2a)$$

Die steuerliche Gesamtbelastung der Finanzierungsalternativen wird in Abbildung 13 für einen Abgeltungsteuersatz in Höhe von 25 %, einen Gewerbesteuersatz in Höhe von 14 % und die zur Berechnung der körperschaftsteuerlichen Indifferenzsteuersätze verwendeten Einkommensteuersätze in Höhe von 25 %, 35 % und 45 % grafisch dargestellt. Der Einfluss des Körperschaftsteuersatzes auf die Gesamtsteuerbelastung einer Finanzierungsalternative (bzw. nachfolgenden auf den Steuervorteil der Fremdfinanzierung) wird analytisch durch eine partielle Ableitung der Gesamtsteuerbelastungsfunktion (bzw. Tax Shield-Funktion) nach der exogenen Variablen Körperschaftsteuersatz ermittelt.

---

[1] Zur Ermittlung der Werte vgl. Anhang d, S. 230.

[2] Während Dividenden auf Anteilseignerebene mit dem abgeltenden Steuertarif gem. § 32d Abs. 1 EStG besteuert werden, ist auf Fremdkapitalvergütungen der tarifliche Steuersatz des § 32a Abs. 1 EStG anzuwenden; vgl. § 32d Abs. 2 Nr. 1b EStG und Erläuterungen in Kapitel 5.3.1, S. 74. Zur Herleitung und Vereinfachung der Gesamtsteuerbelastungsfunktion vgl. Anhang d, S. 231.

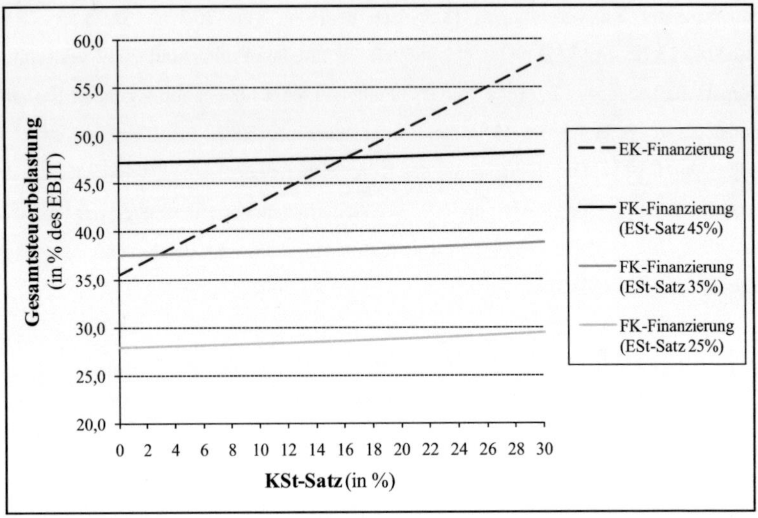

Abbildung 13: Einfluss des Körperschaftsteuersatzes auf die Gesamtsteuerbelastung

Wie beispielhaft aus Tabelle 8, grafisch aus Abbildung 13 und formal aus Tabelle 9 ersichtlich, hat der Körperschaftsteuersatz für positive Steuersätze zwischen null und eins einen positiven Einfluss auf die Gesamtsteuerbelastung von Eigen- und Fremdfinanzierung.[1] Eine Umkehr der relativen steuerlichen Vorteilhaftigkeit der Finanzierungsalternativen bei Unterschreiten des körperschaftsteuerlichen Indifferenzsteuersatzes resultiert aus dem im Verhältnis zur Fremdfinanzierung – in Tabelle 9 quantifizierten – höheren positiven Einfluss des Körperschaftsteuersatzes auf die Gesamtsteuerbelastung der Eigenfinanzierung.[2]

	Eigenfinanzierung	**Fremdfinanzierung**
Einfluss des Körperschaftsteuersatzes	$\frac{\partial s_{EK}}{\partial s_k} = 1 - s_a$	$\frac{\partial s_{FK}}{\partial s_k} = \frac{0{,}25 * s_g * (1 - s_e)}{(1 - 0{,}75 * s_g - s_k)^2}$

Tabelle 9: Einfluss des Körperschaftsteuersatzes auf die Gesamtsteuerbelastung

1 Ein – mit der Erhöhung des Körperschaftsteuersatzes – verbundener negativer Effekt auf die einkommensteuerliche Bemessungsgrundlage und effektive Einkommensteuerbelastung im Bereich der Eigen- und Fremdfinanzierung ist in der Berechnung bereits berücksichtigt.

2 Vgl. Berechnung und Herleitung in Anhang d, S. 231.

Während der Körperschaftsteuersatz einen positiven, linearen Einfluss auf die Gesamtsteuerbelastung bei Eigenfinanzierung ausübt,[1] ist der Einfluss des Körperschaftsteuersatzes auf die Gesamtsteuerbelastung bei maximaler Fremdfinanzierung vom Körperschaftsteuersatz selbst abhängig und weist einen gering positiven, mit Erhöhung des Körperschaftsteuersatzes marginal steigenden Einfluss auf die Gesamtsteuerbelastung auf.[2] Der konvexe Verlauf der Gesamtsteuerbelastungsfunktion der Fremdfinanzierung (Abbildung 13) ist in der Definition der maximalen Fremdfinanzierung begründet, nach der eine Erhöhung der Körperschaftsteuerbelastung eine negative Auswirkung auf die Zinszahlung hat. Die verringerte Zinszahlung wiederum reduziert die gewerbesteuerliche Hinzurechnung und führt zu einer geringeren Gewerbesteuerbelastung, die den gegenläufigen Effekt aus einem erhöhten *EBT* nicht überkompensiert.

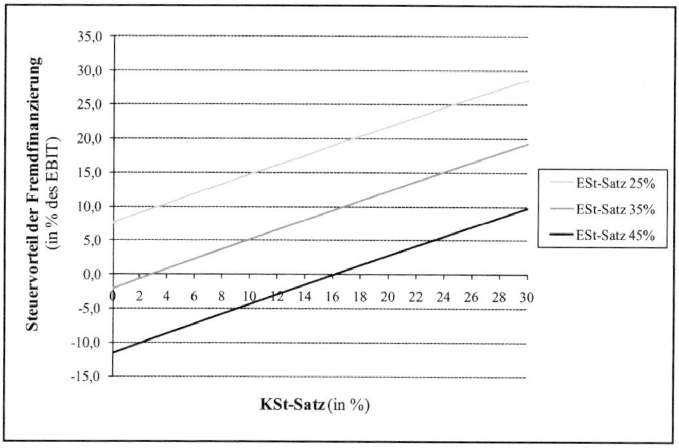

Abbildung 14: Steuervorteil der Fremdfinanzierung in Abhängigkeit des Körperschaftsteuersatzes

Die Gesamtsteuerbelastung der Finanzierungsalternativen in Abhängigkeit des Körperschaftsteuersatzes wird in Abbildung 13 für einen Abgeltungsteuersatz in Höhe von 25 % bei Eigenfinanzierung und einen prinzipiell variablen Einkommensteuersatz (hier:

[1] Der Einfluss des Körperschaftsteuersatzes auf die Gesamtsteuerbelastung – d. h. die Steigung der Gesamtsteuerbelastungsfunktion in Abhängigkeit des Körperschaftsteuersatzes – bei Eigenfinanzierung und damit auf den Steuervorteil der Fremdfinanzierung beläuft sich beispielsweise für einen Abgeltungsteuersatz in Höhe von 25 % auf 0,75 (1 – 0,25).

[2] Beispielsweise beläuft sich der Einfluss des Körperschaftsteuersatzes auf die Gesamtsteuerbelastung der Fremdfinanzierung bei einem Einkommensteuersatz in Höhe von 25 % und einem Gewerbesteuersatz in Höhe von 14 % in Abhängigkeit des Körperschaftsteuersatzes auf: 0,0473 (s_k = 0,15); 0,0631 (s_k = 0,25); 0,0661 (s_k = 0,265).

25 %, 35 % und 45 %)[1] bei Fremdfinanzierung dargestellt. Die Schnittpunkte der Gesamtsteuerbelastungsfunktionen von Eigen- und Fremdfinanzierung deuten eine Umkehr der relativen steuerlichen Vorteilhaftigkeit der Finanzierungsalternativen an, die in Abbildung 14 in Abhängigkeit des Körperschaftsteuersatzes veranschaulicht wird.

Der Steuervorteil der Fremdfinanzierung berechnet sich formal als Differenz zwischen der Gesamtsteuerbelastung bei Eigenfinanzierung und der Gesamtsteuerbelastung bei Fremdfinanzierung:

$$\boxed{\Delta s = s_{EK} - s_{FK} = s_g + s_k + (1 - s_g - s_k) * s_a - \left(\frac{0{,}25 * s_g * (1 - s_e)}{1 - 0{,}75 * s_g - s_k} + s_e \right)} \qquad (5\text{-}3)$$

Der Körperschaftsteuersatz übt – für positive Steuersätze – einen positiven, mit Erhöhung des Körperschaftsteuersatzes marginal abnehmenden Einfluss auf den Steuervorteil der Fremdfinanzierung aus. Dieser Einfluss wird durch die Steigung der Tax Shield-Funktion in Abhängigkeit des Körperschaftsteuersatzes quantifiziert:[2]

$$\frac{\partial \Delta s}{\partial s_k} = 1 - s_a - \frac{0{,}25 * s_g * (1 - s_e)}{(1 - 0{,}75 * s_g - s_k)^2} \qquad (5\text{-}4)$$

Die Ausführungen in Kapitel 3 zeigen, dass ein Steuervorteil der Fremdfinanzierung in Abhängigkeit des Verschuldungsgrades nachgewiesen und dem konkaven Verlauf der Tax Shield-Funktion in der Trade-off-Theorie prinzipiell zugestimmt werden kann. Dieses Kapitel 5.1 zeigt, dass der Körperschaftsteuersatz einen großen Einfluss auf die absolute Höhe des Steuervorteils der Fremdfinanzierung hat. Aus diesen Gründen wird im Folgenden in einer Mischfinanzierung (Durchschnittsbetrachtung) untersucht, wie die beiden Einflussfaktoren Verschuldungsgrad und Körperschaftsteuersatz zusammenwirken.

Die Gesamtsteuerbelastung der Mischfinanzierung in Abhängigkeit des Verschuldungsgrades berechnet sich wie folgt:[3]

$$s_{Misch}^{Grenz} = \frac{2 - V}{1 + V} * s_{EK} + \left(1 - \frac{2 - V}{1 + V}\right) * s_{FK} \qquad (5\text{-}5)$$

---

[1] Zum Einfluss des Einkommensteuersatzes auf den Steuervorteil der Fremdfinanzierung vgl. Kapitel 5.3, S. 74.

[2] Vgl. Berechnung und Herleitung in Anhang d, S. 231.

[3] Vgl. Kapitel 3.1, S. 37.

Der Steuervorteil der Fremd- gegenüber einer reinen Eigenkapitalausstattung wird als Differenz der Gesamtsteuerbelastung bei Eigenfinanzierung und der Gesamtsteuerbelastung bei Mischfinanzierung ausgedrückt:

$$\Delta s_{Misch}^{Grenz} = s_{EK} - \frac{2-V}{1+V} * s_{EK} - \left(1 - \frac{2-V}{1+V}\right) * s_{FK} = \left(1 - \frac{2-V}{1+V}\right) * \left(s_{EK} - s_{FK}\right) = \\ = \left(1 - \frac{2-V}{1+V}\right) * \left(\left(s_g + s_k + \left(1 - s_g - s_k\right) * s_a\right) - \left(\frac{0{,}25 * s_g}{1 - 0{,}75 * s_g - s_k} * \left(1 - s_e\right) + s_e\right)\right) \tag{5-6}$$

Für einen Einkommen- und Abgeltungsteuersatz in Höhe von jeweils 25 % und einen Gewerbesteuersatz in Höhe von 14 %, lässt sich der Steuervorteil der Fremdfinanzierung in Abhängigkeit des Verschuldungsgrades und des Körperschaftsteuersatzes als eine Fläche darstellen, die für jeden Körperschaftsteuersatz eine – aus der Definition des Verschuldungsgrades resultierende – konkave Funktion der Trade-off-Theorie abbildet.[1]

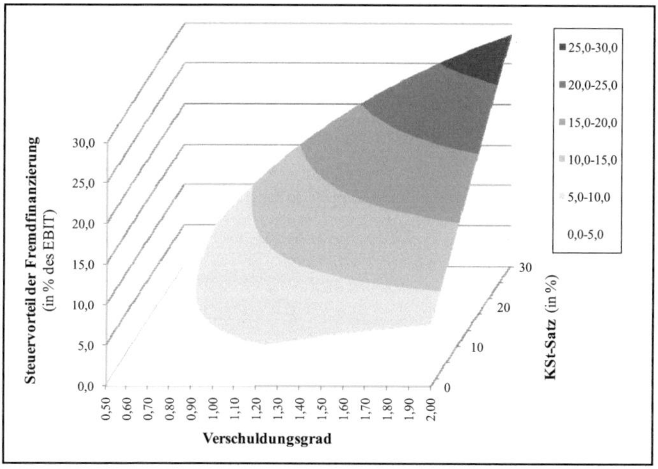

Abbildung 15: Steuervorteil der Fremdfinanzierung in Abhängigkeit des Verschuldungsgrades und des Körperschaftsteuersatzes

Für die Finanzierungsentscheidung ist die Erkenntnis, dass sich die relative steuerliche Vorteilhaftigkeit der Finanzierungsalternativen ab einem körperschaftsteuerlichen Indifferenzsteuersatz (bei einem Einkommensteuersatz in Höhe von 45 %: 16,17 %; 35 %:

[1] Zur Definition des Verschuldungsgrades und dessen Einfluss auf den Steuervorteil der Fremdfinanzierung vgl. Kapitel 3, S. 37.

2,84 %; 25 %: –10,50 %)[1] umkehrt, von großer Bedeutung. Die in Abbildung 14 für unterschiedliche Einkommensteuersätze grafisch dargestellte Umkehr der relativen steuerlichen Vorteilhaftigkeit der Finanzierungsalternativen in Abhängigkeit des Körperschaftsteuersatzes ist im Wesentlichen auf eine Körperschaftsteuersatzsensitivität der Eigenkapitalfinanzierung zurückzuführen (siehe Tabelle 9 und Abbildung 13). Die „herausragende Bedeutung“[2] des tariflichen Körperschaftsteuersatzes für Steuerbelastungsvergleiche ist insofern im Bereich der Finanzierungsentscheidung auf die Steuerbelastung bei Eigenfinanzierung einzuschränken.

Unternehmen, deren Zielsetzung an einer Maximierung des Nachsteuergewinns und damit auch an tariflichen Steuersätzen orientiert ist, werden auf eine Veränderung von Umweltparametern, wie z. B. den gesetzlich vorgegebenen Körperschaftsteuersatz, reagieren und deren Auswirkung in den Entscheidungsprozess der Finanzierung integrieren. Die relative steuerliche Vorteilhaftigkeit der Fremdkapitalfinanzierung sinkt mit einer Reduzierung des Körperschaftsteuersatzes;[3] hierdurch nehmen steuerliche Anreize einer Fremdkapitalfinanzierung ab und die Kapitalstruktur von Unternehmen erfährt im Zeitablauf für geringe bzw. sinkende Körperschaftsteuersätze eine Tendenz zur steuerlichen Präferenz der Eigenkapitalausstattung.[4] Die Reduzierung des Körperschaftsteuertarifs bewirkt eine Verringerung, die Erhöhung eine Ausdehnung des Tax Shield. Für die Finanzierungsentscheidung von Bedeutung ist ferner, welche weiteren steuerlichen Einflussfaktoren Auswirkungen auf den Steuervorteil der Fremdfinanzierung haben und welchen Einfluss der Parameter Körperschaftsteuersatz auf die isolierte Steuerwirkung weiterer Einflussfaktoren ausübt.

5.2 Gewerbesteuer

Im Unterschied zum Körperschaftsteuertarif besteht der in dieser Untersuchung bisher konstant gehaltene Gewerbesteuertarif aus zwei Multiplikatoren: Während die Steuermesszahl vom Gesetzgeber für alle Gewerbebetriebe einheitlich mit 3,5 % des Gewerbeertrags vorgegeben ist (§ 11 Abs. 2 GewStG), liegt die Höhe des Hebesatzes in der

---

[1] Vgl. Berechnungen in Anhang d, S. 231.

[2] *Spengel, C.*, Unternehmensbesteuerung, 2003, S. 189.

[3] Vgl. *Graham, J. R.*, Decisions, 1999; *Desai, M. A./Foley, F. C./Hines, J. R.*, Perspective, 2004 zur empirischen Bestätigung auf Basis US-amerikanischer Auslandstöchter.

[4] Zu empirischen Untersuchungen mit signifikantem Einfluss der steuerlichen Rahmenbedingungen auf Finanzierungsentscheidungen im amerikanischen und italienischen Raum vgl. *Rajan, R. G./Zingales, L.*, Evidence, 1995; *Alworth, J./Arachi, G.*, Italian, 2001; *Gordon, R. H./Lee, Y.*, Evidence, 2001; *Altshuler, R./Grubert, H.*, policy, 2003; *Huizinga, H./Laeven, L./Nicodème, G.*, Debt-Shifting, 2007.

Entscheidungsbefugnis der hebeberechtigten Gemeinde (§ 16 Abs. 1 GewStG) und variierte im Jahr 2008 innerhalb Deutschlands in einer Bandbreite von 200 % bis 490 %.[1] Der bisher unterstellte Gewerbesteuersatz in Höhe von 14 % entspricht bei einer Steuermesszahl von 3,5 % einem Hebesatz in Höhe von 400 %.[2] Im Folgenden werden die steuerlichen Auswirkungen auf die Finanzierungsentscheidung untersucht, die aus der im Rahmen der Unternehmensteuerreform 2008 durchgeführten Reduzierung der Steuermesszahl von 5 % auf 3,5 % resultieren.[3] Ferner wird daraufhin die gewerbesteuerliche Sensitivität der Finanzierungsentscheidung am Beispiel einer potenziellen Erhöhung des Hebesatzes von 400 % auf 500 % untersucht („Hebesatzreagibilität"[4]).[5]

in T€ **in %**	***HS*=400/*SMZ*=5**		***HS*=400/*SMZ*=3,5**		***HS*=500/*SMZ*=3,5**	
	EK	**max. FK**	**EK**	**max. FK**	**EK**	**max. FK**
EBIT KapGes	100,00	100,00	100,00	100,00	100,00	100,00
Zins	-	92,86	-	95,30	-	93,91
GewSt	20,00	6,07	14,00	3,99	17,50	5,17
KSt (s_k= 0,15)	15,00	1,07	15,00	0,71	15,00	0,92
Steuer KapGes	35,00	7,14	29,00	4,70	32,50	6,09
Bruttobardividende	65,00	0,00	71,00	0,00	67,50	0,00
Einkünfte AE (nat. Pers.)	65,00	92,86	71,00	95,30	67,50	93,91
ESt (s_e/s_a= 0,25)	16,25	23,21	17,75	23,83	16,88	23,48
Gesamtsteuerbelastung	51,25	30,35	46,75	28,53	49,38	29,57
Differenz zu EK		**20,90**		**18,22**		**19,81**

Tabelle 10: Einfluss des Gewerbesteuersatzes auf die Gesamtsteuerbelastung

Während der Körperschaftsteuersatz unter den genannten Prämissen unabhängig vom Steuersystem einen geringen Einfluss auf die Gesamtsteuerbelastung der Fremdfinanzierung ausübt und eine Umkehr der Vorteilhaftigkeit im Wesentlichen aus der körperschaftsteuerlichen Sensitivität der Eigenfinanzierung resultiert, ist der Einflussfaktor

[1] Gemäß § 16 Abs. 4 Satz 2 GewStG ist der Hebesatz auf mindestens 200 % normiert. Zu einer Übersicht von Hebesätzen deutscher Städte über 50.000 Einwohner vgl. *Statistisches Bundesamt*, Realsteuervergleich, 2007; *DIHK*, Hebesätze 2008, 2009.

[2] $s_g = \frac{HS}{100} * \frac{SMZ}{100}$; $HS = \frac{s_g}{SMZ} * 10.000 = \frac{0{,}14}{3{,}5} * 10.000 = 400.$

[3] Die Steuermesszahl wurde im Rahmen des Unternehmensteuerreformgesetzes 2008 von 5 % auf 3,5 % reduziert (Art. 3 Nr. 4 UntStRefG).

[4] *Rödder, T.*, Unternehmensteuerreform, 2007, S. 353.

[5] Die vor der Unternehmensteuerreform 2008 mögliche Abzugsfähigkeit der Gewerbesteuer von der ertragsteuerlichen Bemessungsgrundlage (§ 4 Abs. 5b EStG) wird als Einflussfaktor auf die Bemessungsgrundlage in Kapitel 6.1, S. 122, untersucht.

Gewerbesteuersatz durch die Hinzurechnung der „Entgelte für Schulden" in Höhe von 25 % (§ 8 Nr. 1 Buchst. a) GewStG) auch im Bereich der Fremdfinanzierung von Bedeutung (Tabelle 10). Wie Tabelle 10 zeigt, resultiert – bei einem Hebesatz in Höhe von 400 % – aus einer Senkung der Steuermesszahl um 30 % (von 5 % auf 3,5 %) eine Reduzierung der steuerlichen Vorteilhaftigkeit der Fremdfinanzierung in Höhe von 12,8 %.[1] Die effektive Gewerbesteuerbelastung der Finanzierungsalternativen stellt sich hierbei in Abhängigkeit des Hebesatzes und der Steuermesszahl wie folgt dar:[2]

	Eigenfinanzierung	Fremdfinanzierung
Effektiver Gewerbesteuersatz	$s_g = \frac{HS}{100} * \frac{SMZ}{100}$	$\sigma_g = \frac{0{,}25 * \frac{HS}{100} * \frac{SMZ}{100} * (1 - s_k)}{1 - 0{,}75 * \frac{HS}{100} * \frac{SMZ}{100} - s_k}$

Tabelle 11: Effektiver Gewerbesteuersatz bei Eigen- und Fremdfinanzierung

Im Bereich der Fremdfinanzierung führt die Prämisse der maximalen Fremdfinanzierung nicht nur zu einem positiven Einfluss des Körperschaftsteuersatzes auf die effektive Körperschaftsteuerbelastung (vgl. Kapitel 5.1), sondern auch dazu, dass der effektive Gewerbesteuersatz von sich selbst und dem Körperschaftsteuersatz abhängig ist. Der Einfluss von Hebesatz und Steuermesszahl auf den effektiven Gewerbesteuersatz von Eigen- und Fremdfinanzierung ist hierbei für realistische Zahlenwerte positiv:[3]

	Eigenfinanzierung	Fremdfinanzierung
Steuermesszahl	$\frac{\partial s_g}{\partial SMZ} = \frac{HS}{10.000}$	$\frac{\partial \sigma_g}{\partial SMZ} = \frac{0{,}25 * \frac{HS}{10.000} * (1 - s_k)^2}{\left(1 - 0{,}75 * \frac{HS}{100} * \frac{SMZ}{100} - s_k\right)^2}$
Hebesatz	$\frac{\partial s_g}{\partial HS} = \frac{SMZ}{10.000}$	$\frac{\partial \sigma_g}{\partial HS} = \frac{0{,}25 * \frac{SMZ}{10.000} * (1 - s_k)^2}{\left(1 - 0{,}75 * \frac{HS}{100} * \frac{SMZ}{100} - s_k\right)^2}$

Tabelle 12: Einfluss von Steuermesszahl und Hebesatz auf die effektive Gewerbesteuerbelastung

1 (0,1822 – 0,2090) / 0,2090 = –0,1282.
2 Zur Herleitung siehe Anhang e, S. 232.
3 Vgl. Berechnung und Bedingungen für einen positiven Einfluss in Anhang e, S. 233 f.

Wie aus Tabelle 12 ersichtlich, hat eine Veränderung von Hebesatz und Steuermesszahl aufgrund gleichen Steigungsverhaltens innerhalb einer Finanzierungsalternative einen identischen Einfluss auf die effektive Gewerbesteuerbelastung einer Finanzierungsalternative: Eine Erhöhung (Reduzierung) des Hebesatzes um ein Prozent beeinflusst die effektive Gewerbesteuerbelastung einer Finanzierungsalternative in gleicher Höhe wie eine Erhöhung (Reduzierung) der Steuermesszahl um ein Prozent. Diese Tatsache ergibt sich aus dem linearen Zusammenhang von Hebesatz, Steuermesszahl und tariflichem Gewerbesteuersatz (multiplikative Berechnung). Zur Untersuchung des Einflusses von Hebesatz und Steuermesszahl auf die Gesamtsteuerbelastung der Finanzierungsalternativen wird der effektive Gewerbesteuersatz s_g (Eigenfinanzierung) bzw. σ_g (Fremdfinanzierung) in die Formeln zur Berechnung der Gesamtsteuerbelastung der Grenzkapitalausstattung (vgl. Tabelle 3 in Kapitel 2.1.2.1) eingesetzt:[1]

$$s_{EK} = \frac{HS}{100} * \frac{SMZ}{100} * (1 - s_a) + s_k + s_a - s_k * s_a \quad (5\text{-}7)$$

$$s_{FK} = \frac{0{,}25 * \frac{HS}{100} * \frac{SMZ}{100}}{1 - 0{,}75 * \frac{HS}{100} * \frac{SMZ}{100} - s_k} * (1 - s_e) + s_e \quad (5\text{-}8)$$

Die Steigung der Gesamtsteuerbelastungsfunktionen in Abhängigkeit der Steuermesszahl und des Hebesatzes wird durch eine partielle Ableitung der Gesamtsteuerbelastungsfunktion nach den Einflussfaktoren wie folgt ermittelt:[2]

	Eigenfinanzierung	Fremdfinanzierung
Steuermesszahl	$\frac{\partial s_{EK}}{\partial SMZ} = \frac{HS * (1 - s_a)}{10.000}$	$\frac{\partial s_{FK}}{\partial SMZ} = \frac{0{,}25 * \frac{HS}{10.000} * (1 - s_e) * (1 - s_k)}{\left(1 - 0{,}75 * \frac{HS}{100} * \frac{SMZ}{100} - s_k\right)^2}$
Hebesatz	$\frac{\partial s_{EK}}{\partial HS} = \frac{SMZ * (1 - s_a)}{10.000}$	$\frac{\partial s_{FK}}{\partial HS} = \frac{0{,}25 * \frac{SMZ}{10.000} * (1 - s_e) * (1 - s_k)}{\left(1 - 0{,}75 * \frac{HS}{100} * \frac{SMZ}{100} - s_k\right)^2}$

Tabelle 13: Einfluss von Steuermesszahl und Hebesatz auf die Gesamtsteuerbelastung

[1] Zur Herleitung vgl. Anhang e, S. 236.
[2] Vgl. Berechnung und Herleitung in Anhang e, S. 236 f.

Wie aus Tabelle 13 ersichtlich, hat eine Veränderung von Hebesatz und Steuermesszahl aufgrund gleichen Steigungsverhaltens innerhalb einer Finanzierungsalternative ebenfalls einen identischen Einfluss auf die Gesamtsteuerbelastung der Finanzierungsalternativen: Eine Erhöhung (Reduzierung) des Hebesatzes um ein Prozent beeinflusst die Gesamtsteuerbelastung – und damit den Steuervorteil einer Finanzierungsalternative – aufgrund der Linearitätsprämisse in gleicher Höhe wie eine Erhöhung (Reduzierung) der Steuermesszahl um ein Prozent. Während Hebesatz und Steuermesszahl bei Eigenfinanzierung einen jeweils linearen Einfluss auf die Gesamtsteuerbelastung (in Höhe von $(1 - s_a) / 10.000$) ausüben, handelt es sich bei dem Einfluss von Hebesatz und Steuermesszahl auf die Gesamtsteuerbelastung bei Fremdfinanzierung um eine jeweils konvexe Funktion (vgl. Abbildung 16), deren Steigung bis zu einem theoretischen Hebesatz von rund 1.482 % (bei einer Steuermesszahl von 3,5 %) bzw. 1.037 % (bei einer Steuermesszahl von 5 %) kleiner und ab diesem Punkt größer als die Steigung bei Eigenfinanzierung ist.[1]

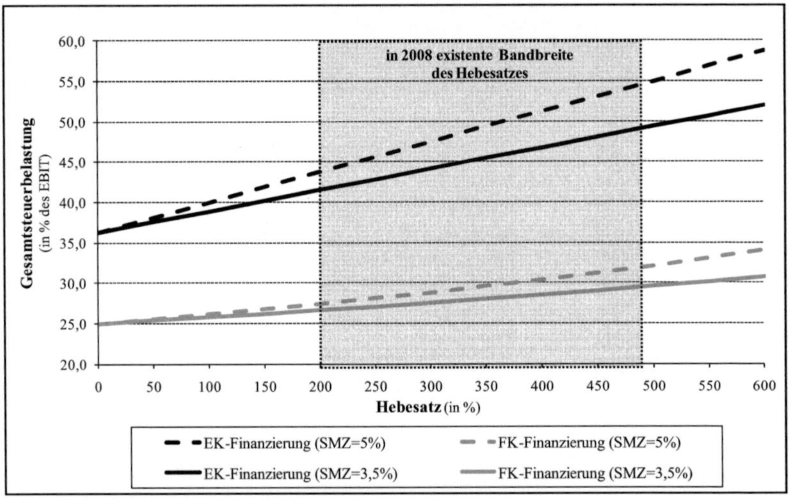

Abbildung 16: Einfluss von Hebesatz und Steuermesszahl auf die Gesamtsteuerbelastung

[1] Vgl. Berechnungen in Anhang e, S. 238. Die Konvexität der Fremdfinanzierungsfunktion resultiert aus einer Bemessungsgrundlagenerhöhung für Zwecke der Körperschaft- und Gewerbesteuer auf Unternehmensebene, die wiederum durch eine – mit Erhöhung des Hebesatzes und/oder der Steuermesszahl simultane – Reduzierung des Zinsbetrages bei maximaler Fremdfinanzierung entsteht (abhängige Residualgröße). Abgeschwächt wird der Effekt durch eine entsprechende Reduzierung der Einkommensteuerbemessungsgrundlage.

Der Einfluss von Hebesatz und Steuermesszahl auf die Gesamtsteuerbelastung ist bis zu dem theoretischen kritischen Punkt bei Eigenfinanzierung höher als bei Fremdfinanzierung. Ab diesem kritischen Punkt weist die Gesamtsteuerbelastungsfunktion der Fremdfinanzierung eine größere Steigung auf als die linear verlaufende Gesamtsteuerbelastungsfunktion der Eigenfinanzierung. Der Schnittpunkt der Ordinatenachse (entspricht einem Hebesatz von 0 %)[1] ist bei den unterstellten Steuersätzen für die Gesamtsteuerbelastungsfunktion der Fremdfinanzierung niedriger als für die Gesamtsteuerbelastungsfunktion der Eigenfinanzierung.[2] Der aus einem konvexen Verlauf der Gesamtsteuerbelastungsfunktion der Fremdfinanzierung und einem linearen Verlauf der Gesamtsteuerbelastungsfunktion der Eigenfinanzierung somit zwingend resultierende Schnittpunkt der beiden Funktionen wird bei einem theoretischen Hebesatz in Höhe von 2.428 % (bei einer Steuermesszahl von 3,5 %) bzw. 1.700 % (bei einer Steuermesszahl von 5 %) erreicht.[3] Für alle Hebesätze bis zu diesem gewerbesteuerlichen Indifferenz-Hebesatz – somit auch für den Bereich im Jahr 2008 existierender Hebesätze – ist bei den unterstellten Steuersätzen die Gesamtsteuerbelastung bei Eigenfinanzierung stets höher als bei Fremdfinanzierung.

Der gewerbesteuerliche Indifferenzsteuersatz als Indiz einer Umkehr relativer steuerlicher Vorteilhaftigkeit der Fremdfinanzierung wird bei einem Einkommensteuersatz in Höhe des Abgeltungsteuersatzes erst bei einer Gesamtsteuerbelastung in Höhe von 100 % erreicht. Für den Bereich im Jahr 2008 existierender Gewerbesteuerhebesätze entsteht für einen Körperschaftsteuersatz in Höhe von 15 % und einen Einkommensteu-

---

1 Der Hebesatz ist gesetzlich auf mindestens 200 % festgelegt (§ 16 Abs. 4 Satz 2 GewStG); ein Hebesatz in Höhe von 0 % bildet daher nur die theoretische Ausgangslage einer Sensitivitätsanalyse des Hebesatzes.

2 Allgemein ausgedrückt wird die Ordinatenachse von der Gesamtsteuerbelastungsfunktion der Eigenfinanzierung bei einem Wert in Höhe von $s_{EK} = s_k + (1 - s_k) \times s_a$ und von der Gesamtsteuerbelastung der Fremdfinanzierung bei einem Wert in Höhe von $s_{FK} = s_e$ geschnitten. Für einen Körperschaftsteuersatz in Höhe von 15 % und einen Einkommensteuersatz in Höhe des Abgeltungsteuersatzes von 25 % betragen die Werte: $s_{EK} = 0{,}3625$ und $s_{FK} = 0{,}25$ (vgl. auch grafische Darstellung in Abbildung 16, S. 68).

3 Vgl. auch Berechnungen in Anhang e, S. 239. Diese theoretischen Hebesätze führen zu einer Gesamtsteuerbelastung in Höhe von 100 %. Die Berechnung wird in Anhang e, S. 239, auch analog für den Einflussfaktor Steuermesszahl durchgeführt, auf eine qualitative Ausarbeitung wird hier verzichtet, da der Einfluss von Hebesatz und Steuermesszahl auf die Gesamtsteuerbelastung identisch ist.

ersatz in Höhe des Abgeltungsteuersatzes von 25 % stets ein Steuervorteil der Fremdfinanzierung in Höhe von:[1]

$$\Delta s = 0,75 * \frac{HS}{100} * \frac{SMZ}{100} + 0,1125 - \frac{0,1875 * \frac{HS}{100} * \frac{SMZ}{100}}{0,85 - 0,75 * \frac{HS}{100} * \frac{SMZ}{100}} \quad (5\text{-}9)$$

Der für diese unterstellten Steuersätze in Abbildung 17 grafisch als konkave Funktion dargestellte Steuervorteil der Fremdfinanzierung in Abhängigkeit des Hebesatzes und der Steuermesszahl befindet sich sowohl im Teilabschnitt der im Jahr 2008 existierenden Hebesatzbandbreite als auch im Bereich einer zukünftigen potenziellen Steuermesszahl- und/oder Hebesatz-Erhöhung[2] im positiven, degressiv steigenden Bereich:[3]

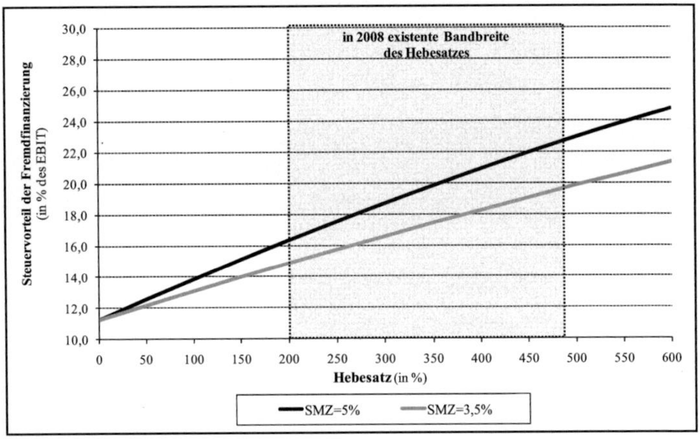

Abbildung 17: Steuervorteil der Fremdfinanzierung in Abhängigkeit des Hebesatzes

Der Steuervorteil der Fremdfinanzierung nähert sich in einem konkaven Verlauf mit zunächst degressiver Steigung dem maximalen Steuervorteil der Fremdfinanzierung in

[1] Der Formel liegen zur vereinfachten Darstellung ein Einkommen- und Abgeltungsteuersatz in Höhe von jeweils 25 % und ein Körperschaftsteuersatz in Höhe von 15 % zugrunde. Eine allgemeine Formel zur Berechnung des Steuervorteils befindet sich in Anhang e, S. 240.

[2] Sofern eine Gemeinde die Gewerbesteuerbelastung nach der Senkung der Steuermesszahl erhalten will, müsste sie den Hebesatz erhöhen; vgl. *Schreiber, U./Overesch, M.*, Analyse, 2007, S. 813.

[3] Der Steuervorteil der Fremdfinanzierung steigt mit einer Erhöhung von Steuermesszahl und/oder Hebesatz bis zu dem gewerbesteuerlichen Indifferenz-Hebesatz bzw. der Indifferenz-Steuermesszahl, der bzw. die jedoch erst bei einer theoretischen Gesamtsteuerbelastung in Höhe von 100 % erreicht ist.

Höhe von 29,05 % des *EBIT* an:[1] Der maximale Steuervorteil ist erreicht, wenn die Gesamtsteuerbelastungsfunktionen von Eigen- und Fremdfinanzierung eine identische Steigung aufweisen bzw. die Steigung der Tax Shield-Funktion null ist. Ab diesem Maximum, das bei einer Steuermesszahl von 3,5 % (theoretisch) bei einem Hebesatz in Höhe von etwa 1.482 % erreicht wird, ist der Einfluss von Steuermesszahl und Hebesatz auf die Gesamtsteuerbelastung in der Alternative der Fremdfinanzierung höher, sodass die Tax Shield-Funktion ab diesem kritischen Wert eine negative, progressive Steigung aufweist und bei einem theoretischen Hebesatz in Höhe von 2.428 % die Abszisse (= gewerbesteuerlicher Indifferenzpunkt) erreicht. Der Steuervorteil der Fremdfinanzierung kehrt sich somit für einen Einkommensteuersatz in Höhe von 25 % sowohl im Bereich der im Jahr 2008 existenten Hebesätze, als auch für jede weitere potenzielle Steuermesszahl- und/oder Hebesatzerhöhung nicht in einen Steuervorteil der Eigenfinanzierung um. Der einkommensteuerliche Indifferenzsteuersatz beträgt für einen Körperschaftsteuersatz in Höhe von 15 %, einen Abgeltungsteuersatz in Höhe von 25 % und eine Steuermesszahl in Höhe von 3,5 % für einen Hebesatz in Höhe von 500 %: 46,09 % des *EBIT* und für einen Hebesatz in Höhe von 400 %: 44,13 % des *EBIT* und deutet auf eine Umkehr der relativen steuerlichen Vorteilhaftigkeit der Finanzierungsalternativen in der Grenzbetrachtung hin.[2]

Wird in einer Mischfinanzierung der Verschuldungsgrad als Aufteilungsmaßstab der Nachsteuerrendite auf Eigen- und Fremdkapitalinvestition in die Untersuchung des Einflusses von Hebesatz und Steuermesszahl auf den Steuervorteil der Fremdfinanzierung einbezogen, kann der Steuervorteil der Fremdfinanzierung in Abhängigkeit des Hebesatzes und der Steuermesszahl wie folgt berechnet werden:[3]

$$\Delta s_{Misch}^{Grenz} = \left(1 - \frac{2-V}{1+V}\right) * \left(0{,}75 * \frac{HS}{100} * \frac{SMZ}{100} + 0{,}1125 - \frac{0{,}1875 * \frac{HS}{100} * \frac{SMZ}{100}}{0{,}85 - 0{,}75 * \frac{HS}{100} * \frac{SMZ}{100}}\right) \quad (5\text{-}10)$$

1 Der konkave Verlauf resultiert aus der Differenz eines linearen Verlaufs der Gesamtsteuerbelastungsfunktion bei Eigenfinanzierung und einem konvexen Verlauf der Gesamtsteuerbelastungsfunktion bei Fremdfinanzierung. Vgl. Berechnung in Anhang e, S. 240.

2 Vgl. Berechnungen in Anhang e, S. 242.

3 Es wird ein Körperschaftsteuersatz in Höhe von 15 % und ein Einkommen- und Abgeltungsteuersatz in Höhe von 25 % unterstellt. Eine allgemeine Formel zur Berechnung des Steuervorteils der Fremdfinanzierung befindet sich in Anhang e, S. 241.

In Abbildung 18 wird der Steuervorteil der Fremdfinanzierung in Abhängigkeit von Hebesatz und Verschuldungsgrad für eine Steuermesszahl von 3,5 % dargestellt:

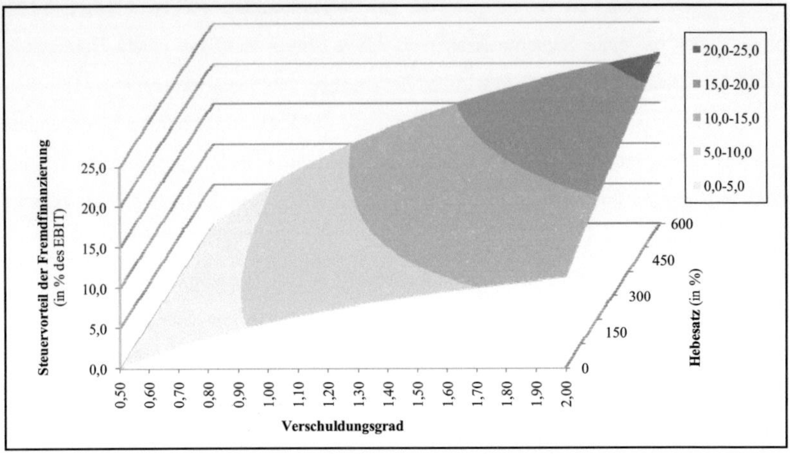

Abbildung 18: Steuervorteil der Fremdfinanzierung in Abhängigkeit des Hebesatzes und des Verschuldungsgrades

Für die Finanzierungsentscheidung von Bedeutung ist neben der Erkenntnis über einen positiven bzw. negativen Steuervorteil der Fremdfinanzierung auch die absolute Höhe des Steuervorteils, da in dieser Ausarbeitung zwar vornehmlich steuerliche Effekte untersucht werden, in der modernen Finanzierungstheorie jedoch beispielsweise Insolvenz- und Agency-Kosten die Fremdkapitalkosten erhöhen und dem Steuervorteil der Fremdfinanzierung entgegenwirken.[1] Ein Vergleich von Abbildung 18 und der Abbildung des Steuervorteils der Fremdfinanzierung in Abhängigkeit des Körperschaftsteuersatzes und des Verschuldungsgrades (Abbildung 15) zeigt durch eine stärkere Steigung entlang der Applikatenachse (z-Achse) in Abbildung 15,[2] dass der Einfluss des Hebesatzes auf die absolute Höhe des Steuervorteils der Fremdfinanzierung kleiner ist als der Einfluss des Körperschaftsteuersatzes. Eine Körperschaftsteuersatzveränderung hat eine – in Anhang e quantifizierte – größere Auswirkung auf die absolute Höhe des Steuervorteils der Fremdfinanzierung als eine Hebesatzänderung gleichen prozentualen Umfangs. Dieser Effekt hat zwei Gründe: Zum einen stellt der Hebesatz nur einen von zwei Multiplikatoren zur Berechnung des Gewerbesteuersatzes dar, während der Körper-

[1] Vgl. Kapitel 1.1, S. 1, m. w. N.

[2] Der analytische Nachweis erfolgt in Anhang e, S. 241.

schaftsteuersatz direkt auf die Bemessungsgrundlage anzuwenden ist. Zum anderen ist bei einer Fremdfinanzierung die effektive Gewerbesteuerbelastung – aufgrund einer um 25 % der Entgelte für Schulden erhöhten Bemessungsgrundlage[1] – höher als die effektive Körperschaftsteuerbelastung. Eine Hebesatzveränderung hat somit Auswirkungen auf die Gesamtsteuerbelastung von Eigen- und Fremdfinanzierung, eine Körperschaftsteuersatzveränderung hingegen verändert im Wesentlichen die Gesamtsteuerbelastung der Eigenfinanzierung.[2] Die Gesamtsteuerbelastungsdifferenz zwischen Eigen- und Fremdfinanzierung, die den Steuervorteil der Fremdfinanzierung repräsentiert, reagiert somit sensibler auf eine Körperschaftsteuersatzveränderung als auf eine Veränderung der effektiven Gewerbesteuerbelastung.

Der Gewerbesteuer wird im Rahmen der Unternehmensbesteuerung eine gravierende Bedeutung zugesprochen,[3] die bei einer Betrachtung nominaler Steuertarife ab einem Hebesatz in Höhe von 428,57 % die Höhe des Körperschaftsteuertarifs übersteigt.[4] Im Vergleich zur Körperschaftsteuer ist die Relevanz der Gewerbesteuer im Bereich der steuerinduzierten Finanzierungsentscheidung für alle im Jahr 2008 existierenden Gewerbesteuerhebesätze geringer, da aus der gewerbesteuerlichen Hinzurechnung in Höhe von 25 % der Entgelte für Schulden gem. § 8 Nr. 1 Buchst. a) GewStG auch eine gewerbesteuerliche Sensitivität der Gesamtsteuerbelastung bei Fremdfinanzierung resultiert.[5] Die Sensitivitätsanalyse des einkommensteuerlichen Indifferenzsteuersatzes in Abhängigkeit von Hebesatz und Steuermesszahl zeigt jedoch auf, dass in Kombination mit einer Veränderung des Einkommensteuersatzes auch ein Steuervorteil der Eigenfinanzierung resultieren kann. Im Folgenden wird der Einfluss des Einkommensteuersatzes auf den Steuervorteil der Fremdfinanzierung detailliert untersucht.

---

[1] S. § 8 Nr. 1 Buchst. a) GewStG.

[2] Eine Körperschaftsteuersatzveränderung hat auch geringe Auswirkungen auf die Gesamtsteuerbelastung bei Fremdfinanzierung. Diese geringe Gesamtsteuerbelastung beruht auf der Annahme der maximalen Fremdfinanzierung und der Qualifikation der Gewerbesteuer als nicht abzugsfähige Betriebsausgabe; vgl. Kapitel 2.1.3, S. 31.

[3] Vgl. *Bergemann, A./Markl, R./Althof, M.*, Gewerbesteuer, 2007, S. 700.

[4] (0,15 / 0,035) = 4,2857.

[5] Auch eine Abschaffung der Untergrenze für den Gewerbesteuerhebesatz in Höhe von 200 % (§ 16 Abs. 4 Satz 2 GewStG) oder eine Reduzierung bzw. Erhöhung dieser Grenze hat unter den getroffenen Annahmen zwar Auswirkung auf die absolute Höhe des Steuervorteils der Fremdfinanzierung, nicht aber auf die Existenz des Steuervorteils der Fremdfinanzierung.

5.3 Einkommensteuer

5.3.1 Schedulenbesteuerung bei Einkünften aus Kapitalvermögen

Die sowohl bei der Untersuchung des Steuersystems[1] als auch des Körperschaft- und Gewerbesteuertarifs[2] zur Sensitivitäts- und Plausibilitätsprüfung der Ergebnisse berechneten einkommensteuerlichen Indifferenzsteuersätze deuten darauf hin, dass der Steuervorteil der Fremdfinanzierung sensibel auf eine Veränderung des Einkommensteuersatzes reagiert. Da bisher zur Vereinfachung ein identischer Steuersatz für den Einkommensteuertarif (s_e) und den abgeltenden Steuersatz (s_a) in Höhe von 25 % unterstellt wurde, werden im Folgenden die Besteuerung der natürlichen Person und die einkommensteuerliche Auswirkung auf die Finanzierungsentscheidung des Unternehmens detailliert betrachtet.[3] Fremdkapitalvergütungen (Zinsen), die von einer personenbezogenen Kapitalgesellschaft an einen Anteilseigner (Privatperson) geleistet werden, unterliegen prinzipiell beim Empfänger als Einkünfte aus Kapitalvermögen (§ 20 Abs. 1 Nr. 7 EStG) dem progressiv ausgestalteten Einkommensteuertarif des § 32a Abs. 1 Satz 2 EStG.[4] Die Bandbreite des auf die Bemessungsgrundlage anzuwendenden Einkommensteuersatzes beträgt de lege lata mindestens 0 % und maximal 45 %. Eigenkapitalvergütungen (Dividenden) stellen zwar auf Ebene der Privatperson ebenfalls Einkünfte aus Kapitalvermögen (§ 20 Abs. 1 Nr. 1 EStG) dar, werden jedoch prinzipiell mit einem von der individuellen Leistungsfähigkeit losgelösten, abgeltenden Steuertarif in Höhe von 25 % (§ 32d Abs. 1 EStG) besteuert;[5] auf Antrag besteht die Möglichkeit, durch

---

1 Vgl. Kapitel 4, S. 45, und Berechnungen in Anhang c, S. 225.

2 Vgl. Kapitel 5.1, S. 57 und Berechnungen in Anhang d, S. 230, sowie Kapitel 5.2, S. 64, und Berechnungen in Anhang e, S. 232.

3 Die Besteuerung des Anteilseigners einer personenbezogenen Kapitalgesellschaft ist in eine steuerliche Vorteilhaftigkeitsanalyse einzubeziehen; vgl. Ausführungen zu aussagekräftigen Belastungsvergleichen in Kapitel 1.3, S. 11, und 1.4, S. 13, m. w. N.

4 Unter der Voraussetzung einer Beteiligungsquote von mindestens 10 %; s. § 32d Abs. 2 Nr. 1 Buchst. b) EStG; vgl. auch *Patek, G.*, Entscheidungsfelder, 2007, S. 454. Fremdkapitalvergütungen an einen nicht beteiligten Gläubiger (z. B. Bank) sind nicht Gegenstand der Untersuchung, würden jedoch zur Vergleichbarkeit mit der Eigenfinanzierung eine Alternativanlage des Anteilseigners bedingen.

5 *C. Spengel/C. Ernst* sprechen diesbezüglich von einem „Progressionsvorteil" der Dividendenerträge; vgl. *Spengel, C./Ernst, C.*, Analyse, 2008, S. 835.

eine Günstigerprüfung mit der niedrigeren persönlichen Einkommensteuer nach § 32a Abs. 1 Satz 2 EStG veranlagt zu werden.[1]

Inwiefern die Eigenfinanzierung durch die Einführung einer „Abgeltungsteuer" diskriminiert wird,[2] oder die steuerinduzierte Finanzierungsentscheidung von den persönlichen Einkommensverhältnissen der natürlichen Person abhängt, soll im Folgenden untersucht werden.

in T€	**s_e = 0,00**		**s_e = 0,25**		**s_e = 0,45**	
	EK	**max. FK**	**EK**	**max. FK**	**EK**	**max. FK**
EBIT KapGes	100,00	100,00	100,00	100,00	100,00	100,00
Zins	-	95,30	-	95,30	-	95,30
GewSt (s_g = 0,14)	14,00	3,99	14,00	3,99	14,00	3,99
KSt (s_k = 0,15)	15,00	0,71	15,00	0,71	15,00	0,71
Steuer KapGes	29,00	4,70	29,00	4,70	29,00	4,70
Bruttobardividende	71,00	0,00	71,00	0,00	71,00	0,00
Einkünfte AE (nat. Pers.)	71,00	95,30	71,00	95,30	71,00	95,30
ESt (s_a = 0,25)	0,00	0,00	17,75	23,83	17,75	42,88
Gesamtsteuerbelastung	29,00	4,70	46,75	28,53	46,75	47,58
Differenz zu EK		**24,30**		**18,22**		**–0,83**

Tabelle 14: Einfluss des Einkommensteuersatzes auf die Gesamtsteuerbelastung ohne Progressionseffekt

Tabelle 14 zeigt den Einfluss des Einkommensteuertarifs auf die Finanzierungsalternativen für einen Einkommensteuersatz in Höhe von 0 %, 25 % und 45 %, wohingegen Dividenden konstant einer Abgeltungsteuer in Höhe 25 % bzw. der niedrigeren tarifli-

[1] S. § 32d Abs. 6 EStG. Vgl. zur Ausgestaltung der Abgeltungsteuer auch Abbildung 10 in Kapitel 4, S. 47; *Geurts, M.*, Abgeltungssteuer, 2007, S. 341-347; *Hahne, K. D.*, Abgeltungsteuer, 2007, S. 324-326; *Glasenapp, G. v.*, Kapitalvermögen, 2008, S. 361-363. Die Veranlagung führt zu einer geringeren Steuerbelastung, wenn der Differenzsteuersatz kleiner als der Abgeltungsteuersatz in Höhe von 25 % ist; vgl. auch *Hechtner, F./Hundsdoerfer, J.*, Steuerbelastung, 2008, S. 27 und Ausführungen in Kapitel 5.3.2, S. 87. Der Antrag kann nur für alle der Abgeltungsteuer unterliegenden Kapitaleinkünfte einheitlich gestellt werden (§ 32d Abs. 6 Satz 3 EStG).

[2] Vgl. so beispielsweise *Jarass, L.*, Zinsbesteuerung, 2002, S. 48; *Kiesewetter, D./Lachmund, A.*, Kapitalstruktur, 2004, S. 408; *Homburg, S.*, Unternehmensfinanzierung, 2007, S. 686. Zur verfassungsrechtlichen und steuersystematischen Kritik an der Abgeltungsteuer vgl. *Englisch, J.*, Abgeltungssteuer, 2007, S. 221-240; a. A. *Eckhoff, R.*, Abgeltungsteuer, 2007, S. 989-998; *Weber-Grellet, H.*, Abgeltungsteuer, 2008. *Wagner, F. W.*, Abgeltungssteuer, 1999, S. 1528: „kein Systembruch".

chen Einkommensteuerbelastung unterliegen. Wie aus Tabelle 14 zu ersehen ist,[1] kehrt sich der bei einem Einkommensteuersatz in Höhe von 0 % bestehende Steuervorteil der Fremdfinanzierung ($\Delta s = 24{,}3$ % des *EBIT*) in einen Steuervorteil der Eigenfinanzierung ($\Delta s = -0{,}83$ % des *EBIT*) um, wenn sich der persönliche Einkommensteuersatz in der zweiten Proportionalzone des Einkommensteuertarifs befindet. Der persönliche Einkommensteuersatz (s_e) und der abgeltende Einkommensteuersatz (s_a) beeinflussen die Gesamtsteuerbelastung bei Eigenfinanzierung wie folgt:[2]

$$s_{EK} = s_g + s_k + \min\{(1 - s_g - s_k) * s_a ; (1 - s_g - s_k) * s_e\} \quad \text{bzw.} \tag{5-11}$$

$$s_{EK} = \begin{cases} s_g + s_k + (1 - s_g - s_k) * s_e & \text{für } s_e \in [0; s_a[\\ s_g + s_k + (1 - s_g - s_k) * s_a & \text{für } s_e \in [s_a; 1] \end{cases} \tag{5-12}$$

Im Gegensatz zu der Gesamtsteuerbelastung bei Fremdfinanzierung, die ab einem persönlichen Einkommensteuersatz in Höhe 4,93 %[3] von der Einkommensteuer dominiert wird und bis zu einem Anteil in Höhe von maximal 90,12 %[4] aus der Einkommensteuerbelastung des Anteilseigners besteht, ist die Gesamtsteuerbelastung bei Eigenfinanzierung – aufgrund der Günstigerprüfung – lediglich bis zur Höhe des Abgeltungsteuersatzes von der persönlichen Einkommensteuerbelastung abhängig. Der Einfluss des Einkommensteuersatzes auf die Finanzierungsentscheidung spiegelt sich in Abbildung 19 in der Steigung der Gesamtsteuerbelastungsfunktion der Finanzierungsalternativen wider. Der Achsenabschnitt der Ordinate entspricht der jeweiligen effektiven Unternehmensteuerbelastung einer Finanzierungsalternative.[5] Die Gesamtsteuerbelastung der Eigenfinanzierung ist für den Bereich realer Hebesätze und Steuermesszahlen bei einem

---

1 Die Progression des Einkommensteuertarifs nach § 32a Abs. 1 Satz 2 EStG und der Zinseffekt, der aus einem zeitlich differierenden Zufluss von Zinserträgen und Dividendenerträgen beim Anteilseigner bzw. den daraus resultierenden Steuerzahlungen resultiert, werden hier zunächst vernachlässigt. Vgl. hierzu Ausführungen in Kapitel 5.3.2, S. 87, und 5.3.3, S. 97.

2 Vgl. unter Beachtung der Unternehmensteuerreform 2008 auch *Hechtner, F./Hundsdoerfer, J.*, Schedulenbesteuerung, 2009, S. 26.

3 Der Anteil der Einkommensteuerbelastung an der Gesamtsteuerbelastung bei Fremdfinanzierung überwiegt unter der Voraussetzung einer Beteiligungsquote von mindestens 10 % (§ 32d Abs. 2 Nr. 1 Buchst. b) EStG) für:

$$(1 - \sigma_g - \sigma_k) * s_e > \sigma_g + \sigma_k \Rightarrow s_e > \frac{\sigma_g + \sigma_k}{1 - \sigma_g - \sigma_k} \Rightarrow s_e^{s_k = 0{,}15;\, HS = 400\%;\, SMZ = 3{,}5\%} > 0{,}0493.$$

4 Bei einem Einkommensteuersatz in Höhe von 45 % beträgt der Anteil der Einkommensteuerbelastung an der Gesamtsteuerbelastung: 42,88 % / 47,58 % = 0,9012; vgl. Werte aus Tabelle 14, S. 75.

5 Achsenabschnitt der Ordinate: $s_{EK}^{s_e \in [0; s_a[;\, s_e = 0} = s_g + s_k$; $s_{FK}^{s_e = 0} = \sigma_g + \sigma_k$. Vgl. auch Anhang f, S. 243.

Einkommensteuersatz in Höhe von 0 % stets höher als die Gesamtsteuerbelastung der Fremdfinanzierung.

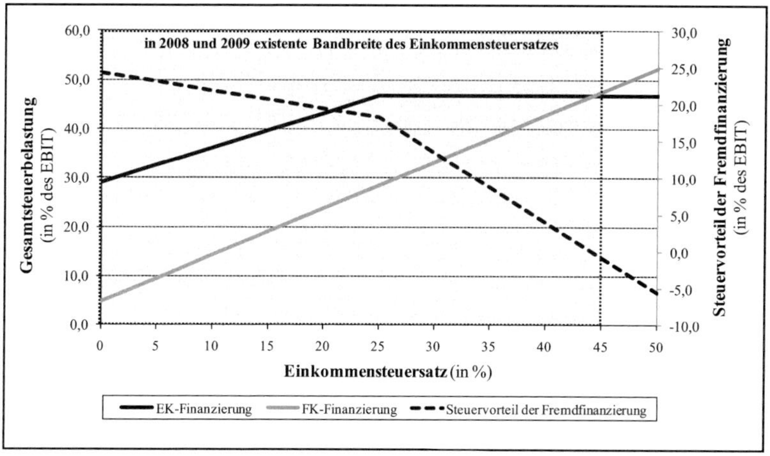

Abbildung 19: Einfluss des Einkommensteuersatzes auf die Gesamtsteuerbelastung und den Steuervorteil der Fremdfinanzierung

Der für einen Einkommensteuersatz in Höhe von 0 % resultierende Steuervorteil der Fremdfinanzierung wird analytisch zu einem Steuernachteil, sofern die beiden Funktionen eine jeweils lineare Steigung aufweisen und die Steigung der Fremdfinanzierung in Abhängigkeit des Einkommensteuersatzes zusätzlich zu einem geringeren Ordinatenabschnitt der Fremdfinanzierung größer ist als bei Eigenfinanzierung (vgl. Abbildung 19). Die Steigung der Gesamtsteuerbelastungsfunktionen der Finanzierungsalternativen in Abhängigkeit des Einkommensteuersatzes wird in Tabelle 15 zusammengefasst:[1]

Eigenfinanzierung $\frac{\partial s_{EK}}{\partial s_e} =$		**Fremdfinanzierung** $\frac{\partial s_{FK}}{\partial s_e} =$
für $s_e \in [0; s_a[$	für $s_e \in [s_a; 1]$	
$1 - \frac{HS * SMZ}{10.000} - s_k$	0	$1 - \frac{0{,}25 * \frac{HS}{100} * \frac{SMZ}{100}}{1 - 0{,}75 * \frac{HS}{100} * \frac{SMZ}{100}} - s_k$

Tabelle 15: Einfluss des Einkommensteuersatzes auf die Gesamtsteuerbelastung

[1] Zur analytischen Herleitung vgl. Anhang f, S. 244 f.

Wie in Tabelle 15 formal und in Abbildung 19 grafisch dargestellt, steigt die Gesamtsteuerbelastung bei Fremdfinanzierung für die Bandbreite positiver Hebesätze und Steuermesszahlen und einen Körperschaftsteuersatz in Höhe von 15 % in Abhängigkeit des Einkommensteuersatzes linear. Während der Einfluss des persönlichen Einkommensteuersatzes auf die Gesamtsteuerbelastung bei Eigenfinanzierung für Werte kleiner als der Abgeltungsteuersatz linear positiv ausgeprägt ist – jedoch stets geringer als bei Fremdfinanzierung[1] –, übt ein persönlicher Einkommensteuersatz über dem Abgeltungsteuersatz keinen weiteren Einfluss auf die Gesamtsteuerbelastung bei Eigenfinanzierung aus. Der Einfluss des Einkommensteuersatzes auf die Gesamtsteuerbelastung ist somit bei Fremdfinanzierung stets höher als bei Eigenfinanzierung.[2] Der einkommensteuerliche Indifferenzsteuersatz als Schnittpunkt der Gesamtsteuerbelastungsfunktionen in Abbildung 19 zeigt für einen „marginalen Investor“[3] eine Umkehr der steuerlichen Vorteilhaftigkeit der Finanzierungsalternativen in Abhängigkeit des Körperschaftsteuersatzes, des Hebesatzes und der Steuermesszahl an. Für einen unterstellten Körperschaftsteuersatz in Höhe von 15 %, eine Steuermesszahl in Höhe von 3,5 % und einen Gewerbesteuerhebesatz in Höhe von 400 % beträgt der einkommensteuerliche Indifferenzsteuersatz 44,13 %.[4] Trotz eines negativen Einflusses des Körperschaftsteuersatzes, des Hebesatzes und der Steuermesszahl auf die absolute Höhe der Einkommensteuerbelastung bei Eigen- (im Bereich $s_e < s_a$) und Fremdfinanzierung,[5] verbleibt der Einfluss von Körperschaftsteuersatz, Hebesatz und Steuermesszahl auf die Gesamtsteuerbelastung bei Eigen- und Fremdfinanzierung positiv.[6] In einer formalen Illustration berechnet sich der in Abbildung 19 grafisch dargestellte Steuervorteil der Fremdfinanzierung als

---

1 Der Einfluss des Einkommensteuersatzes auf die Gesamtsteuerbelastung entspricht quantifiziert der Höhe der den Finanzierungsalternativen zugrunde liegenden Bemessungsgrundlagen für die Einkommensteuer. Für einen Hebesatz in Höhe von 400 %, eine Steuermesszahl in Höhe von 3,5 % und einen Körperschaftsteuersatz in Höhe von 15 % beträgt der Einfluss des Einkommensteuersatzes auf die Gesamtsteuerbelastung (vgl. Berechnung in Anhang f, S. 244 f.):

$$\frac{\partial s_{EK}}{\partial s_e} = 0{,}7100 \text{ bzw. } \frac{\partial s_{FK}}{\partial s_e} = 0{,}9530$$

2 Vgl. Berechnungen in Anhang f, S. 244 f.

3 *Maßbaum, A./Sureth, C.*, Financing, 2008, S. 12. Der marginale Investor ist der Investor mit dem höchsten Grenzsteuersatz; vgl. *Zechner, J.*, Kapitalstruktur, 1989, S. 29, 31.

4 Siehe Berechnungen zum einkommensteuerlichen Indifferenzsteuersatz in Anhang f, S. 246.

5 Eine Erhöhung des Körperschaftsteuersatzes, des Hebesatzes und/oder der Steuermesszahl reduziert den nach Unternehmensteuern verbleibenden, an den Investor transferierbaren Cash Flow und die Bemessungsgrundlage der Einkommensteuer. Der Anteil der Einkommensteuer am gesamten Steueraufkommen – der Einfluss des Einkommensteuersatzes auf die Gesamtsteuerbelastung – sinkt mit einer Erhöhung der Unternehmensteuerbelastung.

6 Zur Herleitung und Berechnung vgl. Anhang f, S. 244 f.

Differenz der Gesamtsteuerbelastungen von Eigen- und Fremdfinanzierung, wobei bei der Berechnungen der Gesamtsteuerbelastung bei Eigenfinanzierung nach der Höhe des Einkommensteuersatzes zu differenzieren ist.[1]

$$\Delta s = \begin{cases} \left(s_g + s_k - \dfrac{0{,}25 * s_g}{1 - 0{,}75 * s_g - s_k} \right) * (1 - s_e) & \text{für } s_e \in [0; s_a[\\ s_g + s_k + (1 - s_g - s_k) * s_a - s_e - \dfrac{0{,}25 * s_g * (1 - s_e)}{1 - 0{,}75 * s_g - s_k} & \text{für } s_e \in [s_a; 1] \end{cases} \quad (5\text{-}13)$$

Für eine Variation des Einkommensteuersatzes von 0 % bis zur Höhe des Abgeltungsteuersatzes weist die Gesamtsteuerbelastungsfunktion der Fremdfinanzierung einen höheren Steigungsfaktor auf als die Gesamtsteuerbelastungsfunktion bei Eigenfinanzierung.[2] Der Einkommensteuersatz hat in diesem Bereich einen negativen Einfluss auf den Steuervorteil der Fremdfinanzierung in Höhe von:[3]

$$\frac{\partial \Delta s}{\partial s_e^{s_e \in [0; s_a[}} = \frac{0{,}25 * s_g}{1 - 0{,}75 * s_g - s_k} - s_g - s_k \quad (5\text{-}14)$$

Ab einem Einkommensteuersatz in Höhe des Abgeltungsteuersatzes bleibt die Gesamtsteuerbelastung bei Eigenfinanzierung konstant, während die Gesamtsteuerbelastung bei Fremdfinanzierung mit unverändertem Steigungsfaktor linear steigt. Der Einkommensteuersatz hat für Werte über dem Abgeltungsteuersatz einen negativen Einfluss auf den Steuervorteil der Fremdfinanzierung in Höhe von:

$$\frac{\partial \Delta s}{\partial s_e^{s_e \in [s_a; 1]}} = \frac{0{,}25 * s_g}{1 - 0{,}75 * s_g - s_k} - 1 \quad (5\text{-}15)$$

Im Bereich eines Einkommensteuersatzes zwischen 0 % und 24,99 % hat der Abgeltungsteuersatz keinen Einfluss auf die Gesamtsteuerbelastung von Eigen- und Fremdfinanzierung. Nur für einen individuellen Einkommensteuersatz ≥ 25 % hat die Abgel-

[1] Vgl. Formel 5-12, S. 74, und Berechnung im Anhang f, S. 249.
[2] Siehe oben (Tabelle 15, S. 77) und zugehörige Berechnungen in Anhang f, S. 249.
[3] Vgl. Berechnung in Anhang f, S. 249.

tungsteuer einen positiven Einfluss auf die Gesamtsteuerbelastung bei Eigenfinanzierung und den Steuervorteil der Fremdfinanzierung in Höhe von:[1]

$$\frac{\partial \Delta s}{\partial s_a^{s_e \in [s_a;1]}} = 1 - s_g - s_k \qquad (5\text{-}16)$$

Wie in Abbildung 19 durch den Knick in der Tax Shield-Funktion dargestellt, bewirkt eine schedule Einkommensbesteuerung für Zinsen und Dividenden bei Erhöhung des Einkommensteuersatzes über den Abgeltungsteuersatz eine stärkere Reduzierung des Steuervorteils der Fremdfinanzierung als unterhalb des Abgeltungsteuersatzes. Ab einem einkommensteuerlichen Indifferenzsteuersatz $\hat{s}_e$ in Höhe von

$$\hat{s}_e = \frac{s_g + s_k + (1 - s_g - s_k) * s_a - \dfrac{0{,}25 * s_g}{1 - 0{,}75 * s_g - s_k}}{1 - \dfrac{0{,}25 * s_g}{1 - 0{,}75 * s_g - s_k}} \qquad (5\text{-}17)$$

schneidet die Tax Shield-Funktion die Abszisse und es resultiert ein Steuernachteil der Fremdfinanzierung. Ohne eine schedule Einkommensbesteuerung der Kapitaleinkünfte oder ein Shareholder Relief-Verfahren wäre die gesamtsteuerliche Indifferenz in Abhängigkeit des Einkommensteuersatzes erst bei einem theoretischen Einkommensteuersatz in Höhe von 100 % erreicht.[2] Neben dieser vollständigen Transformation des *EBIT* in Steuerzahlungen kann der im Grundmodell resultierende Steuervorteil der Fremdfinanzierung auf Unternehmensebene nur durch eine steuerlich unterschiedliche Erfassung der Kapitaleinkünfte auf Anteilseignerebene in Form einer Einkommensteuerprogression oder einer Schedulenbesteuerung ausgeglichen werden.[3] Die in Abbildung 19 für Einkommensteuersätze im Bereich von 0 % bis 45 % grafisch dargestellte Tax Shield-Funktion lässt sich systematisch in drei Teilabschnitte gliedern:[4]

---

1 Siehe zum Einfluss des Abgeltungsteuersatzes auf die Gesamtsteuerbelastung von Eigen- und Fremdfinanzierung und den Steuervorteil der Fremdfinanzierung die Berechnungen in Anhang f, S. 249.

2 Vgl. Berechnung in Anhang f, S. 249-251, und Ausführungen in Kapitel 4, S. 45.

3 Zur Berücksichtigung der Einkommensteuerprogression vgl. Kapitel 5.3.3, S. 97.

4 Dem in Tabelle 16, S. 81, quantifizierten Steuervorteil liegt die allgemeine Berechnungsformel (Formel 5-13, S. 77) zugrunde. Zur Vereinfachung liegen ein Körperschaftsteuersatz in Höhe von 15 % und ein Gewerbesteuersatz in Höhe von 14 % (Hebesatz: 400 %; Steuermesszahl: 3,5 %) zugrunde. Vgl. auch Berechnungen in Anhang f, S. 249.

	für $s_e \in [0; s_a[$	für $s_e \in [s_a; \hat{s}_e[$	für $s_e \in]\hat{s}_e; 1]$
$\Delta s =$	$0{,}243 - 0{,}243 * s_e$	$0{,}243 - 0{,}953 * s_e + 0{,}71 * s_a$	
$\partial \Delta s / \partial s_e =$	$-0{,}243$	$-0{,}953$	
Δs	>0		<0
Steuervorteil der	**Fremdfinanzierung**		**Eigenfinanzierung**

Tabelle 16: Tax Shield-Funktion in Teilabschnitten

Für den ersten Teilabschnitt (Einkommensteuersatz zwischen 0 % und dem Abgeltungsteuersatz) und den zweiten Teilabschnitt (Einkommensteuersatz zwischen dem Abgeltung- und dem einkommensteuerlichen Indifferenzsteuersatz) besteht ein Steuervorteil der Fremdfinanzierung.[1] Aus einer Erhöhung des individuellen Einkommensteuersatzes resultiert eine Verringerung des Steuervorteils der Fremdfinanzierung; die Einführung eines abgeltenden Steuertarifs für Dividendeneinkünfte verstärkt diese Reduzierung. Überschreitet der individuelle Einkommensteuersatz den Indifferenzsteuersatz (hier: 44,13 %)[2] resultiert im dritten Teilabschnitt (Einkommensteuersatz zwischen dem einkommensteuerlichen Indifferenzsteuersatz und 100 %) ein Steuervorteil der Eigenfinanzierung.

Der Steuervorteil der Fremdfinanzierung kann somit schematisch nicht ohne Weiteres – wie in der Trade-off-Theorie – als degressiv monoton steigende Funktion dargestellt werden.[3] Die in der Fremdfinanzierungsalternative höhere[4] einkommensteuerliche Belastung auf Investorenebene[5] ist in dieser *EBIT*-basierten Untersuchung unter Berücksichtigung des deutschen Ertragsteuerrechts und einem maximalen Fremdkapitalzinsab-

[1] Der Steuervorteil der Fremdfinanzierung variiert unter der Annahme der hier unterstellten Unternehmensteuerbelastung und einer Abgeltungsteuer in Höhe von 25 % für den ersten Teilabschnitt zwischen 24,30 % und 18,23 % des erwirtschafteten *EBIT* und für den zweiten Teilabschnitt zwischen 18,22 % und 0,00 %.

[2] Vgl. Berechnung in Anhang f, S. 246.

[3] Vgl. zur Quantifizierung des Steuervorteils der Fremdfinanzierung in Abhängigkeit des Verschuldungsgrades die Ausführungen in Kapitel 3, S. 37, und Berechnungen in Anhang b, S. 220.

[4] Unter der Voraussetzung, dass der individuelle Einkommensteuersatz höher als der Abgeltungsteuersatz ist und kein Antrag nach § 32d Abs. 2 Nr. 3 EStG gestellt wird (vgl. Abbildung 10 in Kapitel 4, S. 47, und Kapitel 5.3.3, S. 97), sind sowohl der Einkommensteuertarif als auch die Bemessungsgrundlage in der Alternative der Fremdfinanzierung höher als bei Eigenfinanzierung.

[5] *J. R. Graham*, *D. E. Farrar*/*L. L. Selwyn* und *M. H. Miller* sprechen in diesem Zusammenhang von einer „personal tax penalty"; s. *Farrar, D. E./Selwyn, L. L.*, Investors, 1967; *Miller, M. H.*, Debt, 1977; *Graham, J. R.*, Decisions, 1999; *Graham, J. R.*, Review, 2003; *Graham, J. R.*, Review, 2006; vgl. auch *Goldstein, R./Ju, N./Leland, H.*, Dynamic, 2001.

zug – im Unterschied zu einer Untersuchung von *R. C. Green/B. Hollifield*[1] – weder vernachlässigbar noch zu gering, um den Steuervorteil auf Unternehmensebene zu kompensieren.[2] Vielmehr ist die einkommensteuerliche Belastung auf Investorenebene insbesondere nach Einführung des gesonderten Steuertarifs für bestimmte Einnahmen aus Kapitalvermögen durch das Unternehmensteuerreformgesetz 2008 ein Einflussfaktor der steuerinduzierten Finanzierungsentscheidung. Der Steuervorteil der Fremdfinanzierung besteht de lege lata für eine große Bandbreite von Einkommensteuersätzen. Für den marginalen Investor in der zweiten Proportionalzone des Einkommensteuertarifs resultiert jedoch unter Berücksichtigung der Einkommensteuerbelastung ein Steuervorteil der Eigenfinanzierung. Der Einfluss des Einkommensteuersatzes kann nach der Argumentation von *M. H. Miller* nicht nur eine in der Realität anzutreffende niedrigere Fremdkapitalquote als 99,9 % erklären,[3] sondern aufgrund der relativen steuerlichen Vorteilhaftigkeit der Eigenfinanzierung in der Proportionalzone sogar eine nahezu 100 %-ige Eigenkapitalquote. Die Argumentation von *M. H. Miller* kann jedoch – aufgrund einer fehlenden Quantifizierung des einkommensteuerlichen Nachteils der Fremdfinanzierung („personal tax penalty") im *Miller*-Modell – zur Erklärung jedes anzutreffenden Verschuldungsgrades verwendet werden und verliert somit an Gültigkeit und Konsistenz.

In dieser Untersuchung wird der einkommensteuerliche Nachteil der Fremdfinanzierung $\Delta\sigma_e$ („personal tax penalty") in Abhängigkeit der effektiven Unternehmensteuerbelastung als Differenz der effektiven Einkommensteuerbelastung von Eigen- und Fremdfinanzierung quantifiziert:

$$\Delta\sigma_e = \sigma_e^{FK} - \sigma_e^{EK} \qquad (5\text{-}18)$$

Die absolute Einkommensteuerbelastung berechnet sich für die Finanzierungsalternativen aus dem Produkt von rechtlicher Bemessungsgrundlage (Einkünfte aus Kapitalver-

---

1 *Green, R. C./Hollifield, B.*, advantages, 2003, S. 206: "The tax advantages of equity at the personal level, in our model, are not sufficient to completely offset the tax advantages of debt at the corporate level under certainty, when all payments to debt are fully deductible."

2 Vgl. so beispielsweise bei *Siegel, T.*, Kapitalstruktur, 1984; *Fischer, E. O./Heinkel, R./Zechner, J.*, Choice, 1989; *Bitz, M.*, Kapitalstruktur, 2001; *Myers, S. C.*, Structure, 2001.

3 Vgl. *Miller, M. H.*, Debt, 1977.

mögen)[1] und tariflichem bzw. abgeltendem Steuersatz. Der effektive Einkommensteuersatz wird aus dem Quotienten der absoluten Einkommensteuerbelastung und der wirtschaftlichen Zielgröße (*EBIT*) ermittelt und ist in Tabelle 17 dargestellt.[2]

	Eigenfinanzierung	**Fremdfinanzierung**
Effektiver Einkommensteuersatz (σ_e=)	$(1-s_g-s_k)*s_e$ für $s_e \in [0;\, s_a[$ $(1-s_g-s_k)*s_a$ für $s_e \in [s_a;\, 1]$	$\left(1-\frac{0{,}25*s_g}{1-0{,}75*s_g-s_k}\right)*s_e$

Tabelle 17: Effektiver Einkommensteuersatz bei Eigen- und Fremdfinanzierung

Der einkommensteuerliche Nachteil der Fremdfinanzierung berechnet sich demnach wie folgt und ist für Einkommensteuersätze zwischen 0 % und 100 % positiv:[3]

$$\Delta\sigma_e = \begin{cases} \left(s_g + s_k - \frac{0{,}25*s_g}{1-0{,}75*s_g-s_k}\right)*s_e & \text{für } s_e \in [0;\, s_a[\\ \left(1-\frac{0{,}25*s_g}{1-0{,}75*s_g-s_k}\right)*s_e - (1-s_g-s_k)*s_a & \text{für } s_e \in [s_a;\, 1] \end{cases} \qquad (5\text{-}19)$$

Für individuelle Einkommensteuersätze in Höhe der gesetzlichen Vorgabe (§ 32a Abs. 1 Satz 2 EStG) zwischen 0 % und 45 % beträgt die „personal tax penalty“ zwischen 0,00 % und 25,14 % des erwirtschafteten *EBIT*. Bei einem einkommensteuerlichen Indifferenzsteuersatz in Höhe von 44,13 % beläuft sich der einkommensteuerliche Nachteil der Fremdfinanzierung auf 24,30 % und kompensiert gerade den Steuervorteil der Fremdfinanzierung auf Unternehmensebene.[4] Erst die Quantifizierung des einkommensteuerlichen Nachteils der Fremdfinanzierung zeigt das Ausmaß und die Bedeutung des Einflussfaktors Einkommensteuersatz. In ähnlicher Weise wie Insolvenz- und Agency-Kosten wirkt eine schedulare Einkommensteuer für Zins- und Dividendenein-

[1] Von der Berücksichtigung von Sonderausausgaben (§§ 10-10c EStG), außergewöhnlichen Belastungen (§§ 33-33b EStG) und Steuerbegünstigungen (§§ 10e-10h EStG) wird aus Vereinfachungsgründen abgesehen.

[2] Zur Berechnung effektiver Steuersätze vgl. Kapitel 2.1.3, S. 31, analog. Zur Berechnung des effektiven Einkommensteuersatzes vgl. Anhang f, S. 250.

[3] Zur Berechnung und Umformung vgl. Anhang f, S. 250. Ein Einkommensteuernachteil der Fremdfinanzierung resultiert für einen Körperschaft- und Gewerbesteuersatz in Höhe von jeweils weniger als 50 % und somit für die hier unterstellten Unternehmensteuersätze.

[4] Der Steuervorteil der Fremdfinanzierung auf Unternehmensebene beträgt $(s_g + s_k) - (\sigma_g + \sigma_k) = 0{,}2900 - 0{,}0470 = 0{,}2430$.

nahmen dem Tax Shield auf Unternehmensebene entgegen und kehrt den Gesamtsteuervorteil in einen Gesamtsteuernachteil der Fremdfinanzierung um.

Durch eine Einbeziehung des Verschuldungsgrades in die Analyse des Einflussfaktors Einkommensteuersatz kann eine Aufteilung der in der (Grenz-)Mischfinanzierung zusätzlich erwirtschafteten Rendite auf die Eigen- und Fremdkapitalinvestition berücksichtigt und die daraus resultierende durchschnittliche Gesamtsteuerbelastung ermittelt werden. Der Steuervorteil der Fremdfinanzierung in Abhängigkeit des Verschuldungsgrades und des Einkommensteuersatzes resultiert aus der Differenz zwischen der Gesamtsteuerbelastung bei reiner Eigenfinanzierung und der Gesamtsteuerbelastung bei Mischfinanzierung (Formel 5-20):[1]

$$\Delta s_{Misch}^{Grenz} = \begin{cases} \left(1-\frac{2-V}{1+V}\right)*\left(\left(s_g+s_k-\frac{0{,}25*s_g}{1-0{,}75*s_g-s_k}\right)*(1-s_e)\right) & \text{für } s_e \in [0;\, s_a[\\ \left(1-\frac{2-V}{1+V}\right)*\left(s_g+s_k+(1-s_k-s_g)*s_a-s_e-\frac{0{,}25*s_g*(1-s_e)}{1-0{,}75*s_g-s_k}\right) & \text{für } s_e \in [s_a;\, 1] \end{cases}$$

Abbildung 20 fasst die Ergebnisse der Analyse für einen Körperschaftsteuersatz in Höhe von 15 %, einen Gewerbesteuersatz in Höhe von 14 % und einen Abgeltungsteuersatz in Höhe von 25 % grafisch zusammen:

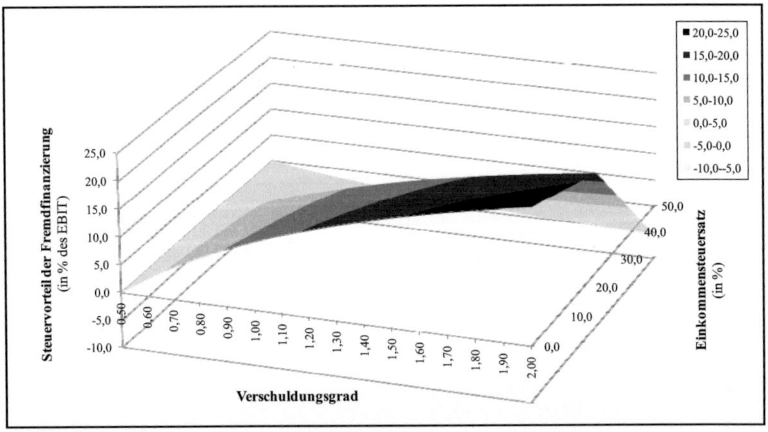

Abbildung 20: Steuervorteil der Fremdfinanzierung in Abhängigkeit des Verschuldungsgrades und des Einkommensteuersatzes

[1] Zur Herleitung und Vereinfachung vgl. Anhang f, S. 252.

Die in Abhängigkeit des Verschuldungsgrades degressiv, monoton steigende Tax Shield-Funktion beinhaltet für die zusätzliche Berücksichtigung des Einflussfaktors Einkommensteuersatz zwei wesentliche Eigenschaften. Einerseits führt die Einführung einer Schedulenbesteuerung im Bereich der Kapitaleinkünfte unabhängig vom Verschuldungsgrad bei einer Erhöhung des Einkommensteuersatzes im Bereich $s_e > s_a$ zu einer – im Vergleich zu $s_e < s_a$ – verstärkten Reduktion des Steuervorteils der Fremdfinanzierung.[1] Die Höhe des Steuervorteils der Fremd- bzw. Eigenfinanzierung nimmt mit einer Erhöhung des Verschuldungsgrades zu und unterstreicht die Auswirkung des Einflussfaktors Verschuldungsgrad.[2] Andererseits führt eine Variation des Verschuldungsgrades nicht zu einer Veränderung des einkommensteuerlichen Indifferenzsteuersatzes, da der Verschuldungsgrad mathematisch einen Multiplikator zur Berechnung des Steuervorteils der Fremdfinanzierung darstellt und durch eine Veränderung des Verschuldungsgrades ein Steuervorteil nicht in einen Steuernachteil einer Finanzierungsalternative (et vice versa) abgewandelt werden kann.[3] Ein Steuervorteil der Fremdfinanzierung in Höhe von 0 % resultiert somit zum einen unabhängig vom Verschuldungsgrad für einen Einkommensteuersatz in Höhe von 44,13 %[4] oder zum anderen unabhängig vom Einkommensteuersatz für einen Verschuldungsgrad in Höhe von 0,5, der einer vollständigen (Grenz-)Eigenkapitalausstattung entspricht.[5] Sofern der individuelle Einkommensteuersatz über dem Abgeltungsteuersatz und dem einkommensteuerlichen Indifferenzsteuersatz liegt ($s_e > \hat{s}_e$), resultiert ein Steuervorteil der Eigenfinanzierung. In diesem dritten Teilabschnitt der Tax Shield-Funktion (vgl. Tabelle 16) steigt (fällt) der Steuervorteil der Eigenfinanzierung degressiv (progressiv) mit einer Erhöhung (Reduzierung) des Verschuldungsgrades. Die Bedeutung der Schedulenbesteuerung und des Einflussfaktors Abgeltungsteuersatz wird auch in der (Grenz-)Mischfinanzierung bei

---

1 Vgl. Quantifizierung in Tabelle 16, S. 81, und Berechnung in Anhang f, S. 252. Ebenso führt die Verringerung des Einkommensteuersatzes zu einer Expansion des Steuervorteils der Fremdfinanzierung. Anmerkung: Der Steuervorteil der Fremdfinanzierung nimmt in einer analytischen Betrachtung negative Werte an, wenn ein Steuervorteil der Eigenfinanzierung resultiert.

2 Der Steuervorteil der Fremdfinanzierung steigt degressiv bei einer Erhöhung des Verschuldungsgrades; vgl. Ausführungen in Kapitel 3.1, S. 37. Ebenso nimmt die Höhe des Steuervorteils der Fremd- bzw. Eigenfinanzierung mit einer Reduzierung des Verschuldungsgrades ab.

3 $\left(1-\frac{2-V}{1+V}\right)*\left(s_{EK}-s_{FK}\right)=0$ für $s_{EK}=s_{FK}$

4 Für einen Körperschaftsteuersatz in Höhe von 15 %, einen Gewerbesteuersatz in Höhe von 14 % und einen Abgeltungsteuersatz in Höhe von 25 % beträgt der einkommensteuerliche Indifferenzsteuersatz 44,13 %; vgl. Berechnungen in Anhang f, S. 246.

5 Vgl. Abbildung 5 in Kapitel 2.1.2.1, S. 24.

einer Sensitivitätsanalyse des Abgeltungsteuersatzes deutlich. Der positive Einfluss des Abgeltungsteuersatzes auf den Steuervorteil der Fremdfinanzierung steigt (fällt) mit einer Erhöhung (Reduzierung) des Verschuldungsgrades:[1]

$$\frac{\partial \Delta s_{Misch}^{Grenz}}{\partial s_a} = \left(1 - \frac{2-V}{1+V}\right) * \left(1 - s_g - s_k\right) \tag{5-21}$$

Ferner übt der Abgeltungsteuersatz bei konstantem Verschuldungsgrad einen positiven linearen Einfluss auf die Gesamtsteuerbelastung der Eigenfinanzierung und den einkommensteuerlichen Indifferenzsteuersatz aus.[2] Eine Verringerung (Erhöhung) des Abgeltungsteuersatzes von 25 % auf 20 % (30 %) bewirkt beispielsweise eine Verringerung (Erhöhung) des einkommensteuerlichen Indifferenzsteuersatzes von 44,13 % auf 40,40 % (47,85 %) des erwirtschafteten *EBIT*.[3] Die Indifferenzlinie[4] in Abbildung 20 verschiebt sich somit bei einer Verringerung (Erhöhung) des Abgeltungsteuersatzes zugunsten des Steuervorteils der Eigenfinanzierung (Fremdfinanzierung).

Zusammenfassend kann man festgestellt, dass der Einkommensteuersatz einen individuell variablen Faktor darstellt, dessen negativer Einfluss auf den Steuervorteil der Fremdfinanzierung – und somit auf die betriebliche Finanzierungsentscheidung einer personenbezogenen Kapitalgesellschaft – nicht vernachlässigt werden darf.[5] Der Steuervorteil der Fremdfinanzierung wird für jeden Verschuldungsgrad maximal, wenn der Einkommensteuersatz 0 % beträgt. Sofern die Einkommensteuer als Einflussfaktor Berücksichtigung in der betrieblichen Finanzierungsentscheidung findet, mindert die einkommensteuerliche Belastung auf Anteilseigner- bzw. Investorenebene den Steuervorteil der Fremdfinanzierung auf Unternehmensebene. Die Erhebung der Einkommensteuer für Einkünfte aus Kapitalvermögen i. S. § 20 Abs. 1 Nr. 1 EStG (Dividenden)

---

[1] Der Einfluss des Abgeltungsteuersatzes ist positiv für $s_g + s_k \in [0;1[\wedge V \in]0{,}5;2]$; vgl. auch Berechnungen in Anhang f, S. 253.

[2] Vgl. analytische Ermittlung in Anhang f, S. 254.

[3] Vgl. die Sensitivitätsanalyse in Anhang f, S. 254.

[4] Die Indifferenzlinie ist die Schnittgerade der Tax Shield-Ebene und der Ebene für einen Steuervorteil der Fremdfinanzierung in Höhe von 0 %. In Abbildung 20, S. 84, ist diese Indifferenzlinie bei einem Einkommensteuersatz in Höhe von 44,13 %.

[5] *J. R. Graham* zeigt, dass aus empirischer Sicht auch der persönliche Steuersatz der Anteilseigner für die Finanzierungsstruktur wichtig ist; vgl. *Graham, J. R.*, Decisions, 1999. Der Einfluss des Einkommensteuersatzes stellt sich unter der Voraussetzung dar, dass die steuerliche Belastung des Anteilseigners überhaupt in die Entscheidungsfindung eingeschlossen wird; vgl. hierzu *Kußmaul, H.*, Steuerlehre, 2008, S. 181 und Ausführungen zu aussagekräftigen Belastungsvergleichen in Kapitel 1.3, S. 11, und 1.4, S. 13, m. w. N.

durch einen abgeltenden Steuertarif verstärkt diesen Effekt.[1] Sofern der einkommensteuerliche Indifferenzsteuersatz überschritten wird, kehrt sich der Steuervorteil der Fremdfinanzierung in einen Steuervorteil der Eigenfinanzierung um.

5.3.2 Günstigerprüfung im Mehrperiodenmodell

Die bisherigen Untersuchungsergebnisse basieren auf der vereinfachenden Annahme, dass die unterschiedlichen Steuerzahlungen (z. B. Körperschaftsteuer, Gewerbesteuer, tarifliche Einkommensteuer, Abgeltungsteuer) in der Einperiodenbetrachtung (Repräsentativperiode) zu gleichen Zeitpunkten anfallen. Die einperiodische Betrachtungsweise ist prinzipiell ein geeignetes Mittel, die Wirkung von einzelnen Steuerarten und deren Dependenzen und Interdependenzen und somit die wesentlichen Unterschiede der steuerlichen Belastung von Eigen- und Fremdfinanzierung quantitativ darzustellen.[2] Steuerliche Dependenzen und Interdependenzen, deren Konsequenzen sich in unterschiedlicher Höhe über mehrere Perioden erstrecken, können jedoch ohne eine Beschränkung der Aussagefähigkeit und Verlässlichkeit der Untersuchungsergebnisse nur in mehrperiodigen Steuervergleichsmodellen mit einem Diskontierungszinsfuß berücksichtigt werden.[3] Der Zinssatz, der die jährlich zu leistenden Steuerzahlungen auf den Planungszeitpunkt diskontiert (Steuerbarwert), bringt die Zeitpräferenz des Investors im nicht-linearen Entscheidungsmodell zum Ausdruck.[4]

---

1 Der Einfluss des Einkommensteuersatzes auf den Steuervorteil der Fremdfinanzierung ist (auch in der Mischfinanzierung) bei den unterstellten Steuersätzen stets höher als der Einfluss des Abgeltungsteuersatzes. Die beispielsweise aus einer Erhöhung des Einkommensteuersatzes um eine Einheit resultierende Verringerung des Steuervorteils der Fremdfinanzierung in Höhe von 0,953 Einheiten wird nicht durch die – aus einer Erhöhung des Abgeltungsteuersatzes um eine Einheit resultierende – Erhöhung des Steuervorteils der Fremdfinanzierung in Höhe von 0,71 Einheiten kompensiert; vgl. Gegenüberstellung der Einflussfaktoren Einkommensteuersatz und Abgeltungsteuersatz in Anhang f, S. 255.

2 Vgl. *Kußmaul, H./Dreger, M.*, Finanzierungsvergleich, 1996, S. 1179.

3 Vgl. *Wagner, F. W./Dirrigl, H.*, Steuerplanung, 1980, S. 91; *Siegel, T.*, Steuerwirkungen, 1982, S. 64; *Wagner, F. W.*, Entwicklungstendenzen, 1984, S. 211; *Jacobs, O. H. et al.*, Kapitalgesellschaften, 2003, S. 311-313; *Kaminski, B./Strunk, G.*, Entscheidungen, 2003, S. 225; *König, R./Wosnitza, M.*, Steuerwirkungslehre, 2004, S. 31-40; *Brähler, G.*, Steuerbelastungsvergleiche, 2008, S. 654 f. Zur Unbestimmtheit eines zugrunde liegenden Diskontierungszinssatzes und dessen Auswirkungen im Steuerbarwertmodell vgl. *Schreiber, U.*, Unternehmensbesteuerung, 1987, S. 23-49; *Ballwieser, W.*, Kalkulationszinsfuß, 2002. Zum Problem der Unsicherheit der zu prognostizierenden Parameter vgl. *Steiger, W.*, Wahrscheinlichkeit, 1987, S. 10-16; *Brähler, G.*, Steuerbelastungsvergleiche, 2008, S. 655.

4 Vgl. *Kaminski, B./Strunk, G.*, Entscheidungen, 2003, S. 225; *Kruschwitz, L.*, Investitionsrechnung, 2009, S. 44 f. In der Steuerbilanzpolitik werden Steuerzahlungen umso weniger als nachteilig empfunden, je größer der Zeitraum zwischen Eintritt der zukünftigen Steuerzahlung und Planungszeitpunkt ist; vgl. *Marettek, A.*, Steuerbilanzpolitik, 1970, S. 22; *Gäfgen, G.*, Entscheidung, 1974, S. 164, 317-324.

Während bei Fremdkapitalvergütungen (Zinszahlungen) der Veranlagungs- bzw. Erhebungszeitraum des steuerlichen Zinsabzuges auf Unternehmensebene dem Veranlagungszeitraum der Besteuerung der Zinserträge beim Empfänger entspricht, erfolgt – trotz des in den Finanzierungsalternativen zu berücksichtigenden Zuflussprinzips[1] – eine Besteuerung von Eigenkapitalvergütungen (Dividenden) als Gewinnverwendung von Kapitalgesellschaften auf Ebene des Investors regelmäßig mit zeitlicher Verzögerung, frühestens im auf die Gewinnerzielung folgenden Wirtschaftsjahr.[2] Eine im Zeitpunkt der Dividendenauszahlung abgeltende Erhebung der Kapitalertragsteuer wirkt diesem Effekt entgegen.[3] Die zunächst dem abgeltenden Steuersatz unterliegenden Dividenden werden auf Antrag des Steuerpflichtigen den Einkünften i. S. des § 2 Abs. 1 EStG hinzugerechnet und der tariflichen Einkommensteuer nach § 32a Abs. 1 Satz 2 EStG unterworfen, „wenn dies zu einer niedrigeren Einkommensteuer führt (Günstigerprüfung)“[4]. Eine im Zeitpunkt der Dividendenauszahlung abzuführende Abgeltungsteuer verringert somit den zeitlichen Effekt, beseitigt ihn aber für persönliche Einkommensteuersätze (Differenzsteuersatz) unter dem Abgeltungsteuersatz nicht.[5]

---

1 S. §§ 11 Abs. 1 Satz 1 i. V. m. 2 Abs. 1 Satz 1 Nr. 5 und 8 Abs. 1 EStG.

2 Zur Gewinn- bzw. Ergebnisverwendung bei einer Kapitalgesellschaft s. § 174 AktG; § 29 GmbHG. Eine Vorabgewinnausschüttung wird vernachlässigt; weiterhin wird unterstellt, dass die Steuerzahlung unmittelbar nach Passivierung der Steuerrückstellung erfolgt (§ 249 Abs. 1 HGB).

3 Die Schedulenbesteuerung mit abgeltender Wirkung wird durch § 2 Abs. 5b Satz 1 EStG und § 43 Abs. 5 Satz 1 EStG umgesetzt. Gemäß § 43 Abs. 1 Nr. 1 EStG wird die Einkommensteuer bei Kapitalerträgen i. S. des § 20 Abs. 1 Nr. 1 EStG (Dividenden) durch Abzug vom Kapitalertrag erhoben, während eine Kapitalertragsteuer von Kapitalerträgen i. S. des § 20 Abs. 1 Nr. 7 EStG (Zinsen) nicht erhoben wird, wenn der Schuldner kein inländisches Kreditinstitut oder Finanzdienstleistungsinstitut ist (§ 43 Abs. 1 Nr. 7 EStG). Vgl. ausführlich *Schlotter, J./Jansen, G.*, Abgeltungsteuer, 2008, S. 141-165, insbesondere S. 147. Die Kapitalertragsteuer entsteht somit für Dividendenerträge in dem Zeitpunkt, in dem die Kapitalerträge dem Gläubiger zufließen (§ 44 Abs. 1 Satz 2 EStG). Die tarifliche Einkommensteuer für Zinserträge entsteht hingegen mit Ablauf des Veranlagungszeitraums (Kalenderjahr); s. § 36 Abs. 1 i. V. m. § 25 Abs. 1 EStG.

4 § 32d Abs. 6 Satz 1 EStG. Zur empirischen Relevanz der Anwendung der Günstigerprüfung vgl. *Hechtner, F./Hundsdoerfer, J.*, Steuerbelastung, 2008, S. 41-44. Unter Berücksichtigung der Günstigerprüfung und des Sparer-Pauschbetrages ist der Tarif für Kapitaleinkünfte im Privatvermögen sowohl indirekt-progressiv als auch direkt-progressiv ausgestaltet.

5 Die Veranlagung führt zu einer geringeren Steuerbelastung, wenn der Differenzsteuersatz kleiner als der Abgeltungsteuersatz von 25 % ist; vgl. so auch *Hechtner, F./Hundsdoerfer, J.*, Steuerbelastung, 2008, S. 27; *Hechtner, F.*, Konjunkturpaket, 2009, S. 240; *Hechtner, F./Hundsdoerfer, J.*, Schedulenbesteuerung, 2009, S. 34, 39 f. Die Besteuerung der gesamten Kapitaleinkünfte mit Abgeltungsteuer führt zu einer niedrigeren Einkommensteuer, wenn die übrigen Einkünfte bereits zu einem zu versteuernden Einkommen von mehr als 14.990 € führen und der Grenzsteuersatz somit bereits ohne die Grenzkapitalerträge größer als 25 % ist; vgl. *Hechtner, F./Hundsdoerfer, J.*, Schedulenbesteuerung, 2009, S. 39 f. Teilweise wird eine Vorteilhaftigkeitsanalyse der Günstigerprüfung fälschlicherweise allgemein auf den Grenzsteuersatz gestützt; vgl. *BMF*, Abgeltungsteuer, 2008, Stichwort „Veranlagungswahlrecht“; *Delp, U. A.*, Abgeltungsteuer, 2008, S. 2386; *Schlotter, J./Jansen, G.*, Abgeltungsteuer, 2008, S. 127.

Die Implikationen dieser verfahrensrechtlich bedingten zeitlichen Verzögerung der Steuerzahlungen werden bei der steuerlichen Beurteilung von Investitions- und Finanzierungsentscheidungen bisher weitgehend ignoriert.[1] Das mögliche Ausmaß dieser zeitlichen Effekte auf die Berechnung des einkommensteuerlichen Indifferenzsteuersatzes als Grundlage eines steuerinduzierten Entscheidungsprozesses wird im Folgenden erläutert, da Zeiteffekte bewirken können, dass der Kapitalwert nach Steuern gegenüber dem Kapitalwert vor Steuern steigt („Steuerparadoxon") und somit die Rangordnung einer ertragsteuerlichen Präferenz von Entscheidungsmöglichkeiten Änderungen erfährt.[2]

Im Bereich der Betriebswirtschaftlichen Steuerlehre wird der steuerliche Vorteil einer Handlungsalternative anhand des Barwertes von Steuerzahlungen beurteilt.[3] Die zeitliche Differenz zwischen der Besteuerung einer Gewinnerzielung auf Unternehmensebene und einer Gewinnverwendung auf Anteilseignerebene[4] wird im mehrperiodigen Entscheidungsmodell durch Diskontierung der Steuerzahlungen im Rahmen der Finanzierungsalternativen wie folgt (Abbildung 21)[5] berücksichtigt.[6] Während bei einer Fremdfinanzierung die Periode der Steuerentlastung auf Unternehmensebene der Periode der Steuerbelastung auf Anteilseignerebene entspricht, resultiert aus der um mindestens ein Jahr verzögerten Günstigerprüfung im Rahmen der Eigenfinanzierung eine zeitliche Differenz der Steuerwirkung. Die in Abbildung 21 dargestellten unterschiedlichen Zahlungszeitpunkte der aus einer Finanzierungsalternative resultierenden Steuerbelastung und deren Einfluss auf die Gesamtsteuerbelastung im Mehrperiodenmodell (${}^{dyn}s_{EK}$

---

1 Vgl. zustimmend *Knobloch, A. P.*, Kapitalwertäquivalent, 2008, S. 672.

2 Vgl. *Schneider, D.*, Einfluß, 1969, S. 297-306; *Wagner, F. W.*, Entwicklungstendenzen, 1984, S. 211; *Schneider, D.*, Finanzierung, 1992, S. 246-250; *Kaminski, B./Strunk, G.*, Entscheidungen, 2003, S. 236-238; *Schreiber, U.*, Besteuerung, 2008, S. 535 f.; *Hechtner, F./Hundsdoerfer, J.*, Schedulenbesteuerung, 2009, S. 34.

3 Vgl. *Haase, K. D.*, Steuerbelastungsvergleich, 2008, S. 301.

4 *O. H. Jacobs u.a.* nennen interperiodische Dependenzen und Interdependenzen insbesondere im „Bereich der Ergebnisverwendung" (Eigenfinanzierung) und „schuldrechtlicher Vertragsbeziehungen zwischen Gesellschaft und Gesellschafter" (z. B. Gesellschafter-Fremdfinanzierung); vgl. *Jacobs, O. H. et al.*, Kapitalgesellschaften, 2003, S. 312.

5 Mit i = Zinssatz; k = Zeitraum zwischen Gewinnerzielung und Erhebung der Unternehmensteuer; l = Zeitraum zwischen Gewinnerzielung und Erhebung der Einkommensteuer bei Fremdfinanzierung; m = Zeitraum zwischen Gewinnerzielung und Erhebung der abgeltenden Einkommensteuer bei Ausschüttung; n = Zeitraum zwischen Gewinnerzielung und Günstigerprüfung bei Eigenfinanzierung.

6 *Jacobs, O. H./Spengel, C.*, Unternehmensbesteuerung, 1996, S. 50: „Dem unterschiedlichen zeitlichen Anfall von Steuerzahlungen … ist durch eine mehrperiodische Betrachtung Rechnung zu tragen." Vgl. zu „Zeit-Effekten" auch *Wagner, F. W.*, Entwicklungstendenzen, 1984, S. 211 f.

bzw. ${}^{dyn}s_{FK}$), kann durch Berechnung von Steuerbarwerten quantitativ berücksichtigt werden.[1]

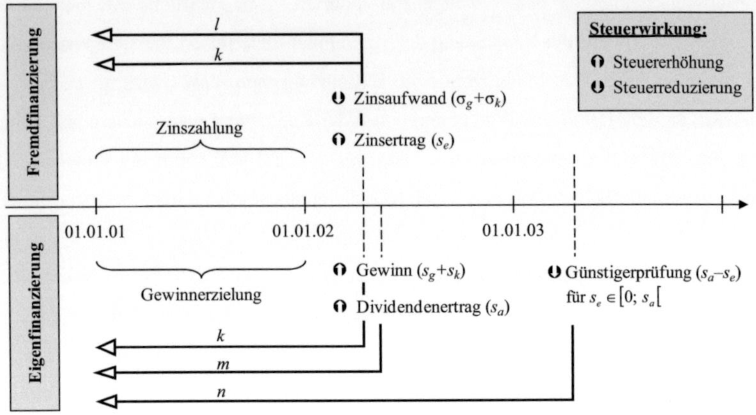

Abbildung 21: Finanzierungsalternativen im Mehrperiodenmodell

Der Barwert einer Steuerzahlung hängt wesentlich vom Zinssatz (i) ab, der den Preis von Kapital am Kapitalmarkt widerspiegelt.[2] Durch den Vergleich der Barwerte von Eigenfinanzierung (${}^{dyn}s_{EK}$) und Fremdfinanzierung (${}^{dyn}s_{FK}$) werden zeitliche Differenzen der Steuerzahlungen durch eine alternative Finanzanlage am Kapitalmarkt (Alternativanlage) berücksichtigt.[3] Da diese aus der Alternativanlage resultierenden fiktiven (Ha-

---

1 *Wagner, F. W.*, Entwicklungstendenzen, 1984, S. 207: „Das zweckmäßigste Kriterium für die Vorteilhaftigkeit von .. [Finanzierungsalternativen; im Original: Investitionsalternativen] wird im Barwert der abgezinsten oder dem Endwert der aufgezinsten Zahlungsüberschüsse gesehen." Auch *A. Heigl* bezieht eine „Nettoergebnismaximierung" in das Entscheidungskalkül ein; vgl. *Heigl, A.*, Steuerplanung, 1971. Eine entgegengesetzte Vorgehensweise ist die Steuerbarwertminimierung. Steuerbarwerte entsprechen hierbei den auf den Betrachtungszeitraum diskontierten Ertragsteuerzahlungen der einzelnen Perioden; vgl. *Marettek, A.*, Steuerbilanzpolitik, 1970; *Gintrowski, G./Marettek, A.*, Steuerfinanzpolitik, 1972.

2 Die Verwendung des Kapitalwertkalküls ist zur Beurteilung der Vorteilhaftigkeit von Finanzierungsalternativen dem Instrument des internen Zinsfußes vorzuziehen, da das Kapitalwertkalkül nicht unter den problembehafteten Implikationen des internen Zinsfußes leidet; vgl. *Haberstock, L.*, Partialmodelle, 1970; *Haberstock, L.*, Kapitalwert, 1972; *Wagner, F. W./Dirrigl, H.*, Steuerplanung, 1980, S. 91 f., 100 f.; *Wagner, F. W.*, Entwicklungstendenzen, 1984, S. 20; *Perridon, L./Steiner, M.*, Finanzwirtschaft, 2009, S. 51-57. Zur theoretischen Begründung der Eignung des Kapitalwerts bei Investitions- bzw. Finanzierungsentscheidungen vgl. *König, R./Wosnitza, M.*, Steuerwirkungslehre, 2004, S. 9-31. Nach *W. Ballwieser* ist der Kalkulationszinsfuß bei der Unternehmensbewertung die umstrittenste Größe; *Ballwieser, W.*, Kalkulationszinsfuß, 2002, S. 736, 742.

3 Vgl. *Schreiber, U.*, Besteuerung, 2008, S. 533. *Siegel, T.*, Steuerwirkungen, 1982, S. 65: „In der betrieblichen Entscheidungsrechnung verfolgt man meist nicht die einzelnen tatsächlichen erwarteten Wiederanlagen, sondern zieht stattdessen pauschalierend den Kalkulationszinsfuß heran." Die festverzinsliche Finanzanlage am Kapitalmarkt erwirtschaftet den konstanten risikofreien Kapitalmarktzins i; vgl. auch *Niemann, R./Sureth, C.*, Risikobereitschaft, 2008, S. 128 f.

ben-)Zinsen einer Besteuerung auf Ebene des Entscheidungsträgers unterliegen,[1] berechnet sich der Diskontierungsfaktor (q) einer Periode t aus dem nach Steuern verbleibenden Nettozinssatz (i_s):[2]

$$q^t = \frac{1}{(1+i_s)^t} = \frac{1}{(1+i-i*s_a)^t} \tag{5-22}$$

Aus der Multiplikation der in der jeweiligen Periode fälligen Steuerzahlung und dem Diskontierungsfaktor resultiert der Steuerbarwert für die Entscheidungsalternativen der Eigen- und Fremdfinanzierung: [3]

$$^{dyn}s_{EK} = \begin{cases} \frac{s_g + s_k}{(1+i_s)^k} + \frac{(1-s_g-s_k)*s_a}{(1+i_s)^m} - \frac{(1-s_g-s_k)*(s_a-s_e)}{(1+i_s)^n} & \text{für } s_e \in [0; s_a[\\ \frac{s_g + s_k}{(1+i_s)^k} + \frac{(1-s_g-s_k)*s_a}{(1+i_s)^m} & \text{für } s_e \in [s_a; 1] \end{cases} \tag{5-23}$$

$$^{dyn}s_{FK} = \frac{\sigma_g + \sigma_k}{(1+i_s)^k} + \frac{(1-\sigma_g-\sigma_k)*s_e}{(1+i_s)^l} \tag{5-24}$$

In Abbildung 22 werden die Gesamtsteuerbelastung der Finanzierungsalternativen jeweils mit und ohne Berücksichtigung des Zeiteffekts grafisch gegenübergestellt.[4]

---

1 Da die zeitliche Differenz der Steuerzahlungen unter der Prämisse der Vollausschüttung der erwirtschafteten Gewinne nach Steuern auf Ebene des Anteilseigners eintritt, wird eine Alternativanlage durch die natürliche Person am Kapitalmarkt unterstellt, die dem gesonderten Steuertarif für Einkünfte aus Kapitalvermögen (§ 32d Abs. 1 EStG) unterliegt. Vgl. auch *Schneider, D.*, Einfluß, 1969, S. 298; *Schneider, D.*, Finanzierung, 1992, S. 219; *Schneeloch, D.*, Steuerpolitik, 2009, S. 77 f.; *Schüler, A./Krotter, S.*, Finanzierungsentscheidungen, 2007, S. 2325; *Knobloch, A. P.*, Kapitalwertäquivalent, 2008, S. 673; *Schreiber, U.*, Besteuerung, 2008, S. 533 f.

2 Unter der Annahme eines vollkommenen Kapitalmarkts wird bei der Festlegung des Kalkulationszinsfußes nicht zwischen Eigen- und Fremdkapitalverzinsung unterschieden; der Kalkulationszinssatz entspricht dem Marktzinssatz; vgl. auch *Wöhe, G./Bieg, H.*, Steuerlehre, 1995, S. 363; *Knobloch, A. P.*, Kapitalwertäquivalent, 2008, S. 676; *Kruschwitz, L.*, Investitionsrechnung, 2009, S. 92 f. Die von *R. König/M. Wosnitza* als Nettomethode II bezeichnete Erweiterung des Kapitalwertkriteriums um Steuern sowohl in der Zahlungsreihe (Zähler) als auch im Kalkulationszinsfuß (Nenner) ist hierbei die geeignete Methode zur Berücksichtigung des Zeiteffekts; vgl. *König, R./Wosnitza, M.*, Steuerwirkungslehre, 2004, S. 42.

3 Vgl. Herleitung und Berechnung in Anhang f, S. 256.

4 In Abbildung 22 beträgt der Zinssatz i 10 %. Ferner wird der Zeitraum zwischen Gewinnerzielung und Erhebung der Unternehmensteuer (k) und der Zeitraum zwischen Gewinnerzielung und Erhebung der Einkommensteuer bei Fremdfinanzierung (l) auf 1,25 Perioden, der Zeitraum zwischen Gewinnerzielung und Erhebung der abgeltenden Einkommensteuer bei Ausschüttung (m) auf 1,3 Perioden und der Zeitraum zwischen Gewinnerzielung und Günstigerprüfung bei Eigenfinanzierung (n) auf 2,25 Perioden festgelegt.

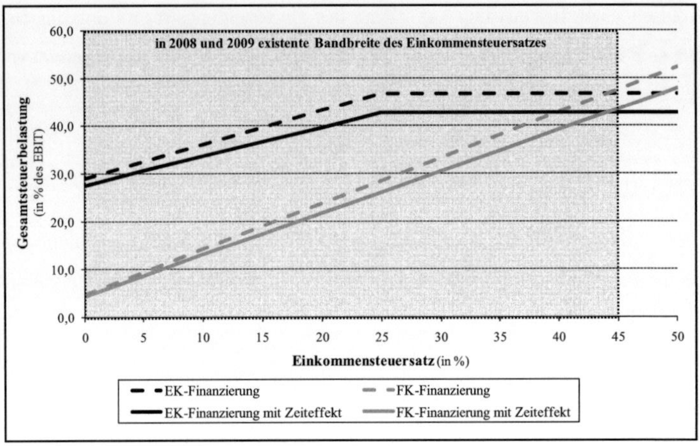

Abbildung 22: Gesamtsteuerbelastung der Finanzierungsalternativen mit Zeiteffekt

Durch eine Diskontierung zukünftiger Steuerzahlungen ist der Barwert der Gesamtsteuerbelastung in beiden Finanzierungsalternativen für Einkommensteuersätze größer als 0 % geringer als die Gesamtsteuerbelastung ohne Berücksichtigung von Zeiteffekten. Zunächst bewirkt die um eine Periode verzögerte Einkommensteuererstattung im Rahmen der Günstigerprüfung für den Bereich persönlicher Einkommensteuersätze, die kleiner als der Abgeltungsteuersatz sind, dass der Einfluss des Einkommensteuersatzes auf die Gesamtsteuerbelastung bei Eigenfinanzierung eine höhere Diskontierung erfährt als bei Fremdfinanzierung.[1] Überschreitet der Einkommensteuersatz den Abgeltungsteuersatz, bleibt der Barwert der Gesamtsteuerbelastung bei Eigenfinanzierung konstant, während der Barwert der Gesamtsteuerbelastung bei Fremdfinanzierung mit Erhöhung des Einkommensteuersatzes weiterhin linear steigt

Eigenfinanzierung $\frac{\partial^{dyn} s_{EK}}{\partial s_e} =$		**Fremdfinanzierung** $\frac{\partial^{dyn} s_{FK}}{\partial s_e} =$
für $s_e \in [0;\ s_a[$	für $s_e \in [s_a; 1]$	$\frac{1 - \frac{0,25 * s_g}{1 - 0,75 * s_g - s_k}}{(1+i_s)^l}$
$\frac{1 - s_k - s_g}{(1+i_s)^n}$	0	

Tabelle 18: Einfluss des Einkommensteuersatzes auf die Gesamtsteuerbelastung mit Zeiteffekten

[1] Vgl. Berechnungen in Anhang f, S. 257.

In Tabelle 18 wird die Steigung der Gesamtsteuerbelastungsfunktionen unter Berücksichtigung von Zeiteffekten und somit der Einfluss des Einkommensteuersatzes auf die Barwerte der Gesamtsteuerbelastung von Eigen- und Fremdfinanzierung quantifiziert.[1] Infolge der Diskontierung der zukünftigen, zu unterschiedlichen Zeitpunkten fälligen Steuerzahlungen bzw. Steuererstattungen, verringert sich die Gesamtsteuerbelastung von Eigen- und Fremdfinanzierung in Abhängigkeit des Einkommensteuersatzes in unterschiedlichem Ausmaß.[2] Der einkommensteuerliche Indifferenzsteuersatz sinkt gegenüber einer Negierung zeitlicher Effekte von 44,13 % auf 44,06 %.[3] Eine weitere Erhöhung des Zeitraums zwischen Gewinnerzielung und Erhebung der abgeltenden Einkommensteuer bei Ausschüttung (*m*) auf 1,75 (2,00) Perioden senkt den einkommensteuerlichen Indifferenzsteuersatz weiter auf 43,46 % (43,14 %).[4]

Da der einkommensteuerliche Indifferenzsteuersatz über dem Abgeltungsteuersatz liegt, die Günstigerprüfung der Dividendenbesteuerung jedoch im Bereich persönlicher Einkommensteuersätze über dem Abgeltungsteuersatz keine Steuerzahlung oder Steuererstattung in einer weiteren Periode bewirkt, ist eine Veränderung des einkommensteuerlichen Indifferenzsteuersatzes in diesem zeitlichen Ablauf ausschließlich auf eine zeitlich verzögerte Erhebung der Kapitalertragsteuer (Abgeltungsteuer) zurückzuführen.

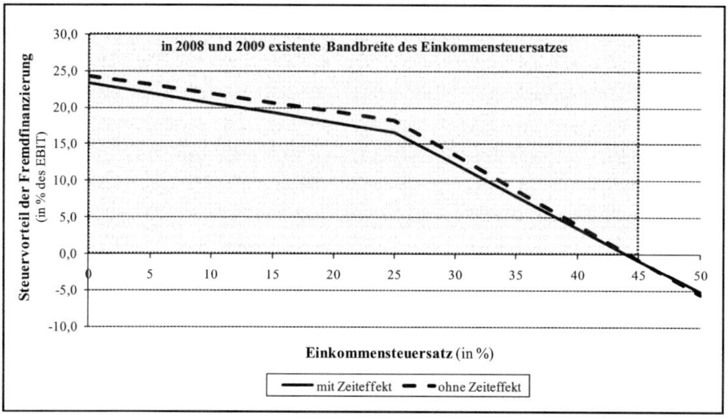

Abbildung 23: Steuervorteil der Fremdfinanzierung mit Zeiteffekt

1 Vgl. Herleitung und Vergleich in Anhang f, S. 257.

2 Vgl. Berechnung in Anhang f, S. 257, sowie Tabelle 18, S. 92, und Abbildung 22, S. 92.

3 Der Zinssatz *i* beträgt auch in der analytischen Darstellung 10 %. Vgl. zum einkommensteuerlichen Indifferenzsteuersatz ohne Zeiteffekte die Ausführungen und Berechnung in Kapitel 5.3.1, S. 74, und Anhang f, S. 258.

4 Vgl. Berechnung in Anhang f, S. 258.

Der in Abbildung 23 grafisch dargestellte Einfluss des Einkommensteuersatzes auf den Steuervorteil der Fremdfinanzierung (Steigung der Tax Shield-Funktion) ist unter Berücksichtigung der zeitlichen Differenzen für alle Einkommensteuersätze unter dem Abgeltungsteuersatz höher, für alle Einkommensteuersätze gleich und über dem Abgeltungsteuersatz geringer als in der statischen Betrachtung.[1]

Der Barwert des Steuervorteils der Fremdfinanzierung reduziert sich mit steigendem Einkommensteuersatz zunächst stärker als ohne Berücksichtigung von Zeiteffekten, da die Gesamtsteuerbelastung im Rahmen der Eigenfinanzierung für Einkommensteuersätze unter dem Abgeltungsteuersatz aufgrund einer höheren Gesamtsteuerbelastung eine höhere Diskontierung erfährt als die Gesamtsteuerbelastung der Fremdfinanzierung. Für Einkommensteuersätze über dem Abgeltungsteuersatz reduziert sich der Einfluss des Einkommensteuersatzes auf den Steuervorteil der Fremdfinanzierung durch die Einbeziehung von Zeiteffekten, da der lineare Einfluss des Einkommensteuersatzes auf die Gesamtsteuerbelastung der Fremdfinanzierung auch für Einkommensteuersätze über dem Abgeltungsteuersatz weiter steigt, während der Einfluss des Einkommensteuersatzes auf die Gesamtsteuerbelastung bei Eigenfinanzierung bei Überschreiten des Abgeltungsteuersatzes konstant ist.[2] Die Höhe des Steuervorteils der Fremdfinanzierung und – für Einkommensteuersätze über dem einkommensteuerlichen Indifferenzsteuersatz – die Höhe des Steuervorteils der Eigenfinanzierung ist unter Berücksichtigung zeitlicher Effekte für nahezu alle Einkommensteuersätze (größer als 0 %) geringer als ohne Berücksichtigung der zeitlichen Differenzen.[3] In Tabelle 19 werden diese Ergebnisse quantifiziert.[4]

Wie aus Tabelle 19 ersichtlich, bewirkt die Berücksichtigung von zeitlichen Differenzen für zwei Teilabschnitte der Tax Shield-Funktion eine Modifikation gegenüber der Vernachlässigung zeitlicher Effekte. Zum einen kehrt sich der Steuervorteil der Fremdfinanzierung unter Berücksichtigung zeitlicher Effekte bereits bei einem einkommensteuerlichen Indifferenzsteuersatz in Höhe von 44,06 % (${}^{dyn}\hat{s}_e$) in einen Steuervorteil der

---

[1] Vgl. Berechnungen und Vergleich in Anhang f, S. 259, und quantitative Gegenüberstellung in Tabelle 19, S. 95.

[2] Der Einfluss des Einkommensteuersatzes auf die Gesamtsteuerbelastung bei Eigenfinanzierung ist für Einkommensteuersätze über dem Abgeltungsteuersatz null.

[3] Ob und in welchem Ausmaß die ertragsteuerliche Rangordnung von Eigen- und Fremdfinanzierung durch eine Diskontierung beeinflusst wird, ist im Folgenden zu untersuchen.

[4] Vgl. auch Berechnung zur dynamischen Betrachtungsweise in Anhang f, S. 258-260, und zur statischen Betrachtungsweise in Kapitel 5.3.1, S. 74.

Eigenfinanzierung um, während in der statischen Betrachtung eine Umkehr erst ab einem einkommensteuerlichen Indifferenzsteuersatz in Höhe von 44,13 % ($\hat{s}_e$) eintritt.[1]

		Statische Betrachtung			Dynamische Betrachtung	
	$\hat{s}_e =$	0,4413		>	0,4406	
${}^{dyn}\Delta s =$	$s_e \in [0; s_a[$	$0{,}24302 - 0{,}24302 * s_e$		>	$0{,}23274 - 0{,}26727 * s_e$	
	$s_e \in [s_a; 1[$	$0{,}42052 - 0{,}95302 * s_e$		>/<[2]	$0{,}38359 - 0{,}87065 * s_e$	
Steuervorteil der	$s_e \in [0; s_a[$	$\Delta s > 0$	Fremdfinanzierung	>	$\Delta s > 0$	Fremdfinanzierung
	$s_e \in [s_a; {}^{dyn}\hat{s}_e[$	$\Delta s > 0$	Fremdfinanzierung	>	$\Delta s > 0$	Fremdfinanzierung
	$s_e \in [{}^{dyn}\hat{s}_e; \hat{s}_e[$	$\Delta s > 0$	Fremdfinanzierung	-[3]	$\Delta s < 0$	Eigenfinanzierung
	$s_e \in [\hat{s}_e; \breve{s}_e[$	$\Delta s < 0$	Eigenfinanzierung	<	$\Delta s < 0$	Eigenfinanzierung
	$s_e \in [\breve{s}_e; 1[$	$\Delta s < 0$	Eigenfinanzierung	>	$\Delta s < 0$	Eigenfinanzierung
$\frac{\partial \Delta s}{\partial s_e}$	$s_e \in [0; s_a[$	$\lvert -0{,}2430 \rvert$		<	$\lvert -0{,}2673 \rvert$	
	$s_e \in [s_a; 1[$	$\lvert -0{,}9530 \rvert$		>	$\lvert -0{,}8707 \rvert$	

Tabelle 19: Tax Shield-Funktion in Teilabschnitten im Mehrperiodenmodell

Zwischen diesen beiden Einkommensteuersätzen erfolgt somit für die statische Betrachtung ein Steuervorteil der Fremdfinanzierung, während für die dynamische Betrachtung ein Steuervorteil der Eigenfinanzierung entsteht. Zum anderen ist die absolute Höhe des Steuervorteils der Eigenfinanzierung im Bereich zwischen dem einkommensteuerlichen Indifferenzsteuersatz im Einperiodenmodell ($\hat{s}_e$) und dem Schnittpunkt von Tax Shield-Funktion ohne Berücksichtigung von Zeiteffekten und Tax Shield-Funktion mit Berücksichtigung von Zeiteffekten ($\breve{s}_e$) im dynamischen Modell höher als in der statischen Betrachtung. Abbildung 24 zeigt die Teilabschnitte der Tax Shield-Funktionen im Detail:

---

1 Vgl. Ausführungen in Kapitel 5.3.1, S. 74, zur statischen Betrachtung und Berechnung in Anhang f, S. 258, zur dynamischen Betrachtung des einkommensteuerlichen Indifferenzsteuersatzes.

2 Keine Angabe für diesen Bereich möglich, vgl. weitere Unterteilung der Tax Shield-Funktion in kleinere Teilabschnitte in Abbildung 24, S. 96.

3 Kein Vergleich möglich, da nicht ein Steuervorteil der Fremdfinanzierung (oder Eigenfinanzierung) unterschiedlicher Höhe gegenübergestellt wird, sondern ein Steuervorteil der Fremdfinanzierung mit einem Steuervorteil der Eigenfinanzierung verglichen wird.

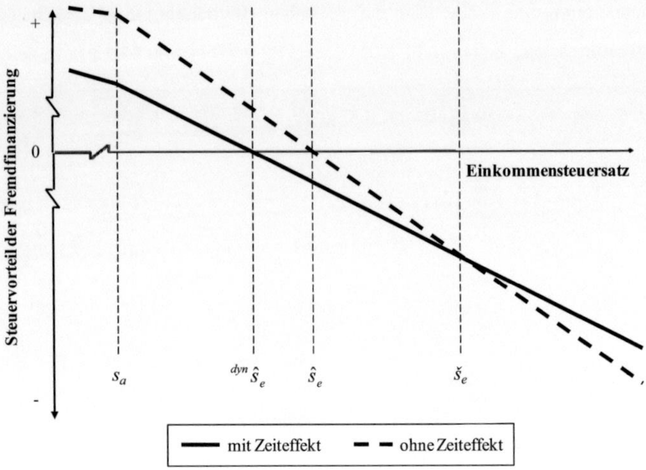

Abbildung 24: Steuervorteil der Fremdfinanzierung mit Zeiteffekt in Teilabschnitten

Die Berücksichtigung zeitlicher Effekte aus einer verzögerten Besteuerung von Dividenden und einer zeitlich nachgelagerten Günstigerprüfung bewirkt in Summe eine bis zur Höhe des Abgeltungsteuersatzes stärker fallende Tax Shield-Funktion und ab Erreichen des Abgeltungsteuersatzes eine schwächer fallende Tax Shield-Funktion. Der einkommensteuerliche Indifferenzsteuersatz ist somit bei der Berücksichtigung zeitlicher Effekte geringer als ohne Zeiteffekte. Im Schnittpunkt der Tax Shield-Funktion mit Zeiteffekten und der Tax Shield-Funktion ohne Zeiteffekte ($\check{s}_e$ = 44,83 %) neutralisieren sich die zeitlichen Effekte.[1]

Zusammenfassend erfahren der einkommensteuerliche Indifferenzsteuersatz und die absolute Höhe des Steuervorteils der Fremdfinanzierung bzw. der Eigenfinanzierung im dynamischen Modell durch eine unterschiedlich hohe Diskontierung von Steuerzahlungen bei Eigen- und Fremdfinanzierung eine unterschiedlich hohe Reduktion. Die Höhe der Reduktion ist abhängig von den unterstellten Steuersätzen und den Zeiträumen zwischen einer Steuerzahlung auf Gesellschaftsebene und einer Steuerzahlung bzw. Steuererstattung auf Investorenebene.

[1] Der Schnittpunkt der beiden Tax Shield-Funktionen resultiert im Punkt $\check{s}_e$ = 0,4483. Zur allgemeinen Herleitung und Berechnung vgl. Anhang f, S. 260.

5.3.3 Progression des Einkommensteuertarifs

Der Einfluss des Einkommensteuersatzes auf die Gesamtsteuerbelastung der Finanzierungsalternativen wurde in dieser Untersuchung bisher weitgehend in der Grenzbetrachtung unter der Prämisse eines in beiden Finanzierungswegen konstanten Einkommensteuersatzes untersucht.[1] Der in § 32a Abs. 1 Satz 2 EStG normierte Einkommensteuertarif ist indessen nach einer Nullzone in zwei Zonen progressiv und in zwei weiteren Zonen proportional ausgestaltet. Steuertarife sind progressiv ausgestaltet, wenn der durchschnittliche Einkommensteuersatz mit steigender Bemessungsgrundlage wächst und proportional ausgestaltet, wenn die Ableitung des Durchschnittssteuersatzes nach der Bemessungsgrundlage null ist.[2] Die Steuerprogression des deutschen Einkommensteuertarifs wird durch einen Grundfreibetrag in Höhe von 7.834 €[3] (indirekte Progression) und einen Tarif mit steigenden Grenzsteuersätzen (direkte Progression) erreicht.[4] Durch die progressiv ausgestalteten Teilabschnitte des deutschen Einkommensteuertarifs resultiert eine konträre Wirkung zwischen der Steuerprogression und der Diskontierung zukünftiger Steuerzahlungen im dynamischen Entscheidungsmodell:[5] Während im Mehrperiodenmodell eine Aufschiebung von Steuerzahlungen den Steuerbarwert reduziert, wirkt die Einkommensteuerprogression bei einer Kumulation von Steuerzahlungen durch Verlagerung steuerpflichtiger Einnahmen in eine zukünftige Periode der Diskontierungswirkung entgegen und erhöht ceteris paribus die Steuerbelastung.

Der Anteil des Unternehmensgewinns, der auf Anteilseignerebene in Form von Dividenden oder Zinszahlungen mit Einkommensteuer belastet wird, ist bei identischem *EBIT* im Bereich der Fremdfinanzierung regelmäßig höher ist als bei Eigenfinanzie-

---

1 Durch einen Wechsel von der Grenz- auf die Durchschnittssteuerbetrachtung können Progressionswirkungen und Freibeträge berücksichtigt werden; vgl. *Hechtner, F./Hundsdoerfer, J.*, Schedulenbesteuerung, 2009, S. 30.

2 Zur Ausgestaltung und Wirkungsweise eines progressiven Einkommensteuertarifs vgl. *Homburg, S.*, Steuerlehre, 2007, S. 61-75; *Lang, J.*, Allgemeines Steuerschuldrecht, 2010, S. 185 f.; *Lang, J.*, Einkommensteuer, 2010, S. 401-405; *Kruschwitz, L.*, Investitionsrechnung, 2009, S. 115.

3 Der Grundfreibetrag wird durch das Gesetz zur Sicherung von Beschäftigung und Stabilität in Deutschland vom 02.03.2009, BGBl. I 2009, S. 416-433 rückwirkend ab dem 01.01.2009 um 170 € von 7.664 € auf 7.834 € erhöht (Art. 1 Nr. 1 StabSiG). Ab dem 01.01.2010 wird der Grundfreibetrag erneut um 170 € auf dann 8.004 € angehoben (Art. 1 Nr. 4 StabSiG). Zum Abbau einer kalten Progression werden die übrigen Tarifeckwerte ebenfalls zum 01.01.2009 um 400 € und zum 01.01.2010 um weitere 330 € angehoben. Der Eingangssteuersatz wird ab dem 01.01.2009 von 15 % auf 14 % gesenkt. Zur kalten Progression vgl. *Lang, J.*, Einkommensteuer, 2010, S. 403 f.; *Hechtner, F.*, Konjunkturpaket, 2009, S. 235; *Kruhl, A.*, Einkommensteuertarif, 2009, S. 989 f.

4 Zur direkten und indirekten Progression vgl. *Schneider, D.*, Unternehmensbesteuerung, 1994, S. 26; *Schneider, D.*, Steuerwirkung, 2002, S. 10; *Homburg, S.*, Steuerlehre, 2007, S. 65.

5 Vgl. *Marettek, A.*, Steuerbilanzpolitik, 1970, S. 22.

rung.[1] Fremdkapitalvergütungen werden demnach nach Überschreiten des Grundfreibetrages unter der Prämisse einer maximalen Fremdkapitalfinanzierung aufgrund einer höheren Einkommensteuerbemessungsgrundlage gegenüber der Eigenfinanzierung mit einem höheren (Grenz- und Durchschnitts-)Einkommensteuersatz besteuert.[2]

Unter dem Aspekt einer Finanzierungsentscheidung ist zu überprüfen, inwiefern mit einer gegenüber der Eigenfinanzierung höheren Verlagerung des Unternehmensgewinns nach Steuern in den progressiv ausgestalteten Einkommensteuerbereich des Anteilseigners bei Fremdfinanzierung steuerliche Konsequenzen verbunden sind, die den in Abbildung 19 und Abbildung 20 grafisch dargestellten Steuervorteil der Fremdfinanzierung einschränken.[3] Der Einkommensteuersatz muss als Teil der Gesamtsteuerbelastungsfunktion in Abhängigkeit einer identischen Ausgangsgröße und für Fremd- und Eigenfinanzierung (für $s_e < s_a$) differenziert ausgedrückt werden, um die Progressionswirkung der Einkommensteuer für die Finanzierungsalternativen vergleichbar abbilden zu können:[4]

$$s_{EK} = \begin{cases} s_g + s_k + (1 - s_g - s_k) * s_e^{EK} & \text{für } s_e^{EK} \in [0; s_a[\\ s_g + s_k + (1 - s_g - s_k) * s_a & \text{für } s_e^{EK} \in [s_a; 1] \end{cases} \qquad (5\text{-}25)$$

$$s_{FK} = \sigma_g + \sigma_k + (1 - \sigma_g - \sigma_k) * s_e^{FK} \qquad (5\text{-}26)$$

Die Wirkung des progressiven Einkommensteuertarifs auf die Finanzierungsentscheidung lässt sich in zwei Bereiche gliedern: Zum einen bewirkt der Grundfreibetrag eine mit Erhöhung der Bemessungsgrundlage steigende Durchschnittssteuerbelastung, die sich asymptotisch an die Grenzsteuerbelastung annähert (indirekte Progression).[5] Unter der Voraussetzung einer der Höhe nach identischen wirtschaftlichen Ausgangsgröße

---

1 Es gilt (vgl. Berechnung in Anhang f.): $1 - \sigma_g - \sigma_k \succ 1 - s_g - s_k$ für $HS^{s_k = 0{,}15;\, SMZ = 3{,}5\%} \in]-571{,}43; 2.428{,}55[$ und $s_k^{HS = 400\%;\, SMZ = 3{,}5\%} \in]-0{,}1050; 0{,}8600[$.

2 Zur absoluten Steuerersparnis als Resultat von absolut niedrigeren Bemessungsgrundlagen vgl. *Wagner, F. W.*, Entwicklungstendenzen, 1984, S. 212.

3 Vgl. im Zusammenhang mit der Entscheidung zwischen Ausschüttung und Thesaurierung *Siegel, T.*, Steuerwirkungen, 1982, S. 183; *Dirrigl, H./Wagner, F. W.*, Ausschüttungspolitik, 1993, S. 272. Vgl. auch *Haase, K. D.*, Steuerpolitik, 1986, S. 1 f.; *Haase, K. D./Diller, M.*, Finanzierung, 2002, S. 229 f.

4 Eine formale Darstellung der Steuerbelastung für Eigen- und Fremdfinanzierung in Abhängigkeit des *EBIT* und unter Berücksichtigung des Einkommensteuertarifs nach § 32a Abs. 1 Satz 2 EStG befindet sich in Anhang f, S. 262 f.

5 Vgl. auch *Hechtner, F./Hundsdoerfer, J.*, Schedulenbesteuerung, 2009, S. 27.

resultiert bei Eigenfinanzierung bis zu einem *EBIT* von 11.033 € keine Einkommensteuerbelastung auf Anteilseignerebene, während eine Einkommensteuerbelastung bei Fremdfinanzierung ab einem *EBIT* in Höhe von 8.220 € eintritt.[1] Zum anderen bewirkt die direkte Progression des Einkommensteuertarifs eine im Vergleich zur Eigenfinanzierung höhere effektive (Grenz- und Durchschnitts-)Einkommensteuerbelastung der Fremdkapitalvergütungen; die Günstigerprüfung im Bereich der Eigenfinanzierung verstärkt diese Differenz.

Durch den abgeltenden Steuertarif für Gewinnausschüttungen in Höhe von 25 % wandelt sich der ab dem Grundfreibetrag – im Bereich der Günstigerprüfung – progressive Verlauf des Einkommensteuertarifs der Eigenfinanzierung ab Grenzkapitalerträgen, die zu einem zu versteuernden Einkommen in Höhe von 47.033 € (entspricht einem *EBIT* in Höhe von 66.238 €)[2] führen, in einen von der Progression unabhängigen linearen Einkommensteuertarif.[3] Der durchschnittliche Einkommensteuertarif bei Fremdfinanzierung verläuft demgegenüber nach Überschreiten des Grundfreibetrags degressiv steigend und nähert sich ab der ersten Proportionalzone bzw. einem zum versteuernden Einkommen in Höhe von 52.552 € (entspricht einem *EBIT* in Höhe von 55.143 €) einem proportionalen Tarif an.[4] In Abbildung 25 werden die durchschnittliche Gesamtsteuerbelastung der Finanzierungsalternativen und der resultierende Steuervorteil der Fremdfinanzierung in Abhängigkeit des erzielten *EBIT* und unter Beachtung einer Startkapitalausstattung in Höhe von je 1.000 T€ Eigen- und Fremdkapital dargestellt.

---

1 Die *EBIT*-Werte resultieren unter der Annahme keiner weiteren Einkünfte. Unterstellt wird der Einkommensteuertarif ab dem 01.01.2009; für den Einkommensteuertarif ab dem 01.01.2010 ergeben sich unter sonst konstanten Variablen analog 11.273 € bei Eigenfinanzierung und 8.398 € bei Fremdfinanzierung. Vgl. Berechnungen zum Einkommensteuertarif in Anhang f, S. 264.

2 Vgl. Wertermittlung in Anhang f, S. 264 f. Für den Einkommensteuertarif ab dem 01.01.2010 ergeben sich unter sonst konstanten Variablen analog 47.717 € zu versteuerndes Einkommen bzw. 67.201 € *EBIT*.

3 Der Abgeltungsteuersatz in Höhe von 25 % wird statt des individuellen Einkommensteuersatzes angewendet, wenn dies zu einer niedrigeren Einkommensteuer führt (§ 32d Abs. 6 EStG). Sofern keine übrigen Einkünfte vorhanden sind, entspricht die Differenzbetrachtung der Durchschnittsbetrachtung. Der effektive Einkommensteuersatz (bezogen auf das *EBIT*) im Bereich der Eigenfinanzierung beläuft sich somit auf maximal 17,75 %; vgl. Berechnungen in Anhang f, S. 266.

4 Die umfangreiche Quantifizierung der Einkommensteuersätze für die Progressions- und Proportionalzonen der Eigen- und Fremdfinanzierung befinden sich in Anhang f, S. 263. Für den Einkommensteuertarif ab dem 01.01.2010 ergeben sich unter sonst konstanten Variablen analog 52.882 € zu versteuerndes Einkommen bzw. 55.489 € *EBIT*:

$$EBIT = \frac{zvE}{(1 - \sigma_g - \sigma_k)}$$

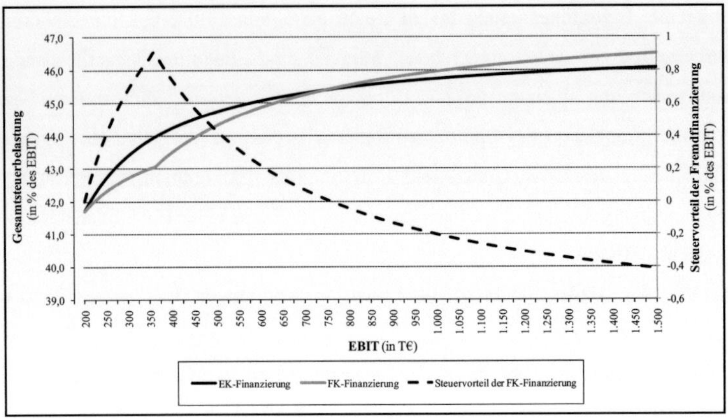

Abbildung 25: Gesamtsteuerbelastung und Steuervorteil der Fremdfinanzierung unter Berücksichtigung der Einkommensteuerprogression (Durchschnittsbetrachtung)

Bei einem – mit der Startkapitalausstattung erwirtschafteten – *EBIT* in Höhe von 200 T€, das gemäß den Modellannahmen im Grundmodell jeweils zur Hälfte auf Eigen- und Fremdkapitalinvestition aufgeteilt wird und eine Gesamtsteuerbelastung in Höhe von 41,71 % bewirkt,[1] bemisst sich die Einkommensteuerbelastung bei der Eigenfinanzierung nach dem nominalen Abgeltungsteuersatz (25 %),[2] während der nominale Einkommensteuersatz bei der Fremdfinanzierung (33,54 %)[3] nach der ersten Proportionalzone des Einkommensteuertarifs i. S. des § 32a Abs. 1 Satz 2 EStG berechnet wird.[4] Eine über die Startkapitalausstattung hinausgehende Kapitalzuführung wird somit in der

[1] Mit der Startkapitalausstattung in Höhe von 2.000 T€ wird ein *EBIT* in Höhe von 200 T€ erwirtschaftet (vgl. Kapitel 2.1.1, S. 19), der bei einer hälftigen Aufteilung auf Eigen- und Fremdkapitalinvestition einer Gesamtsteuerbelastung in Höhe von 41,71 % des erwirtschafteten *EBIT* unterliegt; vgl. Berechnung in Anhang f., S. 265. Die Abweichung in Höhe von 4,07 % gegenüber dem Wert in Tabelle 1 aus Kapitel 2.1.1, S. 21, (37,64 %) resultiert aus einem in Tabelle 1 unterstellten konstanten und einheitlichen Einkommensteuersatz in Höhe von 25 %, während der Wert in Höhe von 41,71 % unter Beachtung der Abgeltungsteuer (Eigenfinanzierung) und des progressiven Einkommensteuertarifs (Fremdfinanzierung) ermittelt wird.

[2] Der nominale Abgeltungsteuersatz in Höhe von 25 % entspricht einem – auf das *EBIT* bezogenen – effektiven Abgeltungsteuersatz in Höhe von 17,75 %; vgl. Berechnungen in Anhang f, S. 266. Das zu versteuernde Einkommen der natürlichen Person aus der Startkapitalausstattung beläuft sich auf 71 T€ und befindet sich außerhalb des Anwendungsbereichs der Günstigerprüfung; vgl. die Berechnung des kritischen Werts in Höhe von 47.032,88 € zu versteuerndes Einkommen in Anhang f, S. 264.

[3] Der nominale Einkommensteuersatz berechnet sich bei einem *EBIT* in Höhe von 100 T€ (zu versteuerndes Einkommen in Höhe von 95,3 T€ nach der ersten Proportionalzone des Einkommensteuertarifs (§ 32a Abs. 1 Nr. 4 EStG) und beträgt 33,54 %. Dieser nominale Einkommensteuersatz entspricht einem – auf das *EBIT* der Fremdkapitalinvestition bezogenen – effektiven Einkommensteuersatz in Höhe von 31,96 %; vgl. Berechnung in Anhang f, S. 266.

[4] Das zu versteuernde Einkommen des Investors beläuft sich bei der unterstellten Startkapitalausstattung auf 71 T€ Eigenkapitalvergütung und auf 95,3 T€ Fremdkapitalvergütung.

Alternative der (Grenz-)Eigenkapitalausstattung mit einem linearen (Grenz-)Gesamtsteuersatz in Höhe von

$$\lim_{EBIT \to \infty} s_{EK} = s_g + s_k + (1 - s_g - s_k) * s_a \tag{5-27}$$

(hier: 46,75 %) belastet.[1]

Die durchschnittliche effektive Gesamtsteuerbelastung der Fremdfinanzierung beläuft sich – bei einer über die Startkapitalausstattung in Höhe von 2.000 T€ hinausgehenden alternativen (Grenz-)Fremdkapitalzufuhr – zunächst auf 36,66 %[2] nähert sich jedoch aufgrund eines steigenden (Grenz-)Einkommensteuersatzes in Höhe von 42 %[3] bzw. 45 %[4] asymptotisch dem (Grenz-)Gesamtsteuersatz bei Fremdfinanzierung in Höhe von

$$\lim_{EBIT \to \infty} s_{FK} = \sigma_g + \sigma_k + (1 - \sigma_g - \sigma_k) * 0{,}45 \tag{5-28}$$

(hier: 47,58 %) an.[5] Die in Abbildung 25 dargestellten Gesamtsteuerbelastungsfunktionen der Eigen- und Fremdfinanzierung in der Durchschnittsbetrachtung nähern sich asymptotisch der jeweiligen (Grenz-)Gesamtsteuerbelastung an.

Da das zusätzlich erwirtschaftete *EBIT* bei Überschreiten des *EBIT* in Höhe von 200 T€ bei einer (Grenz-)Fremdfinanzierung zunächst mit einem geringeren durchschnittlichen Gesamtsteuersatz belastet wird als bei (Grenz-)Eigenfinanzierung, der marginale Gesamtsteuersatz bei Fremdfinanzierung jedoch einen höheren Wert aufweist als bei Eigenfinanzierung, resultiert zwingend ein Schnittpunkt der durchschnittlichen Gesamtsteuerbelastungsfunktionen. Der Schnittpunkt zeigt eine steuerliche Indifferenz zwischen (Grenz-)Eigen- und (Grenz-)Fremdfinanzierung sowie eine Umkehr der relativen steuerlichen Vorteilhaftigkeit der Kapitalausstattung an. Durch den Wechsel von einer Grenzsteuerbetrachtung auf die Durchschnittssteuerbetrachtung kann neben der Einkommensteuerprogression auch der im Einkommensteuertarif nach § 32a Abs. 1 Satz 2 EStG verankerte Grundfreibetrag einmal für die gesamten Kapitaleinkünfte (inklusive

---

[1] Vgl. Herleitung in Anhang f, S. 266.

[2] Vgl. Berechnung in Anhang f, S. 266.

[3] Eine (Grenz-)Einkommensteuerbelastung in Höhe von 42 % resultiert für ein zu versteuerndes Einkommen in Höhe von 52.552 € bis 250.400 € bzw. ein *EBIT* in Höhe von 55.143 € bis 262.749 € (Einkommensteuertarif ab dem 01.01.2009) und bewirkt eine (Grenz-)Gesamtsteuerbelastung in Höhe von 44,73 %.

[4] Eine (Grenz-)Einkommensteuerbelastung in Höhe von 45 % resultiert für ein zu versteuerndes Einkommen ab 250.401 € bzw. ein *EBIT* in Höhe von 262.750 € (Einkommensteuertarif ab dem 01.01.2009).

[5] Vgl. zur Herleitung der Formel Anhang f, S. 266.

Vergütung für die Startkapitalausstattung) berücksichtigt werden.[1] Die Gesamtsteuerbelastung der Eigen- und Fremdkapitalausstattung unter Beachtung des progressiven Einkommensteuertarifs und der Startkapitalausstattung (Durchschnittsbetrachtung) beträgt bezogen auf die wirtschaftliche Ausgangsgröße *EBIT* in einer formalen Darstellung:[2]

$$s_{EK}^{Progression} = \frac{EBIT_{FK}^{Start}}{EBIT} * \left(\sigma_g + \sigma_k + \sigma_e^{EK}\right) + \frac{EBIT - EBIT_{FK}^{Start}}{EBIT} * \left(s_g + s_k + \left(1 - s_g - s_k\right) * s_a\right) \quad (5\text{-}29)$$

$$s_{FK}^{Progression} = \frac{EBIT_{EK}^{Start}}{EBIT} * \left(s_g + s_k + \left(1 - s_g - s_k\right) * s_a\right) + \frac{EBIT - EBIT_{EK}^{Start}}{EBIT} * \left(\sigma_g + \sigma_k + \sigma_e^{FK}\right) \quad (5\text{-}30)$$

Bei einer Startkapitalausstattung in Höhe von 2.000 T€ und einer Grenzkapitalausstattung in Höhe von 1.000 T€ beträgt die durchschnittliche Gesamtsteuerbelastung der Eigenfinanzierungsalternative 43,39 % und die durchschnittliche Gesamtsteuerbelastung der Fremdfinanzierung 42,71 % des insgesamt erwirtschafteten *EBIT*;[3] es resultiert bei einem *EBIT* in Höhe von insgesamt 300 T€ ein Steuervorteil der Fremdfinanzierung in Höhe von 0,68 %.[4]

Der gesamtsteuerliche Indifferenzpunkt als Indikator einer Umkehr relativer steuerlicher Vorteilhaftigkeit der Finanzierungsalternativen wird als Ergebnis einer der Höhe nach identischen Gesamtsteuerbelastung von Eigen- und Fremdfinanzierung in Abhängigkeit des *EBIT* und unter Beachtung der Einkommensteuerprogression ermittelt.[5] Unter Berücksichtigung des progressiven Einkommensteuertarifs 2009 wird der Indifferenzpunkt bei einem *EBIT* in Höhe von 757.978 € bzw. einem zu versteuernden Einkommen in Höhe von 627.053 € erreicht.[6] Die Gesamtsteuerbelastung beträgt in diesem Indifferenzpunkt sowohl in der Alternative der Eigen- als auch in der Alternative der Fremdfinanzierung 45,42 % des insgesamt erwirtschafteten *EBIT*; ohne Berücksichtigung der Ein-

---

1 Vgl. *Hechtner, F./Hundsdoerfer, J.*, Schedulenbesteuerung, 2009, S. 30. Der Sparer-Pauschbetrag in Höhe von 801 € zur pauschalen Berücksichtigung von Werbungskosten (§ 20 Abs. 9 Satz 1 EStG) wird vernachlässigt.

2 Zur allgemeinen Darstellung (insbesondere des effektiven Einkommensteuersatzes bei Fremdfinanzierung) vgl. Anhang f, S. 267. Während das *EBIT*, das auf die (Start-)Eigenkapitalausstattung und die (Start-)Fremdkapitalausstattung entfällt den Modellannahmen nach je 100 T€ beträgt, kann das gesamte *EBIT* jeden beliebigen Wert größer als 200 T€ annehmen.

3 Vgl. Berechnungen in Anhang f, S. 267, sowie grafische Veranschaulichung in Abbildung 25, S. 100.

4 Der Steuervorteil der Fremdfinanzierung resultiert aus der Differenz der durchschnittlichen Gesamtsteuerbelastungen bei einem *EBIT* in Höhe von 300 T€ (0,4339 – 0,4271 = 0,0068).

5 Zur formalen Darstellung vgl. Anhang f, S. 269.

6 Für den Einkommensteuertarif ab dem 01.01.2010 ergeben sich unter sonst konstanten Variablen analog 759.177 € *EBIT* bzw. 628.196 € zu versteuerndes Einkommen. Vgl. Anhang f, S. 268.

kommensteuerprogression ergibt sich eine Gesamtsteuerbelastung in der Indifferenzsituation in Höhe von 46,75 %.[1]

Der nominale einkommensteuerliche Indifferenzsteuersatz sinkt durch die Berücksichtigung der Einkommensteuerprogression von 44,13 %[2] auf 42,52 % des zu versteuernden Einkommens, der effektive einkommensteuerliche Indifferenzsteuersatz (bezogen auf das – mit der gesamten Fremdkapitalausstattung – erwirtschaftete *EBIT*) sinkt von 42,06 %[3] auf 40,52 %.[4] Diese Reduzierung des einkommensteuerlichen Indifferenzsteuersatzes ist im Wesentlichen auf die indirekte Progression des Einkommensteuertarifs bzw. die in § 32a Abs. 1 Satz 2 EStG normierten Tarifstufen zurückzuführen:[5] Während die Vergütung für die (Start-)Fremdkapitalausstattung in der Alternative der (Grenz-)Eigenfinanzierung im Durchschnitt mit einem nominalen Einkommensteuersatz in Höhe von 33,54 %[6] besteuert wird, unterliegt die Vergütung für die gesamte Fremdkapitalausstattung in der Alternative der (Grenz-)Fremdkapitalfinanzierung einem durchschnittlichen nominalen Einkommensteuersatz in Höhe von 42,52 %[7].[8] Die im Indifferenzpunkt (*EBIT* = 757.978 €) resultierende Gesamtsteuerbelastung der Start- und Grenzkapitalausstattung wird unter Berücksichtigung progressionsbedingt unterschiedlicher Einkommensteuersätze und in Abhängigkeit der gewählten Finanzierungsalternative in Tabelle 20 dargestellt:

---

1 Vgl. Kapitel 4, S. 45, und Kapitel 5.3.1, S. 74.

2 Vgl. zur Ermittlung des einkommensteuerlichen Indifferenzsteuersatzes im Grundmodell Kapitel 4, S. 45, und Kapitel 5.3.1, S. 74.

3 Der effektive Einkommensteuersatz bezogen auf das – mit der Fremdkapitalausstattung – erwirtschaftete *EBIT* beträgt für einen nominalen Einkommensteuersatz in Höhe von 44,13 %: $0{,}4413 \times (1 - \sigma_g - \sigma_k) = 0{,}42056$.

4 Vgl. Berechnungen in Anhang f, S. 269 f.

5 Die direkte Progressionswirkung des Grundfreibetrags schlägt sich im Unterschied zu der indirekten Progression in voller Höhe sowohl auf die Steuerbelastung bei Eigenfinanzierung als auch auf die Steuerbelastung bei Fremdfinanzierung nieder.

6 Im Indifferenzpunkt entspricht der Grenzeinkommensteuersatz in Höhe von 42 % einem nominalen durchschnittlichen Einkommensteuersatz in Höhe von 33,54 % und einem effektiven durchschnittlichen Einkommensteuersatz in Höhe von 31,96 %; vgl. Berechnungen in Anhang f, S. 266 f., und Werte in Tabelle 20, S. 104.

7 Der Grenzeinkommensteuersatz in Höhe von 45 % entspricht im Indifferenzpunkt einem nominalen durchschnittlichen Einkommensteuersatz in Höhe von 42,52 % und einem effektiven durchschnittlichen Einkommensteuersatz in Höhe von 40,52 %; vgl. Berechnungen in Anhang f, S. 269 f., und Werte in Tabelle 20, S. 104.

8 Im Grundmodell unterliegen die Zinseinkünfte aus der (Start-)Fremdkapitalausstattung und die Zinseinkünfte aus der (Grenz-)Fremdkapitalausstattung auf Ebene des Investors einem einheitlichen Einkommensteuersatz; vgl. Tabelle 2 in Kapitel 2.1.2.1, S. 26.

in T€	Eigenfinanzierung			Fremdfinanzierung		
	Startkapital		Grenz-kapital	Startkapital		Grenz-kapital
	FK	EK	EK	EK	FK	FK
Startkapitalausstattung	1.000,00	1.000,00	-	1.000,00	1.000,00	-
zusätzlich eingesetztes Kapital	-	-	5.579,78	-	-	5.579,78
Σ eingesetztes Kapital	7.579,78			7.579,78		
Σ EBIT KapGes	757,98			757,98		
EBIT KapGes	$EBIT_{FK}^{Start}$	$EBIT - EBIT_{FK}^{Start}$		$EBIT_{EK}^{Start}$	$EBIT - EBIT_{EK}^{Start}$	
	100,00	657,98		100,00	657,98	
Zins	95,30	-		-	627,06	
EBT (KapGes)	4,70	657,98		100,00	30,92	
BMG (GewSt)	28,53	657,98		100,00	187,69	
GewSt (s_g = 0,14)	3,99	92,13		14,00	26,28	
BMG (KSt)	4,70	657,98		100,00	30,92	
KSt (s_k = 0,15)	0,71	98,70		15,00	4,64	
Σ Steuer KapGes	4,70	190,83		29,00	30,92	
Auszahlung an Investor	95,30	467,15		71,00	627,06	
Einkünfte AE/BMG ESt	95,30	467,15		71,00	627,06	
nominaler ESt-Satz (s_e)[1]	33,54 %	25,00 %		25,00 %	42,52 %	
ESt	31,96	116,79		17,75	266,61	
effektiver ESt-Satz (σ_e)[2]	31,96 %	17,75 %		17,75 %	40,52 %	
Gesamtsteuerbelastung[3]	36,66	307,62		46,75	297,53	
	36,66 %	46,75 %		46,75 %	45,22 %	
Σ Gesamtsteuer-belastung[4]	344,28			344,28		
	45,42 %			45,42 %		
Differenz zu EK (= Δs)				**0,00**		

Tabelle 20: Steuerliche Indifferenz im Progressionsmodell

Als Zwischenfazit wird festgehalten, dass Fremdkapitalvergütungen einem progressiv ausgestalteten Einkommensteuertarif zwischen 0 % und 45 % (§ 32a Abs. 1 Satz 2 EStG) unterliegen, während die Vergütungen für die Hingabe von Eigenkapital auf

[1] Der durchschnittliche, nominale Einkommensteuersatz berechnet sich für die Alternative der Fremdkapitalfinanzierung aus dem Einkommensteuertarif gemäß § 32a Abs. 1 Satz 2 Nr. 4 bzw. Nr. 5 EStG. Der Grenz- und Durchschnittseinkommensteuersatz für die Alternative der Eigenkapitalfinanzierung beträgt 25 % (§ 32d Abs. 1 Satz 1 EStG).

[2] Der effektive Einkommensteuersatz berechnet sich aus dem Verhältnis der absoluten Einkommensteuerbelastung zum *EBIT*.

[3] Die effektive Gesamtsteuerbelastung je Finanzierungsalternative resultiert aus dem Verhältnis der absoluten Gesamtsteuerbelastung je Finanzierungsalternative zum anteiligen *EBIT*.

[4] Durch das Verhältnis der Gesamtsteuerbelastung zum gesamten *EBIT* wird die effektive Gesamtsteuerbelastung errechnet.

Ebene des Anteilseigners mit einem linearen Steuertarif in Höhe von 25 % (Abgeltungsteuer) belastet werden. Das Ergebnis einer Sensitivitätsanalyse des *EBIT*, die einen mit steigender Einkommensteuerbemessungsgrundlage steigenden einkommensteuerlichen Grenz- und Durchschnittssteuersatz simuliert, zeigt, dass eine Indifferenz zwischen einer (Grenz-)Eigen- und (Grenz-)Fremdkapitalausstattung bei einem nominalen Einkommensteuersatz in Höhe von 42,52 % eintritt (vgl. Tabelle 20).

Der in Abbildung 25 bereits grafisch dargestellte durchschnittliche Steuervorteil der Fremdfinanzierung, der als gesamtsteuerliche Differenz von durchschnittlicher Eigen- und Fremdkapitalfinanzierung

$$\boxed{\Delta s = s_{EK}^{Progression} - s_{FK}^{Progression}} \tag{5-31}$$

quantifiziert werden kann, gliedert sich in Abhängigkeit des erwirtschafteten *EBIT* in drei Teilabschnitte:[1]

	EBIT (€)		
	$\left]200.000; \frac{250.400}{1-\sigma_g-\sigma_k}+100.000\right]$	$\left]\frac{250.400}{1-\sigma_g-\sigma_k}+100.000; E\hat{B}IT\right]$	$\left[E\hat{B}IT; +\infty\right[$
	200.001 bis 362.743	362.744 bis 757.978	> 757.978
$s_{EK}^{Progression} =$		$0{,}4675-\frac{10.089}{EBIT}$	
$s_{FK}^{Progression} =$	$0{,}44725-\frac{6.039}{EBIT}$	$0{,}47584-\frac{16.410}{EBIT}$	
$\Delta s =$	$0{,}02025-\frac{4.050}{EBIT}$ >0 0,00 bis 0,91 %	$\frac{6.321}{EBIT}-0{,}00834$ >0 0,91 bis 0,00 %	<0 0,00 bis –0,83 %
$\frac{\partial \Delta s}{\partial EBIT} =$	$\frac{4.050}{EBIT^2}$ >0	$-\frac{6.321}{EBIT^2}$ <0	
Steuervorteil der	Fremdfinanzierung	Fremdfinanzierung	Eigenfinanzierung

Tabelle 21: Teilabschnitte der Tax Shield-Funktion im Progressionsmodell

Sobald das – mit der Startkapitalausstattung – erwirtschaftete *EBIT* in Höhe von 200 T€ durch eine zusätzliche Grenzfinanzierungs- und Investitionstätigkeit erhöht wird, gene-

[1] Zur allgemeinen Darstellung und der Herleitung vgl. Anhang f, S. 267-270.

riert die Aufnahme von (Grenz-)Fremdkapital zunächst (bis zu einem *EBIT* in Höhe von 362.743 €) einen Steuervorteil der Fremdfinanzierung, da die Gesamtsteuerbelastungsfunktion bei Eigenfinanzierung in diesem Bereich ein größeres positives Steigungsverhalten aufweist als die Gesamtsteuerbelastungsfunktion bei Fremdfinanzierung (vgl. erster Teilabschnitt der Tax Shield-Funktion in Tabelle 21 und Abbildung 25). Die konkave Tax Shield-Funktion besitzt in diesem Bereich ein positives – mit Erhöhung des *EBIT* degressiv fallendes – Steigungsverhalten mit einem maximalen Steuervorteil der Fremdfinanzierung in Höhe von 0,91 % des erwirtschafteten *EBIT*.[1] Durch Überschreiten der Tarifstufe zur zweiten Proportionalzone[2] wird die Steigung der Gesamtsteuerbelastungsfunktion bei Fremdfinanzierung erhöht und übertrifft die Steigung der Gesamtsteuerbelastungsfunktion bei Eigenfinanzierung. Der Steuervorteil der Fremdfinanzierung verringert sich mit steigendem *EBIT*, bleibt jedoch bis zu dem Indifferenz auslösenden *EBIT* in Höhe von 757.978 € dem Grunde nach bestehen (vgl. zweiter Teilabschnitt der Tax Shield-Funktion in Tabelle 21). Ab einem Indifferenzpunkt in Höhe von *EBIT* = 757.978 € als Indikator eine Umkehr der relativen steuerlichen Vorteilhaftigkeit der Finanzierungsalternativen, dreht der Steuervorteil der Fremdfinanzierung in einen Steuervorteil der Eigenfinanzierung. Der Steuervorteil der Eigenfinanzierung erhöht sich mit steigendem *EBIT* bis der maximale Steuervorteil der Eigenfinanzierung in Höhe von hier

$$\lim_{EBIT \to \infty} |\Delta s| = \left| \frac{6.321}{EBIT} - 0{,}00834 \right| = 0{,}834\ \% \qquad (5\text{-}32)$$

des erwirtschafteten *EBIT* erreicht ist.[3]

Die Ergebnisse zeigen, dass der einer Finanzierungsentscheidung zugrunde liegende Indifferenzpunkt aus einkommensteuerlicher Perspektive im Wesentlichen aus zwei Effekten resultiert. Zum einen wird die – im Verhältnis zur Fremdkapitalausstattung – höhere steuerliche Vorbelastung von Eigenkapitalvergütungen auf Ebene der Kapitalge-

---

1 Da die erste Ableitung der Tax Shield-Funktion positiv ist, steigt die Funktion streng monoton. Das Maximum des Steuervorteils der Fremdfinanzierung befindet sich am oberen Rand des Definitionsbereiches (*EBIT* = 362.743 €) und beträgt 0,02025 – (4.050 €/ 362.743 €) = 0,009085.

2 Ab einem zu versteuernden Einkommen in Höhe von 250.401 € bzw. einem *EBIT* in Höhe von 362.744 € wird der höchste Grenzsteuersatz nach geltendem Recht in Höhe von 45 % erreicht. S. § 32a Abs. 1 Satz 2 Nr. 5 EStG und vgl. Berechnungen in Anhang f, S. 270.

3 Vgl. Formel aus Tabelle 21, S. 105.

sellschaft[1] durch ein schedulares Shareholder Relief-Verfahren (Abgeltungsteuer) auf Ebene des Investors ab einem *EBIT* in Höhe von 757.978 € überkompensiert.[2] Zum anderen zeigt sich, dass die Fremdkapitalvergütungen aus der (Start-)Fremdkapitalausstattung in der Alternative der Eigenfinanzierung einerseits und aus der (Start-)- und (Grenz-)Fremdkapitalausstattung in der Alternative der Fremdfinanzierung andererseits durch die Berücksichtigung der progressiven Wirkung des Einkommensteuertarifs mit unterschiedlichen Grenz- und Durchschnittssteuersätzen belastet sind. Obwohl den beiden Effekten unterschiedliche systematische Zielsetzungen zugrunde liegen[3] und die Abgeltungsteuer die Gesamtsteuerbelastung bei Eigenfinanzierung beeinflusst, während die Einkommensteuerprogression im Wesentlichen die Gesamtsteuerbelastung bei Fremdfinanzierung bestimmt, bewirken beide Effekte eine Annäherung der Gesamtsteuerbelastungen von Eigen- und Fremdfinanzierung und führen in der Folge zu dem quantifizierten Indifferenzpunkt.

Wie aus den Gesamtsteuerbelastungsfunktionen in Abbildung 25 und deren in Tabelle 21 quantifizierten Steigungsverhalten ersichtlich, wäre eine Indifferenz zwischen den Finanzierungsalternativen insbesondere ohne die zweite Proportionalzone des Einkommensteuertarifs (§ 32a Abs. 1 Satz 2 Nr. 5 EStG) – zumindest im Bereich realistischer Gewinne vor Steuern und Zinsen – nicht möglich. Durch die Erhöhung des Grundfreibetrags und die Anhebung der „Tarifeckwerte“[4] ab 2010 erfährt die durchschnittliche Steuerbelastung in der Alternative der (Grenz-)Fremdfinanzierung eine

---

1 Vgl. Einflussfaktoren Körperschaft- und Gewerbesteuertarif in Kapitel 5.1, S. 57, und Kapitel 5.2, S. 64.

2 Vgl. zur Schedulenbesteuerung von Kapitaleinkünften Kapitel 5.3.1, S. 74.

3 Während der internationale Wettbewerb der Steuersysteme – sowie aus ökonomischer Perspektive eine höhere Effizienz – eine Abkehr vom synthetischen System der Einkommensbesteuerung und die Einführung einer analytischen Schedulensteuer bewirken, wird der progressive Einkommensteuertarif – nach der heute gebräuchlichen Begründung – im Wesentlichen als Instrument sozialstaatlicher Umverteilung gesehen. Vgl. *Krelle, W.*, Einkommensbesteuerung, 1955/56; *Becker, H.*, Steuerprogression, 1994; *Klett, K.*, Leistungsfähigkeitsgrundsatz, 1995, S. 613-615; *Wagner, F. W.*, Abgeltungssteuer, 1999, S. 1520; *Elicker, M.*, Einkommensbesteuerung, 2000, S. 9 f., 14-17; *Jarass, L.*, Zinsbesteuerung, 2002, S. 48; *Deutscher Bundestag*, UntStRefG 2008 - Entwurf, 2007, S. 35; *Englisch, J.*, Abgeltungssteuer, 2007, S. 221; *Lang, J.*, Einkommensteuer, 2010, S. 234, 401 f.; *Lang, J.*, Ordnung, 2010, S. 123; *Schulz, A./Vogt, R.*, Unternehmensfinanzierung, 2008, S. 2189; *Weber-Grellet, H.*, Abgeltungsteuer, 2008, S. 545. Kritisch zur progressiven Einkommensbesteuerung insbesondere *Föhl, C.*, Einkommensbesteuerung, 1953/54.

4 Eine Begriffsdefinition der Tarifeckwerte nimmt der Gesetzgeber nicht vor. Im Folgenden werden darunter die Grenzen der abschnittsweise definierten Steuertariffunktion mit Ausnahme der ersten Grenze (Grundfreibetrag) verstanden.

stärkere Reduzierung als in der Alternative der (Grenz-)Eigenfinanzierung;[1] der Indifferenzpunkt steigt folglich zum 01.01.2010 auf einen *EBIT* in Höhe 759.177 €. In der steuerlichen Beurteilung von Finanzierungsentscheidungen wird dem Einflussfaktor des progressiven Einkommensteuertarifs – insbesondere bei niedriger Start- und Grenzkapitalausstattung – somit hier eine Bedeutung zugesprochen, die in Theorie und Praxis oftmals unterschätzt wird.[2]

Die Annahme einer *EBIT*-Erhöhung bis zu einem Wert in Höhe von 1.500 T€ (Abbildung 25) impliziert bei einer Bruttorendite in Höhe von 10 % eine Anhebung des im Grundmodell unterstellten Kapitalvolumens der Grenzkapitalausstattung von 1.000 T€ auf 13.000 T€. Für die Alternative einer (Grenz-)Eigenkapitalfinanzierung resultiert somit unter Berücksichtigung einer (Start-)Eigen- und (Start-)Fremdkapitalausstattung in Höhe von je 1.000 T€ eine Kapitalstruktur in Form von 1.000 T€ Fremdkapital und 14.000 T€ Eigenkapital; der Verschuldungsgrad beträgt $V = 0{,}071$.[3] Für die Alternative der (Grenz-)Fremdkapitalausstattung bedeutet ein *EBIT* in Höhe von 15.000 T€ und eine (Start-)Eigenkapitalausstattung in Höhe von 1.000 T€ einen Verschuldungsgrad in Höhe von $V = 14$.[4] Die Annahme einer reinen (Grenz-)Eigenfinanzierung bzw. einer maximalen (Grenz-)Fremdfinanzierung wird im vorliegenden Modellunternehmen durch die Annahme einer (Grenz-)Mischfinanzierung ersetzt, um auch die Gesamtsteuerbelastung von Verschuldungsgraden, die zwischen diesen beiden Eckpunkten liegen, darstellen und somit die Ergebnisse auf Sensitivität und Validität untersuchen zu können.[5] Die Gesamtsteuerbelastung der Mischfinanzierung wird unter Anwendung der Abgeltungsteuer für Eigenkapitalvergütungen und der Veranlagung nach dem nominalen Einkommensteuertarif für Fremdkapitalvergütungen wie folgt quantifiziert (Formel 5-33):[6]

---

[1] S. Art. 1 Nr. 4 StabSiG und vgl. Quantifizierung der Vergleichswerte für den Veranlagungszeitraum 2010 in Anhang f, S. 262 f.

[2] Vgl. auch *Wagner, F. W.*, Entwicklungstendenzen, 1984, S. 213; *Spengel, C.*, Unternehmensbesteuerung, 2003, S. 195; *Kruschwitz, L./Löffler, A.*, Unternehmensbewertung, 2004, S. 97 f.; *Hundsdoerfer, J./Kiesewetter, D./Sureth, C.*, Forschungsergebnisse, 2008, S. 68. *M. Wosnitza* verdeutlicht, welche Approximationsfehler durch eine Linearisierung im Progressionsbereich entstehen können; vgl. *Wosnitza, M.*, Steuerreform, 1992, S. 72-75.

[3] V = Fremdkapital / Eigenkapital = 1.000 T€ / 14.000 T€ = 0,0714. Zur Definition und Berechnung des Verschuldungsgrades vgl. auch Kapitel 2.1.2, S. 24, und Kapitel 3.1, S. 37.

[4] V = Fremdkapital / Eigenkapital = 14.000 T€ / 1.000 T€ = 14,0.

[5] Zur Annahme der Mischfinanzierung vgl. Kapitel 2.1.2.2, S. 28.

[6] Vgl. auch Formeln aus Tabelle 4 in Kapitel 2.1.2.2, S. 30. Zur Quantifizierung des effektiven Einkommensteuersatzes bei Fremdfinanzierung vgl. Anhang f, S. 271.

$$s_{Misch}^{Progression} = \frac{EBIT_{EK}^{Start} + EBIT_{EK}^{Grenz}}{EBIT} * \left(s_g + s_k + (1 - s_g - s_k) * s_a\right) + \frac{EBIT_{FK}^{Start} + EBIT_{FK}^{Grenz}}{EBIT} * \left(\sigma_g + \sigma_k + \sigma_e^{FK}\right)$$

Der Steuervorteil der Fremdfinanzierung in einer Mischfinanzierung resultiert aus der Differenz zwischen der Gesamtsteuerbelastung bei reiner (Grenz-)Eigenfinanzierung und der Gesamtsteuerbelastung bei (Grenz-)Mischfinanzierung:[1]

$$\boxed{\Delta s = s_{EK}^{Progression} - s_{Misch}^{Progression}} \qquad (5\text{-}34)$$

$$\boxed{\begin{aligned}\Delta s = {} & \frac{EBIT_{FK}^{Grenz}}{EBIT} * \left(s_g + s_k + (1 - s_g - s_k) * s_a\right) + \frac{EBIT_{FK}^{Start}}{EBIT} * \left(\sigma_g + \sigma_k + \sigma_e^{FK(Start)}\right) + \\ & - \frac{EBIT_{FK}^{Start} + EBIT_{FK}^{Grenz}}{EBIT} * \left(\sigma_g + \sigma_k + \sigma_e^{FK(Misch)}\right)\end{aligned}} \qquad (5\text{-}35)$$

Durch die Einbeziehung des Parameters „Verschuldungsgrad" in die gesamtsteuerliche Belastungsanalyse der Mischfinanzierung wird der zusätzliche Renditeanspruch aus der (Grenz-)Fremdkapitalausstattung in Abhängigkeit der gesamten Renditeansprüche und des Verschuldungsgrades berechnet:[2]

$$V = \frac{FK^{Gesamt}}{EK^{Gesamt}} = \frac{r^{FK} * \left(FK^{Start} + FK^{Grenz}\right)}{r^{EK} * \left(EK^{Start} + EK^{Grenz}\right)} = \frac{EBIT_{FK}^{Start} + EBIT_{FK}^{Grenz}}{EBIT_{EK}^{Start} + EBIT_{EK}^{Grenz}} \qquad (5\text{-}36)$$

mit $EBIT_{EK}^{Grenz} = EBIT - EBIT_{EK}^{Start} - EBIT_{FK}^{Start} - EBIT_{FK}^{Grenz}$:

$$EBIT_{FK}^{Grenz} = \frac{V * \left(EBIT - EBIT_{EK}^{Start}\right) - EBIT_{FK}^{Start}}{1 + V} \qquad (5\text{-}36a)$$

In Abbildung 26 ist der Steuervorteil der Fremdfinanzierung in einer Mischfinanzierung in Abhängigkeit des Verschuldungsgrades und des – zur Darstellung eines progressiven Einkommensteuertarifs – variablen *EBIT* für eine Startkapitalausstattung in Höhe von jeweils 1.000 T€ Eigen- und Fremdkapital dargestellt.

---

[1] Zur Quantifizierung der effektiven Einkommensteuerbelastung und Herleitung vgl. Anhang f, S. 271.

[2] In Kapitel 3.1, S. 37, wird der Steuervorteil der Fremdfinanzierung in Abhängigkeit des Verschuldungsgrades und einer (Grenz-)Gesamtkapitalausstattung in Höhe von 1.000 T€ berechnet. Im Unterschied zu Kapitel 3.1, S. 37, wird in diesem Kapitel die Annahme einer (Grenz-)Gesamtkapitalausstattung in Höhe von genau 1.000 T€ aufgegeben und durch eine Variation des *EBIT* die Bandbreite des tariflichen Einkommensteuersatzes i. S. des § 32a Abs. 1 Satz 2 EStG in die Untersuchung einbezogen.

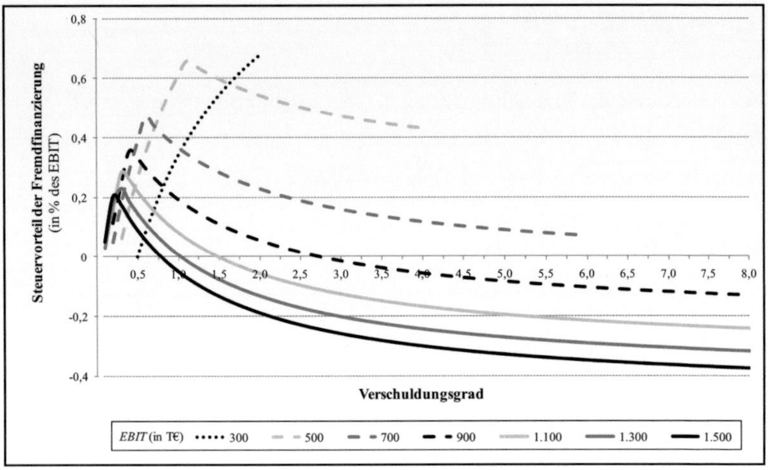

Abbildung 26: Steuervorteil der Fremdfinanzierung in Abhängigkeit des Verschuldungsgrades im Progressionsmodell

Zur Visualisierung des Einflusses eines progressiven Einkommensteuertarifs wird das *EBIT* von 300 T€ bis 1.500 T€ schrittweise (in 200 T€-Schritten) erhöht und für jeden der resultierenden *EBIT*-Werte eine Tax Shield-Funktion in Abhängigkeit des Verschuldungsgrades gebildet. Der für die Trade-off-Theorie typisch konkave Verlauf der Tax Shield-Funktion kann zwar nachgewiesen werden (siehe z. B. für ein *EBIT* in Höhe von 300 T€), stellt jedoch nur einen Ausschnitt der steuerlichen Wirkung des Fremdkapitaleinsatzes dar. Mit Erhöhung des *EBIT* verringert sich nicht nur die absolute Höhe des Steuervorteils der Fremdfinanzierung im Maximum, sondern durch die steigende Varianz des Verschuldungsgrades[1] nimmt der Steuervorteil der Fremdfinanzierung tendenziell auch höhere negative Werte an. Beispielsweise resultiert bei einer Grenzkapitalausstattung in Höhe von 13.000 T€ ein Steuervorteil der Eigenfinanzierung, wenn der Verschuldungsgrad $V = 1$ – dies entspricht einer hälftigen Aufteilung der Grenzkapitalausstattung auf Eigen- und Fremdkapital – überschritten wird. Den Steuervorteil der Fremdfinanzierung alleine in Abhängigkeit des Verschuldungsgrades in die Finanzierungsentscheidung oder Unternehmensbewertung einzubeziehen, führt somit zu einer unzulässigen Verallgemeinerung eines Teilaspektes.

[1] Während der Verschuldungsgrad bei einer Startkapitalausstattung in Höhe von je 1.000 T€ Eigen- und Fremdkapital und für ein *EBIT* in Höhe von 300 T€ Werte zwischen 0,5 ($V = FK / EK$ = 1.000 T€ / 2.000 T€) und 2 (= 2.000 T€ / 1.000 T€) annimmt, variiert der Verschuldungsgrad bei einem *EBIT* in Höhe von 1.500 T€ zwischen 0,07 (= 1.000 T€ / 14.000 T€) und 14 (= 14.000 T€ / 1.000 T€).

Als Zwischenfazit wird festgehalten, dass der progressive Einkommensteuertarif im Wesentlichen die Gesamtsteuerbelastung der Fremdfinanzierung prägt. Im Anwendungsbereich der Abgeltungsteuer[1] und außerhalb der Günstigerprüfung bleibt die Gesamtsteuerbelastung der Eigenfinanzierung unberührt vom progressiven Einkommensteuertarif. Aus dem Vergleich der Gesamtsteuerbelastungen von Eigen- und Fremdfinanzierung lassen sich in Abhängigkeit der Modellannahmen ein einkommensteuerlicher Indifferenzsteuersatz und ein Indifferenzpunkt auf der *EBIT*-Skala berechnen, der jeweils eine Umkehr des relativen Steuervorteils anzeigt. Die Durchschnittsbetrachtung in der (Grenz-)Mischfinanzierung zeigt zudem, dass die Höhe des Steuervorteils der Eigenfinanzierung positiv mit dem *EBIT* korreliert. Eine zusätzliche Einheit Fremdkapital führt somit nicht zwingend zu einem Steuervorteil der Fremdfinanzierung, sondern kann unter Berücksichtigung der Einkommensteuer zu einem – in den Entscheidungsprozess einzubeziehenden – Steuervorteil der Eigenfinanzierung führen.[2]

5.3.4 Option zur Anwendung des Teileinkünfteverfahrens

Der Anwendungsbereich der – im Rahmen des Unternehmensteuerreformgesetzes 2008 eingeführten – Abgeltungsteuer wurde nachträglich im Rahmen des Jahressteuergesetzes 2008[3] eingeschränkt bzw. modifiziert:[4] § 32d Abs. 2 Nr. 3 EStG berücksichtigt durch die eingefügte Möglichkeit einer Antragsveranlagung, dass bei bestimmten „typischerweise unternehmerischen Beteiligungen“[5] der Anteilserwerb im Privatvermögen aus einem unternehmerischen Interesse heraus – und nicht als bloße Kapitalanlage – erfolgen kann. Sofern der Steuerpflichtige zu mindestens 25 % unmittelbar an der Kapitalgesellschaft beteiligt ist, übt er in einer typisierenden Betrachtung[6] alleine aufgrund der qualifizierten Höhe der Kapitalbeteiligung einen wesentlichen Einfluss auf die unternehmerischen Entscheidungen aus und kann – vergleichbar einer Beteiligung im Betriebsvermögen – die Dividendenerträge auf Antrag dem progressiven Einkommensteu-

---

1 Vgl. zu Einschränkungen des Anwendungsbereichs der Abgeltungsteuer *Alefs, R.*, Abgeltungsteuer, 2009, S. 41 f., 44 f. und Kapitel 5.3.4, S. 111, m. w. N.

2 Zu diesem Ergebnis kommt auch *R. A.Taggart*, ohne näher auf die einzelnen Einflussfaktoren einzugehen oder den Steuervorteil der Eigenfinanzierung zu quantifizieren; vgl. *Taggart, R. A.*, Patterns, 1985, S. 36, 45.

3 S. Jahressteuergesetz 2008 vom 20.12.2007, BGBl. I 2007, S. 3150-3188.

4 Zur Kritik an der ursprünglichen Fassung vgl. *Fischer, C.*, Problemfelder, 2007, S. 1898 f.

5 *Deutscher Bundestag*, JStG 2008 - Bericht, 2007, S. 14.

6 Zur entsprechenden Typisierungsbefugnis des Gesetzgebers s. BVerfG, Beschl. v. 10.04.1997, 2 BvL 77/92, BVerfGE 96, S. 1.

ertarif unter Anwendung des Teileinkünfteverfahrens (§ 3 Nr. 40 EStG) unterwerfen.[1] Entgegen der in § 32d Abs. 2 Nr. 1 Buchst. b) EStG normierten Missbrauchsverhinderungsvorschrift,[2] stellt das Wahlrecht[3] zu einer Veranlagung unter Anwendung des Teileinkünfteverfahrens somit einen Auffangtatbestand für „unternehmensähnliche" Beteiligungen, die im Privatvermögen gehalten werden, dar.[4]

Die steuerliche Auswirkung einer Antragsausübung auf die Finanzierungsentscheidung wird zunächst anhand der Gesamtsteuerbelastungen von Eigen- und Fremdfinanzierung in der Grenzsituation untersucht. In der Grenzbetrachtung der Fremdfinanzierungsalternative wird die potenziell dem Anwendungsbereich der Abgeltungsteuer unterliegende Einkommensteuerbelastung, resultierend aus der Eigenkapitalvergütung der (Start-)Eigenkapitalausstattung, definitionsgemäß nicht beachtet; die marginale Gesamtsteuerbelastung bei (Grenz-)Fremdfinanzierung ist unter Berücksichtigung der Antragsveranlagung unverändert gegenüber einer Nichtausübung des Veranlagungswahlrechtes:[5]

$$s_{FK} = \sigma_g + \sigma_k + (1 - \sigma_g - \sigma_k) * s_e^{FK} \qquad (5\text{-}37)$$

Die marginale Gesamtsteuerbelastung der (Grenz-)Eigenfinanzierung hingegen bemisst sich nach dem progressiv ausgestalteten Einkommensteuertarif unter Anwendung des Teileinkünfteverfahrens:[6]

---

1 S. § 32d Abs. 2 Nr. 3 Satz 1 und Satz 2 EStG. Der Rechtsfolge nach gleichgestellt wird dem wesentlichen Einfluss durch eine Kapitalbeteiligung in Höhe von 25 % ein maßgeblicher Einfluss, der aus einer unmittelbar mindestens 1 %-igen Kapitalbeteiligung und einer gleichzeitigen beruflichen Tätigkeit in diese Kapitalgesellschaft resultiert; s. § 32d Abs. 2 Nr. 3 Satz 1 EStG. Vgl. auch *Deutscher Bundestag*, JStG 2008 - Bericht, 2007, S. 14; *Treiber, A.*, Blümich, § 32d EStG, 2009, Rz. 140-144, 146-150; *Schnitger, A.*, Jahressteuergesetz, 2008, S. 126.

2 Gemäß § 32d Abs. 2 Nr. 1 Buchst. b) EStG ist die Abgeltungsteuer u. a. nicht für Zinserträge i. S. des § 20 Abs. 1 Nr. 7 EStG anzuwenden, wenn der empfangende Gesellschafter zu mindestens 10 % an der Gesellschaft beteiligt ist; vgl. auch Ausführungen in Kapitel 4, S. 45, sowie *Hey, J.*, Missbrauchsgesetzgebung, 2008, S. 168; *Schulz, A./Vogt, R.*, Unternehmensfinanzierung, 2008, S. 2191.

3 Das Wahlrecht kann für eine Beteiligung nur einheitlich, für jede Beteiligung jedoch gesondert ausgeübt werden; vgl. *Deutscher Bundestag*, JStG 2008 - Bericht, 2007, S. 14; *Treiber, A.*, Blümich, § 32d EStG, 2009, Rz. 147.

4 Sofern eine „echte" unternehmerische Beteiligung i. S. des § 2 Abs. 1 Nr. 1-3 EStG vorliegt, werden die Kapitalerträge schon aufgrund der Subsidiarität der Kapitaleinkünfte gemäß § 20 Abs. 8 EStG nicht von dem Anwendungsbereich der Abgeltungsteuer erfasst. Vgl. auch *Treiber, A.*, Blümich, § 32d EStG, 2009, Rz. 141. Weitere Rechtsfolge der Anwendung des progressiven Steuertarifs und des Teileinkünfteverfahrens ist, dass Aufwendungen oberhalb der Grenze des Sparer-Pauschbetrags geltend gemacht werden können (§ 32d Abs. 2 Nr. 3 Satz 2 EStG).

5 Bei einem Körperschaftsteuersatz in Höhe von 15 %, einem Gewerbesteuersatz in Höhe von 14 % und einem (Grenz-)Einkommensteuersatz in Höhe von 45 % beträgt die Gesamtsteuerbelastung 47,58 % des *EBIT*. Vgl. Berechnungen in Kapitel 5.3.3, S. 97.

6 S. § 32d Abs. 2 Nr. 3 Satz 2 EStG i. V. m. §§ 3 Nr. 40 Buchst. d), 3 Nr. 40 Satz 2, 20 Abs. 8 EStG sowie § 32a Abs. 1 Satz 2 EStG i. V. m. § 2 Abs. 1 und Abs. 5b EStG.

$$s_{EK} = s_g + s_k + (1 - s_g - s_k) * 0{,}6 * s_e^{EK} \tag{5-38}$$

Bei einem Körperschaftsteuersatz in Höhe von 15 %, einem Gewerbesteuersatz in Höhe von 14 % und einem Einkommensteuersatz in Höhe von 45 % beträgt die marginale Gesamtsteuerbelastung in der Alternative der Eigenfinanzierung 48,17 % des *EBIT*.[1] Im Vergleich zur marginalen Gesamtsteuerbelastung bei Anwendung des abgeltenden Steuertarifs (46,75 %)[2] und im Vergleich zur marginalen Gesamtsteuerbelastung bei Fremdfinanzierung (47,58 %) resultiert aus der Ausübung des Wahlrechts zur Antragsveranlagung nicht nur eine höhere Gesamtsteuerbelastung in der Alternative der Eigenfinanzierung,[3] sondern auch – entgegen der Veranlagung zum abgeltenden Steuertarif[4] – ein Steuervorteil der Fremdfinanzierung in Höhe von 0,59 % des *EBIT*:[5]

$$\boxed{\Delta s = s_g + s_k + (1 - s_g - s_k) * 0{,}6 * s_e^{EK} - \left(\sigma_g + \sigma_k + (1 - \sigma_g - \sigma_k) * s_e^{FK}\right)} \tag{5-39}$$

In einer Grenzbetrachtung resultieren folgende Ergebnisse: Vor dem Hintergrund einer hier betrachteten Finanzierungsentscheidung ist Fremdkapital aufgrund niedrigerer steuerlicher Kapitalkosten – bei Ausübung des Wahlrechts zur Antragsveranlagung – gegenüber Eigenkapital zu präferieren. Aufgrund einer höheren Einkommensteuerbelastung bei Ausübung des Wahlrechts gegenüber dem abgeltenden Steuertarif scheint das Wahlrecht zur Antragsveranlagung gem. § 32d Abs. 2 Nr. 3 EStG für die Grenzbetrachtung eine wirkungslose Regelung zu sein.[6]

Da die steuerliche Wirkung von Werbungskosten, Freibeträgen und eines nicht-linearen Steuertarifs in der Grenzbetrachtung unberücksichtigt bleibt,[7] wird im Folgenden durch einen Wechsel zur Durchschnittsbetrachtung untersucht, inwiefern und unter welchen Bedingungen bei einer Antragsveranlagung der steuerliche Vorteil eines Grundfreibe-

---

1 Vgl. auch Berechnungen in Anhang f, S. 273.

2 Vgl. Berechnungen in Kapitel 5.3.3, S. 97.

3 Die Gesamtsteuerbelastung der Eigenfinanzierung ist in der Grenzbetrachtung bei Veranlagung zum progressiven Einkommensteuertarif unter Anwendung des Teileinkünfteverfahrens um 1,42 % des *EBIT* höher; (48,17 % – 46,75 %).

4 Unter Berücksichtigung des abgeltenden Steuertarifs resultiert in der Grenzbetrachtung ein Steuervorteil der Eigenfinanzierung in Höhe von 0,834 %; vgl. Kapitel 5.3.3, S. 97.

5 Unterstellter Körperschaftsteuersatz in Höhe von 15 %, Gewerbesteuersatz in Höhe von 14 % und (Grenz-)Einkommensteuersatz in Höhe von 45 %. Vgl. auch Berechnungen in Anhang f, S. 273.

6 Der nominale Einkommensteuersatz ist bei Ausübung des Wahlrechts zur Antragsveranlagung (§ 32d Abs. 2 Nr. 3 EStG) in der Grenzbetrachtung um zwei Prozentpunkte höher als bei Anwendung des abgeltenden Steuertarifs; (0,6 x 0,45 – 0,25 = 0,02). Vgl. auch *Schulz, A./Vogt, R.*, Unternehmensfinanzierung, 2008, S. 2196.

7 Zur Berücksichtigung von Werbungskosten vgl. *Schulz, A./Vogt, R.*, Unternehmensfinanzierung, 2008, S. 2196.

trags und progressiven Einkommensteuertarifs einem höheren nominalen Grenzsteuersatz entgegenwirken.

Sofern die als Eigen- oder Fremdkapitalüberlassung ausgestaltete Finanzierung der Kapitalgesellschaft durch eine natürliche Person erfolgt, wird der Grundfreibetrag bei Ausübung des Wahlrechts zur Veranlagung gemäß § 32a Abs. 1 Satz 2 Nr. 1 EStG für die Zins- und Dividendenerträge einmal angewendet. Weiterhin führt die Addition sämtlicher Einkünfte dazu, dass die Dividendenerträge nicht nur dem tariflichen Einkommensteuersatz unterliegen, sondern durch die Einkommensteuerprogression auch die prozentuale Steuerbelastung auf die Zinsvergütungen erhöht wird. Die in eine Durchschnittsbetrachtung einzubeziehende Gesamtsteuerbelastung der Startkapitalausstattung berechnet sich bei einer Antragsveranlagung unter Anwendung des Teileinkünfteverfahrens wie folgt (Formel 5-40):[1]

$$s_{Misch}^{Start} = \frac{EBIT_{EK}^{Start}}{EBIT^{Start}} * \left(s_g + s_k + \left(1 - s_g - s_k\right) * 0{,}6 * s_e\right) + \frac{EBIT_{FK}^{Start}}{EBIT^{Start}} * \left(\sigma_g + \sigma_k + \left(1 - \sigma_g - \sigma_k\right) * s_e\right)$$

Bei einem – mit der Startkapitalausstattung erwirtschafteten – *EBIT* in Höhe von 200 T€, welcher gemäß den Modellannahmen im Grundmodell jeweils zur Hälfte auf Eigen- und Fremdkapitalinvestition aufgeteilt wird, beträgt die durchschnittliche Gesamtsteuerbelastung der Startkapitalausstattung bei Ausübung der Veranlagungsoption unter Berücksichtigung des Teileinkünfteverfahrens 41,78 % des *EBIT* und ist somit um 0,07 Prozentpunkte höher als bei Nichtausübung des Wahlrechts zur Antragsveranlagung (41,71 %; Kapitel 5.3.3).[2] Der steuerliche Effekt aus der Anwendung des Teileinkünfteverfahrens führt gegenüber der Anwendung des Abgeltungsteuersatzes zwar zu einer Reduzierung des effektiven Einkommensteuersatzes im Bereich der Eigenkapitalvergütung um 2,35 Prozentpunkte von 17,75 % auf 15,40 %. Diese Steuerminderbelas-

---

1 Zur allgemeinen Herleitung der Gesamtsteuerbelastung der Startkapitalausstattung im System der Abgeltungsteuer und Quantifizierung des nominalen Einkommensteuersatzes vgl. Kapitel 2.1, S. 19, und Anhang f, S. 273.

2 Vgl. auch Berechnungen in Anhang f, S. 273. Abweichend hiervon kommen *F. Hechtner/ J. Hundsdoerfer* in ihrer Untersuchung zum Ergebnis, dass der kritische Wert, „ab welchem die Abgeltungsteuer vorteilhaft" ist, bei einem Bruttogewinn in Höhe von 1.084.000 € liegt. *F. Hechtner/J. Hundsdoerfer* betrachten in ihrem Vergleich von Teileinkünfteverfahren und Abgeltungsteuer jedoch eine reine Eigenkapitalausstattung. Die hier durchgeführten Berechnungen unter Einbeziehung einer (Start-)Fremdkapitalausstattung zeigen, inwiefern die von *F. Hechtner/J. Hundsdoerfer* berechnete „deutliche [progressionsbedingte] Steuerminderbelastung im Teileinkünfteverfahren" von der Annahme eines Startkapitals abhängig ist; *Hechtner, F./Hundsdoerfer, J.*, Schedulenbesteuerung, 2009, S. 30.

tung wird jedoch gleichzeitig von einer progressionsbedingten Erhöhung des effektiven Einkommensteuersatzes im Bereich der Fremdkapitalvergütung um 2,49 Prozentpunkte von 31,96 % auf 34,45 % überkompensiert.[1]

Die durchschnittliche Gesamtsteuerbelastung einer über die Startkapitalausstattung hinausgehenden Grenzkapitalausstattung kann analytisch unter Berücksichtigung der Antragsveranlagung (*AV*) wie folgt für die Eigen- und Fremdfinanzierung dargestellt werden (Formel 5-41 und Formel 5-42):[2]

$$s_{EK}^{AV} = \frac{EBIT_{FK}^{Start}}{EBIT} * \left(\sigma_g + \sigma_k + (1 - \sigma_g - \sigma_k) * s_e^{EK}\right) + \frac{EBIT - EBIT_{FK}^{Start}}{EBIT} * \left(s_g + s_k + (1 - s_g - s_k) * 0{,}6 * s_e^{EK}\right)$$

$$s_{FK}^{AV} = \frac{EBIT_{EK}^{Start}}{EBIT} * \left(s_g + s_k + (1 - s_g - s_k) * 0{,}6 * s_e^{FK}\right) + \frac{EBIT - EBIT_{EK}^{Start}}{EBIT} * \left(\sigma_g + \sigma_k + (1 - \sigma_g - \sigma_k) * s_e^{FK}\right)$$

Unter Berücksichtigung der Antragsveranlagung beträgt die durchschnittliche Gesamtsteuerbelastung der Eigenfinanzierungsalternative bei einer Startkapitalausstattung in Höhe von 2.000 T€ und einer Grenzkapitalausstattung in Höhe von 1.000 T€: 43,48 % des insgesamt erwirtschafteten *EBIT* und die durchschnittliche Gesamtsteuerbelastung der Fremdfinanzierung 42,76 %;[3] der Steuervorteil der Fremdfinanzierung bei einem *EBIT* in Höhe von insgesamt 300 T€ erhöht sich durch die Ausübung des Wahlrechts zur Antragsveranlagung von 0,68 %[4] auf 0,72 % des insgesamt erwirtschafteten *EBIT*.[5] In Abbildung 27 werden die durchschnittliche Gesamtsteuerbelastung der Finanzierungsalternativen bei Ausübung des Wahlrechts zur Antragsveranlagung und der daraus resultierende Steuervorteil der Fremdfinanzierung für ein *EBIT* von 200 T€ bis 1.500 T€ dargestellt.

---

1 Die Antragsveranlagung zum progressiven Einkommensteuersatz unter Anwendung des Teileinkünfteverfahrens führt nur zu einer geringeren Gesamtsteuerbelastung, wenn der steuerliche Effekt durch das Teileinkünfteverfahren (40 % Steuerfreistellung) höher ist als die steuerliche Wirkung, die aus einem – durch die Erhöhung des zu versteuernden Einkommens – erhöhten Einkommensteuersatz (direkte Progression) resultiert.

2 Eine Quantifizierung des nominalen Einkommensteuersatzes s_e für Eigen- und Fremdfinanzierung befindet sich in Anhang f, S. 276 f.

3 Vgl. Berechnungen in Anhang f, S. 277, sowie grafische Veranschaulichung in Abbildung 27, S. 116. Im Vergleich zur Abgeltungsteuer (Kapitel 5.3.3, S. 97) ist die durchschnittliche Gesamtsteuerbelastung bei Nichtausübung des Wahlrechts zur Antragsveranlagung in der Alternative der Eigenfinanzierung um 0,09 Prozentpunkte, in der Alternative der Fremdfinanzierung um 0,05 Prozentpunkte höher.

4 Vgl. Kapitel 5.3.3, S. 97.

5 Der Steuervorteil der Fremdfinanzierung resultiert aus der Differenz der durchschnittlichen Gesamtsteuerbelastungen bei einem *EBIT* in Höhe von 300 T€ (0,4348 – 0,4276 = 0,0072).

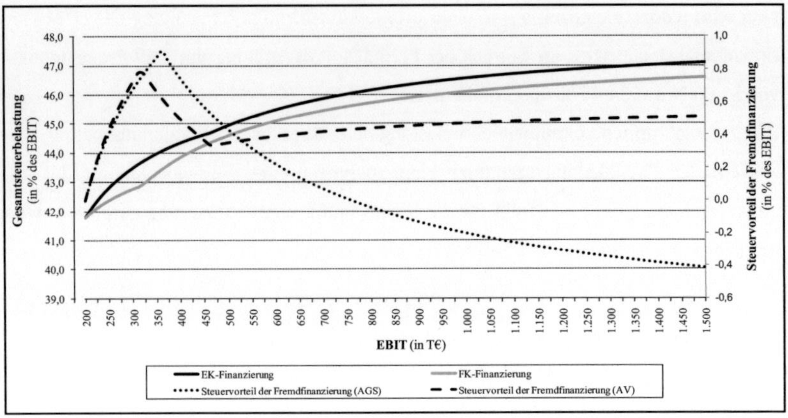

Abbildung 27: Gesamtsteuerbelastung und Steuervorteil der Fremdfinanzierung bei Antragsveranlagung im Progressionsmodell

Zum einen ist aus Abbildung 27 die – für diese *EBIT*-Werte – stets höhere durchschnittliche Gesamtsteuerbelastung der Eigenfinanzierung erkennbar. Zum anderen wird verdeutlicht, dass der Steuervorteil der Fremdfinanzierung bei Ausübung des Wahlrechts zur Antragsveranlagung (AV) – im Unterschied zum Steuervorteil der Fremdfinanzierung bei Nichtausübung des Wahlrechts (AGS) – stets positive Werte aufweist.

	EBIT (€)		
	200.001 bis 318.043	318.044 bis 464.082	$>$ 464.083
$s_{EK}^{AV} =$	$\frac{0{,}1998*EBIT^2+20.354{,}55*EBIT-539.184.810}{0{,}426*EBIT^2+52.702*EBIT}$		$\frac{0{,}2052*EBIT^2+18.501{,}50*EBIT-851.715.254}{0{,}426*EBIT^2+52.702*EBIT}$
$s_{FK}^{AV} =$	$\frac{0{,}4262*EBIT^2-29.190{,}70*EBIT+310.775.262}{0{,}95302*EBIT^2-52.702*EBIT}$		$\frac{0{,}4535*EBIT^2-39.363{,}33*EBIT+789.997.710}{0{,}95302*EBIT^2-52.702*EBIT}$
$\Delta s =$	>0	>0	>0
	0,00 bis 0,82 %	0,82 bis 0,34 %	0,34 bis 0,59 %
$\partial\Delta s / \partial EBIT =$	>0	<0	>0
Steuervorteil der	Fremdfinanzierung		

Tabelle 22: Teilabschnitte der Tax Shield-Funktion bei Antragsveranlagung

Der Steuervorteil der Fremdfinanzierung wird in Tabelle 22 wiederum in drei Teilabschnitte unterteilt.[1] Im ersten Teilabschnitt der Tax Shield-Funktion (*EBIT* von 200.001 € bis 318.043 €) bewirkt eine marginale Erhöhung des *EBIT* eine stärkere Erhöhung der durchschnittlichen Gesamtsteuerbelastung der Eigen- als der Fremdfinanzierung. Der Steuervorteil der Fremdfinanzierung steigt von zunächst (*EBIT* = 200 T€) 0,00 % auf maximal 0,82 % (*EBIT* = 318.043 €) des erwirtschafteten *EBIT*. Da in der Alternative der Fremdfinanzierung die zweite Proportionalzone des Einkommensteuertarifs bei einem *EBIT* in Höhe von 318.044 € erreicht wird, während in der Alternative der Eigenfinanzierung die zweite Proportionalzone durch die Anwendung des Teileinkünfteverfahrens ab einem *EBIT* in Höhe von 464.083 € anzuwenden ist, besitzt die Gesamtsteuerbelastungsfunktion der Fremdfinanzierung im zweiten Teilabschnitt einen höheren Steigungsfaktor als die Gesamtsteuerbelastungsfunktion der Eigenfinanzierung. Der Steuervorteil der Fremdfinanzierung verringert sich in diesem Bereich, bis bei einem *EBIT* in Höhe von 464.082 € das Minimum des Steuervorteils der Fremdfinanzierung mit einem Wert in Höhe von 0,34 % des *EBIT* erreicht wird. Ab einem *EBIT* in Höhe von 464.083 € unterliegen auch die Eigenkapitalvergütungen dem nominalen Grenzsteuersatz in Höhe von 45 %.[2] Der Steuervorteil der Fremdfinanzierung steigt ab diesem Wert erneut und erreicht in der Grenzbetrachtung einen Wert in Höhe von 0,59 % des erwirtschafteten *EBIT*.[3]

Zur Untersuchung eines Einflusses des Verschuldungsgrades auf den Steuervorteil der Fremdfinanzierung wird zur Abbildung eines variierenden Verschuldungsgrades wiederum von der (Grenz-)Kapitalbetrachtung auf eine Analyse der steuerlichen Wirkung einer (Grenz-)Mischfinanzierung gewechselt. Die Gesamtsteuerbelastung der Mischfinanzierung unter Ausübung des Wahlrechts zur Veranlagung nach dem Teileinkünfteverfahren stellt sich wie folgt dar:

$$s_{Misch}^{AV} = \frac{EBIT_{EK}^{Start} + EBIT_{EK}^{Grenz}}{EBIT} * \left(s_g + s_k + (1 - s_g - s_k) * 0{,}6 * s_e^{Misch}\right) + \frac{EBIT_{FK}^{Start} + EBIT_{FK}^{Grenz}}{EBIT} * \left(\sigma_g + \sigma_k + (1 - \sigma_g - \sigma_k) * s_e^{Misch}\right) \qquad (5\text{-}43)$$

---

[1] Eine Quantifizierung des Steuervorteils der Fremdfinanzierung und eine Herleitung bzw. Berechnung der hier dargestellten Ergebnisse, Tarifstufen und Teilabschnitte befinden sich in Anhang f, S. 276 f.

[2] Unter Berücksichtigung des Teileinkünfteverfahrens resultiert nach geltendem Recht ein Grenzsteuersatz (bezogen auf die Dividendenerträge) in Höhe von höchstens 27 % (0,45 x 0,6 = 0,27).

[3] Zur Berechnung der Werte vgl. Anhang f, S. 273.

Der nominale Einkommensteuersatz in der Mischfinanzierung berechnet sich nach dem progressiven Einkommensteuertarif i. S. des § 32a Abs. 1 Satz 2 EStG und ist für sämtliche Kapitaleinkünfte des Anteilseigners der Höhe nach identisch.[1] Hinsichtlich der einkommensteuerlichen Bemessungsgrundlage unterscheiden sich die Finanzierungsalternativen jedoch aufgrund unterschiedlicher steuerlicher Vorbelastungen auf Unternehmensebene und der Steuerfreistellung für Dividendenerträge in Höhe von 40 % (§ 3 Nr. 40 Buchst. a) EStG). Der Steuervorteil der Fremdfinanzierung unter dem Aspekt einer Mischfinanzierung und Berücksichtigung des Teileinkünfteverfahrens berechnet sich aus der durchschnittlichen Gesamtsteuerbelastungsdifferenz von (Grenz-)Eigenkapitalausstattung und (Grenz-)Mischkapitalausstattung:

$$\boxed{\Delta s = s_{EK}^{AV} - s_{Misch}^{AV}} \qquad (5\text{-}44)$$

Unter Berücksichtigung der Formeln[2]

$$EBIT_{EK}^{Grenz} = EBIT - EBIT_{EK}^{Start} - EBIT_{FK}^{Start} - EBIT_{FK}^{Grenz} \quad \text{und} \qquad (5\text{-}45)$$

$$EBIT_{FK}^{Grenz} = \frac{V * \left(EBIT - EBIT_{FK}^{Start}\right) - EBIT_{FK}^{Start}}{1+V} \qquad (5\text{-}46)$$

berechnet sich der durchschnittliche Steuervorteil der Fremdfinanzierung in Abhängigkeit des Verschuldungsgrades und des *EBIT* wie folgt:[3]

$$\boxed{\begin{aligned}\Delta s = {} & \frac{EBIT_{FK}^{Start}}{EBIT} * \left(\sigma_g + \sigma_k + \left(1 - \sigma_g - \sigma_k\right) * s_e^{AV}\right) + \frac{EBIT - EBIT_{FK}^{Start}}{EBIT} * \left(s_g + s_k + \left(1 - s_g - s_k\right) * 0{,}6 * s_e^{AV}\right) + \\ & - \frac{EBIT - EBIT_{FK}^{Start} - \dfrac{V * \left(EBIT - EBIT_{FK}^{Start}\right) - EBIT_{FK}^{Start}}{1+V}}{EBIT} * \left(s_g + s_k + \left(1 - s_g - s_k\right) * 0{,}6 * s_e^{Misch}\right) + \\ & - \frac{EBIT_{FK}^{Start} + \dfrac{V * \left(EBIT - EBIT_{FK}^{Start}\right) - EBIT_{FK}^{Start}}{1+V}}{EBIT} * \left(\sigma_g + \sigma_k + \left(1 - \sigma_g - \sigma_k\right) * s_e^{Misch}\right)\end{aligned}} \qquad (5\text{-}47)$$

[1] Eine Quantifizierung des nominalen Einkommensteuersatzes unter Berücksichtigung der Tarifstufen befindet sich in Anhang f, S. 282.

[2] Vgl. auch Ausführungen und Berechnungen zur Mischfinanzierung in Kapitel 5.3.3, S. 97.

[3] Vgl. Herleitung, Vereinfachung und Quantifizierung des nominalen Einkommensteuersatzes in Anhang f, S. 282. Die (Start-)Eigenkapital- und (Start-)Fremdkapitalausstattung wird mit je 1.000 T€ als konstant und exogen gegeben angenommen.

Durch die Darstellung des Steuervorteils der Fremdfinanzierung in Abhängigkeit des Verschuldungsgrades für verschiedene *EBIT*-Werte (vgl. Abbildung 28) zeigt sich der positive Einfluss des Verschuldungsgrades auf den Steuervorteil der Fremdfinanzierung. Während bei einem *EBIT* in Höhe von 300 T€ der bereits quantifizierte Steuervorteil der Fremdfinanzierung in Höhe von maximal 0,82 % des *EBIT* besteht, bewirkt eine Erhöhung des *EBIT* über 318.043 € hinaus (z. B. auf 400 T€) zunächst einen Rückgang des prozentual dargestellten Steuervorteils der Fremdfinanzierung. Eine weitere Erhöhung des *EBIT* bewirkt eine Erhöhung des Steuervorteils der Fremdfinanzierung.

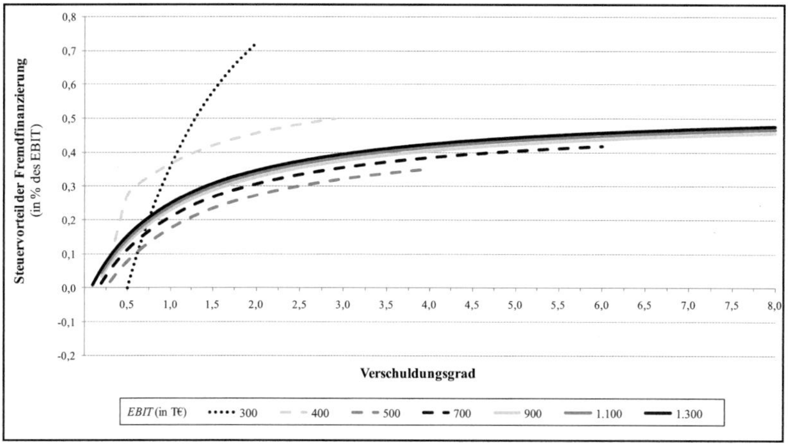

Abbildung 28: Steuervorteil der Fremdfinanzierung bei Mischfinanzierung und Antragsveranlagung

Bei einem *EBIT* in Höhe von 400 T€ ist in Abbildung 28 der Einfluss des einkommensteuerlichen Stufentarifs auf den Steuervorteil der Fremdfinanzierung in Abhängigkeit des Verschuldungsgrades deutlich zu erkennen. Der Übergang des einkommensteuerlichen Grenzsteuersatzes von 42 % auf 45 % in der zweiten Proportionalzone führt in der Grenzbetrachtung zu einer – im Vergleich zur Eigenfinanzierung – um 1,6 Prozentpunkte stärkeren Erhöhung der Gesamtsteuerbelastung der Fremdfinanzierung und gleichzeitig zu einer Reduzierung des Steuervorteils der Fremdfinanzierung, der durch den Knick in der Tax Shield-Funktion veranschaulicht wird.[1] Eine Indifferenz zwischen Eigen-

[1]
$$\Delta s = \left(s_{EK}^{s_e=0,45} - s_{FK}^{s_e=0,45}\right) - \left(s_{EK}^{s_e=0,42} - s_{FK}^{s_e=0,42}\right) =$$
$$= (0{,}15 + 0{,}14 + 0{,}71 * 0{,}6 * 0{,}45 - 0{,}95302 - 0{,}95302 * 0{,}45) - (0{,}15 + 0{,}14 + 0{,}71 * 0{,}6 * 0{,}42 - 0{,}95302 - 0{,}95302 * 0{,}42) =$$
$$= (0{,}4817 - 0{,}475839) - (0{,}46892 - 0{,}447249) = -0{,}0158$$

und Fremdkapitalfinanzierung wird bei Ausübung des Wahlrechts zur Veranlagung unter Berücksichtigung des Teileinkünfteverfahrens in diesem Modellunternehmen nicht erreicht. Der Steuervorteil der Fremdfinanzierung variiert in Abhängigkeit des Gewinns vor Steuern und Zinsen im Bereich von 0,00 % bis 0,82 % des *EBIT* und verbleibt auch in der Durchschnittsbetrachtung und in der Mischfinanzierung im positiven Bereich.

6. Einflussfaktor Bemessungsgrundlage

In der Betriebswirtschaftlichen Steuerforschung hat sich gezeigt, dass traditionelle – auf dem Vergleich von nominalen Steuertarifeffekten basierende – Steuerbelastungsrechnungen den Anforderungen an Objektivität und Reliabilität eines aussagefähigen Belastungsvergleiches nicht genügen.[1] Vielmehr wird zur ökonomischen Analyse des Steuerrechts auf die wirtschaftliche Steuerbelastung der relevanten Steuerarten abgestellt, die gegenüber einer rechtlichen Steuerbelastungsanalyse insbesondere auch die Wirkungen von Zins- und Bemessungsgrundlageneffekten auf Zielgrößen erfassen kann.[2] Bemessungsgrundlageneffekte resultieren im Unterschied zu Steuertarifeffekten nicht aus der Ausgestaltung oder Modifikation des Steuertarifs, sie entstehen vielmehr aus einer unterschiedlichen Höhe der – den Entscheidungsalternativen zurechenbaren – Bemessungsgrundlagen. Die steuerliche Wirkung von Bemessungsgrundlagendifferenzen wird hierbei aus unterschiedlichen Verfahren und Maßstäben generiert, die an die Bemessungsgrundlagenermittlung der Entscheidungsalternativen geknüpft sind.[3] Aktueller Forschungsbedarf besteht – neben der steuerlichen Auswirkung von „non-debt" Tax Shields, wie beispielsweise der inner- und interperiodigen Verlustverrechnung,[4] der Abschreibungsmethode und den steuerlichen Investitionsvergünstigungen[5] – bezüglich der ertragsteuerlich bedingten Änderung von Bemessungsgrundlagen durch die Unternehmensteuerreform 2008.[6]

---

[1] Vgl. insbesondere *King, M. A./Fullerton, D.*, Taxation, 1984; *Schneider, D.*, Steuerbelastungsvergleiche, 1988, S. 281, 290 f.; *Fischer, L.*, Steuerbelastung, 1989, S. 134 f., 140, 155; *Jacobs, O. H./Spengel, C.*, Unternehmensbesteuerung, 1996, S. 51, 53; *Diller, M.*, Steuerbelastungen, 2008, S. 404.

[2] Vgl. Ausführungen in Kapitel 1.4, S. 13, und 2.1, S. 19, sowie *Fischer, L.*, Steuerbelastung, 1989, S. 135; *Oldenburg, A.*, Grenzsteuersätze, 1998, S. 41. Auch der internationale Steuerwettbewerb vollzieht sich nicht nur über nominale Unternehmensteuersätze, sondern beispielsweise auch über die Bedingungen, unter denen Zinsaufwendungen im Inland zum Abzug zugelassen werden; vgl. *Herzig, N./Bohn, A.*, Zinsabzugsbeschränkung, 2009, S. 261.

[3] Weiterhin können steuerliche Bemessungsgrundlageneffekte entstehen, wenn nur eine Entscheidungsalternative von einer Steuerart betroffen ist. Vgl. *Wagner, F. W.*, Steuerplanung, 1993, Sp. 4058. Zur notwendigen Berücksichtigung von Bemessungsgrundlageneffekten im Bereich der quantitativen Steuerwirkungslehre vgl. *Swoboda, P.*, Einflüsse, 1967, S. 6.

[4] Vgl. hierzu Kapitel 6.3, S. 190.

[5] Vgl. grundlegend De Angelo, H./Masulis, R. W., Structure, 1980; Bradley, M./Jarrell, G. A./Kim, H. E., Existence, 1984; Auerbach, A. J./Poterba, J. M., Carryforwards, 1987; Titman, S./Wessels, R., Determinants, 1988; MacKie-Mason, J. K., Decisions, 1990; Harris, M./Raviv, A., Structure, 1991.

[6] Die beiden aus Unternehmenssicht bedeutendsten Reformmaßnahmen sind die Nichtabzugsfähigkeit der Gewerbesteuer und die Zinsschranke; s. *Herzig, N./Lochmann, U./Liekenbrock, B.*, Unternehmensbefragung, 2008, S. 594.

6.1 Abzugsfähigkeit der Gewerbesteuer

Die ertragsteuerliche Doppelbelastung mit Körperschaftsteuer einerseits und Gewerbesteuer andererseits wurde bis zur Unternehmensteuerreform 2008 durch einen, dem Objektcharakter der Gewerbesteuer konsequent folgenden, Betriebsausgabenabzug der Gewerbesteuer von der Bemessungsgrundlage der Körperschaft- und Gewerbesteuer verringert.[1] Im Vergleich zu früheren Perioden bewirkt die mit der Unternehmensteuerreform 2008 eingeführte Nichtabzugsfähigkeit der Gewerbesteuer (Art. 1 Nr. 5 UntStRefG i. V. m. § 4 Abs. 5b EStG)[2] eine höhere ertragsteuerliche Bemessungsgrundlage.[3] In Tabelle 23 werden die steuerlichen Auswirkungen dieser Gesetzesänderung auf den Steuervorteil der Fremdfinanzierung dargestellt:

in T€	**GewSt-Abzug**		**kein GewSt-Abzug**	
	EK	max. FK	EK	max. FK
EBIT KapGes	100,00	100,00	100,00	100,00
Zins	-	96,62	-	95,30
BMG GewSt	87,72	24,15	100,00	28,52
GewSt (s_g = 0,14)	12,28	3,38	14,00	3,99
BMG KSt	87,72	0,00	100,00	4,70
KSt (s_k = 0,15)	13,16	0,00	15,00	0,71
Steuer KapGes	25,44	3,38	29,00	4,70
Bruttobardividende	74,56	0,00	71,00	0,00
Einkünfte AE (nat. Pers.)	74,56	96,62	71,00	95,30
ESt (s_a = 0,25; s_e = 0,45)	18,64	43,48	17,75	42,88
Gesamtsteuerbelastung	44,08	46,86	46,75	47,58
Differenz zu EK		**–2,78**		**–0,83**

Tabelle 23: (Nicht-)Abzugsfähigkeit der Gewerbesteuer

Die Qualifikation der Gewerbesteuer als nicht abzugsfähige Betriebsausgabe bewirkt gegenüber der Rechtslage vor der Unternehmensteuerreform 2008 eine Erhöhung der Körperschaft- und Gewerbesteuerbelastung für beide Finanzierungsalternativen, da die

---

[1] Vgl. *Ott, H.*, Gewerbesteuer, 2007, S. 563; *Montag, H.*, Gewerbesteuer, 2010, S. 467-470.

[2] Durch den Verweis der §§ 8 Abs. 1 Satz 1 KStG und 7 Satz 1 GewStG auf die einkommensteuerliche Bemessungsgrundlagenermittlung ist die Nichtabzugsfähigkeit der Gewerbesteuer (§ 4 Abs. 5b EStG) auch im Bereich der Körperschaft- und Gewerbesteuer zu berücksichtigen.

[3] Gemäß § 4 Abs. 5b EStG ist die Gewerbesteuer „keine Betriebsausgabe". Die Bezeichnung ist systematisch verfehlt, da der Gesetzgeber „nicht die betriebliche Veranlassung und damit den Charakter als Betriebsausgabe … zu beseitigen vermag"; *Schlotter, C./Freeden, A. v.*, Ertragsteuerbelastung, 2007, S. 397; *Bareis, P.*, Belastungswirkungen, 2009, Fn. 8 auf S. 601. Die Gewerbesteuer ist folglich als nicht abzugsfähige Betriebsausgabe anzusehen. Zur potenziellen Verletzung des objektiven Nettoprinzips durch die Nichtabzugsfähigkeit der Gewerbesteuer vgl. *Hey, J.*, Besteuerungsprinzipien, 2007, S. 1303 f., 1307.

Nichtabzugsfähigkeit den Einfluss des Körperschaftsteuersatzes, des Hebesatzes und der Steuermesszahl auf die Gesamtsteuerbelastung aufgrund eines jeweils positiven Bemessungsgrundlageneffekts intensiviert.[1] Die Nichtabzugsfähigkeit der Gewerbesteuer erhöht die Unternehmensteuerbelastung und reduziert aufgrund eines negativen Bemessungsgrundlageneffekts auf Investorenebene die einkommensteuerliche Belastung. In Tabelle 24 wird dieser Einfluss einer Nichtabzugsfähigkeit der Gewerbesteuer auf die effektiven Steuersätze der Finanzierungsalternativen formal dargestellt und für einen Körperschaftsteuersatz in Höhe von 15 %, einen Gewerbesteuersatz in Höhe von 14 %, einen Einkommensteuersatz in Höhe von 45 % und einen Abgeltungsteuersatz in Höhe von 25 % quantifiziert:[2]

	Eigenfinanzierung		**Fremdfinanzierung**	
	GewSt-Abzug	**kein GewSt-Abzug**	**GewSt-Abzug**	**kein GewSt-Abzug**
	$s_{k(BA)}$	s_k	$\sigma_{k(BA)}$	σ_k
effektiver KSt-Satz	$\left(1-\frac{s_g}{1+s_g}\right)*s_k$	s_k	0	$\frac{0{,}25*s_g*s_k}{1-0{,}75*s_g-s_k}$
	0,1316	0,15	0	0,0071
	$s_{g(BA)}$	s_g	$\sigma_{g(BA)}$	σ_g
effektiver GewSt-Satz	$\frac{s_g}{1+s_g}$	s_g	$\frac{s_g*0{,}25}{1+s_g*0{,}25}$	$\frac{0{,}25*s_g*(1-s_k)}{1-0{,}75*s_g-s_k}$
	0,1228	0,14	0,0338	0,0399
	$\sigma_{e(BA)}^{EK}$	σ_e^{EK}	$\sigma_{e(BA)}^{FK}$	σ_e^{FK}
effektiver ESt-Satz	$(1-s_{g(BA)}-s_{k(BA)})*s_a$	$(1-s_g-s_k)*s_a$	$(1-\sigma_{g(BA)})*s_e$	$(1-\sigma_g-\sigma_k)*s_e$
	0,1864	0,1775	0,4348	0,4289

Tabelle 24: Effektive Steuersätze bei (Nicht-)Abzugsfähigkeit der Gewerbesteuer

Während die Gesamtsteuerbelastung der Finanzierungsalternativen unter Berücksichtigung einer Nichtabzugsfähigkeit der Gewerbesteuer bereits in Kapitel 5.1 quantifiziert wurde, wird die marginale Gesamtsteuerbelastung von Eigen- und Fremdfinanzierung

---

1 Vgl. Berechnungen und Gegenüberstellung in Anhang g, S. 284 f., und Tabelle 24, S. 123. Vgl. auch *Rödder, T.*, Unternehmensteuerreformgesetz, 2007, S. 3. Aufgrund der getroffenen Annahme einer maximalen Fremdfinanzierung ergibt sich unter Berücksichtigung der Abzugsfähigkeit der Gewerbesteuer ein effektiver Körperschaftsteuersatz bei Fremdfinanzierung in Höhe von 0 %.

2 Zur Berechnung der effektiven Steuersätze vgl. Anhang g, S. 284 f.

unter Berücksichtigung der Abzugsfähigkeit der Gewerbesteuer formal wie folgt dargestellt:[1]

$$s_{EK(BA)} = \frac{s_g}{1+s_g} + \left(1 - \frac{s_g}{1+s_g}\right) * s_k + \left(1 - \frac{s_g}{1+s_g} - \left(1 - \frac{s_g}{1+s_g}\right) * s_k\right) * s_a \tag{6-1}$$

$$s_{FK(BA)} = \frac{s_g * 0{,}25}{1+s_g * 0{,}25} + \left(1 - \frac{s_g * 0{,}25}{1+s_g * 0{,}25}\right) * s_e \tag{6-2}$$

Der effektive Unternehmensteuersatz – als Addition von effektivem Körperschaft- und Gewerbesteuersatz – ist bei einer Fremdfinanzierung aufgrund des, die Bemessungsgrundlage (zu versteuerndes Einkommen bzw. Gewerbeertrag) reduzierenden Zinsabzuges deutlich niedriger als bei Eigenfinanzierung.[2] Die Erhöhung der effektiven Unternehmensteuerbelastung, die aus der Nichtabzugsfähigkeit der Gewerbesteuer resultiert, ist somit im Bereich der Eigenfinanzierung größer als bei Fremdfinanzierung.[3] Die Einkommensteuerbelastung ist de lege lata, aufgrund einer um die höhere Unternehmensteuerbelastung gesunkenen Bemessungsgrundlage der Einkommensteuer, unabhängig von der Höhe des anzuwendenden Einkommen- oder Abgeltungsteuersatzes für beide Finanzierungsalternativen niedriger als vor der Unternehmensteuerreform.[4] Die reduzierte Einkommensteuerbelastung kann die erhöhte Unternehmensteuerbelastung in beiden Finanzierungsmöglichkeiten nicht vollständig kompensieren,[5] sodass bei Nichtabzugsfähigkeit in Summe eine höhere Gesamtsteuerbelastung der Eigen- und Fremdfinanzierung als bei Abzugsfähigkeit der Gewerbesteuer entsteht. Die Erhöhung der ef-

---

1 Vgl. Herleitung und Berechnung in Anhang g, S. 289.

2 Bei Abzugsfähigkeit der Gewerbesteuer ist die effektive Unternehmensteuerbelastung bei Fremdfinanzierung um 22,06 Prozentpunkte niedriger als bei Eigenfinanzierung (0,1316 + 0,1228 – 0,0338 = 0,2206), bei Nichtabzugsfähigkeit um 24,30 Prozentpunkte (0,15 + 0,14 – 0,0071 – 0,0399 = 0,2430).

3 Während die effektive Unternehmensteuerbelastung bei Eigenfinanzierung durch die Nichtabzugsfähigkeit der Gewerbesteuer um 3,56 Prozentpunkte ansteigt, erhöht sich die effektive Unternehmensteuerbelastung bei Fremdfinanzierung um 1,32 Prozentpunkte.

4 Die effektive Einkommensteuerbelastung verringert sich durch die Nichtabzugsfähigkeit der Gewerbesteuer in der Alternative der Eigenfinanzierung um 0,89 Prozentpunkte, in der Alternative der Fremdfinanzierung um 0,60 Prozentpunkte.

5 Vgl. Werte aus Tabelle 24, S. 123:
$\left|(s_g + s_k) - (s_{g(BA)} + s_{k(BA)})\right| > \left|\sigma_e^{EK} - \sigma_{e(BA)}^{EK}\right|$ und $\left|(\sigma_g + \sigma_k) - (\sigma_{g(BA)} + \sigma_{k(BA)})\right| > \left|\sigma_e^{FK} - \sigma_{e(BA)}^{FK}\right|$

fektiven Gesamtsteuerbelastung, die durch die Nichtabzugsfähigkeit der Gewerbesteuer ausgelöst wird, ist im Bereich der Eigenfinanzierung größer als bei Fremdfinanzierung.[1] Der im Bereich des Grenzeinkommensteuersatzes von 45 % resultierende Steuervorteil der Eigenfinanzierung wird durch die Qualifikation der Gewerbesteuer als nicht abzugsfähige Betriebsausgabe von 2,78 % auf 0,83 % des *EBIT* reduziert,[2] der einkommensteuerliche Indifferenzsteuersatz erhöht sich von 42,12 % auf 44,13 % des *EBIT*.[3] Die Nichtabzugsfähigkeit der Gewerbesteuer verringert den Bereich des Steuervorteils einer Eigenfinanzierung und führt durch eine Erhöhung des einkommensteuerlichen Indifferenzsteuersatzes in der Grenzbetrachtung zu einer steuerlichen Präferenz der Fremdfinanzierung. Wie jedoch die Untersuchungen zum progressiven Einkommensteuertarif in Kapitel 5.3.3 zeigen, kann eine steuerliche Analyse der Finanzierungsentscheidung nicht alleine auf die Grenzbetrachtung beschränkt werden.

Der Wechsel von der Grenz- zur Durchschnittsbetrachtung unter Berücksichtigung einer Startkapitalausstattung zeigt die steuerlichen Auswirkungen der Nichtabzugsfähigkeit in Kombination mit der Wirkung eines progressiv ausgestalteten Einkommensteuertarifs. Die Gesamtsteuerbelastung in der Mischfinanzierung berechnet sich wie folgt:[4]

$$s_{Misch}^{BA} = \frac{EBIT_{EK}^{Start} + EBIT_{EK}^{Grenz}}{EBIT} * \left(s_{g(BA)} + s_{k(BA)} + \left(1 - s_{g(BA)} - s_{k(BA)}\right) * s_a\right) +$$

$$+ \frac{EBIT_{FK}^{Start} + EBIT_{FK}^{Grenz}}{EBIT} * \left(\sigma_{g(BA)} + \sigma_{k(BA)} + \left(1 - \sigma_{g(BA)} - \sigma_{k(BA)}\right) * s_e^{FK(Misch)}\right) \quad (6\text{-}3)$$

Für ein *EBIT* in Höhe von 300 T€ resultiert unter Berücksichtigung einer Abzugsfähigkeit der Gewerbesteuer eine Gesamtsteuerbelastung bei (Grenz-)Eigenfinanzierung in Höhe von 41,35 % des *EBIT* und bei (Grenz-)Fremdfinanzierung in Höhe von 41,31 % des *EBIT*.[5] Durch die Einordnung der Gewerbesteuer als nicht abzugsfähige Betriebsausgabe im Rahmen des Unternehmensteuerreformgesetzes 2008 erhöht sich der Steuervorteil der Fremdfinanzierung unter Berücksichtigung des progressiven Einkommen-

[1] Vgl. Berechnungen in Anhang g, S. 290.

[2] Vgl. Kapitel 5.3.1, S. 74, zur schedularen Besteuerung der Kapitaleinkünfte und Berechnungen in Anhang g, S. 290.

[3] Vgl. Berechnungen in Anhang g, S. 289, sowie zu den Werten unter Berücksichtigung einer Nichtabzugsfähigkeit Kapitel 5.3.1, S. 74.

[4] Zur Herleitung und Quantifizierung des tariflichen Einkommensteuersatzes vgl. Anhang g, S. 290.

[5] Zur Berechnung vgl. Anhang g, S. 291.

steuertarifs bei einem *EBIT* in Höhe von 300 T€ somit um 0,64 Prozentpunkte von 0,04 % auf 0,68 % des erwirtschafteten *EBIT*.[1] Der Steuervorteil der Fremdfinanzierung unter Qualifikation der Gewerbesteuer als abziehbare Betriebsausgabe berechnet sich in Abhängigkeit des *EBIT* und des Verschuldungsgrades nach folgender (Formel 6-4):[2]

$$\Delta s = \frac{\frac{V*\left(EBIT - EBIT_{FK}^{Start}\right) - EBIT_{FK}^{Start}}{1+V}}{EBIT} * \left(s_{g(BA)} + s_{k(BA)} + \left(1 - s_{g(BA)} - s_{k(BA)}\right) * s_a\right) +$$

$$+ \frac{EBIT_{FK}^{Start}}{EBIT} * \left(\sigma_{g(BA)} + \sigma_{k(BA)} + \left(1 - \sigma_{g(BA)} - \sigma_{k(BA)}\right) * s_e^{FK}\right) +$$

$$- \frac{EBIT_{FK}^{Start} + \frac{V*\left(EBIT - EBIT_{FK}^{Start}\right) - EBIT_{FK}^{Start}}{1+V}}{EBIT} * \left(\sigma_{g(BA)} + \sigma_{k(BA)} + \left(1 - \sigma_{g(BA)} - \sigma_{k(BA)}\right) * s_e^{FK(Misch)}\right)$$

Durch Rückgriff auf die effektiven Steuersätze bei Abzugsfähigkeit der Gewerbesteuer als Betriebsausgabe aus Tabelle 24, kann der Steuervorteil der Fremdfinanzierung in Abhängigkeit des Verschuldungsgrades und des *EBIT* grafisch dargestellt und mit dem Verlauf der Tax Shield-Funktion bei Qualifikation der Gewerbesteuer als nicht abzugsfähige Betriebsausgabe verglichen werden:

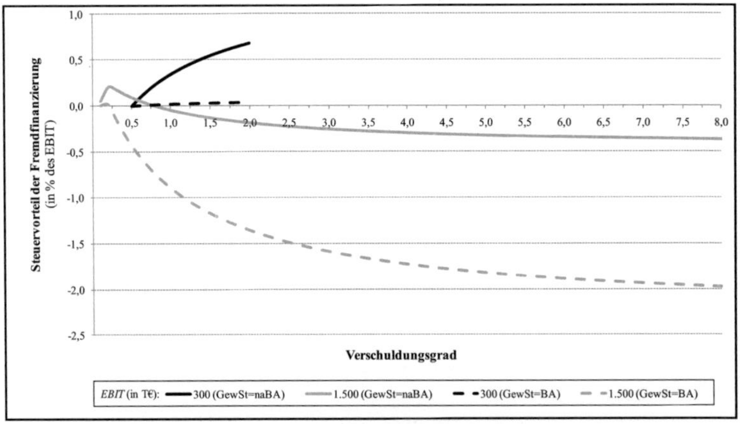

Abbildung 29: Steuervorteil der Fremdfinanzierung bei (Nicht-)Abzugsfähigkeit der Gewerbesteuer (Mischfinanzierung)

---

[1] (0,4135 – 0,4131 = 0,0004); vgl. auch Ausführungen in Kapitel 5.3.3, S. 97, und zugehörige Berechnungen in Anhang f, S. 267.

[2] Vgl. Herleitung in Anhang g, S. 292,. Zur Darstellung des *EBIT* aus der (Grenz-)Fremdkapitalausstattung in Abhängigkeit des Verschuldungsgrades vgl. auch Kapitel 5.3.3, S. 97.

Durch die Qualifikation der Gewerbesteuer als nicht abzugsfähige Betriebsausgabe erfährt die Eigenfinanzierung im Verhältnis zur Fremdfinanzierung einen höheren Anstieg der Gesamtsteuerbelastung.[1] Für die hier untersuchten Konstellationen von Verschuldungsgrad und *EBIT* resultiert hierdurch eine Erhöhung des Steuervorteils der Fremdfinanzierung bzw. eine Reduzierung des Steuervorteils der Eigenfinanzierung. Für ein *EBIT* in Höhe von beispielsweise 300 T€ bewirkt dies eine Abkehr von der oftmals geäußerten betriebswirtschaftlichen Forderung nach einer finanzierungsneutralen Besteuerung,[2] die bei einem Steuervorteil der Eigen- bzw. Fremdfinanzierung in Höhe von 0,00 % erzielt wäre. Für hohe *EBIT*-Werte resultiert aus der Einordnung als nicht abzugsfähige Betriebsausgabe jedoch für weite Bereiche des Verschuldungsgrades das Gegenteil – eine Reduktion des Steuervorteils der Eigenfinanzierung und somit eine Annäherung an das „Postulat“[3] der Finanzierungsneutralität.[4]

6.2 Beschränkung des Betriebsausgabenabzugs für Fremdkapitalvergütungen

6.2.1 Angemessenheit und Fremdvergleichsmaßstab

Der grundsätzlich für Fremdkapitalvergütungen vorgesehene steuerliche Abzug (§ 4 Abs. 4 EStG)[5] wird im Rahmen der Gesellschafter-Fremdfinanzierung einer Angemessenheitsprüfung am Fremdvergleich unterzogen,[6] um eine Abgrenzung zwischen betrieblicher Sphäre der Gewinnerzielung und gesellschaftsrechtlicher Veranlassung vor-

---

1 Vgl. auch Berechnungen in Anhang g, S. 291.

2 Vgl. *Fischer, L.*, Finanzierungsneutralität, 1970; *Lausberg, F.-W.*, Finanzierungsneutralität, 1970, S. 176-179; *Wagner, F. W.*, Neutralität, 1992, S. 3 f.; *Herzig, N.*, Finanzierungsfreiheit, 1994, S. 602; *König, R.*, Steuerplanungslehre, 2004, S. 263-265; *Maiterth, R./Sureth, C.*, Unternehmensfinanzierung, 2006, S. 2 f., 8; *Homburg, S.*, Steuerlehre, 2007, S. 251 f.; *Schreiber, U.*, Besteuerung, 2008, S. 555 f., 571-577.

3 *Englisch, J.*, Abgeltungssteuer, 2007, S. 223.

4 Vgl. so auch *Kiesewetter, D./Lachmund, A.*, Kapitalstruktur, 2004, S. 399. Ein wesentliches Ziel der Unternehmensteuerreform 2008 ist – nach der Koalitionsvereinbarung – eine weitgehende steuerliche Gleichbehandlung der Finanzierung durch Eigen- und Fremdkapital; vgl. *CDU/CSU/SPD*, Koalitionsvertrag, 2005, S. 81; *Deutscher Bundestag*, UntStRefG 2008 - Entwurf, 2007, S. 29.

5 S. speziell zu Finanzierungsaufwendungen *Eilers, S./Ottermann, T.*, Fremdkapitalmaßnahmen, 2008, S. 331; *Striegel, A.*, Zinszahlungen, 2008, S. 531 f.

6 Zum Fremdvergleich im Rahmen der Angemessenheitsprüfung vgl. *Lehmann, M.*, Gewinnausschüttungen, 1994, S. 1036-1038; *Seeger, S. F.*, Voraussetzungen, 1998; *Pezzer, H.-J.*, Prüfmaßstab, 2002; *Eilers, S./Ottermann, T.*, Fremdkapitalmaßnahmen, 2008, S. 331-333; *Crüger, A.*, Fremdvergleich, 2009. Zur Ermittlung des Fremdvergleichspreises innerhalb einer wirtschaftlichen Einheit anhand der Standardmethoden (Preisvergleichs-, Wiederverkaufspreis- und Kostenaufschlagmethode) vgl. *Theisen, M. R.*, Konzern, 2000, S. 469-472; *Theisen, M. R.*, Finanzwirtschaft, 2004, S. 501-509.

zunehmen.[1] Die Abgrenzung von betrieblichem und gesellschaftsrechtlichem Bereich dient dazu, die dem Trennungsprinzip immanente partielle Doppelbelastung von Unternehmensgewinnen mit Körperschaft- und Gewerbesteuer auf Gesellschaftsebene und Einkommensteuer auf Gesellschafterebene sicherzustellen.[2] Die körperschaft- und gewerbesteuerliche Korrekturnorm (§ 8 Abs. 3 Satz 2 KStG)[3] als Rechtsgrundlage einer verdeckten Gewinnausschüttung hat durch die Einführung einer – auf den ersten Blick einheitlichen[4] – Abgeltungsteuer unter dem Aspekt einer Steuerwirkungsanalyse keineswegs an Bedeutung verloren;[5] die „z. T. gravierenden körperschaft- und gesellschaftsteuerlichen Konsequenzen"[6] einer verdeckten Gewinnausschüttung sind auch nach der Unternehmensteuerreform 2008 in der Finanzierungsentscheidung zu berücksichtigen.

Während die als unangemessen angesehenen Vereinbarungen zwischen Gesellschaft und Gesellschafter als Rechtsfolge des § 8 Abs. 3 Satz 2 KStG einer außerbilanziellen Hinzurechnung auf Ebene der Kapitalgesellschaft[7] und einer Umqualifikation in offene Gewinnausschüttungen – mit der Folge der Anwendung der Abgeltungsteuer auf Divi-

---

1 S. BFH, Urt. v. 15.12.1965, I 181/63 U, BStBl. III 1966, S. 123. Vgl. auch *Theisen, M. R.*, Clauses, 1981, S. 290 f.; *Theisen, M. R.*, Eigengeschäfte, 1981, S. 296 f.; *Wassermeyer, F.*, Fremdvergleich, 1994, S. 1106; *Binz, M./Sorg, M. H.*, Gewinnausschüttung, 2001, S. 1457 f.; *Scheffler, W.*, Vertragsbeziehungen, 2002, S. 543; *Hey, J.*, Körperschaftsteuer, 2010, S. 453 f.; *Jacobs, O. H.*, Unternehmensbesteuerung, 2009, S. 188.

2 Vgl. *Wassermeyer, F.*, Replik, 1993, S. 1260; *Hey, J.*, Körperschaftsteuer, 2010, S. 453 f.

3 Zum Konkurrenzverhältnis und unterschiedlichen Auffassungen zur Einordnung der verdeckten Gewinnausschüttung als Gewinn-, Einkünfte-, Einkommenskorrektur und Entnahme vgl. *Wassermeyer, F.*, Einkünftekorrekturnormen, 2001, S. 633 f.; *Wassermeyer, F.*, Gewinnausschüttung, 2002; *BMF*, Gewinnausschüttung, Schreiben v. 28.05.2002, Rz. 2; *Marx, F. J.*, Aufdeckung, 2003, S. 675; *Reiss, W.*, Korrektur, 2003; *Klingebiel, J.*, Dötsch, § 8 Abs. 3 KStG Teil C, 2009, Rz. 355-363; s. BFH, Urt. v. 29.06.1994, I R 137/93, BStBl. II 2002, S. 366; BFH, Urt. v. 04.12.1996, I R 54/95, NJW 1997, S. 2004.

4 Zum Anwendungsbereich der Abgeltungsteuer s. detailliert Kapitel 4, S. 45.

5 S. *Schulte, W./Behnes, S.*, Entwicklungen, 2007, S. 9. Zur Steuerwirkung bei Aufdeckung einer verdeckten Gewinnausschüttung vgl. im Anrechnungsverfahren: *Theisen, M. R.*, Steuerklauseln, 1980, S. 186-189; *Engl, R. L./Rädler, A. J.*, Dividends, 1981; im Halbeinkünfteverfahren: *Hey, J.*, Besteuerungsfolgen, 2001; *Scheffler, W.*, Vertragsbeziehungen, 2002; *Marx, F. J.*, Aufdeckung, 2003; mit Abgeltungsteuer: *Wilhelmy, C.*, Gewinnausschüttung, 2007, S. 471-473; *Binz, H.-B.*, Belastungswirkungen, 2008.

6 *Theisen, M. R.*, Finanzierungsalternative, 1987, S. 66.

7 Zu den Rechtsfolgen bei betriebsprüfungsbedingter Aufdeckung einer verdeckten Gewinnausschüttung auf Ebene der Kapitalgesellschaft s. BFH, Urt. v. 29.06.1994, I R 137/93, BStBl. II 2002, S. 366; BFH, Urt. v. 12.10.1995, I R 27/95, BStBl. II 2002, S. 367; BFH, Urt. v. 17.10.2001, I R 97/00, GmbHR 93 (2002), S. 169; BFH, Urt. v. 21.08.2007, I R 74/06, BStBl. II 2008, S. 277. Vgl. auch *BMF*, Gewinnausschüttung, Schreiben v. 28.05.2002, Rz. 3-5; *Marx, F. J.*, Aufdeckung, 2003, S. 677 f.; *Rengers, J.*, Blümich, § 8 KStG, 2005, Rz. 420-424; *Hey, J.*, Körperschaftsteuer, 2010, S. 460; *Jacobs, O. H.*, Unternehmensbesteuerung, 2009, S. 190-192; *Klingebiel, J.*, Dötsch, § 8 Abs. 3 KStG Teil C, 2009, Rz. 350-365.

denden[1] – auf Ebene des Gesellschafters unterliegen,[2] sind der Begriff und die Voraussetzungen der verdeckten Gewinnausschüttung nicht gesetzlich definiert, jedoch durch die Rechtsprechung des Bundesfinanzhofs konkretisiert: Eine verdeckte Gewinnausschüttung wird von der Rechtsprechung als Vermögensminderung (oder verhinderte Vermögensmehrung) auf Ebene der Kapitalgesellschaft definiert, die durch das Gesellschaftsverhältnis veranlasst ist, sich auf die Höhe des Unterschiedsbetrags gem. § 4 Abs. 1 Satz 1 EStG i. V. m. § 8 Abs. 1 KStG auswirkt und in keinem Zusammenhang mit einer offenen Ausschüttung steht.[3] Zusätzlich zu einer am Fremdvergleich bzw. den Indizien Angemessenheit der Vereinbarungen, Ernsthaftigkeit und Üblichkeit der Vermögenszuwendung zu beurteilenden Veranlassung im Gesellschaftsverhältnis,[4] wird bei schuldrechtlichen Vertragsbeziehungen mit einem beherrschenden Gesellschafter eine verdeckte Gewinnausschüttung aufgrund eines fehlenden Interessengegensatzes ange-

---

1 S. § 20 Abs. 1 Nr. 1 Satz 2 i. V. m. § 32d Abs. 1 EStG. Zu den Rechtsfolgen bei Aufdeckung einer verdeckten Gewinnausschüttung auf Ebene der natürlichen Person und zur Anwendung des abgeltenden Steuertarifs gem. § 32d Abs. 1 EStG nach dem (durch das Jahressteuergesetz 2007 vom 13.12.2006, BGBl. I 2007, S. 2878 gesetzlich fixierten) Korrespondenzprinzip mit verfahrensrechtlicher Korrekturnorm (§ 32a KStG) vgl. *BMF*, Gesellschafter-Fremdfinanzierung, Schreiben v. 15.07.2004, Rz. 4; *Rengers, J.*, Blümich, § 8 KStG, 2005, Rz. 433-435; *Dörfler, O./Heurung, R./Adrian, G.*, Korrespondenzprinzip, 2007; *Dötsch, E./Pung, A.*, JStG 2007, 2007, S. 11-13; *Kohlhepp, R.*, Korrespondenzprinzipien, 2007; *Hey, J.*, Körperschaftsteuer, 2010, S. 460 f.; *Jacobs, O. H.*, Unternehmensbesteuerung, 2009, S. 192-197; *Klingebiel, J.*, Dötsch, § 8 Abs. 3 KStG Teil C, 2009, Rz. 365, 442.

2 Infolge der Anknüpfung an den körperschaftsteuerpflichtigen Gewinn (§ 7 Satz 1 GewStG), gilt die Korrekturvorschrift des § 8 Abs. 3 Satz 2 KStG auch für die Ermittlung des Gewerbeertrags; vgl. zu den gewerbesteuerlichen Rechtsfolgen bei Aufdeckung einer verdeckten Gewinnausschüttung auch *Jacobs, O. H.*, Unternehmensbesteuerung, 2009, S. 215-217. Zur vergleichbaren Behandlung der verdeckten Gewinnausschüttung im Handelsrecht (die Korrektur erfolgt dort jedoch direkt in der Handelsbilanz) s. BGH, Urt. v. 01.12.1986, II ZR 306/85, NJW 40 (1987), S. 1194; BGH, Urt. v. 13.11.1995, II ZR 113/94, GmbHR 87 (1996), S. 111. Vgl. auch *Schulze-Osterloh, J.*, Gewinnausschüttungen, 1994; *Kußmaul, H./Klein, N.*, Analyse, 2001, S. 193 f.

3 S. BFH, Urt. v. 23.05.1984, I R 294/81, BStBl. II 1984, S. 673; BFH, Urt. v. 22.02.1989, I R 44/85, BStBl. II 1989, S. 475; BFH, Urt. v. 08.10.2008, I R 61/07, GmbHR 100 (2009), S. 323. In früherer Rechtsprechung hat der Bundesfinanzhof die Annahme einer verdeckten Gewinnausschüttung von der Zuwendung eines Vermögensvorteils abhängig gemacht; s. BFH, Urt. v. 16.03.1967, I 261/63, BStBl. III 1967, S. 626. S. auch BFH, Urt. v. 22.02.2005, VIII R 24/03 (NV), GmbHR 96 (2005), S. 945; *Wassermeyer, F.*, Gewinnausschüttung, 1989; *Schulze zur Wiesche, D.*, Definition, 1990; *Wassermeyer, F.*, Definition, 2002, S. 2669; R 36 Abs. 1 KStR 2004; *Rose, G.*, Vorteilsgeeignetheit, 2005; *Schulte, W./Behnes, S.*, Entwicklungen, 2007, S. 1.

4 Eine Veranlassung im Gesellschaftsverhältnis ist i. d. R. anzunehmen, wenn ein ordentlicher und gewissenhafter Geschäftsleiter (§ 93 Abs. 1 Satz 1 AktG; § 43 Abs. 1 GmbHG) die Vermögensminderung (oder verhinderte Vermögensmehrung) gegenüber einem Nicht-Gesellschafter unter sonst gleichen Umständen nicht hingenommen hätte; s. grundlegend BFH, Urt. v. 16.03.1967, I 261/63, BStBl. III 1967, S. 626. S. weiterführend BFH, Urt. v. 08.06.1977, I R 95/75, BStBl. II 1977, S. 704; BFH, Urt. v. 07.12.1988, I R 25/82, BStBl. II 1989, S. 248; BFH, Urt. v. 02.12.1992, I R 54/91, BStBl. II 1993, S. 311; BFH, Urt. v. 17.05.1995, I R 147/93, BStBl. II 1996, S. 204; BFH, Urt. v. 19.03.1997, I R 75/96, BStBl. II 1997, S. 577; *Wassermeyer, F.*, Fremdvergleich, 1994; *Pezzer, H.-J.*, Anmerkungen, 1996, S. 379 f.; *Gosch, D.*, Fremdvergleich, 1997; *Schwedhelm, R.*, Gewinnausschüttung, 2000; *Pezzer, H.-J.*, Prüfmaßstab, 2002; H 36 III KStR 2004.

nommen,[1] wenn „keine zivilrechtlich wirksame, klare und eindeutige, von vornherein abgeschlossene und tatsächlich durchgeführte Vereinbarung vorliegt“[2].[3] Die dem Grundmodell für die vorliegende Untersuchung zugrunde liegende Fremdkapitalausstattung durch einen beherrschenden Gesellschafter ist einer erweiterten steuerlichen Angemessenheitsprüfung dem Grunde nach (totale vGA) und der Höhe nach (partielle vGA) zu unterziehen:[4]

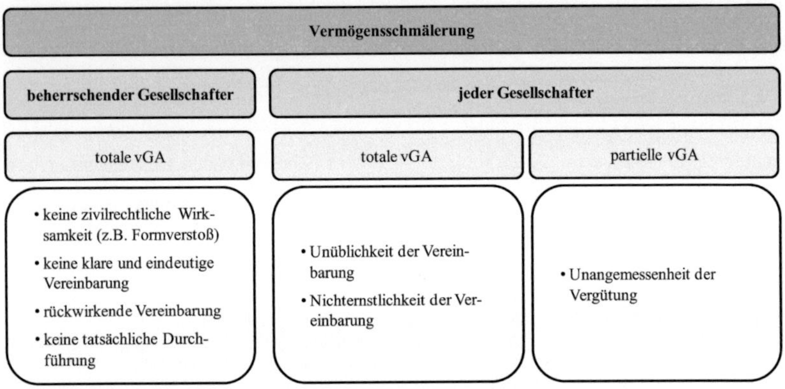

Abbildung 30: Erweiterte steuerliche Angemessenheitsprüfung

Die verdeckte Gewinnausschüttung ist ferner bezüglich der steuerlichen Folgen auf Ebene der Kapitalgesellschaft und des Gesellschafters in die nachfolgend dargestellte Typologie der verdeckten Gewinnausschüttung einzuordnen:[5]

---

1 S. BFH, Urt. v. 26.04.1989, I R 172/87, BStBl. II 1989, S. 673. Eine beherrschende Stellung eines Gesellschafters liegt im Regelfall vor, wenn der Gesellschafter auf der Gesellschafterversammlung über die einfache Stimmenmehrheit verfügt; dies setzt grundsätzlich eine Beteiligung am Stamm- oder Grundkapital von mehr als 50 % voraus. S. BFH, Urt. v. 08.01.1969, I R 91/66, BStBl. II 1969, S. 347; BFH, Urt. v. 21.07.1976, I R 223/74, BStBl. II 1976, S. 734; BFH, Urt. v. 05.10.2004, VIII R 9/03 (NV), GmbHR 96 (2005), S. 176. Vgl. auch *Lang, J.*, Dötsch, § 8 Abs. 3 KStG Teil C, 2009, Rz. 200.

2 *Lang, J.*, Dötsch, § 8 Abs. 3 KStG Teil C, 2009, Rz. 200.

3 S. BFH, Urt. v. 15.12.1965, I 181/63 U, BStBl. III 1966, S. 123; BFH, Urt. v. 21.07.1982, I R 56/78, BStBl. II 1982, S. 761; BFH, Urt. v. 02.02.1994, I R 78/92, BStBl. II 1994, S. 479. Vgl. auch *Theisen, M. R.*, Eigengeschäfte, 1981, S. 296 f.; *Wassermeyer, F.*, Gewinnausschüttungen, 1991, S. 1066 f.; *Tiedtke, K.*, Wirksamkeit, 1993, S. 937 f.; R 36 Abs. 2 KStR 2004.

4 Quelle der Grafik: *Hoffmann, W.-D.*, Gewinnausschüttung, 1998, S. 314. Zur Terminologie einer partiellen und totalen verdeckten Gewinnausschüttung vgl. *Gosch, D.*, Fremdvergleich, 1997, S. 3.

5 Grafik in Anlehnung an *Marx, F. J.*, Aufdeckung, 2003, S. 676. Vgl. auch *Scheffler, W.*, Vertragsbeziehungen, 2002, S. 543 f.; *Lang, J.*, Dötsch, § 8 Abs. 3 KStG Teil C, 2009, Rz. 16.

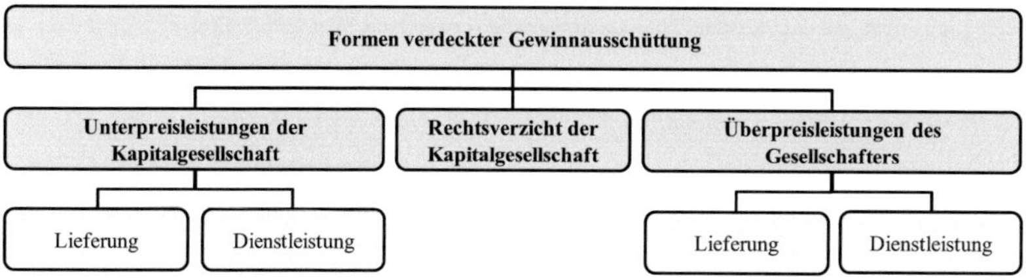

Abbildung 31: Formen verdeckter Gewinnausschüttung

Eine – im Grundmodell dieser Untersuchung mit 10 % unterstellte – Bruttorendite für Gesellschafter-Fremdkapitalvergütungen, die bei einem überhöhten Entgelt[1] als Überpreis-Dienstleistung des Gesellschafters zu qualifizieren ist,[2] wird in Höhe des unangemessenen Teils der Darlehensvergütung als verdeckte Gewinnausschüttung qualifiziert, die das Einkommen der Kapitalgesellschaft nicht mindern darf.[3] Zur Einhaltung der – dieser Untersuchung zugrunde liegenden – *EBIT*-basierten Modellprämisse mit maximaler Fremdfinanzierung einer Kapitalgesellschaft wird unterstellt, dass die aus der Aufdeckung der verdeckten Gewinnausschüttung resultierende Unternehmensteuerzahllast aus dem bereits versteuerten Gewinn oder zukünftigen – bis zur Aufdeckung der verdeckten Gewinnausschüttung – erwirtschafteten Gewinnen der Kapitalgesellschaft getilgt wird.[4] In Tabelle 25 wird der Einfluss der Angemessenheit der Fremdkapitalvergütung auf den Steuervorteil der Fremdfinanzierung untersucht. Hierbei wird in einer Fallunterscheidung nach einer partiellen verdeckten Gewinnausschüttung – am

---

1 Zur Ermittlung des angemessenen Zinssatzes für eine Darlehensgewährung s. BFH, Urt. v. 28.02.1990, I R 83/87, BStBl. II 1990, S. 649; BFH, Urt. v. 21.12.1994, I R 65/94, BFHE 176, S. 571.

2 S. grundlegend BFH, Urt. v. 28.10.1964, I 198/62 U, BStBl. III 1965, S. 119; BFH, Urt. v. 25.11.1964, I 116/63 U, BStBl. III 1965, S. 176. Vgl. auch *Scheffler, W.*, Vertragsbeziehungen, 2002, S. 543; *Lang, J.*, Dötsch, § 8 Abs. 3 KStG, 2003, Rz. 1116; H 36 V KStR 2004.

3 S. § 8 Abs. 3 Satz 2 KStG; vgl. auch *Lang, J.*, Dötsch, § 8 Abs. 3 KStG Teil C, 2009, Rz. 129.

4 Vgl. so auch *Theisen, M. R.*, Steuerklauseln, 1980, Fn. 171 auf S. 186 und *Scheffler, W.*, Vertragsbeziehungen, 2002, S. 544, der über die unmittelbare Erhöhung der Körper- und Gewerbesteuer hinaus einen „Sekundäreffekt" erfasst, der aus einer Verringerung zukünftigen Ausschüttungspotenzials resultiert. Dieser Sekundäreffekt hängt jedoch von der zukünftigen Gewinnverwendungspolitik des Unternehmens und dem Eintritt einer tatsächlich „ausschüttungsbeschränkende[n] Wirkung" ab; *Marx, F. J.*, Aufdeckung, 2003, S. 678. Da der Abgang an verwendbarem Eigenkapital regelmäßig höher ist, als der aus der gleichen verdeckten Gewinnausschüttung resultierende Zugang zum verwendbaren Eigenkapital folgt ein – gesetzestechnisch bisher ungelöstes – Divergenzproblem oder „Schatteneffekt"; vgl. *Herzig, N.*, Divergenzeffekt, 1985; *Bareis, P.*, Gewinnausschüttungen, 2009, S. 815 f.; *Rüd, E.*, Doktrin, 2009, S. 706. Die Zahlung von nachträglichen Unternehmensteuern aus dem nach Unternehmen- und Einkommensteuer verbleibenden Nachsteuergewinn erscheint vor allem in einer personenbezogenen Kapitalgesellschaft plausibel.

Beispiel einer angemessenen Bruttorendite für Gesellschafter-Fremdkapitalvergütungen in Höhe von 5 % – und einer totalen verdeckten Gewinnausschüttung differenziert.[1]

in T€	EK	max. FK			
		Vergütung			
		angemessen	unangemessen		
			partielle vGA		totale vGA
EBIT KapGes	100,00	100,00	100,00		100,00
– Zinsabzug	-	95,30	95,30		95,30
EBT KapGes	100,00	4,70	4,70		4,70
+ vGA[2]	-	-	47,65		95,30
zvE KapGes	100,00	4,70	52,35		100,00
GewSt (s_g=0,14)	14,00	3,99	9,00		14,00
KSt (s_k=0,15)	15,00	0,71	7,85		15,00
Steuer KapGes	29,00	4,70	16,85		29,00
offene Gewinnausschüttung	71,00	0,00	0,00		0,00
Art der Einkünfte AE	Dividende	Zins	Zins	Dividende	Dividende
Einkünfte AE (nat. Pers.)	71,00	95,30	47,65	47,65	95,30
ESt (s_a=0,25; s_e(FK)=0,45)	17,75	42,88	21,44	11,91	23,83
Gesamtsteuerbelastung	46,75	47,58	50,20		52,83
Differenz zu EK		**–0,83**	**–3,45**		**–6,08**

Tabelle 25: Einfluss von Angemessenheit der Fremdkapitalvergütung auf den Steuervorteil der Fremdfinanzierung

Durch eine nachträgliche Feststellung der angemessenen Bruttorendite für Fremdkapitalvergütungen resultiert der Faktor der unangemessenen Zinszahlung β bei einer Angemessenheitsprüfung der Höhe nach (partielle vGA) aus den Prozentsätzen der angemessenen (*ang*) und der ursprünglich vereinbarten (*vereinb*) Fremdkapitalrendite:

$$\beta = \frac{r_{vereinb}^{FK} - r_{ang}^{FK}}{r_{vereinb}^{FK}} \tag{6-5}$$

Bei einer vereinbarten Bruttorendite in Höhe von 10 % und einer als angemessen festgestellten Bruttorendite in Höhe von 5 % beträgt der Faktor der unangemessenen Zins-

---

[1] Der zeitliche Effekt, der aus einem steuerlichen Betriebsausgabenabzug des unangemessenen Teils und der Aufdeckung der verdeckten Gewinnausschüttung in unterschiedlichen Perioden resultiert, wird hier zunächst vernachlässigt. Vgl. so auch *Theisen, M. R.*, Steuerklauseln, 1980, S. 186-188; *Hey, J.*, Besteuerungsfolgen, 2001; *Wilhelmy, C.*, Gewinnausschüttung, 2007; *Binz, H.-B.*, Belastungswirkungen, 2008.

[2] 95,30 T€ x 0,5 = 47,65 T€.

zahlung (β-Niveau) somit 0,5,[1] d. h. 50 % der ursprünglich vereinbarten und tatsächlich durchgeführten Zinszahlung „mindern das Einkommen [der Kapitalgesellschaft] nicht“[2] und unterliegen auf Ebene der natürlichen Person in gleicher Höhe als sonstige Bezüge i. S. des § 20 Abs. 1 Nr. 1 Satz 1 EStG der Einkommensteuer.[3] Die im Rahmen des Fremdvergleichs festgestellte verdeckte Gewinnausschüttung und die der Höhe nach anerkannten Zinsen werden für die Grenzbetrachtung in Tabelle 26 quantifiziert:[4]

unangemessene Zinszahlung	angemessene Zinszahlung
$Z_{vGA} = \beta * (1 - \sigma_g - \sigma_k) =$	$Z_{BA} = (1-\beta) * (1 - \sigma_g - \sigma_k) =$
$\beta * \left(1 - \frac{0{,}25 * s_g}{1 - 0{,}75 * s_g - s_k}\right)$	$(1-\beta) * \left(1 - \frac{0{,}25 * s_g}{1 - 0{,}75 * s_g - s_k}\right)$

Tabelle 26: Effektiver Anteil der angemessenen und unangemessenen Zinszahlung (partielle vGA)

Der effektive Körperschaft- und Gewerbesteuersatz für die Fremdfinanzierung bei Aufdeckung einer partiellen verdeckten Gewinnausschüttung beträgt in Abhängigkeit der angemessenen, effektiven Fremdkapitalvergütung:

Effektiver Gewerbesteuersatz:
$\xi_g = \left(1 - 0{,}75 * (1-\beta) * \left(1 - \frac{0{,}25 * s_g}{1 - 0{,}75 * s_g - s_k}\right)\right) * s_g$
Effektiver Körperschaftsteuersatz:
$\xi_k = \left(1 - (1-\beta) * \left(1 - \frac{0{,}25 * s_g}{1 - 0{,}75 * s_g - s_k}\right)\right) * s_k$

Tabelle 27: Effektive Unternehmensteuersätze bei partieller verdeckter Gewinnausschüttung

---

1 (0,10 – 0,05) / 0,10 = 0,50.

2 § 8 Abs. 3 Satz 2 KStG.

3 Aus systematischer Sicht wäre es nach den gegenwärtigen Interpretationen der verdeckten Gewinnausschüttung zwingend, den unangemessenen Teil der – an den Gesellschafter bereits zugeflossenen – Vergütungen in dieser Höhe als Bruttobardividende zu betrachten und zur Gleichstellung mit offenen Gewinnausschüttungen auf Ebene der Kapitalgesellschaft nicht den unangemessenen Anteil der Vergütung als nicht abziehbare Betriebsausgabe zu behandeln, sondern den auf einen Gewinn vor Unternehmensteuern hochgeschleusten Betrag der unangemessenen Vergütung; vgl. so auch *Herzig, N.*, Divergenzeffekt, 1985, S. 353; *Bareis, P.*, Belastungswirkungen, 2009, S. 600 f. Im Beispielfall (Tabelle 25, S. 132, Spalte „partielle vGA“) wäre der außerbilanziell hinzuzurechnende Betrag demnach nicht 47,65 T€ sondern 47,65 T€ / ($1 - s_g - s_k$) = 47,65 T€ / 0,71 = 67,11 T€.

4 Zur Herleitung vgl. Anhang h, S. 293.

Die Gesamtsteuerbelastung der Fremdfinanzierung bei Aufdeckung einer partiellen verdeckten Gewinnausschüttung berechnet sich unter Berücksichtigung der partiellen Umqualifizierung der Zinsen in – der Abgeltungsteuer unterliegende – Dividenden auf Anteilseignerebene:

$$s_{FK(p)} = \xi_g + \xi_k + Z_{BA} * s_e + Z_{vGA} * s_a \tag{6-6}$$

In Abhängigkeit von den tariflichen Steuersätzen und dem β-Niveau ist die Gesamtsteuerbelastung der Fremdfinanzierung bei Aufdeckung einer partiellen verdeckten Gewinnausschüttung in der Grenzbetrachtung wie folgt zu quantifizieren:[1]

$$s_{FK(p)} = s_g + s_k + \left(1 - \frac{0{,}25 * s_g}{1 - 0{,}75 * s_g - s_k}\right) * \left((1-\beta) * \left(s_e - 0{,}75 * s_g - s_k\right) + \beta * s_a\right) \tag{6-7}$$

Der Steuervorteil der Fremdfinanzierung bei Aufdecken der partiellen verdeckten Gewinnausschüttung als Differenz der Gesamtsteuerbelastungen von Eigen- und Fremdfinanzierung beträgt in der Grenzbetrachtung:[2]

$$\boxed{\Delta s_p = \left(1 - s_g - s_k\right) * s_a - \left(1 - \frac{0{,}25 * s_g}{1 - 0{,}75 * s_g - s_k}\right) * \left((1-\beta) * \left(s_e - 0{,}75 * s_g - s_k\right) + \beta * s_a\right)} \tag{6-8}$$

Für einen nominalen Körperschaftsteuersatz in Höhe von 15 %, einen nominalen Gewerbesteuersatz in Höhe von 14 %, einen Abgeltungsteuersatz in Höhe von 25 % und einen Einkommensteuersatz in Höhe von 45 % resultieren bei einem β-Niveau von beispielsweise 0,5 ein effektiver Körperschaftsteuersatz in Höhe von 7,85 %, ein effektiver Gewerbesteuersatz in Höhe von 9,00 %, eine Gesamtsteuerbelastung der Fremdfinanzierung in Höhe von 50,20 % und ein Steuervorteil der Eigenfinanzierung in Höhe von 3,45 % des *EBIT*.[3] Aus der Reduzierung der angemessenen Bruttorendite von 10 % auf 5 % resultiert gegenüber dem Grundmodell eine Erhöhung des Steuervorteils der Eigenfinanzierung um 2,62 Prozentpunkte bzw. 315,66 %.[4] Das β-Niveau hat bei einer parti-

---

1 Vgl. Herleitung in Anhang h, S. 295.

2 Vgl. Herleitung in Anhang h, S. 295.

3 Vgl. Berechnungen in Anhang h, S. 295, und Werte in Tabelle 25, S. 132.

4 0,0345 – 0,0083 = 0,0262; 0,0262 / 0,0083 = 3,1566. Zur Berechnung des Steuervorteils der Eigenfinanzierung im Grundmodell in Höhe von 0,83 % des *EBIT* vgl. Kapitel 4, S. 45, und Kapitel 5.1, S. 57.

ellen verdeckten Gewinnausschüttung einen – vom Einkommensteuersatz abhängigen – negativen, linearen Einfluss auf den Steuervorteil der Fremdfinanzierung:[1]

$$\frac{\partial \Delta s_p}{\partial \beta} = \left(1 - \frac{0{,}25 * s_g}{1 - 0{,}75 * s_g - s_k}\right) * \left(s_e - 0{,}75 * s_g - s_k - s_a\right) < 0 \qquad (6\text{-}9)$$

Der einkommensteuerliche Indifferenzsteuersatz beträgt in Abhängigkeit des β-Niveaus:[2]

$$\hat{s}_{e(p)} = \frac{0{,}420520 - 0{,}481275 * \beta}{(1-\beta) * 0{,}95302} \qquad (6\text{-}10)$$

Der einkommensteuerliche Indifferenzsteuersatz verringert sich durch die Qualifikation der Zinszahlung als partielle verdeckte Gewinnausschüttung (β-Niveau = 0,5) gegenüber dem Grundmodell der maximalen Fremdfinanzierung von 44,13 % auf 37,75 %,[3] das heißt, sobald der nominale Einkommensteuersatz den Wert von 37,75 % übersteigt, wandelt sich der Steuervorteil der Fremdfinanzierung in einen Steuervorteil der Eigenfinanzierung.

Die Qualifikation der Zinszahlung als verdeckte Gewinnausschüttung dem Grunde nach (totale vGA) ist bezüglich der steuerlichen Wirkung mit einer Angemessenheitsprüfung der Höhe nach (partielle vGA) mit $r_{ang} = 0$ und damit $\beta = 1$ vergleichbar und bewirkt eine Unternehmensteuerbelastung, die aufgrund einer vollständigen außerbilanziellen Hinzurechnung des Zinsbetrages der Höhe nach der Körperschaft- und Gewerbesteuerbelastung der Eigenfinanzierungsalternative entspricht. Auf Ebene der natürlichen Person unterscheidet sich die steuerliche Wirkung der verdeckten Gewinnausschüttung dem Grunde nach von der Eigenkapitalfinanzierung, da bei der totalen verdeckten Gewinnausschüttung nicht die Bruttobardividende (71 T€), sondern der unangemessen zugeflossene Betrag (95,3 T€) der Abgeltungsteuer unterliegt. Die Gesamtsteuerbelastung der verdeckten Gewinnausschüttung dem Grunde nach (totale vGA) beträgt demnach:[4]

---

1 Ein negativer Einfluss resultiert für $s_e < 0{,}505$ und somit für sämtliche Einkommensteuersätze des geltenden Einkommensteuerrechts. Vgl. Herleitung und Berechnung in Anhang h, S. 296.

2 Vgl. Herleitung in Anhang h, S. 296.

3 Vgl. Kapitel 4, S. 45, und Berechnung in Anhang h, S. 296.

4 Vgl. Herleitung in Anhang h, S. 297.

$$s_{FK(t)} = s_g + s_k + \left(1 - \frac{0{,}25 * s_g}{1 - 0{,}75 * s_g - s_k}\right) * s_a \tag{6-11}$$

Bei Aufdecken der totalen verdeckten Gewinnausschüttung resultiert der Steuervorteil der Fremdfinanzierung als Differenz der Gesamtsteuerbelastung von Eigen- und aufgedeckter Fremdfinanzierung:[1]

$$\boxed{\Delta s_t = \left(\frac{0{,}25 * s_g}{1 - 0{,}75 * s_g - s_k} - s_g - s_k\right) * s_a} \tag{6-12}$$

Für einen nominalen Körperschaftsteuersatz in Höhe von 15 %, einen nominalen Gewerbesteuersatz in Höhe von 14 % und einen Abgeltungsteuersatz in Höhe von 25 % resultieren bei Aufdeckung einer totalen verdeckten Gewinnausschüttung eine Gesamtsteuerbelastung der Fremdfinanzierung in Höhe von 52,83 % und ein Steuervorteil der Eigenfinanzierung in Höhe von 6,08 % des *EBIT*.[2] Ein einkommensteuerlicher Indifferenzsteuersatz existiert nicht, da sowohl die Gesamtsteuerbelastung der Eigenfinanzierung als auch die Gesamtsteuerbelastung der Fremdfinanzierung bei Aufdeckung der totalen verdeckten Gewinnausschüttung unabhängig von dem persönlichen Einkommensteuersatz sind.[3] Die Umqualifizierung der Zinszahlung in eine verdeckte Gewinnausschüttung hat durch die Anwendung des Abgeltungsteuersatzes in der Grenzbetrachtung der Fremdfinanzierungsalternative einen negativen Steuertarifeffekt auf Ebene der

---

1 Vgl. Herleitung in Anhang h, S. 297.

2 Vgl. Berechnungen in Anhang h, S. 297, und Werte aus Tabelle 25, S. 132.

3 Der Sachverhalt einer totalen verdeckten Gewinnausschüttung ist bei Überpreisleistungen des Gesellschafters nach der Unternehmensteuerreform 2008 der einzige Sachverhalt, wobei der Steuervorteil der Fremdfinanzierung unabhängig vom Einkommensteuersatz des Gesellschafters ist. Sowohl bei partieller verdeckter Gewinnausschüttung als auch bei Anwendung des Teileinkünfteverfahrens (vgl. Kapitel 5.3.4, S. 111) oder der Günstigerprüfung (vgl. Kapitel 5.3.2, S. 87) ist der Steuervorteil der Fremdfinanzierung abhängig vom individuellen Einkommensteuersatz. Der in den überwiegenden Fällen resultierende gesamtsteuerliche Nachteil aus der Aufdeckung einer verdeckten Gewinnausschüttung gegenüber einer Nichtaufdeckung einer verdeckten Gewinnausschüttung (in Tabelle 25, S. 132: 0,5283 – 0,4758 = 0,0524), der nicht Gegenstand dieser Ausarbeitung sein soll, ist jedoch wiederum – seit Abschaffung des Anrechnungsverfahrens – abhängig vom persönlichen Einkommensteuersatz; vgl. *Hey, J.*, Besteuerungsfolgen, 2001, S. 5; *Jacobs, O. H.*, Unternehmensbesteuerung, 2009, S. 195-197.

natürlichen Person zur Folge,[1] der durch eine – um die verdeckte Gewinnausschüttung $(1 - \sigma_g - \sigma_k)$ – höhere Bemessungsgrundlage für Zwecke der Gewerbe- und Körperschaftsteuer (positiver Bemessungsgrundlageneffekt) überkompensiert wird.[2] Da die Unternehmensteuerbelastung von Eigen- und Fremdfinanzierung bei Aufdecken der totalen verdeckten Gewinnausschüttung der Höhe nach identisch ist und nur die Bemessungsgrundlage der Abgeltungsteuer bei einer Fremdfinanzierung um $(s_g + s_k - \sigma_g - \sigma_k)$ höher ist als bei Eigenfinanzierung, resultiert bei Aufdecken einer totalen verdeckten Gewinnausschüttung stets ein Steuervorteil der Eigenfinanzierung. In Abbildung 32 wird der Steuervorteil der Fremdfinanzierung bei Aufdecken der verdeckten Gewinnausschüttung in Abhängigkeit des β-Niveaus und für Einkommensteuersätze in Höhe von 25 %, 35 % und 45 % grafisch dargestellt:

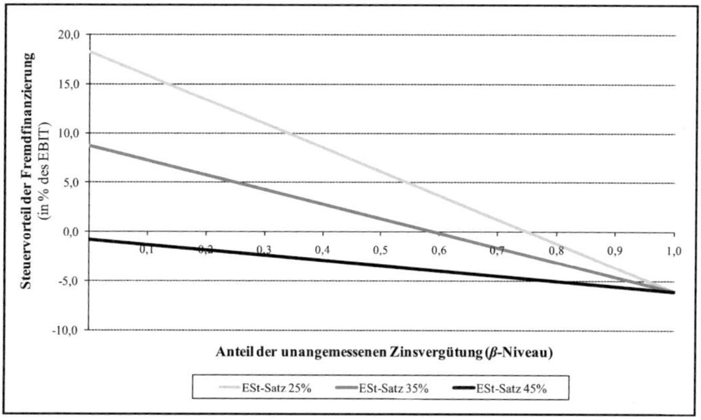

Abbildung 32: Einfluss der Angemessenheitsprüfung (β-Niveau) auf den Steuervorteil der Fremdfinanzierung

Wie aus Abbildung 32 ersichtlich, besteht bei Aufdeckung der verdeckten Gewinnausschüttung dem Grunde nach (entspricht Steuerbelastung von $\beta = 1$) ein vom Einkommensteuersatz unabhängiger Steuervorteil der Eigenfinanzierung. Bei der Aufdeckung

[1] Die nominale und effektive Einkommensteuerbelastung reduziert sich durch die Umqualifizierung in eine verdeckte Gewinnausschüttung, sofern der individuelle Einkommensteuersatz (Differenzsteuersatz) – der zur Besteuerung der Zinsen herangezogen wurde – höher ist als der Abgeltungsteuersatz. Sofern der individuelle Einkommensteuersatz gleich oder kleiner als der Abgeltungsteuersatz ist, resultiert bei Anwendung der Günstigerprüfung weder eine Steuermehr- noch eine Steuerminderbelastung.

[2] Vgl. zu den drei Effekten der verdeckten Gewinnausschüttung (Erhöhung der Gewerbe- und Körperschaftsteuer, Anwendung der Abgeltungsteuer auf die verdeckte Gewinnausschüttung, Reduzierung der Zinseinnahmen) *Scheffler, W.*, Vertragsbeziehungen, 2002, S. 544, 550. Vgl. zu Steuertarif- und Bemessungsgrundlageneffekten *Wagner, F. W.*, Entwicklungstendenzen, 1984, S. 212 f.

einer verdeckten Gewinnausschüttung der Höhe nach ist der Steuervorteil der Fremdfinanzierung unabhängig von dem β-Niveau umso geringer je höher der individuelle Einkommensteuersatz ist.[1] Der negative Einfluss des β-Niveaus auf den Steuervorteil der Fremdfinanzierung zeigt sich in einer Reduzierung des Steuervorteils der Fremdfinanzierung, wenn der Anteil der unangemessenen Zinsvergütung steigt.[2] Ferner ist aus Abbildung 32 ersichtlich, dass die negative Steigung der Tax Shield-Funktion umso größer ist, je niedriger der individuelle Einkommensteuersatzes ist. Eine Umqualifizierung durch die Aufdeckung der partiellen verdeckten Gewinnausschüttung wirkt sich somit bei natürlichen Personen mit einem geringen Einkommensteuersatz stärker auf den Steuervorteil der Fremd- bzw. Eigenfinanzierung aus, als bei natürlichen Personen mit einem höheren Einkommensteuersatz.[3] Aus Abbildung 32 ist ferner ersichtlich, dass der Wechsel des Steuervorteils der Fremdfinanzierung in einen Steuervorteil der Eigenfinanzierung bei einem geringen Einkommensteuersatz einen höheren unangemessenen Zinsanteil (β-Niveau) voraussetzt, als bei einem hohen Einkommensteuersatz. Die Auszahlung von unangemessen hohen Zinsen bewirkt somit eine Gesamtsteuerbelastung der Fremdfinanzierung, die für weite Bereiche des Einkommensteuersatzes zunächst unter der Gesamtsteuerbelastung einer Eigenfinanzierung liegt,[4] bei Aufdeckung der verdeckten Gewinnausschüttung jedoch die Gesamtsteuerbelastung der Eigenfinanzierung übersteigen kann.[5]

Im Mehrperiodenmodell resultiert durch die Verlagerung von steuerpflichtigem Einkommen der Kapitalgesellschaft in die Zukunft ein positiver und durch die Verlagerung einer – für $s_e > s_a$ – Steuersatzreduzierung auf Ebene der natürlichen Person ein negati-

---

[1] Vgl. zum Einfluss des Einkommensteuersatzes auf den Steuervorteil der Fremdfinanzierung Kapitel 5.3.1, S. 74. Ebenso ist der Steuervorteil der Eigenfinanzierung umso höher, je höher der individuelle Einkommensteuersatz ist.

[2] Ebenso resultiert aus einer Erhöhung des β-Niveaus eine Erhöhung des Steuervorteils der Eigenfinanzierung.

[3] Vgl. so auch *Binz, H.-B.*, Belastungswirkungen, 2008, S. 1822, der die Auswirkungen der Steuersatzänderungen im Rahmen der Unternehmensteuerreform 2008 auf die Steuerbelastung bei einer verdeckten Gewinnausschüttung untersucht.

[4] Vgl. Kapitel 5.3.1, S. 74.

[5] Bei einer vereinbarten Bruttorendite in Höhe von 10 %, einem Körperschaftsteuersatz in Höhe von 15 %, einem Gewerbesteuersatz in Höhe von 14 % und einem Einkommensteuersatz in Höhe von 35 % beträgt die Gesamtsteuerbelastung der maximalen Fremdfinanzierung 38,06 % des *EBIT*. Der Steuervorteil der Fremdfinanzierung gegenüber der Eigenfinanzierungsalternative (46,75 % Gesamtsteuerbelastung) beläuft sich auf 8,70 % des *EBIT*. Sofern nachträglich eine Bruttorendite in Höhe von beispielsweise 3 % als angemessen erachtet wird, beträgt die Steuernachzahlung in der Fremdfinanzierungsalternative 10,34 % (48,39 % – 38,05 %) des *EBIT*. Der Steuervorteil der Fremdfinanzierung wandelt sich insgesamt in einen Steuervorteil der Eigenfinanzierung in Höhe von 1,64 % des *EBIT*. Vgl. Berechnungen in Anhang h, S. 298.

ver Zeit- oder Zinseffekt.[1] Zur Quantifizierung des Steuervorteils der Fremdfinanzierung im Mehrperiodenmodell werden die Steuerzahlungen bzw. -rückerstattungen der Kapitalgesellschaft und der natürlichen Person nach der Periode der Zahlungswirksamkeit differenziert:

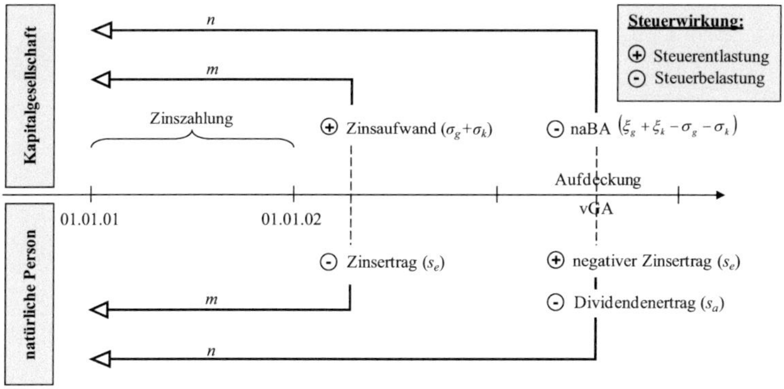

Abbildung 33: Angemessenheitsprüfung im Mehrperiodenmodell

Während in der Periode der Aufdeckung der verdeckten Gewinnausschüttung (*n*) für die Kapitalgesellschaft eine Mehrbelastung aus der außerbilanziellen Hinzurechnung der verdeckten Gewinnausschüttung als nicht abziehbare Betriebsausgabe resultiert,[2] wirkt auf Ebene der natürlichen Person eine Steuerentlastung durch die Reduzierung der nicht angemessenen Zinsaufwendungen einer Steuerbelastung aus der Besteuerung der umqualifizierten Dividendenerträge entgegen. Die zu unterschiedlichen Zeitpunkten anfallenden Steuerbe- und Steuerentlastungen der Finanzierungsalternativen werden im Mehrperiodenmodell durch Diskontierung der zukünftigen Steuerzahlungen auf eine Vergleichsperiode vergleichbar:[3]

$$
{}^{dyn}s_{FK(p)} = \sum_{l=1}^{m} \frac{s_{FK}}{(1+i_s)^l} + \frac{m*\left(s_{FK(p)} - s_{FK}\right)}{(1+i_s)^n} =
$$

$$
= \sum_{l=1}^{m} \frac{\sigma_g + \sigma_k + (1-\sigma_g-\sigma_k)*s_e}{(1+i_s)^l} + \frac{m*\left(\xi_g + \xi_k + Z_{BA}*s_e + Z_{vGA}*s_a - \left(\sigma_g+\sigma_k+(1-\sigma_g-\sigma_k)*s_e\right)\right)}{(1+i_s)^n}
$$

---

1 Vgl. zu Zeit- bzw. Zinseffekten im Rahmen von verdeckten Gewinnausschüttungen *Scheffler, W.*, Vertragsbeziehungen, 2002, S. 544; *Marx, F. J.*, Aufdeckung, 2003, S. 674. Zur allgemeinen Wirkung von Zeit- bzw. Zinseffekten vgl. *Wagner, F. W.*, Entwicklungstendenzen, 1984, S. 211 f.; *Scheffler, W.*, Gewinnvorverlagerung, 2003, S. 1719; *Sigloch, J.*, Ertragsteuerparadoxa, 2009, S. 4 f., 9-14.

2 Von der Körperschaft- und Gewerbesteuerbelastung in Periode *n* wird die bereits getilgte Körperschaft- und Gewerbesteuerschuld der Periode(n) *m* abgezogen.

3 Zur Herleitung und Vereinfachung vgl. Anhang h, S. 299.

mit Nettozinssatz $i_s = i - i * s_a$ (6-13)

Der dynamische Steuervorteil der Fremdfinanzierung bei Aufdecken der partiellen verdeckten Gewinnausschüttung in Periode *n* berechnet sich aus der Summe der diskontierten Steuervorteile der maximalen Fremdfinanzierung über die Perioden *m*, abzüglich der diskontierten Gesamtsteuerbelastung aus den Rechtsfolgen der Aufdeckung der verdeckten Gewinnausschüttung in Periode *n*:[1]

$$^{dyn}\Delta s_p = \sum_{l=1}^{m} \frac{s_{EK} - s_{FK}}{(1+i_s)^l} - \frac{m * (s_{FK(p)} - s_{FK})}{(1+i_s)^n} \quad \text{mit Nettozinssatz } i_s = i - i * s_a \qquad (6\text{-}14)$$

In Abbildung 34 wird der Einfluss des Zeiteffekts auf den Steuervorteil der Fremdfinanzierung bei einer Unangemessenheit der Zinsvergütungen der Höhe nach (β = 0,7) am Beispiel eines Einkommensteuersatzes in Höhe von 35 % verdeutlicht.

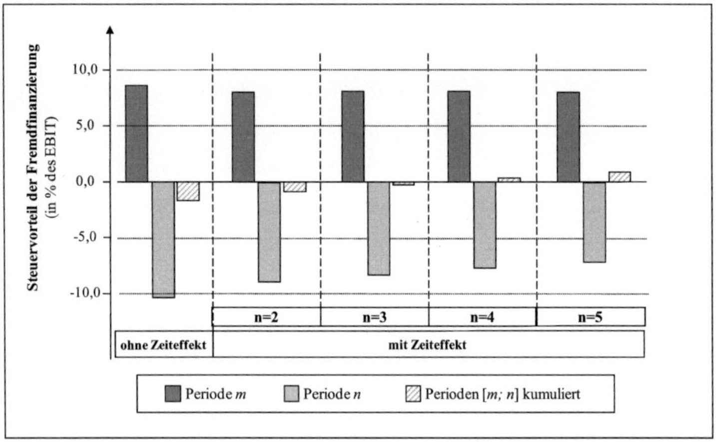

Abbildung 34: Einfluss der Angemessenheitsprüfung auf den Steuervorteil der Fremdfinanzierung mit Zeiteffekt

Sofern die zeitliche Differenz zwischen dem Steuervorteil der Fremdfinanzierung durch den unangemessenen Zinsabzug in einer Periode *m* und dem Steuernachteil der Fremdfinanzierung aus der Nachversteuerung bei Aufdecken der verdeckten Gewinnausschüttung in Periode *n* nicht berücksichtigt wird, resultiert kumuliert betrachtet ein Steuervorteil der Eigenfinanzierung in Höhe von 1,64 % des *EBIT* (Abbildung 34; Spalte „oh-

[1] Vgl. allgemeine Herleitung und Berechnung in Abhängigkeit der nominalen Steuersätze in Anhang h, S. 300.

ne Zeiteffekt“).[1] Wie aus Abbildung 34 ersichtlich, ist der kumulierte Steuervorteil der Fremd- bzw. Eigenfinanzierung unter Berücksichtigung des Zeiteffekts abhängig von der Anzahl der Perioden, die bis zur Aufdeckung der verdeckten Gewinnausschüttung verstreichen. Sofern beispielsweise der Steuernachteil der Fremdfinanzierung durch die Aufdeckung und Nachversteuerung der verdeckten Gewinnausschüttung aus einer Periode $m = 1$ erst in einer fünften Periode ($n = 5$) auftritt, wandelt sich der Steuervorteil der Eigenfinanzierung in Höhe von 1,64 % des *EBIT* unter Berücksichtigung des Zeiteffekts in einen zinsbedingten Steuervorteil der Fremdfinanzierung in Höhe 0,89 % des *EBIT*.[2]

In der folgenden Durchschnittsbetrachtung unter Berücksichtigung des progressiven Verlaufs des Einkommensteuertarifs und einer Startkapitalausstattung wird unterstellt, dass das (Start-)Fremdkapital zu Bedingungen und Konditionen zugeflossen ist, die dem Fremdvergleich standhalten;[3] Gegenstand dieser Untersuchung ist somit lediglich die Angemessenheitsprüfung des zusätzlich eingesetzten (Grenz-)Fremdkapitals. Im Unterschied zu der Grenzbetrachtung wird der nominale Einkommensteuersatz, der auf die angemessenen Zinsvergütungen aus der Start- und Grenzkapitalausstattung anzuwenden ist, in der Durchschnittsbetrachtung nach dem Einkommensteuertarif i. S. des § 32a Abs. 1 Satz 2 EStG berechnet. Die über eine Periode des unangemessenen Zinsabzugs und eine Periode der Aufdeckung der verdeckten Gewinnausschüttung kumulierte durchschnittliche Gesamtsteuerbelastung der Fremdfinanzierung beträgt unter Berücksichtigung der Angemessenheitsprüfung der Höhe nach (partielle vGA):[4]

$$s_{FK}^{vGA} = \frac{EBIT_{EK}^{Start}}{EBIT} * \left(s_g + s_k + (1 - s_g - s_k) * s_a\right) + \frac{EBIT_{FK}^{Start}}{EBIT} * \left(\sigma_g + \sigma_k + (1 - \sigma_g - \sigma_k) * s_e\right) +$$

$$+ \frac{EBIT_{FK}^{Grenz}}{EBIT} * \left(s_g + s_k + \left(1 - \frac{0{,}25 * s_g}{1 - 0{,}75 * s_g - s_k} \right) * \left((1-\beta) * \left(s_e - 0{,}75 * s_g - s_k\right) + \beta * s_a \right) \right) \quad (6\text{-}15)$$

---

1 Bei einem Einkommensteuersatz in Höhe von 35 % und einem β-Niveau in Höhe von 0,7. Vgl. auch Abbildung 32, S. 137, und Berechnungen in Anhang h, S. 298.

2 Vgl. Abbildung 34, S. 140 (Spalte: „*n=5*“) und Berechnungen in Anhang h, S. 300.

3 Da jeder einzelne Darlehensvertrag eine schuldrechtliche Beziehung zwischen dem Gesellschafter und der Gesellschaft darstellt, sind die Kriterien, Voraussetzungen und Rechtsfolgen der verdeckten Gewinnausschüttung bei jedem Darlehen zu überprüfen. Neben einer Anerkennung dem Grunde nach aufgrund formaler Mängel oder unzureichender Besicherung ist auch die Anerkennung der Höhe nach für jedes Darlehen einzeln zu beurteilen; aufgrund von Zeitdifferenzen kann ein unterschiedlicher Zinssatz für die Start- und Grenzkapitalausstattung durchaus als angemessen beurteilt werden.

4 Vgl. Herleitung, Vereinfachung und Quantifizierung des tariflichen Einkommensteuersatzes in Anhang h, S. 301.

Der kumulierte Steuervorteil der Fremdfinanzierung in der Durchschnittsbetrachtung berechnet sich aus der Differenz der Gesamtsteuerbelastung der Fremdfinanzierung unter Berücksichtigung der Angemessenheitsprüfung für die (Grenz-)Fremdfinanzierung und der Gesamtsteuerbelastung der Eigenfinanzierung – jeweils unter Berücksichtigung der Startkapitalausstattung und des progressiven Einkommensteuertarifs:[1]

$$\Delta s^{D} = \frac{EBIT_{FK}^{Start}}{EBIT} * \left(\left(1 - \sigma_g - \sigma_k\right) * \left(s_e^{EK} - s_e^{FK}\right)\right) + \frac{EBIT - EBIT_{FK}^{Start} - EBIT_{EK}^{Start}}{EBIT} * \left(s_g + s_k + \left(1 - s_g - s_k\right) * s_a\right) + \\ - \frac{EBIT_{FK}^{Grenz}}{EBIT} * \left(s_g + s_k + \left(1 - \frac{0,25 * s_g}{1 - 0,75 * s_g - s_k}\right) * \left(\left(1 - \beta\right) * \left(s_e^{FK} - 0,75 * s_g - s_k\right) + \beta * s_a\right)\right) \qquad (6\text{-}16)$$

Bei einer Startkapitalausstattung in Höhe von 2.000 T€ und einer Grenzkapitalausstattung in Höhe von 1.000 T€ beträgt die durchschnittliche Gesamtsteuerbelastung der Eigenfinanzierungsalternative bei angemessener Vergütung der (Start-)Fremdkapitalausstattung 43,39 % des *EBIT*.[2] Die durchschnittliche Gesamtsteuerbelastung der Fremdfinanzierung erhöht sich durch eine Angemessenheitsprüfung der (Grenz-)Fremdkapitalvergütung ($\beta = 0,5$) von 42,71 %[3] auf 44,06 %[4] des *EBIT*. Bei einem *EBIT* in Höhe von insgesamt 300 T€ wandelt sich der Steuervorteil der Fremdfinanzierung in Höhe von 0,68 % des *EBIT* durch die Konsequenzen aus einer Angemessenheitsprüfung in einen Steuervorteil der Eigenfinanzierung in Höhe von 0,67 % des *EBIT*.[5] In Abbildung 35 wird der Steuervorteil der Fremdfinanzierung mit den Konsequenzen aus einer Angemessenheitsprüfung ($\beta = 0,3$; 0,5; 0,7) dem Steuervorteil der Fremdfinanzierung ohne verdeckte Gewinnausschüttung gegenübergestellt. Die Variation des *EBIT* in Abbildung 35 zeigt, dass der Steuervorteil der Eigenfinanzierung auch in der Durchschnittsbetrachtung umso höher ist, je größer der unangemessene Anteil der Zinsvergütung und somit, je höher die Mehrfachbesteuerung durch die Aufdeckung der verdeckten Gewinnausschüttung ist.

---

1 Zur durchschnittlichen Gesamtsteuerbelastung bei Eigenfinanzierung unter Berücksichtigung der Startkapitalausstattung und des progressiven Einkommensteuertarifs vgl. Kapitel 5.3.3, S. 97. Zur Herleitung und Vereinfachung der Formel zur Berechnung des Steuervorteils der Fremdfinanzierung vgl. Anhang h, S. 302.

2 Vgl. Berechnungen und Ausführungen in Kapitel 5.3.3, S. 97, und Anhang f, S. 267.

3 Vgl. Berechnungen und Ausführungen in Kapitel 5.3.3, S. 97, und Anhang f, S. 267.

4 Vgl. Berechnungen in Anhang h, S. 301.

5 Der Steuervorteil der Fremdfinanzierung resultiert aus der Differenz der durchschnittlichen Gesamtsteuerbelastungen von Eigen- und Fremdfinanzierung bei einem *EBIT* in Höhe von 300 T€ (0,4339 – 0,4406 = –0,0067). Vgl. auch Berechnungen in Anhang h, S. 302.

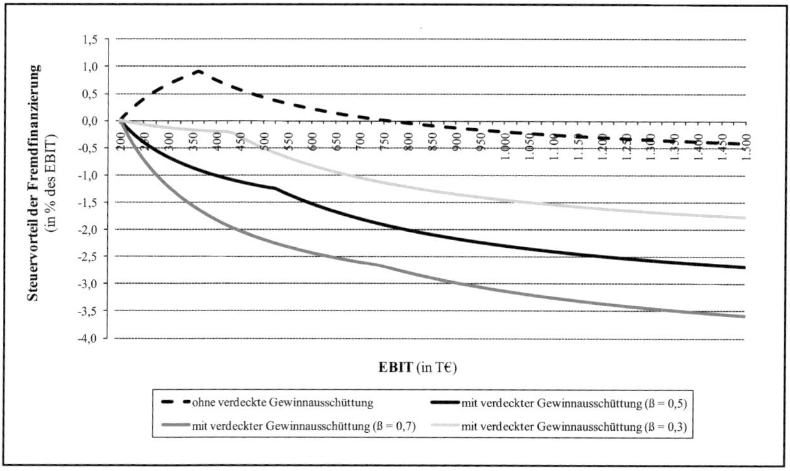

Abbildung 35: Steuervorteil der Fremdfinanzierung mit Angemessenheitsprüfung (Durchschnittsbetrachtung)

Gegenüber der Vernachlässigung einer Angemessenheitsprüfung („ohne verdeckte Gewinnausschüttung")[1] verschiebt sich der – für *EBIT*-Werte zwischen 200 T€ und 757.978 € resultierende[2] – Steuervorteil der Fremdfinanzierung bei Berücksichtigung einer Angemessenheitsprüfung (β = 0,3; 0,5; 0,7) in einen Steuervorteil der Eigenfinanzierung. In der Alternative der (Grenz-)Fremdfinanzierung bewirkt die Umqualifizierung der unangemessenen Zinsvergütungen in Dividenden aufgrund des progressiv ausgestalteten Einkommensteuertarif, dass bei einer Erhöhung des β-Niveaus der durchschnittliche, nominale Einkommensteuersatz sinkt und die zweite Proportionalzone des progressiven Einkommensteuertarifs mit einem Grenzsteuersatz in Höhe von 45 % erst ab einem höheren *EBIT*-Wert erreicht wird.[3] Dieser Progressionseffekt wird jedoch von der systemimmanenten Mehrfachbesteuerung unangemessener Zinsvergütungen bei Aufdeckung der verdeckten Gewinnausschüttung und der – mit Erhöhung des β-Niveaus – progressionsbedingten Erhöhung des Einkommensteuersatz auf die (Start-) Fremdkapitalvergütung und die angemessene (Grenz-)Fremdkapitalvergütung über-

---

[1] Vgl. hierzu Kapitel 5.3.3, S. 97.

[2] Vgl. Ausführungen in Kapitel 5.3.3, S. 97, und Berechnungen in Anhang f, S. 268.

[3] Das dem progressiven Einkommensteuertarif (§ 32a Abs. 1 Satz 2 EStG) unterliegende zu versteuernde Einkommen der natürlichen Person reduziert sich mit einer Erhöhung des umqualifizierten Zinsanteils (β-Niveau).

kompensiert.[1] In Summe führt die Aufdeckung einer partiellen verdeckten Gewinnausschüttung aus einer unangemessenen (Grenz-) Fremdfinanzierung in der Durchschnittsbetrachtung zu einer Gesamtsteuerbelastung, die höher ist als die Gesamtsteuerbelastung der Eigenfinanzierung.

In der (Grenz-)Mischfinanzierung wird unterstellt, dass das zusätzlich zur Verfügung gestellte Grenzkapital zu einem Anteil aus Eigenkapital und zu einem Anteil aus Fremdkapital besteht. Durch eine stufenweise Variation des (Grenz-)Eigen- bzw. (Grenz-)Fremdkapitalanteils wird der Einfluss des Verschuldungsgrades auf die Gesamtsteuerbelastung simuliert. In der Mischfinanzierung berechnet sich die Gesamtsteuerbelastung aus der Addition der Gesamtsteuerbelastungen von (Start-)Eigen-, (Start-) Fremd-, (Grenz-)Eigen- und (Grenz-)Fremdfinanzierung unter Berücksichtigung der Angemessenheitsprüfung:[2]

$$s_{Misch}^{vGA} = \frac{EBIT_{EK}^{Start} + EBIT_{EK}^{Grenz}}{EBIT} * \left(s_g + s_k + (1 - s_g - s_k) * s_a\right) + \frac{EBIT_{FK}^{Start}}{EBIT} * \left(\sigma_g + \sigma_k + (1 - \sigma_g - \sigma_k) * s_e\right) +$$

$$+ \frac{EBIT_{FK}^{Grenz}}{EBIT} * \left(s_g + s_k + \left(1 - \frac{0,25 * s_g}{1 - 0,75 * s_g - s_k} \right) * \left((1-\beta) * (s_e - 0,75 * s_g - s_k) + \beta * s_a \right) \right) \quad (6\text{-}17)$$

Der durchschnittliche Steuervorteil der Fremdfinanzierung unter Berücksichtigung der Angemessenheitsprüfung resultiert in Abhängigkeit des Verschuldungsgrades aus der Differenz der durchschnittlichen Gesamtsteuerbelastung der (Grenz-)Eigenfinanzierung und der durchschnittlichen Gesamtsteuerbelastung der Mischfinanzierung:[3]

---

[1] Vgl. ebenso *Scheffler, W.*, Vertragsbeziehungen, 2002, S. 550. Bei der Fremdfinanzierungsalternative steigt der auf die (Start-)Fremdkapitalvergütung und die angemessene (Grenz-)Fremdkapitalvergütung anzuwendende durchschnittliche nominale Einkommensteuersatz mit einer Erhöhung der angemessenen (Grenz-)Fremdkapitalvergütung und somit mit Erhöhung des *EBIT*. In Abbildung 35, S. 143, ist das Erreichen der zweiten Proportionalzone durch einen Knick in der Tax Shield-Funktion erkennbar. Die „personal-tax-penalty" beträgt für ein *EBIT* in Höhe von 300 T€ und einen β-Wert in Höhe von 0,5 effektiv –2,69 % des *EBIT*; vgl. Berechnung in Anhang h, S. 303. Zur „personal-tax-penalty" vgl. auch *Farrar, D. E./Selwyn, L. L.*, Investors, 1967; *MacKie-Mason, J. K.*, Firms, 1990, S. 72; *Graham, J. R.*, Decisions, 1999; *Goldstein, R./Ju, N./Leland, H.*, Dynamic, 2001, S. 488.

[2] Vgl. Herleitung und Quantifizierung des nominalen Einkommensteuersatzes s_e in Anhang h, S. 304.

[3] Vgl. Herleitung und Quantifizierung des nominalen Einkommensteuersatzes s_e für die Besteuerung der Zinserträge aus (Start-)Fremdfinanzierung und der angemessenen (Grenz-)Fremdfinanzierung in Anhang h, S. 305.

$$\Delta s = \frac{EBIT_{FK}^{Start}}{EBIT} * \left(\left(1 - \sigma_g - \sigma_k\right) * \left(s_e^{EK} - s_e^{FK(Misch)}\right) \right) + \frac{\frac{V * \left(EBIT - EBIT_{FK}^{Start}\right) - EBIT_{FK}^{Start}}{1 + V}}{EBIT} * \\ * \left(\left(1 - s_g - s_k\right) * s_a - \left(1 - \frac{0{,}25 * s_g}{1 - 0{,}75 * s_g - s_k}\right) * \left(\left(1 - \beta\right) * \left(s_e^{FK(Misch)} - 0{,}75 * s_g - s_k\right) + \beta * s_a \right) \right) \quad (6\text{-}18)$$

Für einen Körperschaftsteuersatz in Höhe von 15 %, einen Gewerbesteuersatz in Höhe von 14 % und eine Startkapitalausstattung in Höhe von je 1.000 T€ Eigen- und Fremdkapital wird der durchschnittliche Steuervorteil der Fremdfinanzierung bei Mischfinanzierung unter Berücksichtigung der Angemessenheitsprüfung ($\beta = 0{,}5$; $0{,}7$) in Abbildung 36 dargestellt. Für ein *EBIT* in Höhe von 300 T€ resultiert statt eines maximalen Steuervorteils der Fremdfinanzierung (bei einem Verschuldungsgrad von 2,0) in Höhe von 0,68 %[1] des *EBIT* unter Berücksichtigung der Angemessenheitsprüfung ein Steuervorteil der Eigenfinanzierung in Höhe von 0,67 % ($\beta = 0{,}5$) bzw. 1,22 % ($\beta = 0{,}7$) des *EBIT*.

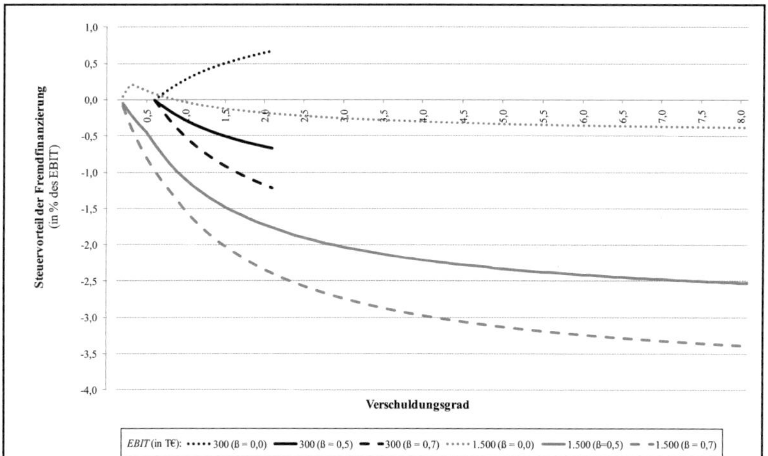

Abbildung 36: Steuervorteil der Fremdfinanzierung mit Angemessenheitsprüfung (Mischfinanzierung)

Der Steuervorteil der Fremdfinanzierung, der unter Vernachlässigung der Angemessenheitsprüfung bzw. für angemessene Fremdkapitalvergütungen sowohl für ein *EBIT* in

[1] Zur Berechnung des durchschnittlichen Steuervorteils der Fremd- bzw. Eigenfinanzierung im Grundmodell bei Mischfinanzierung vgl. Kapitel 5.3.3, S. 97.

Höhe von 300 T€ also auch für Teilbereiche des Verschuldungsgrades bei einem *EBIT* in Höhe von 1.500 T€ besteht,[1] wandelt sich bei einer Umqualifizierung der unangemessenen Zinsvergütungen in Dividenden in einen Steuervorteil der Eigenfinanzierung; der positive Einkommensteuersatzeffekte auf Ebene der natürlichen Person[2] wird durch die systemimmanente steuerliche Mehrfachbelastung von Gewinnausschüttungen[3] und die progressionsbedingte „personal-tax-penalty" überkompensiert.

Die Rechtsfolgen einer Umqualifizierung von Einkünften sind im geltenden deutschen Steuerrecht nur in Ausnahmefällen steuerneutral.[4] Bei Aufdeckung einer verdeckten Gewinnausschüttung im Rahmen der Gesellschafter-Fremdfinanzierung handelt es sich auf Ebene der Gesellschaft um eine Umqualifizierung vom Bereich der Gewinnerzielung in den Bereich der Gewinnverwendung und auf Ebene der natürlichen Person um eine Umqualifizierung von Einnahmen innerhalb einer Einkunftsart. Die resultierende Gesamtsteuerbelastung ist höher als die Gesamtsteuerbelastung einer offenen Gewinnausschüttung und verschiebt den Steuervorteil zugunsten der Eigenkapitalausstattung. Die steuerliche Mehrbelastung bei Aufdeckung der verdeckten Gewinnausschüttung ist jedoch auch das Resultat eines aus systematischer Sicht kritisch zu betrachtenden – von Gesetzgeber, Rechtsprechung und Finanzverwaltung derzeit tolerierten – Bemessungsgrundlageneffekts auf Ebene der natürlichen Person: gemäß dem Zuflussprinzip erfolgt eine Umqualifizierung in Dividendenerträge in Höhe der bereits zugeflossenen unangemessenen Zinserträge;[5] die Bemessungsgrundlage für die Einkommen- bzw. Abgeltungsteuer ist somit höher als der nach Unternehmensteuer fiktiv zur Ausschüttung verfügbare Gewinn der Kapitalgesellschaft.

6.2.2 Zinsschrankenregelung

Der Betriebsausgabenabzug ist nach ständiger Rechtsprechung des Bundesverfassungsgerichts eine konsequente Umsetzung des aus dem Leistungsfähigkeitsprinzip folgen-

---

1 Vgl. insbesondere Ausführungen in Kapitel 5.3.3, S. 97.

2 Aufgrund einer Reduzierung der Einkünfte i. S. des § 20 Abs. 1 Nr. 7 EStG (Zinsen) verringert sich das nach dem tariflichen Einkommensteuersatz i. S. des § 32a Abs. 1 Satz 2 EStG zu versteuernde Einkommen. Der Einkommensteuersatzeffekt resultiert aus einem positiven Progressionseffekt. Vgl. auch *Jacobs, O. H.*, Unternehmensbesteuerung, 2009, S. 196 f.

3 Vgl. so auch im Zusammenhang mit verdeckten Gewinnausschüttungen *Scheffler, W.*, Vertragsbeziehungen, 2002, S. 550.

4 Vgl. *Bareis, P.*, Belastungswirkungen, 2009, S. 604.

5 Vgl. auch *Jacobs, O. H.*, Unternehmensbesteuerung, 2009, S. 194.

den objektiven Nettoprinzips.[1] Eine Beschränkung des Betriebsausgabenabzuges ist – soweit nicht systematisch geboten[2] – ein Verstoß gegen das Gebot der Besteuerung nach der Leistungsfähigkeit (Art. 3 Abs. 1 GG) und nur zu rechtfertigen, wenn eine realitätsgerechte Typisierung eines steuerlich motivierten Gestaltungsmissbrauchs stattfindet.[3] Insbesondere eine „missbräuchliche Steuergestaltung“[4] im Rahmen der grenzüberschreitenden Kapitaldisposition widerspricht dem Fiskalzweck der nationalen Steuergesetze und erfordert zur Sicherung des inländischen Steueraufkommens spezielle Steuersicherungsnormen wie beispielsweise die international üblichen – und seitens der EU und OECD gegen einen schädlichen Steuerwettbewerb geforderten[5] – Unterkapitalisierungsnormen.[6] Die ursprünglich zur Erfassung von Ergebnisverlagerungen ins Ausland eingeführte Vorschrift der Gesellschafter-Fremdfinanzierung (§ 8a KStG i. d. F. des Standortsicherungsgesetzes 1993)[7] hat sich als Folge der *Lankhorst-Hohorst*-Entscheidung des EuGH seit dem 01.01.2004 auch für rein national tätige Körperschaften zu einer zentralen Einkommensermittlungsvorschrift gewandelt.[8] Diese bis zum 31.12.2007 gültige Gesellschafter-Fremdfinanzierungsregelung erreichte durch eine

---

[1] S. BVerfG, Beschl. v. 23.11.1976, 1 BvR 150/75, BVerfGE 43, S. 108; BVerfG, Urt. v. 03.11.1982, 1 BvR 620/78, NJW 36 (1983), S. 271 m. w. N.; BVerfG, Urt. v. 09.12.2008, 2 BvL 1/07, 2 BvL 2/07, 2 BvL 1/08, 2 BvL 2/08, DStRE 2009, S. 63. Vgl. auch *Lang, J.*, Ordnung, 2010, S. 88-92 m. w. N.

[2] Eine Abzugsbeschränkung für Schuldzinsen ist beispielsweise bei privater (Mit-)Veranlassung (§ 12 EStG), wirtschaftlichem Zusammenhang mit steuerfreien Einnahmen (§ 3c EStG), verdeckten Gewinnausschüttungen (§ 8 Abs. 3 KStG), überhöhten Verrechnungspreisen (§ 1 AStG) oder allgemein in Missbrauchsfällen (§ 42 AO) systematisch geboten; vgl. auch *Homburg, S.*, Steuerinnovation, 2007, S. 720.

[3] S. BVerfG, Urt. v. 23.01.1990, 1 BvL 4/87, BVerfGE 81, S. 228; BVerfG, Urt. v. 09.12.2008, 2 BvL 1/07, 2 BvL 2/07, 2 BvL 1/08, 2 BvL 2/08, DStRE 2009, S. 63; vgl. auch *Elicker, M.*, Einkommensbesteuerung, 2000, S. 11-14; *Kessler, W./Köhler, S./Knörzer, D.*, Zinsschranke, 2007, S. 419; *Lang, J.*, Einkommensteuer, 2010, S. 247 f. m. w. N.

[4] *Deutscher Bundestag*, UntStRefG 2008 - Entwurf, 2007, S. 35. Zur Abgrenzung der Begrifflichkeiten „Steuerumgehung“ und „Missbrauch“ sowie dem hier unterstellten weiten Begriffsverständnis der Steuerumgehung vgl. insbesondere *Linn, A.*, Missbrauchsverhinderungsnormen, 2007, S. 30-34, 36 f.

[5] S. *European Commission*, Conclusions, 1998, S. 6; *OECD*, Competition, 1998, S. 62. Zu einem Vergleich des Anwendungsbereichs und des Inhalts der OECD- und EU-Initiative vgl. *Pinto, C.*, Path, 1998; *Osterweil, E.*, Compared, 1999.

[6] Vgl. *Thömmes, O.*, Missbrauchsverhütung, 2005, S. 212 f.; *Homburg, S.*, Company, 2007, S. 606; *Maßbaum, A./Sureth, C.*, Financing, 2008, S. 1. Entgegen den allgemeinen steuerlichen Umgehungsvermeidungsnormen (beispielsweise § 42 AO) handelt es sich bei Spezialnormen „um Vorschriften, die vom jeweiligen Gesetzgeber missbilligte, aber von der Rechtsprechung gebilligte Möglichkeiten zur Steuervermeidung verhindern wollen“; *Linn, A.*, Missbrauchsverhinderungsnormen, 2007, S. 29.

[7] S. Art. 2 Nr. 3 des Gesetzes zur Verbesserung der steuerlichen Bedingungen zur Sicherung des Wirtschaftsstandorts Deutschland im Europäischen Binnenmarkt (Standortsicherungsgesetz – StandOG) vom 13.09.1993, BGBl. I 1993, S. 1576.

[8] S. EuGH, Urt. v. 12.12.2002, Rs. C-324/00 (*Lankhorst-Hohorst*), Rz. 27-32 und § 8a KStG i. d. F. von Art. 3 Nr. 1 des Gesetzes zur Umsetzung der Protokollerklärung der Bundesregierung zur Vermittlungsempfehlung zum Steuervergünstigungsabbaugesetz vom 22.12.2003, BGBl. I 2003, S. 2841 f. Vgl. auch *Cordewener, A.*, Financing, 2003.

simultane Umqualifizierung von Fremdkapitalvergütungen in – der Einkommensverwendung zuordenbare – Eigenkapitalvergütungen auf Gesellschafts- und Gesellschafterebene für den inkriminierten Zinsanteil eine steuerliche Gleichstellung zur Eigenfinanzierung.[1]

Mit Einführung der Zinsschranke im Rahmen des Unternehmensteuerreformgesetzes 2008[2] folgt der deutsche Gesetzgeber dem „europäischen Trend“[3], die Rechtsfolge von Unterkapitalisierungsnormen nicht weiter als Umqualifizierungsmaßnahme in verdeckte Gewinnausschüttungen, sondern als befristetes Abzugsverbot für schädliche bzw. übermäßige Fremdkapitalvergütungen auszugestalten.[4] Die Zinsschranke, die sich dogmatisch somit nicht als weiterentwickelte Norm der Gesellschafter-Fremdfinanzierung zum Zweck der Missbrauchsbekämpfung, sondern als Sicherungsmaßnahme des Steu-

---

1 Vgl. § 8a KStG a. F.; *BMF*, Gesellschafter-Fremdfinanzierung, Schreiben v. 15.07.2004, S. 539, Tz. 9-11. Zur Wirkung von § 8a KStG a. F. vgl. *Frotscher, G.*, § 8a KStG, 2004; *Herzig, N./Lochmann, U.*, § 8a KStG, 2004; *Kessler, W./Köhler, S./Knörzer, D.*, Zinsschranke, 2007, S. 418. Zur Auswirkung von thin-capitalization-rules auf die Finanzierungsentscheidung multinationaler Konzerne vgl. *Büttner, T. et al.*, Thin-Capitalization, 2006.

2 S. Art. 1 Nr. 6 (§ 4h EStG) und Art. 2 Nr. 5 (§ 8a KStG) UntStRefG 2008. Zu systematischen, verfassungsrechtlichen und europarechtlichen Bedenken gegen die Zinsschranke vgl. *Führich, G.*, Zinsschranke, 2007, S. 342-345; *Homburg, S.*, Steuerinnovation, 2007, S. 723-726; *Kessler, W./Köhler, S./Knörzer, D.*, Zinsschranke, 2007, S. 418 f.; *Drüen, K.-D.*, Unternehmerfreiheit, 2008, S. 154-159; *Eilers, S./Ottermann, T.*, Fremdkapitalmaßnahmen, 2008, S. 342 f.; *Mössner, M.*, Zinsschranke, 2008, S. 41-52; *Musil, A./Volmering, B.*, Zinsschranke, 2008, S. 14-16. Ein Konflikt mit den Verteilungsnormen der Doppelbesteuerungsabkommen (Zinsartikel i. S. des Art. 11 OECD-MA) und dem Quellensteuerverbot der Zins- und Lizenzrichtlinie ist vor dem Hintergrund der neueren Rechtsprechung des EuGH „allerdings als überholt anzusehen“; *Wenz, M./Linn, A.*, Heidelberger, Art. 11 OECD-MA, 2009, Rz. 127. S. EuGH, Urt. v. 04.10.2001, Rs. C-294/99 (*Athinaiki Zythopoiia*); EuGH, Urt. v. 26.06.2008, Rs. C-284/06 (*Burda*), Rz. 54-63.

3 *Kessler, W./Köhler, S./Knörzer, D.*, Zinsschranke, 2007, S. 418. Zeitgleich mit der Bundesrepublik Deutschland hat auch Italien ab dem Veranlagungsjahr 2008 eine Zinsschranke für Fremdkapitalvergütungen eingeführt; vgl. *Galeano, G. A./Rhode, A. M.*, Barrier, 2008. Als treibende Kraft eines Abzugsverbotes können die Länder Frankreich, Großbritannien, Dänemark, Niederlande, Lettland, Litauen, Polen und Ungarn angesehen werden; vgl. *Brzezinski, B./Hayder, R.*, Poland, 2005; *Degesys, R.*, Lithuania, 2005; *Gouthière, B.*, France, 2005; *Heering, N.*, Denmark, 2005; *Kronbergs, Z. G.*, Latvia, 2005; *Nias, P./Purcell, N.*, United Kingdom, 2005; *Obser, R.*, Gesellschafter-Fremdfinanzierung, 2005, S. 138-140; *Smit, P./Smith, E.*, Netherlands, 2005; *Vegh, P. G./Szücs, B.*, Hungary, 2005; *Herzig, N./Bohn, A.*, Zinsabzugsbeschränkung, 2009, S. 254-261.

4 Vgl. *Grotherr, S.*, Unterkapitalisierungsregelungen, 1995, S. 75 f.; *Michielse, G. M.*, Gesellschafter-Fremdfinanzierung, 1998, S. 49; *Brosens, L.*, rules, 2004, S. 191; *Gouthière, B.*, Capitalization, 2005, S. 368 f.; *Kessler, W./Köhler, S./Knörzer, D.*, Zinsschranke, 2007, S. 418; *Linn, A.*, Missbrauchsverhinderungsnormen, 2007, S. 98-107, 247-255; *Scheunemann, M. P./Müller-Duttiné, T.*, Expenses, 2007. Zur Ausgestaltung und Wirkungsweise der Gesellschafter-Fremdfinanzierung nach § 8a KStG a. F. vgl. *Schneeloch, D.*, Steuerplanung, 2006, S. 161-170. Für ausgewählte Gestaltungsmaßnahmen zur Vermeidung der Anwendung der Zinsschranke vgl. *Kußmaul, H./Ruiner, C./Schappe, C.*, Zinsschranke, 2008. Zur Abkoppelung der Gesellschafter-Fremdfinanzierungsregelungen von den allgemeinen Regelungen einer verdeckten Gewinnausschüttung und den daraus resultierenden Kombinationsfällen von außerbilanziellen Korrekturen vgl. *Wehrheim, M./Haussmann, K.*, Darlehensvergabe, 2009, S. 269-277.

eraufkommens darstellt,[1] schließt einen körperschaftsteuerlichen und gewerbesteuerlichen Zinsabzug für Fremdfinanzierungen aus, wenn und soweit der Nettozinsaufwand – nach Abzug eines EBITDA-Vortrags[2] – 30 % des steuerlichen Gewinns vor Abschreibung, Zins und Steuern (*EBITDA*) übersteigt.[3] Für Kapitalgesellschaften ist die Zinsschrankenregelung mit der Maßgabe anzuwenden, dass nicht auf den Gewinn, sondern auf das maßgebliche Einkommen abgestellt wird (§ 8a Abs. 1 Satz 1 KStG).[4] Die Zinsschranke findet auch bei der Fremdfinanzierung einer Kapitalgesellschaft durch den Gesellschafter Anwendung; die Ausnahmevorschrift in § 4h Abs. 2 Satz 1 Buchst. b) EStG („stand-alone-Klausel“)[5] greift aufgrund einer Spezialvorschrift im Körperschaftsteuergesetz (§ 8a Abs. 2 KStG) bei einer Gesellschafter-Fremdfinanzierung nicht.[6] Der nicht abzugsfähige Zinsanteil eines Wirtschaftsjahres kann auf Ebene der Gesellschaft als Zinsvortrag in den folgenden Wirtschaftsjahren, in den Grenzen der Zinsschranken-

---

1 Vgl. *Homburg, S.*, Steuerinnovation, 2007, S. 719. Der Entwurf des Unternehmensteuerreformgesetzes 2008 spricht explizit von einer „Sicherung des Steuersubstrats“; *Deutscher Bundestag*, UntStRefG 2008 - Entwurf, 2007, S. 48.

2 Der mit dem Wachstumsbeschleunigungsgesetz vom 22.12.2009 (BGBl. I 2009, S. 3950) in das Gesetz aufgenomme EBITDA-Vortrag (§ 4h Abs. 1 Satz 3 EStG) kommt aufgrund der Prämisse einer maximalen Fremdfinanzierung hier nicht zur Anwendung; vgl. zum EBITDA-Vortrag *Rödding, A.*, Zinsschranke, 2009, S. 2650 f.

3 S. § 4h Abs. 1 EStG. Eine Freigrenze in Höhe von 3 Mio. € schließt die Anwendung der Zinsschranke aus (§ 4h Abs. 2 Satz 1 Buchst. a) EStG). Das *EBITDA* wird im Folgenden dem *EBIT* gleichgesetzt und der Zinsertrag sei 0 €, sodass der Zinsaufwand (*Z*) dem Nettozinsaufwand entspricht. Zinsaufwendungen, die nach § 4h Abs. 1 EStG dem Abzugsverbot unterliegen, sind nach der Regelung des § 7 Satz 1 GewStG auch bei der Ermittlung des Gewerbeertrags nicht zu berücksichtigen; vgl. so auch *Blumenberg, J./Lechner, F.*, Zinsschranke, 2007, S. 129; *Ortmann-Babel, M./Zipfel, L.*, Besteuerung, 2007, S. 87.

4 Nach der Begründung des Gesetzesentwurfs soll dies zur Folge haben, dass „u. a. verdeckte Gewinnausschüttungen die Bemessungsgrundlage für den prozentualen Zinsabzug“ erhöhen; *Deutscher Bundestag*, UntStRefG 2008 - Entwurf, 2007, S. 74. Dabei bleibt m. E. unberücksichtigt, dass verdeckte Gewinnausschüttungen außerhalb der Steuerbilanz korrigiert werden und begrifflich vom steuerlichen Gewinn erfasst werden; vgl. dazu auch die Übersicht zur Ermittlung des zu versteuernden Einkommens einer Kapitalgesellschaft in R 29 Abs. 1 KStR 2004.

5 Die Beteiligung einer natürlichen Privatperson an einer GmbH würde noch keinen Konzern im Sinne der Zinsschrankenregelung begründen; vgl. auch *Weber-Grellet, H.*, Konzernbegriff, 2009, S. 558.

6 Die Befreiung von der Zinsschranke (§ 4h Abs. 2 Satz 1 Buchst. b) EStG) tritt nach § 8a Abs. 2 KStG nur ein, wenn keine schädliche Gesellschafter-Fremdfinanzierung vorliegt. Eine schädliche Gesellschafter-Fremdfinanzierung liegt vor, wenn mehr als 10 % des Nettozinsaufwandes an einen zu mehr als 25 % unmittelbar oder mittelbar am Grund- oder Stammkapital beteiligten Anteilseigner geleistet werden (§ 8a Abs. 2 KStG). Vgl. zur Anwendung der Zinsschranke bei konzernfreien Kapitalgesellschaften auch *Schaden, M./Käshammer, D.*, Zinsschranke, 2007, S. 2260-2263; *Kollruss, T./Michaelis, M.*, Zinsschranke, 2008, S. 822-828.

regelung, steuerliche Wirkung entwickeln.[1] Vor dieser aktuellen Rechtsentwicklung ist zu hinterfragen, welche steuerlichen Wirkungen sich aus der Zinsschrankenregelung ergeben. Tabelle 28 stellt die Auswirkung der Gesellschafter-Fremdfinanzierungsregelung auf die steuerliche Gesamtbelastung der Fremdfinanzierung in einer Repräsentativperiode dar:

in 100 T€	EK	max. FK				
		ohne § 8a KStG	mit § 8a KStG a.F.	mit § 8a KStG n.F. i. V. m. § 4h EStG ($\alpha = 0{,}3$)		
				t_{01}	t_{02}	
					Fall 1	Fall 2
EBIT KapGes	100,00	100,00	100,00	100,00	100,00	100,00
– Zins(-vortrag)	-	95,30	71,00	78,65	127,30	48,65
+ naBA	-	0,00	71,00	48,65	97,30	0,00
EBT KapGes	100,00	4,70	100,00	70,00	70,00	51,35
GewSt ($s_g = 0{,}14$)	14,00	3,99	14,00	10,85	10,85	8,89
KSt ($s_k = 0{,}15$)	15,00	0,71	15,00	10,50	10,50	7,70
Steuer KapGes	29,00	4,70	29,00	21,35	21,35	16,59
Bruttobardividende	71,00	0,00	0,00	0,00	0,00	83,41
Art der Einkünfte AE	Dividende	Zins	Dividende	Zins	Zins	Dividende
Einkünfte AE (nat. Pers.)	71,00	95,30	71,00	78,65	78,65	83,41
ESt (s_a=0,25; s_e(FK)=0,45)	17,75	42,88	17,75	35,39	35,39	20,85
Zinsvortrag	-	-	-	48,65	97,30	-
Gesamtsteuerbelastung	46,75	47,58	46,75	56,74	56,74	37,44
Differenz zu EK		**–0,83**	**0,00**	**–9,99**	**–9,99**	**9,31**

Tabelle 28: Einfluss der Gesellschafter-Fremdfinanzierungsregelung auf den Steuervorteil der Fremdfinanzierung

Die Veranlagungssimulation in Tabelle 28 verdeutlicht die grundsätzliche Wirkungsweise der Zinsschranke: Während im Anwendungsbereich der Regelungen zur Gesellschafter-Fremdfinanzierung i. S. des § 8a KStG a. F. per Gesetz eine Finanzierungs-

[1] Gemäß § 4h Abs. 1 Satz 5 f. erhöht der Zinsvortrag die Zinsaufwendungen des Folgejahres, beeinflusst aber nicht den maßgeblichen Gewinn. Zum Zinsvortrag gem. § 4h Abs. 1 Satz 5 EStG vgl. auch *Köhler, S.*, Zinsschranke, 2007, S. 603; *Rödder, T./Stangl, I.*, Zinsschranke, 2007, S. 482; *Schaden, M./Käshammer, D.*, Zinsvortrag, 2007; *Schaden, M./Käshammer, D.*, Zinsschranke, 2007, S. 2262 f.; *Stangl, I./Hageböke, J.*, Finanzierungsentgelte, 2007, S. 462-466; *Beußer, T.*, Zinsvortrag, 2009. Erfolgt der Zinsabzug im Rahmen des Zinsvortrages in einem späteren Wirtschaftsjahr, so unterliegen die gesamten in diesem Wirtschaftsjahr zum Abzug zugelassenen Zinsaufwendungen (Summe aus Zinsaufwendungen des Wirtschaftsjahres und Zinsvortrag) der gewerbesteuerlichen Hinzurechnungsvorschrift des § 8 Nr. 1 Buchst. a) GewStG; vgl. so auch *Blumenberg, J./Lechner, F.*, Zinsschranke, 2007, S. 129.

neutralität durch Umqualifizierung von maximaler Fremd- in Eigenkapitalvergütungen erreicht wurde (Δs = 0,00), verstärkt die Zinsschrankenregelung in der Grenzsituation die steuerliche Präferenz für Eigenkapital; der Steuervorteil der Eigenfinanzierung steigt gegenüber einer vollumfänglichen Abzugsfähigkeit der Zinsaufwendungen von 0,83 % auf 9,99 % (Sp. 5 in Tabelle 28) des *EBIT*. Durch eine auf 30 % des *EBIT* beschränkte Abzugsfähigkeit der Zinsaufwendungen steigt die Unternehmensteuerbelastung bei maximaler Fremdfinanzierung gegenüber einer Fremdfinanzierung ohne Abzugsbeschränkung von 4,70 % auf 21,35 % des *EBIT* im Verhältnis zu einer Unternehmensteuerbelastung bei Eigenfinanzierung in Höhe von 29,00 % des *EBIT*. Aus der deutlichen Erhöhung der Unternehmensteuerbelastung bei Fremdfinanzierung mit Zinsschrankenwirkung resultiert eine Verringerung des maximalen Zinsabzugs von 95,3 % auf 78,65 % des *EBIT*.[1] Das bei Fremdfinanzierung mit Zinsschrankenwirkung verbleibende Tax Shield auf Unternehmensebene in Höhe von 7,65 %[2] des *EBIT* wird auf Anteilseignerebene durch eine – zwar gegenüber einer Fremdfinanzierung ohne Abzugsbeschränkung reduzierte Einkommensteuerbelastung in Höhe von 7,5 Prozentpunkten,[3] jedoch – gegenüber der Eigenfinanzierung um 17,64 Prozentpunkte höhere Einkommensteuerbelastung überkompensiert.[4]

In der Grenzbetrachtung einer Repräsentativperiode t_{01} resultiert aus der Nichtabzugsfähigkeit der Zinsaufwendungen nach den Vorgaben der Zinsschrankenregelung ein gegenüber der maximalen Fremdfinanzierung ohne Abzugsbeschränkung insgesamt um 9,15 Prozentpunkte höherer Steuervorteil der Eigenfinanzierung.[5] Im Folgenden werden die steuerlichen Auswirkungen der Zinsschrankenregelung in einer einperiodigen Betrachtung analysiert und in die Finanzierungsentscheidung eingebunden.

6.2.2.1 Zinsschranke in einperiodiger Betrachtung

Die zivilrechtlich vereinbarte und sowohl handels- als auch steuerbilanziell als Betriebsausgabe zu behandelnde Zinszahlung wird im Anwendungsbereich der Zinsschranke zur Ermittlung der Steuerbemessungsgrundlage in einen abzugsfähigen und

---

1 Zur formalen Berechnung vgl. Anhang i, S. 307, und Kapitel 6.2.2.1, S. 151.

2 0,2900 – 0,2135 = 0,0765.

3 Die niedrigere Einkommensteuerbelastung bei Zinsschrankenwirkung gegenüber einer maximalen Fremdfinanzierung ohne Abzugsbeschränkung resultiert aus einem negativen Einfluss der – aufgrund der Zinsschrankenregelung gestiegenen – Unternehmensteuerbelastung auf die Bemessungsgrundlage der Einkommensteuer; (0,9530 – 0,7865) x 0,4500 = 0,0749.

4 (0,7865 x 0,4500) – (0,71 x 0,25) = 0,1764.

5 0,0999 – 0,0084 = 0,0915.

einen nicht abzugsfähigen Anteil aufgeteilt.[1] Der absolute Zinsabzug ist auf Unternehmensebene in jedem Wirtschaftsjahr auf maximal $\alpha = 30\ \%$ des steuerlichen *EBIT* beschränkt, sofern die Freigrenze (*FG*) in Höhe von 3 Mio. € überschritten wird.[2]

$$\text{Zinsabzug} = \begin{cases} \text{Zinsen}, & \text{für Zinsen} < FG \\ \text{Zinsen}, & \text{für Zinsen} \geq FG \wedge \text{Zinsen} < \alpha * \text{EBIT} \\ \min\{\alpha * \text{EBIT}; \text{Zinsen}\}, & \text{für Zinsen} \geq FG \wedge \text{Zinsen} \geq \alpha * \text{EBIT} \end{cases} \quad (6\text{-}19)$$

Der effektive Anteil des Zinsaufwands, der auf Unternehmensebene im Rahmen der Zinsschrankenregelung abziehbar ist, beträgt in der Grenzbetrachtung:

$$Z_{BA} = \alpha \quad (6\text{-}20)$$

Der effektive, nicht abziehbare Anteil der Zinsaufwendung beläuft sich unter Berücksichtigung des effektiven Körperschaft- (ς_k) und Gewerbesteuersatzes (ς_g) einer maximalen Fremdfinanzierung nach Zinsschrankenregelung in der Grenzbetrachtung auf:

$$Z_{naBA} = 1 - \varsigma_g - \varsigma_k - \alpha \quad (6\text{-}21)$$

Die effektive Gewerbe- und Körperschaftsteuerbelastung für die Fremdfinanzierung stellt sich hierbei unter Berücksichtigung der Zinsschranke wie folgt dar:[3]

Gewerbesteuer	Körperschaftsteuer
$\varsigma_g = (1 - 0{,}75 * \alpha) * s_g$	$\varsigma_k = (1 - \alpha) * s_k$

Tabelle 29: Effektive Steuersätze bei Fremdfinanzierung unter Beachtung der Zinsschranke

Die Summe aus abziehbarem und nicht abziehbarem Anteil der Zinsaufwendungen ergibt – unter Berücksichtigung der effektiven Unternehmensteuersätze – die insgesamt im Rahmen der maximalen Fremdfinanzierung sowohl handels- und steuerbilanziell als

---

[1] Der Anteil der Zinsaufwendungen, der dem Abzugsverbot der Zinsschrankenregelung (§ 4h Abs. 1 EStG) unterliegt, erhöht außerhalb der Steuerbilanz als „nicht abziehbare Betriebsausgaben" den Gewinn; vgl. so auch *Herzig, N./Bohn, A.*, Unternehmensfinanzierung, 2007, S. 10; *Ortmann-Babel, M./ Zipfel, L.*, Besteuerung, 2007, S. 87.

[2] Formale Darstellung in Anlehnung an *Herzig, N./Bohn, A.*, Unternehmensfinanzierung, 2007, S. 3. In der weiteren Untersuchung wird davon ausgegangen, dass bei maximaler Fremdfinanzierung der Zinsaufwand mehr als 30 % des *EBIT* beträgt und das *EBITDA* dem *EBIT* entspricht.

[3] Zur Berechnung vgl. Anhang i, S. 306 f. Zunächst wird in der Grenzbetrachtung die Freigrenze nach § 4h Abs. 2 Satz 1 Buchst. a) EStG vernachlässigt.

auch bei der Disposition liquider Mittel als tatsächliche Betriebsausgaben zu berücksichtigenden Zinsaufwendungen Z_{ZS}:[1]

$$Z_{ZS} = 1 - (1 - 0{,}75 * \alpha) * s_g - (1 - \alpha) * s_k \qquad (6\text{-}22)$$

Für einen tariflichen Körperschaftsteuersatz in Höhe von 15 % und einen tariflichen Gewerbesteuersatz in Höhe von 14 % beträgt der tatsächliche Zinsaufwand bei einer maximalen Fremdfinanzierung unter Berücksichtigung der Zinsschranke (mit α = 30 %) somit 78,65 %[2] des *EBIT*, der abziehbare Zinsanteil 30 % des *EBIT* und der nicht abziehbare Anteil der Zinsaufwendungen 48,65 %[3] des *EBIT*.[4] Die Gesamtsteuerbelastung der Fremdfinanzierung berechnet sich unter Berücksichtigung der effektiven Unternehmensteuersätze bei Zinsschrankenwirkung mit einem maximalen steuerlichen Zinsabzug in Höhe von α wie folgt:[5]

$$s_{FK} = \begin{cases} \dfrac{0{,}25 * s_g * (1 - s_e)}{1 - 0{,}75 * s_g - s_k} + s_e & \text{für } EBIT * (1 - \sigma_g - \sigma_k) < FG \\ (1 - 0{,}75 * \alpha) * s_g * (1 - s_e) + (1 - \alpha) * s_k * (1 - s_e) + s_e & \text{für } EBIT * (1 - \sigma_g - \sigma_k) \geq FG \end{cases} \qquad (6\text{-}23)$$

Sofern die Zinsaufwendungen (ohne Greifen der Zinsschranke) unterhalb der Freigrenze liegen,[6] ist die Zinsschrankenregelung nicht anzuwenden (§ 4h Abs. 2 Satz 1 Buchst. a) EStG); die Gesamtsteuerbelastung entspricht der Gesamtsteuerbelastung im Grundmodell.[7] Übersteigen die Zinsaufwendungen jedoch die Freigrenze, steigt in der Grenzbetrachtung die Gesamtsteuerbelastung der Fremdfinanzierung gegenüber einer vollständigen Abzugsfähigkeit. Die Unternehmensteuerbelastung bei Fremdfinanzierung unter Berücksichtigung der Zinsschranke ist stets geringer als bei Eigenfinanzierung, da ein Zinsanteil in Höhe von α die Bemessungsgrundlage reduziert. Die resultierende höhere Einkommensteuerbemessungsgrundlage bei Fremdfinanzierung überwiegt bei einem Einkommensteuersatz von 45 % (gegenüber 25 % Abgeltungsteuer bei Eigenfinanzie-

---

1 Zur Herleitung und Berechnung vgl. Anhang i, S. 307.

2 $Z_{ZS} = 1 - (1 - 0{,}75 * \alpha) * s_g - (1 - \alpha) * s_k = 1 - 0{,}1085 - 0{,}1050 = 0{,}7865.$

3 $Z_{naBA} = 1 - \varsigma_g - \varsigma_k - \alpha = 1 - 0{,}1085 - 0{,}1050 - 0{,}3 = 0{,}4865.$

4 Vgl. auch die Werte aus Tabelle 28, S. 150.

5 Zur Berechnung und Herleitung vgl. Anhang i, S. 307.

6 Zinsaufwendungen unterhalb der Freigrenze resultieren unter der Annahme einer maximalen Fremdfinanzierung für ein $EBIT < FG / (1 - \sigma_g - \sigma_k) + 100.000$ € = 3.000.000 € / 0,95302 + 100.000 € = 3.247.887,77 €.

7 Vgl. Kapitel 2.1.2.1, S. 24.

rung) den Unternehmensteuervorteil und führt zu einem Steuervorteil der Eigenfinanzierung.[1] Der nominale einkommensteuerliche Indifferenzsteuersatz verringert sich gegenüber dem Grundmodell von 44,13 % auf 32,30 %.[2] Der in Kapitel 5.3.1 für einen Einkommensteuersatz in Höhe von 45 % ermittelte Steuervorteil der Eigenfinanzierung in Höhe von 0,83 % des *EBIT* verändert sich unter Berücksichtigung der Zinsabzugsbeschränkung und in Abhängigkeit eines prinzipiell variablen α-Niveaus wie folgt:

$$\Delta s = \begin{cases} s_g + s_k + (1 - s_g - s_k) * s_a - \dfrac{0{,}25 * s_g * (1 - s_e)}{1 - 0{,}75 * s_g - s_k} - s_e & \text{für } EBIT * (1 - \sigma_g - \sigma_k) < FG \\ (s_g + s_k - 1) * s_e + (1 - s_g - s_k) * s_a + ((0{,}75 * s_g + s_k) * (1 - s_e)) * \alpha & \text{für } EBIT * (1 - \sigma_g - \sigma_k) \geq FG \end{cases} \tag{6-24}$$

Während im Anwendungsbereich der Freigrenze die Gesamtsteuerbelastung bei Fremdfinanzierung und somit der Steuervorteil der Fremdfinanzierung unverändert gegenüber dem Grundmodell bleibt, resultiert im Anwendungsbereich der Zinsabzugsbeschränkung ein Steuervorteil der Eigenfinanzierung, dessen Höhe mit einer Verringerung des α-Niveaus linear steigt (vgl. Abbildung 37).[3]

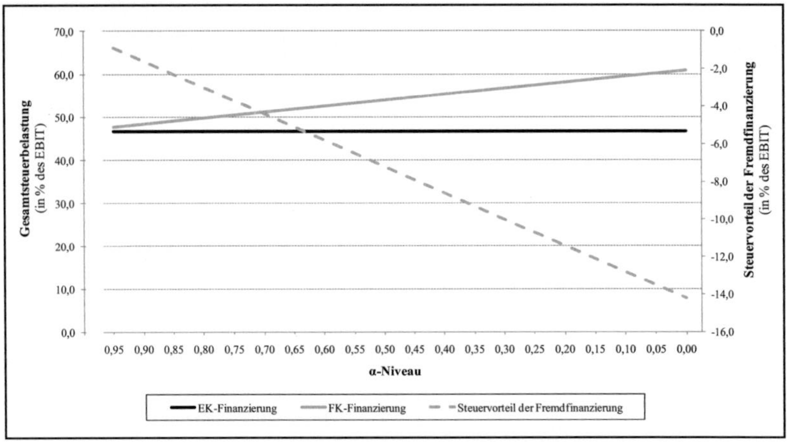

Abbildung 37: Einfluss der Zinsschranke auf die Gesamtsteuerbelastung und den Steuervorteil der Fremdfinanzierung

[1] Die Einkommensteuerbemessungsgrundlage resultiert als Residualgröße von *EBIT* und Unternehmensteuerbelastung:
Für $\alpha > 0$ gilt: $\varsigma_g < s_g$ und $\varsigma_k < s_k$.

[2] Vgl. Kapitel 4, S. 45, und Berechnungen in Anhang i, S. 312.

[3] Eine Verringerung des α-Niveaus ist gleichbedeutend mit einer Ausweitung des Abzugsverbotes für Zinsaufwendungen.

Die Gesamtsteuerbelastung der Fremdfinanzierung ist in der Grenzbetrachtung bei einer vollumfänglichen Abzugsmöglichkeit der Fremdkapitalzinsen im Rahmen einer maximalen Fremdfinanzierung ($\alpha = 1 - \sigma_g - \sigma_k = 0{,}953$) um 0,83 % des *EBIT* höher als die Gesamtsteuerbelastung der Eigenfinanzierung (Grundmodell).[1] Die Gesamtsteuerbelastung der Fremdfinanzierung steigt unter Berücksichtigung der Zinsabzugsbeschränkung mit einer Verringerung des α-Niveaus, während die Gesamtsteuerbelastung bei Eigenfinanzierung unabhängig von dem unterstellten α-Niveau ist. In der Grenzbetrachtung ($s_e = 0{,}45$) beträgt die Gesamtsteuerbelastung der Fremdfinanzierung bei einem α-Niveau in Höhe von 30 %: 56,74 % des *EBIT*.[2] Für $\alpha = 0{,}3$ bzw. $\alpha = 0{,}0$ – das einer vollständigen Nichtabzugsfähigkeit der Zinsaufwendungen entspricht – resultiert in der Grenzbetrachtung ein Steuervorteil der Eigenfinanzierung in Höhe 9,99 % bzw. 14,2 % des *EBIT*.[3] Der Steuervorteil der Fremdfinanzierung sinkt bzw. der Steuervorteil der Eigenfinanzierung steigt im Anwendungsbereich der Zinsschranke mit einer marginalen Verringerung des α-Niveaus linear um:[4]

$$\frac{\partial \Delta s}{\partial \alpha} = \left(0{,}75 * s_g + s_k\right) * \left(1 - s_e\right) \qquad (6\text{-}25)$$

Eine vom *BDI* zur Krisenbewältigung geforderte Erhöhung des α-Niveaus von 30 % auf 50 % des *EBITDA* bewirkt in diesem Modellunternehmen eine Reduzierung des Steuervorteils der Eigenfinanzierung in der Grenzbetrachtung von 9,99 % auf 7,19 % des *EBIT*.[5] Bei einem α-Niveau in Höhe von 50 % beträgt der effektive Körperschaftsteuersatz 7,5 %, der effektive Gewerbesteuersatz 8,75 % und der einkommensteuerliche Indifferenzsteuersatz 36,42 %.[6]

---

1 Vgl. zum Steuervorteil der Fremdfinanzierung im Grundmodell in Höhe von 0,83 % des *EBIT* Ausführungen in Kapitel 4, S. 45, und Kapitel 5.3.1, S. 74.

2 Vgl. Berechnungen in Anhang i, S. 307, und Werte in Tabelle 28 aus Kapitel 6.2.2, S. 150.

3 Vgl. Berechnungen in Anhang i, S. 308. Bei einer vollständigen Nichtabzugsfähigkeit der Zinsaufwendungen entspricht der Steuervorteil der Fremdfinanzierung der Differenz der effektiven Einkommensteuerbelastung (in der Grenzbetrachtung: $(1 - s_g - s_k) \text{ x } (s_e - s_a) = (1 - 0{,}14 - 0{,}15) \text{ x } (0{,}45 - 0{,}25) = 0{,}142$), da die Unternehmensteuerbelastung für beide Finanzierungsalternativen identisch ($s_k + s_g = 0{,}15 + 0{,}14 = 0{,}29$) ist.

4 Vgl. Herleitung in Anhang i, S. 308. Die Steigung der Tax Shield-Funktion bei einer Verringerung des α-Niveaus beträgt für einen Körperschaftsteuersatz in Höhe von 15 %, einen Gewerbesteuersatz in Höhe von 14 % und einen Einkommensteuersatz in Höhe von 45 %: –0,14025.

5 Vgl. *BDI*, Zinsschranke, 2009, S. 5; so auch *IHK München*, Vorschläge, 2009, S. 9. Vgl. Berechnungen in Anhang i, S. 308. Zu Hintergründen und Ursachen der derzeitigen Finanzkrise vgl. *Rudolph, B.*, Finanzkrise, 2008, S. 715-726.

6 Vgl. Berechnungen in Anhang i, S. 312.

In einer Durchschnittssteuerbetrachtung kann die – der Zinsschrankenregelung zugrunde liegende (§ 4h Abs. 2 Satz 1 Buchst. a) EStG) – Freigrenze ebenso wie der progressive Einkommensteuertarif und die Gesamtsteuerbelastung einer gemischten Startkapitalausstattung Berücksichtigung finden. In einer Durchschnittsbetrachtung mit Startkapitalausstattung beeinflusst nicht nur die Höhe des mit dem Grenzkapital erwirtschafteten *EBIT* die Grundlage für die Ermittlung des abzugsfähigen Zinsanteils, vielmehr stellt der mit Start- und Grenzkapitalausstattung zusammen erwirtschaftete Gewinn vor Zinsen und Steuern einen Multiplikator zur Berechnung der abziehbaren Zinsaufwendungen dar.[1] Somit erhöht der mit einer (Start-)Eigenkapitalausstattung erwirtschaftete *EBIT* den im Rahmen der Zinsschrankenregelung abzugsfähigen Zinsanteil, reduziert somit die Unternehmensteuerbelastung des fremdfinanzierten *EBIT*-Anteils und erhöht – durch einen höheren Cash-Zahlungsstrom zwischen Kapitalgesellschaft und Fremdkapitalgeber – die Einkommensteuerbelastung.

	Grenzbetrachtung		**Durchschnittsbetrachtung** (mit Startkapitalausstattung)
abzugsfähige Zinszahlung	Z_{BA}	<	Z_{BA}^{D}
	α		$\frac{EBIT * \alpha}{EBIT - EBIT_{EK}^{Start}}$
effektiver Gewerbesteuersatz	ς_g	>	ς_g^D
	$(1-0{,}75 * \alpha) * s_g$		$\left(1-0{,}75 * \frac{EBIT * \alpha}{EBIT - EBIT_{EK}^{Start}}\right) * s_g$
effektiver Körperschaftsteuersatz	ς_k	>	ς_k^D
	$(1-\alpha) * s_k$		$\left(1-\frac{EBIT * \alpha}{EBIT - EBIT_{EK}^{Start}}\right) * s_k$
tatsächliche Zinszahlung (Cash)	Z_{ZS}	<	Z_{ZS}^{D}
	$1-\varsigma_g-\varsigma_k$		$1-\varsigma_g^D-\varsigma_k^D$

Tabelle 30: Übersicht effektiver Unternehmensteuersätze bei Grenz- und Durchschnittsbetrachtung

[1] S. § 4h Abs. 1 Satz 1 f. EStG. Der zweite Multiplikator ist das α-Niveau (z. B.: 0,3). Vgl. so auch Berechnungen bei *Schreiber, U./Overesch, M.*, Analyse, 2007, S. 816.

Der abziehbare Zinsanteil, die tatsächlich im Rahmen der maximalen Fremdfinanzierung als Betriebsausgabe zu verbuchenden Zinsaufwendungen und der effektive Gewerbe- und Körperschaftsteuersatz verändern sich durch die Berücksichtigung der (Start-)Eigenkapitalausstattung gegenüber der Grenzbetrachtung bei Greifen der Zinsschranke wie in Tabelle 30 dargestellt.[1] Während die durchschnittliche Gesamtsteuerbelastung der Eigen- und Fremdfinanzierung bis zur Überschreitung der Freigrenze unverändert gegenüber dem Grundmodell verbleibt, beläuft sich die durchschnittliche Gesamtsteuerbelastung der Fremdfinanzierung unter Berücksichtigung einer Startkapitalausstattung bei Überschreiten der Freigrenze auf (Formel 6-26):[2]

$$s_{FK}^{ZS} = \frac{EBIT - EBIT_{EK}^{Start}}{EBIT} * \left(\varsigma_g^D + \varsigma_k^D + \left(1 - \varsigma_g^D - \varsigma_k^D\right) * s_e\right) + \frac{EBIT_{EK}^{Start}}{EBIT} * \left(s_g + s_k + \left(1 - s_g - s_k\right) * s_a\right)$$

Der Steuervorteil der Fremdfinanzierung bei Durchschnittsbetrachtung und Berücksichtigung einer Startkapitalausstattung beträgt für den Anwendungsbereich der Zinsschrankenregelung (Formel 6-27):

$$\Delta s^D = \frac{EBIT_{FK}^{Start}}{EBIT} * \left(\sigma_g + \sigma_k + \left(1 - \sigma_g - \sigma_k\right) * s_e^{EK}\right) + \frac{EBIT - EBIT_{EK}^{Start} - EBIT_{FK}^{Start}}{EBIT} * \left(s_g + s_k + \left(1 - s_g - s_k\right) * s_a\right) - \frac{EBIT - EBIT_{EK}^{Start}}{EBIT} * \left(\varsigma_g^D + \varsigma_k^D + \left(1 - \varsigma_g^D - \varsigma_k^D\right) * s_e^{FK}\right)$$

Zur Veranschaulichung des Einflussfaktors Zinsschranke wird in Abbildung 38 die durchschnittliche Gesamtsteuerbelastung der Eigen- und Fremdfinanzierung unter Berücksichtigung einer Startkapitalausstattung in Höhe von jeweils 1.000 T€ Eigen- und Fremdkapital, unter Einbeziehung der Zinsschranke (inklusive Freigrenze in Höhe von 3 Mio. €) und unter Beachtung des progressiven Einkommensteuertarifs nach § 32a Abs. 1 Satz 2 EStG für ein *EBIT* in Höhe von 200 T€ bis 4.500 T€ dargestellt. Die Zinsschranke bewirkt bei Überschreiten der Freigrenze (*EBIT* = 3.247.887,77 €)[3] einen sprunghaften Anstieg der Gesamtsteuerbelastung der Fremdfinanzierung, der aus einer (zumindest) temporären Mehrfachbesteuerung des nicht abziehbaren Zinsanteils mit Gewerbe-, Körperschaft- und Einkommensteuer resultiert.

---

1 Vgl. Herleitung und Berechnung in Anhang i, S. 306-309.

2 Zur Herleitung und Quantifizierung des tariflichen Einkommensteuersatzes s_e vgl. Anhang i, S. 310.

3 $EBIT < FG / (1 - \sigma_g - \sigma_k) + 100.000$ € = 3.000.000 € / 0,95302 + 100.000 € = 3.247.887,77 €.

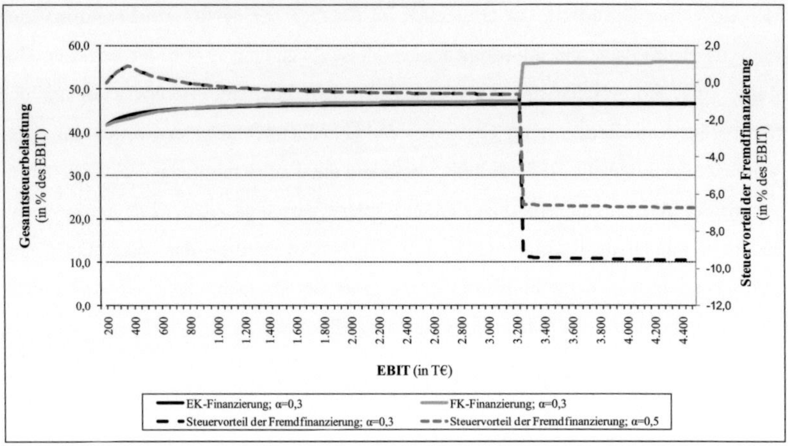

Abbildung 38: Einfluss der Zinsschranke auf die durchschnittliche Gesamtsteuerbelastung und den Steuervorteil der Fremdfinanzierung

Je geringer der zugrunde liegende α-Wert ist, desto höher ist der resultierende Steuervorteil der Eigenfinanzierung: In Abbildung 38 beträgt der Steuervorteil der Eigenfinanzierung bei einem *EBIT* in Höhe von 3.250 T€: 9,39 % ($\alpha = 0{,}3$) bzw. 6,58 % ($\alpha = 0{,}5$) des *EBIT*.[1] Bei einem *EBIT* in Höhe von 4.500 T€ resultiert ein Steuervorteil der Eigenfinanzierung in Höhe von 9,56 % ($\alpha = 0{,}3$) bzw. 6,75 % ($\alpha = 0{,}5$) des *EBIT*.[2] Der einkommensteuerliche Indifferenzsteuersatz in Abhängigkeit des tariflichen Gewerbe- und Körperschaftsteuersatzes und des α-Niveaus beträgt bei Überschreiten der Freigrenze:

$$\hat{s}_e = \frac{s_g + s_k + (1 - s_g - s_k) * s_a - (1 - 0{,}75 * \alpha) * s_g - (1 - \alpha) * s_k}{(1 - (1 - 0{,}75 * \alpha) * s_g - (1 - \alpha) * s_k)} \tag{6-28}$$

Der nominale einkommensteuerliche Indifferenzsteuersatz verringert sich gegenüber dem Progressionsmodell von 42,52 % auf 32,30 % ($\alpha = 0{,}3$) bzw. 36,42 % ($\alpha = 0{,}5$) des *EBIT*.[3] Der effektive einkommensteuerliche Indifferenzsteuersatz (bezogen auf das

---

1 Vgl. auch analytische Ermittlung in Anhang i, S. 311.

2 Vgl. Berechnung in Anhang i, S. 311.

3 Zum nominalen und effektiven einkommensteuerlichen Indifferenzsteuersatz im Progressionsmodell vgl. Ausführungen in Kapitel 5.3.3, S. 97. Zur Herleitung der Formel und Berechnung des nominalen einkommensteuerlichen Indifferenzsteuersatzes unter Anwendung der Zinsabzugsbeschränkung vgl. Anhang i, S. 312.

– mit der Fremdkapitalausstattung – erwirtschaftete *EBIT*) sinkt gegenüber dem Progressionsmodell von 40,52 % auf 25,40 % (α = 0,3) bzw. 28,64 % (α = 0,5) des *EBIT*.[1] Die Erhöhung der Freigrenze von 1 Mio. € auf 3 Mio. € kann somit zwar dazu beitragen, die prozyklischen und krisenverschärfenden Auswirkungen der Zinsschranke auf mittelständische Unternehmen in der gegenwärtigen Wirtschafts- und Finanzkrise zu verringern.[2] Entgegen einer alternativen Anhebung des α-Niveaus bewirkt eine Ausdehnung der Freigrenze jedoch für alle mittelständischen Unternehmen mit Zinsaufwendungen zwischen 1 Mio. € und 3 Mio. € eine drastische Reduzierung des relativen Steuervorteils der Eigenfinanzierung; das Ziel der Unternehmensteuerreform 2008, „steuerliche Anreize zu geben, um die Eigenkapitalausstattung der Unternehmen gezielt zu fördern“[3], wird somit durch eine Anhebung der Freigrenze konterkariert.[4]

In der Fortentwicklung des Grundmodells wird in einer steuerlichen Durchschnittsbetrachtung der Mischfinanzierung zusätzlich zu den Annahmen der Durchschnittsbetrachtung (progressiver Einkommensteuersatz, Freigrenze nach § 4h Abs. 2 Satz 1 Buchst. a) EStG und Startkapitalausstattung) unterstellt, dass das aufgenommene Grenzkapital nicht nur Eigen- oder Fremdkapital beinhaltet, sondern auch aus einem Anteil (Grenz-)Eigen- und einem Anteil (Grenz-)Fremdkapital bestehen kann. Durch diese Modellmodifikation wird der Einfluss des Verschuldungsgrades auf den Steuervorteil der Fremdfinanzierung unter den Implikationen der Zinsschrankenregelung untersucht.[5] Die Zinsschrankenregelung führt zu einer Qualifikation der Zinsaufwendungen als teilweise nicht abziehbare Betriebsausgaben, sofern die mit (Start)- und (Grenz)-Fremdkapitalausstattung erzielten Zinsaufwendungen die Freigrenze und de lege lata

---

1 $0{,}32295 * \left(1 - \varsigma_g^D - \varsigma_k^D\right) = 0{,}32295 * (1 - 0{,}1085 - 0{,}105) = 0{,}25400.$
$0{,}36418 * \left(1 - \varsigma_g^D - \varsigma_k^D\right) = 0{,}36418 * (1 - 0{,}1085 - 0{,}105) = 0{,}28643.$

2 S. die Begründung des Bundesrates zur Empfehlung, die Freigrenze anzuheben: *Deutscher Bundesrat*, Bürgerentlastungsgesetz - Empfehlungen, 2009, S. 2. Zu den Auswirkungen der Zinsschranke in Unternehmenskrisen vgl. *Eickhorst, D.*, Auswirkungen, 2007, S. 1707-1709; *Köhler, S.*, Zinsschranke, 2007, S. 602 f.; *Eilers, S./Ottermann, T.*, Fremdkapitalmaßnahmen, 2008, S. 336 f.; *Hoffmann, W.-D.*, Zinsschranke, 2008, S. 39, 161; *Loose, F./Maier, A.*, Krisenfinanzierung, 2008, S. 795 f.; *Eilers, S./Bühring, F.*, Schönwetter-Steuerrecht, 2009, S. 137 f.; *Watrin, C./Pott, C./Richter, F.*, Zinsschranke, 2009, S. 267.

3 *Deutsche Bundesregierung*, UntStRefG 2008 - Entwurf, 2007, S. 30 f.

4 Ein steuerlich induzierter Anreiz zur Fremdfinanzierung wäre wirtschaftspolitisch verfehlt; vgl. *Kiesewetter, D./Rumpf, D.*, Besteuerung, 2009, S. 4.

5 Zu den Modellannahmen der Mischfinanzierung vgl. insbesondere Kapitel 2.1.2.2, S. 28. *U. Schreiber/M. Overesch* untersuchen die Wirkung der Zinsschranke in Abhängigkeit vom Verschuldungsgrad bei einer Kapitalgesellschaft ohne Startkapitalausstattung; vgl. *Schreiber, U./Overesch, M.*, Analyse, 2007, S. 816.

30 % des *EBIT* übersteigen (§ 4h Abs. 1 und Abs. 2 Satz 1 Buchst. a) EStG). Die bei Greifen der Zinsschranke resultierende Gesamtsteuerbelastung in der Mischfinanzierung beträgt (Formel 6-29):[1]

$$s_{Misch}^{ZS} = \frac{EBIT_{EK}^{Start} + EBIT_{EK}^{Grenz}}{EBIT} * \left(s_g + s_k + \left(1 - s_g - s_k\right) * s_a\right) +$$

$$+ \frac{EBIT_{FK}^{Start} + EBIT_{FK}^{Grenz}}{EBIT} * \left(\left(1 - 0{,}75 * \frac{EBIT * \alpha}{EBIT_{FK}^{Start} + EBIT_{FK}^{Grenz}}\right) * s_g * \left(1 - s_e^{FK}\right) + \left(1 - \frac{EBIT * \alpha}{EBIT_{FK}^{Start} + EBIT_{FK}^{Grenz}}\right) * s_k * \left(1 - s_e^{FK}\right) + s_e^{FK}\right)$$

Die durchschnittliche Gesamtsteuerbelastung der Mischfinanzierung außerhalb des Anwendungsbereichs der Zinsabzugsbeschränkung ist unverändert gegenüber den gesamtsteuerlichen Untersuchungen der Mischfinanzierung unter Beachtung des Progressionseffektes (vgl. Kapitel 5.3.3).[2] Somit ist auch der Steuervorteil der Fremdfinanzierung außerhalb des Anwendungsbereichs der Zinsabzugsbeschränkung unverändert gegenüber der Analyse des Progressionsmodells.[3]

$$\Delta s^M = \frac{EBIT_{FK}^{Start}}{EBIT} * \left(\sigma_g + \sigma_k + \left(1 - \sigma_g - \sigma_k\right) * s_e^{EK}\right) + \frac{\frac{V * \left(EBIT - EBIT_{FK}^{Start}\right) - EBIT_{FK}^{Start}}{1+V}}{EBIT} * \left(s_g + s_k + \left(1 - s_g - s_k\right) * s_a\right) +$$

$$- \frac{EBIT_{FK}^{Start} + \frac{V * \left(EBIT - EBIT_{FK}^{Start}\right) - EBIT_{FK}^{Start}}{1+V}}{EBIT} * \qquad (6\text{-}30)$$

$$* \left(\left(1 - 0{,}75 * \frac{EBIT * \alpha}{EBIT_{FK}^{Start} + \frac{V * \left(EBIT - EBIT_{FK}^{Start}\right) - EBIT_{FK}^{Start}}{1+V}}\right) * s_g * \left(1 - s_e^{FK}\right) + \left(1 - \frac{EBIT * \alpha}{EBIT_{FK}^{Start} + \frac{V * \left(EBIT - EBIT_{FK}^{Start}\right) - EBIT_{FK}^{Start}}{1+V}}\right) * s_k * \left(1 - s_e^{FK}\right) + s_e^{FK}\right)$$

Für den Anwendungsbereich der Zinsabzugsbeschränkung resultiert der Steuervorteil der Fremdfinanzierung bei Mischfinanzierung als Differenz zwischen der durchschnittlichen Gesamtsteuerbelastung bei Eigenfinanzierung und der durchschnittlichen Gesamtsteuerbelastung der Mischfinanzierung im Anwendungsbereich der Zinsschrankenregelung. Der Steuervorteil der Fremdfinanzierung bei Mischfinanzierung im Anwendungsbereich der Zinsschrankenregelung beträgt in Abhängigkeit des Verschuldungs-

---

1 Gültig für $\left(EBIT_{FK}^{Start} + EBIT_{FK}^{Grenz}\right) * \left(1 - \sigma_g - \sigma_k\right) \geq 3.000.000 \wedge \left(EBIT_{FK}^{Start} + EBIT_{FK}^{Grenz}\right) * \left(1 - \sigma_g - \sigma_k\right) \geq \alpha * EBIT$. Zur Herleitung und Quantifizierung des tariflichen Einkommensteuersatzes vgl. Anhang i, S. 315.

2 Die Formel zur Berechnung der durchschnittlichen Gesamtsteuerbelastung der Mischfinanzierung außerhalb des Anwendungsbereichs der Zinsschrankenregelung befindet sich in Anhang i, S. 314.

3 Vgl. hierzu Ausführungen in Kapitel 5.3.3, S. 97, und formale Darstellung in Anhang i, S. 314.

grades wird in Formel 6-30 quantifiziert.[1] Ebenso wie die durchschnittliche Gesamtsteuerbelastung bei Fremdfinanzierung weist der Steuervorteil der Fremdfinanzierung eine Sprungstelle bei einem *EBIT* in Höhe von 3.247.888 € auf, bei der die Zinsaufwendungen unter der Annahme einer maximalen Fremdfinanzierung die Freigrenze übersteigen. Die Zinsschranke greift in der Mischfinanzierung jedoch nur, wenn das Unternehmen gleichzeitig einen Verschuldungsgrad aufweist, durch den Zinsaufwendungen über dem gesetzlich fixierten α-Niveau generiert werden. In Abbildung 39 ist der Steuervorteil der Fremdfinanzierung unter Berücksichtigung der Zinsschrankenregelung mit einer Freigrenze in Höhe von 3 Mio. € für ein α-Niveau in Höhe von 30 % und unterschiedliche *EBIT*-Werte (300, 1.500, 3.500 und 4.500 T€) in Abhängigkeit des Verschuldungsgrades dargestellt.

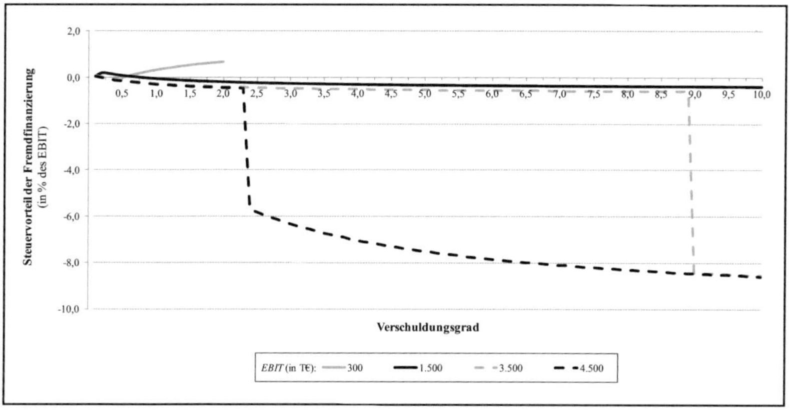

Abbildung 39: Einfluss der Zinsschranke auf den Steuervorteil der Fremdfinanzierung bei Mischfinanzierung

Bei einem *EBIT*-Wert in Höhe von 300 T€ und einer Startkapitalausstattung in Höhe von je 1.000 T€ Eigen- und Fremdkapital beträgt die maximale Zinszahlung ohne Zinsabzugsbeschränkung 190,6 T€.[2] Die Zinsschrankenregelung ist bei dieser Kapitalaus-

---

1 Gültig für $EBIT_{FK}^{Start} * (1 - \sigma_g - \sigma_k) < 3.000.000$ und für $(EBIT_{FK}^{Start} + EBIT_{FK}^{Grenz}) * (1 - \sigma_g - \sigma_k) \geq 3.000.000 \wedge (EBIT_{FK}^{Start} + EBIT_{FK}^{Grenz}) * (1 - \sigma_g - \sigma_k) \geq \alpha * EBIT.$
Zur Herleitung und Quantifizierung der auf die Zinserträge anzuwendenden tariflichen Einkommensteuersätze bei Eigenfinanzierung [(Start-)Fremdkapitalausstattung] und Fremdfinanzierung [(Start-) und (Grenz-)Fremdkapitalausstattung] vgl. Anhang i, S. 316 f.

2 Das *EBIT*, das auf die Fremdkapitalvergütungen entfällt, beläuft sich bei einem *EBIT* in Höhe von 300 T€ auf 200 T€. Die Zinszahlung im Rahmen einer maximalen Fremdfinanzierung beträgt 200 T€ x $(1 - \sigma_g - \sigma_k)$ = 200 T€ x 0,95302 = 190.604 €.

stattung gem. § 4h Abs. 1 EStG für jedes Verhältnis von (Grenz-)Eigen- und (Grenz-) Fremdkapital in der Mischfinanzierung anwendbar, da das α-Niveau in Höhe von 30 % des *EBIT* bereits durch die (Start-)Fremdkapitalvergütung überschritten ist.[1] Die Ausnahmeregelung des § 4h Abs. 2 Satz 1 Buchst. a) EStG (Freigrenze) führt jedoch dazu, dass der Verlauf der Tax Shield-Funktion bei einem *EBIT* in Höhe von 300 T€ (und ebenso für *EBIT* = 1.500 €) von der Zinsschrankenregelung unbeeinträchtigt und unverändert gegenüber dem Progressionsmodell ist.[2] Je größere Werte das – mit der Grenzkapitalausstattung erwirtschaftete – *EBIT* annimmt, desto geringer wird der relevante Verschuldungsgrad, der den Anwendungsbereich einer Zinsabzugsbeschränkung eröffnet: Während bei einem *EBIT* in Höhe von 3.500 T€ die Zinsschranke ab einem Verschuldungsgrad von 8,94 greift, tritt die Zinsabzugsbeschränkung bei einem *EBIT* in Höhe von 4.500 T€ ab einem Verschuldungsgrad von 2,33 ein.[3] Die aus der Zinsabzugsbeschränkung resultierende (temporäre) Mehrfachbesteuerung bewirkt in Kombination mit einem progressiven Einkommensteuertarif im Bereich der Fremdkapitalvergütung, dass sich der Steuervorteil der Eigenfinanzierung gegenüber dem Progressionsmodell erhöht. Soweit ein Zinsabzug nach der Zinsschrankenregelung nicht möglich ist, resultiert stets ein Steuervorteil der Eigenfinanzierung,[4] da der nominale Einkommensteuersatz bei Greifen der Zinsschranke mindestens 43,52 % beträgt und somit über dem einkommensteuerlichen Indifferenzsteuersatz liegt;[5] das α-Niveau hat nur Einfluss auf die Höhe des Steuervorteils der Eigenfinanzierung.

Die steuerliche Gesamtbelastung der maximalen Fremdfinanzierung kann unter der Prämisse einer Vernachlässigung von § 8a KStG (vgl. Tabelle 28, Sp. „ohne § 8a KStG“) und der Annahme eines Überschreitens der unschädlichen Eigen-/Fremdkapitalrelation nach § 8a Abs. 1 Satz 1 Nr. 2 KStG a. F. (vgl. Tabelle 28, Sp. „mit § 8a KStG a. F.“)[6] aussagekräftig in einer einperiodigen Berechnung ermittelt werden, da die steu-

---

1 300.000 € x 0,3 = 90.000 € < 95.302 € = 100.000 € x $(1 - \sigma_g - \sigma_k)$ = 100.000 € x 0,95302 bzw. 190.604 € / 300.00 € = 0,6353 > 0,3. Rechnerisch greift die Zinsschranke bei einem *EBIT* in Höhe 300 T€ und einer (Start-)Fremdkapitalausstattung in Höhe von 1.000 T€, wenn der Verschuldungsgrad größer als –1,10 ist; vgl. Berechnungen in Anhang i, S. 318.

2 Vgl. Verlauf der Tax Shield-Funktion in Abbildung 26 aus Kapitel 5.3.3, S. 110, und Abbildung 39, S. 161.

3 Vgl. Berechnungen in Anhang i, S. 319.

4 Diese Aussage – jedoch ohne Quantifizierung – findet sich auch bei *Ortmann-Babel, M./Zipfel, L.*, Unternehmensteuerreform, 2007, S. 1880.

5 Vgl. Berechnung in Anhang i, S. 319.

6 Die in § 8a Abs. 1 Satz 1 Nr. 2 KStG a. F. festgelegte unschädliche Grenze von Eigenkapital : Fremdkapital = 1 : 1,5 ist unter der Annahme einer maximalen Fremdfinanzierung regelmäßig überschritten.

erliche Wirkung der Fremdfinanzierung auf Unternehmens- und Anteilseignerebene periodengleich auftritt.[1] Zur Bestimmung der steuerlichen Gesamtbelastung unter Berücksichtigung der Rechtsfolgen des § 8a KStG i. V. m. § 4h EStG ist aufgrund des vorzutragenden Zinsanteils eine mehrperiodige Betrachtungsweise zur Abbildung der gesamten steuerlichen Wirkung nötig.[2] Die steuerliche Wirkung der Kapitalausstattung mit Fremdkapital unter Berücksichtigung der Abzugsbeschränkung durch die Zinsschranke und der Steuervorteil einer Finanzierungsalternative sind somit von unsicheren Zukunftserwartungen und dem Greifen der Zinsschrankenregelung in weiteren Perioden abhängig. Im Folgenden wird durch eine Fallunterscheidung berücksichtigt, dass die Auswirkungen der Zinsabzugsbeschränkung und des Zinsvortrags auf die Gesamtsteuerbelastung der Fremdfinanzierung und den Steuervorteil der Fremdfinanzierung maßgeblich von den Merkmalen der Folgeperiode(n) abhängen.[3]

6.2.2.2 Zinsvortrag im Mehrperiodenmodell bei unveränderten Rahmenbedingungen (Fall 1)

Zinsaufwendungen, die aufgrund der Zinsschrankenregelung nicht abzugsfähig sind, werden nach § 4h Abs. 1 Satz 5 EStG als Zinsvortrag in die folgenden Wirtschaftsjahre vorgetragen.[4] Der in die nächsten Wirtschaftsjahre vorgetragene „Überhang an nicht abziehbaren Zinsen“[5] erhöht dabei den Zinsaufwand dieser Wirtschaftsjahre, nicht aber

---

1 Unter der Prämisse einer Vernachlässigung von § 8a KStG stellen die Zinserträge im Zeitpunkt des Zuflusses beim Fremdkapitalinvestor Einkünfte aus Kapitalvermögen i. S. des § 20 Abs. 1 Nr. 7 EStG dar. Bei Überschreiten der unschädlichen Eigen-/Fremdkapitalrelation nach § 8a Abs. 1 Satz 1 Nr. 2 KStG a. F. führt der Anteil der unschädlichen Zinszahlungen zu Einkünften aus Kapitalvermögen i. S. des § 20 Abs. 1 Nr. 7 EStG und der Anteil der schädlichen Zinszahlung zu Einkünften aus Kapitalvermögen i. S. des § 20 Abs. 1 Nr. 1 EStG. Zu zeitlichen Differenzen bei der Veranlagung von Zins- und Dividendenerträgen vgl. Kapitel 5.3.2, S. 87.

2 Einperiodige Analysen der Zinsschranke (z. B. bei *Herzig, N./Bohn, A.*, Unternehmensfinanzierung, 2007, S. 4-6) sind als vereinfachende Untersuchung mit eingeschränkter Aussagekraft zu qualifizieren. Auch eine zweiperiodige Betrachtungsweise liefert nur eine eingeschränkte Erkenntnis über die Steuerwirkung des Zinsvortrags, da eine vollständige Nutzung des Zinsvortrags in einer zweiten Periode entweder eine nur theoretisch vorstellbare Erhöhung des *EBIT* (die Nutzung von 1 € Zinsvortrag setzt unter sonst gleichen Umständen ein zusätzliches steuerliches *EBIT* von 3,33 € voraus), eine Reduzierung des Zinsaufwandes oder eine u. U. auch einmalige Befreiung von der Zinsschranke (z. B. Unterschreiten der Freigrenze nach § 4h Abs. 2 Satz 1 Buchst. a) EStG) bedingt. Vgl. *Köhler, S.*, Zinsschranke, 2007, S. 603; *Rödder, T.*, Unternehmensteuerreformgesetz, 2007, S. 8; *Rödder, T./Stangl, I.*, Zinsschranke, 2007, S. 484; *Schreiber, U./Overesch, M.*, Analyse, 2007, S. 817; *Stangl, I./Hageböke, J.*, Finanzierungsentgelte, 2007, S. 463 f.; *Beußer, T.*, Zinsvortrag, 2009, S. 50 f.

3 Vgl. auch *Beußer, T.*, Zinsvortrag, 2009, S. 50; *Eberl, S.*, Steuervorteil, 2009, S. 266.

4 Der Zinsvortrag ist jährlich gesondert festzustellen (§ 4h Abs. 4 EStG). Zum Feststellungsverfahren vgl. auch *Hoffmann, W.-D.*, Zinsschranke, 2008, S. 88-90.

5 *Schreiber, U./Overesch, M.*, Analyse, 2007, S. 817.

den maßgeblichen Gewinn i. S. des § 4h Abs. 1 Satz 1 f. i. V. m. Abs. 3 Satz 1 EStG.[1] Durch den Verweis des Gewerbesteuergesetzes in § 7 Satz 1 GewStG auf die steuerliche Gewinnermittlung im Einkommen- und Körperschaftsteuergesetz, hat der Zinsvortrag auch Auswirkungen auf die Gewerbesteuerbelastung: Während im Wirtschaftsjahr der Zinsabzugsbeschränkung eine gewerbesteuerliche Hinzurechnung für nicht abziehbare Zinsaufwendungen gemäß § 8 Nr. 1 Buchst. a) GewStG mangels Gewinnminderung unterbleibt, findet die Hinzurechnungsvorschrift Anwendung, wenn und soweit der Zinsvortrag in den folgenden Wirtschaftsjahren eine Gewinn mindernde Auswirkung hat.[2] Von der Zinsschranke erfasste Zinsaufwendungen sind idealiter nur temporär als nicht abzugsfähige Betriebsausgaben zu qualifizieren;[3] sie wirken sich – zumindest nach der Intention des Gesetzgebers[4] – unter Beachtung der erneuten Anwendung der Zinsschrankenregelung[5] und der Verlustabzugsbeschränkung[6] (§ 10d Abs. 2 und 3 EStG; § 10a GewStG) in den folgenden Wirtschaftsjahren steuerlich aus.

In Tabelle 28 aus Kapitel 6.2.1 werden durch Fall 1 unveränderte Rahmenbedingungen in einer zweiten Periode simuliert.[7] Der Zinsabzug auf Unternehmensebene ist somit auch in der zweiten (und jeder folgenden) Periode auf $\alpha = 30\ \%$ des steuerlichen *EBITDA* beschränkt. Der Zinsvortrag resultiert formal aus der Differenz von tatsächli-

---

1 S. § 4h Abs. 1 Satz 6 EStG. Diese Regelung ist insofern systemkonform, da die nicht abziehbaren und vorzutragenden Zinsaufwendungen bereits den Gewinn des Vorjahres erhöht haben. Vgl. so auch *Schaden, M./Käshammer, D.*, Zinsvortrag, 2007, S. 2317.

2 Vgl. ausführlich *Schaden, M./Käshammer, D.*, Zinsvortrag, 2007, S. 2323.

3 S. auch *Rödder, T.*, Unternehmensteuerreformgesetz, 2007, S. 7 f.

4 Skeptisch zur faktischen Geltendmachung eines Zinsvortrages – z. B. aufgrund eines (quotalen) Untergangs bei Umstrukturierungsmaßnahmen – äußern sich *Blumenberg, J./Lechner, F.*, Zinsschranke, 2007, S. 119; *Hey, J.*, Besteuerungsprinzipien, 2007, S. 1305 f.; *Rödder, T./Stangl, I.*, Zinsschranke, 2007, S. 483 f.; *Kußmaul, H./Ruiner, C./Schappe, C.*, Zinsschranke, 2008, S. 506; *Hierstetter, F.*, Zinsvortrag, 2009, S. 80-83.

5 Da der Zinsvortrag die Zinsaufwendungen des folgenden Wirtschaftsjahres erhöht, kann hierdurch insbesondere die Freigrenze im folgenden Wirtschaftsjahr überschritten werden und zur Anwendung der Zinsabzugsbeschränkung auch im folgenden Wirtschaftsjahr führen. Vgl. *Blumenberg, J./Lechner, F.*, Zinsschranke, 2007, S. 119; *Rödder, T.*, Unternehmensteuerreformgesetz, 2007, S. 8; *Schaden, M./Käshammer, D.*, Zinsvortrag, 2007, S. 2317-2322; *Hoffmann, W.-D.*, Zinsschranke, 2008, S. 85; *Kußmaul, H./Ruiner, C./Schappe, C.*, Zinsschranke, 2008, S. 506; *BMF*, Zinsschranke, Schreiben v. 04.07.2008, Rz. 46.

6 Sofern aus dem Zinsvortrag in einem folgenden Wirtschaftsjahr abziehbare Zinsaufwendungen resultieren, kann ein Verlust entstehen bzw. sich erhöhen. Diese Interdependenz zwischen Zinsschranke und Verlustabzugsbeschränkung ist im Gesetz nicht explizit geregelt; aus der Gesetzessystematik ergibt sich jedoch, dass zunächst die Verrechnung von Zinsvorträgen und im Anschluss die Beschränkungen durch die Mindestbesteuerung (siehe hierzu Kapitel 6.3, S. 190) Anwendung finden. Vgl. so auch *Blumenberg, J./Lechner, F.*, Zinsschranke, 2007, S. 120; *Herzig, N./Bohn, A.*, Unternehmensfinanzierung, 2007, S. 5 f.; *Rödder, T./Stangl, I.*, Zinsschranke, 2007, S. 482.

7 Bei unveränderten Rahmenbedingungen wird ein *EBIT*, α-Niveau, Zinsniveau, Einkommen-, Abgeltung-, Körperschaft- und Gewerbesteuersatz in Höhe des Vorjahres unterstellt.

cher maximaler Zinszahlung und abziehbaren Zinsaufwendungen und erhöht sich bei unveränderten Rahmenbedingungen in der Grenzbetrachtung jährlich linear um den Anteil der nicht abzugsfähigen Zinsaufwendungen. Der effektive Zinsvortrag beträgt somit nach *n* Perioden:[1]

$$Z_{naBA} = n * \left(1 - \varsigma_g - \varsigma_k - \alpha\right) \tag{6-31}$$

In der Durchschnittsbetrachtung mit Startkapitalausstattung ist zu berücksichtigen, dass die maximale Zinszahlung *Z* in Abhängigkeit der Rendite des Fremdkapitalinvestors ($EBIT_{FK}$) ausgedrückt ist, während die abziehbaren Schuldzinsen aus den Multiplikatoren α und der Rendite des Gesamtkapitals (*EBIT*) berechnet werden. Der effektive Anteil des Zinsvortrages am *EBIT* der (Start-)- und (Grenz-)Fremdkapitalausstattung beträgt somit:[2]

$$Z^D_{naBA} = \left(1 - \varsigma^D_g - \varsigma^D_k\right) - \left(\frac{EBIT * \alpha}{EBIT - EBIT^{Start}_{EK}}\right) \tag{6-32}$$

Der effektive Anteil des Zinsvortrages am gesamten *EBIT* berechnet sich in der Durchschnittsbetrachtung mit Startkapitalausstattung wie folgt:[3]

$${}^{eff}Z^D_{naBA} = \left(\frac{EBIT - EBIT^{Start}_{EK}}{EBIT}\right) * \left(1 - \varsigma^D_g - \varsigma^D_k\right) - \alpha \tag{6-33}$$

Der Einfluss des α-Niveaus auf den effektiven Zinsvortrag für eine (Start-)Eigenkapitalausstattung in Höhe von 1.000 T€, einen Körperschaftsteuersatz in Höhe von 15 % und einen Gewerbesteuersatz in Höhe von 14 % ist in Abhängigkeit des *EBIT* in Abbildung 40 dargestellt. In der Durchschnittsbetrachtung resultiert für eine (Start-)Eigenkapitalausstattung in Höhe von 1.000 T€ bei Überschreiten der Freigrenze in Höhe von 3 Mio. € (*EBIT* = 3.247.888 €)[4] und einem α-Niveau in Höhe von 30 % ein effektiver Zinsvortrag in Höhe von 46,46 % des *EBIT* (α = 0,5: 31,56 %).[5]

---

1 Vgl. auch Ausführungen in Kapitel 6.2.2.1, S. 151, und Berechnungen in Anhang i, S. 306.
2 Vgl. Berechnung in Anhang i, S. 320.
3 Vgl. Herleitung in Anhang i, S. 320.
4 3 Mio. €/(1 – σ_g – σ_k) + 100 T€ = 3 Mio. €/0,95302 + 100 T€ = 3.247.888 €.
5 Vgl. Berechnungen in Anhang i, S. 320.

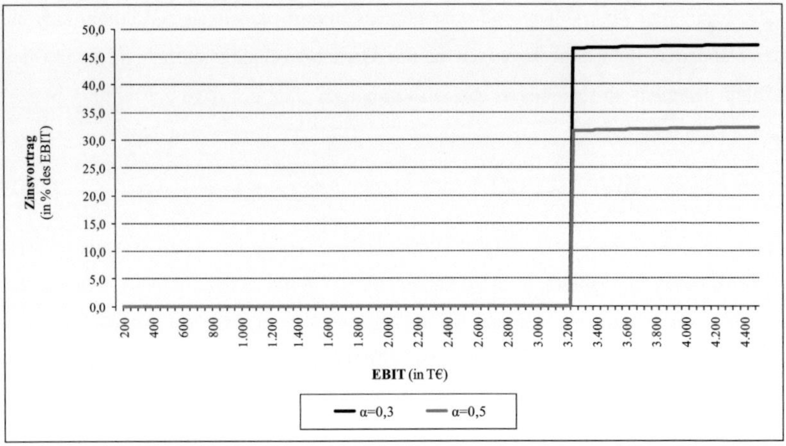

Abbildung 40: Zinsvortrag in Abhängigkeit des EBIT

Bei einem *EBIT* in Höhe von 4.500 T€ beläuft sich der effektive Zinsvortrag auf 47,07 % ($\alpha = 0{,}3$) bzw. 32,17 % ($\alpha = 0{,}5$) des *EBIT*.[1] Wie aus Abbildung 40 und der nachfolgenden Quantifizierung ersichtlich, übt das α-Niveau bei Greifen der Zinsabzugsbeschränkung einen deutlichen, negativen Einfluss auf den Zinsvortrag einer Periode aus, während das *EBIT* bei Greifen der Zinsschranke einen positiven – mit Erhöhung des *EBIT* abnehmenden – Einfluss auf den Zinsvortrag ausübt:[2]

$$\frac{\partial^{eff} Z_{naBA}^{D}}{\partial \alpha} = -\left(1 - 0{,}75 * s_g - s_k\right) < 0 \tag{6-34}$$

$$\frac{\partial^{eff} Z_{naBA}^{D}}{\partial EBIT} = \frac{\left(1 - s_g - s_k\right)}{EBIT} - \frac{\left(EBIT - EBIT_{EK}^{Start}\right) * \left(1 - s_g - s_k\right)}{EBIT^2} > 0 \tag{6-35}$$

Der Betriebsausgabenabzug für Zinsaufwendungen in einer zweiten Periode, die aus tatsächlichen maximalen Zinsaufwendungen der zweiten Periode und dem Zinsvortrag aus der ersten Periode besteht, ist auf Unternehmensebene wiederum auf $\alpha = 30$ % des

---

1 Vgl. Berechnungen in Anhang i, S. 320. Die Analyse für ein α-Niveau in Höhe von 50 % beruht auf dem Vorschlag des BDI zur Krisenbewältigung; vgl. *BDI*, Zinsschranke, 2009, S. 5.

2 Bei einem Körperschaftsteuersatz in Höhe von 15 % und einem Gewerbesteuersatz in Höhe von 14 % beträgt der Einfluss des α-Niveaus auf den effektiven Zinsvortag –0,745. Der Einfluss des *EBIT* auf den effektiven Zinsvortrag beträgt bei zusätzlicher Berücksichtigung einer (Start-)Eigenkapitalausstattung in Höhe von 1.000 T€ bei einem *EBIT* in Höhe von 3.500 T€: 0,000000004. Die Berechnungen und Voraussetzungen für das negative (α-Niveau) bzw. positive (*EBIT*) Steigungsverhalten werden in Anhang i, S. 321, aufgeführt.

steuerlichen *EBITDA* der zweiten Periode beschränkt.[1] Formal stellt sich der effektiv abziehbare Zinsaufwand in der zweiten Periode folgendermaßen dar:

$$Z_{\mathrm{BA}}^{t_{02}} = \begin{cases} Z^{t_{02}} + {}^{eff}Z_{naBA}^{t_{01}}, & \text{für } \left(Z^{t_{02}} + {}^{eff}Z_{naBA}^{t_{01}}\right) < \dfrac{FG}{EBIT^{t_{02}}} \\ Z^{t_{02}} + {}^{eff}Z_{naBA}^{t_{01}}, & \text{für } \left(Z^{t_{02}} + {}^{eff}Z_{naBA}^{t_{01}}\right) \geq \dfrac{FG}{EBIT^{t_{02}}} \wedge \left(Z^{t_{02}} + {}^{eff}Z_{naBA}^{t_{01}}\right) < \alpha \\ \min\left\{\alpha; Z^{t_{02}} + {}^{eff}Z_{naBA}^{t_{01}}\right\}, & \text{für } \left(Z^{t_{02}} + {}^{eff}Z_{naBA}^{t_{01}}\right) \geq \dfrac{FG}{EBIT^{t_{02}}} \wedge \left(Z^{t_{02}} + {}^{eff}Z_{naBA}^{t_{01}}\right) \geq \alpha \end{cases} \quad (6\text{-}36)$$

Bei einer maximalen Fremdfinanzierung überschreitet bereits der tatsächliche Zinsaufwand in der zweiten Periode 30 % des *EBIT* und wird von der Zinsschrankenregelung im Abzug beschränkt. Der zusätzliche Zinsaufwand aus der Vorperiode (Zinsvortrag) erhöht zwar die Zinsaufwendungen in der zweiten Periode, wirkt sich jedoch aufgrund der Zinsabzugsbeschränkung in der zweiten Periode steuerlich nicht aus. Die Gesamtsteuerbelastung der zweiten Periode entspricht der Höhe nach der Gesamtsteuerbelastung der ersten Periode. Der Barwert der durchschnittlichen Gesamtsteuerbelastung der Fremdfinanzierung über die betrachteten Perioden n beträgt somit:

$$s_{FK}^{ZS} = \sum_{t=1}^{n} \frac{\dfrac{EBIT - EBIT_{EK}^{Start}}{EBIT} * \left(\varsigma_g^D + \varsigma_k^D + \left(1 - \varsigma_g^D - \varsigma_k^D\right) * s_e\right) + \dfrac{EBIT_{EK}^{Start}}{EBIT} * \left(s_g + s_k + \left(1 - s_g - s_k\right) * s_a\right)}{\left(1 + i_s\right)^n}$$

mit Nettozinssatz:[2] $i_s = i - i * s_a$ (6-37)

Da die Gesamtsteuerbelastung der Fremdfinanzierung bei unveränderten Rahmenbedingungen in jeder Periode der Gesamtsteuerbelastung im einperiodigen Unternehmensmodell entspricht,[3] ist auch der effektive Steuervorteil der Eigenfinanzierung bei Greifen der Zinsschranke in jeder Periode identisch und kann für den Betrachtungszeitraum multiplikativ aus dem Steuervorteil der Eigenfinanzierung in der ersten Periode und der Anzahl der Perioden ermittelt werden. Durch Diskontierung des Steuervorteils der

---

[1] Vgl. *Blumenberg, J./Lechner, F.*, Zinsschranke, 2007, S. 119; *Rödder, T.*, Unternehmensteuerreformgesetz, 2007, S. 8; *Schaden, M./Käshammer, D.*, Zinsvortrag, 2007, S. 2317-2322; *Hoffmann, W.-D.*, Zinsschranke, 2008, S. 85; *Kußmaul, H./Ruiner, C./Schappe, C.*, Zinsschranke, 2008, S. 506; *BMF*, Zinsschranke, Schreiben v. 04.07.2008, Rz. 46.

[2] Vgl. *Schreiber, U.*, Besteuerung, 2008, S. 533 f., 542 f.

[3] Vgl. auch die modellhaften Berechnungen in Tabelle 28 aus Kapitel 6.2.2, S. 150.

Eigenfinanzierung im Betrachtungszeitraum kann wiederum der Barwert zu Vergleichszwecken gebildet werden.[1]

Bei unveränderten Rahmenbedingungen ist ein steuerlicher Vergleich von § 8a KStG i. V. m. § 4h EStG und § 8a KStG a. F. im einperiodigen Unternehmensmodell möglich, da die Gesamtsteuerbelastungen und somit der Steuervorteil der Fremdfinanzierung über die betrachteten Perioden unverändert bleibt und dem negativen Effekt aus der ersten Periode kein weiterer Effekt (z. B. aus dem Zinsvortrag) in einer zukünftigen Periode gegenübersteht. Konzeptionell bewirkt die Zinsschrankenregelung im mehrperiodigen Modell, d. h. bei periodenungleicher steuerlicher Wirkung von Zinsaufwand und Zinsertrag, einen zeitlich begrenzten Zins- und Liquiditätsnachteil.[2] Für den Fall einer in Zukunft nicht möglichen Verrechnung des Zinsvortrags aufgrund unveränderter Rahmenbedingungen oder eines Untergangs des Zinsvortrags durch Umstrukturierungsmaßnahmen,[3] resultieren bei endlichem Betrachtungszeitraum eine unsystematische steuerliche Mehrfachbelastung, eine Besteuerung wirtschaftlich nicht existenter Gewinne und damit ein endgültiger, potenziell ungerechtfertigter Verstoß gegen das objektive Nettoprinzip.[4]

6.2.2.3 Zinsvortrag im Mehrperiodenmodell bei kurzfristiger Fremdfinanzierung (Fall 2)

Der nicht abzugsfähige Zinsanteil bewirkt bei einer Überbrückung eines kurzfristigen Liquiditätsengpasses durch (Grenz-)Fremdkapitalaufnahme (Laufzeit ≤ eine Periode) in der folgenden Periode einen Zinsabzug ohne tatsächlichen Liquiditätsabfluss (siehe Fall 2 in Tabelle 28 aus Kapitel 6.2.1).[5] Sofern die Rahmenbedingungen, mit Ausnahme der Fristigkeit der Fremdkapitalüberlassung, unverändert bleiben, wirkt sich der Zinsvortrag aus der maximalen Fremdfinanzierung in der ersten Periode (48,65 % des *EBIT*)

1 Vgl. Ausführungen in Kapitel 6.2.2.1, S. 151, analog.

2 Vgl. *Hey, J.*, Besteuerungsprinzipien, 2007, S. 1305.

3 S. § 4h Abs. 5 EStG i. V. m. §§ 8a Abs. 1 Satz 3, 8c KStG. Zum Untergang des Zinsvortrags bei Umstrukturierung oder Aufgabe des Betriebs vgl. *Schaden, M./Käshammer, D.*, Zinsvortrag, 2007, S. 2319-2322; *Stangl, I./Hageböke, J.*, Finanzierungsentgelte, 2007, S. 464 f.; *Kußmaul, H./Ruiner, C./Schappe, C.*, Zinsschranke, 2008, S. 506; *Hierstetter, F.*, Zinsvortrag, 2009, S. 80-83. Zum Untergang eines „Fremdkapitalschildes" im Allgemeinen vgl. *Laß, F.*, Finanzierungsentscheidungen, 1999, S. 66.

4 Vgl. *Hey, J.*, Besteuerungsprinzipien, 2007, S. 1305 f.; *Homburg, S.*, Steuerinnovation, 2007, S. 719; *Musil, A./Volmering, B.*, Zinsschranke, 2008, S. 14 f.; *Beußer, T.*, Zinsvortrag, 2009, S. 50.

5 Vgl. *Blumenberg, J./Lechner, F.*, Zinsschranke, 2007, S. 119; *Rödder, T.*, Unternehmensteuerreformgesetz, 2007, S. 8; *Schaden, M./Käshammer, D.*, Zinsvortrag, 2007, S. 2317-2322; *Hoffmann, W.-D.*, Zinsschranke, 2008, S. 85; *Kußmaul, H./Ruiner, C./Schappe, C.*, Zinsschranke, 2008, S. 506; *BMF*, Zinsschranke, Schreiben v. 04.07.2008, Rz. 46.

in einer zweiten Periode in Höhe von 30 % des *EBIT* auf die Gesamtsteuerbelastung aus; es resultiert ein erneuter Zinsvortrag in Höhe von 18,65 % des *EBIT*.[1] Der in einer zweiten Periode verbleibende Nachsteuergewinn kann als Dividende unter Berücksichtigung der Abgeltungsteuer an den Anteilseigner ausgeschüttet werden.[2]

Bei Fremdkapitalvergütungen zwischen einem Gesellschafter und einer konzernfreien Kapitalgesellschaft ist die Rückausnahme von der „Stand-alone-Klausel" (§ 4h Abs. 2 Satz 1 Buchst. b) EStG i. V. m. § 8a Abs. 2 KStG) die zentrale Vorschrift für die Anwendung der Zinsschranke in der ersten Periode.[3] Eine der Zinsschranke unterliegende, schädliche Gesellschafter-Fremdfinanzierung liegt demnach vor, wenn in einem Wirtschaftsjahr (WJ) die „Vergütungen für Fremdkapital"[4] an einen wesentlich beteiligten Anteilseigner mehr als 10 % des negativen Zinssaldos betragen. Da der Zinsvortrag die „Zinsaufwendungen"[5] der folgenden Wirtschaftsjahre erhöht, in § 8a Abs. 2 KStG aber explizit „Vergütungen für Fremdkapital" für das Vorliegen einer schädlichen Gesellschafter-Fremdfinanzierung vorausgesetzt werden, ist in der zweiten Periode zwar ein Zinsvortrag, aber keine „Vergütung für Fremdkapital" vorhanden, die das Übersteigen der Schädlichkeitsgrenze in Höhe von 10 % begründen könnte.[6] Nach dem Wortlaut des Gesetzes ist somit bei kurzfristiger Gesellschafter-Fremdfinanzierung der vollständige Abzug des Zinsvortrages aus der ersten Periode in der zweiten Periode möglich.[7] Die

---

1 (0,4865 – 0,3000) = 0,1865. Unter der Annahme, dass der Zinsvortrag höher ist als 30 % des *EBIT* der folgenden Periode.

2 Die Zinsschranke hat somit mittelbare Auswirkungen auf den Eigenkapitalinvestor, dem ein höherer Gewinnanteil zugeordnet wird; vgl. auch *Heuermann, B.*, Blümich, § 8a KStG, 2007, Rz. 15.

3 Vgl. *Rödder, T./Stangl, I.*, Zinsschranke, 2007, S. 481 und Ausführungen in Kapitel 6.2.1, S. 127.

4 § 8a Abs. 2 KStG. Eine der Zinsschranke unterliegende, schädliche Gesellschafter-Fremdfinanzierung liegt ebenfalls vor, wenn mehr als zehn Prozent des negativen Zinssaldos durch die Körperschaft an eine dem Gesellschafter nahestehende Personen i. S. d. § 1 Abs. 2 AStG oder an Dritte, die auf den Anteilseigern oder ihm nahestehende Personen zurückgreifen können, geleistet werden; s. § 8a Abs. 2 KStG.

5 § 4h Abs. 1 Satz 6 EStG.

6 In § 4h Abs. 3 Satz 2 EStG werden zwar „Zinsaufwendungen" definiert, jedoch nicht „Vergütungen für Fremdkapital". Strittig für eine Definition der Zinsaufwendungen ist ferner, ob die maßgebliche Gewinnminderung im Jahr der Anwendung der Zinsschrankenregelung oder in einem beliebigen Wirtschaftsjahr eingetreten sein muss.

7 Hier wird der Argumentation der Literatur gefolgt, die bei gegenläufiger Auffassung ein Reihenfolgeproblem identifiziert, das einer zusätzlichen gesonderten Feststellung des Zinsvortrags über die Reihenfolge der Verrechnung der unterschiedlichen Kategorien von Zinsen bedürfte; vgl. *Schaden, M./Käshammer, D.*, Zinsschranke, 2007, S. 2262; *Kollruss, T./Michaelis, M.*, Zinsschranke, 2008, S. 826, 828; *Mai, J. M.*, Zinsabzugsbeschränkungen, 2008, S. 42; *Beußer, T.*, Zinsvortrag, 2009, S. 50, 55; *Möhlenbrock, R./Pung, A.*, Dötsch, § 8a KStG, 2009, Rz. 119. Sofern eine gegenläufige Auffassung nachträglich gesetzlich verankert wird, kann für die Berechnung der Gesamtsteuerbelastung der Fremdfinanzierung in der zweiten Periode auf die Ausführungen und Ergebnisse in Kapitel 6.2.2.2, S. 163 (Zinsvortrag bei unveränderten Rahmenbedingungen), verwiesen werden.

10 %-Grenze zur Überprüfung des Vorliegens einer schädlichen Gesellschafter-Fremdfinanzierung nach § 8a Abs. 2 KStG wird bei einer konzernfreien Kapitalgesellschaft wie folgt ermittelt:[1]

$$\frac{\sum \text{Fremdkapitalvergütungen an wesentlich beteiligte Gesellschafter im WJ ohne Zinsvortrag}}{\text{gesamter Nettozinsaufwand im WJ ohne Zinsvortrag}} > 0{,}1 \quad (6\text{-}38)$$

$$\Rightarrow \text{schädliche Gesellschafterfremdfinanzierung}$$

Die Gesamtsteuerbelastung der Fremdfinanzierung in der folgenden Periode errechnet sich aus der Kombination der effektiven Steuersätze von Eigen- und Fremdkapitalfinanzierung und beträgt in der Grenzbetrachtung:

$$s_{FK}^{t_{02}} = \varsigma_g^{t_{02}} + \varsigma_k^{t_{02}} + \left(1 - \varsigma_g^{t_{02}} - \varsigma_k^{t_{02}}\right) * s_a \quad (6\text{-}39)$$

Die effektiven Steuersätze in der zweiten Periode berechnen sich in der Grenzbetrachtung und unter Berücksichtigung des Zinsvortrags wie folgt:[2]

Effektiver Gewerbesteuersatz
$\varsigma_g^{t_{02}} = \left(0{,}25 + 0{,}75 * \left(\left(1 - 0{,}75 * \alpha\right) * s_g + \left(1 - \alpha\right) * s_k + \alpha\right)\right) * s_g$
Effektiver Körperschaftsteuersatz
$\varsigma_k^{t_{02}} = \left(\left(1 - 0{,}75 * \alpha\right) * s_g + \left(1 - \alpha\right) * s_k + \alpha\right) * s_k$

Tabelle 31: Effektive Grenzsteuersätze in zweiter Periode bei kurzfristiger Fremdfinanzierung unter Beachtung der Zinsschranke

In der Grenzbetrachtung beträgt der effektive Gewerbesteuersatz in der zweiten Periode bei kurzfristiger Fremdfinanzierung unter Beachtung der Zinsschrankenregelung somit 8,89 % des *EBIT* und der effektive Körperschaftsteuersatz 7,70 % des *EBIT*.[3] Da in einer maximalen Fremdfinanzierung der Zinsvortrag aus der ersten Periode für alle α-Niveaus unter 40,69 % des *EBIT* höher ist als der in der ersten Periode abziehbare Zins-

---

1 In Anlehnung an *Kollruss, T./Michaelis, M.*, Zinsschranke, 2008, S. 826.

2 Zur Herleitung der effektiven Unternehmensteuersätze vgl. Anhang i, S. 322.

3 Vgl. Berechnungen in Anhang i, S. 322, und Werte in Tabelle 28 aus Kapitel 6.2.2, S. 150.

anteil,[1] reduziert sich die effektive Unternehmensteuerbelastung in der zweiten Periode gegenüber der ersten Periode von 21,35 % auf 16,59 % des *EBIT*.[2] Der Gewinn der zweiten Periode wird nach Unternehmensteuern (83,41 % des *EBIT*) an den Eigenkapitalinvestor ausgeschüttet, der die Einkünfte nach § 20 Abs. 1 Nr. 1 EStG i. V. m. § 32d Abs. 1 Satz 1 EStG der Abgeltungsteuer in Höhe von effektiv 20,85 % des *EBIT* unterwirft.[3] In Summe resultiert bei kurzfristiger Fremdfinanzierung unter Beachtung der Zinsschrankenregelung eine Gesamtsteuerbelastung der Fremdfinanzierung in der zweiten Periode in Höhe von 37,44 % des *EBIT*, die nicht nur deutlich unter der Gesamtsteuerbelastung der ersten Periode (56,74 % des *EBIT*),[4] sondern auch unter der Gesamtsteuerbelastung der Eigenfinanzierung (46,75 % des *EBIT*) liegt. In der zweiten Periode resultiert ein Steuervorteil der Fremdfinanzierung in Höhe von 9,31 % des *EBIT*.[5] Der Steuervorteil der Fremdfinanzierung in der zweiten Periode berechnet sich in allgemeiner Form wie folgt:[6]

$$\begin{aligned}\Delta s^{t_{02}} = {} & s_g + s_k + (1 - s_g - s_k) * s_a + \\ & -(0{,}25 + 0{,}75 * ((1 - 0{,}75 * \alpha) * s_g + (1 - \alpha) * s_k + \alpha)) * s_g * (1 - s_a) + \\ & -((1 - 0{,}75 * \alpha) * s_g + (1 - \alpha) * s_k + \alpha) * s_k * (1 - s_a) - s_a\end{aligned} \qquad (6\text{-}40)$$

Über beide Perioden betrachtet, beträgt der kumulierte Steuervorteil der Eigenfinanzierung demnach 0,68 % des *EBIT*.[7] Gegenüber der Nichtanwendung der Zinsschrankenregelung ($\Delta s = -0{,}83$ % des *EBIT* pro Periode) und gegenüber der Regelung des § 8a KStG a. F. ($\Delta s = 0{,}00$ % des *EBIT* pro Periode) resultiert bei kurzfristiger Gesellschafter-Fremdfinanzierung in der Grenzbetrachtung für den Steuervorteil der Fremdfinanzierung ohne Zeiteffekte eine Differenz in Höhe von –0,98 bzw. +0,68 Prozentpunkte.[8] Der nominale einkommensteuerliche Indifferenzsteuersatz, der einen Steuervorteil der

---

1 Vgl. allgemeine Quantifizierung und Berechnung des kritischen Werts in Höhe von 40,69 % des *EBIT* in Anhang i, S. 323.

2 0,0770 + 0,0889 = 0,1659. Vgl. zur Berechnung der effektiven Unternehmensteuersätze in der ersten Periode Kapitel 6.2.2.1, S. 151, und zur Berechnung der effektiven Unternehmensteuersätze in der zweiten Periode Anhang i, S. 322.

3 (1 – 0,1659) x 0,25 = 0,8341 x 0,25 = 0,2085. Vgl. auch Werte in Tabelle 28 aus Kapitel 6.2.2, S. 150.

4 Vgl. Kapitel 6.2.2.1, S. 151.

5 Vgl. Berechnung in Anhang i, S. 324.

6 Vgl. Herleitung in Anhang i, S. 324.

7 Steuervorteil der Eigenfinanzierung in der ersten Periode in Höhe von 9,99 % des *EBIT* (vgl. Kapitel 6.2.2.1, S. 151) abzüglich Steuervorteil der Fremdfinanzierung in der zweiten Periode in Höhe von 9,31 % des *EBIT*: 0,0999 – 0,0931 = 0,0068.

8 (–0,0083 x 2) – (–0,0068) = –0,0098 bzw. (2 x 0) – (–0,0068) = 0,0068.

Eigenfinanzierung in der ersten Periode in Höhe von 9,31 % des *EBIT* und zusammen mit dem Steuervorteil der Fremdfinanzierung in der zweiten Periode (9,31 % des *EBIT*) einen kumulierten Steuervorteil in Höhe von 0,0 % bewirkt, beläuft sich auf 44,12 % des *EBIT*.[1]

Unter Berücksichtigung von zeitlichen Differenzen (dynamische Betrachtung) zwischen den betrachteten Perioden berechnet sich der Steuervorteil der Fremdfinanzierung im Mehrperiodenmodell kumulativ aus dem diskontierten Steuervorteil der Eigenfinanzierung in der Periode der kurzfristigen Gesellschafter-Fremdfinanzierung (*n*) und dem diskontierten Steuervorteil der Fremdfinanzierung in der Periode *n+1*, in dem die kurzfristige Gesellschafter-Fremdfinanzierung beendet ist und der Zinsvortrag steuerlich abzugsfähig ist. Die effektiven Unternehmensteuersätze der Fremdfinanzierung in Periode *n+1* berechnen sich allgemein in Abhängigkeit der Anzahl der Perioden mit kurzfristiger Fremdfinanzierung und unvollständigem Zinsabzug *n* in der Grenzbetrachtung wie folgt:[2]

Effektiver Gewerbesteuersatz (Periode *n+1*):
$\varsigma_g^{t_{n+1}} = \left(1 - 0{,}75 * n * \left(1 - \left(1 - 0{,}75 * \alpha\right) * s_g - \left(1 - \alpha\right) * s_k - \alpha\right)\right) * s_g$
Effektiver Körperschaftsteuersatz (Periode *n+1*):
$\varsigma_k^{t_{n+1}} = \left(1 - n * \left(1 - \left(1 - 0{,}75 * \alpha\right) * s_g - \left(1 - \alpha\right) * s_k - \alpha\right)\right) * s_k$

Tabelle 32: Effektive Grenzsteuersätze in Periode *n+1* bei kurzfristiger Fremdfinanzierung unter Beachtung der Zinsschranke

---

[1] Vgl. Berechnung in Anhang i, S. 324.

[2] Zur Herleitung vgl. Anhang i, S. 325. Mit einer steigenden Anzahl der Perioden *n* erhöhen sich der in den Perioden der kurzfristigen Gesellschafter-Fremdfinanzierung angesammelte Zinsvortrag und die Wahrscheinlichkeit, dass der Zinsvortrag in Periode *n+1* das steuerliche *EBIT* übersteigt. Für diese Fälle ist im dynamischen Modell zu beachten, dass eine Steuererstattung bzw. -gutschrift für ein negatives Einkommen nicht möglich ist und eine (u. U. interperiodische) Verlustverrechnung in den folgenden Perioden nur unter den Restriktionen der §§ 10d EStG, 8 Abs. 4 KStG und 10a GewStG möglich ist. Vgl. zur steuerlichen Wirkung der beschränkten Verlustverrechnung *Herzig, N./Wagner, T.*, Mindestbesteuerung, 2004; *Niemann, R.*, Verlustvorträge, 2004; *Müller, H.*, Verlustverrechnung, 2007; *Diller, M.*, Steuerbelastungen, 2008 sowie Ausführungen in Kapitel 6.3, S. 190; insbesondere auf die steuerlichen Implikationen des Zinsvortrages bezogen vgl. *Herzig, N./Bohn, A.*, Unternehmensfinanzierung, 2007, S. 5-8; *Rödder, T.*, Unternehmensteuerreformgesetz, 2007, S. 8.

In Abhängigkeit des α-Niveaus, des Diskontierungsfaktors[1] und der Anzahl der Perioden einer kurzfristigen Gesellschafter-Fremdfinanzierung *n* berechnet sich der Barwert des Steuervorteils der Fremdfinanzierung (Formel 6-41):[2]

$$^{dyn}\Delta s = \sum_{t=1}^{n} \frac{\Delta s}{(1+i_s)^t} + \frac{\Delta s^{n+1}}{(1+i_s)^{n+1}} = \sum_{t=1}^{n} \frac{0{,}14025 * \alpha - 0{,}14200}{(1+i_s)^t} + \frac{n * (0{,}13579 - 0{,}14248 * \alpha)}{(1+i_s)^{n+1}}$$

mit Nettozinssatz:[3] $i_s = i - i * s_a$

Für ein α-Niveau in Höhe von 30 % und einen Bruttozinssatz *i* in Höhe von 10 % beträgt der Barwert des Steuervorteils der Fremdfinanzierung bei einer einperiodigen Gesellschafter-Fremdfinanzierung ($n = 1$) in der Grenzbetrachtung somit –1,24 % des *EBIT*.[4] Durch die Berücksichtigung des Zeiteffekts erhöht sich der dynamische Steuervorteil der Eigenfinanzierung in einem zweiperiodigen Modell ($n = 1$) von 0,68 % auf 1,24 % des *EBIT*.[5] Je weiter in der Zukunft die Wirkung des Zinsvortrages und somit der relative Steuervorteil der Fremdfinanzierung in Periode *n+1* liegt, desto höher ist in der Grenzbetrachtung der dynamische Steuervorteil der Eigenfinanzierung.[6]

In der Grenzbetrachtung resultiert somit die – für eine Finanzierungsentscheidung bedeutende – Erkenntnis, dass die Anzahl der Perioden einer kurzfristigen Gesellschafter-Fremdfinanzierung bei Greifen der Zinsschrankenregelung und der Zeiteffekt keinen Einfluss auf die relative Vorteilhaftigkeit der Eigenfinanzierung gegenüber einer kurzfristigen Gesellschafter-Fremdfinanzierung ausüben. Die Anzahl der Perioden der kurzfristigen Gesellschafter-Finanzierung und der Zeiteffekt beeinflussen hierbei ausschließlich die Höhe des Steuervorteils der Eigenfinanzierung positiv (Abbildung 41):

---

1 Der Kalkulationszinsfuß *i* als Element des Diskontierungsfaktors repräsentiert in dynamischen Investitionsrechenverfahren und Finanzierungsmaßnahmen die Verzinsung einer anderweitigen Verwendung des gebundenen Kapitals (Alternativanlage) und die Zeitpräferenz des Investors; vgl. *Wagner, F. W./Dirrigl, H.*, Steuerplanung, 1980, S. 30-33; *Kruschwitz, L.*, Investitionsrechenverfahren, 2001, Sp. 1117; *Matschke, M. J.*, Investitionsrechenverfahren, 2001, Sp. 1126 f. sowie Ausführungen zum Mehrperiodenmodell in Kapitel 5.3.2, S. 87.

2 Die Formel zur allgemeinen Berechnung befindet sich in Anhang i, S. 326.

3 Vgl. *Schüler, A./Krotter, S.*, Finanzierungsentscheidungen, 2007, S. 2325; *Knobloch, A. P.*, Kapitalwertäquivalent, 2008, S. 673; *Schreiber, U.*, Besteuerung, 2008, S. 533 f., 542 f.

4 Vgl. Berechnung in Anhang i, S. 326.

5 Vgl. Berechnung in Anhang i, S. 326.

6 Vgl. so auch *Eberl, S.*, Steuervorteil, 2009, S. 274, der jedoch mangels einer Quantifizierung unpräzise von einer Verringerung des Steuervorteils der Fremdfinanzierung spricht.

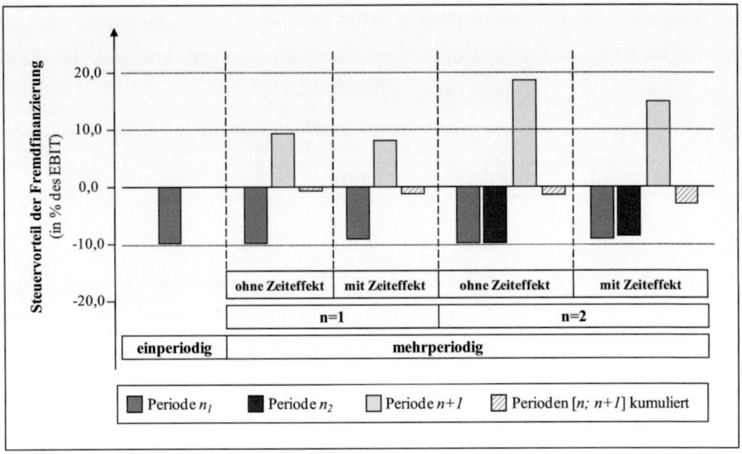

Abbildung 41: Steuervorteil der Fremdfinanzierung bei kurzfristiger Gesellschafter-Fremdfinanzierung (Grenzbetrachtung)

In einer nun folgenden Durchschnittsbetrachtung mit Startkapitalausstattung ist der Zinsvortrag – und somit die Gesamtsteuerbelastung – auch abhängig vom Gewinn vor Steuern und Zinsen und der (Start-)Eigenkapitalausstattung (vgl. Kapitel 6.2.2.2). Die Nutzung des Zinsvortrages in Periode $n+1$ setzt voraus, dass die tatsächlichen Vergütungen für die Gesellschafter-Fremdfinanzierung in dieser Periode nicht mehr als 10 % der gesamten Nettozinsaufwendungen betragen.[1] Sofern das (Start-)Fremdkapital nach der kurzfristigen (Grenz-)Fremdfinanzierung fortbesteht und gemäß den Annahmen des Grundmodells keine weitere Fremdkapitalaufnahme bei Dritten stattfindet, ist diese Schädlichkeitsgrenze bereits bei marginal kleiner (Start-)Fremdkapitalausstattung überschritten; die Nutzung des Zinsvortrages ist demnach ebenso wie bei einer Gesellschafter-Fremdkapitalausstattung mit unveränderten Rahmenbedingungen (Fall 1; vgl. Kapitel 6.2.2.2) ausgeschlossen. Im Folgenden wird untersucht, wie sich eine Substitution auch des (Start-)Fremdkapitals in Eigenkapital und somit keine Überschreitung der Schädlichkeitsgrenze auf den Steuervorteil der Fremdfinanzierung in der Durchschnittsbetrachtung auswirkt.

Per Definition wird bei einer kurzfristigen Gesellschafter-Fremdfinanzierung mit n Perioden das *EBIT* der Periode $n+1$ nach – durch eine potenzielle Steuerwirkung des Zinsvortrags verringerte – Unternehmensteuerbelastung an den Eigenkapitalinvestor

[1] S. § 8a Abs. 2 KStG i. V. m. § 4h Abs. 2 Satz 1 Buchst. b) EStG.

ausgeschüttet;[1] eine Gewichtung der Gesamtsteuerbelastung der Finanzierungsalternativen anhand des mit einer Finanzierungsalternative prozentual erwirtschafteten *EBIT* wird somit zur Berechnung der durchschnittlichen Gesamtsteuerbelastung der Periode *n+1* obsolet. Die Gesamtsteuerbelastung der Fremdfinanzierung in der Periode *n+1* beträgt unter Berücksichtigung des Zinsvortrages aus *n* Perioden kurzfristiger Gesellschafter-Fremdfinanzierung in der Durchschnittsbetrachtung mit Startkapitalausstattung:

$$s_{FK}^{ZS_{n+1}} = \varsigma_g^{D_{n+1}} + \varsigma_k^{D_{n+1}} + \left(1 - \varsigma_g^{D_{n+1}} - \varsigma_k^{D_{n+1}}\right) * s_a \tag{6-42}$$

mit:[2]

Durchschnittlicher effektiver Gewerbesteuersatz (Periode *n+1*):
$\varsigma_g^{D_{n+1}} = \left(1 - 0{,}75 * n * \left(\left(\frac{EBIT - EBIT_{EK}^{Start}}{EBIT}\right) * \left(1 - s_g - s_k\right) - \alpha * \left(1 - 0{,}75 * s_g - s_k\right)\right)\right) * s_g$
Durchschnittlicher effektiver Körperschaftsteuersatz (Periode *n+1*):
$\varsigma_k^{D_{n+1}} = \left(1 - n * \left(\left(\frac{EBIT - EBIT_{EK}^{Start}}{EBIT}\right) * \left(1 - s_g - s_k\right) - \alpha * \left(1 - 0{,}75 * s_g - s_k\right)\right)\right) * s_k$

Tabelle 33: Effektive Durchschnittssteuersätze in Periode *n+1* bei kurzfristiger Fremdfinanzierung unter Beachtung der Zinsschranke

Bei einer kurzfristigen (Grenz-)Fremdfinanzierung in Periode *n* resultiert in Periode *n+1* in einer zweiperiodigen Durchschnittsbetrachtung ($n = 1$) bei einem *EBIT* in Höhe von 3.250 T€ eine effektive Gewerbesteuerbelastung in Höhe von 9,12 % ($\alpha = 0{,}3$) bzw. 10,69 % ($\alpha = 0{,}5$) des *EBIT*, eine effektive Körperschaftsteuerbelastung in Höhe von 8,03 % ($\alpha = 0{,}3$) bzw. 10,27 % ($\alpha = 0{,}5$) des *EBIT* und eine Gesamtsteuerbelastung in Höhe von 37,86 % ($\alpha = 0{,}3$) bzw. 40,71 % ($\alpha = 0{,}5$) des *EBIT*.[3]

---

1 Zur Vergleichbarkeit der Gesamtsteuerbelastung von Eigen- und Fremdfinanzierung wird davon ausgegangen, dass das zusätzlich investierte Grenzkapital nach der kurzfristigen Gesellschafter-Fremdfinanzierung durch Eigenkapital substituiert wird.

2 Vgl. Herleitung in Anhang i, S. 327.

3 Vgl. Berechnungen in Anhang i, S. 327.

Aus der Differenz der Gesamtsteuerbelastung einer Eigenfinanzierung in Periode $n+1$ und der Gesamtsteuerbelastung der Fremdfinanzierung bei Nutzung des Zinsvortrages, resultiert der Steuervorteil der Fremdfinanzierung in Periode $n+1$ (Formel: 6-43):[1]

$$\Delta s^{D_{n+1}} = \left(s_g + s_k + \left(1 - s_g - s_k\right) * s_a\right) - s_a$$
$$- \left(s_g + s_k - n * \left(\left(\frac{EBIT - EBIT_{EK}^{Start}}{EBIT}\right) * \left(1 - s_g - s_k\right) - \alpha * \left(1 - 0{,}75 * s_g - s_k\right)\right) * \left(0{,}75 * s_g + s_k\right)\right) * \left(1 - s_a\right)$$

In der Durchschnittsbetrachtung steht dem Steuervorteil der Eigenfinanzierung aus der ersten Periode in Höhe von 9,39 % ($\alpha = 0{,}3$) bzw. 6,58 % ($\alpha = 0{,}5$) des *EBIT*[2] bei einem *EBIT* in Höhe von 3.250 T€ in der zweiten Periode ($n = 1$) ein Steuervorteil der Fremdfinanzierung in Höhe von 8,89 % ($\alpha = 0{,}3$) bzw. 6,04 % ($\alpha = 0{,}5$) des *EBIT* gegenüber (vgl. Abbildung 42). Über beide Perioden betrachtet resultiert somit ein kumulierter Steuervorteil der Eigenfinanzierung in Höhe von 0,50 % ($\alpha = 0{,}3$) bzw. 0,54 % ($\alpha = 0{,}5$) des *EBIT*.[3]

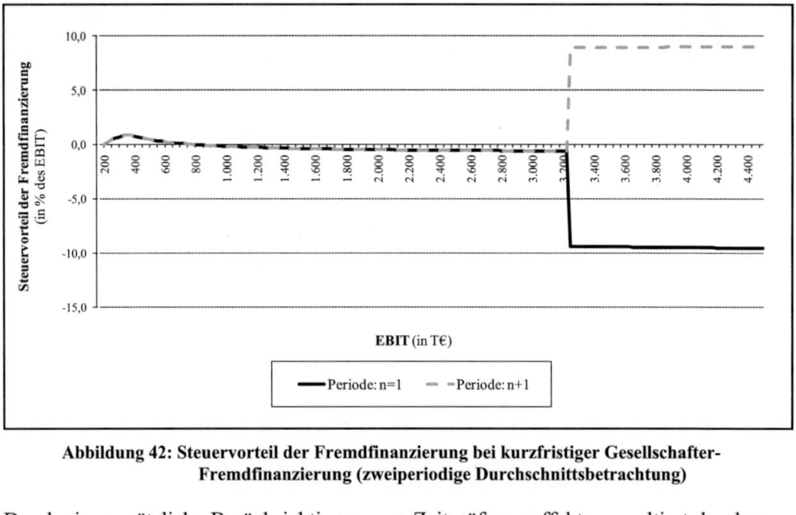

Abbildung 42: Steuervorteil der Fremdfinanzierung bei kurzfristiger Gesellschafter-Fremdfinanzierung (zweiperiodige Durchschnittsbetrachtung)

Durch eine zusätzliche Berücksichtigung von Zeitpräferenzeffekten resultiert der dynamische Steuervorteil der kurzfristigen Fremdfinanzierung im Mehrperiodenmodell mit

[1] Der bis zur Periode $n+1$ angesammelte Zinsvortrag wird in der Durchschnittsbetrachtung unter Berücksichtigung einer (Start-)Eigenkapitalausstattung in den Perioden n der kurzfristigen (Grenz-) Fremdfinanzierung ermittelt; vgl. Ausführungen in Kapitel 6.2.2.2, S. 163.

[2] Vgl. Ausführungen in Kapitel 6.2.2.1, S. 151.

[3] 0,0939 – 0,0889 = 0,0005 bzw. 0,0658 – 0,0604 = 0,0054.

Durchschnittsbetrachtung als Summe des diskontierten Steuervorteils der Eigenfinanzierung während der Periode(n) *n* und dem diskontierten Steuervorteil der Fremdfinanzierung in Periode *n+1*:[1]

$$^{dyn}\Delta s^{D} = \sum_{t=1}^{n} \frac{\Delta s^{D}}{(1+i_s)^t} + \frac{\Delta s^{D_{n+1}}}{(1+i_s)^{n+1}} = \sum_{t=1}^{n} \frac{-0{,}0939}{(1+i_s)^t} + \frac{n*0{,}0889}{(1+i_s)^{n+1}} \quad (6\text{-}44)$$

mit Nettozinssatz: $i_s = i - i * s_a$

Durch die Berücksichtigung des Zeiteffekts ($i = 0{,}1$) erhöht sich bei einem *EBIT* in Höhe von 3.250 T€ der kumulierte Steuervorteil der Eigenfinanzierung in Höhe von 0,50 % des *EBIT* ($\alpha = 0{,}3$) in der Durchschnittsbetrachtung bei einer zweiperiodigen Betrachtung auf 1,04 % des *EBIT*.[2] Bei einem α-Niveau in Höhe von 50 % erhöht sich der kumulierte Steuervorteil der Eigenfinanzierung in Höhe von 0,54 % des *EBIT* unter Berücksichtigung von Zeiteffekten in einer zweiperiodigen Betrachtung (*n = 1*) auf 0,89 % des *EBIT*.[3]

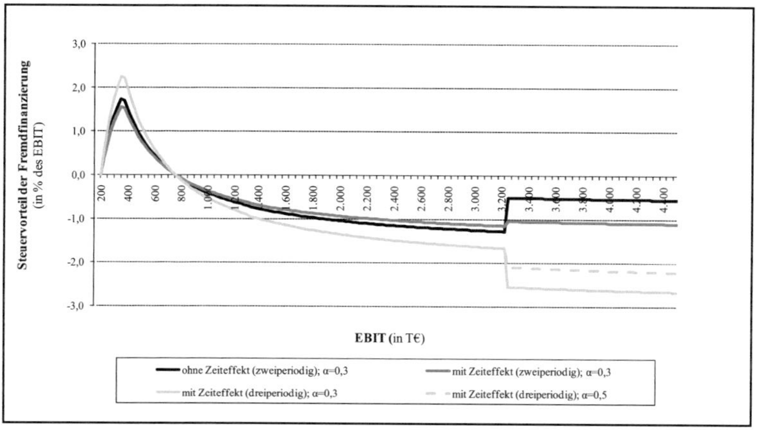

Abbildung 43: Kumulierter Steuervorteil der Fremdfinanzierung bei kurzfristiger Gesellschafter-Fremdfinanzierung (Durchschnittsbetrachtung)

Aus der grafischen Gegenüberstellung in Abbildung 43 wird die Wirkung der Zinsschrankenregelung mit Nutzung des Zinsvortrags in einer folgenden Periode unter Be-

---

[1] Die allgemeine Formel befindet sich in Anhang i, S. 329 f.

[2] Vgl. Berechnungen in Anhang i, S. 330. Je weiter in der Zukunft die Wirkung des Zinsvortrags liegt, desto höher ist der Diskontierungseffekt des Steuervorteils der Fremdfinanzierung in Periode *n+1*; vgl. auch *Laß, F.*, Finanzierungsentscheidungen, 1999, S. 66.

[3] Vgl. Berechnungen in Anhang i, S. 330.

rücksichtigung des Zeiteffektes deutlich. Im Bereich der Freigrenze der Zinsschranke hat der Zeitpräferenzeffekt in einer zweiperiodigen Betrachtung einen negativen Einfluss auf den Steuervorteil der Fremdfinanzierung,[1] da die in der Zukunft (Periode 2) liegende Wirkung des – bis zu einem Indifferenz zwischen Eigen- und Fremdfinanzierung auslösenden *EBIT* in Höhe 757.978 € bestehenden[2] – Steuervorteils der Fremdfinanzierung in der Berechnung des Barwerts weniger Gewichtung findet als bei einer rein kumulativen Ermittlung.[3] Gleichzeitig hat die Erhöhung der Periodenzahl im Bereich der Freigrenze der Zinsschranke einen positiven Effekt auf den Steuervorteil der Fremdfinanzierung (bzw. bei Überschreiten von *EBIT* = 757.978 € auf den Steuervorteil der Eigenfinanzierung) und fungiert bei einem gegebenen *EBIT*-Wert als Multiplikator des – ohne Greifen der Zinsschranke und vor Diskontierung – über die Perioden konstanten Steuervorteils der jeweiligen Finanzierungsalternative.[4]

Bei Greifen der Zinsschrankenregelung ab einem *EBIT* in Höhe 3.247.888 € wirken sowohl der Diskontierungseffekt als auch die Erhöhung der – individuell vertraglich festzulegenden – Periodenzahl der kurzfristigen Gesellschafter-Fremdfinanzierung[5] positiv auf den Steuervorteil der Eigenfinanzierung.[6] Der Grund für diesen positiven Einfluss liegt zum einen in der im Zeitablauf verzögerten Wirkung des – durch die Nutzung des Zinsvortrages resultierenden – Steuervorteils der Fremdfinanzierung und zum anderen in der oben bereits erwähnten Verstärkungswirkung durch die Erhöhung der Periodenzahl.[7] Während auch das *EBIT* unter den Implikationen der Zinsabzugsbeschränkung eine positive Auswirkung auf den Steuervorteil der Eigenfinanzierung hat, führt eine Erhöhung des α-Niveaus von 30 % auf 50 % zu einer Anhebung der abzugsfähigen

---

1 In Abbildung 43, S. 177, ist der Zeitpräferenzeffekt aus der Gegenüberstellung des kumulierten Steuervorteils der Fremdfinanzierung und dem Steuervorteil der Fremdfinanzierung mit Zeiteffekt in jeweils zweiperiodiger Betrachtung erkennbar.

2 Vgl. Ausführungen in Kapitel 5.3.3, S. 97, und Berechnungen in Anhang f, S. 268.

3 S. Tax Shield-Funktion „ohne Zeiteffekt (zweiperiodig); α=0,3" und Tax Shield-Funktion „mit Zeiteffekt (zweiperiodig); α=0,3" in Abbildung 43, S. 177. Vgl. zu einer Verringerung des (Körperschaft-)Steuervorteils je später der Fremdkapitalabzug realisiert wird auch *Laß, F.*, Finanzierungsentscheidungen, 1999, S. 66.

4 S. Tax Shield-Funktion „mit Zeiteffekt (zweiperiodig); α=0,3" und Tax Shield-Funktion „mit Zeiteffekt (dreiperiodig); α=0,3" in Abbildung 43, S. 177.

5 In Abbildung 43 ist die Wirkung einer erhöhten Periodenanzahl *n* aus der Gegenüberstellung des Steuervorteils der Fremdfinanzierung mit Zeiteffekt (zweiperiodig) und dem Steuervorteil der Fremdfinanzierung mit Zeiteffekt (dreiperiodig) erkennbar.

6 Vgl. Ausführungen in Kapitel 6.2.2.2, S. 163, und Berechnungen in Anhang i, S. 320. Vgl. so auch *Eberl, S.*, Steuervorteil, 2009, S. 274.

7 Vgl. so auch *Mai, J. M.*, Zinsabzugsbeschränkungen, 2008, S. 47.

Zinsaufwendungen und somit zu einer deutlichen Reduzierung des Steuervorteils der Eigenfinanzierung.[1]

Die – nach der Ausgestaltung der Zinsschrankenregelung vom Gesetzgeber beabsichtigte – temporäre Doppelbesteuerung als Rechtsfolge der Gesellschafter-Fremdfinanzierungsregelung nach § 8a Abs. 1 und 2 KStG i. V. m. § 4h Abs. 1 und 2 EStG bewirkt im einperiodigen Modell einen Steuervorteil der Eigenfinanzierung.[2] Bei Einbeziehung weiterer Perioden in die Analyse erschwert die Prognose unsicherer und ungewisser Zukunftserwartungen die Simulation des dynamischen Steuervorteils der Finanzierungsalternativen. Bei kurzfristiger Gesellschafter-Fremdfinanzierung ist in der Folgeperiode eine Befreiung von der Anwendung der Zinsschrankenregelung auf den Zinsvortrag möglich; die Höhe des Steuervorteils der Eigenfinanzierung hängt hier wesentlich von der Anzahl der Perioden n der Kapitalbereitstellung ab. Bei langfristiger Fremdfinanzierung baut sich hingegen kontinuierlich ein Zinsvortrag auf, der bei unveränderter Ertrags- und Rechtslage, Umstrukturierung oder Aufgabe des Betriebs, Zinsaufwendungen endgültig vom steuerlichen Abzug ausschließt[3] und die Fremdfinanzierung aus gesamtsteuerlicher Betrachtung dauerhaft gegenüber der Eigenfinanzierung benachteiligt.

6.2.3 Gewerbesteuerliche Hinzurechnung von Finanzierungsentgelten

Die Gewerbesteuer wurde ursprünglich auf Basis des Äquivalenzprinzips als Objektsteuer konzipiert, die losgelöst von den persönlichen Verhältnissen des Steuerschuldners an das Objekt Gewerbebetrieb anknüpfen und einen verfassungskonformen, kon-

---

1 Die Wirkung des α-Niveaus wird in Abbildung 43, S. 177, aus der Gegenüberstellung des Steuervorteils der Fremdfinanzierung mit Zeiteffekt (dreiperiodig) für ein α-Niveau in Höhe von 30 % und 50 % deutlich.

2 Im einperiodigen Modell bewirkt die Zinsschranke aus wirtschaftlicher Sicht eine Doppelbelastung, da der nicht abziehbare Zinsanteil auf Ebene der Gesellschaft keinen steuerlichen Betriebsausgabenabzug ermöglicht, die Zinszahlung auf Ebene des Zinsempfängers jedoch in vollem Umfang der Besteuerung unterliegt; vgl. auch *Bachmann, C./Schultze, W.*, Unternehmensbewertung, 2008, S. 29; *Kaminski, B.*, Zinsschranke, 2008, S. 196.

3 In dem Ausschluss des steuerlichen Abzugs von Zinsaufwendungen ist ein Verstoß gegen das Prinzip der Besteuerung nach der wirtschaftlichen Leistungsfähigkeit zu sehen: Nach der Rechtsprechung des BFH zu § 2 Abs. 3 EStG (Mindestbesteuerung) ist ein zumindest zeitlich gestreckter Ausgleich von Aufwendungen zur verfassungsgemäßen Besteuerung nach der wirtschaftlichen Leistungsfähigkeit (Art. 3 Abs. 1 GG) notwendig; s. BFH, Urt. v. 09.05.2001, XI B 151/00, BStBl. II 2001, S. 552, S. 554; BFH, Urt. v. 06.03.2003, XI B 76/02, BStBl. II 2003, S. 523, S. 524 und vgl. *Hey, J.*, Besteuerungsprinzipien, 2007, S. 1304-1307; *Schaden, M./Käshammer, D.*, Zinsvortrag, 2007, S. 2317, 2323. Zu den Fällen des Untergangs eines Zinsvortrages aufgrund einer Änderung im Gesellschafterbestand, der Aufgabe des Betriebs und aufgrund von Umstrukturierungsmaßnahmen vgl. *Schaden, M./Käshammer, D.*, Zinsvortrag, 2007, S. 2318-2322; *Beußer, T.*, Zinsvortrag, 2009, S. 51 f.; *Hierstetter, F.*, Zinsvortrag, 2009, S. 82 f.

junkturunabhängigen Ausgleich für die mittel- und unmittelbaren Belastungen der Gemeinden darstellen sollte.[1] Inzwischen hat sich die Gewerbesteuer weitgehend von ihrer ursprünglichen Grundstruktur entfernt und durch eine Anknüpfung an den erwirtschafteten Ertrag (§ 7 Satz 1 GewStG) tendenziell zu einer (weiteren) Ertragsteuer entwickelt;[2] die objektivierenden Hinzurechnungs- und Kürzungselemente der §§ 8 und 9 GewStG bilden hierbei in pauschaler Form die Rudimente des Äquivalenzprinzips der Gewerbesteuer.[3] Die steuersystematisch im Widerspruch zum ertragsteuerlichen Nettoprinzip stehende, objektsteuerspezifische Abzugsbeschränkung von Finanzierungselementen (§ 8 Nr. 1, 2, 3 und 7 GewStG a. F.) wurde im Zuge des Unternehmensteuerreformgesetzes 2008 vereinheitlicht.[4] Der Hinzurechnungsfaktor für die in § 8 Nr. 1 GewStG genannten Finanzierungselemente beträgt ab dem Erhebungszeitraum 2008[5] einheitlich und unabhängig von Dauer und Zweck der Kapitalbereitstellung oder der steuerlichen Behandlung der Entgelte beim Gläubiger 25 %.[6] Eine Hinzurechnung zum

---

[1] S. Begründung des GewStG 1937, RStBl. 1937, S. 696; BVerfG, Urt. v. 13.07.1965, 1 BvR 771/59, NJW 18 (1965), S. 1581; BVerfG, Beschl. v. 21.12.1966, 1 BvR 33/64, NJW 20 (1967), S. 545; BVerfG, Beschl. v. 13.05.1969, 1 BvR 25/65, NJW 22 (1969), S. 1243; *Flämig, C.*, Gewerbesteuer, 1989, S. 36-40.

[2] Vgl. *Gosch, D.*, Gewerbesteuer, 1998, S. 328, 334; *Montag, H.*, Gewerbesteuer, 2010, S. 467-470. Aufgrund der Strukturveränderung des Gewerbesteuerrechts ist die Gewerbesteuer deshalb am Prinzip der (objektiven) Leistungsfähigkeit zu messen und bezüglich verfassungsrechtlicher Bedenken zu überprüfen, vgl. FG Niedersachsen, Beschl. v. 24.06.1998, IV 317/91, FR 80 (1998), S. 1041; *Dziadkowski, D.*, Umgestaltung, 1987, S. 335; *Wendt, R.*, Gleichheitssatz, 1987, S. 1260-1265; *Seer, R.*, Verfassungsrecht, 1998, S. 1022 f.; *Jachmann, M.*, Ansätze, 2000, S. 1432-1434; *Hey, J.*, Besteuerungsprinzipien, 2007, S. 1307; *Rau, T.*, Prinzipien, 2007, S. 107-110; *Montag, H.*, Gewerbesteuer, 2010, S. 469. Ein Überblick über die in den OECD-Ländern vorherrschenden „local-business-taxation"-Systeme ist zu finden bei *Fossen, F./Bach, S.*, Reforming, 2008, S. 249-258.

[3] *Deutsche Bundesregierung*, UntStRefG 2008 - Entwurf, 2007, S. 78: „Der Gewerbesteuer (GewSt) unterliegt der sog. objektivierte Gewerbeertrag." Vgl. auch *Hofmeister, F.*, Blümich, § 1 GewStG, 2008, Rz. 7-9; *Montag, H.*, Gewerbesteuer, 2010, S. 468.

[4] S. Art. 3 Nr. 1 Buchst. a) UntStRefG; *Deutsche Bundesregierung*, UntStRefG 2008 - Entwurf, 2007, S. 79. Vgl. auch *Spengel, C./Reister, T.*, Unternehmenssteuerreform, 2006, S. 1747; *Bergemann, A./Markl, R./Althof, M.*, Gewerbesteuer, 2007, S. 693, 696 f.; *Hey, J.*, Besteuerungsprinzipien, 2007, S. 1307; *Eilers, S.*, Unternehmensfinanzierung, 2008, S. 19 f.

[5] S. § 36 Abs. 5a GewStG.

[6] Vgl. auch *Rödder, T.*, Unternehmensteuerreformgesetz, 2007, S. 11 f.; *Stangl, I./Hageböke, J.*, Finanzierungsentgelte, 2007, S. 514 f.; *Wiese, G. T./Klass, T./Möhrle, T.*, Unternehmensteuerreform, 2007, S. 408 f.; *BMF*, Hinzurechnung, Schreiben v. 04.07.2008; *Eilers, S./Ottermann, T.*, Fremdkapitalmaßnahmen, 2008, S. 345; *Strunk, G./Kaminski, B.*, Hinzurechnung, 2008, S. 168-170. Die Abkoppelung von der steuerlichen Behandlung der Entgelte beim Gläubiger geht auf die Entscheidung des EuGH, Urt. v. 26.10.1999, Rs. C-294/97 (*Eurowings*) zurück; vgl. auch *Homburg, S.*, Company, 2007, S. 599 f. Zur bisherigen Reaktion der Finanzverwaltung bzgl. gemieteter Anlagegüter siehe *BMF*, Eurowings, Schreiben v. 26.04.2000; *BMF*, Auswirkungen, Schreiben v. 18.10.2006. Europarechtliche Bedenken sind jedoch auch nach der Neuregelung angebracht; vgl. *Köhler, S.*, Steuerrecht, 2005, S. 231; *Meilicke, W.*, Diskriminierungsverbot, 2006; *Hidien, J. W.*, Zins-/Lizenzgebühren-Richtlinie, 2008; *Ritzer, C.*, Finanzierungsanteile, 2008, S. 1614; a. A. *Kempf, A./Straubinger, P.*, EU-Zins-/Lizenzrichtlinie, 2005; *Hofmeister, F.*, Blümich, § 8 GewStG, 2009, Rz. 31.

Gewinn aus Gewerbebetrieb findet hierbei nur statt, soweit die Schuldentgelte und Finanzierungsanteile bei der Gewinnermittlung abgesetzt worden sind und vor Anwendung des Hinzurechnungsfaktors der Freibetrag in Höhe von 100 T€ überschritten ist.[1] Die Voraussetzung, dass die Schuldentgelte den Gewinn für eine gewerbesteuerliche Hinzurechnung gemindert haben müssen, hat zur Folge, dass eine Kollision mit den Regelungen zur Zinsschranke oder der verdeckten Gewinnausschüttung aufgrund unangemessener Vergütungen vermieden wird.[2] Die gewerbesteuerliche Hinzurechnungsvorschrift ist bei Gesellschafts-Gesellschafter-Verträgen nach den gleichen Grundsätzen wie bei Verträgen mit Außenstehenden anzuwenden.[3] Im Folgenden wird untersucht, inwiefern die Absenkung des Hinzurechnungsfaktors von 50 % auf 25 % bei Entgelten für Dauerschulden durch das Unternehmensteuerreformgesetz 2008, der neu eingeführte Freibetrag in Höhe von 100 T€ und eine mögliche temporäre Aussetzung der Hinzurechnung den Steuervorteil der Fremdfinanzierung beeinflussen.[4] Während in der Grenzbetrachtung die Gesamtsteuerbelastung bei Eigenfinanzierung von der gewerbesteuerlichen Hinzurechnungsvorschrift mangels einer Gewinnminderung nicht berührt wird, stellt sich die Gesamtsteuerbelastung der Fremdfinanzierung in Abhängigkeit des Hinzurechnungsfaktors γ wie folgt dar:[5]

$$s_{FK} = \frac{\gamma * s_g}{1-(1-\gamma)*s_g - s_k} * (1-s_e) + s_e \qquad \text{(6-45)}$$

Unter Berücksichtigung der Gesamtsteuerbelastung der Eigenfinanzierung resultiert der Steuervorteil der Fremdfinanzierung für die Grenzbetrachtung in Abhängigkeit des Hinzurechnungsfaktors:[6]

---

1 S. § 8 Satz 1 GewStG. Vgl. zum technischen Aufbau der Norm auch *Patek, G.*, Entscheidungsfelder, 2007, S. 454; *Stangl, I./Hageböke, J.*, Finanzierungsentgelte, 2007, S. 514 f.; *Eilers, S./Ottermann, T.*, Fremdkapitalmaßnahmen, 2008, S. 345 f.

2 Die Abzugsverbote des Einkommensteuer- und Körperschaftsteuergesetzes sind vorrangig gegenüber den gewerbesteuerlichen Hinzurechnungen anzuwenden, da sie bereits bei der Ermittlung des einkommen- und körperschaftsteuerlichen Gewinns Anwendung finden. Vgl. auch *Hofmeister, F.*, Blümich, § 8 GewStG, 2009, Rz. 31.

3 Vgl. *Jacobs, O. H.*, Unternehmensbesteuerung, 2009, S. 214.

4 S. Art. 3 Nr. 1 Buchst. a) UntStRefG. Eine krisenbedingte Aussetzung der Hinzurechnung wird z. B. von der IHK München gefordert; vgl. *IHK München*, Vorschläge, 2009, S. 7.

5 Vgl. Herleitung in Anhang j, S. 332.

6 Vgl. Herleitung in Anhang j, S. 332.

$$\Delta s = s_g + s_k + (1 - s_g - s_k) * s_a - \frac{\gamma * s_g}{1 - (1 - \gamma) * s_g - s_k} * (1 - s_e) - s_e \tag{6-46}$$

Die erste Ableitung der Tax Shield-Funktion nach dem Hinzurechnungsfaktor γ ist für existierende Steuersätze negativ und induziert einen negativen Einfluss auf den Steuervorteil der Fremdfinanzierung.[1]

$$\frac{\partial \Delta s}{\partial \gamma} = -\frac{s_g * (1 - s_e) * (1 - s_g - s_k)}{(1 - (1 - \gamma) * s_g - s_k)^2} < 0 \quad \forall \quad s_e; (s_g + s_k) < 1 \tag{6-47}$$

In Abbildung 44 wird der negative – mit Verringerung des Hinzurechnungsfaktors zunehmende – Einfluss des Hinzurechnungsfaktors auf den Steuervorteil der Fremdfinanzierung grafisch dargestellt. Wie aus Abbildung 44 ersichtlich, besteht der Steuervorteil der Eigenfinanzierung bei Grenzbetrachtung in Höhe von 0,83 % des *EBIT* (vgl. Kapitel 5.3.1) nur für einen Hinzurechnungsfaktor in Höhe von 25 %.

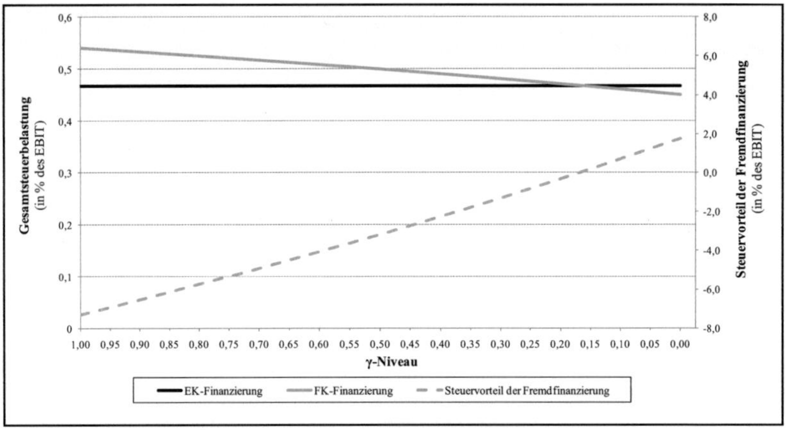

Abbildung 44: Einfluss des Hinzurechnungsfaktors (γ-Niveau) auf den Steuervorteil der Fremdfinanzierung

Der negative Einfluss des Hinzurechnungsfaktors auf den Steuervorteil der Fremdfinanzierung bewirkt bei Verringerung (Erhöhung) des γ-Niveaus eine Erhöhung (Reduzierung) des Steuervorteils der Fremdfinanzierung bzw. eine Verringerung (Erhöhung) des

[1] Vgl. Berechnung in Anhang j, S. 332.

Steuervorteils der Eigenfinanzierung.[1] Der einkommensteuerliche Indifferenzsteuersatz in Abhängigkeit des Hinzurechnungsfaktors berechnet sich nach Formel 6-48:[2]

$$\hat{s}_e = \frac{s_g + s_k + (1 - s_g - s_k) * s_a - \dfrac{\gamma * s_g}{1 - (1-\gamma) * s_g - s_k}}{1 - \dfrac{\gamma * s_g}{1 - (1-\gamma) * s_g - s_k}} \qquad (6\text{-}48)$$

Der negative Einfluss des Hinzurechnungsfaktors auf den nominalen einkommensteuerlichen Indifferenzsteuersatz wird in Abbildung 45 dargestellt:

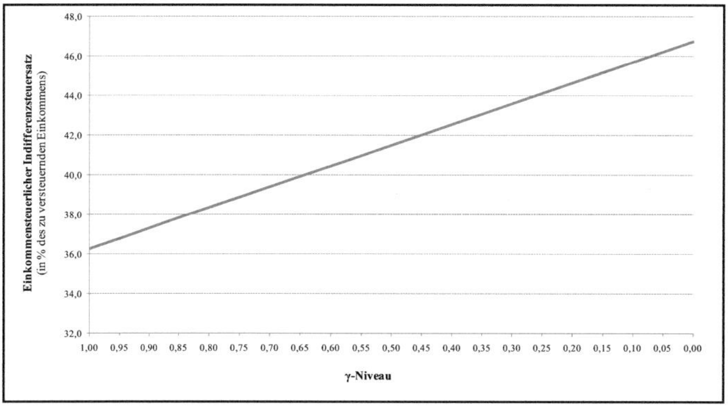

Abbildung 45: Einfluss des Hinzurechnungsfaktors auf den einkommensteuerlichen Indifferenzsteuersatz

Der einkommensteuerliche Indifferenzsteuersatz in Höhe von 44,13 % des *EBIT* bei einem γ-Niveau in Höhe von 25 %[3] verringert (erhöht) sich bei einer Erhöhung (Reduzierung) des Hinzurechnungsfaktors. Die isolierte Reduzierung des Hinzurechnungsfaktors von 50 % auf 25 % bewirkt somit eine Erhöhung des einkommensteuerlichen Indifferenzsteuersatzes von 41,50 % auf 44,13 % des *EBIT* sowie eine Reduzierung des Steuervorteils der Eigenfinanzierung von 3,19 % auf 0,83 % des *EBIT*.[4] Eine weitere Verringerung des Hinzurechnungsfaktors auf ein Niveau in Höhe von 0 %[5] (entspricht einer vollständigen gewerbesteuerlichen Abzugsfähigkeit von Schuldentgelten) erhöht

---

1 Vgl. ebenso *Haase, K. D./Schneeloch, D.*, Analyse, 1983, S. 80 zu den Auswirkungen des Gesetzes zur Wiederbelebung der Wirtschaft und Beschäftigung und zur Entlastung des Bundeshaushalts (Haushaltsbegleitgesetz 1983) vom 20.12.1982, BGBl I S. 1857.

2 Zur Herleitung vgl. Anhang j, S. 333.

3 Vgl. Kapitel 5.3.1, S. 74, und Berechnungen in Anhang j, S. 333.

4 Vgl. Berechnungen in Anhang j, S. 332 f.

5 Vgl. beispielsweise *IHK München*, Vorschläge, 2009, S. 7.

den nominalen einkommensteuerlichen Indifferenzsteuersatz auf den theoretischen Wert in Höhe von 46,75 % des *EBIT*, der mit dem derzeit normierten Einkommensteuertarif i. S. des § 32a Abs. 1 Satz 2 EStG nicht erreicht wird. Unterhalb des kritischen γ-Wertes in Höhe von 16,67 %, bei dem in der Grenzbetrachtung mit $s_e = 0{,}45$ eine Indifferenz zwischen Eigen- und Fremdfinanzierung besteht, resultiert in der Grenzbetrachtung stets ein Steuervorteil der Fremdfinanzierung.[1] Ferner führt eine durch das Unternehmensteuerreformgesetz 2008 – beispielsweise für die kurzfristige Fremdkapitalüberlassung durch den Gesellschafter – erfolgte Anhebung des Hinzurechnungsfaktors von 0 % auf 25 % dazu, dass sich der Steuervorteil der kurzfristigen Fremdfinanzierung in Höhe von 1,75 % des *EBIT* (γ = 0) in der Grenzbetrachtung in einen Steuervorteil der Eigenfinanzierung in Höhe von 0,83 % des *EBIT* (γ = 0,25) wandelt.[2] In der folgenden Durchschnittsbetrachtung wird auf diesen Erkenntnissen aufbauend untersucht, inwiefern der für γ-Werte über 16,67 % bestehende Steuervorteil der Eigenfinanzierung in der Grenzbetrachtung zusätzlich von dem progressiven Einkommensteuertarif und dem Freibetrag in Höhe von 100 T€ (§ 8 Nr. 1 GewStG) beeinflusst wird.[3]

Effektiver Gewerbesteuersatz: $\sigma_{g(gH)} =$

$$\frac{\left(\left(EBIT - EBIT_{EK}^{Start}\right) * \left(1 - \frac{\left(EBIT - EBIT_{EK}^{Start}\right) * \left(1 - s_g - s_k\right) + \gamma * s_g * FB}{\left(EBIT - EBIT_{EK}^{Start}\right) * \left(1 - s_g - s_k + \gamma * s_g\right)} * (1-\gamma)\right) - \gamma * FB\right) * s_g}{\left(EBIT - EBIT_{EK}^{Start}\right)}$$

Effektiver Körperschaftsteuersatz: $\sigma_{k(gH)} =$

$$\frac{\left(\left(EBIT - EBIT_{EK}^{Start}\right) * \left(1 - \frac{\left(EBIT - EBIT_{EK}^{Start}\right) * \left(1 - s_g - s_k\right) + \gamma * s_g * FB}{\left(EBIT - EBIT_{EK}^{Start}\right) * \left(1 - s_g - s_k + \gamma * s_g\right)}\right)\right) * s_k}{\left(EBIT - EBIT_{EK}^{Start}\right)}$$

mit $FB = \max\left(\min\left(\left(1 - \sigma_{g(gH)} - \sigma_{k(gH)}\right) * \left(EBIT_{FK}^{Start} + EBIT_{FK}^{Grenz}\right); 100.000€\right); 0\right)$

Tabelle 34: Effektive Unternehmensteuersätze bei Berücksichtigung des Hinzurechnungsfaktors (Durchschnittsbetrachtung mit Freibetrag)

---

1 Für γ = 0 beläuft sich der Steuervorteil der Fremdfinanzierung auf 1,75 % des *EBIT*; vgl. Berechnungen in Anhang j, S. 332.

2 Vgl. hierzu *Patek, G.*, Entscheidungsfelder, 2007, S. 455.

3 Finanzierungsentgelte werden dem Gewinn nur hinzugerechnet, „soweit die Summe den Betrag von 100.000 Euro übersteigt" (§ 8 Nr. 1 GewStG). Vgl. zur Berücksichtigung eines Freibetrags auch *Homburg, S.*, Company, 2007, S. 598; *Schreiber, U./Overesch, M.*, Analyse, 2007, S. 817; *BMF*, Hinzurechnung, Schreiben v. 04.07.2008, Rz. 44; *Fossen, F./Bach, S.*, Reforming, 2008, S. 257; *Ritzer, C.*, Finanzierungsanteile, 2008, S. 1620.

Die effektiven Unternehmensteuersätze der Fremdfinanzierung in Tabelle 34 sind in der Durchschnittsbetrachtung mit Startkapitalausstattung für Zinsenaufwendungen über 100 T€ abhängig von dem Hinzurechnungsfaktor und dem Freibetrag (*FB*).[1]

Die Gesamtsteuerbelastung beträgt in der Durchschnittsbetrachtung unter Berücksichtigung des Hinzurechnungsfaktors und des Freibetrags (Formel 6-49):

$$s_{FK}^{gH} = \frac{EBIT_{EK}^{Start}}{EBIT} * \left(s_g + s_k + \left(1 - s_g - s_k\right) * s_a\right) + \frac{EBIT - EBIT_{EK}^{Start}}{EBIT} * \left(\sigma_{g(gH)} + \sigma_{k(gH)} + \left(1 - \sigma_{g(gH)} - \sigma_{k(gH)}\right) * s_e\right)$$

Für Zinsaufwendungen unter 100 T€ oder ein γ-Niveau in Höhe von 0 % unterbleibt eine gewerbesteuerliche Hinzurechnung vollständig; die effektive Unternehmensteuerbelastung bei Fremdfinanzierung beläuft sich somit auf 0 % und die Fremdkapitalzuführung unterliegt dem Gesamtsteuersatz in Höhe des individuellen Einkommensteuersatzes.[2] Die (Start-)Fremdkapitalausstattung in Höhe von 1.000 T€ ist sowohl in der (Grenz-)Eigen- als auch der (Grenz-)Fremdfinanzierung nicht mit Ertragsteuern der Kapitalgesellschaft belastet. Erst die Aufnahme von (Grenz-)Fremdkapital führt dazu, dass der Freibetrag überschritten und eine gewerbesteuerliche Hinzurechnung ausgelöst wird. Die durchschnittliche Gesamtsteuerbelastung der (Grenz-)Eigenfinanzierung setzt sich zusammen aus der Einkommensteuerbelastung der (Start-)Fremdkapitalinvestition und der Gesamtsteuerbelastung der (Start-)- und (Grenz-)Eigenfinanzierung:

$$s_{EK}^{gH} = \frac{EBIT_{FK}^{Start}}{EBIT} * s_e + \frac{EBIT - EBIT_{FK}^{Start}}{EBIT} * \left(s_g + s_k + \left(1 - s_g - s_k\right) * s_a\right) \qquad (6\text{-}50)$$

Für ein *EBIT* in Höhe von 300 T€ und eine (Start-)Fremdkapitalausstattung in Höhe von 1.000 T€ verringert sich die durchschnittliche Gesamtsteuerbelastung der Eigenfinanzierung durch die Berücksichtigung des Freibetrags von 43,39 % auf 42,48 % des *EBIT*.[3] In der Alternative der (Grenz-)Fremdfinanzierung verringert sich die durchschnittliche effektive Unternehmensteuerbelastung durch die Berücksichtigung des gewerbesteuerlichen Freibetrags bei einem *EBIT* in Höhe von 300 T€ von 4,70 % auf 2,35 % des *EBIT* (γ = 0,25).[4] Die Gesamtsteuerbelastung der (Grenz-)Fremdfinanzie-

[1] Zur Berechnung der effektiven Unternehmensteuersätze vgl. Anhang j, S. 334 f.

[2] Vgl. formale Darstellung und Quantifizierung der effektiven Steuersätze in Anhang j, S. 336.

[3] Vgl. Ausführungen in Kapitel 5.3.3, S. 97, und Berechnungen in Anhang j, S. 337.

[4] Die effektive Gewerbesteuerbelastung verringert sich bei einem γ-Niveau in Höhe von 25 % von 3,99 % auf 2,00 % des *EBIT*, die effektive Körperschaftsteuerbelastung von 0,71 % auf 0,35 % des *EBIT*. Vgl. Berechnungen in Anhang j, S. 334 f.

rung verringert sich von 42,71 % auf 41,80 % des *EBIT*.[1] Der durchschnittliche Steuervorteil der Fremdfinanzierung unter Berücksichtigung des Freibetrags berechnet sich in Abhängigkeit des Hinzurechnungsfaktors nach folgender Formel:[2]

$$\Delta s^{D} = \frac{EBIT_{FK}^{Start}}{EBIT} * s_e^{EK} + \frac{EBIT - EBIT_{FK}^{Start} - EBIT_{EK}^{Start}}{EBIT} * \left(s_g + s_k + (1 - s_g - s_k) * s_a\right) + \\ - \frac{EBIT - EBIT_{EK}^{Start}}{EBIT} * \left(\sigma_{g(gH)} + \sigma_{k(gH)} + (1 - \sigma_{g(gH)} - \sigma_{k(gH)}) * s_e^{FK}\right) \quad (6\text{-}51)$$

Bei einer Startkapitalausstattung in Höhe von je 1.000 T€ Eigen- und Fremdkapital und einer (Grenz-)Fremdkapitalausstattung in Höhe von 1.000 T€ resultiert bei einem γ-Niveau in Höhe von 25 % und unter Berücksichtigung des Freibetrags ein Steuervorteil der Fremdfinanzierung in Höhe von 0,68 % des *EBIT*.[3] Gegenüber der Vernachlässigung des Freibetrags bleibt der Steuervorteil der Fremdfinanzierung nahezu unverändert,[4] da durch den Freibetrag sowohl die (Grenz-)Fremdfinanzierung als auch die (Grenz-)Eigenfinanzierung – in Form der (Start-)Fremdkapitalausstattung – steuerlich entlastet werden. Wie aus Abbildung 46 im Vergleich zu Abbildung 25 aus Kapitel 5.3.3 für ein γ-Niveau in Höhe von 25 % erkennbar, wirkt sich der Freibetrag für *EBIT*-Werte über 200 T€ nur minimal auf den Steuervorteil der Fremdfinanzierung aus.

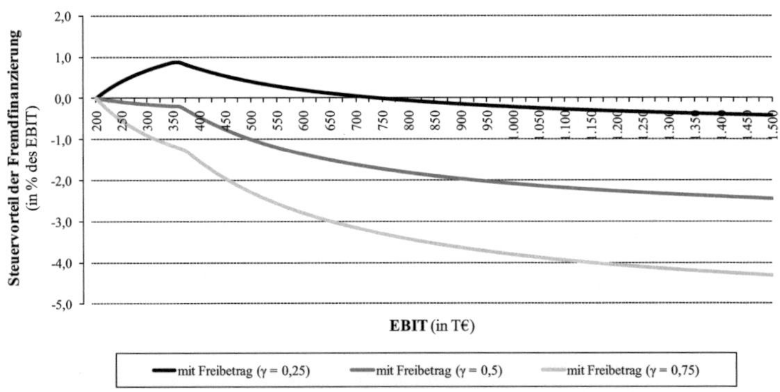

Abbildung 46: Steuervorteil der Fremdfinanzierung unter Berücksichtigung des Hinzurechnungsfaktors (Durchschnittsbetrachtung)

---

1 Vgl. Ausführungen in Kapitel. 5.3.3, S. 97, und Berechnungen in Anhang j, S. 336.

2 Zur Herleitung und Quantifizierung der effektiven Steuersätze vgl. Anhang j, S. 338.

3 Vgl. Berechnungen in Anhang j, S. 338.

4 Zur Berechnung des durchschnittlichen Steuervorteils der Fremdfinanzierung ohne Berücksichtigung des gewerbesteuerlichen Freibetrags (Δs = 0,68 % des *EBIT*) s. Kapitel 5.3.3, S. 97.

Der Hinzurechnungsfaktor, der im Wesentlichen die Steuerbelastung der (Grenz-) Fremdfinanzierung beeinflusst, hat – entgegen der Berücksichtigung des gewerbesteuerlichen Freibetrags – auch in der Durchschnittsbetrachtung einen entscheidenden Einfluss auf den Steuervorteil der Fremd- bzw. Eigenfinanzierung. Zur Abbildung des Einflusses des Hinzurechnungsfaktors auf den Steuervorteil der Fremdfinanzierung in Abhängigkeit des Verschuldungsgrades wird eine Eigen- und Fremdkapitalaufnahme in der (Grenz-)Mischfinanzierung betrachtet. In der Mischfinanzierung berechnet sich die Gesamtsteuerbelastung aus der Summe der Gesamtsteuerbelastung der Eigenfinanzierung und der Gesamtsteuerbelastung der Fremdfinanzierung unter Berücksichtigung des Hinzurechnungsfaktors:[1]

$$s_{Misch}^{gH} = \frac{EBIT_{EK}^{Start} + EBIT_{EK}^{Grenz}}{EBIT} * \left(s_g + s_k + (1 - s_g - s_k) * s_a\right) + \frac{EBIT_{FK}^{Start} + EBIT_{FK}^{Grenz}}{EBIT} * \left(\sigma_{g(gH)} + \sigma_{k(gH)} + (1 - \sigma_{g(gH)} - \sigma_{k(gH)}) * s_e^{FK(Misch)}\right) \quad (6\text{-}52)$$

Wird diese Gesamtsteuerbelastung der Mischfinanzierung von der durchschnittlichen Gesamtsteuerbelastung einer reinen (Grenz-)Eigenfinanzierung unter Berücksichtigung des Hinzurechnungsfaktors und des gewerbesteuerlichen Freibetrags subtrahiert, erhält man nach analytischer Umformung den Steuervorteil der Fremdfinanzierung unter Berücksichtigung des Hinzurechnungsfaktors und des Freibetrags in Abhängigkeit des Verschuldungsgrades (Formel 6-53):[2]

$$\Delta s = \frac{EBIT_{FK}^{Start}}{EBIT} * s_e^{EK} + \frac{\frac{V * (EBIT - EBIT_{FK}^{Start}) - EBIT_{FK}^{Start}}{1+V}}{EBIT} * \left(s_g + s_k + (1 - s_g - s_k) * s_a\right) + - \frac{EBIT_{FK}^{Start} + \frac{V * (EBIT - EBIT_{FK}^{Start}) - EBIT_{FK}^{Start}}{1+V}}{EBIT} * \left(\sigma_{g(gH)} + \sigma_{k(gH)} + (1 - \sigma_{g(gH)} - \sigma_{k(gH)}) * s_e^{FK(Misch)}\right)$$

Zur Veranschaulichung der formalen Darstellung wird der Steuervorteil der Fremdfinanzierung in Abhängigkeit des Verschuldungsgrades für eine Startkapitalausstattung in Höhe von je 1.000 T€ Eigen- und Fremdkapital, einen nominalen Körperschaftsteuer-

[1] Zur Herleitung und Quantifizierung der effektiven Unternehmensteuersätze und des nominalen Einkommensteuersatzes vgl. Anhang j, S. 339.

[2] Vgl. Berechnungen in Anhang j, S. 340 f.

satz in Höhe von 15 %, einen nominalen Gewerbesteuersatz in Höhe von 14 % und einen Abgeltungsteuersatz in Höhe von 25 % grafisch abgebildet:

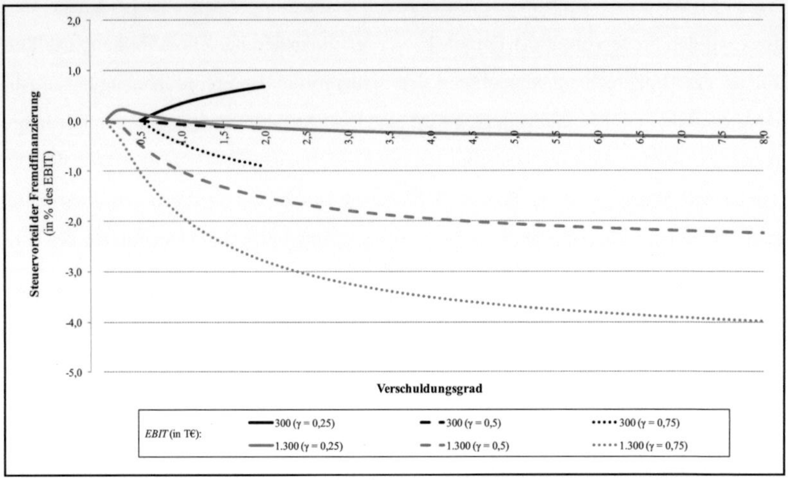

Abbildung 47: Steuervorteil der Fremdfinanzierung unter Berücksichtigung des Hinzurechnungsfaktors (Mischfinanzierung)

Auch in Abhängigkeit des Verschuldungsgrades weist die Tax Shield-Funktion unter Berücksichtigung des gewerbesteuerlichen Freibetrags nur minimale Unterschiede zur Tax Shield-Funktion in der Mischfinanzierung ohne Freibetrag (vgl. Abbildung 26 in Kapitel 5.3.3) auf. Sowohl für ein *EBIT* in Höhe von 300 T€ als auch für ein *EBIT* in Höhe von 1.500 T€ wird der – in Summe[1] – positive Einfluss des Hinzurechnungsfaktors auf den Steuervorteil der Eigenfinanzierung deutlich. Als wesentlicher Unterschied zur Grenzbetrachtung wird für jeden *EBIT*-Wert ein Teilbereich des Verschuldungsgrades identifiziert, innerhalb dessen der Hinzurechnungsfaktor eine Umkehr der relativen steuerlichen Vorteilhaftigkeit bewirken kann: Sowohl für ein *EBIT* in Höhe von 300 T€ als auch für einen Teilbereich des *EBIT* in Höhe von 1.300 T€ besteht für ein γ-Niveau in Höhe von 25 % ein Steuervorteil der Fremdfinanzierung, der mit einer Erhöhung des γ-Niveaus in einen Steuervorteil der Eigenfinanzierung gewandelt wird. Bei einer kri-

[1] Der positive Einfluss des Hinzurechnungsfaktors auf den effektiven Gewerbe- und Körperschaftsteuersatz kompensiert einen negativen Einfluss des Hinzurechnungsfaktors auf den effektiven Einkommensteuersatz – resultierend aus einem negativen Bemessungsgrundlagen- und einem progressionsbedingten positiven, nominalen Einkommensteuersatzeffekt – über; vgl. auch Ausführungen zum Einfluss des Hinzurechnungsfaktors in der Grenzbetrachtung, Abbildung 44, S. 182, und Berechnungen in Anhang j, S. 332.

senbedingten Forderung nach einer Reduzierung oder Aussetzung der gewerbesteuerlichen Hinzurechnungsvorschrift ist folglich zu beachten, dass eine Verringerung des Hinzurechnungsfaktors zwar die Gesamtsteuerbelastung eines verschuldeten Unternehmens reduzieren kann; in Abhängigkeit der erwirtschafteten Gewinne des Unternehmens (*EBIT*) werden hierdurch jedoch auch steuerliche Anreize zur – unter Umständen ungewollten und auf lange Sicht krisenverschärfenden[1] – Aufnahme von neuem Fremdkapital und Kapitalumstrukturierungen gesetzt.[2]

Von zentraler Bedeutung für Steuerplanung der Unternehmen und die Gesetzgebung ist in diesem Zusammenhang nicht nur die Erkenntnis, dass der Hinzurechnungsfaktor einen gewichtigen Einfluss auf den Steuervorteil der Fremdfinanzierung ausübt und die relative steuerliche Vorteilhaftigkeit der Finanzierungsalternativen umkehren kann; vielmehr ist die Bedeutung der Gewerbesteuer aufgrund der Qualifikation als nicht abziehbare Betriebsausgabe und der – dem Grunde nach ausgedehnten – Hinzurechnungstatbestände durch das Unternehmensteuerreformgesetz 2008 stark gestiegen.[3] Im Zusammenwirken mit der Absenkung des Körperschaftsteuersatzes auf 15 % resultiert unter Beachtung der gewerbesteuerlichen Hinzurechnungstatbestände in der maximalen Fremdfinanzierung eine Gewerbesteuerbelastung, die nicht nur nominal für Hebesätze größer als 429 %,[4] sondern auch effektiv stets höher ist als die nominale bzw. effektive Körperschaftsteuerbelastung. Die gewerbesteuerlichen Modifikationen der §§ 8 und 9 GewStG bewirken somit Bemessungsgrundlageneffekte und wirtschaftliche Steuerbelastungsquoten, die in der Steuerplanung und Berechnung des Tax Shield nicht vernachlässigt werden dürfen.[5]

---

1 Siehe beispielsweise die Zielsetzung der jüngsten Unternehmensteuerreform: „Insofern besteht die Aufgabe, steuerliche Anreize zu geben, um die Eigenkapitalausstattung der Unternehmen gezielt zu fördern. Eine verbesserte Eigenkapitalausstattung stärkt die Investitionsfähigkeit der Unternehmen und ist gleichzeitig ein Insolvenzschutz in Krisenzeiten.“ *Deutsche Bundesregierung*, UntStRefG 2008 - Entwurf, 2007, S. 30.

2 Ein steuerlich induzierter Anreiz zur Fremdfinanzierung wäre wirtschaftspolitisch als kontraproduktiv einzustufen; vgl. *Kiesewetter, D./Rumpf, D.*, Besteuerung, 2009, S. 4

3 Vgl. so auch *Bergemann, A./Markl, R./Althof, M.*, Gewerbesteuer, 2007, S. 700; *Herzig, N.*, Unternehmensbesteuerung, 2007, S. 9; *Ritzer, C.*, Finanzierungsanteile, 2008, S. 1613.

4 $HS = (s_k / SMZ) \times 100 = (0{,}15 / 0{,}035) \times 100 = 428{,}57\ \%$.

5 Vgl. zu Bemessungsgrundlageneffekten und der wirtschaftlichen Steuerbelastung auch *Wagner, F. W./Dirrigl, H.*, Steuerplanung, 1980, S. 34-38; *Fullerton, D.*, Effective, 1984, S. 23, 26; *Wagner, F. W.*, Entwicklungstendenzen, 1984, S. 212 f.; *Schneider, D.*, Steuerbelastungsvergleiche, 1988, S. 290 f.; *Fischer, L.*, Steuerbelastung, 1989, S. 134 f.; *Dirrigl, H./Müller, R.*, Eigenkapitalkosten, 1990, S. 397; *Wagner, F. W.*, Steuerbemessungsgrundlagen, 1998, S. 19-31; *Wagner, F. W.*, Steuerforschung, 2008, S. 101 f.

6.3 Verluste und Verlustverrechnungsbeschränkungen

Die vorliegende Untersuchung geht bisher – in Einklang mit den vorherrschenden Modellannahmen der wirtschaftswissenschaftlichen Literatur – davon aus, dass im Rahmen der Fremdfinanzierung durch einen zumindest teilweisen Zinsabzug ein Tax Shield auf Unternehmensebene dem Grunde nach entsteht.[1] Diese Annahme setzt implizit voraus, dass der Untersuchungsgegenstand ein profitables Unternehmen mit einer tatsächlichen Gewinnerzielung ist, da im Verlustfall aufgrund einer asymmetrischen Behandlung von Gewinnen und Verlusten, Steuern – nach internationalem Standard – weder erhoben noch erstattet werden.[2] Das prinzipiell bestehende „Spannungsverhältnis zwischen dem Grundsatz der Abschnittsbesteuerung und dem Grundsatz des abschnittsübergreifenden Nettoprinzips als Ausfluß [!] des Leistungsfähigkeitsprinzips"[3] wird im deutschen Ertragsteuerrecht durch einen innerperiodischen Verlustausgleich und einen interperiodischen Verlustabzug berücksichtigt.[4] Da bei Kapitalgesellschaften die gesamte Geschäftstätigkeit als ein Gewerbebetrieb angesehen wird (§ 2 Abs. 2 Satz 1 GewStG) und sämtliche Einkünfte als Einkünfte aus Gewerbebetrieb gelten (§ 8 Abs. 2 KStG), scheidet die Anwendung sowohl eines internen (Verrechnung mit einem anderen Gewerbebetrieb) als auch eines externen (Verrechnung mit anderen Einkunftsarten) Verlustausgleichs bei Kapitalgesellschaften aus.[5]

---

1 Vgl. *Ramb, F.*, carryforwards, 2007, S. 1 m. w. N.

2 Vgl. *Auerbach, A. J.*, Determinants, 1985, S. 305; *Auerbach, A. J./Poterba, J. M.*, Carryforwards, 1987; *Kim, H. E.*, Structure, 1989; *MacKie-Mason, J. K.*, Decisions, 1990; *Scheffler, W.*, Finanzierungspolitik, 1992, S. 119; *Auerbach, A. J.*, Policy, 2002, S. 1274; *Graham, J. R.*, Review, 2003, S. 1082; *Niemann, R.*, Verlustverrechnung, 2003, S. 2; *König, R./Wosnitza, M.*, Steuerwirkungslehre, 2004, S. 91; *Homburg, S.*, Steuerlehre, 2007, S. 231; *Wiedermann-Ondrej, N.*, Payments, 2007, S. 5; *Schreiber, U.*, Besteuerung, 2008, S. 602. Zur Definition und Feststellung von Verlusten vgl. *Schlenker, A.*, Blümich, § 10d EStG, 2005, Rz. 101 f.; *Orth, M.*, Verlustverwertungsstrategien, 2008, S. 985-988, jeweils m. w. N.

3 BVerfG, Beschl. v. 22.07.1991, 1 BvR 313/88, DStR 29 (1991), S. 1278. Zu den der Verlustverrechnung zugrundeliegenden Prinzipien vgl. *Orth, M.*, Verlustverwertungsstrategien, 2008, S. 970-978.

4 S. § 10d EStG i. V. m. § 8 Abs. 1 Satz 1 KStG bzw. § 10a GewStG. Der interperiodische Verlustabzug ist zur Erfassung des Einkommens der Totalperiode zwingend notwendig. Das Abschnittsprinzip beruht auf fiskalischen und administrativen Gründen; vgl. *Schreiber, U.*, Besteuerung, 2008, S. 53 f. Zur Einschränkung der Verlustverrechnung vgl. auch *Bender, T.*, Verlustverrechnungsbeschränkungen, 2002, S. 17-20.

5 Vgl. hierzu auch *Kraft, C./Kraft, G.*, Unternehmensbesteuerung, 2006, S. 148 f.; *Scheffler, W.*, Besteuerung, 2007, S. 195 f.; *Schreiber, U.*, Besteuerung, 2008, S. 92.

Zur Sicherung der Kalkulierbarkeit und Kontinuität der Steuereinnahmen[1] bestehen in Deutschland de lege lata folgende Beschränkungen im Bereich des interperiodischen Verlustabzuges,[2] die nach dem Volumen und einer zeitlichen Beschränkung für jeweils den Verlustrück- und Verlustvortrag in vier Kategorien je Steuerart unterteilt werden können:[3]

	Verlustrücktrag		**Verlustvortag**
	KSt	**GewSt**	**KSt/GewSt**
Zeitliche Beschränkung	1 Jahr	nicht möglich	unbeschränkt
Beschränkung der Höhe nach	511.500 €	nicht möglich	1 Mio. € (Sockelbetrag); 60% des übersteigenden Betrags (Mindestbesteuerung)

Tabelle 35: Beschränkung des interperiodischen Verlustabzugs

Während ein Verlustrücktrag nur im Einkommen- und Körperschaftsteuergesetz kodifiziert und zudem der Höhe und der Zeit nach gesetzlich beschränkt ist,[4] ist der Verlustvortrag in Übereinstimmung innerhalb der Ertragsteuerarten Einkommen-, Körperschaft- und Gewerbesteuer nur der Zeit nach unbegrenzt. Der Verlustvortrag ist der Höhe nach auf einen Sockelbetrag von 1 Mio. € und darüber hinaus auf 60 % des 1 Mio. € übersteigenden Gesamtbetrags der Einkünfte bzw. des maßgebenden Gewer-

1 S. *Deutsche Bundesregierung*, Korb II - Entwurf, 2003, S. 10, 13. Hierzu vgl. *Herzig, N./Wagner, T.*, Mindestbesteuerung, 2004, S. 53; *Müller, H.*, Verlustverrechnung, 2007, S. 179 f. Teilweise werden auch die Vereinfachung des Steuerrechts, die Verringerung von Kapitalfehlallokationen oder die Erhöhung der Steuermoral und Gerechtigkeit als Zwecke der Mindestbesteuerung angeführt; vgl. *Krengel, R.*, Mindestbesteuerung, 2006, S. 92-95. Aufgrund eines Verlustvortragsvolumens im Bereich der Körperschaftsteuer in Höhe von 473 Milliarden Euro (Stand: 31.12.2004) dürften diese Zwecke m. E. hinter dem Fiskalzweck als sekundär anzusehen sein; vgl. *Statistisches Bundesamt*, Körperschaftsteuerstatistik 2004, 2009, Zusammenfassende Übersicht Nr. 3.

2 S. zum Verlustrücktrag § 10d Abs. 1 EStG i. V. m. § 8 Abs. 1 Satz 1 KStG und zum Verlustvortrag § 10d Abs. 2 EStG i. V. m. § 8 Abs. 1 Satz 1 KStG bzw. § 10a GewStG. Einen historischen Überblick über die Entwicklung der Vorschriften zur Verlustverrechnungsbeschränkung bieten *Ramb, F.*, carryforwards, 2007, S. 10; *Dwenger, N.*, restrictions, 2008, S. 3-6.

3 Vgl. zu dieser Kategorisierung *Ramb, F.*, carryforwards, 2007, S. 9.

4 Vgl. *Twickel, D. F. v.*, Blümich, § 10a GewStG, 2009, Rz. 23. Der einkommensteuerliche Verlustrücktrag ist als Wahlrecht ausgestaltet: Auf Antrag des Steuerpflichtigen kann von seiner Anwendung abgesehen oder die Höhe des Verlustrücktrags bis maximal 511.500 € selbst festgelegt werden (§ 10d Abs. 1 Satz 5, 6 EStG).

beertrags beschränkt;[1] die gegebenfalls verbleibenden 40 % des 1 Mio. € übersteigenden Betrags stellen die Basis für die sogenannte Mindestbesteuerung zur Sicherung der Staats- und Gemeindeeinnahmen dar.[2] Die körperschaftsteuerliche und die gewerbesteuerliche Verrechnung des Verlustvortrags entsprechen sich somit zwar hinsichtlich ihrer Systematik, wesentliche Differenzen in der Höhe und Dauer des Verlustvortrags resultieren jedoch bezüglich der Anknüpfung an unterschiedliche Ergebnisgrößen.[3]

Die – international übliche[4] – Abweichung von dem Ideal der sofortigen, vollständigen Verlustverrechnung führt dazu, dass der Zinsabzug in Kombination mit dem vorherrschenden Trennungsprinzip zwischen Kapitalgesellschaft und den Gesellschaftern bei einperiodiger Betrachtung ohne steuerliche Wirkung bleibt:[5] Der Zinsabzug konkurriert nach der Substitutionshypothese von *H. De Angelo/R. Masulis* mit der steuerlichen Bemessungsgrundlagenreduktion durch andere „non debt" Tax Shields (z. B. Verlustvorträge und steuerliche Investitionsvergünstigungen) und Tax Shield „substitutes" (z. B. Abschreibungen, Forschungs- und Werbekosten) und erhöht lediglich einen bereits be-

---

1 Zur Quantifizierung des nach Abzug des Verlustvortrags mindestens verbleibenden Periodenergebnisses in Relation zum Periodenergebnis vor Verlustabzug vgl. *Herzig, N./Wagner, T.*, Mindestbesteuerung, 2004, S. 57. Zur detaillierten Ausgestaltung der Verlustverrechnungsbeschränkungen vgl. *Raupach, A./Böckstiegel, M.*, Verlustregelungen, 1999; *Schlenker, A.*, Blümich, § 10d EStG, 2005, Rz. 131-134, 161-164.

2 An der derzeitigen Ausgestaltung der Verlustverrechnungsbeschränkung besteht nach h. M. kein Zweifel einer Verfassungswidrigkeit, da es sich bei dem Verlustabzug lediglich um eine zeitliche Streckung handelt, die dem Nettoprinzip nicht entgegensteht. S. BFH, Beschl. v. 09.05.2001, XI B 151/00, DStR 39 (2001), S. 1109; BFH, Beschl. v. 06.03.2003, XI B 7/02, BStBl. II 2003, S. 516; BFH, Beschl. v. 25.06.2004, XI B 20/03 (NV), BFH/NV 2005, S. 176; *Schlenker, A.*, Blümich, § 10d EStG, 2005, Rz. 6 m. w. N. Jedoch hat der Bundesfinanzhof mit Beschluss vom 06.09.2006 eine – noch anhängige – Entscheidung des Bundesverfassungsgerichts zur Vereinbarkeit mit dem Grundsatz der Normenklarheit (Art. 20 Abs. 3, Art. 19 Abs. 4 GG) beantragt; vgl. BVerfG, Anhängiges Normenkontrollverfahren, 2 BvL 59/06, vorhergehend: BFH, Beschl. v. 06.09.2006 (XI R 26/04), DStR 44 (2006), S. 2019; *Kohlhaas, K.-F.*, Kommentar, 2006. Sofern die Mindestbesteuerung jedoch auf das Existenzminimum zurückgreift oder Verluste endgültig nicht genutzt werden können, bestehen ernstliche Zweifel an der Verfassungsmäßigkeit; BFH, Beschl. v. 06.09.2006, XI R 26/04, DStR 44 (2006), S. 2019; *Lang, J.*, Einkommensteuer, 2010, S. 254.

3 Während sich die Körperschaftsteuer nach dem zu versteuernden Einkommen der Kapitalgesellschaft bemisst (§ 7 Abs. 1 KStG), knüpft die Gewerbesteuer an den um gewerbesteuerliche Hinzurechnungen und Kürzungen modifizierten Gewinn aus Gewerbebetrieb (Gewerbeertrag) an (§ 7 Satz 1 GewStG). Durch die Hinzurechnungen und Kürzungen können sich für die verschiedenen Steuerarten unterschiedliche Bemessungsgrundlagen einstellen; vgl. auch *Herzig, N./Wagner, T.*, Mindestbesteuerung, 2004, S. 56.

4 Vgl. Übersichten zu den Verlustverrechnungsbeschränkungen im internationalen Vergleich bei *BDI/PWC*, Verlustberücksichtigung, 2006, S. 95 f.; *BDI/VCI*, Steuerbelastung, 2006, S. 14; *Saïac, J.*, Losses, 2007, S. 556-561; *Dwenger, N.*, restrictions, 2008, S. 7.

5 *MacKie-Mason, J. K.*, Decisions, 1990, S. 1474: „tax shields should matter only to the extent that they affect the marginal tax rate on interest deductions". Vgl. so auch *Graham, J. R.*, Debt, 1996, S. 43; *Laß, F.*, Finanzierungsentscheidungen, 1999, S. 63; *Auerbach, A. J.*, Policy, 2002, S. 1274; *Wiedermann-Ondrej, N.*, Payments, 2007, S. 5; *Diller, M.*, Steuerbelastungen, 2008, S. 410; *Schreiber, U.*, Besteuerung, 2008, S. 604.

stehenden Verlust.[1] Eine asymmetrische Besteuerung von Gewinnen und Verlusten hat durch den Verlustrück- und Verlustvortrag Auswirkungen auf die effektiven Steuersätze aller in die Betrachtung einbezogenen Perioden.[2]

Im Folgenden wird der Einfluss der asymmetrischen Besteuerung von Gewinnen und Verlusten auf die Gesamtsteuerbelastung der Finanzierungsalternativen und den Steuervorteil der Fremdfinanzierung im ein- und mehrperiodigen Unternehmensmodell untersucht.[3] Zur Sicherstellung der Vergleichbarkeit der Finanzierungsalternativen wird hierzu ein für Eigen- und Fremdfinanzierung identischer Verlust (negatives *EBIT*) in Periode t_0 zugrunde gelegt, der nur einmalig auftritt, kein Anfangsverlust ist und somit im Rahmen der Verlustverrechnungsbeschränkungen mit Gewinnen der vorhergehenden Periode (Verlustrücktrag *VR*) und Gewinnen der nachfolgenden Perioden (Verlustvortrag *VV*) verrechnet werden kann.[4]

Bei der Berechnung des Steuervorteils der Fremdfinanzierung unter Berücksichtigung von Verlusten, Verlustvorträgen und Verlustverrechnungsbeschränkungen ist zu beachten, dass aus den Kombinationen eines bestehenden bzw. nicht bestehenden Verlustvortrags bei Eigen- und/oder Fremdfinanzierung in den Steuerarten Gewerbe- und/oder

---

[1] Vgl. *De Angelo, H./Masulis, R. W.*, Structure, 1980. Siehe auch *Bradley, M./Jarrell, G. A./Kim, H. E.*, Existence, 1984; *MacKie-Mason, J. K.*, Decisions, 1990; *Givoly, D. et al.*, Evidence, 1992; *Trezevant, R.*, Financing, 1992; *Graham, J. R.*, Debt, 1996, S. 57; *Shum, P. M.*, Taxes, 1996, S. 557, 560; *Cloyd, B. C./Limberg, S. T./Robinson, J. R.*, Impact, 1997, S. 262, 264 f.; *Alworth, J./Arachi, G.*, Italian, 2001 mit z. T. empirischen Nachweisen. *A. J. Auerbach* spricht diesbezüglich sogar von einem „trade-off between interest deductions and other tax deductions"; *Auerbach, A. J.*, Policy, 2002, S. 1271. *B. C. Ayers/B. C. Cloyd/J. R. Robinson* bestätigen die Substitutionshypothese auch für kleine Unternehmen; vgl. *Ayers, B. C./Cloyd, B. C./Robinson, J. R.*, Influence, 2001.

[2] Vgl. *Diller, M.*, Steuerbelastungen, 2008, S. 409; *Graham, J. R.*, Review, 2003, S. 1090: „Ideally researchers should capture the effects (if any) of nondebt debt shields ... directly in the estimated MTR [Anm. d. Verf.: marginal tax rate]". Der Einfluss von Steuern und Verlustverrechnungsbeschränkungen auf die Risikobereitschaft der Investoren und die Verteilung von Risiko auf Steuerpflichtigen und Fiskus ist nicht Gegenstand dieser Arbeit, vgl. hierzu *Domar, E. D./Musgrave, R. A.*, Taxation, 1944; *Tobin, J. E.*, Risk, 1958; *Barlev, B./Levy, H.*, Loss, 1975; *Schneider, D.*, Risk-Taking, 1980; *Mintz, J. M.*, Investment, 1981; *Bamberg, G./Richter, W. F.*, Effects, 1984; *Ballwieser, W.*, Unternehmensbewertung, 1995, S. 23 f.; *Djanani, C./Pummerer, E.*, Risikoverteilung, 2004; *Niemann, R.*, Verlustvorträge, 2004; *Niemann, R./Sureth, C.*, Risikobereitschaft, 2008.

[3] In Übereinstimmung mit der Literatur wird unverändert von einem vollkommenen und vollständigen Kapitalmarkt ausgegangen, obwohl der Investor unsicheren Erwartungen hinsichtlich des durch die Investition in Zukunft hervorgerufenen Zahlungsstroms und der zukünftigen Nutzung des Verlustvortrags gegenübersteht; vgl. *Hundsdoerfer, J./Kiesewetter, D./Sureth, C.*, Forschungsergebnisse, 2008, S. 77. Die Unsicherheit kann durch eine Einbeziehung von Wahrscheinlichkeitsfunktionen in die Prognose zukünftiger Gewinne und Verluste, deterministische und stochastische Zahlungsreihen oder Monte-Carlo-Simulationen in einem Modell berücksichtigt werden; vgl. *Barlev, B./Levy, H.*, Loss, 1975, S. 174 f.; *Niemann, R.*, Verlustverrechnung, 2003, S. 6-32; *Niemann, R.*, Verlustverrechnungsbeschränkungen, 2004, S. 10-29; *Niemann, R.*, Verlustvorträge, 2004, S. 363-375.

[4] Im Unterschied zu *R. Niemann* wird ein Verlustrücktrag somit nicht von Beginn an ausgeschlossen, sondern zunächst auf seine Wirkung untersucht; s. *Niemann, R.*, Verlustverrechnungsbeschränkungen, 2004, S. 7.

Körperschaftsteuer verschiedene Kombinationsmöglichkeiten bezüglich des Vorliegens eines Verlustvortrags entstehen. Die verschiedenen Kombinationsmöglichkeiten erzeugen jeweils einen unterschiedlichen Wert für den Steuervorteil der Fremdfinanzierung.[1] Zunächst werden aus den theoretischen Kombinationsmöglichkeiten von Verlustvorträgen diejenigen Kombinationen gefiltert, die im mehrperiodigen Unternehmensmodell faktisch auftreten können. Hierzu werden für beide Finanzierungsalternativen und jeweils den gewerbe- und körperschaftsteuerlichen Verlustvortrag getrennt die Perioden berechnet, bis der jeweilige Verlustvortrag (vgl. Tabelle 36) aufgezehrt ist (Laufzeit des Verlustvortrags).

	Eigenfinanzierung	**Fremdfinanzierung**
GewSt	VV_{GewSt}^{EK}	VV_{GewSt}^{FK}
KSt	VV_{KSt}^{EK}	VV_{KSt}^{FK}

Tabelle 36: Verlustvorträge

Anhand der Laufzeit der Verlustvorträge kann schließlich eine ordinalskalierte Rangfolge der zeitlichen Abfolge des Verzehrs eines zum Zeitpunkt t_o entstehenden körperschaft- und gewerbesteuerlichen Verlust(vortrag)es für die Eigen- und Fremdfinanzierung gebildet werden und somit der Steuervorteil der Fremdfinanzierung für die im Unternehmensmodell faktisch möglichen Kombinationen berechnet werden. Zur Beurteilung der Dauer bis zu einer vollständig verbrauchten Verlustnutzung wird die Laufzeit jedes Verlustvortrags durch die Faktoren „Verlustvortragsvolumen“ und die Höhe des „jährlichen Verbrauchs des Verlustvortrages“ quantifiziert:

$$\text{Laufzeit Verlustvortrag } (\Theta VV) = \frac{\text{Verlustvortragsvolumen}}{\text{jährlicher Verbrauch des Verlustvortrags } (\Delta VV)} \quad (6\text{-}54)$$

[1] *R. Niemann* sieht den Verlustvortrag als exogen vorgegeben an; s. *Niemann, R.*, Verlustverrechnungsbeschränkungen, 2004, S. 7. Diese Vorgehensweise führt im Steuerbelastungsvergleich der Eigen- und Fremdfinanzierung zu unrichtigen Ergebnissen, sofern für die Alternativen der Eigen- und Fremdfinanzierung der Verlust in der Periode der Verlustentstehung – und somit der Verlustvortrag – eine unterschiedliche Höhe aufweist und/oder der Verlustvortrag (z. B. aufgrund der unterschiedlichen Höhe des Verlustvortrags oder unterschiedlicher Steuerbemessungsgrundlagen vor Verlustverrechnung) eine unterschiedliche Periodenanzahl der Verlustverrechnung bis zum vollständigen Verzehr besitzt.

In Tabelle 37 sind die Höhe des Verlustes in der Periode t_0, der maximale Betrag des Verlustrücktrags und der maximale Betrag des nach Verlustrücktrag zur Verfügung stehenden gesamten Verlustvortrags dargestellt.[1]

$EBIT_{t_0} < 0$ $EBIT_{t_{-1}} \geq \lvert EBIT_{t_0} \rvert$		**Verlust** in Periode t_0	**Verlustrücktrag** in Periode t_{-1}	**Verlustvortragsvolumen**
EK	GewSt	$EBIT_{t_0}$	-	$\lvert EBIT_{t_0} \rvert$
	KSt	$EBIT_{t_0}$	$\min\{511.500\,€; \lvert EBIT_{t_0} \rvert\}$	$\lvert EBIT_{t_0} \rvert + -\min\{511.500\,€; \lvert EBIT_{t_0} \rvert\}$
FK	GewSt	$EBIT_{t_0} * (1 + 0{,}75 * Z_{t_0})$	-	$\lvert EBIT_{t_0} * (1 + 0{,}75 * Z_{t_0}) \rvert$
	KSt	$EBIT_{t_0} * (1 + Z_{t_0})$	$\min\{511.500\,€; \lvert EBIT_{t_0} * (1 + Z_{t_0}) \rvert\}$	$\lvert EBIT_{t_0} * (1 + Z_{t_0}) \rvert + -\min\{511.500\,€; \lvert EBIT_{t_0} * (1 + Z_{t_0}) \rvert\}$

Tabelle 37: Höhe des Verlustvortragsvolumens

Nachdem das Verlustvortragsvolumen für die Finanzierungsalternativen und Steuerarten quantifiziert ist, ist zur Beurteilung der Dauer der vollständigen Verlustnutzung der jährliche Verbrauch des Verlustvortrags (ΔVV) zu quantifizieren (vgl. Tabelle 38):[2]

$EBIT_t > 0$			für	**Verbrauch** des Verlustvortrags (ΔVV) in Periode t $(VV_{t-1} \geq EBIT_t)$
EK	GewSt/ KSt	$EBIT_t$	≤ 1 Mio. €	$EBIT_t$
			> 1 Mio. €	$1\text{ Mio.}\,€ + 0{,}6 * (EBIT_t - 1\text{ Mio.}\,€)$
FK	GewSt	$EBIT_t * (1 - 0{,}75 * Z_t)$	≤ 1 Mio. €	$EBIT_t * (1 - 0{,}75 * Z_t)$
			> 1 Mio. €	$1\text{ Mio.}\,€ + 0{,}6 * (EBIT_t * (1 - 0{,}75 * Z_t) - 1\text{ Mio.}\,€)$
	KSt	$EBIT_t * (1 - Z_t)$	≤ 1 Mio. €	$EBIT_t * (1 - Z_t)$
			> 1 Mio. €	$1\text{ Mio.}\,€ + 0{,}6 * (EBIT_t * (1 - Z_t) - 1\text{ Mio.}\,€)$

Tabelle 38: Verbrauch des jährlichen Verlustvortrags

[1] Vgl. Herleitung und Berechnung des Verlustvortragsvolumens in Anhang k, S. 342. In Periode t_0 wird ein maximaler Zinsabzug in Höhe von 100 % des *EBIT* angenommen, da nach den Implikationen der maximalen Fremdfinanzierung (vgl. Kapitel 2.1.3, S. 31) eine Bruttorendite vor Körperschaft- und Gewerbesteuer in Höhe von 10 % unterstellt wird und die effektive Unternehmensteuerbelastung in Periode t_0 aufgrund einer negativen Bemessungsgrundlage Null beträgt.

[2] Vgl. Herleitung und Berechnungen des jährlichen Verbrauchs des Verlustvortrags in Anhang k, S. 343.

Zur Bestimmung der Laufzeit eines Verlustvortrags (θVV) wird das jeweilige Verlustvortragsvolumen durch den jährlichen Verbrauch des Verlustvortrags dividiert (vgl. Tabelle 39):

$EBIT_{t_0} < 0$ $EBIT_t > 0$		für		**Laufzeit** des Verlustvortrags (θVV)
EK	GewSt	$EBIT_t$	≤ 1 Mio. €	$\frac{\lvert EBIT_{t_0} \rvert}{EBIT_t}$
			> 1 Mio. €	$\frac{\lvert EBIT_{t_0} \rvert}{1 \text{ Mio. €} + 0{,}6 * (EBIT_t - 1 \text{ Mio. €})}$
	KSt	$EBIT_t$	≤ 1 Mio. €	$\frac{\lvert EBIT_{t_0} \rvert - \min \{511.500 \text{ €}; \lvert EBIT_{t_0} \rvert\}}{EBIT_t}$
			> 1 Mio. €	$\frac{\lvert EBIT_{t_0} \rvert - \min \{511.500 \text{ €}; \lvert EBIT_{t_0} \rvert\}}{1 \text{ Mio. €} + 0{,}6 * (EBIT_t - 1 \text{ Mio. €})}$
FK	GewSt	$EBIT_t * (1 - 0{,}75 * Z_t)$	≤ 1 Mio. €	$\frac{\lvert EBIT_{t_0} * (1 + 0{,}75 * Z_{t_0}) \rvert}{EBIT_t * (1 - 0{,}75 * Z_t)}$
			> 1 Mio. €	$\frac{\lvert EBIT_{t_0} * (1 + 0{,}75 * Z_{t_0}) \rvert}{1 \text{ Mio. €} + 0{,}6 * (EBIT_t * (1 - 0{,}75 * Z_t) - 1 \text{ Mio. €})}$
	KSt	$EBIT_t * (1 - Z_t)$	≤ 1 Mio. €	$\frac{\lvert EBIT_{t_0} * (1 + Z_{t_0}) \rvert - \min \{511.500 \text{ €}; \lvert EBIT_{t_0} * (1 + Z_{t_0}) \rvert\}}{EBIT_t * (1 - Z_t)}$
			> 1 Mio. €	$\frac{\lvert EBIT_{t_0} * (1 + Z_{t_0}) \rvert - \min \{511.500 \text{ €}; \lvert EBIT_{t_0} * (1 + Z_{t_0}) \rvert\}}{1 \text{ Mio. €} + 0{,}6 * (EBIT_t * (1 - Z_t) - 1 \text{ Mio. €})}$

Tabelle 39: Laufzeit des Verlustvortrags

Mit einem maximalen Zinsabzug unter Berücksichtigung der Verlustabzugsbeschränkung im Bereich der Körperschaft- und Gewerbesteuer in Periode *t* in Höhe von

$$Z_t = \frac{1 - s_g * \left(1 - \frac{\Delta VV_{FK}^{GewSt}}{EBIT_t}\right) - s_k * \left(1 - \frac{\Delta VV_{FK}^{KSt}}{EBIT_t}\right)}{1 - 0{,}75 * s_g - s_k} \tag{6-55}$$

resultiert beispielsweise für ein einmaliges, negatives *EBIT* in Periode t_o in Höhe von 10 Mio. € und ein in den folgenden Perioden konstantes, positives *EBIT* in identischer Höhe ein Zinsabzug in Höhe von 99,12 % des *EBIT* und folgende ordinalskalierte

Rangordnung der Laufzeit des körperschaft- und gewerbesteuerlichen Verlustvortrags für die Finanzierungsalternativen der Eigen- und Fremdfinanzierung:[1]

$$\Rightarrow \theta VV_{EK}^{KSt} < \theta\, VV_{EK}^{GewSt} < \theta\, VV_{FK}^{GewSt} < \theta\, VV_{FK}^{KSt} \qquad (6\text{-}56)$$

Der auf die Körperschaftsteuer beschränkte Verlustrücktrag, unterschiedliche Verlustvortragsvolumina im Bereich der Eigen- und Fremdfinanzierung einerseits und im Bereich der Gewerbe- und Körperschaftsteuer andererseits und ein unterschiedlicher jährlicher Verzehr des Verlustvortrags bewirken unterschiedliche Laufzeiten, bis ein Verlustvortrag vollständig mit Gewinnen der folgenden Perioden verrechnet ist. Die Quantifizierung dieser Laufzeit ermöglicht eine Rangordnung der zeitlichen Abfolge des Verzehrs. Die Einordnung dieser Rangordnung der Laufzeit in die zeitliche Abfolge des Verzehrs des Verlustvor- (*VV*) und Verlustrücktrags (*VR*) und die Notwendigkeit zur Differenzierung nach fünf Szenarien zur Berechnung der Gesamtsteuerbelastung der Eigen- und Fremdfinanzierung sowie des Steuervorteils der Fremdfinanzierung ist in Abbildung 48 dargestellt.[2]

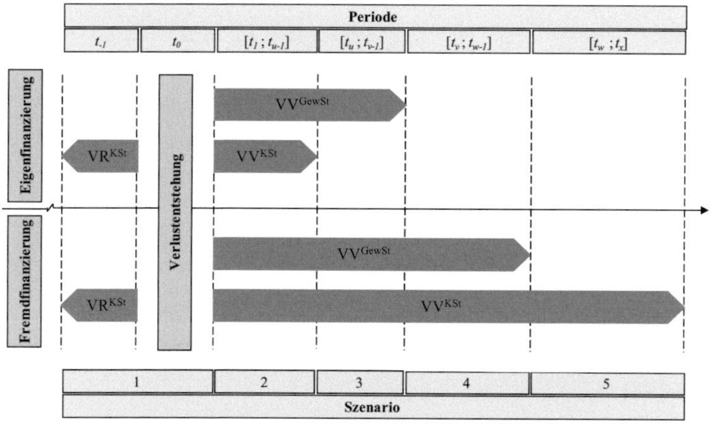

Abbildung 48: Szenarien des Verlustvortrags im Modellunternehmen

---

[1] Zur Berechnung der maximalen Zinszahlung in Periode t vgl. Berechnungen in Anhang k, S. 344. Für ein *EBIT* in Periode t_0 in Höhe von –10 Mio. €, ein *EBIT* in Periode t in Höhe von 10 Mio. €, einen Gewerbesteuersatz in Höhe von 14 % und einen Körperschaftsteuersatz in Höhe von 15 % resultieren folgende Laufzeiten der Verlustvorträge: Laufzeit des körperschaftsteuerlichen (gewerbesteuerlichen) Verlustvortrags bei Eigenfinanzierung: 1,48 (1,56) Perioden; Laufzeit des gewerbesteuerlichen (körperschaftsteuerlichen) Verlustvortrags bei Fremdfinanzierung: 9,00 (221,93) Perioden. Vgl. Berechnungen in Anhang k, S. 345.

[2] Der Verlustrücktrag wird systematisch in das Szenario 1 integriert, da eine zeitliche Periodenidentität der steuerlichen Wirkung der Verlustentstehung und des Verlustrücktrags angenommen wird.

Die theoretischen Kombinationsmöglichkeiten bezüglich des Vorliegens eines Verlustvortrags sind aufgrund der vorgegebenen zeitlichen Abfolge des Verzehrs des Verlustvortrags faktisch auf fünf Szenarien eingeschränkt, die in Anlehnung an eine Kategorisierung von *T. Shevlin*[1] zur Berechnung des Steuervorteils der Fremdfinanzierung verwendet werden:

	Eigenfinanzierung		Fremdfinanzierung	
	KSt	GewSt	KSt	GewSt
Szenario 1	VV = 0	VV = 0	VV = 0	VV = 0
Szenario 2	VV > 0	VV > 0	VV > 0	VV > 0
Szenario 3	VV = 0	VV > 0	VV > 0	VV > 0
Szenario 4	VV = 0	VV = 0	VV > 0	VV > 0
Szenario 5	VV = 0	VV = 0	VV > 0	VV = 0

Abbildung 49: Verlustabzug in der Szenario-Analyse

Die Szenario-Analyse bietet den Vorteil, dass für die Perioden innerhalb eines Szenarios die gleichen Voraussetzungen und Rechtsfolgen der Verlustverrechnungsbeschränkung auftreten und somit die effektiven Steuersätze über die betrachteten Perioden innerhalb eines Szenarios identisch sind. Die Gesamtsteuerbelastung der Finanzierungsalternativen und der Steuervorteil der Fremdfinanzierung unter Beachtung des Verlustabzugs (*VA*) können für die Perioden innerhalb jeweils eines Szenarios ermittelt und schließlich über sämtliche Perioden des Betrachtungszeitraums adäquat zum Barwert diskontiert werden. In Tabelle 40 werden die Gesamtsteuerbelastung der Finanzierungsalternativen und der Steuervorteil der Fremdfinanzierung für die fünf Szenarien beispielhaft für ein negatives *EBIT* in Periode t_o in Höhe von 10 Mio. € und konstante, positive *EBIT*-Werte in den folgenden und der vorangehenden Perioden in Höhe von 10 Mio. € berechnet.

In der Periode der Verlustentstehung (t_o) berechnet sich ein Steuervorteil der Eigenfinanzierung in Höhe des individuellen Einkommensteuersatzes der natürlichen Person, da aufgrund einer körperschaft- und gewerbesteuerlichen Bemessungsgrundlage in Höhe von Null zwar in den Finanzierungsalternativen keine Unternehmensteuerbelastung entsteht, in der Alternative der Fremdfinanzierung die Zinserträge jedoch der Besteuerung auf Anteilseignerebene unterliegen, während eine Dividende in der Alternati-

[1] Vgl. *Shevlin, T.*, Losses, 1990, S. 52-54.

ve der Eigenfinanzierung aufgrund der residualen Eigenschaft des Eigenkapitals nicht ausgeschüttet werden kann.[1]

in 100 T€	Szenario 1				Szenario 2		Szenario 3		Szenario 4		Szenario 5	
Periode(n)	t_0		t_{-1}		$[t_1;t_{u-1}]$		$[t_u;t_{v-1}]$		$[t_v;t_{w-1}]$		$[t_w;t_x]$	
	EK	FK	EK	FK	EK	FK	EK	FK	EK	FK	EK	FK
EBIT KapGes	-100,00	-100,00	100,00	100,00	100,00	100,00	100,00	100,00	100,00	100,00	100,00	100,00
– Zins	-	100,00	-	95,30	-	99,12	-	99,12	-	99,12	-	96,09
EBT KapGes	-100,00	-200,00	100,00	4,70	100,00	0,88	100,00	0,88	100,00	0,88	100,00	3,91
BMG KSt vor *VA*	0,00	0,00	100,00	4,70	100,00	0,88	100,00	0,88	100,00	0,88	100,00	3,91
VA KSt[2]	100,00	200,00	–5,12	–4,70	–64,00	–0,88	-	–0,88	-	–0,88	-	–3,91
BMG KSt nach *VA*	0,00	0,00	94,88	0,00	36,00	0,00	100,00	0,00	100,00	0,00	100,00	0,00
KSt (s_k = 0,15)	0,00	0,00	14,23	0,00	5,40	0,00	15,00	0,00	15,00	0,00	15,00	0,00
BMG GewSt vor *VA*	0,00	0,00	100,00	28,53	100,00	25,66	100,00	25,66	100,00	25,66	100,00	27,93
VA GewSt	100,00	175,00	-	-	–64,00	–19,39	–64,00	–19,39	-	–19,39	-	-
BMG GewSt nach *VA*	0,00	0,00	100,00	28,53	36,00	6,26	36,00	6,26	100,00	6,26	100,00	27,93
GewSt (s_g = 0,14)	0,00	0,00	14,00	3,99	5,04	0,88	5,04	0,88	14,00	0,88	14,00	3,91
Steuer KapGes	0,00	0,00	28,23	3,99	10,44	0,88	20,04	0,88	29,00	0,88	29,00	3,91
Bruttobardividende	0,00	0,00	71,77	0,71	89,56	0,00	79,96	0,00	71,00	0,00	71,00	0,00
Einkünfte AE	0,00	100,00	71,77	96,01	89,56	99,12	79,96	99,12	71,00	99,12	71,00	96,09
ESt (s_a=0,25; s_e=0,45)	0,00	45,00	17,94	43,06	22,39	44,60	19,99	44,60	17,75	44,60	17,75	43,24
Gesamtsteuerbelastung	0,00	45,00	46,17	47,05	32,83	45,48	40,03	45,48	46,75	45,48	46,75	47,15
Differenz zu EK		**–45,00**		**–0,88**		**–12,65**		**–5,45**		**1,27**		**–0,40**

Tabelle 40: Steuervorteil der Fremdfinanzierung unter Berücksichtigung von Verlustverrechnungsbeschränkungen (Szenario-Analyse)

Der körperschaftsteuerliche Verlustrücktrag als zweite Komponente des Szenarios 1 wird im Rahmen der Fremdfinanzierung durch eine Beschränkung auf die Höhe der körperschaftsteuerlichen Bemessungsgrundlage (0,47 Mio. €) – im Gegensatz zur Eigenfinanzierung – nicht in maximaler Höhe (i. S. des § 10d Abs. 1 EStG: 511.500 €) zurückgetragen und bewirkt eine Erhöhung des Steuervorteils der Eigenfinanzierung in

[1] Vgl. auch *Muche, T.*, Kapitalkosten, 2008, S. 75. Zu systmatischen Unterschieden von Beteiligungs- und Forderungstiteln s. auch *Breuer, W.*, Finanzierung, 2008, S. 12-18.

[2] Aus den Vorschriften zur Mindestbesteuerung (§ 10d Abs. 2 EStG; § 10a GewStG) resultiert in der Alternative der Eigenfinanzierung bei einem *EBIT* in Höhe 10 Mio. € ein maximaler Verlustabzug in Höhe von 6,4 Mio. € (1 Mio. € + (10 Mio. € – 1 Mio. €) x 0,6).

Periode t_{-1} von 0,83 % (vor Verlustrücktrag; Grundmodell)[1] auf 0,88 % (nach Verlustrücktrag) des *EBIT*.[2]

Sofern für beide Finanzierungsmöglichkeiten ein Verlustvortrag jeweils im Bereich der Körperschaft- und Gewerbesteuer besteht (Szenario 2) und mit Gewinnen der Perioden t_1 bis t_{u-1} verrechnet werden kann, entsteht in diesen Perioden jeweils ein Steuervorteil der Eigenfinanzierung in Höhe von 12,65 % des *EBIT*.[3] Eine wesentliche Auswirkung des Verlustvortrags auf den Steuervorteil der Fremdfinanzierung resultiert aus der Tatsache, dass der Verlustvortrag trotz Verlustverrechnungsbeschränkungen im Rahmen der Eigenfinanzierung aufgrund höherer Steuerbemessungsgrundlagen in wesentlich größerer Höhe mit positiven Ergebnissen der Perioden t_1 bis t_{u-1} verrechnet werden kann als in der Fremdfinanzierung.[4] Die steuerliche Wirkung des Verlustabzugs konkurriert im Bereich der Fremdfinanzierung mit dem Zinsabzug.[5] Zum anderen besteht die Gesamtsteuerbelastung der Fremdfinanzierung in den Perioden t_1 bis t_{u-1} fast ausschließlich (98,07 %)[6] aus der Einkommensteuerbelastung des Zinsempfängers; während die Mindestbesteuerung im Bereich der Eigenfinanzierung den positiven Effekt des Verlustabzugs auf den Steuervorteil der Eigenfinanzierung vermindert,[7] weist das Trennungsprinzip zwischen Gesellschaft und Gesellschafter einen negativen Einfluss von hoher Bedeutung auf den Steuervorteil der Fremdfinanzierung auf.

---

1 Zum Steuervorteil der Eigenfinanzierung in Höhe von 0,83 % des *EBIT* vgl. Ausführungen zum Grundmodell in Kapitel 5.3.1, S. 74.

2 Vgl. Werte in Tabelle 40, S. 199. Die Körperschaftsteuererstattung aufgrund des Verlustrücktrags wird – auch in der Alternative der Fremdfinanzierung – als Eigenkapitalvergütung i. S. des Residualcharakters an die natürliche Person ausgeschüttet, da die Zinszahlung Z_{-1} der abgelaufenen Periode t_{-1} nicht nachträglich (in Periode t_o) korrigiert werden kann. Die Verlagerung der Steuerlast führt somit im Jahr der Verrechnung zu einer höheren Ausschüttung; vgl. auch *Ballwieser, W.*, Unternehmensbewertung, 1995, S. 23.

3 Während der körperschaft- und gewerbesteuerliche Verlustvortrag im Bereich der Eigenfinanzierung sowie der gewerbesteuerliche Verlustvortrag in der Alternative der Fremdfinanzierung den Regelungen der Mindestbesteuerung unterliegen, überschreitet die Bemessungsgrundlage der Körperschaftsteuer vor Verlustabzug den Sockelbetrag in Höhe von 1 Mio. € nicht und kann in voller Höhe mit dem Verlustvortrag verrechnet werden.

4 Vgl. hierzu auch die Quantifizierung des jährlichen Verbrauchs des Verlustvortrags in Tabelle 38, S. 195.

5 Vgl. auch *De Angelo, H./Masulis, R. W.*, Structure, 1980; *Bradley, M./Jarrell, G. A./Kim, H. E.*, Existence, 1984; *MacKie-Mason, J. K.*, Decisions, 1990; *Givoly, D. et al.*, Evidence, 1992; *Trezevant, R.*, Financing, 1992; *Graham, J. R.*, Debt, 1996, S. 57; *Shum, P. M.*, Taxes, 1996, S. 557, 560; *Cloyd, B. C./Limberg, S. T./Robinson, J. R.*, Impact, 1997, S. 262, 264 f.; *Auerbach, A. J.*, Policy, 2002, S. 1271.

6 Vgl. in Tabelle 40, S. 199: 0,4460 / 0,4548 = 0,9807.

7 *A. J. Auerbach* und *J. Zechner* bestätigen einen negativen Einfluss des Verlustvortrags auf den Steuervorteil der Fremdfinanzierung (Tax Shield); vgl. *Auerbach, A. J.*, Determinants, 1985, S. 318; *Zechner, J.*, Kapitalstruktur, 1989, S. 158.

Sobald der körperschaftsteuerliche Verlustvortrag im Bereich der Eigenfinanzierung vollumfänglich mit den Gewinnen der Perioden t_1 bis t_{u-1} verrechnet ist (Szenario 3), verringert sich der Steuervorteil der Eigenfinanzierung in den Perioden t_u bis t_{v-1} um den Saldo aus erhöhter Körperschaftsteuerbelastung bei Eigenfinanzierung und – aufgrund eines negativen Bemessungsgrundlageneffekts – verringerter Abgeltungsteuer bei Eigenfinanzierung.[1] Der Steuervorteil der Eigenfinanzierung beträgt in Szenario 3 noch 5,45 % des *EBIT*.

Eine Umkehr der relativen steuerlichen Vorteilhaftigkeit der Finanzierungsalternativen resultiert in den Perioden t_v bis t_{w-1} (Szenario 4), wenn im Bereich der Eigenfinanzierung neben dem körperschaftsteuerlichen auch der gewerbesteuerliche Verlustvortrag aufgezehrt ist, während der Verlustvortrag in der Alternative der Fremdfinanzierung – aufgrund eines wesentlich geringeren jährlichen Verbrauchs des Verlustvortrags – sowohl im Bereich der Körperschaft- als auch der Gewerbesteuer fortbesteht.[2] Die Gesamtsteuerbelastung der Fremdfinanzierung ist aufgrund der (wenn auch von der Mindestbesteuerung beschränkten) Verlustverrechnung auf Unternehmensebene mit 45,48 % des *EBIT* um 2,11 Prozentpunkte geringer als im Grundmodell (47,59 %) und um 1,27 % Prozentpunkte geringer als die Gesamtsteuerbelastung der Eigenfinanzierung.[3] Der Verlustvortrag hat einen negativen Einfluss auf die Gesamtsteuerbelastung von Eigen- und Fremdfinanzierung. Da der steuerreduzierende Effekt des Verlustvortrags im Rahmen der Eigenfinanzierung – aufgrund höherer Bemessungsgrundlagen – höher ist als bei der Fremdfinanzierung, hat der Verlustvortrag per saldo isoliert einen positiven Effekt auf den Steuervorteil der Eigenfinanzierung. Sobald der Verlustvortrag im Bereich der Eigenfinanzierung jedoch aufgezehrt ist und nur mehr im Bereich der Fremdfinanzierung besteht, hat er einen positiven Effekt auf den Steuervorteil der Fremdfinanzierung.

In Szenario 5 ist der gewerbesteuerliche Verlustvortrag auch im Bereich der Fremdfinanzierung aufgezehrt; der in Szenario 4 vorliegende Steuervorteil der Fremdfinanzierung wandelt sich wiederum in einen Steuervorteil der Eigenfinanzierung in Höhe von

---

1 Die Körperschaftsteuer erhöht sich in Szenario 3 gegenüber den Perioden t_1 bis t_{u-1} um das Produkt aus jährlichem Verbrauch des körperschaftsteuerlichen Verlustvortrags und Körperschaftsteuersatz: 64,00 x 0,15 = 9,6 Prozentpunkte. Gleichzeitig verringert sich in der Fiktion der Vollausschüttung die Ausschüttung und somit die Bemessungsgrundlage der Abgeltungsteuer um 9,6 Prozentpunkte; die Abgeltungsteuer verringert sich um 9,6 x 0,25 = 2,4 Prozentpunkte. In Summe verringert sich der Steuervorteil der Eigenfinanzierung um 9,6 – 2,4 = 7,2 Prozentpunkte von 12,65 % auf 5,45 % des *EBIT*.

2 Zum zeitlichen Ablauf des Verzehrs des Verlustvortrags vgl. Abbildung 48, S. 197.

3 Vgl. Kapitel 5.3.2, S. 87, und Werte in Tabelle 40, S. 199.

0,40 % des *EBIT*, da die steuerliche Wirkung des körperschaftsteuerlichen Verlustvortrags im Bereich der Fremdfinanzierung aufgrund einer niedrigen Bemessungsgrundlage zu gering ist, den Steuervorteil der Fremdfinanzierung aus dem Grundmodell in einen Steuernachteil zu wandeln. Bei der Quantifizierung des Steuervorteils der Fremdfinanzierung ist zu beachten, dass der Umfang der maximalen Fremdkapitalaufwendungen von der effektiven Körperschaft- und Gewerbesteuerbelastung und somit vom Vorliegen eines körperschaft- und gewerbesteuerlichen Verlustvortrags beeinflusst wird.[1] Die maximale Fremdfinanzierung in Szenario 5, unter Berücksichtigung eines ausschließlich körperschaftsteuerlichen Verlustvortrags im Bereich der Fremdfinanzierung für die Perioden t_w bis t_x, berechnet sich für ein *EBIT* in Höhe von 10 Mio. € und einen Gewerbesteuersatz in Höhe von 14 % wie folgt:[2]

$$Z_w = \frac{1 - s_g}{1 - 0{,}75 * s_g} = 0{,}9609 \qquad (6\text{-}57)$$

Zur formalen Darstellung des Steuervorteils der Fremdfinanzierung in den fünf Szenarien wird die steuerliche Wirkung eines Verlustvortrags durch den durchschnittlichen effektiven Körperschaft- bzw. Gewerbesteuersatz der jeweiligen Perioden bzw. Szenarien ausgedrückt.[3] Die effektiven Steuersätze unter Berücksichtigung der Verlustverrechnungsbeschränkungen bilden die Grundlage für die Berechnung der Gesamtsteuerbelastung der Eigen- und Fremdfinanzierung innerhalb eines Szenarios. Aus der Differenz dieser Gesamtsteuerbelastungen von Eigen- und Fremdfinanzierung wiederum resultiert der Steuervorteil der Fremdfinanzierung je Szenario unter Berücksichtigung der Verlustverrechnungsbeschränkungen.

---

1 Sobald der gewerbesteuerliche Verlustvortrag aufgezehrt ist, erhöht sich die effektive Gewerbesteuerbelastung, verringert sich der relative, effektive Anteil der maximalen Fremdfinanzierung und erhöht sich die Bemessungsgrundlage der Gewerbe- und Körperschaftsteuer. Vgl. zum Grundmodell der maximalen Fremdfinanzierung Kapitel 2.1.3, S. 31.

2 Zur Herleitung vgl. Anhang k, S. 346. Bei einem *EBIT* in Höhe von 10 Mio. € unterschreitet die körperschaftsteuerliche Bemessungsgrundlage vor Verlustvortrag den Sockelbetrag in Höhe von 1 Mio. €: 10 Mio. € x (1 – 0,9609) = 391 T€. Zur allgemeinen Formulierung (auch für Überschreiten des Sockelbetrags) vgl. ebenfalls Anhang k, S. 346.

3 Vgl. zu dieser Vorgehensweise auch *Graham, J. R.*, Review, 2003, S. 1090. Eine Quantifizierung der Zinszahlungen sowie des in einer Periode verbrauchten Verlustrück- und Verlustvortrags mit Fallunterscheidung nach den *EBIT*-Werten bezüglich der Anwendung der Mindestbesteuerung befindet sich – ebenso wie die Ermittlung der effektiven Unternehmensteuersätze – im Anhang k, S. 347-350.

<table>
<tr><th></th><th colspan="2">Eigenfinanzierung</th><th colspan="2">Fremdfinanzierung</th></tr>
<tr><th></th><th>GewSt</th><th>KSt</th><th>GewSt</th><th>KSt</th></tr>
<tr><td>Szenario</td><td></td><td></td><td></td><td></td></tr>
<tr><td>1</td><td>s_g</td><td>$\left(1-\frac{VR_{EK}^{KSt}}{EBIT_{t_{-1}}}\right)*s_k$</td><td>$(1-0{,}75*Z)*s_g$</td><td>$\left(1-Z-\frac{VR_{FK}^{KSt}}{EBIT_{t_{-1}}}\right)*s_k$</td></tr>
<tr><td>2</td><td rowspan="2">$\left(1-\frac{\Delta VV_{EK}^{GewSt}}{EBIT_t}\right)*s_g$</td><td>$\left(1-\frac{\Delta VV_{EK}^{KSt}}{EBIT_t}\right)*s_k$</td><td></td><td></td></tr>
<tr><td>3</td><td></td><td>$\left(1-0{,}75*Z_t-\frac{\Delta VV_{FK}^{GewSt}}{EBIT_t}\right)*s_g$</td><td>$\left(1-Z_t-\frac{\Delta VV_{FK}^{KSt}}{EBIT_t}\right)*s_k$</td></tr>
<tr><td>4</td><td rowspan="2">s_g</td><td>s_k</td><td></td><td></td></tr>
<tr><td>5</td><td></td><td>$(1-0{,}75*Z_w)*s_g$</td><td>$\left(1-Z_w-\frac{\Delta VV_{FK(w)}^{KSt}}{EBIT_w}\right)*s_k$</td></tr>
</table>

Tabelle 41: Effektive Steuersätze unter Berücksichtigung von Verlustverrechnungsbeschränkungen

Wie aus Tabelle 42 zu erkennen ist, besteht unter den getroffenen Annahmen für Szenario 1 bis 3 und 5 ein Steuervorteil der Eigenfinanzierung, für Szenario 4 (körperschaft- und gewerbesteuerlicher Verlustvortrag nur im Bereich der Fremdfinanzierung) ein Steuervorteil der Fremdfinanzierung.[1] Der Steuervorteil der Fremdfinanzierung innerhalb eines Szenarios besitzt Aussagekraft über die relative steuerliche Vorteilhaftigkeit der (Grenz-)Eigen- oder (Grenz-)Fremdfinanzierung bei einer möglichen Konstellation des Vorliegens und Zusammenwirkens von Verlustverrechnungsbeschränkungen im Bereich der Finanzierungsalternative (Eigen- oder Fremdkapital) einerseits und in der Steuerart (Körperschaft- und/oder Gewerbesteuer) andererseits.

[1] Zur Herleitung, Vereinfachung und Berechnung vgl. Anhang k, S. 351-355. Eine Quantifizierung der effektiven Zinszahlung Z, Z_t und Z_w sowie des körperschaft- und gewerbesteuerlichen Verlustvor- und Verlustrücktrags befindet sich in Anhang k, S. 347.

	Steuervorteil der Fremdfinanzierung		
Szenario			in % des EBIT
1	$\Delta s_{Sz\,1}$	$\left(s_g + s_k - s_k * \frac{VR_{EK}^{KSt}}{EBIT_{t_{-1}}}\right) * (1 - s_a) + s_a + - Z * \left(s_e - 0{,}75 * s_g - s_k * (1 + s_a)\right) - s_k * \left(1 - \frac{VR_{FK}^{KSt}}{EBIT_{t_{-1}}} + s_a\right) - s_e - s_g$	–45,88
2	$\Delta s_{Sz\,2}$	$s_a * (1 - s_g - s_k) - \left(s_g * \frac{\Delta VV_{EK}^{GewSt}}{EBIT_t}\right) * (1 - s_a) - \left(s_k * \frac{\Delta VV_{EK}^{KSt}}{EBIT_t}\right) * (1 - s_a) - s_e * (1 - s_g - s_k) + + \left(s_g * \frac{\Delta VV_{FK}^{GewSt}}{EBIT_t}\right) * (1 - s_e) + \left(s_k * \frac{\Delta VV_{FK}^{KSt}}{EBIT_t}\right) * (1 - s_e) + Z_t * (0{,}75 * s_g + s_k) * (1 - s_e)$	–12,65
3	$\Delta s_{Sz\,3}$	$s_a * (1 - s_g - s_k) - \left(s_g * \frac{\Delta VV_{EK}^{GewSt}}{EBIT_t}\right) * (1 - s_a) - s_e * (1 - s_g - s_k) + + \left(s_g * \frac{\Delta VV_{FK}^{GewSt}}{EBIT_t}\right) * (1 - s_e) + \left(s_k * \frac{\Delta VV_{FK}^{KSt}}{EBIT_t}\right) * (1 - s_e) + Z_t * (0{,}75 * s_g + s_k) * (1 - s_e)$	–5,45
4	$\Delta s_{Sz\,4}$	$s_a * (1 - s_g - s_k) - s_e * (1 - s_g - s_k) + + \left(s_g * \frac{\Delta VV_{FK}^{GewSt}}{EBIT_t}\right) * (1 - s_e) + \left(s_k * \frac{\Delta VV_{FK}^{KSt}}{EBIT_t}\right) * (1 - s_e) + Z_t * (0{,}75 * s_g + s_k) * (1 - s_e)$	1,27
5	$\Delta s_{Sz\,5}$	$s_a * (1 - s_g - s_k) - s_e * (1 - s_g - s_k) + + \left(s_k * \frac{\Delta VV_{FK(w)}^{KSt}}{EBIT_w}\right) * (1 - s_e) + Z_w * (0{,}75 * s_g + s_k) * (1 - s_e)$	–0,40

Tabelle 42: Steuervorteil der Fremdfinanzierung unter Berücksichtigung von Verlustverrechnungsbeschränkungen (Szenario-Analyse)

Eine Aussage über die Steuerwirkung eines einmaligen Verlustes in der Periode t_o auf die relative steuerliche Vorteilhaftigkeit von Eigen- oder Fremdkapital im Mehrperiodenmodell bedingt die Auswahl eines für die Alternativen vergleichbaren Betrachtungszeitraums, der in der vorliegenden Untersuchung in der Periode t_{-1} beginnt und in der Periode t_x endet. Innerhalb dieses Betrachtungszeitraums ist der Verlustvortrag – sowohl im Bereich der Finanzierungsart als auch der Steuerart – vollständig aufgebraucht.[1] Der über den Betrachtungszeitraum kumulierte Steuervorteil der Fremdfinanzierung berech-

[1] In der vorliegenden Untersuchung beläuft sich der Betrachtungszeitraum bei einem einmaligen Verlust (negatives *EBIT*) in Höhe von 10 Mio. €, einem in der vorhergehenden und den folgenden Perioden konstanten *EBIT* in Höhe von 10 Mio. €, einem Körperschaftsteuersatz in Höhe von 15 %, einem Gewerbesteuersatz in Höhe von 14 %, einem Einkommensteuersatz in Höhe von 45 % und einem Abgeltungsteuersatz in Höhe von 25 % auf 56 Perioden. In Szenario 5 ist die Anzahl der Perioden mit 47 Perioden am höchsten. Vgl. Berechnung in Anhang k, S. 356.

net sich demnach durch Addition des Steuervorteils der Fremdfinanzierung der fünf Szenarien, wobei mit Ausnahme des periodengleichen und einmaligen Verlustrücktrags in Szenario 1 der Steuervorteil der Fremdfinanzierung mit der Laufzeit (Anzahl der Perioden) des Verlustvortrags innerhalb eines Szenarios multipliziert wird:[1]

$$\Delta s = \Delta s_{Sz\,1} + \theta VV_{EK}^{KSt} * \Delta s_{Sz\,2} + \left(\theta VV_{EK}^{GewSt} - \theta VV_{EK}^{KSt}\right) * \Delta s_{Sz\,3} + \\ + \left(\theta VV_{FK}^{GewSt} - \theta VV_{EK}^{GewSt}\right) * \Delta s_{Sz\,4} + \left(\theta VV_{FK\,(w)}^{KSt} - \theta VV_{FK}^{GewSt}\right) * \Delta s_{Sz\,5} \qquad (6\text{-}58)$$

Für ein einmaliges negatives *EBIT* in Höhe von 10 Mio. € und ein in der vorhergehenden und den folgenden Perioden konstantes positives *EBIT* in Höhe von 10 Mio. € resultiert im Modellunternehmen über den gesamten Betrachtungszeitraum ein kumulierter Steuervorteil der Eigenfinanzierung in Höhe von 67,17 % des *EBIT*, der einem durchschnittlichen jährlichen Steuervorteil der Eigenfinanzierung in Höhe von 1,20 % des *EBIT* entspricht.[2] Gegenüber dem Grundmodell ohne Verlustverrechnungsbeschränkung erhöht sich der Steuervorteil der Eigenfinanzierung somit von 0,83 % auf 1,20 % des *EBIT*.[3] Die Anzahl der Perioden in Szenario 4, in dem einzig ein Steuervorteil der Fremdfinanzierung resultiert, bzw. die Höhe des Steuervorteils der Fremdfinanzierung in Szenario 4 ist somit zu gering, den hohen anfänglichen Steuervorteil der Eigenfinanzierung (siehe Szenario 1) und den in Szenario 5 mit einer langen Laufzeit bestehenden Steuervorteil der Eigenfinanzierung in einen Steuervorteil der Fremdfinanzierung zu wandeln.

Unter Berücksichtigung des Zeitpräferenzeffekts, der eine höhere Diskontierung weiter in der Zukunft liegender Steuervorteile impliziert,[4] zeigt sich, dass der in Szenario 5 mit

---

1 Zur Bestimmung der Laufzeit des Verlustvortrags innerhalb eines Szenarios wird von der Gesamtlaufzeit eines Verlustvortrags die Laufzeit des Verlustvortrags des vorangehenden Szenarios abgezogen. Die ursprünglich berechnete Laufzeit des körperschaftsteuerlichen Verlustvortrags im Bereich der Fremdfinanzierung verringert sich, sobald der gewerbesteuerliche Verlustvortrag im Bereich der Fremdfinanzierung aufgebraucht ist und die Bemessungsgrundlage für Zwecke der Körperschaftsteuer im Bereich der Fremdfinanzierung um die nicht abziehbare Gewerbesteuerzahlung steigt.

2 Vgl. Berechnungen in Anhang k, S. 356.

3 Zum Steuervorteil der Eigenfinanzierung im Grundmodell in Höhe von 0,83 % des *EBIT* vgl. Kapitel 5.3.1, S. 74. *Auerbach, A. J.*, Determinants, 1985, S. 312-318; *Büttner, T. et al.*, Taxation 2006, S. 7-9 bestätigen einen negativen Einfluss von Verlustvorträgen auf die Verwendung von Fremdkapital empirisch.

4 Vgl. *Barlev, B./Levy, H.*, Loss, 1975, S. 175; *Laß, F.*, Finanzierungsentscheidungen, 1999, S. 66.

der höchsten zeitlichen Wirkung belastete Steuervorteil der Eigenfinanzierung für die Perioden w bis x deutlich an Gewicht verliert:[1]

$$
{}^{dyn}\Delta s = \Delta s_{Sz\,1} + \sum_{n=1}^{u-1} \frac{\theta VV_{EK}^{KSt} * \Delta s_{Sz\,2}}{(1+i_s)^n} + \sum_{n=u}^{v-1} \frac{\left(\theta VV_{EK}^{GewSt} - \theta VV_{EK}^{KSt}\right) * \Delta s_{Sz\,3}}{(1+i_s)^n} + \sum_{n=v}^{w-1} \frac{\left(\theta VV_{FK}^{GewSt} - \theta VV_{EK}^{GewSt}\right) * \Delta s_{Sz\,4}}{(1+i_s)^n} + \sum_{n=w}^{x} \frac{\left(\theta VV_{FK(w)}^{KSt} - \theta VV_{FK}^{GewSt}\right) * \Delta s_{Sz\,5}}{(1+i_s)^n} \tag{6-59}
$$

mit Nettozinssatz: $i_s = i - i * s_a$

Im Modellunternehmen mit einem einmaligen Verlust (negativer *EBIT*) in Höhe von 10 Mio. € und einem in der vorhergehenden und in den folgenden Perioden konstanten *EBIT* in Höhe von 10 Mio. € sinkt der Steuervorteil der Eigenfinanzierung durch die Diskontierung zum Barwert auf kumuliert 53,42 % des *EBIT* bzw. durchschnittlich auf 0,95 % des *EBIT* jährlich.[2]

Die Untersuchung der steuerlichen Wirkung einer Verlustverrechnungsbeschränkung wurde bisher beispielhaft für einen Verlust in Höhe von 10 Mio. € und einen marginalen Einkommensteuersatz in Höhe von 45 % veranschaulicht. In Abbildung 50 wird der durchschnittliche Steuervorteil der Fremdfinanzierung pro Periode in Abhängigkeit des *EBIT*-Wertes vergleichend für einen marginalen Einkommensteuersatz in Höhe von 45 % sowie einen progressiven Einkommensteuersatz i. S. des § 32a Abs. 1 Satz 2 EStG dargestellt. Zur vergleichenden Darstellung der steuerlichen Wirkung der Verlustverrechnungsbeschränkung wird ferner der Steuervorteil der Fremdfinanzierung ohne Verlustverrechnungsbeschränkung in Abbildung 50 dargestellt. Die erste Sprungstelle der Tax Shield-Funktion bei einem *EBIT*-Wert in Höhe von 2.278.750 € wird hervorgerufen durch eine Erhöhung der Laufzeit des körperschaftsteuerlichen Verlustvortrags im Bereich der Eigenfinanzierung in Szenario 2 um eine Periode.[3]

---

[1] Zum Einfluss des Zeiteffekts auf die steuerliche Wirkung von Verlustrück- und Verlustvortrag vgl. auch *Auerbach, A. J./Poterba, J. M.*, Carryforwards, 1987, S. 306; *Auerbach, A. J.*, Policy, 2002, S. 1274; *Altfelder, S.*, Mindestbesteuerung, 2000, S. 40. Zur Herleitung des dynamischen Steuervorteils der Fremdfinanzierung unter Berücksichtigung der Verlustabzugsbeschränkung vgl. Anhang k, S. 357.

[2] Vgl. Berechnung unter Berücksichtigung eines Bruttozinssatzes $i = 0{,}1$ in Anhang k, S. 357.

[3] Ab einem *EBIT* in Höhe von 2.278.750 € ist im Bereich der Eigenfinanzierung das körperschaftsteuerliche Verlustvortragsvolumen *VV* größer als der – im Rahmen der Mindestbesteuerung beschränkte – jährliche Verbrauch des körperschaftsteuerlichen Verlustvortrags ΔVV; infolgedessen kann der Verlustvortrag in einer weiteren Periode genutzt werden.

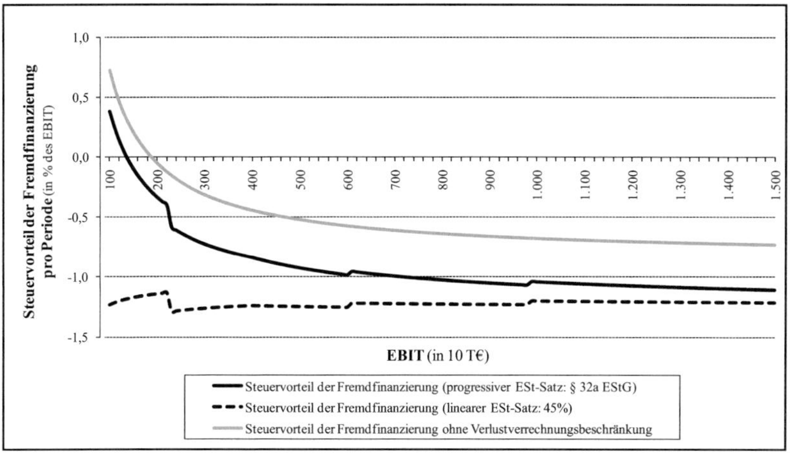

Abbildung 50: Durchschnittlicher Steuervorteil der Fremdfinanzierung pro Periode unter Berücksichtigung von Verlustverrechnungsbeschränkungen

Der in Szenario 2 vorherrschende Steuervorteil der Eigenfinanzierung dehnt sich somit auf eine weitere Periode aus und erhöht den kumulierten Steuervorteil der Eigenfinanzierung. In analoger Weise erhöht sich die Laufzeit des gewerbesteuerlichen Verlustvortrags im Bereich der Fremdfinanzierung mit einer Erhöhung des *EBIT* und bewirkt eine stärkere Gewichtung des in Szenario 4 vorherrschenden Steuervorteils der Fremdfinanzierung. Der kumulierte Steuervorteil der Eigenfinanzierung verringert sich an den beiden weiteren Sprungstellen (*EBIT* = 6.010.970 € und *EBIT* = 9.868.273 €)[1] um diesen Effekt.

Insgesamt verursacht eine phasenungleiche Verlustverrechnung in Kombination mit einer Mindestbesteuerung eine tendenzielle Verringerung des Steuervorteils der Fremdfinanzierung bzw. eine Ausdehnung des Steuervorteils der Eigenfinanzierung.[2] Die Mindestbesteuerung sowie unterschiedliche Verlustvortragsvolumen und Laufzeiten der Verlustvorträge verursachen Sprungstellen in der Tax Shield-Funktion, die je nach Kombination von körperschaft- und/oder gewerbesteuerlichem Verlustvortrag im Bereich der Eigen- und/oder Fremdfinanzierung eine Erhöhung oder Verringerung des

[1] Ab einem *EBIT* in Höhe von 6.010.970 € erhöht sich die Laufzeit des gewerbesteuerlichen Verlustvortrags im Bereich der Fremdfinanzierung von sieben auf acht Perioden. Ab einem *EBIT* in Höhe von 9.868.273 € erhöht sich die Laufzeit des gewerbesteuerlichen Verlustvortrags im Bereich der Fremdfinanzierung von acht auf neun Perioden. Vgl. Berechnungen in Anhang k, S. 358.

[2] Vgl. so auch *Auerbach, A. J.*, Determinants, 1985, S. 306; *Zechner, J.*, Kapitalstruktur, 1989, S. 158; *MacKie-Mason, J. K.*, Decisions, 1990, S. 1482.

Steuervorteils der Fremd- bzw. Eigenfinanzierung bewirken und eine allgemeingültige Aussage erschweren bzw. verhindern.[1]

Die Kombination der Verlustvorträge wiederum hängt von der unterschiedlichen Laufzeit der verschiedenen Verlustvorträge ab, die teilweise Interdependenzen aufweisen.[2]

Im Rahmen einer mehrperiodigen modellhaften Szenario-Analyse werden durch die Verlustverrechnungsbeschränkungen erhebliche Steuerbelastungsunterschiede innerhalb der Perioden und Szenarien ausgewiesen. Während im Grundmodell bei der Berücksichtigung eines progressiven Einkommensteuertarifs eine Indifferenz zwischen Eigen- und Fremdfinanzierung bei einem Einkommensteuersatz in Höhe von 44,13 % des *EBIT* bzw. einem *EBIT* in Höhe von 1.790.345 € (ohne Startkapitalausstattung) besteht,[3] verringert sich der einkommensteuerliche Indifferenzsteuersatz durch die Berücksichtigung der Verlustverrechnungsbeschränkungen auf 43,84 % des *EBIT*, der bei einem *EBIT* in Höhe von 1.362.566 € erreicht wird.[4]

In der Steuerplanung ist zu beachten, dass das Vorliegen eines Gewinnes oder Verlustes eine Schlüsselrolle in der steuerinduzierten Finanzierungsentscheidung einnimmt und die steuerliche Nutzung und Wirkung von Verlustvorträgen im Mehrperiodenmodell von unsicheren Zukunftserwartungen im Bereich der Gewinnerzielung und Steuergesetzgebung abhängig ist.[5] Insbesondere eine zeitliche Beschränkung des Verlustvortrags, eine Erhöhung der Mindestbesteuerung[6] oder der Untergang von Verlustvorträgen bei unternehmerischen Umstrukturierungen (§ 8c KStG) beeinflusst das Tax Shield in erheblichem Umfang.[7]

Die hinsichtlich der Steuerarten differenzierenden Verlustverrechnungsmöglichkeiten und die vom Gesetzgeber vorgesehenen, ebenfalls unterschiedlichen temporären Verrechnungsbeschränkungen führen im Finanzierungsartenvergleich darzu, dass die Effek-

---

1 Vgl. auch *Niemann, R./Sureth, C.*, Risikobereitschaft, 2008, S. 125.

2 Vgl. obige Ausführungen zum jährlichen Verbrauch und der Laufzeit des körperschaftsteuerlichen Verlustvortrags in Abhängigkeit des gewerbesteuerlichen Verlustvortrags im Bereich der Fremdfinanzierung.

3 Vgl. Ausführungen in Kapitel 5.1, S. 57, und Kapitel 5.3.1, S. 74, sowie Berechnung in Anhang k, S. 359.

4 Die Berechnung wurde hier aufgrund einer hohen Komplexität ohne Berücksichtigung eines Startkapitals mithilfe einer 100-fachen iterativen Berechnung im Excel-Modell durchgeführt.

5 Vgl. auch *Auerbach, A. J./Poterba, J. M.*, Carryforwards, 1987, S. 332; *Hermanns, J.*, Kapitalstruktur, 2006, S. 29.

6 Die Mindestbesteuerung kann durch eine Absenkung des Sockelbetrags oder Erhöhung des Mindestbesteuerungsfaktors ausgedehnt werden.

7 Vgl. auch *Laß, F.*, Finanzierungsentscheidungen, 1999, S. 66; *Grinblatt, M./Titman, S.*, Strategy, 2002, S. 515-518; *Kubota, K./Takehara, H.*, Effects, 2007, S. 165.

te über die Laufzeit im mehrperiodigen Modell unterschiedlich ausfallen. Sowohl aus steuerplanerischer Sicht als auch aus fiskalischer Perspektive ist zudem zu beachten, dass eine Senkung der unternehmerischen Steuerbelastung (Körperschaft- und Gewerbesteuersatz) nicht nur zu einer direkten Beeinflussung des Tax Shield führt, sondern den Wert des verbleibenden Verlustvortragsvolumens reduziert und somit den Steuervorteil einer Finanzierungsalternative auch indirekt beeinträchtigt.

7. Zusammenfassung

Die Frage nach den Determinanten der Kapitalstruktur von Unternehmen gehört zugleich zu den elementaren und komplexesten der Betriebswirtschaftlichen Forschung. Ein Erklärungsansatz, der die Entscheidung über die Finanzierungsstruktur in der Realität umfassend begründen oder prognostizieren könnte, existiert auch fünfzig Jahre nach den Anregungen von *F. Modigliani/M. H. Miller* nicht.[1] Die fast unüberschaubare Fülle an wissenschaftlichen Beiträgen und kontroversen Diskussion hat jedoch Theorieansätze hervorgebracht, die aus verschiedenen Perspektiven einen partiellen Erklärungsansatz für die empirisch zu beobachtenden Kapitalstrukturen liefern können und zur Identifikation einiger wichtiger Einflussfaktoren und deren Wirkungszusammenhänge geführt haben. Es erscheint nachvollziehbar, dass Unternehmen nicht gemäß der traditionellen Trade-off-Theorie über einen konstanten optimalen Verschuldungsgrad aus der Abwägung von Steuervorteil der Fremdfinanzierung einerseits und Konkursrisiko andererseits verfügen, jedoch einen generellen Abwägungsprozess zwischen den Vor- und Nachteilen der Finanzierungsalternativen vornehmen, um eine flexible Bandbreite der dynamischen Zielkapitalstruktur festlegen zu können.[2] In einer Fortentwicklung hin zur dynamischen Trade-off-Theorie verliert das Tax Shield keineswegs an Bedeutung, muss jedoch zur Abwägung weiterer Vor- und Nachteile der Finanzierungsalternativen und zur Berücksichtigung in der Unternehmensbewertung[3] quantifiziert werden. Die praktische Bedeutung des Tax Shield zeigt sich nicht zuletzt aus aktuellen Unternehmensbefragungen,[4] die gegenüber empirischen makro- und mikroanalytischen Studien weniger

---

1 Nach *S. C. Myers* besteht auch keine Hoffnung auf eine baldige Lösung des Corporate-Finance-Puzzles; vgl. *Myers, S. C.*, Financing, 2003, S. 217.

2 Das kurzfristige, flexible Finanzierungsverhalten und die Dynamik des Anpassungsprozesses innerhalb dieses Korridors werden durch verhaltens- und agency-theoretische Ansätze (z. B. Pecking-Order-Theorie, Signalling-Theorie, Market-Timing-Theorie, Windows-of-Opportunity-Theorie) erklärt. Vgl. beispielsweise *Donaldson, G.*, Capacity, 1961; *Jensen, M. C./Meckling, W. H.*, Behavior, 1976; *Leland, H. E./Pyle, D. H.*, Asymmetries, 1977; *Myers, S. C./Majluf, N. S.*, Information, 1984; *Fama, E. F./French, K. R.*, Decisions, 1998; *Baker, M./Wurgler, J.*, Market, 2002; *Fama, E. F./French, K. R.*, Predictions, 2002; *Hovakimian, A.*, Timing, 2005; *Alti, A.*, Timing, 2006; *Frank, M. Z./Goyal, V. K.*, Theories, 2007.

3 Zur Einbeziehung von Unternehmensteuern und persönlichen Steuern in die Bewertung von Unternehmen vgl. beispielsweise *Brennan, M. J.*, Valuation, 1970; *Wagner, F. W./Dirrigl, H.*, Unternehmenswert, 1981; *Moxter, A.*, Unternehmensbewertung, 1983, S. 177 f.; *Ballwieser, W.*, Unternehmensbewertung, 1995, S. 18, m. w. N.; *Wiese, J.*, Nachsteuer-CAPM, 2004; *Ballwieser, W.*, Unternehmensbewertung, 2007, S. 104-108.

4 S. *Graham, J. R./Harvey, C. R.*, evidence, 2001; *Bancel, F./Mittoo, U. R.*, Survey, 2004; *Brounen, D./Jong, A. d./Koedijk, K.*, Survey, 2006; *Herzig, N./Lochmann, U./Liekenbrock, B.*, Unternehmensbefragung, 2008 und Ausführungen hierzu in Kapitel 1.1, S. 1.

mit den Schwierigkeiten der – aufgrund des Steuergeheimnisses im steuerlichen Bereich besonders problematischen[1] – Beschaffung einer validen Datenbasis behaftet sind.[2] Die vorliegende modelltheoretische Untersuchung quantifiziert den Einfluss von einzelnen steuerlichen Parametern auf die Finanzierungsentscheidung eines personenbezogenen Modellunternehmens und gewinnt Aussagen über die Höhe des Tax Shield und den Verlauf der Tax Shield-Funktion. Als Folge der steuerinduzierten Finanzierungsentscheidung kann eine Aussage über die steuerliche Präferenz der Kapitalausstattung getroffen werden.

In dieser Ausarbeitung wurde die Besteuerung nicht als ein exogen vorgegebener Faktor betrachtet, sondern es wurden einzelne steuerliche Einflussfaktoren aus den Bereichen des Steuertarifs und der Bemessungsgrundlagenermittlung durch Sensitivitätsanalysen auf ihre Bedeutung im Kontext einer betrieblichen Finanzierungsentscheidung untersucht. Tabelle 43 fasst den positiven/gleichgerichteten (⊕), negativen/entgegen gerichteten (⊖) oder nicht vorhandenen (○) Einfluss der hier untersuchten Determinanten[3] auf die Gesamtsteuerbelastung der Eigen- und maximalen Fremdfinanzierung sowie den Steuervorteil der Fremdfinanzierung zusammen. Sofern der Einfluss einer Determinante auf die Gesamtsteuerbelastung der Eigen- und maximalen Fremdfinanzierung das gleiche Vorzeichen aufweist, wird durch eine doppelte Verwendung der Symbole (⊕⊕ bzw. ⊖⊖) gekennzeichnet, auf welche Finanzierungsalternative die Determinante den stärkeren Einfluss ausübt. Somit können die Determinanten bezüglich eines positiven oder negativen Einflusses auf den Steuervorteil der Fremdfinanzierung grundsätzlich kategorisiert werden.

---

1 Zu den Schwierigkeiten der Datengewinnung im Bereich der empirischen Steuerforschung s. *Gordon, R. H./MacKie-Mason, J. K.*, Effects, 1990, S. 96; *Laß, F.*, Finanzierungsentscheidungen, 1999, S. 198-202; *Hauschildt, J.*, Forschung, 2003, S. 11; *Wagner, F. W./Schwenk, A.*, Steuerwirkungen, 2003, S. 374 f., 394; *Wagner, F. W.*, Steuerforschung, 2004, S. 245; *BMF*, Vergleich 2005, 2006, S. 33; *Fossen, F./Bach, S.*, Reforming, 2008, S. 246.

2 Vgl. auch *Wittmann, F.*, Einfluß, 1986, S. 72 f., der Vor- und Nachteile einer Befragung gegeneinander abwägt. Der größte Kritikpunkt an der Forschungsmethode der Befragungen ist jedoch, dass eine Homogenität von Wahrnehmung des Befragten und Realität unterstellt wird; vgl. *Frank, M. Z./Goyal, V. K.*, Theories, 2007, S. 57-59.

3 Die hier untersuchten steuerlichen Einflussfaktoren wurden ausgewählt, da sie aktuell im Mittelpunkt der Unternehmensteuerreform 2008 stehen. Nicht untersucht wurden hier beispielsweise die steuerlichen Konsequenzen der Behandlung von Refinanzierungsaufwendungen, einer Gewinnthesaurierung, der Anzahl und Struktur einzubeziehender Ebenen zwischen natürlicher Person und Kapitalgesellschaft, der Größe und Anteilseignerstruktur des Unternehmens sowie von grenzüberschreitenden Finanzierungswegen.

Kap.	Einfluss von …	… auf		
		s_{EK}	s_{FK}	Δs
3.	**Definition des Verschuldungsgrads**	○	○	○
4.	**Steuersystem**			
	Anrechnungsfaktor	⊖	○	⊖
	Shareholder Relief (τ-Faktor)	⊖	○	⊖
	AGS-Satz	⊕	○	⊕
5.	**Steuertarif**			
5.1	KSt-Satz	⊕⊕	⊕	⊕
5.2	GewSt (Hebesatz)	⊕⊕	⊕	⊕
5.2	GewSt (Steuermesszahl)	⊕⊕	⊕	⊕
5.3.1	ESt (ohne Progression)	○	⊕	⊖
5.3.2	ESt (Günstigerprüfung)	⊖	○	⊖
6.	**Bemessungsgrundlage**			
6.1	Nichtabzugsfähigkeit GewSt	⊕⊕	⊕	⊕
6.2.1	verdeckte Gewinnausschüttung (β-Faktor)	○	⊕	⊖
6.2.2	Zinsschranke			
6.2.2.1	α-Faktor (einperiodig)	○	⊖	⊕
6.2.2.2	Zinsvortrag (mehrperiodig)			
6.2.2.3	unveränd. Rahmenbedingungen (Fall 1)	○	○	○
	kurzfristige Fremdfinanzierung (Fall 2)	○	⊖	⊕
6.2.3	Hinzurechnung GewSt (γ-Faktor)	○	⊕	⊖
6.3	Verluste			
	Verlustentstehung	⊖⊖	⊖	⊖
	Verlustrücktrag	⊖⊖	⊖	⊖
	Verlustvortrag			
	Szenario 2	⊖⊖	⊖	⊖
	Szenario 3	⊖⊖	⊖	⊖
	Szenario 4	○	⊖	⊕
	Szenario 5	○	⊖	⊕
○ kein Einfluss	⊖ negativer Einfluss	⊕ positiver Einfluss		

Tabelle 43: Zusammenfassung der Einflussfaktoren

Die tariflichen Bestandteile der Unternehmensteuerbelastung (Körperschaftsteuersatz, Hebesatz und Steuermesszahl) üben beispielsweise einen positiven Einfluss auf die Gesamtsteuerbelastung der Eigen- und Fremdfinanzierung aus, da mit einer Erhöhung (Reduzierung) des tariflichen Einflussfaktors die Gesamtsteuerbelastung gleichgerichtet steigt (fällt). Der Steuervorteil der Fremdfinanzierung korreliert ebenfalls positiv mit einer Veränderung der tariflichen Einflussfaktoren der Unternehmensteuerbelastung, da der Einfluss im Bereich der Eigenfinanzierung – aufgrund wesentlich höherer Bemessungsgrundlagen – deutlich stärker als bei der Fremdfinanzierung ist. Der nominale Einkommensteuertarif hingegen korreliert sowohl ohne Berücksichtigung des progressiven Tarifs (Grenzbetrachtung) als auch im Bereich der Günstigerprüfung (Durchschnittsbetrachtung) negativ mit dem Steuervorteil der Fremdfinanzierung; entscheidend für den negativen Einfluss ist jedoch einmal der positive Einfluss des Einkommensteuersatzes auf die Gesamtsteuerbelastung der Fremdfinanzierung und einmal der – im Bereich der Günstigerprüfung[1] – negative Einfluss des nominalen Einkommensteuersatzes auf die Gesamtsteuerbelastung der Eigenfinanzierung. Ferner hat beispielsweise die Einführung eines Betriebsausgabenabzugsverbots für die Gewerbesteuer aufgrund eines – im Vergleich zur Fremdfinanzierung – höheren Bemessungsgrundlageneffekts im Bereich der Eigenfinanzierung einen positiven Einfluss auf den Steuervorteil der Fremdfinanzierung. Die Qualifikation von unangemessenen Zinszahlungen als verdeckte Gewinnausschüttung hat ebenso wie die gewerbesteuerliche Hinzurechnung von Finanzierungsentgelten einen positiven Einfluss auf die Gesamtsteuerbelastung der Fremdfinanzierung.[2] Da die Gesamtsteuerbelastung der Eigenfinanzierung von diesen beiden Vorschriften jeweils unberührt bleibt, folgt ein negativer Einfluss auf den Steuervorteil der Fremdfinanzierung. Während die Zinsschrankenregelung im einperiodigen Modell eine Erhöhung der Gesamtsteuerbelastung der Fremdfinanzierung zur Folge hat und somit den Steuervorteil der Fremdfinanzierung negativ beeinflusst, ist der Einfluss des α-Niveaus (als Anteil der abziehbaren Zinsaufwendungen) auf den Steuervorteil der Fremdfinanzierung positiv.[3] Die Auswirkungen des Zinsvortrags hingegen korrelieren nur dann positiv mit einem Steuervorteil der Fremdfinanzierung in den folgenden Perioden, wenn sich die Rahmenbedingungen im Zeitablauf ändern. Der Einflussfaktor „Verlust“

[1] Durch die Anwendung der Günstigerprüfung (§ 32d Abs. 6 EStG) weicht die prinzipiell für Dividendeneinkünfte vorgesehene Besteuerung mit dem abgeltenden Tarif in Höhe von 25 % (§ 32d Abs. 1 EStG) zugunsten einer niedrigeren Besteuerung nach dem Einkommensteuertarif i. S. des § 32a Abs. 1 Satz 2 EStG. Die Günstigerprüfung reduziert somit im Anwendungsbereich die Einkommensteuerbelastung der Eigenfinanzierung; vgl. Ausführungen in Kapitel 5.3.2, S. 87.

[2] Sowohl die Erhöhung des β-Niveaus als auch die Erhöhung des γ-Niveaus erhöht die Gesamtsteuerbelastung der Fremdfinanzierung; vgl. Ausführungen in Kapitel 6.2.1, S. 127, und 6.2.3, S. 179.

[3] Je höher der abziehbare Anteil der Zinsaufwendungen, desto geringer ist die Gesamtsteuerbelastung der Fremdfinanzierung und desto höher ist der Steuervorteil der Fremdfinanzierung; vgl. Ausführungen in Kapitel 6.2.2.1, S. 151.

ist für eine Kategorisierung in einen positiven oder negativen Einfluss auf den Steuervorteil der Fremdfinanzierung in zwei Kategorien zu gliedern: Die durch einen Verlust und Verlustrücktrag gegenüber dem Grundmodell bewirkte Reduzierung der Gesamtsteuerbelastung ist im Bereich der Eigenfinanzierung höher als bei der Fremdfinanzierung;[1] hierdurch verringert sich der Steuervorteil der Fremdfinanzierung. Hingegen kann für den Verlustvortrag, als zweite Kategorie, keine einheitliche Aussage getroffen werden. Erst durch die Unterteilung in verschiedene Szenarien kann man feststellen, dass die Auswirkungen auf den Steuervorteil der Fremdfinanzierung entscheidend von der Kombination der Verlustvorträge abhängen.

Abschließend ist es durch die – in dieser Untersuchung vorgenommene – Modellbildung möglich, den Steuervorteil der Fremdfinanzierung in absoluten Werten darzustellen. Hierdurch kann die Bedeutung, Varianz und Umkehr des Steuervorteils der Fremdfinanzierung veranschaulicht werden. In Abbildung 51 wird die durch die Einflussfaktoren ceteris paribus bewirkte Abweichung des Steuervorteils der Fremdfinanzierung vom Steuervorteil der Fremdfinanzierung im Grundmodell (–0,83 % des *EBIT*) aufgezeigt:

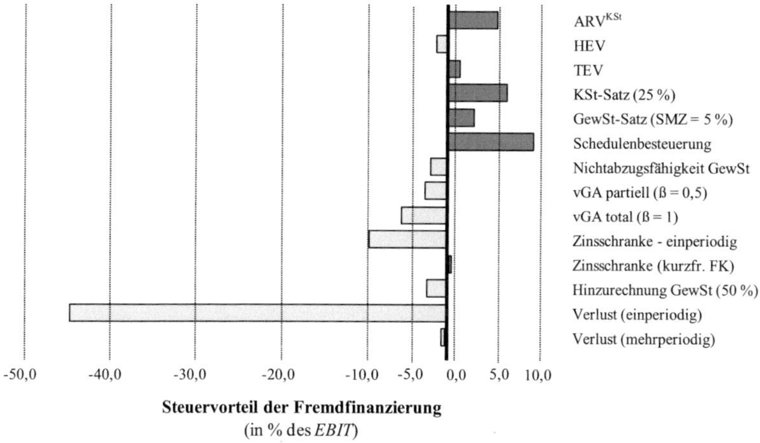

Abbildung 51: Zusammenfassung des Steuervorteils der Fremdfinanzierung

[1] Während im Verlustjahr eine – gegenüber der Eigenfinanzierung – höhere Gesamtsteuerbelastung der Fremdfinanzierung aus dem Trennungsprinzip folgt, resultiert die im Bereich der Eigenfinanzierung höhere Reduzierung der Gesamtsteuerbelastung durch den Verlustrücktrag aus einem Bemessungsgrundlageneffekt, sofern der Verlustrücktrag in der Alternative der Fremdfinanzierung mangels körperschaft- und gewerbesteuerlicher Bemessungsgrundlage nicht in maximaler Höhe ausgeschöpft werden kann; vgl. Auführungen in Kapitel 6.3, S. 190.

Beispielsweise wandelt die Reduzierung des tariflichen Körperschaftsteuersatzes von 25 % auf 15 % den Steuervorteil der Fremdfinanzierung in der Grenzbetrachtung in Höhe von 6,27 % des *EBIT* in einen Steuervorteil der Eigenfinanzierung in Höhe von 0,83 % des *EBIT.* Die Reduzierung des γ-Niveaus (gewerbesteuerliche Hinzurechnung) von 50 % auf 25 % bewirkt eine Reduzierung des Steuervorteils der Eigenfinanzierung von 3,19 % auf 0,83 % des *EBIT.* Die Zinsschrankenregelung, die Umqualifizierung unangemessener Zinszahlungen in verdeckte Gewinnausschüttungen und die Regelungen des interperiodischen Verlustabzugs erhöhen tendenziell den im Grundmodell der Grenzbetrachtung bestehenden Steuervorteil der Eigenfinanzierung. Das Ausmaß des Einflusses hängt hierbei auch von der Anzahl der in die Untersuchung einbezogenen Perioden, einer Grenz- oder Durchschnittsbetrachtung (mit oder ohne Startkapital), dem Verschuldungsgrad und der Höhe des *EBIT* ab.[1] Insgesamt wird durch die unterschiedlichen Ergebnisse deutlich, welch weitreichende Annahmen benötigt werden, um bei aktuellem Wissensstand über das Finanzierungsverhalten von Unternehmen in einer modelltheoretischen Analyse des Steuervorteils der Fremdfinanzierung zu konkreten Ergebnissen zu gelangen.[2]

Die Ergebnisse liefern insgesamt eine grundlegende und wesentliche Erkenntnis: Das Tax Shield als Teil der statischen und dynamischen Trade-off-Theorie, die wiederum einen Erklärungsansatz im Bereich der Kapitalstrukturtheorie bietet, ist ein äußerst sensibler Bestandteil der Finanzierungsentscheidung. Die – auch zur Bewertung von Unternehmen verwendete – Tax Shield-Funktion kann nicht ohne Weiteres als eine in Abhängigkeit des Verschuldungsgrades konkav verlaufende Funktion (vgl. Kapitel 1.1) dargestellt werden. Der Steuervorteil der Fremdfinanzierung ist vielmehr abhängig von einer Vielzahl von steuerlichen Regelungen, die je nach Art, Anzahl und Interdependenzen der zu berücksichtigenden steuerlichen Einflussfaktoren, einen positiven oder negativen Steuervorteil der Fremdfinanzierung bewirken.[3] Die Verwendung eines pauschalen und für alle Unternehmen einer Untersuchung einheitlich, approximierten Tax

[1] Vgl. auch *Eberl, S.*, Steuervorteil, 2009, S. 275.

[2] Vgl. so auch *Weichenrieder, A.*, Unternehmensfinanzierung, 2007, S. 33.

[3] Der Einflussfaktor Einkommensteuertarif trägt je nach Höhe zum Teil wesentlich zu einer Umkehr der relativen steuerlichen Vorteilhaftigkeit einer Finanzierungsalternative bei. Die Abhängigkeit der Ergebnisse von der Prämisse einer personenbezogenen Kapitalgesellschaft wird in Kapitel 5.3, S. 74, durch eine Sensitivitätsanalyse des Einkommensteuersatzes untersucht; $s_e = s_a = 0{,}00$ entspricht einer Nichtberücksichtigung der Einkommensteuerbelastung.

Shield führt folglich ohne eine detailgetreue Berücksichtigung steuerlicher Dependenzen und Interdependenzen zu unvollständigen Ergebnissen.
Die in empirischen Studien zur Untersuchung einer Korrelation von Steuersätzen und Fremdkapitalquote anzutreffende „große Spannweite von Ergebnissen“[1] kann somit zu einem nicht unwesentlichen Anteil durch die Verwendung von nicht realitätsnahen Proxy-Variablen[2] für den spezifischen effektiven Steuersatz erklärt werden.[3] Die festzustellenden Abweichungen sind somit nicht in den Modellen an sich, sondern – ähnlich der Irrelevanzthese von *F. Modigliani/M. H. Miller* – auf in der Realität vorhandene Abweichungen von den zugrundeliegenden Prämissen begründet.[4]

---

1 *Weichenrieder, A.*, Unternehmensfinanzierung, 2007, S. 34.

2 Zum Einsatz von Proxy-Variablen in quantitativen Studien vgl. *Stahlecker, P./Trenkler, G.*, Prediction, 1993.

3 Vgl. so auch *Graham, J. R.*, Debt, 1996, S. 41 f., m. w N. Auch im Zeitablauf variierende Verhaltensmuster und Risikoeinstellungen der Entscheidungsträger, kontinuierliche Änderungen der steuerlichen Vorschriften (Steuertarif und Bemessungsgrundlagenermittlung) sowie unterschiedliche und im Zeitablauf variierende Zukunftserwartungen im Bereich von Steuerreformvorhaben erschweren eine backward-looking Analyse steuerlicher Einflussfaktoren; vgl. allgemein *Frank, M. Z./Goyal, V. K.*, Theories, 2007, S. 2.

4 Vgl. *Weston, F.*, Wrought, 1989, S. 36.

Anhang: Herleitung der im Modell verwendeten Formeln

a. Ermittlung effektiver Steuersätze bei Fremdfinanzierung

Ermittlung des maximalen Zinsabzugs

$$Z = 1 - \sigma_g - \sigma_k \tag{0-1}$$

$$Z = 1 - (1 - 0{,}75 * Z) * s_g - (1 - Z) * s_k \tag{0-1a}$$

$$Z = \frac{1 - s_g - s_k}{1 - 0{,}75 * s_g - s_k} \tag{0-1b}$$

Ermittlung des effektiven Gewerbesteuersatzes bei Fremdfinanzierung[1]

$$\sigma_g = s_g * (1 - 0{,}75 * Z) \tag{0-2}$$

$$\sigma_g = s_g * \left(1 - 0{,}75 * \left(\frac{1 - s_g - s_k}{1 - 0{,}75 * s_g - s_k}\right)\right) \tag{0-2a}$$

$$\sigma_g = \frac{0{,}25 * s_g * (1 - s_k)}{1 - 0{,}75 * s_g - s_k} \tag{0-2b}$$

Ermittlung des effektiven Körperschaftsteuersatzes bei Fremdfinanzierung

$$\sigma_k = (1 - Z) * s_k \tag{0-3}$$

$$\sigma_k = \left(1 - \left(\frac{1 - s_g - s_k}{1 - 0{,}75 * s_g - s_k}\right)\right) * s_k \tag{0-3a}$$

$$\sigma_k = \frac{0{,}25 * s_g * s_k}{1 - 0{,}75 * s_g - s_k} \tag{0-3b}$$

---

[1] Zur Berechnung des effektiven Gewerbesteuersatzes vor der Unternehmensteuerreform 2008 vgl. *Haase, K. D./Diller, M.*, Finanzierung, 2002, S. 229.

b. Einflussfaktor Verschuldungsgrad

Ermittlung der anteiligen Renditeansprüche der Kapitalgeber in Abhängigkeit des Verschuldungsgrades

$$V = \frac{FK^{Gesamt}}{EK^{Gesamt}} = \frac{FK^{Start} + FK^{Grenz}}{EK^{Start} + EK^{Grenz}} \tag{0-4}$$

$$V^{EBIT_{EK}^{Start} = EBIT_{FK}^{Start} = 1.000\text{T€};\ EBIT_{EK}^{Grenz} = 1.000\text{T€}} = \frac{1.000\text{T€}}{1.000\text{T€} + 1.000\text{T€}} = 0{,}5 \tag{0-4a}$$

$$V^{EBIT_{EK}^{Start} = EBIT_{FK}^{Start} = 1.000\text{T€};\ EBIT_{FK}^{Grenz} = 1.000\text{T€}} = \frac{1.000\text{T€} + 1.000\text{T€}}{1.000\text{T€}} = 2{,}0 \tag{0-4b}$$

$$EK^{Grenz} = \frac{FK^{Start} + FK^{Grenz} - V * EK^{Start}}{V} \tag{0-4c}$$

$$FK^{Grenz} = V * \left(EK^{Start} + EK^{Grenz}\right) - FK^{Start} \tag{0-4d}$$

für $FK^{Grenz} = 1.000 - EK^{Grenz}$ gilt:

$$EK^{Grenz} = \frac{FK^{Start} + 1.000 - V * EK^{Start}}{1 + V} \tag{0-4e}$$

$$FK^{Grenz} = 1.000 - \frac{FK^{Start} + 1.000 - V * EK^{Start}}{1 + V} \tag{0-4f}$$

$$EBIT_{EK}^{Grenz} = EK^{Grenz} * r^{EK} = \frac{FK^{Start} + 1.000 - V * EK^{Start}}{1 + V} * r^{EK} \tag{0-5}$$

$$EBIT_{FK}^{Grenz} = FK^{Grenz} * r^{FK} = \left(1.000 - \frac{FK^{Start} + 1.000 - V * EK^{Start}}{1 + V}\right) * r^{FK} \tag{0-6}$$

für $EK^{Grenz} + FK^{Grenz} = 1.000$; $EK^{Start} = FK^{Start} = 1.000$; $r^{EK} = r^{FK} = 0{,}1$ gilt:

$$EBIT_{EK}^{Grenz} = \frac{2.000 - V * 1.000}{1+V} * 0{,}1 = \frac{200 - 100 * V}{1+V} \quad (0\text{-}5a)$$

$$EBIT_{FK}^{Grenz} = \left(1.000 - \frac{2.000 - V * 1.000}{1+V}\right) * 0{,}1 = 100 - \frac{200 - 100 * V}{1+V} \quad (0\text{-}6a)$$

Ermittlung der Gesamtsteuerbelastung der Grenzfinanzierung

$$s_{Misch}^{Grenz} = \frac{EBIT_{EK}^{Grenz}}{EBIT^{Grenz}} * \left(s_g + s_k + (1 - s_g - s_k) * s_a\right) + \frac{EBIT_{FK}^{Grenz}}{EBIT^{Grenz}} * \left(\sigma_g + \sigma_k + (1 - \sigma_g - \sigma_k) * s_e\right) \quad (0\text{-}7)$$

$$s_{Misch}^{Grenz} = \frac{2-V}{1+V} * \left(s_g + s_k + (1 - s_g - s_k) * s_a\right) + \left(1 - \frac{2-V}{1+V}\right) * \left(\sigma_g + \sigma_k + (1 - \sigma_g - \sigma_k) * s_e\right) \quad (0\text{-}7a)$$

$$s_{Misch}^{Grenz} = \frac{(2-V) * s_{EK}^{Grenz}}{1+V} + \left(1 - \frac{2-V}{1+V}\right) * s_{FK}^{Grenz} \quad (0\text{-}7b)$$

$$s_{Misch}^{Grenz} = \frac{(2-V) * s_{EK}^{Grenz}}{1+V} + s_{FK}^{Grenz} - \frac{(2-V) * s_{FK}^{Grenz}}{1+V} \quad (0\text{-}7c)$$

$$\left(s_{Misch}^{Grenz}\right)^{s_k = 0,15;\, s_g = 0,14;\, s_a = 0,25} = \frac{(2-V)}{1+V} * 0{,}4675 + \left(1 - \frac{2-V}{1+V}\right) * 0{,}2853 \quad (0\text{-}7d)$$

$$\left(s_{Misch}^{Grenz}\right)^{s_k = 0,15;\, s_g = 0,14;\, s_a = 0,25;\, V = 2} = 0{,}2853 \quad (0\text{-}7e)$$

Einfluss des Verschuldungsgrades auf die Gesamtsteuerbelastung

$$\frac{\partial s_{Misch}^{Grenz}}{\partial V} = \frac{-s_{EK}^{Grenz} * (1+V) - s_{EK}^{Grenz} * (2-V)}{(1+V)^2} + 0 - \frac{-s_{FK}^{Grenz} * (1+V) - s_{FK}^{Grenz} * (2-V)}{(1+V)^2} \tag{0-8}$$

$$\frac{\partial s_{Misch}^{Grenz}}{\partial V} = \frac{-s_{EK}^{Grenz} * (1+V+2-V)}{(1+V)^2} + \frac{s_{FK}^{Grenz} * (1+V+2-V)}{(1+V)^2} \tag{0-8a}$$

$$\frac{\partial s_{Misch}^{Grenz}}{\partial V} = \frac{3 * \left(s_{FK}^{Grenz} - s_{EK}^{Grenz}\right)}{(1+V)^2} \tag{0-8b}$$

$$\frac{\partial s_{Misch}^{Grenz}}{\partial V} = \frac{3 * \left(\left(\sigma_g + \sigma_k + (1 - \sigma_g - \sigma_k) * s_e\right) - \left(s_g + s_k + (1 - s_g - s_k) * s_a\right)\right)}{(1+V)^2} \tag{0-8c}$$

<u>Ermittlung der anteiligen Renditeansprüche der Kapitalgeber in Abhängigkeit des Verschuldungskoeffizienten</u>

$$V^* = \frac{FK^{Gesamt}}{\text{Gesamtkapital}} = \frac{FK^{Start} + FK^{Grenz}}{EK^{Start} + EK^{Grenz} + FK^{Start} + FK^{Grenz}} \tag{0-9}$$

$$\left(V^*\right)^{EBIT_{EK}^{Start} = EBIT_{FK}^{Start} = 1.000\text{T€};\ EBIT_{EK}^{Grenz} = 1.000\text{T€}} = \frac{1.000\text{T€}}{3.000\text{T€}} = 0{,}333 \tag{0-9a}$$

$$\left(V^*\right)^{EBIT_{EK}^{Start} = EBIT_{FK}^{Start} = 1.000\text{T€};\ EBIT_{FK}^{Grenz} = 1.000\text{T€}} = \frac{2.000\text{T€}}{3.000\text{T€}} = 0{,}667 \tag{0-9b}$$

$$EK^{Grenz} = \frac{FK^{Start} + FK^{Grenz} - V^* * \left(EK^{Start} + FK^{Start} + FK^{Grenz}\right)}{V^*} \tag{0-9c}$$

$$FK^{Grenz} = \frac{V^* * \left(EK^{Start} + EK^{Grenz} + FK^{Start}\right) - FK^{Start}}{1 - V^*} \tag{0-9d}$$

für $FK^{Grenz} = 1.000 - EK^{Grenz}$ gilt:

$$EK^{Grenz} = FK^{Start} + 1.000 - V^* * \left(EK^{Start} + 1.000 + FK^{Start}\right) \tag{0-9e}$$

$$FK^{Grenz} = V^* * \left(1.000 + EK^{Start} + FK^{Start}\right) - FK^{Start} \tag{0-9f}$$

$$EBIT_{EK}^{Grenz} = EK^{Grenz} * r^{EK} = \left(FK^{Start} + 1.000 - V^* * \left(EK^{Start} + 1.000 + FK^{Start}\right)\right) * r^{EK} \tag{0-5b}$$

$$EBIT_{FK}^{Grenz} = FK^{Grenz} * r^{FK} = \left(V^* * \left(1.000 + EK^{Start} + FK^{Start}\right) - FK^{Start}\right) * r^{FK} \tag{0-6b}$$

für $EK^{Grenz} + FK^{Grenz} = 1.000$; $EK^{Start} = FK^{Start} = 1.000$; $r^{EK} = r^{FK} = 0{,}1$ gilt:

$$EBIT_{EK}^{Grenz} = \left(2.000 - 3.000 * V^*\right) * 0{,}1 = 200 - 300 * V^* \qquad (0\text{-}5c)$$

$$EBIT_{FK}^{Grenz} = \left(3.000 * V^* - 1.000\right) * 0{,}1 = 300 * V^* - 100 \qquad (0\text{-}6c)$$

<u>Ermittlung der Gesamtsteuerbelastung der Grenzfinanzierung</u>

$$s_{Misch}^{Grenz} = \frac{EBIT_{EK}^{Grenz}}{EBIT^{Grenz}} * \left(s_g + s_k + \left(1 - s_g - s_k\right) * s_a\right) + \frac{EBIT_{FK}^{Grenz}}{EBIT^{Grenz}} * \left(\sigma_g + \sigma_k + \left(1 - \sigma_g - \sigma_k\right) * s_e\right) \qquad (0\text{-}7)$$

$$s_{Misch}^{Grenz} = \left(2 - 3 * V^*\right) * \left(s_g + s_k + \left(1 - s_g - s_k\right) * s_a\right) + \left(3 * V^* - 1\right) * \left(\sigma_g + \sigma_k + \left(1 - \sigma_g - \sigma_k\right) * s_e\right) \qquad (0\text{-}7f)$$

$$s_{Misch}^{Grenz} = 2 * s_{EK}^{Grenz} - 3V^* * s_{EK}^{Grenz} + 3V^* * s_{FK}^{Grenz} - s_{FK}^{Grenz} \qquad (0\text{-}7g)$$

<u>Einfluss des Verschuldungskoeffizienten auf die Gesamtsteuerbelastung</u>

$$\frac{\partial s_{Misch}^{Grenz}}{\partial V^*} = -3 * s_{EK}^{Grenz} + 3 * s_{FK}^{Grenz} \qquad (0\text{-}7h)$$

$$\frac{\partial s_{Misch}^{Grenz}}{\partial V^*} = 3 * \left(\sigma_g + \sigma_k + \left(1 - \sigma_g - \sigma_k\right) * s_e\right) - 3 * \left(s_g + s_k + \left(1 - s_g - s_k\right) * s_a\right) \qquad (0\text{-}7i)$$

c. Einflussfaktor Steuersystem

Anrechnungsverfahren:

Gesamtsteuerbelastung EK:

$$s_{EK} = s_g + s_k + (1 - s_g) * s_e - s_k \tag{0-10}$$

$$s_{EK} = s_g + (1 - s_g) * s_e \tag{0-10a}$$

Gesamtsteuerbelastung FK:

$$s_{FK} = (1 - Z + 0{,}25 * Z) * s_g + (1 - Z) * s_k + Z * s_e \tag{0-11}$$

$$s_{FK} = \sigma_g + \sigma_k + (1 - \sigma_g - \sigma_k) * s_e \tag{0-11a}$$

$$s_{FK} = \sigma_g * (1 - s_e) + \sigma_k * (1 - s_e) + s_e \tag{0-11b}$$

$$s_{FK} = \frac{0{,}25 * s_g * (1 - s_k)}{1 - 0{,}75 * s_g - s_k} * (1 - s_e) + \frac{0{,}25 * s_g * s_k}{1 - 0{,}75 * s_g - s_k} * (1 - s_e) + s_e \tag{0-11c}$$

$$s_{FK} = \frac{0{,}25 * s_g}{1 - 0{,}75 * s_g - s_k} * (1 - s_e) + s_e \tag{0-11d}$$

Berechnung des einkommensteuerlichen Indifferenzsteuersatzes:

$$s_{EK} = s_{FK} \tag{0-12}$$

$$s_g + (1 - s_g) * \hat{s}_e = \frac{0{,}25 * s_g}{1 - 0{,}75 * s_g - s_k} * (1 - \hat{s}_e) + \hat{s}_e \tag{0-12a}$$

$$\hat{s}_e^{ARV} = \frac{0{,}75 * s_g - s_g * s_k - 0{,}75 * s_g^2}{0{,}75 * s_g - s_g * s_k - 0{,}75 * s_g^2} \tag{0-12b}$$

$$\hat{s}_e^{ARV} = 1 \tag{0-12c}$$

Halbeinkünfteverfahren

Gesamtsteuerbelastung EK:

$$s_{EK} = s_g + s_k + (1 - s_g - s_k) * 0{,}5 * s_e \qquad (0\text{-}13)$$

Gesamtsteuerbelastung FK:

$$s_{FK} = (1 - Z + 0{,}25 * Z) * s_g + (1 - Z) * s_k + Z * s_e \qquad (0\text{-}11)$$

$$s_{FK} = \frac{0{,}25 * s_g}{1 - 0{,}75 * s_g - s_k} * (1 - s_e) + s_e \qquad (0\text{-}11d)$$

Berechnung des einkommensteuerlichen Indifferenzsteuersatzes:

$$s_{EK} = s_{FK} \qquad (0\text{-}14)$$

$$s_g + s_k + (1 - s_g - s_k) * 0{,}5 * \hat{s}_e = \frac{0{,}25 * s_g}{1 - 0{,}75 * s_g - s_k} * (1 - \hat{s}_e) + \hat{s}_e \qquad (0\text{-}14a)$$

$$\hat{s}_e^{HEV} = \frac{s_g + s_k - \dfrac{0{,}25 * s_g}{1 - 0{,}75 * s_g - s_k}}{1 - (1 - s_g - s_k) * 0{,}5 - \dfrac{0{,}25 * s_g}{1 - 0{,}75 * s_g - s_k}} \qquad (0\text{-}14b)$$

$$\hat{s}_e^{HEV\,(s_k = 0{,}15;\, s_g = 0{,}14)} = 0{,}4064 \qquad (0\text{-}14c)$$

Teileinkünfteverfahren

Gesamtsteuerbelastung EK:

$$s_{EK} = s_g + s_k + (1 - s_g - s_k) * 0{,}6 * s_e \tag{0-15}$$

Gesamtsteuerbelastung FK:

$$s_{FK} = (1 - Z + 0{,}25 * Z) * s_g + (1 - Z) * s_k + Z * s_e \tag{0-11}$$

$$s_{FK} = \frac{0{,}25 * s_g}{1 - 0{,}75 * s_g - s_k} * (1 - s_e) + s_e \tag{0-11d}$$

Berechnung des einkommensteuerlichen Indifferenzsteuersatzes:

$$s_{EK} = s_{FK} \tag{0-16}$$

$$s_g + s_k + (1 - s_g - s_k) * 0{,}6 * \hat{s}_e = \frac{0{,}25 * s_g}{1 - 0{,}75 * s_g - s_k} * (1 - \hat{s}_e) + \hat{s}_e \tag{0-16a}$$

$$\hat{s}_e^{TEV} = \frac{s_g + s_k - \dfrac{0{,}25 * s_g}{1 - 0{,}75 * s_g - s_k}}{1 - (1 - s_g - s_k) * 0{,}6 - \dfrac{0{,}25 * s_g}{1 - 0{,}75 * s_g - s_k}} \tag{0-16b}$$

$$\hat{s}_e^{TEV\,(s_k = 0{,}15;\, s_g = 0{,}14)} = 0{,}4611 \tag{0-16c}$$

Steuersystem mit abgeltendem Einkommensteuersatz für Kapitaleinkünfte i. S. d. § 20 Abs. 1 Nr. 1 EStG (Dividenden) – Abgeltungsteuer

Gesamtsteuerbelastung EK:

$$s_{EK} = s_g + s_k + (1 - s_g - s_k) * s_a \tag{0-17}$$

$$s_{EK}^{s_k=0,15;\, s_g=0,14;\, s_a=0,25} = 0,14 + 0,15 + 0,71 * 0,25 = 0,4675 \tag{0-17a}$$

Gesamtsteuerbelastung FK:

$$s_{FK} = (1 - Z + 0,25 * Z) * s_g + (1 - Z) * s_k + Z * s_e \tag{0-11}$$

$$s_{FK} = \frac{0,25 * s_g}{1 - 0,75 * s_g - s_k} * (1 - s_e) + s_e \tag{0-11d}$$

$$s_{FK}^{s_k=0,15;\, s_g=0,14;\, s_e=0,25} = 0,04698 * 0,75 + 0,25 = 0,2852 \tag{0-11e}$$

Berechnung des einkommensteuerlichen Indifferenzsteuersatzes:

$$s_{EK} = s_{FK} \tag{0-18}$$

$$s_g + s_k + (1 - s_g - s_k) * s_a = \frac{0,25 * s_g}{1 - 0,75 * s_g - s_k} * (1 - \hat{s}_e) + \hat{s}_e \tag{0-18a}$$

$$\hat{s}_e^{AGS} = \frac{s_g + s_k + (1 - s_g - s_k) * s_a - \dfrac{0,25 * s_g}{1 - 0,75 * s_g - s_k}}{1 - \dfrac{0,25 * s_g}{1 - 0,75 * s_g - s_k}} \tag{0-18b}$$

$$\hat{s}_e^{AGS\,(s_k=0,15;\, s_g=0,14)} = 0,7450 * s_a + 0,2550 \tag{0-18c}$$

$$\hat{s}_e^{AGS\,(s_k=0,15;\, s_g=0,14;\, s_a=0,25)} = 0,4413 \tag{0-18d}$$

Steuervorteil der Fremdfinanzierung:

$$\Delta s = s_{EK} - s_{FK} = s_g + s_k + (1 - s_g - s_k) * s_a - \frac{0{,}25 * s_g}{1 - 0{,}75 * s_g - s_k} * (1 - s_e) - s_e \quad (0\text{-}19)$$

$$\Delta s^{AGS(s_k=0{,}15;\, s_g=0{,}14;\, s_a=0{,}25;\, s_e=0)} = 0{,}4205 \quad (0\text{-}19a)$$

$$\Delta s^{AGS(s_k=0{,}15;\, s_g=0{,}14;\, s_a=0{,}25;\, s_e=0{,}45)} = -0{,}0083 \quad (0\text{-}19b)$$

<u>Einfluss des Anteils der Steuerfreiheit von Dividendenbezügen gemäß § 3 Nr. 40 Buchst. d) EStG auf den Steuervorteil der Fremdfinanzierung</u>

Gesamtsteuerbelastung EK:

$$s_{EK} = s_g + s_k + (1 - s_g - s_k) * (1 - \tau) * s_e \quad (0\text{-}20)$$

Gesamtsteuerbelastung FK:

$$s_{FK} = (1 - Z + 0{,}25 * Z) * s_g + (1 - Z) * s_k + Z * s_e \quad (0\text{-}11)$$

$$s_{FK} = \frac{0{,}25 * s_g}{1 - 0{,}75 * s_g - s_k} * (1 - s_e) + s_e \quad (0\text{-}11d)$$

Steuervorteil der Fremdfinanzierung:

$$\Delta s = s_g + s_k + (1 - s_g - s_k) * (1 - \tau) * s_e - \frac{0{,}25 * s_g}{1 - 0{,}75 * s_g - s_k} * (1 - s_e) - s_e \quad (0\text{-}21)$$

Einfluss des Anteils der Steuerfreiheit von Dividendenbezügen (τ) auf den Steuervorteil der Fremdfinanzierung:

$$\frac{\partial(\Delta s)}{\partial \tau} = -(1 - s_g - s_k) * s_e < 0 \quad \text{für } s_g + s_k \in \left]0;1\right[\wedge s_e \in \left]0;1\right[\quad (0\text{-}22)$$

d. Einflussfaktor Körperschaftsteuertarif

Einkommensteuerlicher Indifferenzsteuersatz

Gesamtsteuerbelastung EK: $s_{EK} = s_g + s_k + (1 - s_g - s_k) * s_a$ (0-17)

Gesamtsteuerbelastung FK: $s_{FK} = \frac{0{,}25 * s_g}{1 - 0{,}75 * s_g - s_k} * (1 - s_e) + s_e$ (0-11d)

Berechnung des einkommensteuerlichen Indifferenzsteuersatzes: $s_{EK} = s_{FK}$ (0-18)

$$s_g + s_k + (1 - s_g - s_k) * s_a = \frac{0{,}25 * s_g}{1 - 0{,}75 * s_g - s_k} * (1 - s_e) + s_e \quad \text{(0-18a)}$$

$$s_e = \frac{s_g + s_k + (1 - s_g - s_k) * s_a - \frac{0{,}25 * s_g}{1 - 0{,}75 * s_g - s_k}}{1 - \frac{0{,}25 * s_g}{1 - 0{,}75 * s_g - s_k}} \quad \text{(0-18b)}$$

$$s_e^{s_g = 0{,}14; s_a = 0{,}25; s_k = 0{,}265} = 0{,}5275 \quad \text{(0-18e)}$$

$$s_e^{s_g = 0{,}14; s_a = 0{,}25; s_k = 0{,}25} = 0{,}5163 \quad \text{(0-18f)}$$

$$s_e^{s_g = 0{,}14; s_a = 0{,}25; s_k = 0{,}15} = 0{,}4413 \quad \text{(0-18d)}$$

Körperschaftsteuerlicher Indifferenzsteuersatz

Gesamtsteuerbelastung EK: $s_{EK} = s_g + s_k + (1 - s_g - s_k) * s_a$ (0-17)

Gesamtsteuerbelastung FK: $s_{FK} = \frac{0{,}25 * s_g}{1 - 0{,}75 * s_g - s_k} * (1 - s_e) + s_e$ (0-11d)

Berechnung des körperschaftsteuerlichen Indifferenzsteuersatzes: $s_{EK} = s_{FK}$ (0-18)

$$s_g + s_k + (1 - s_g - s_k) * s_a = \frac{0{,}25 * s_g}{1 - 0{,}75 * s_g - s_k} * (1 - s_e) + s_e \quad \text{(0-18a)}$$

für s_g=0,14; s_e=s_a=0,25:

$$0{,}355 + 0{,}75 * s_k = \frac{0{,}02625}{0{,}895 - s_k} + 0{,}25 \quad \text{(0-12)}$$

$$0{,}75 * s_k^2 - 0{,}56625 * s_k - 0{,}067725 = 0 \quad \text{(0-18h)}$$

$$s_{k_{1,2}} = \frac{0{,}56625 \pm \sqrt{0{,}56625^2 + 4 * 0{,}75 * 0{,}067725}}{2 * 0{,}75}$$

$$s_k^{s_g=0,14;\, s_a=0,25;\, s_e=0,25} = -0{,}1050 \quad \text{(0-18i)}$$

$$s_k^{s_g=0,14;\, s_a=0,25;\, s_e=0,35} = 0{,}0284 \quad \text{(0-18j)}$$

$$s_k^{s_g=0,14;\, s_a=0,25;\, s_e=0,45} = 0{,}1617 \quad \text{(0-18k)}$$

<u>Einfluss des Körperschaftsteuersatzes auf die Gesamtsteuerbelastung der Fremdfinanzierung</u>

Gesamtsteuerbelastung FK: $s_{FK} = ((1-Z) + (0{,}25 * Z)) * s_g + (1-Z) * s_k + Z * s_e$ (0-11)

$$s_{FK} = \frac{0{,}25 * s_g}{1 - 0{,}75 * s_g - s_k} * (1 - s_e) + s_e \quad \text{(0-11d)}$$

$$\frac{\partial s_{FK}}{\partial s_k} = \frac{0{,}25 * s_g * (1 - s_e)}{(1 - 0{,}75 * s_g - s_k)^2} > 0 \text{ für } s_g,\, s_e \in \left]0;1\right[\quad \text{(0-23)}$$

$$\left(\frac{\partial s_{FK}}{\partial s_k}\right)^{s_k=0,15;\, s_g=0,14;\, s_e=0,25} = 0{,}0473 \quad \text{(0-23a)}$$

$$\left(\frac{\partial s_{FK}}{\partial s_k}\right)^{s_k=0,25;\, s_g=0,14;\, s_e=0,25} = 0{,}0631 \quad \text{(0-23b)}$$

$$\left(\frac{\partial s_{FK}}{\partial s_k}\right)^{s_k=0,265;\, s_g=0,14;\, s_e=0,25} = 0{,}0661 \quad \text{(0-23c)}$$

Gesamtsteuerbelastung EK: $s_{EK} = s_g + s_k + (1 - s_g - s_k) * s_a$ (0-17)

$$s_{EK} = s_g + s_k + s_a - s_a * s_g - s_a * s_k \quad \text{(0-17b)}$$

$$\frac{\partial s_{EK}}{\partial s_k} = 1 - s_a > 0 \text{ für } s_a \in \left[0;1\right[\quad \text{(0-24)}$$

$$\left(\frac{\partial s_{EK}}{\partial s_k}\right)^{s_a=0,25} = 0{,}7500 \quad \text{(0-24a)}$$

$$\left(\frac{\partial s_{EK}}{\partial s_k}\right)^{s_a=0,45} = 0{,}5500 \quad \text{(0-24b)}$$

e. Einflussfaktor Gewerbesteuertarif

Ermittlung des Gewerbesteuersatzes

- Bei Eigenfinanzierung

$$s_g = \frac{HS}{100} * \frac{SMZ}{100} \quad (0\text{-}25)$$

$$s_g^{HS=400\%;\,SMZ=5\%} = 0{,}2000 \quad (0\text{-}25a)$$

$$s_g^{HS=400\%;\,SMZ=3{,}5\%} = 0{,}1400 \quad (0\text{-}25b)$$

$$s_g^{HS=500\%;\,SMZ=3{,}5\%} = 0{,}1750 \quad (0\text{-}25c)$$

- Bei Fremdfinanzierung

$$\sigma_g = s_g * (1 - 0{,}75 * Z) \quad (0\text{-}2)$$

$$\sigma_g = s_g * \left(1 - 0{,}75 * \left(\frac{1 - s_g - s_k}{1 - 0{,}75 * s_g - s_k}\right)\right) \quad (0\text{-}2a)$$

$$\sigma_g = \frac{0{,}25 * s_g * (1 - s_k)}{1 - 0{,}75 * s_g - s_k} \quad (0\text{-}2b)$$

$$\sigma_g = \frac{0{,}25 * \frac{HS}{100} * \frac{SMZ}{100} * (1 - s_k)}{1 - 0{,}75 * \frac{HS}{100} * \frac{SMZ}{100} - s_k} \quad (0\text{-}2c)$$

$$\sigma_g^{s_k=0{,}15;\,HS=400\%;\,SMZ=5\%} = 0{,}0607 \quad (0\text{-}2d)$$

$$\sigma_g^{s_k=0{,}15;\,HS=400\%;\,SMZ=3{,}5\%} = 0{,}0399 \quad (0\text{-}2e)$$

$$\sigma_g^{s_k=0{,}15;\,HS=500\%;\,SMZ=3{,}5\%} = 0{,}0517 \quad (0\text{-}2f)$$

Einfluss der Steuermesszahl auf die Gewerbesteuerbelastung

- Bei Eigenfinanzierung

$$s_g = \frac{HS}{100} * \frac{SMZ}{100} \tag{0-25}$$

$$\frac{\partial s_g}{\partial SMZ} = \frac{HS}{10.000} > 0 \text{ für } HS \in \left]0; +\infty\right[\tag{0-26}$$

$$\left(\frac{\partial s_g}{\partial SMZ}\right)^{HS=400\%} = 0{,}0400 \tag{0-26a}$$

$$\left(\frac{\partial s_g}{\partial SMZ}\right)^{HS=500\%} = 0{,}0500 \tag{0-26b}$$

- Bei Fremdfinanzierung

$$\sigma_g = \frac{0{,}25 * \frac{HS}{100} * \frac{SMZ}{100} * (1 - s_k)}{1 - 0{,}75 * \frac{HS}{100} * \frac{SMZ}{100} - s_k} \tag{0-2c}$$

$$\frac{\partial \sigma_g}{\partial SMZ} = \frac{0{,}25 * \frac{HS}{10.000} * (1 - s_k)^2}{\left(1 - 0{,}75 * \frac{HS}{100} * \frac{SMZ}{100} - s_k\right)^2} > 0 \text{ für } HS, SMZ \in \left]0; +\infty\right[\wedge \ s_k \in \left]0; 1\right[\tag{0-27}$$

$$\left(\frac{\partial \sigma_g}{\partial SMZ}\right)^{s_k=0{,}15;\, HS=400\%;\, SMZ=5\%} = 0{,}0147 \tag{0-27a}$$

$$\left(\frac{\partial \sigma_g}{\partial SMZ}\right)^{s_k=0{,}15;\, HS=400\%;\, SMZ=3{,}5\%} = 0{,}0130 \tag{0-27b}$$

$$\left(\frac{\partial \sigma_g}{\partial SMZ}\right)^{s_k=0{,}15;\, HS=500\%;\, SMZ=3{,}5\%} = 0{,}0175 \tag{0-27c}$$

Einfluss des Hebesatzes auf die Gewerbesteuerbelastung

- Bei Eigenfinanzierung

$$s_g = \frac{HS}{100} * \frac{SMZ}{100} \qquad (0\text{-}25)$$

$$\frac{\partial s_g}{\partial HS} = \frac{SMZ}{10.000} > 0 \text{ für } SMZ \in \left]0; +\infty\right[\qquad (0\text{-}28)$$

$$\left(\frac{\partial s_g}{\partial HS}\right)^{SMZ=5\%} = 0{,}0005 \qquad (0\text{-}28a)$$

$$\left(\frac{\partial s_g}{\partial HS}\right)^{SMZ=3{,}5\%} = 0{,}00035 \qquad (0\text{-}28b)$$

- Bei Fremdfinanzierung

$$\sigma_g = \frac{0{,}25 * \frac{HS}{100} * \frac{SMZ}{100} * (1 - s_k)}{1 - 0{,}75 * \frac{HS}{100} * \frac{SMZ}{100} - s_k} \qquad (0\text{-}2c)$$

$$\frac{\partial \sigma_g}{\partial HS} = \frac{0{,}25 * \frac{SMZ}{10.000} * (1 - s_k)^2}{\left(1 - 0{,}75 * \frac{HS}{100} * \frac{SMZ}{100} - s_k\right)^2} > 0 \text{ für } HS, SMZ \in \left]0; +\infty\right[\wedge \ s_k \in \left]0; 1\right[\qquad (0\text{-}29)$$

$$\left(\frac{\partial \sigma_g}{\partial HS}\right)^{s_k=0{,}15;\, HS=400\%;\, SMZ=5\%} = 0{,}00018 \qquad (0\text{-}29a)$$

$$\left(\frac{\partial \sigma_g}{\partial HS}\right)^{s_k=0{,}15;\, HS=400\%;\, SMZ=3{,}5\%} = 0{,}00011 \qquad (0\text{-}29b)$$

$$\left(\frac{\partial \sigma_g}{\partial HS}\right)^{s_k=0{,}15;\, HS=500\%;\, SMZ=3{,}5\%} = 0{,}00012 \qquad (0\text{-}29c)$$

Berechnung der Gesamtsteuerbelastung bei Eigenfinanzierung

Gesamtsteuerbelastung EK: $s_{EK} = s_g + s_k + (1 - s_g - s_k) * s_a$ (0-17)

$$s_{EK} = s_g * (1 - s_a) + s_k + s_a - s_k * s_a \qquad (0\text{-}17b)$$

$$s_{EK} = \frac{HS}{100} * \frac{SMZ}{100} * (1 - s_a) + s_k + s_a - s_k * s_a \qquad (0\text{-}30)$$

$$s_{EK}^{s_k=0{,}15;\, s_a=s_e=0{,}25;\, HS=400\%;\, SMZ=5\%} = 0{,}5125 \qquad (0\text{-}30a)$$

$$s_{EK}^{s_k=0{,}15;\, s_a=s_e=0{,}25;\, HS=400\%;\, SMZ=3{,}5\%} = 0{,}4675 \qquad (0\text{-}30b)$$

$$s_{EK}^{s_k=0{,}15;\, s_a=s_e=0{,}25;\, HS=500\%;\, SMZ=3{,}5\%} = 0{,}4938 \qquad (0\text{-}30c)$$

$$s_{EK}^{s_k=0{,}15;\, s_a=s_e=0{,}25;\, HS=571{,}43\%;\, SMZ=3{,}5\%} = 0{,}5125 \qquad (0\text{-}30d)$$

Berechnung der Gesamtsteuerbelastung bei Fremdfinanzierung

Gesamtsteuerbelastung FK: $s_{FK} = \sigma_g + \sigma_k + (1 - \sigma_g - \sigma_k) * s_e$ (0-11a)

$$s_{FK} = \frac{0{,}25 * s_g}{1 - 0{,}75 * s_g - s_k} * (1 - s_e) + s_e \qquad (0\text{-}11d)$$

$$s_{FK} = \frac{0{,}25 * \frac{HS}{100} * \frac{SMZ}{100}}{1 - 0{,}75 * \frac{HS}{100} * \frac{SMZ}{100} - s_k} * (1 - s_e) + s_e \qquad (0\text{-}31)$$

$$s_{FK}^{s_k=0{,}15;\, s_a=s_e=0{,}25;\, HS=400\%;\, SMZ=5\%} = 0{,}3035 \qquad (0\text{-}31a)$$

$$s_{FK}^{s_k=0{,}15;\, s_a=s_e=0{,}25;\, HS=400\%;\, SMZ=3{,}5\%} = 0{,}2853 \qquad (0\text{-}31b)$$

$$s_{FK}^{s_k=0{,}15;\, s_a=s_e=0{,}25;\, HS=500\%;\, SMZ=3{,}5\%} = 0{,}2957 \qquad (0\text{-}31c)$$

$$s_{FK}^{s_k=0{,}15;\, s_a=s_e=0{,}25;\, HS=571{,}43\%;\, SMZ=3{,}5\%} = 0{,}3035 \qquad (0\text{-}31d)$$

Einfluss des Gewerbesteuersatzes bei Eigenfinanzierung (s_g) auf die Gesamtsteuerbelastung

- Einfluss des Hebesatzes

$$s_{EK} = \frac{HS}{100} * \frac{SMZ}{100} * (1 - s_a) + s_k + s_a - s_k * s_a \qquad (0\text{-}30)$$

$$\frac{\partial s_{EK}}{\partial HS} = \frac{SMZ * (1 - s_a)}{10.000} > 0 \text{ für } SMZ \in \left]0; +\infty\right[\wedge s_a \in \left]0; 1\right[\qquad (0\text{-}32)$$

- Einfluss der Steuermesszahl

$$s_{EK} = \frac{HS}{100} * \frac{SMZ}{100} * (1 - s_a) + s_k + s_a - s_k * s_a \qquad (0\text{-}30)$$

$$\frac{\partial s_{EK}}{\partial SMZ} = \frac{HS * (1 - s_a)}{10.000} > 0 \text{ für } HS \in \left]0; +\infty\right[\wedge s_a \in \left]0; 1\right[\qquad (0\text{-}33)$$

Einfluss des Gewerbesteuersatzes bei Fremdfinanzierung (σ_g) auf die Gesamtsteuerbelastung

- Einfluss des Hebesatzes

$$s_{FK} = \frac{0{,}25 * \frac{HS}{100} * \frac{SMZ}{100}}{1 - 0{,}75 * \frac{HS}{100} * \frac{SMZ}{100} - s_k} * (1 - s_e) + s_e \tag{0-31}$$

$$\frac{\partial s_{FK}}{\partial HS} = \frac{0{,}25 * \frac{SMZ}{10.000} * (1 - s_e) * (1 - s_k)}{\left(1 - 0{,}75 * \frac{HS}{100} * \frac{SMZ}{100} - s_k\right)^2} > 0 \text{ für } SMZ \in \left]0; +\infty\right[\wedge s_e, s_k \in \left]0; 1\right[\tag{0-34}$$

- Einfluss der Steuermesszahl

$$s_{FK} = \frac{0{,}25 * \frac{HS}{100} * \frac{SMZ}{100}}{1 - 0{,}75 * \frac{HS}{100} * \frac{SMZ}{100} - s_k} * (1 - s_e) + s_e \tag{0-31}$$

$$\frac{\partial s_{FK}}{\partial SMZ} = \frac{0{,}25 * \frac{HS}{10.000} * (1 - s_e) * (1 - s_k)}{\left(1 - 0{,}75 * \frac{HS}{100} * \frac{SMZ}{100} - s_k\right)^2} > 0 \text{ für HS} \in \left]0; +\infty\right[\wedge s_e, s_k \in \left]0; 1\right[\tag{0-35}$$

Identischer Einfluss auf die Gesamtsteuerbelastung von Eigen- und Fremdfinanzierung

$$\frac{\partial s_{EK}}{\partial HS} = \frac{\partial s_{FK}}{\partial HS} \tag{0-36}$$

$$\frac{SMZ*(1-s_a)}{10.000} = \frac{0,25*\frac{SMZ}{10.000}*(1-s_e)*(1-s_k)}{\left(1-0,75*\frac{HS}{100}*\frac{SMZ}{100}-s_k\right)^2} \tag{0-36a}$$

$$HS^{s_k=0,15;\, s_a=s_e=0,25;\, SMZ=3,5\%} = 1.481,99 \tag{0-36b}$$

$$HS^{s_k=0,15;\, s_a=s_e=0,25;\, SMZ=5\%} = 1.037,39 \tag{0-36c}$$

Gewerbesteuerlicher Indifferenzsteuersatz

Berechnung des gewerbesteuerlichen Indifferenzsteuersatzes: $s_{EK} = s_{FK}$ (0-37)

$$s_g + s_k + (1 - s_g - s_k) * s_a = \sigma_g + \sigma_k + (1 - \sigma_g - \sigma_k) * s_e \quad (0\text{-}37a)$$

$$s_g * (1 - s_a) + s_k + s_a - s_k * s_a = \sigma_g * (1 - s_e) + \sigma_k * (1 - s_e) + s_e \quad (0\text{-}37b)$$

$$\frac{HS}{100} * \frac{SMZ}{100} * (1 - s_a) + s_k + s_a - s_k * s_a = \frac{0{,}25 * \frac{HS}{100} * \frac{SMZ}{100}}{1 - 0{,}75 * \frac{HS}{100} * \frac{SMZ}{100} - s_k} * (1 - s_e) + s_e \quad (0\text{-}37c)$$

- Gewerbesteuerlicher Indifferenz-Hebesatz

$$\frac{HS}{100} * \frac{SMZ}{100} * (1 - s_a) + s_k + s_a - s_k * s_a = \frac{0{,}25 * \frac{HS}{100} * \frac{SMZ}{100}}{1 - 0{,}75 * \frac{HS}{100} * \frac{SMZ}{100} - s_k} * (1 - s_e) + s_e \quad (0\text{-}37c)$$

$$HS^{s_k = 0{,}15;\, s_a = s_e = 0{,}25;\, SMZ = 3{,}5\%} = 2.428{,}6 \quad (0\text{-}37d)$$

$$HS^{s_k = 0{,}15;\, s_a = s_e = 0{,}25;\, SMZ = 5\%} = 1.700{,}0 \quad (0\text{-}37e)$$

- Gewerbesteuerliche Indifferenz-Steuermesszahl

$$\frac{HS}{100} * \frac{SMZ}{100} * (1 - s_a) + s_k + s_a - s_k * s_a = \frac{0{,}25 * \frac{HS}{100} * \frac{SMZ}{100}}{1 - 0{,}75 * \frac{HS}{100} * \frac{SMZ}{100} - s_k} * (1 - s_e) + s_e \quad (0\text{-}37c)$$

$$SMZ^{s_k = 0{,}15;\, s_a = s_e = 0{,}25;\, HS = 400\%} = 21{,}25 \quad (0\text{-}37f)$$

$$SMZ^{s_k = 0{,}15;\, s_a = s_e = 0{,}25;\, HS = 500\%} = 17{,}00 \quad (0\text{-}37g)$$

Steuervorteil der Fremdfinanzierung

$$\Delta s = s_{EK} - s_{FK} \tag{0-38}$$

$$\Delta s = s_g + s_k + (1 - s_g - s_k) * s_a - (\sigma_g + \sigma_k + (1 - \sigma_g - \sigma_k) * s_e) \tag{0-38a}$$

$$\Delta s = \frac{HS}{100} * \frac{SMZ}{100} * (1 - s_a) + s_k + s_a - s_k * s_a + \tag{0-38b}$$

$$- \left(\frac{0{,}25 * \frac{HS}{100} * \frac{SMZ}{100}}{1 - 0{,}75 * \frac{HS}{100} * \frac{SMZ}{100} - s_k} * (1 - s_e) + s_e \right)$$

$$\Delta s^{s_e = s_a = 0{,}25; s_k = 0{,}15} = 0{,}75 * \frac{HS}{100} * \frac{SMZ}{100} + 0{,}1125 - \frac{0{,}1875 * \frac{HS}{100} * \frac{SMZ}{100}}{0{,}85 - 0{,}75 * \frac{HS}{100} * \frac{SMZ}{100}} > 0 \tag{0-38c}$$

für $SMZ = 3{,}5 \wedge HS \in \left]0; 2.428{,}6\right[\wedge s_a, s_e, s_k \in \left]0; 1\right[$

für $SMZ = 5 \wedge HS \in \left]0; 1.700{,}0\right[\wedge s_a, s_e, s_k \in \left]0; 1\right[$

$$\Delta s^{s_e = s_a = 0{,}25; s_k = 0{,}15; HS = 14{,}82; SMZ = 0{,}035} = 0{,}290546$$

Einfluss von Hebesatz und Steuermesszahl auf den Steuervorteil der Fremdfinanzierung

- Einfluss des Hebesatzes

$$\frac{\partial \Delta s}{\partial HS} = \frac{SMZ * (1 - s_a)}{10.000} - \frac{0{,}25 * \frac{SMZ}{10.000} * (1 - s_e) * (1 - s_k)}{\left(1 - 0{,}75 * \frac{HS}{100} * \frac{SMZ}{100} - s_k\right)^2} > 0 \tag{0-39}$$

für $SMZ = 3{,}5 \wedge HS \in \left]0; 1.481{,}99\right[\wedge s_a, s_e, s_k \in \left]0; 1\right[$

für $SMZ = 5 \wedge HS \in \left]0; 1.037{,}39\right[\wedge s_a, s_e, s_k \in \left]0; 1\right[$

- Einfluss der Steuermesszahl

$$\frac{\partial \Delta s}{\partial SMZ} = \frac{HS * (1 - s_a)}{10.000} - \frac{0{,}25 * \frac{HS}{10.000} * (1 - s_e) * (1 - s_k)}{\left(1 - 0{,}75 * \frac{HS}{100} * \frac{SMZ}{100} - s_k\right)^2} \tag{0-40}$$

Steuervorteil der Fremdfinanzierung in der Mischfinanzierung

$$s_{Misch}^{Grenz} = \frac{2-V}{1+V} * s_{EK} + \left(1 - \frac{2-V}{1+V}\right) * s_{FK} \tag{0-7b}$$

$$\Delta s_{Misch}^{Grenz} = s_{EK} - \frac{2-V}{1+V} * s_{EK} - \left(1 - \frac{2-V}{1+V}\right) * s_{FK} = \left(1 - \frac{2-V}{1+V}\right) * \left(s_{EK} - s_{FK}\right) \tag{0-41}$$

$$\Delta s_{Misch}^{Grenz} = \left(1 - \frac{2-V}{1+V}\right) * \left(\left(\frac{HS}{100} * \frac{SMZ}{100} * \left(1 - s_a\right) + s_k + s_a - s_k * s_a\right) + \\ - \left(\frac{0{,}25 * \frac{HS}{100} * \frac{SMZ}{100}}{1 - 0{,}75 * \frac{HS}{100} * \frac{SMZ}{100} - s_k} * \left(1 - s_e\right) + s_e\right)\right) \tag{0-41a}$$

Einfluss von Körperschaftsteuersatz und Hebesatz auf den Steuervorteil der Fremdfinanzierung im Vergleich

$$\frac{\partial \Delta s}{\partial s_k} > \frac{\partial \Delta s}{\partial HS} \tag{0-42}$$

$$1 - s_a - \frac{0{,}25 * s_g * \left(1 - s_e\right)}{\left(1 - 0{,}75 * s_g - s_k\right)^2} > \frac{SMZ * \left(1 - s_a\right)}{10.000} - \frac{0{,}25 * \frac{SMZ}{10.000} * \left(1 - s_e\right) * \left(1 - s_k\right)}{\left(1 - 0{,}75 * \frac{HS}{100} * \frac{SMZ}{100} - s_k\right)^2} \tag{0-42a}$$

$$1 - s_a - \frac{SMZ * \left(1 - s_a\right)}{10.000} + \frac{0{,}25 * \frac{SMZ}{10.000} * \left(1 - s_e\right) * \left(1 - s_k - HS\right)}{\left(1 - 0{,}75 * \frac{HS}{100} * \frac{SMZ}{100} - s_k\right)^2} > 0 \tag{0-42b}$$

$0{,}7025 > 0$ für $SMZ = 3{,}5 \wedge HS = 400 \wedge s_e = s_a = 0{,}25 \wedge s_k = 0{,}15$ (0-42c)

$0{,}6863 > 0$ für $SMZ = 3{,}5 \wedge HS = 500 \wedge s_e = s_a = 0{,}25 \wedge s_k = 0{,}15$ (0-42d)

$0{,}6733 > 0$ für $SMZ = 5 \wedge HS = 400 \wedge s_e = s_a = 0{,}25 \wedge s_k = 0{,}15$ (0-42e)

Einkommensteuerlicher Indifferenzsteuersatz

Gesamtsteuerbelastung EK: $s_{EK} = s_g + s_k + (1 - s_g - s_k) * s_a$. (0-17)

Gesamtsteuerbelastung FK: $s_{FK} = \sigma_g + \sigma_k + (1 - \sigma_g - \sigma_k) * s_e$. (0-11a)

Berechnung des einkommensteuerlichen Indifferenzsteuersatzes: $s_{EK} = s_{FK}$. (0-43)

$$s_g + s_k + (1 - s_g - s_k) * s_a = \sigma_g + \sigma_k + (1 - \sigma_g - \sigma_k) * s_e \quad (0\text{-}43a)$$

$$s_e = \frac{s_g + s_k + (1 - s_g - s_k) * s_a - \sigma_g - \sigma_k}{(1 - \sigma_g - \sigma_k)} \quad (0\text{-}43b)$$

$$s_e = \frac{\frac{HS}{100} * \frac{SMZ}{100} * (1 - s_a) + s_k + s_a - s_k * s_a - \frac{0{,}25 * \frac{HS}{100} * \frac{SMZ}{100}}{1 - 0{,}75 * \frac{HS}{100} * \frac{SMZ}{100} - s_k}}{1 - \frac{0{,}25 * \frac{HS}{100} * \frac{SMZ}{100}}{1 - 0{,}75 * \frac{HS}{100} * \frac{SMZ}{100} - s_k}} \quad (0\text{-}43c)$$

$$s_e^{s_k=0{,}15;\, s_a=0{,}25;\, HS=400\%;\, SMZ=3{,}5\%} = 0{,}4413 \quad (0\text{-}43d)$$

$$s_e^{s_k=0{,}15;\, s_a=0{,}25;\, HS=400\%;\, SMZ=5\%} = 0{,}4750 \quad (0\text{-}43e)$$

$$s_e^{s_k=0{,}15;\, s_a=0{,}25;\, HS=500\%;\, SMZ=3{,}5\%} = 0{,}4609 \quad (0\text{-}43f)$$

$$s_e^{s_k=0{,}15;\, s_a=0{,}25;\, HS=500\%;\, SMZ=5\%} = 0{,}5031 \quad (0\text{-}43g)$$

f. Einflussfaktor Einkommensteuertarif

Schnittpunkt der Ordinate des Einflussfaktors Einkommensteuersatz

- Eigenfinanzierung:

$$s_{EK}^{s_e \in [0; s_a[} = s_g + s_k + (1 - s_g - s_k) * s_e \qquad (0\text{-}44)$$

$$s_e \overset{!}{=} 0 \qquad (0\text{-}44a)$$

$$\Rightarrow s_{EK}^{s_e \in [0; s_a[; s_e = 0} = s_g + s_k \qquad (0\text{-}44b)$$

- Fremdfinanzierung:

$$s_{FK} = \sigma_g + \sigma_k + (1 - \sigma_g - \sigma_k) * s_e \qquad (0\text{-}11a)$$

$$s_e \overset{!}{=} 0 \qquad (0\text{-}45)$$

$$\Rightarrow s_{FK}^{s_e = 0} = \sigma_g + \sigma_k = \frac{0{,}25 * \frac{HS}{100} * \frac{SMZ}{100}}{1 - 0{,}75 * \frac{HS}{100} * \frac{SMZ}{100} - s_k} \qquad (0\text{-}45a)$$

- Identischer Ordinatenabschnitt für Eigen- und Fremdfinanzierung

$$s_{EK}^{s_e \in [-\infty; s_a[; s_e = 0} = s_{FK}^{s_e = 0} \qquad (0\text{-}46)$$

$$s_g + s_k = \sigma_g + \sigma_k \qquad (0\text{-}46a)$$

$$\frac{HS * SMZ}{10.000} + s_k = \frac{0{,}25 * \frac{HS}{100} * \frac{SMZ}{100}}{1 - 0{,}75 * \frac{HS}{100} * \frac{SMZ}{100} - s_k} \qquad (0\text{-}46b)$$

$$HS^{s_k = 0{,}15; SMZ = 3{,}5\%} = 2.428{,}6 \qquad (0\text{-}46c)$$

$$s_k^{HS = 400\%; SMZ = 3{,}5\%} = 0{,}8600 \qquad (0\text{-}46d)$$

$$s_{EK}^{s_e \in [0; s_a[; s_k = 0{,}15; s_e = 0; SMZ = 3{,}5\%} > s_{FK}^{s_k = 0{,}15; s_e = 0; SMZ = 3{,}5\%} \text{ für } HS \in [0; 2.428{,}55[\qquad (0\text{-}46e)$$

$$s_{EK}^{s_e \in [0; s_a[; s_e = 0; HS = 400\%; SMZ = 3{,}5\%} > s_{FK}^{s_e = 0; HS = 400\%; SMZ = 3{,}5\%} \text{ für } s_k \in [0; 0{,}8600[\qquad (0\text{-}46f)$$

<u>Einfluss des Einkommensteuersatzes auf die Gesamtsteuerbelastung</u>

- Bei Eigenfinanzierung

$$\text{Gesamtsteuerbelastung EK: } s_{EK} = \begin{cases} s_g + s_k + (1 - s_g - s_k) * s_e & \text{für } s_e = [0; s_a[\\ \\ s_g + s_k + (1 - s_g - s_k) * s_a & \text{für } s_e = [s_a; 1] \end{cases} \tag{0-47}$$

- für $s_e \in [0; s_a[$:

$$s_{EK}^{s_e \in [0; s_a[} = s_g + s_k + (1 - s_g - s_k) * s_e \tag{0-44}$$

$$\frac{\partial s_{EK}^{s_e \in [0; s_a[}}{\partial s_e} = 1 - s_g - s_k > 0 \text{ für } s_g + s_k \in]0; 1[\tag{0-48}$$

$$\frac{\partial s_{EK}^{s_e \in [0; s_a[}}{\partial s_e} = 1 - \frac{HS * SMZ}{10.000} - s_k > 0 \text{ für } \frac{HS * SMZ}{10.000} + s_k \in]0; 1[\tag{0-48a}$$

$$\left(\frac{\partial s_{EK}^{s_e \in [0; s_a[}}{\partial s_e} \right)^{s_k = 0,15;\, HS = 400\%;\, SMZ = 3,5\%} = 0,7100 \tag{0-48b}$$

$$\left(\frac{\partial s_{EK}^{s_e \in [0; s_a[}}{\partial s_e} \right)^{s_k = 0,15;\, HS = 300\%;\, SMZ = 3,5\%} = 0,7450 \tag{0-48c}$$

- für $s_e \in [s_a; 1]$:

$$s_{EK}^{s_e \in [s_a; 1]} = s_g + s_k + (1 - s_g - s_k) * s_a \tag{0-49}$$

$$\frac{\partial s_{EK}^{s_e \in [s_a; 1]}}{\partial s_e} = 0 \tag{0-50}$$

- Bei Fremdfinanzierung

Gesamtsteuerbelastung FK: $s_{FK} = \sigma_g + \sigma_k + (1 - \sigma_g - \sigma_k) * s_e$ (0-11a)

$$\frac{\partial s_{FK}}{\partial s_e} = 1 - \sigma_g - \sigma_k > 0 \text{ für } \sigma_g + \sigma_k \in]-\infty; 1[\quad (0\text{-}51)$$

$$\frac{\partial s_{FK}}{\partial s_e} = 1 - \frac{0{,}25 * \frac{HS}{100} * \frac{SMZ}{100}}{1 - 0{,}75 * \frac{HS}{100} * \frac{SMZ}{100} - s_k} > 0 \quad (0\text{-}51a)$$

für $HS \in [0; 600] \wedge SMZ \in [0; 5] \wedge s_k \in [0; 0{,}7[$

$$\left(\frac{\partial s_{FK}}{\partial s_e}\right)^{s_k = 0{,}15;\, HS = 400\%;\, SMZ = 3{,}5\%} = 0{,}9530 \quad (0\text{-}51b)$$

$$\left(\frac{\partial s_{FK}}{\partial s_e}\right)^{s_k = 0{,}15;\, HS = 300\%;\, SMZ = 3{,}5\%} = 0{,}9660 \quad (0\text{-}51c)$$

Einkommensteuerlicher Indifferenzsteuersatz

Berechnung des einkommensteuerlichen Indifferenzsteuersatzes: $s_{EK} = s_{FK}$ (0-14)

- Mit Abgeltungsteuer:

Gesamtsteuerbelastung EK: $s_{EK} = s_g + s_k + (1 - s_g - s_k) * s_a$ (0-17)

Gesamtsteuerbelastung FK: $s_{FK} = \sigma_g + \sigma_k + (1 - \sigma_g - \sigma_k) * s_e$ (0-11a)

$$s_g + s_k + (1 - s_g - s_k) * s_a = \sigma_g + \sigma_k + (1 - \sigma_g - \sigma_k) * \hat{s}_e \quad \text{(0-37a)}$$

$$\hat{s}_e = \frac{s_g + s_k + (1 - s_g - s_k) * s_a - \sigma_g - \sigma_k}{(1 - \sigma_g - \sigma_k)} \quad \text{(0-43)}$$

$$\hat{s}_e = \frac{s_g + s_k + (1 - s_g - s_k) * s_a - \frac{0{,}25 * s_g}{1 - 0{,}75 * s_g - s_k}}{1 - \frac{0{,}25 * s_g}{1 - 0{,}75 * s_g - s_k}} \quad \text{(0-43f)}$$

$$\hat{s}_e = \frac{\frac{HS}{100} * \frac{SMZ}{100} * (1 - s_a) + s_k + s_a - s_k * s_a - \frac{0{,}25 * \frac{HS}{100} * \frac{SMZ}{100}}{1 - 0{,}75 * \frac{HS}{100} * \frac{SMZ}{100} - s_k}}{1 - \frac{0{,}25 * \frac{HS}{100} * \frac{SMZ}{100}}{1 - 0{,}75 * \frac{HS}{100} * \frac{SMZ}{100} - s_k}} \quad \text{(0-43a)}$$

$$\hat{s}_e^{\,s_k = 0{,}15;\, s_a = 0{,}25;\, HS = 400\%;\, SMZ = 3{,}5\%} = 0{,}4413 \quad \text{(0-43b)}$$

$$\hat{s}_e^{\,s_k = 0{,}15;\, s_a = 0{,}25;\, HS = 300\%;\, SMZ = 3{,}5\%} = 0{,}4216 \quad \text{(0-43g)}$$

- Ohne Abgeltungsteuer

Gesamtsteuerbelastung EK: $s_{EK} = s_g + s_k + (1 - s_g - s_k) * s_e$ (0-52)

Gesamtsteuerbelastung FK: $s_{FK} = \sigma_g + \sigma_k + (1 - \sigma_g - \sigma_k) * s_e$ (0-11a)

$$s_g + s_k + (1 - s_g - s_k) * \hat{s}_e = \sigma_g + \sigma_k + (1 - \sigma_g - \sigma_k) * \hat{s}_e \quad \text{(0-53)}$$

$$\hat{s}_e = \frac{\sigma_g + \sigma_k - s_g - s_k}{\sigma_g + \sigma_k - s_g - s_k} = 1 \quad \text{(0-53a)}$$

Einfluss des Hebesatzes auf den Einfluss der Einkommensteuerbelastung

- Bei Eigenfinanzierung:
  - für $s_e \in [0; s_a[$:

$$\frac{\partial s_{EK}^{s_e \in [0;s_a[}}{\partial s_e} = 1 - \frac{HS}{100} * \frac{SMZ}{100} - s_k \tag{0-48a}$$

$$\frac{\partial \frac{\partial s_{EK}^{s_e \notin [0;s_a[}}{\partial s_e}}{\partial HS} = \frac{-SMZ}{10.000} < 0 \text{ für } SMZ \in]0; +\infty[\tag{0-54}$$

  - für $s_e \in [s_a; 1]$:

$$\frac{\partial s_{EK}^{s_e \in [s_a;1]}}{\partial s_e} = 0 \tag{0-50}$$

$$\frac{\partial \frac{\partial s_{EK}^{s_e \in [s_a;1]}}{\partial s_e}}{\partial HS} = 0 \tag{0-55}$$

- Bei Fremdfinanzierung:

$$\frac{\partial s_{FK}}{\partial s_e} = 1 - \frac{0,25 * \frac{HS}{100} * \frac{SMZ}{100}}{1 - 0,75 * \frac{HS}{100} * \frac{SMZ}{100} - s_k} \tag{0-51a}$$

$$\frac{\partial \frac{\partial s_{FK}}{\partial s_e}}{\partial HS} = - \frac{0,25 * \frac{SMZ}{10.000} * (1 - s_k)}{\left(1 - 0,75 * \frac{HS}{100} * \frac{SMZ}{100} - s_k\right)^2} < 0$$

$$\text{für } HS \in]0; 600] \wedge SMZ \in]0; 5] \wedge s_k \in [0; 1[\tag{0-56}$$

Einfluss des Körperschaftsteuersatzes auf den Einfluss der Einkommensteuerbelastung

- Bei Eigenfinanzierung:
  - für $s_e \in [0; s_a[$:

$$\frac{\partial s_{EK}^{s_e \in [0;s_a[}}{\partial s_e} = 1 - s_g - s_k \qquad (0\text{-}48a)$$

$$\frac{\partial \frac{\partial s_{EK}^{s_e \in [0;s_a[}}{\partial s_e}}{\partial s_k} = -1 \qquad (0\text{-}57)$$

  - für $s_e \in [s_a; 1]$:

$$\frac{\partial s_{EK}^{s_e \in [s_a;1]}}{\partial s_e} = 0 \qquad (0\text{-}50)$$

$$\frac{\partial \frac{\partial s_{EK}^{s_e \in [s_a;1]}}{\partial s_e}}{\partial s_k} = 0 \qquad (0\text{-}58)$$

- Bei Fremdfinanzierung:

$$\frac{\partial s_{FK}}{\partial s_e} = 1 - \frac{0{,}25 * s_g}{1 - 0{,}75 * s_g - s_k} \qquad (0\text{-}51a)$$

$$\frac{\partial \frac{\partial s_{FK}}{\partial s_e}}{\partial s_k} = -\frac{1 - 0{,}5 * s_g - s_k}{\left(1 - 0{,}75 * s_g - s_k\right)^2} < 0$$

für $HS \in \left]0; 600\right] \wedge SMZ \in \left]0; 5\right] \wedge s_k \in [0; 1[$ (0-59)

Steuervorteil der Fremdfinanzierung

- für $s_e \in [0;\ s_a[$:

$$\Delta s = s_g + s_k + (1 - s_g - s_k) * s_e - (\sigma_g + \sigma_k + (1 - \sigma_g - \sigma_k) * s_e) \tag{0-60}$$

$$\Delta s = \left(s_g + s_k - \frac{0{,}25 * s_g}{1 - 0{,}75 * s_g - s_k} \right) * (1 - s_e) \tag{0-60a}$$

$$\Delta s^{s_k = 0{,}15;\, s_g = 0{,}14} = 0{,}24302 - 0{,}24302 * s_e \tag{0-60b}$$

- für $s_e \in [s_a;1]$:

$$\Delta s = s_g + s_k + (1 - s_g - s_k) * s_a - (\sigma_g + \sigma_k + (1 - \sigma_g - \sigma_k) * s_e) \tag{0-61}$$

$$\Delta s = s_g + s_k + (1 - s_g - s_k) * s_a - s_e - \frac{0{,}25 * s_g * (1 - s_e)}{1 - 0{,}75 * s_g - s_k} \tag{0-61a}$$

$$\Delta s^{s_k = 0{,}15;\, s_g = 0{,}14} = 0{,}24302 - 0{,}95302 * s_e + 0{,}71 * s_a \tag{0-61b}$$

Einfluss des Einkommensteuersatzes auf den Steuervorteil der Fremdfinanzierung

- für $s_e \in [0;\ s_a[$:

$$\frac{\partial \Delta s}{\partial s_e^{s_e \in [0; s_a[}} = \frac{0{,}25 * s_g}{1 - 0{,}75 * s_g - s_k} - s_g - s_k \tag{0-62}$$

$$\left(\frac{\partial \Delta s}{\partial s_e^{s_e \in [0; s_a[}} \right)^{s_k = 0{,}15;\, s_g = 0{,}14} = -0{,}24302 \tag{0-62a}$$

- für $s_e \in [s_a;1]$:

$$\frac{\partial \Delta s}{\partial s_e^{s_e \in [s_a; 1]}} = \frac{0{,}25 * s_g}{1 - 0{,}75 * s_g - s_k} - 1 \tag{0-63}$$

$$\left(\frac{\partial \Delta s}{\partial s_e^{s_e \in [s_a; 1]}} \right)^{s_k = 0{,}15;\, s_g = 0{,}14} = -0{,}95302 \tag{0-63a}$$

Berechnung der effektiven Einkommensteuersätze

- Bei Eigenfinanzierung:

$$\sigma_e^{EK} = \begin{cases} (1 - s_g - s_k) * s_e & \text{für } s_e \in [0;\, s_a[\\ (1 - s_g - s_k) * s_a & \text{für } s_e \in [s_a;\, 1] \end{cases} \quad (0\text{-}64)$$

- Bei Fremdfinanzierung:

$$\sigma_e^{FK} = (1 - \sigma_g - \sigma_k) * s_e \quad (0\text{-}65)$$

$$\sigma_e^{FK} = \left(1 - \frac{0{,}25 * s_g}{1 - 0{,}75 * s_g - s_k}\right) * s_e \quad (0\text{-}65a)$$

Quantifizierung der „personal tax penalty"

$$\Delta\sigma_e = \sigma_e^{FK} - \sigma_e^{EK} \quad (0\text{-}66)$$

$$\Delta\sigma_e = \begin{cases} \left(1 - \frac{0{,}25 * s_g}{1 - 0{,}75 * s_g - s_k}\right) * s_e - (1 - s_g - s_k) * s_e & \text{für } s_e \in [0;\, s_a[\\ \left(1 - \frac{0{,}25 * s_g}{1 - 0{,}75 * s_g - s_k}\right) * s_e - (1 - s_g - s_k) * s_a & \text{für } s_e \in [s_a;\, 1] \end{cases} \quad (0\text{-}66a)$$

$$\Delta\sigma_e = \begin{cases} \left(s_g + s_k - \frac{0{,}25 * s_g}{1 - 0{,}75 * s_g - s_k}\right) * s_e & \text{für } s_e \in [0;\, s_a[\\ \left(1 - \frac{0{,}25 * s_g}{1 - 0{,}75 * s_g - s_k}\right) * s_e - (1 - s_g - s_k) * s_a & \text{für } s_e \in [s_a;\, 1] \end{cases} \quad (0\text{-}66b)$$

$$> 0 \text{ für } s_e \in [0; 1] \wedge s_g, s_k \in [0;\, 0{,}5[$$

$$(\Delta\sigma_e)^{s_k=0{,}15;\, s_g=0{,}14;\, s_a=0{,}25;\, s_e=0{,}00} = 0{,}0000 \quad (0\text{-}66c)$$

$$(\Delta\sigma_e)^{s_k=0{,}15;\, s_g=0{,}14;\, s_a=0{,}25;\, s_e=0{,}25} = 0{,}0608 \quad (0\text{-}66d)$$

$$(\Delta\sigma_e)^{s_k=0{,}15;\, s_g=0{,}14;\, s_a=0{,}25;\, s_e=0{,}4413} = 0{,}2430 \quad (0\text{-}66e)$$

$$(\Delta\sigma_e)^{s_k=0{,}15;\, s_g=0{,}14;\, s_a=0{,}25;\, s_e=0{,}45} = 0{,}2514 \quad (0\text{-}66f)$$

Einfluss des Abgeltungsteuersatzes auf die Gesamtsteuerbelastung

- Bei Eigenfinanzierung

$$\text{Gesamtsteuerbelastung EK: } s_{EK} = \begin{cases} s_g + s_k + (1 - s_g - s_k) * s_e \text{ für } s_e \in [0; s_a[\\ \\ s_g + s_k + (1 - s_g - s_k) * s_a \text{ für } s_e \in [s_a; 1] \end{cases} \quad (0\text{-}47)$$

- für $s_e \in [0; s_a[$:

$$s_{EK}^{s_e \in [0; s_a[} = s_g + s_k + (1 - s_g - s_k) * s_e \quad (0\text{-}44)$$

$$\frac{\partial s_{EK}^{s_e \in [0; s_a[}}{\partial s_a} = 0 \quad (0\text{-}67)$$

- für $s_e \in [s_a; 1]$:

$$s_{EK}^{s_e \in [s_a; 1]} = s_g + s_k + (1 - s_g - s_k) * s_a \quad (0\text{-}49)$$

$$\frac{\partial s_{EK}^{s_e \in [0; s_a[}}{\partial s_a} = 1 - s_g - s_k > 0 \text{ für } s_g + s_k \in]0; 1[\quad (0\text{-}68)$$

$$\frac{\partial s_{EK}^{s_e \in [0; s_a[}}{\partial s_a} = 1 - \frac{HS * SMZ}{10.000} - s_k > 0 \text{ für } \frac{HS * SMZ}{10.000} + s_k \in]0; 1[\quad (0\text{-}68a)$$

$$\left(\frac{\partial s_{EK}^{s_e \in [0; s_a[}}{\partial s_a} \right)^{s_k = 0{,}15;\, HS = 400\%;\, SMZ = 3{,}5\%} = 0{,}7100 \quad (0\text{-}68b)$$

$$\left(\frac{\partial s_{EK}^{s_e \in [0; s_a[}}{\partial s_a} \right)^{s_k = 0{,}15;\, HS = 300\%;\, SMZ = 3{,}5\%} = 0{,}7450 \quad (0\text{-}68c)$$

- Bei Fremdfinanzierung

$$\text{Gesamtsteuerbelastung FK: } s_{FK} = \sigma_g + \sigma_k + (1 - \sigma_g - \sigma_k) * s_e \quad (0\text{-}11a)$$

$$\frac{\partial s_{FK}}{\partial s_a} = 0 \quad (0\text{-}69)$$

<u>Steuervorteil der Fremdfinanzierung in der Mischfinanzierung</u>

$$s_{Misch}^{Grenz} = \frac{2-V}{1+V} * s_{EK} + \left(1 - \frac{2-V}{1+V}\right) * s_{FK} \quad (0\text{-}7b)$$

$$\Delta s_{Misch}^{Grenz} = s_{EK} - \frac{2-V}{1+V} * s_{EK} - \left(1 - \frac{2-V}{1+V}\right) * s_{FK} = \left(1 - \frac{2-V}{1+V}\right) * \left(s_{EK} - s_{FK}\right) \quad (0\text{-}41)$$

- für $s_e \in [0; s_a[$:

$$\Delta s_{Misch}^{Grenz} = \left(1 - \frac{2-V}{1+V}\right) * \left(\left(s_g + s_k + \left(1 - s_g - s_k\right) * s_e\right) - \left(\sigma_g + \sigma_k + \left(1 - \sigma_g - \sigma_k\right) * s_e\right)\right) \quad (0\text{-}41b)$$

$$\Delta s_{Misch}^{Grenz} = \left(1 - \frac{2-V}{1+V}\right) * \left(s_g + s_k - \sigma_g - \sigma_k + s_e * \left(\sigma_g + \sigma_k - s_g - s_k\right)\right) \quad (0\text{-}41c)$$

$$\Delta s_{Misch}^{Grenz} = \left(1 - \frac{2-V}{1+V}\right) * \left(\left(s_g + s_k - \frac{0{,}25 * s_g}{1 - 0{,}75 * s_g - s_k}\right) * \left(1 - s_e\right)\right) \quad (0\text{-}41d)$$

- für $s_e \in [s_a; 1]$:

$$\Delta s_{Misch}^{Grenz} = \left(1 - \frac{2-V}{1+V}\right) * \left(\left(s_g + s_k + \left(1 - s_g - s_k\right) * s_a\right) - \left(\sigma_g + \sigma_k + \left(1 - \sigma_g - \sigma_k\right) * s_e\right)\right) \quad (0\text{-}41e)$$

$$\Delta s_{Misch}^{Grenz} = \left(1 - \frac{2-V}{1+V}\right) * \left(s_g + s_k + \left(1 - s_g - s_k\right) * s_a - s_e - \frac{0{,}25 * s_g * \left(1 - s_e\right)}{1 - 0{,}75 * s_g - s_k}\right) \quad (0\text{-}41f)$$

Einfluss des Abgeltungsteuersatzes auf den Steuervorteil der Fremdfinanzierung bei Mischfinanzierung

- für $s_e \in [0; s_a[$:

$$\Delta s_{Misch}^{Grenz} = \left(1 - \frac{2-V}{1+V}\right) * \left(\left(s_g + s_k - \frac{0{,}25 * s_g}{1 - 0{,}75 * s_g - s_k}\right) * (1 - s_e)\right) \quad (0\text{-}41d)$$

$$\frac{\partial \Delta s_{Misch}^{Grenz}}{\partial s_a} = 0 \quad (0\text{-}70)$$

- für $s_e \in [s_a; 1]$:

$$\Delta s_{Misch}^{Grenz} = \left(1 - \frac{2-V}{1+V}\right) * \left(s_g + s_k + (1 - s_g - s_k) * s_a - s_e - \frac{0{,}25 * s_g * (1 - s_e)}{1 - 0{,}75 * s_g - s_k}\right) \quad (0\text{-}41f)$$

$$\frac{\partial \Delta s_{Misch}^{Grenz}}{\partial s_a} = \left(1 - \frac{2-V}{1+V}\right) * (1 - s_g - s_k) > 0 \text{ für } s_g + s_k \in [0; 1[\wedge V \in]0{,}5; 2] \quad (0\text{-}71)$$

$$\left(\frac{\partial \Delta s_{Misch}^{Grenz}}{\partial s_a}\right)^{s_g = 0{,}14;\, s_k = 0{,}15;\, V = 0{,}5} = 0 \quad (0\text{-}71a)$$

$$\left(\frac{\partial \Delta s_{Misch}^{Grenz}}{\partial s_a}\right)^{s_g = 0{,}14;\, s_k = 0{,}15;\, V = 1} = 0{,}395 \quad (0\text{-}71b)$$

$$\left(\frac{\partial \Delta s_{Misch}^{Grenz}}{\partial s_a}\right)^{s_g = 0{,}14;\, s_k = 0{,}15;\, V = 1{,}5} = 0{,}632 \quad (0\text{-}71c)$$

$$\left(\frac{\partial \Delta s_{Misch}^{Grenz}}{\partial s_a}\right)^{s_g = 0{,}14;\, s_k = 0{,}15;\, V = 2} = 0{,}790 \quad (0\text{-}71d)$$

Einfluss des Abgeltungsteuersatzes auf den einkommensteuerlichen Indifferenzsteuersatz

$$\hat{s}_e = \frac{s_g + s_k + (1 - s_g - s_k) * s_a - \frac{0{,}25 * s_g}{1 - 0{,}75 * s_g - s_k}}{1 - \frac{0{,}25 * s_g}{1 - 0{,}75 * s_g - s_k}} \tag{0-43f}$$

$$\hat{s}_e^{s_k=0,15;s_g=0,14} = 0{,}255 + 0{,}745 * s_a \tag{0-43h}$$

$$\hat{s}_e^{s_k=0,15;s_g=0,14;s_a=0,2} = 0{,}4040 \tag{0-43i}$$

$$\hat{s}_e^{s_k=0,15;s_g=0,14;s_a=0,25} = 0{,}4413 \tag{0-43b}$$

$$\hat{s}_e^{s_k=0,15;s_g=0,14;s_a=0,3} = 0{,}4785 \tag{0-43j}$$

Einfluss des Einkommensteuersatzes auf den Steuervorteil der Fremdfinanzierung bei Mischfinanzierung

- für $s_e \in [0; s_a[$:

$$\Delta s_{Misch}^{Grenz} = \left(1 - \frac{2-V}{1+V}\right) * \left(\left(s_g + s_k - \frac{0{,}25 * s_g}{1 - 0{,}75 * s_g - s_k}\right) * (1 - s_e)\right) \quad (0\text{-}41d)$$

$$\frac{\partial \Delta s_{Misch}^{Grenz}}{\partial s_e} = \left(1 - \frac{2-V}{1+V}\right) * \left(\frac{0{,}25 * s_g}{1 - 0{,}75 * s_g - s_k} - s_g - s_k\right) \quad (0\text{-}72)$$

- für $s_e \in [s_a; 1]$:

$$\Delta s_{Misch}^{Grenz} = \left(1 - \frac{2-V}{1+V}\right) * \left(s_g + s_k + (1 - s_g - s_k) * s_a - s_e - \frac{0{,}25 * s_g * (1 - s_e)}{1 - 0{,}75 * s_g - s_k}\right) \quad (0\text{-}41f)$$

$$\frac{\partial \Delta s_{Misch}^{Grenz}}{\partial s_e} = \left(1 - \frac{2-V}{1+V}\right) * \left(\frac{0{,}25 * s_g}{1 - 0{,}75 * s_g - s_k} - 1\right) \quad (0\text{-}73)$$

Vergleich der Einflussfaktoren Einkommensteuersatz und Abgeltungsteuersatz auf den Steuervorteil der Fremdfinanzierung

- für $s_e \in [0; s_a[$:

$$\frac{\partial \Delta s_{Misch}^{Grenz}}{\partial s_a} = 0 < \left|\left(1 - \frac{2-V}{1+V}\right) * \left(\frac{0{,}25 * s_g}{1 - 0{,}75 * s_g - s_k} - s_g - s_k\right)\right| = \frac{\partial \Delta s_{Misch}^{Grenz}}{\partial s_e} \quad (0\text{-}74)$$

- für $s_e \in [s_a; 1]$:

$$\frac{\partial \Delta s_{Misch}^{Grenz}}{\partial s_a} = \left|\left(1 - \frac{2-V}{1+V}\right) * (1 - s_g - s_k)\right| < \left|\left(1 - \frac{2-V}{1+V}\right) * \left(\frac{0{,}25 * s_g}{1 - 0{,}75 * s_g - s_k} - 1\right)\right| = \frac{\partial \Delta s_{Misch}^{Grenz}}{\partial s_e}$$

(0-75)

$$\left(\frac{\partial \Delta s_{Misch}^{Grenz}}{\partial s_a}\right)^{s_k=0{,}15;\, s_g=0{,}14;\, V=2} = |0{,}71| < |-0{,}9530| = \left(\frac{\partial \Delta s_{Misch}^{Grenz}}{\partial s_e}\right)^{s_k=0{,}15;\, s_g=0{,}14;\, V=2} \quad (0\text{-}75a)$$

Berücksichtigung von zeitlichen Differenzen der Besteuerung auf Anteilseignerebene

- Ermittlung des Diskontierungsfaktors

$$q^t = \frac{1}{(1+i_s)^t} = \frac{1}{(1+i-i*s_a)^t} \tag{0-76}$$

mit: $i_s = i - i * s_a$

- Berechnung der Gesamtsteuerbelastung

Dynamische Gesamtsteuerbelastung EK:*

$$^{dyn}s_{EK} = \begin{cases} \dfrac{s_g + s_k}{(1+i_s)^k} + \dfrac{(1-s_g-s_k)*s_a}{(1+i_s)^m} - \dfrac{(1-s_g-s_k)*(s_a-s_e)}{(1+i_s)^n} & \text{für } s_e \in [0;\, s_a[\\ \dfrac{s_g + s_k}{(1+i_s)^k} + \dfrac{(1-s_g-s_k)*s_a}{(1+i_s)^m} & \text{für } s_e \in [s_a;1] \end{cases} \tag{0-77}$$

Dynamische Gesamtsteuerbelastung FK:*

$$^{dyn}s_{FK} = \frac{\sigma_g + \sigma_k}{(1+i_s)^k} + \frac{(1-\sigma_g-\sigma_k)*s_e}{(1+i_s)^l} \tag{0-78}$$

* mit:

$i_s =$ Zinssatz (nach Steuern)

$k =$ Zeitraum zwischen Gewinnerzielung und Erhebung der Unternehmensteuer

$l =$ Zeitraum zwischen Gewinnerzielung und Erhebung der Einkommensteuer bei Fremdfinanzierung

$m =$ Zeitraum zwischen Gewinnerzielung und Erhebung der abgeltenden Einkommensteuer bei Ausschüttung

$n =$ Zeitraum zwischen Gewinnerzielung und Günstigerprüfung bei Eigenfinanzierung für s_k=0,15; s_g=0,14; s_a=0,25; i=0,1; k, l=1,25; m=1,3; n=2,25 gilt:

$$^{dyn}s_{EK} = \begin{cases} 0{,}27566 + 0{,}60338 * s_e & \text{für } s_e \in [0;\, s_a[\\ 0{,}42651 & \text{für } s_e \in [s_a;1] \end{cases} \tag{0-77a}$$

$$^{dyn}s_{FK} = 0{,}04292 + 0{,}87065 * s_e \tag{0-78a}$$

- Einfluss des Einkommensteuersatzes auf die Gesamtsteuerbelastung:
  - Bei Eigenfinanzierung:
    - für $s_e \in [0;\, s_a[$: $\dfrac{\partial\, ^{dyn}s_{EK}^{s_e \in [0;s_a[}}{\partial s_e} = \dfrac{1 - s_k - s_g}{(1+i_s)^n} < \dfrac{\partial s_{EK}^{s_e \in [0;s_a[}}{\partial s_e}$ (0-79)
    - für $s_e \in [s_a;1]$: $\dfrac{\partial\, ^{dyn}s_{EK}^{s_e \in [s_a;1]}}{\partial s_e} = 0 = \dfrac{\partial s_{EK}^{s_e \in [s_a;1]}}{\partial s_e}$ (0-80)
  - Bei Fremdfinanzierung:

$$\frac{\partial\, ^{dyn}s_{FK}}{\partial s_e} = \frac{1 - \dfrac{0{,}25 * s_g}{1 - 0{,}75 * s_g - s_k}}{(1+i_s)^l} < \frac{\partial s_{FK}}{\partial s_e} \tag{0-81}$$

- Einkommensteuerlicher Indifferenzsteuersatz

$$^{dyn}s_{EK} = {}^{dyn}s_{FK} \tag{0-82}$$

$$\frac{s_g + s_k}{(1+i_s)^k} + \frac{(1 - s_g - s_k) * s_a}{(1+i_s)^m} = \frac{\sigma_g + \sigma_k}{(1+i_s)^k} + \frac{(1 - \sigma_g - \sigma_k) * \hat{s}_e}{(1+i_s)^l} \tag{0-82a}$$

$$\frac{s_g + s_k}{(1+i_s)^k} + \frac{(1 - s_g - s_k) * s_a}{(1+i_s)^m} = \frac{\dfrac{0{,}25 * s_g}{1 - 0{,}75 * s_g - s_k}}{(1+i_s)^k} + \frac{\left(1 - \dfrac{0{,}25 * s_g}{1 - 0{,}75 * s_g - s_k}\right) * \hat{s}_e}{(1+i_s)^l} \tag{0-82b}$$

$$^{dyn}\hat{s}_e = \left(\frac{s_g + s_k}{(1+i_s)^k} + \frac{(1 - s_g - s_k) * s_a}{(1+i_s)^m} - \frac{\dfrac{0{,}25 * s_g}{1 - 0{,}75 * s_g - s_k}}{(1+i_s)^k} \right) * \frac{(1+i_s)^l}{1 - \dfrac{0{,}25 * s_g}{1 - 0{,}75 * s_g - s_k}} \tag{0-82c}$$

für s_k=0,15; s_g=0,14; s_a=0,25; i=0,1; k, l=1,25; m=1,3:

$$^{dyn}\hat{s}_e = 0{,}4406 \tag{0-82d}$$

für s_k=0,15; s_g=0,14; s_a=0,25; i=0,1; k, l=1,25; m=1,75:

$$^{dyn}\hat{s}_e = 0{,}4346 \tag{0-82e}$$

für s_k=0,15; s_g=0,14; s_a=0,25; i=0,1; k, l=1,25; m=2:

$$^{dyn}\hat{s}_e = 0{,}4314 \tag{0-82f}$$

- Berechnung des Steuervorteils der Fremdfinanzierung

$$^{dyn}\Delta s = {}^{dyn}s_{EK} - {}^{dyn}s_{FK} \tag{0-83}$$

- für $s_e \in [0;\ s_a[$:

$$^{dyn}\Delta s = \frac{\mathrm{s_g} + s_k}{(1+i_s)^k} + \frac{(1-\mathrm{s_g}-s_k)*s_a}{(1+i_s)^m} - \frac{(1-\mathrm{s_g}-s_k)*(s_a-s_e)}{(1+i_s)^n} - \frac{\sigma_g+\sigma_k}{(1+i_s)^k} - \frac{(1-\sigma_g-\sigma_k)*s_e}{(1+i_s)^l} \tag{0-84}$$

für s_g=0,15; s_g=0,14; s_a=0,25; i=0,1; k, l=1,25; m=1,3; n=2,25 gilt

$$^{dyn}\Delta s = 0{,}23274 - 0{,}26727 * s_e \tag{0-84a}$$

- für $s_e \in [s_a;1]$:

$$^{dyn}\Delta s = \frac{\mathrm{s_g} + s_k}{(1+i_s)^k} + \frac{(1-\mathrm{s_g}-s_k)*s_a}{(1+i_s)^m} - \frac{\sigma_g+\sigma_k}{(1+i_s)^k} - \frac{(1-\sigma_g-\sigma_k)*s_e}{(1+i_s)^l} \tag{0-85}$$

für s_g=0,15; s_g=0,14; s_a=0,25; i=0,1; k, l=1,25; m=1,3; n=2,25 gilt:

$$^{dyn}\Delta s = 0{,}38359 - 0{,}87065 * s_e \tag{0-85a}$$

- Einfluss des Einkommensteuersatzes auf den Steuervorteil der Fremdfinanzierung

- für $s_e \in [0;\ s_a[$:

$$\frac{\partial\, {}^{dyn}\Delta s}{\partial s_e} = \frac{(1-\mathrm{s_g}-s_k)}{(1+i_s)^n} - \frac{(1-\sigma_g-\sigma_k)}{(1+i_s)^l} \tag{0-86}$$

$$\left(\frac{\partial\, {}^{dyn}\Delta s}{\partial s_e}\right)^{s_k=0,15;\, s_g=0,14;\, s_a=0,25;\, l=1,25;\, n=2,25;\, i=0,1} = -0{,}26727 \tag{0-86a}$$

- für $s_e \in [s_a;1]$:

$$\frac{\partial\, {}^{dyn}\Delta s}{\partial s_e} = -\frac{(1-\sigma_g-\sigma_k)}{(1+i_s)^l} \tag{0-87}$$

$$\left(\frac{\partial^{dyn}\Delta s}{\partial s_e}\right)^{s_k=0,15;s_g=0,14;s_a=0,25;\,l=1,25;i=0,1} = -0,87065 \qquad (0\text{-}87a)$$

- Vergleich des Einflusses des Einkommensteuersatzes auf den Steuervorteil der Fremdfinanzierung mit und ohne Berücksichtigung von Zeiteffekten

  - für $s_e \in [0;\, s_a[$:

$$\frac{\partial^{dyn}\Delta s}{\partial s_e} = \left|\frac{(1-s_g-s_k)}{(1+i_s)^n} - \frac{(1-\sigma_g-\sigma_k)}{(1+i_s)^l}\right| > \left|\frac{0,25*s_g}{1-0,75*s_g-s_k} - s_g - s_k\right| = \frac{\partial\Delta s}{\partial s_e} \qquad (0\text{-}88)$$

für s_g=0,15; s_g=0,14; s_a=0,25; i=0,1; l=1,25; n=2,25

  - für $s_e \in [s_a;1]$:

$$\frac{\partial^{dyn}\Delta s}{\partial s_e} = \left|-\frac{(1-\sigma_g-\sigma_k)}{(1+i_s)^l}\right| < \left|\frac{0,25*s_g}{1-0,75*s_g-s_k} - 1\right| = \frac{\partial\Delta s}{\partial s_e} \qquad (0\text{-}89)$$

für s_g=0,15; s_g=0,14; s_a=0,25; i=0,1; l=1,25

- Schnittpunkt von ${}^{dyn}\Delta s$ und Δs:

$${}^{dyn}\Delta s^{\text{für } s_e\in[s_a;1]} = \Delta s \qquad (0\text{-}90)$$

$$0,38359 - 0,87065 * s_e = 0,42052 - 0,95302 * s_e \qquad (0\text{-}90a)$$

$$\breve{s}_e^{s_a=0,25} = 0,4483 \qquad (0\text{-}90b)$$

Berücksichtigung der Progressionswirkung auf Anteilseignerebene

- Identische Bemessungsgrundlage der Einkommensteuer

$$BMG_{EK}^{ESt} = 1 - s_g - s_k \tag{0-91}$$

$$BMG_{FK}^{ESt} = 1 - \sigma_g - \sigma_k \tag{0-92}$$

$$1 - s_g - s_k = 1 - \sigma_g - \sigma_k \tag{0-93}$$

$$1 - \frac{HS * SMZ}{10.000} - s_k = 1 - \frac{0,25 * \frac{HS}{100} * \frac{SMZ}{100}}{1 - 0,75 * \frac{HS}{100} * \frac{SMZ}{100} - s_k} \tag{0-93a}$$

$$HS_1^{s_k = 0,15;\, SMZ = 3,5\%} = -571,43\,;\; HS_2^{s_k = 0,15;\, SMZ = 3,5\%} = 2.428,55 \tag{0-93b}$$

$$s_{k1}^{HS = 400\%;\, SMZ = 3,5\%} = -0,1050\,;\; s_{k2}^{HS = 400\%;\, SMZ = 3,5\%} = 0,8600 \tag{0-93c}$$

- Einkommensteuersatz bei Eigenfinanzierung in Abhängigkeit von *EBIT*

$$s_{EK} = \begin{cases} s_g + s_k + \sigma_e^{EK} & \text{für } s_e^{EK} \in [0; s_a[\\ s_g + s_k + (1 - s_g - s_k) * s_a & \text{für } s_e^{EK} \in [s_a; 1] \end{cases} \quad (0\text{-}94)$$

ab 01.01.2009:

$$\text{mit } \sigma_e^{EK} = \begin{cases} 0 & \text{für } EBIT \in \left[0; \frac{7.834}{1 - s_g - s_k}\right] \\ \frac{\left(939{,}68 * \frac{EBIT * (1 - s_g - s_k) - 7.834}{10.000} + 1.400\right) * \frac{EBIT * (1 - s_g - s_k) - 7.834}{10.000}}{EBIT} & \text{für } EBIT \in \left[\frac{7.835}{1 - s_g - s_k}; \frac{13.139}{1 - s_g - s_k}\right] \\ \frac{\left(228{,}74 * \frac{EBIT * (1 - s_g - s_k) - 13.139}{10.000} + 2.397\right) * \frac{EBIT * (1 - s_g - s_k) - 13.139}{10.000} + 1.007}{EBIT} & \text{für } EBIT \in \left[\frac{13.140}{1 - s_g - s_k}; \frac{52.551}{1 - s_g - s_k}\right] \\ \frac{0{,}42 * (EBIT * (1 - s_g - s_k)) - 8.064}{EBIT} & \text{für } EBIT \in \left[\frac{52.552}{1 - s_g - s_k}; \frac{250.400}{1 - s_g - s_k}\right] \\ \frac{0{,}45 * (EBIT * (1 - s_g - s_k)) - 15.576}{EBIT} & \text{für } EBIT \in \left[\frac{250.401}{1 - s_g - s_k}; +\infty\right[\end{cases}$$

ab 01.01.2010:

$$\text{mit } \sigma_e^{EK} = \begin{cases} 0 & \text{für } EBIT \in \left[0; \frac{8.004}{1 - s_g - s_k}\right] \\ \frac{\left(912{,}17 * \frac{EBIT * (1 - s_g - s_k) - 8.004}{10.000} + 1.400\right) * \frac{EBIT * (1 - s_g - s_k) - 8.004}{10.000}}{EBIT} & \text{für } EBIT \in \left[\frac{8.005}{1 - s_g - s_k}; \frac{13.469}{1 - s_g - s_k}\right] \\ \frac{\left(228{,}74 * \frac{EBIT * (1 - s_g - s_k) - 13.469}{10.000} + 2.397\right) * \frac{EBIT * (1 - s_g - s_k) - 13.469}{10.000} + 1.038}{EBIT} & \text{für } EBIT \in \left[\frac{13.470}{1 - s_g - s_k}; \frac{52.881}{1 - s_g - s_k}\right] \\ \frac{0{,}42 * (EBIT * (1 - s_g - s_k)) - 8.172}{EBIT} & \text{für } EBIT \in \left[\frac{52.882}{1 - s_g - s_k}; \frac{250.730}{1 - s_g - s_k}\right] \\ \frac{0{,}45 * (EBIT * (1 - s_g - s_k)) - 15.694}{EBIT} & \text{für } EBIT \in \left[\frac{250.731}{1 - s_g - s_k}; +\infty\right[\end{cases}$$

- Einkommensteuersatz bei Fremdfinanzierung in Abhängigkeit von *EBIT*

$$s_{FK} = \sigma_g + \sigma_k + \sigma_e^{FK} \tag{0-95}$$

ab 01.01.2009:

$$\text{mit } \sigma_e^{FK} = \begin{cases} 0 & \text{für } EBIT \in \left[0; \frac{7.834}{1-\sigma_g-\sigma_k}\right] \\ \frac{\left(939{,}68 * \frac{EBIT*(1-\sigma_g-\sigma_k)-7.834}{10.000} + 1.400\right) * \frac{EBIT*(1-\sigma_g-\sigma_k)-7.834}{10.000}}{EBIT} & \text{für } EBIT \in \left[\frac{7.835}{1-\sigma_g-\sigma_k}; \frac{13.139}{1-\sigma_g-\sigma_k}\right] \\ \frac{\left(228{,}74 * \frac{EBIT*(1-\sigma_g-\sigma_k)-13.139}{10.000} + 2.397\right) * \frac{EBIT*(1-\sigma_g-\sigma_k)-13.139}{10.000} + 1.007}{EBIT} & \text{für } EBIT \in \left[\frac{13.140}{1-\sigma_g-\sigma_k}; \frac{52.551}{1-\sigma_g-\sigma_k}\right] \\ \frac{0{,}42 * \left(EBIT * (1-\sigma_g-\sigma_k)\right) - 8.064}{EBIT} & \text{für } EBIT \in \left[\frac{52.552}{1-\sigma_g-\sigma_k}; \frac{250.400}{1-\sigma_g-\sigma_k}\right] \\ \frac{0{,}45 * \left(EBIT * (1-\sigma_g-\sigma_k)\right) - 15.576}{EBIT} & \text{für } EBIT \in \left[\frac{250.401}{1-\sigma_g-\sigma_k}; +\infty\right[\end{cases}$$

ab 01.01.2010:

$$\text{mit } \sigma_e^{FK} = \begin{cases} 0 & \text{für } EBIT \in \left[0; \frac{8.004}{1-\sigma_g-\sigma_k}\right] \\ \frac{\left(912{,}17 * \frac{EBIT*(1-\sigma_g-\sigma_k)-8.004}{10.000} + 1.400\right) * \frac{EBIT*(1-\sigma_g-\sigma_k)-8.004}{10.000}}{EBIT} & \text{für } EBIT \in \left[\frac{8.005}{1-\sigma_g-\sigma_k}; \frac{13.469}{1-\sigma_g-\sigma_k}\right] \\ \frac{\left(228{,}74 * \frac{EBIT*(1-\sigma_g-\sigma_k)-13.469}{10.000} + 2.397\right) * \frac{EBIT*(1-\sigma_g-\sigma_k)-13.469}{10.000} + 1.038}{EBIT} & \text{für } EBIT \in \left[\frac{13.470}{1-\sigma_g-\sigma_k}; \frac{52.881}{1-\sigma_g-\sigma_k}\right] \\ \frac{0{,}42 * \left(EBIT * (1-\sigma_g-\sigma_k)\right) - 8.172}{EBIT} & \text{für } EBIT \in \left[\frac{52.882}{1-\sigma_g-\sigma_k}; \frac{250.730}{1-\sigma_g-\sigma_k}\right] \\ \frac{0{,}45 * \left(EBIT * (1-\sigma_g-\sigma_k)\right) - 15.694}{EBIT} & \text{für } EBIT \in \left[\frac{250.731}{1-\sigma_g-\sigma_k}; +\infty\right[\end{cases}$$

- Wertermittlung:

Höhe des *EBIT* für Grundfreibetrag:

- Bei Eigenfinanzierung:

ab 01.01.2009: $EBIT = \frac{zvE}{1 - s_g - s_k} = \frac{7.834}{0,71} = 11.033,80$ (0-96)

ab 01.01.2010: $EBIT = \frac{zvE}{1 - s_g - s_k} = \frac{8.004}{0,71} = 11.273,24$ (0-97)

- Bei Fremdfinanzierung:

ab 01.01.2009: $EBIT = \frac{zvE}{1 - \sigma_g - \sigma_k} = \frac{7.834}{0,9530} = 8.220,18$ (0-98)

ab 01.01.2010: $EBIT = \frac{zvE}{1 - \sigma_g - \sigma_k} = \frac{8.004}{0,9530} = 8.398,56$ (0-99)

Höhe des zu versteuernden Einkommens für Abgeltungsteuersatz von 25 %:

$$\left(228,74 * \frac{zvE - 13.139}{10.000} + 2.397\right) * \frac{zvE - 13.139}{10.000} + 1.007 = zvE * s_a \quad \text{(0-100)}$$

$$\left(228,74 * \frac{zvE - 13.139}{10.000} + 2.397\right) * \frac{zvE - 13.139}{10.000} + 1.007 = zvE * 0,25 \quad \text{(0-100a)}$$

→ ab 01.01.2009: $zvE = 47.032,88$ (0-100b)

(analog ab 01.01.2010: $zvE = 47.716,85$) (0-100c)

Höhe des *EBIT* für Abgeltungsteuersatz von 25 %:

$$s_e^{EK} = \frac{\left(228{,}74 * \frac{EBIT*(1-s_g-s_k)-13.139}{10.000} + 2.397\right) * \frac{EBIT*(1-s_g-s_k)-13.139}{10.000} + 1.007}{EBIT}$$

$$\text{für } EBIT \in \left[\frac{13.140}{1-s_g-s_k}; \frac{52.551}{1-s_g-s_k}\right] \qquad (0\text{-}101)$$

$$\left(228{,}74 * \frac{EBIT*(1-s_g-s_k)-13.139}{10.000} + 2.397\right) * \frac{EBIT*(1-s_g-s_k)-13.139}{10.000} + 1.007 =$$

$$EBIT*(1-s_g-s_k)*0{,}25 \qquad (0\text{-}101a)$$

→ ab 01.01.2009: $EBIT^{s_k=0{,}15;\,HS=400\%;\,SMZ=3{,}5\%}\left(s_e^{EK}=0{,}25\right) = 66.238{,}11$ (0-101b)

(analog ab 01.01.2010: $EBIT^{s_k=0{,}15;\,HS=400\%;\,SMZ=3{,}5\%}\left(s_e^{EK}=0{,}25\right) = 67.201{,}35$) (0-101c)

Gesamtsteuerbelastung der Startkapitalausstattung unter Berücksichtigung der Progressionswirkung:

für $EBIT_{EK}^{Start} = 100$ T€; $EBIT_{FK}^{Start} = 100$ T€ :

$$s_{Misch}^{Start} = \frac{EBIT_{EK}^{Start}}{EBIT^{Start}} * \left(s_g + s_k + (1-s_g-s_k)*s_a\right) + \\ + \frac{EBIT_{FK}^{Start}}{EBIT^{Start}} * \left(\sigma_g + \sigma_k + \frac{0{,}42*\left(EBIT_{FK}^{Start}*(1-\sigma_g-\sigma_k)\right)-8.064}{EBIT_{FK}^{Start}}\right) \qquad (0\text{-}102)$$

für s_g=0,15; s_g=0,14; s_a=0,25:

$$s_{Misch}^{Start} = \frac{100.000}{200.000}*(0{,}15+0{,}14+0{,}1775) + \frac{100.000}{200.000}*(0{,}0399+0{,}0071+0{,}319628) \qquad (0\text{-}102a)$$

$$s_{Misch}^{Start} = \frac{100.000}{200.000}*0{,}4675 + \frac{100.000}{200.000}*0{,}3666 \qquad (0\text{-}102b)$$

$$s_{Misch}^{Start} = 0{,}41705 \qquad (0\text{-}102c)$$

Nominale Einkommensteuerbelastung der Startkapitalausstattung unter Berücksichtigung der Progressionswirkung:

$$s_e^{FK} = \frac{0{,}42 * \left(EBIT_{FK}^{Start} * \left(1 - \sigma_g - \sigma_k\right)\right) - 8.064}{EBIT_{FK}^{Start} * \left(1 - \sigma_g - \sigma_k\right)} \text{ für } EBIT_{FK}^{Start} = 100.000 \tag{0-103}$$

$$s_e^{FK} = 0{,}33538 \tag{0-103a}$$

Effektiver Einkommensteuersatz für Abgeltungsteuersatz von 25 %:

$$66.238{,}11 * \sigma_e = 66.238{,}11 * \left(1 - s_g - s_k\right) * s_a \tag{0-104}$$

$$\sigma_e = \frac{66.238{,}11 * \left(1 - s_g - s_k\right) * s_a}{66.238{,}11}; \; \sigma_e^{s_k = 0{,}15; s_g = 0{,}14; s_a = 0{,}25} = 0{,}1775 \tag{0-104a}$$

Effektiver Einkommensteuersatz in der Grenzbetrachtung

- Bei Eigenfinanzierung:

$$s_{EK} = s_g + s_k + \underbrace{\left(1 - s_g - s_k\right) * s_a}_{\sigma_e^{EK}} \tag{0-17}$$

$$s_{EK} = s_g + s_k + \frac{EBIT * \left(1 - s_g - s_k\right) * s_a}{EBIT} \tag{0-17c}$$

$$\lim_{EBIT \to \infty} s_{EK} = s_g + s_k + \left(1 - s_g - s_k\right) * s_a \tag{0-105}$$

- Bei Fremdfinanzierung:

$$s_{FK} = \sigma_g + \sigma_k + \underbrace{\left(1 - \sigma_g - \sigma_k\right) * s_e^{FK}}_{\sigma_e^{FK}} \tag{0-11a}$$

$$\text{ab 01.01.2009: } s_{FK} = \sigma_g + \sigma_k + \frac{0{,}42 * \left(EBIT * \left(1 - \sigma_g - \sigma_k\right)\right) - 8.064}{EBIT} \tag{0-11f}$$

$$\lim_{EBIT \to \infty} s_{FK} = \sigma_g + \sigma_k + \left(1 - \sigma_g - \sigma_k\right) * 0{,}42 = 0{,}44726 \tag{0-106}$$

$$\text{ab 01.01.2009: } s_{FK} = \sigma_g + \sigma_k + \frac{0{,}45 * \left(EBIT * \left(1 - \sigma_g - \sigma_k\right)\right) - 15.576}{EBIT} \tag{0-11g}$$

$$\lim_{EBIT \to \infty} s_{FK} = \sigma_g + \sigma_k + \left(1 - \sigma_g - \sigma_k\right) * 0{,}45 = 0{,}47585 \tag{0-107}$$

Durchschnittliche Gesamtsteuerbelastung bei Progression für $EBIT > 200$ T€

- Bei Eigenfinanzierung:

$$s_{EK}^{Progression} = \frac{EBIT_{FK}^{Start}}{EBIT} * \left(\sigma_g + \sigma_k + \sigma_e^{FK}\right) + \frac{EBIT - EBIT_{FK}^{Start}}{EBIT} * \left(s_g + s_k + (1 - s_g - s_k) * s_a\right)$$

$$\text{mit } \sigma_e^{FK} = \frac{0{,}42 * \left(EBIT_{FK}^{Start} * (1 - \sigma_g - \sigma_k)\right) - 8.064}{EBIT_{FK}^{Start}} \text{ für } EBIT_{FK}^{Start} = 100.000 \quad (0\text{-}108)$$

für $EBIT = 300$ T€; $EBIT_{EK}^{Start} = 100$ T€; $EBIT_{FK}^{Start} = 100$ T€; s_g=0,15; s_g=0,14:

$$s_{EK}^{Progression} = \frac{100.000}{300.000} * (0{,}04698 + 0{,}319628) + \frac{300.000 - 100.000}{300.000} * (0{,}29 + 0{,}71 * 0{,}25) \quad (0\text{-}108a)$$

$$s_{EK}^{Progression} = \frac{100.000}{300.000} * 0{,}366608 + \frac{300.000 - 100.000}{300.000} * 0{,}4675 = 0{,}43387 \quad (0\text{-}108b)$$

- Bei Fremdfinanzierung:

$$s_{FK}^{Progression} = \frac{EBIT_{EK}^{Start}}{EBIT} * \left(s_g + s_k + (1 - s_g - s_k) * s_a\right) + \frac{EBIT - EBIT_{EK}^{Start}}{EBIT} * \left(\sigma_g + \sigma_k + \sigma_e^{FK}\right) \quad (0\text{-}109)$$

$$\text{mit } \sigma_e^{FK} = \begin{cases} \dfrac{0{,}42 * \left(\left(EBIT - EBIT_{EK}^{Start}\right) * (1 - \sigma_g - \sigma_k)\right) - 8.064}{EBIT - EBIT_{EK}^{Start}} & \text{für } \left(EBIT\text{-}EBIT_{EK}^{Start}\right) \in \left[\dfrac{52.552}{1 - \sigma_g - \sigma_k}; \dfrac{250.400}{1 - \sigma_g - \sigma_k}\right] \\ \dfrac{0{,}45 * \left(\left(EBIT - EBIT_{EK}^{Start}\right) * (1 - \sigma_g - \sigma_k)\right) - 15.576}{EBIT - EBIT_{EK}^{Start}} & \text{für } \left(EBIT\text{-}EBIT_{EK}^{Start}\right) \in \left[\dfrac{250.401}{1 - \sigma_g - \sigma_k}; +\infty\right[\end{cases}$$

für $EBIT = 300$ T€; $EBIT_{EK}^{Start} = 100$ T€; $EBIT_{FK}^{Start} = 100$ T€; s_g=0,15; s_g=0,14:

$$s_{FK}^{Progression} = \frac{100.000}{300.000} * (0{,}29 + 0{,}71 * 0{,}25) + \frac{300.000 - 100.000}{300.000} * \left(0{,}04698 + \sigma_e^{FK}\right) \quad (0\text{-}109a)$$

$$\text{mit } \sigma_e^{FK} = \begin{cases} \dfrac{0{,}42 * \left(\left(EBIT - EBIT_{EK}^{Start}\right) * (1 - \sigma_g - \sigma_k)\right) - 8.064}{EBIT - EBIT_{EK}^{Start}} & \text{für } \left(EBIT\text{-}EBIT_{EK}^{Start}\right) \in [99.998; 262.743] \\ \dfrac{0{,}45 * \left(\left(EBIT - EBIT_{EK}^{Start}\right) * (1 - \sigma_g - \sigma_k)\right) - 15.576}{EBIT - EBIT_{EK}^{Start}} & \text{für } \left(EBIT\text{-}EBIT_{EK}^{Start}\right) \in [262.744; +\infty[\end{cases}$$

$$s_{FK}^{Progression} = \frac{100.000}{300.000} * (0{,}29 + 0{,}71 * 0{,}25) + \frac{300.000 - 100.000}{300.000} * (0{,}04698 + 0{,}359949) \quad (0\text{-}109b)$$

$$s_{FK}^{Progression} = 0{,}155833 + 0{,}271286 = 0{,}427119 \quad (0\text{-}109c)$$

Höhe des *EBIT* für Indifferenzpunkt in Abhängigkeit des *EBIT*:

$$s_{EK}^{Progression} = s_{FK}^{Progression} \tag{0-110}$$

$$\frac{EBIT_{FK}^{Start}}{EBIT} * \left(\sigma_g + \sigma_k + \frac{0{,}42 * \left(EBIT_{FK}^{Start} * (1 - \sigma_g - \sigma_k)\right) - 8.064}{EBIT_{FK}^{Start}} \right) + \frac{EBIT - EBIT_{FK}^{Start}}{EBIT} * \left(s_g + s_k + (1 - s_g - s_k) * s_a\right) =$$

$$= \frac{EBIT_{EK}^{Start}}{EBIT} * \left(s_g + s_k + (1 - s_g - s_k) * s_a\right) + \frac{EBIT - EBIT_{EK}^{Start}}{EBIT} * \left(\sigma_g + \sigma_k + \frac{0{,}45 * \left(\left(EBIT - EBIT_{EK}^{Start}\right) * (1 - \sigma_g - \sigma_k)\right) - 15.576}{EBIT - EBIT_{EK}^{Start}} \right) \tag{0-110a}$$

für $EBIT_{EK}^{Start} = 100$ T€; $EBIT_{FK}^{Start} = 100$ T€; $s_k = 0{,}15$; $s_g = 0{,}14$; $s_a = 0{,}25$:

$$\frac{100.000}{EBIT} * 0{,}36661 + \left(1 - \frac{100.000}{EBIT}\right) * 0{,}4675 = \frac{100.000}{EBIT} * 0{,}4675 + \left(1 - \frac{100.000}{EBIT}\right) * \left(0{,}047 + \frac{042885 * EBIT - 58.462}{EBIT - 100.000}\right)$$

$$0{,}4675 - \frac{10.089{,}1676}{EBIT} = 0{,}475838920 - \frac{16.409{,}8928}{EBIT} \tag{0-110b}$$

$$EBIT = 757.978{,}1478 \tag{0-110c}$$

(analog ab 01.01.2010: $EBIT = 759.177{,}3487$) (0-110d)

Höhe des zu versteuernden Einkommens für Indifferenzpunkt in Abhängigkeit des *EBIT*:

$$zvE = \left(EBIT - EBIT_{EK}^{Start}\right) * \left(1 - \sigma_g - \sigma_k\right) \tag{0-111}$$

für $EBIT_{EK}^{Start} = 100$ T€; $EBIT = 757{,}978$ T€; $s_k = 0{,}15$; $s_g = 0{,}14$:

$$zvE = (757.978{,}1478 - 100.000) * 0{,}953 = 627.053{,}03 \tag{0-111a}$$

(analog ab 01.01.2010: *zvE*=628.196,01) (0-111b)

Gesamtsteuerbelastung für Indifferenzpunkt

für $EBIT = 757.978{,}15$ gilt:

- Bei Eigenfinanzierung:

$$s_{EK}^{Progression} = \frac{100.000}{757.978{,}15} * \left(\sigma_g + \sigma_k + \frac{0{,}42 * \left(100.000 * \left(1 - \sigma_g - \sigma_k\right)\right) - 8.064}{100.000} \right) +$$

$$+ \frac{757.978{,}15 - 100.000}{757.978{,}15} * \left(s_g + s_k + \left(1 - s_g - s_k\right) * s_a\right) \qquad \text{(0-108c)}$$

$$s_{EK}^{Progression} = 0{,}45419 \qquad \text{(0-108d)}$$

- Bei Fremdfinanzierung:

$$s_{FK}^{Progression} = \frac{100.000}{757.978{,}15} * \left(s_g + s_k + \left(1 - s_g - s_k\right) * s_a\right) +$$

$$+ \frac{757.978{,}15 - 100.000}{757.978{,}15} * \left(\sigma_g + \sigma_k + \frac{0{,}45 * \left(\left(757.978{,}15 - 100.000\right) * \left(1 - \sigma_g - \sigma_k\right)\right) - 15.576}{757.978{,}15 - 100.000} \right)$$

$$\text{(0-109d)}$$

$$s_{FK}^{Progression} = 0{,}45419 \qquad \text{(0-109e)}$$

Höhe des nominalen Einkommensteuersatzes für Indifferenzpunkt in Abhängigkeit des *EBIT*:

$$s_e^{FK} = \frac{0{,}45 * \left(\left(EBIT - EBIT_{EK}^{Start}\right) * \left(1 - \sigma_g - \sigma_k\right)\right) - 15.576}{\left(EBIT - EBIT_{EK}^{Start}\right) * \left(1 - \sigma_g - \sigma_k\right)} \quad \text{für } \left(EBIT - EBIT_{EK}^{Start}\right) \in \left[\frac{250.731}{1 - \sigma_g - \sigma_k}; +\infty \right[$$

$$\text{(0-112)}$$

für $EBIT_{EK}^{Start} = 100$ T€; $EBIT = 757{,}978$ T€; $s_k = 0{,}15$; $s_g = 0{,}14$:

$$s_e^{FK} = 0{,}42516 \qquad \text{(0-112a)}$$

Höhe des effektiven Einkommensteuersatzes für indifferenten (Durchschnitt-) Einkommensteuersatz:

$$\sigma_e^{FK} = \frac{0{,}45 * \left(\left(EBIT - EBIT_{EK}^{Start}\right) * \left(1 - \sigma_g - \sigma_k\right)\right) - 15.576}{\left(EBIT - EBIT_{EK}^{Start}\right)} \quad \text{für } \left(EBIT - EBIT_{EK}^{Start}\right) \in \left[\frac{250.731}{1 - \sigma_g - \sigma_k}; +\infty \right[$$

$$\text{(0-113)}$$

für $EBIT_{EK}^{Start} = 100$ T€; $EBIT = 757{,}978$ T€; $s_k = 0{,}15$; $s_g = 0{,}14$:

$$\sigma_e^{FK} = 0{,}40518 \quad (0\text{-}113a)$$

Ermittlung der Tarifstufen in Abhängigkeit des *EBIT*

$$EBIT = EBIT_{EK}^{Start} + EBIT_{FK}^{Start} \quad (0\text{-}114)$$

$$EBIT = EBIT_{EK}^{Start} + \frac{zvE}{1-\sigma_g-\sigma_k} \quad (0\text{-}114a)$$

für $zvE = 250.400$ €; $EBIT_{EK}^{Start} = 100.000$ €

$$EBIT = 100.000 + \frac{250.400}{1-\sigma_g-\sigma_k} = 362.743{,}66 \quad (0\text{-}114b)$$

für $zvE = 250.401$ €; $EBIT_{EK}^{Start} = 100.000$ €

$$EBIT = 100.000 + \frac{250.401}{1-\sigma_g-\sigma_k} = 362.744{,}71 \quad (0\text{-}114c)$$

Effektive Gesamtsteuerbelastung in der Mischfinanzierung

$$s_{Misch}^{Progression} = \underbrace{\frac{EBIT_{EK}^{Start} + EBIT_{EK}^{Grenz}}{EBIT} * \left(s_g + s_k + \left(1 - s_g - s_k\right) * s_a\right)}_{\text{Steuerbelastung der Start(Eigen-)kapitalausstattung und der Grenz(Eigen-)kapitalausstattung}} + \underbrace{\frac{EBIT_{FK}^{Start} + EBIT_{FK}^{Grenz}}{EBIT} * \left(\sigma_g + \sigma_k + \sigma_e^{FK}\right)}_{\text{Steuerbelastung der Start(Fremd-)kapitalausstattung und der Grenz(Fremd-)kapitalausstattung}}$$

$$\text{mit } \sigma_e^{FK} = \begin{cases} \frac{0{,}42 * \left(\left(EBIT_{FK}^{Start} + EBIT_{FK}^{Grenz}\right) * \left(1 - \sigma_g - \sigma_k\right)\right) - 8.064}{EBIT_{FK}^{Start} + EBIT_{FK}^{Grenz}} & \text{für } \left(EBIT_{FK}^{Start} + EBIT_{FK}^{Grenz}\right) \in \left[\frac{95.300}{1 - \sigma_g - \sigma_k}; \frac{250.730}{1 - \sigma_g - \sigma_k}\right] \\ \frac{0{,}45 * \left(\left(EBIT_{FK}^{Start} + EBIT_{FK}^{Grenzt}\right) * \left(1 - \sigma_g - \sigma_k\right)\right) - 15.576}{EBIT_{FK}^{Start} + EBIT_{FK}^{Grenz}} & \text{für } \left(EBIT_{FK}^{Start} + EBIT_{FK}^{Grenz}\right) \in \left[\frac{250.731}{1 - \sigma_g - \sigma_k}; +\infty\right[\end{cases}$$

(0-115)

Steuervorteil der Fremdfinanzierung in der Mischfinanzierung

$$\Delta s = s_{EK}^{Progression} - s_{Misch}^{Progression} \tag{0-116}$$

$$\Delta s = \frac{EBIT_{FK}^{Start}}{EBIT} * \left(\sigma_g + \sigma_k + \sigma_e^{FK(Start)}\right) + \frac{EBIT - EBIT_{FK}^{Start}}{EBIT} * \left(s_g + s_k + \left(1 - s_g - s_k\right) * s_a\right) +$$

$$- \frac{EBIT_{FK}^{Start} + EBIT_{FK}^{Grenz}}{EBIT} * \left(\sigma_g + \sigma_k + \sigma_e^{FK(Misch)}\right) - \frac{EBIT_{EK}^{Start} + EBIT_{EK}^{Grenz}}{EBIT} * \left(s_g + s_k + \left(1 - s_g - s_k\right) * s_a\right)$$

(0-116a)

$$\Delta s = \frac{EBIT_{FK}^{Grenz}}{EBIT} * \left(s_g + s_k + \left(1 - s_g - s_k\right) * s_a\right) + \frac{EBIT_{FK}^{Start}}{EBIT} * \left(\sigma_g + \sigma_k + \sigma_e^{FK(Start)}\right) +$$

$$- \frac{EBIT_{FK}^{Start} + EBIT_{FK}^{Grenz}}{EBIT} * \left(\sigma_g + \sigma_k + \sigma_e^{FK(Misch)}\right) \tag{0-116b}$$

$$\text{mit } \sigma_e^{FK(Start)} = \frac{0{,}42 * \left(EBIT_{FK}^{Start} * \left(1 - \sigma_g - \sigma_k\right)\right) - 8.064}{EBIT_{FK}^{Start}} \text{ für } EBIT_{FK}^{Start} (= 100.000) \in \left[\frac{95.300}{1 - \sigma_g - \sigma_k}; \frac{250.730}{1 - \sigma_g - \sigma_k}\right]$$

$$\text{mit } \sigma_e^{FK(Misch)} = \begin{cases} \frac{0{,}42 * \left(\left(EBIT_{FK}^{Start} + EBIT_{FK}^{Grenz}\right) * \left(1 - \sigma_g - \sigma_k\right)\right) - 8.064}{EBIT_{FK}^{Start} + EBIT_{FK}^{Grenz}} & \text{für } \left(EBIT_{FK}^{Start} + EBIT_{FK}^{Grenz}\right) \in \left[\frac{95.300}{1 - \sigma_g - \sigma_k}; \frac{250.730}{1 - \sigma_g - \sigma_k}\right] \\ \frac{0{,}45 * \left(\left(EBIT_{FK}^{Start} + EBIT_{FK}^{Grenzt}\right) * \left(1 - \sigma_g - \sigma_k\right)\right) - 15.576}{EBIT_{FK}^{Start} + EBIT_{FK}^{Grenz}} & \text{für } \left(EBIT_{FK}^{Start} + EBIT_{FK}^{Grenz}\right) \in \left[\frac{250.731}{1 - \sigma_g - \sigma_k}; +\infty\right[\end{cases}$$

mit $EBIT_{FK}^{Grenz} = \frac{V * \left(EBIT - EBIT_{FK}^{Start}\right) - EBIT_{FK}^{Start}}{1+V}$:

$$\Delta s = \frac{\frac{V * \left(EBIT - EBIT_{FK}^{Start}\right) - EBIT_{FK}^{Start}}{1+V}}{EBIT} * \left(s_g + s_k + \left(1 - s_g - s_k\right) * s_a\right) + \frac{EBIT_{FK}^{Start}}{EBIT} * \left(\sigma_g + \sigma_k + \sigma_e^{FK(Start)}\right) +$$

$$- \frac{EBIT_{FK}^{Start} + \frac{V * \left(EBIT - EBIT_{FK}^{Start}\right) - EBIT_{FK}^{Start}}{1+V}}{EBIT} * \left(\sigma_g + \sigma_k + \sigma_e^{FK(Misch)}\right) \qquad \text{(0-116c)}$$

mit $\sigma_e^{FK(Start)} = \frac{0{,}42 * \left(EBIT_{FK}^{Start} * \left(1 - \sigma_g - \sigma_k\right)\right) - 8.064}{EBIT_{FK}^{Start}}$ für $EBIT_{FK}^{Start} (= 100.000) \in \left[\frac{95.300}{1 - \sigma_g - \sigma_k}; \frac{250.730}{1 - \sigma_g - \sigma_k}\right]$

mit $\sigma_e^{FK(Misch)} = \begin{cases} \frac{0{,}42 * \left(\left(EBIT_{FK}^{Start} + EBIT_{FK}^{Grenz}\right) * \left(1 - \sigma_g - \sigma_k\right)\right) - 8.064}{EBIT_{FK}^{Start} + EBIT_{FK}^{Grenz}} & \text{für } \left(EBIT_{FK}^{Start} + EBIT_{FK}^{Grenz}\right) \in \left[\frac{95.300}{1 - \sigma_g - \sigma_k}; \frac{250.730}{1 - \sigma_g - \sigma_k}\right] \\ \frac{0{,}45 * \left(\left(EBIT_{FK}^{Start} + EBIT_{FK}^{Grenz}\right) * \left(1 - \sigma_g - \sigma_k\right)\right) - 15.576}{EBIT_{FK}^{Start} + EBIT_{FK}^{Grenz}} & \text{für } \left(EBIT_{FK}^{Start} + EBIT_{FK}^{Grenz}\right) \in \left[\frac{250.731}{1 - \sigma_g - \sigma_k}; +\infty\right[\end{cases}$

<u>Optionsmöglichkeit zur Anwendung des Teileinkünfteverfahrens</u>

Effektive Gesamtsteuerbelastung in der Grenzbetrachtung

- Bei Eigenfinanzierung:

$$s_{EK} = s_g + s_k + (1 - s_g - s_k) * 0{,}6 * s_e^{EK} \quad (0\text{-}15)$$

$$s_{EK}^{s_k=0,15;\, s_g=0,14;\, s_e^{EK}=0,45} = 0{,}15 + 0{,}14 + 0{,}71 * 0{,}27 = 0{,}4817 \quad (0\text{-}15a)$$

- Bei Fremdfinanzierung:

$$s_{FK} = \sigma_g + \sigma_k + (1 - \sigma_g - \sigma_k) * s_e^{FK} \quad (0\text{-}11a)$$

$$s_{FK}^{s_k=0,15;\, s_g=0,14;\, s_e^{EK}=0,45} = 0{,}04698 + 0{,}95302 * 0{,}45 = 0{,}4758 \quad (0\text{-}11h)$$

Steuervorteil der Fremdfinanzierung in der Grenzbetrachtung

$$\Delta s = s_{EK} - s_{FK} \quad (0\text{-}16)$$

$$\Delta s = s_g + s_k + (1 - s_g - s_k) * 0{,}6 * s_e^{EK} - \left(\sigma_g + \sigma_k + (1 - \sigma_g - \sigma_k) * s_e^{FK}\right) \quad (0\text{-}16d)$$

$$\Delta s^{s_k=0,15;\, s_g=0,14;\, s_e^{EK}=0,45} = 0{,}4817 - 0{,}4758 = 0{,}0059 \quad (0\text{-}16e)$$

Gesamtsteuerbelastung der Startkapitalausstattung unter Berücksichtigung der Antragsveranlagung:

$$s_{Misch}^{Start} = \frac{EBIT_{EK}^{Start}}{EBIT^{Start}} * \left(s_g + s_k + (1 - s_g - s_k) * 0{,}6 * s_e\right) +$$

$$+ \frac{EBIT_{FK}^{Start}}{EBIT^{Start}} * \left(\sigma_g + \sigma_k + (1 - \sigma_g - \sigma_k) * s_e\right) \quad (0\text{-}117)$$

$$\text{mit } s_e = \frac{0{,}42 * \left(0{,}6 * EBIT_{EK}^{Start} * (1 - s_g - s_k) + EBIT_{FK}^{Start} * (1 - \sigma_g - \sigma_k)\right) - 8.064}{0{,}6 * EBIT_{EK}^{Start} * (1 - s_g - s_k) + EBIT_{FK}^{Start} * (1 - \sigma_g - \sigma_k)}$$

$$\text{für } EBIT^{Start} \in \left[\frac{52.552}{\frac{EBIT_{EK}^{Start}}{EBIT^{Start}} * 0{,}6 * (1 - s_g - s_k) + \frac{EBIT_{FK}^{Start}}{EBIT^{Start}} * (1 - \sigma_g - \sigma_k)}; \frac{250.400}{\frac{EBIT_{EK}^{Start}}{EBIT^{Start}} * 0{,}6 * (1 - s_g - s_k) + \frac{EBIT_{FK}^{Start}}{EBIT^{Start}} * (1 - \sigma_g - \sigma_k)}\right]$$

für $EBIT_{EK}^{Start} = 100$ T€; $EBIT_{FK}^{Start} = 100$ T€; s_g=0,15; s_g=0,14:

$$s_{Misch}^{Start} = \frac{100.000}{200.000} * (0{,}29 + 0{,}71 * 0{,}6 * s_e) + \frac{100.000}{200.000} * (0{,}04698 + 0{,}95302 * s_e) \qquad \text{(0-117a)}$$

$$\text{mit } s_e = \frac{0{,}42 * (42.600 + 95.302) - 8.064}{42.600 + 95.302}$$

$$\text{für } EBIT^{Start} \in \left[\frac{52.552}{\frac{100.000}{200.000} * 0{,}426 + \frac{100.000}{200.000} * 0{,}95302}; \frac{250.400}{\frac{100.000}{200.000} * 0{,}426 + \frac{100.000}{200.000} * 0{,}95302} \right]$$

$$s_{Misch}^{Start} = \frac{100.000}{200.000} * (0{,}29 + 0{,}71 * 0{,}6 * s_e) + \frac{100.000}{200.000} * (0{,}04698 + 0{,}95302 * s_e) \qquad \text{(0-117b)}$$

$$\text{mit } s_e = 0{,}361524$$

$$\text{für } EBIT^{Start} \in [74.277{,}40; 363.156{,}44]$$

$$s_{Misch}^{Start} = \frac{100.000}{200.000} * (0{,}29 + 0{,}15401) + \frac{100.000}{200.000} * (0{,}04698 + 0{,}34454) \qquad \text{(0-117c)}$$

$$s_{Misch}^{Start} = \frac{100.000}{200.000} * 0{,}444009 + \frac{100.000}{200.000} * 0{,}391519 = 0{,}417764 \qquad \text{(0-117d)}$$

Nominale Einkommensteuerbelastung der Startkapitalausstattung unter Berücksichtigung der Antragsveranlagung:

$$s_e = \frac{0{,}42 * \left(0{,}6 * EBIT_{EK}^{Start} * (1 - s_g - s_k) + EBIT_{FK}^{Start} * (1 - \sigma_g - \sigma_k)\right) - 8.064}{0{,}6 * EBIT_{EK}^{Start} * (1 - s_g - s_k) + EBIT_{FK}^{Start} * (1 - \sigma_g - \sigma_k)} \qquad \text{(0-118)}$$

$$\text{für } EBIT^{Start} \in \left[\frac{52.552}{\frac{EBIT_{EK}^{Start}}{EBIT^{Start}} * 0{,}6 * (1 - s_g - s_k) + \frac{EBIT_{FK}^{Start}}{EBIT^{Start}} * (1 - \sigma_g - \sigma_k)}; \frac{250.400}{\frac{EBIT_{EK}^{Start}}{EBIT^{Start}} * 0{,}6 * (1 - s_g - s_k) + \frac{EBIT_{FK}^{Start}}{EBIT^{Start}} * (1 - \sigma_g - \sigma_k)} \right]$$

für $EBIT_{EK}^{Start} = 100$ T€; $EBIT_{FK}^{Start} = 100$ T€; s_g=0,15; s_g=0,14:

$$s_e = \frac{0{,}42 * (42.600 + 95.302) - 8.064}{42.600 + 95.302} = 0{,}361524 \qquad \text{(0-118a)}$$

Effektive Einkommensteuerbelastung der Startkapitalausstattung unter Berücksichtigung der Antragsveranlagung:

- Bei Eigenfinanzierung:

$$\sigma_e^{EK} = (1 - s_g - s_k) * 0{,}6 * s_e \tag{0-119}$$

$$\text{mit } s_e = \frac{0{,}42 * \left(0{,}6 * EBIT_{EK}^{Start} * (1 - s_g - s_k) + EBIT_{FK}^{Start} * (1 - \sigma_g - \sigma_k)\right) - 8.064}{0{,}6 * EBIT_{EK}^{Start} * (1 - s_g - s_k) + EBIT_{FK}^{Start} * (1 - \sigma_g - \sigma_k)}$$

$$\text{für } EBIT^{Start} \in \left[\frac{52.552}{\frac{EBIT_{EK}^{Start}}{EBIT^{Start}} * 0{,}6 * (1 - s_g - s_k) + \frac{EBIT_{FK}^{Start}}{EBIT^{Start}} * (1 - \sigma_g - \sigma_k)} ; \frac{250.400}{\frac{EBIT_{EK}^{Start}}{EBIT^{Start}} * 0{,}6 * (1 - s_g - s_k) + \frac{EBIT_{FK}^{Start}}{EBIT^{Start}} * (1 - \sigma_g - \sigma_k)} \right]$$

für $EBIT_{EK}^{Start} = 100$ T€; $EBIT_{FK}^{Start} = 100$ T€; s_g=0,15; s_g=0,14:

$$\sigma_e^{EK} = (1 - 0{,}29) * 0{,}6 * 0{,}361524 = 0{,}154009 \tag{0-119a}$$

- Bei Fremdfinanzierung:

$$\sigma_e^{'FK} = (1 - \sigma_g - \sigma_k) * s_e \tag{0-65}$$

$$\text{mit } s_e = \frac{0{,}42 * \left(0{,}6 * EBIT_{EK}^{Start} * (1 - s_g - s_k) + EBIT_{FK}^{Start} * (1 - \sigma_g - \sigma_k)\right) - 8.064}{0{,}6 * EBIT_{EK}^{Start} * (1 - s_g - s_k) + EBIT_{FK}^{Start} * (1 - \sigma_g - \sigma_k)}$$

$$\text{für } EBIT^{Start} \in \left[\frac{52.552}{\frac{EBIT_{EK}^{Start}}{EBIT^{Start}} * 0{,}6 * (1 - s_g - s_k) + \frac{EBIT_{FK}^{Start}}{EBIT^{Start}} * (1 - \sigma_g - \sigma_k)} ; \frac{250.400}{\frac{EBIT_{EK}^{Start}}{EBIT^{Start}} * 0{,}6 * (1 - s_g - s_k) + \frac{EBIT_{FK}^{Start}}{EBIT^{Start}} * (1 - \sigma_g - \sigma_k)} \right]$$

für $EBIT_{EK}^{Start} = 100$ T€; $EBIT_{FK}^{Start} = 100$ T€; s_g=0,15; s_g=0,14:

$$\sigma_e^{'FK} = (1 - 0{,}04698) * 0{,}361524 = 0{,}344540 \tag{0-65b}$$

Durchschnittliche Gesamtsteuerbelastung bei Antragsveranlagung für $EBIT > 200$ T€

- Bei Eigenfinanzierung:

$$s_{EK}^{AV} = \underbrace{\frac{EBIT_{FK}^{Start}}{EBIT} * \left(\sigma_g + \sigma_k + (1-\sigma_g-\sigma_k) * s_e\right)}_{\substack{\text{Steuerbelastung der} \\ \text{Start(Fremd-)kapitalausstattung}}} + \underbrace{\frac{EBIT - EBIT_{FK}^{Start}}{EBIT} * \left(s_g + s_k + (1-s_g-s_k) * 0{,}6 * s_e\right)}_{\substack{\text{Steuerbelastung der Start(Eigen-)kapitalausstattung und} \\ \text{der Grenz(Eigen-)kapitalausstattung}}}$$

$$\text{mit } s_e = \frac{0{,}42 * \left(EBIT_{FK}^{Start} * (1-\sigma_g-\sigma_k) + 0{,}6 * \left(EBIT - EBIT_{FK}^{Start}\right) * (1-s_g-s_k)\right) - 8.064}{EBIT_{FK}^{Start} * (1-\sigma_g-\sigma_k) + 0{,}6 * \left(EBIT - EBIT_{FK}^{Start}\right) * (1-s_g-s_k)}$$

$$\text{für } EBIT \in \left[\frac{52.552}{\frac{EBIT_{FK}^{Start}}{EBIT} * (1-\sigma_g-\sigma_k) + \frac{EBIT - EBIT_{FK}^{Start}}{EBIT} * 0{,}6 * (1-s_g-s_k)} ; \frac{250.400}{\frac{EBIT_{FK}^{Start}}{EBIT} * (1-\sigma_g-\sigma_k) + \frac{EBIT - EBIT_{FK}^{Start}}{EBIT} * 0{,}6 * (1-s_g-s_k)}\right]$$

$$\text{mit } s_e = \frac{0{,}45 * \left(EBIT_{FK}^{Start} * (1-\sigma_g-\sigma_k) + 0{,}6 * \left(EBIT - EBIT_{FK}^{Start}\right) * (1-s_g-s_k)\right) - 15.576}{EBIT_{FK}^{Start} * (1-\sigma_g-\sigma_k) + 0{,}6 * \left(EBIT - EBIT_{FK}^{Start}\right) * (1-s_g-s_k)}$$

$$\text{für } EBIT \in \left[\frac{250.401}{\frac{EBIT_{FK}^{Start}}{EBIT} * (1-\sigma_g-\sigma_k) + \frac{EBIT - EBIT_{FK}^{Start}}{EBIT} * 0{,}6 * (1-s_g-s_k)} ; +\infty\right[\qquad (0\text{-}120)$$

für $EBIT = 300$ T€; $EBIT_{EK}^{Start} = 100$ T€; $EBIT_{FK}^{Start} = 100$ T€; s_g=0,15; s_g=0,14:

$$s_{EK}^{AV} = \frac{100.000}{300.000} * (0{,}04698 + 0{,}95302 * s_e) + \frac{300.000 - 100.000}{300.000} * (0{,}29 + 0{,}71 * 0{,}6 * s_e) \qquad (0\text{-}120a)$$

$$\text{mit } s_e = \frac{0{,}42 * (95.302 + 0{,}6 * (300.000 - 100.000) * 0{,}71) - 8.064}{95.302 + 0{,}6 * (300.000 - 100.000) * 0{,}71}$$

$$\text{für } EBIT \in \left[\frac{52.552}{\frac{100.000}{300.000} * 0{,}95302 + \frac{300.000 - 100.000}{300.000} * 0{,}6 * 0{,}71} ; \frac{250.400}{\frac{100.000}{300.000} * 0{,}95302 + \frac{300.000 - 100.000}{300.000} * 0{,}6 * 0{,}71}\right]$$

$$s_{EK}^{AV} = \frac{100.000}{300.000} * (0{,}04698 + 0{,}95302 * s_e) + \frac{300.000 - 100.000}{300.000} * (0{,}29 + 0{,}71 * 0{,}6 * s_e) \qquad (0\text{-}120b)$$

$$\text{mit } s_e = \frac{0{,}42 * (95.302 + 0{,}6 * (300.000 - 100.000) * 0{,}71) - 8.064}{95.302 + 0{,}6 * (300.000 - 100.000) * 0{,}71} = 0{,}3753246 \text{ für } EBIT \in [87.343;\ 464.079]$$

$$s_{EK}^{AV} = \frac{100.000}{300.000} * 0{,}404672 + \frac{300.000 - 100.000}{300.000} * 0{,}449888 = 0{,}434816 \qquad (0\text{-}120c)$$

- Bei Fremdfinanzierung:

$$s_{FK}^{AV} = \underbrace{\frac{EBIT_{EK}^{Start}}{EBIT} * \left(s_g + s_k + (1 - s_g - s_k) * 0{,}6 * s_e\right)}_{\substack{\text{Steuerbelastung der} \\ \text{Start(Eigen-)kapitalausstattung}}} + \underbrace{\frac{EBIT - EBIT_{EK}^{Start}}{EBIT} * \left(\sigma_g + \sigma_k + (1 - \sigma_g - \sigma_k) * s_e\right)}_{\substack{\text{Steuerbelastung der Start(Fremd-)kapitalausstattung und} \\ \text{der Grenz(Fremd-)kapitalausstattung}}}$$

$$\text{mit } s_e = \frac{0{,}42 * \left(0{,}6 * EBIT_{EK}^{Start} * (1 - s_g - s_k) + \left(EBIT - EBIT_{EK}^{Start}\right) * (1 - \sigma_g - \sigma_k)\right) - 8.064}{0{,}6 * EBIT_{EK}^{Start} * (1 - s_g - s_k) + \left(EBIT - EBIT_{EK}^{Start}\right) * (1 - \sigma_g - \sigma_k)}$$

$$\text{für } EBIT \in \left[\frac{52.552}{0{,}6 * \frac{EBIT_{EK}^{Start}}{EBIT} * (1 - s_g - s_k) + \frac{EBIT - EBIT_{EK}^{Start}}{EBIT} * (1 - \sigma_g - \sigma_k)}; \frac{250.400}{0{,}6 * \frac{EBIT_{EK}^{Start}}{EBIT} * (1 - s_g - s_k) + \frac{EBIT - EBIT_{EK}^{Start}}{EBIT} * (1 - \sigma_g - \sigma_k)}\right]$$

$$\text{mit } s_e = \frac{0{,}45 * \left(0{,}6 * EBIT_{EK}^{Start} * (1 - s_g - s_k) + \left(EBIT - EBIT_{EK}^{Start}\right) * (1 - \sigma_g - \sigma_k)\right) - 15.576}{0{,}6 * EBIT_{EK}^{Start} * (1 - s_g - s_k) + \left(EBIT - EBIT_{EK}^{Start}\right) * (1 - \sigma_g - \sigma_k)}$$

$$\text{für } EBIT \in \left[\frac{250.401}{0{,}6 * \frac{EBIT_{EK}^{Start}}{EBIT} * (1 - s_g - s_k) + \frac{EBIT - EBIT_{EK}^{Start}}{EBIT} * (1 - \sigma_g - \sigma_k)}; +\infty\right[\qquad (0\text{-}121)$$

für $EBIT = 300$ T€; $EBIT_{EK}^{Start} = 100$ T€; $EBIT_{FK}^{Start} = 100$ T€; s_g=0,15; s_g=0,14:

$$s_{FK}^{AV} = \frac{100.000}{300.000} * (0{,}29 + 0{,}71 * 0{,}6 * s_e) + \frac{300.000 - 100.000}{300.000} * (0{,}04698 + 0{,}95302 * s_e) \qquad (0\text{-}121a)$$

$$\text{mit } s_e = \frac{0{,}42 * (42.600 + (300.000 - 100.000) * 0{,}95302) - 8.064}{42.600 + (300.000 - 100.000) * 0{,}95302}$$

$$\text{für } EBIT \in \left[\frac{52.552}{0{,}6 * \frac{100.000}{300.000} * 0{,}71 + \frac{300.000 - 100.000}{300.000} * 0{,}95302}; \frac{250.400}{0{,}6 * \frac{100.000}{300.000} * 0{,}71 + \frac{300.000 - 100.000}{300.000} * 0{,}95302}\right]$$

$$s_{FK}^{AV} = \frac{100.000}{300.000} * (0{,}29 + 0{,}426 * s_e) + \frac{300.000 - 100.000}{300.000} * (0{,}04698 + 0{,}95302 * s_e) \qquad (0\text{-}121b)$$

$$\text{mit } s_e = \frac{0{,}42 * (42.600 + (300.000 - 100.000) * 0{,}95302) - 8.064}{42.600 + (300.000 - 100.000) * 0{,}95302} = 0{,}3854208 \quad \text{für } EBIT \in [67.064;\ 322.121]$$

$$s_{FK}^{AV} = \frac{100.000}{300.000} * 0{,}454189 + \frac{300.000 - 100.000}{300.000} * 0{,}414294 = 0{,}427592 \qquad (0\text{-}121c)$$

Ermittlung der Tarifstufen in Abhängigkeit des *EBIT*

- Bei Eigenfinanzierung:

$$EBIT = EBIT_{FK}^{Start} + \frac{zvE - EBIT_{FK}^{Start} * (1 - \sigma_g - \sigma_k)}{(1 - s_g - s_k) * 0{,}6} \tag{0-122}$$

für $zvE = 250.400$ €; $EBIT_{FK}^{Start} = 100.000$ €:

$$EBIT = 100.000 + \frac{250.400 - 100.000 * 0{,}95302}{0{,}71 * 0{,}6} = 464.079{,}81 \tag{0-122a}$$

für $zvE = 250.401$ €; $EBIT_{FK}^{Start} = 100.000$ €:

$$EBIT = 100.000 + \frac{250.401 - 100.000 * 0{,}95302}{0{,}71 * 0{,}6} = 464.082{,}15 \tag{0-122b}$$

- Bei Fremdfinanzierung:

$$EBIT = EBIT_{EK}^{Start} + \frac{zvE - EBIT_{EK}^{Start} * (1 - s_g - s_k) * 0{,}6}{1 - \sigma_g - \sigma_k} \tag{0-122c}$$

für $zvE = 250.400$ €; $EBIT_{EK}^{Start} = 100.000$ €:

$$EBIT = 100.000 + \frac{250.400 - 100.000 * 0{,}71 * 0{,}6}{0{,}95302} = 318.043{,}66 \tag{0-122d}$$

für $zvE = 250.401$ €; $EBIT_{EK}^{Start} = 100.000$ €:

$$EBIT = 100.000 + \frac{250.401 - 100.000 * 0{,}71 * 0{,}6}{0{,}95302} = 318.044{,}71 \tag{0-122e}$$

Durchschnittliche Gesamtsteuerbelastung und Steuervorteil der Fremdfinanzierung bei Antragsveranlagung für *EBIT* = 318.043 €

- Bei Eigenfinanzierung:

$$s_{EK}^{AV} = \frac{EBIT_{FK}^{Start}}{EBIT} * \left(\sigma_g + \sigma_k + \left(1 - \sigma_g - \sigma_k\right) * s_e\right) + \frac{EBIT - EBIT_{FK}^{Start}}{EBIT} * \left(s_g + s_k + \left(1 - s_g - s_k\right) * 0{,}6 * s_e\right)$$

$$\text{mit } s_e = \frac{0{,}42 * \left(EBIT_{FK}^{Start} * \left(1 - \sigma_g - \sigma_k\right) + 0{,}6 * \left(EBIT - EBIT_{FK}^{Start}\right) * \left(1 - s_g - s_k\right)\right) - 8.064}{EBIT_{FK}^{Start} * \left(1 - \sigma_g - \sigma_k\right) + 0{,}6 * \left(EBIT - EBIT_{FK}^{Start}\right) * \left(1 - s_g - s_k\right)} \quad (0\text{-}120)$$

$$s_{EK}^{AV} = \frac{100.000}{EBIT} * \left(0{,}04698 + 0{,}95302 * s_e\right) + \frac{EBIT - 100.000}{EBIT} * \left(0{,}29 + 0{,}426 * s_e\right)$$

$$\text{mit } s_e = \frac{0{,}42 * \left(95.302 + 0{,}426 * \left(EBIT - 100.000\right)\right) - 8.064}{95.302 + 0{,}426 * \left(EBIT - 100.000\right)} = \frac{14.070{,}84 + 0{,}17892 * EBIT}{52.702 + 0{,}426 * EBIT} \quad (0\text{-}120d)$$

$$s_{EK}^{AV} = \frac{100.000}{EBIT} * \left(0{,}04698 + 0{,}95302 * \frac{14.070{,}84 + 0{,}17892 * EBIT}{52.702 + 0{,}426 * EBIT}\right) +$$

$$+ \frac{EBIT - 100.000}{EBIT} * \left(0{,}29 + 0{,}426 * \frac{14.070{,}84 + 0{,}17892 * EBIT}{52.702 + 0{,}426 * EBIT}\right) \quad (0\text{-}120e)$$

$$s_{EK}^{AV} = \frac{0{,}1998 * EBIT^2 + 20.354{,}55 * EBIT - 539.184.810}{0{,}426 * EBIT^2 + 52.702 * EBIT} = 0{,}436819 \quad (0\text{-}120f)$$

- Bei Fremdfinanzierung:

$$s_{FK}^{AV} = \frac{EBIT_{EK}^{Start}}{EBIT} * \left(s_g + s_k + \left(1 - s_g - s_k\right) * 0{,}6 * s_e\right) + \frac{EBIT - EBIT_{EK}^{Start}}{EBIT} * \left(\sigma_g + \sigma_k + \left(1 - \sigma_g - \sigma_k\right) * s_e\right)$$

$$\text{mit } s_e = \frac{0{,}42 * \left(0{,}6 * EBIT_{EK}^{Start} * \left(1 - s_g - s_k\right) + \left(EBIT - EBIT_{EK}^{Start}\right) * \left(1 - \sigma_g - \sigma_k\right)\right) - 8.064}{0{,}6 * EBIT_{EK}^{Start} * \left(1 - s_g - s_k\right) + \left(EBIT - EBIT_{EK}^{Start}\right) * \left(1 - \sigma_g - \sigma_k\right)} \quad (0\text{-}121)$$

$$s_{FK}^{AV} = \frac{100.000}{EBIT} * \left(0{,}29 + 0{,}426 * s_e\right) + \frac{EBIT - 100.000}{EBIT} * \left(0{,}04698 + 0{,}95302 * s_e\right)$$

$$\text{mit } s_e = \frac{0{,}42 * \left(42.600 + \left(EBIT - 100.000\right) * 0{,}95302\right) - 8.064}{42.600 + \left(EBIT - 100.000\right) * 0{,}95302} = \frac{0{,}400268 * \mathrm{EBIT} - 30.198{,}84}{0{,}95302 * \mathrm{EBIT} - 52.702} \quad (0\text{-}121d)$$

$$s_{FK}^{AV} = \frac{100.000}{EBIT} * \left(0{,}29 + 0{,}426 * \frac{0{,}400268 * \mathrm{EBIT} - 30.198{,}84}{0{,}95302 * \mathrm{EBIT} - 52.702}\right) +$$

$$+ \frac{EBIT - 100.000}{EBIT} * \left(0{,}04698 + 0{,}95302 * \frac{0{,}400268 * \mathrm{EBIT} - 30.198{,}84}{0{,}95302 * \mathrm{EBIT} - 52.702}\right) \quad (0\text{-}121e)$$

$$s_{FK}^{AV} = \frac{0{,}4262 * EBIT^2 - 29.190{,}70 * EBIT + 310.775.262}{0{,}95302 * EBIT^2 - 52.702 * EBIT} = 0{,}428661 \quad (0\text{-}121f)$$

- Steuervorteil der Fremdfinanzierung:

$$\Delta s = s_{EK}^{AV} - s_{FK}^{AV} =$$

$$= \frac{0{,}1998 * EBIT^2 + 20.354{,}55 * EBIT - 539.184.810}{0{,}426 * EBIT^2 + 52.702 * EBIT} - \frac{0{,}4262 * EBIT^2 - 29.190{,}70 * EBIT + 310.775.262}{0{,}95302 * EBIT^2 - 52.702 * EBIT}$$

$$= 0{,}436819 - 0{,}428661 = 0{,}008158 \qquad (0\text{-}123)$$

Durchschnittliche Gesamtsteuerbelastung und Steuervorteil der Fremdfinanzierung bei Antragsveranlagung für $EBIT = 464.083$ €

- Bei Eigenfinanzierung:

$$s_{EK}^{AV} = \frac{EBIT_{FK}^{Start}}{EBIT} * \left(\sigma_g + \sigma_k + (1 - \sigma_g - \sigma_k) * s_e\right) + \frac{EBIT - EBIT_{FK}^{Start}}{EBIT} * \left(s_g + s_k + (1 - s_g - s_k) * 0{,}6 * s_e\right)$$

$$\text{mit } s_e = \frac{0{,}45 * \left(EBIT_{FK}^{Start} * (1 - \sigma_g - \sigma_k) + 0{,}6 * \left(EBIT - EBIT_{FK}^{Start}\right) * (1 - s_g - s_k)\right) - 15.576}{EBIT_{FK}^{Start} * (1 - \sigma_g - \sigma_k) + 0{,}6 * \left(EBIT - EBIT_{FK}^{Start}\right) * (1 - s_g - s_k)} \qquad (0\text{-}120g)$$

$$s_{EK}^{AV} = \frac{100.000}{EBIT} * (0{,}04698 + 0{,}95302 * s_e) + \frac{EBIT - 100.000}{EBIT} * (0{,}29 + 0{,}426 * s_e)$$

$$\text{mit } s_e = \frac{0{,}45 * (95.302 + 0{,}426 * (EBIT - 100.000)) - 15.576}{95.302 + 0{,}426 * (EBIT - 100.000)} = \frac{8.139{,}9 + 0{,}1917 * EBIT}{52.702 + 0{,}426 * EBIT} \qquad (0\text{-}120h)$$

$$s_{EK}^{AV} = \frac{100.000}{EBIT} * \left(0{,}04698 + 0{,}95302 * \frac{8.139{,}9 + 0{,}1917 * EBIT}{52.702 + 0{,}426 * EBIT}\right) +$$

$$+ \frac{EBIT - 100.000}{EBIT} * \left(0{,}29 + 0{,}426 * \frac{8.139{,}9 + 0{,}1917 * EBIT}{52.702 + 0{,}426 * EBIT}\right) \qquad (0\text{-}120i)$$

$$s_{EK}^{AV} = \frac{0{,}2052 * EBIT^2 + 18.501{,}50 * EBIT - 851.715.254{,}2}{0{,}426 * EBIT^2 + 52.702 * EBIT} = 0{,}446948 \qquad (0\text{-}120j)$$

- Bei Fremdfinanzierung:

$$s_{FK}^{AV} = \frac{EBIT_{EK}^{Start}}{EBIT} * \left(s_g + s_k + \left(1 - s_g - s_k\right) * 0{,}6 * s_e\right) + \frac{EBIT - EBIT_{EK}^{Start}}{EBIT} * \left(\sigma_g + \sigma_k + \left(1 - \sigma_g - \sigma_k\right) * s_e\right)$$

$$\text{mit } s_e = \frac{0{,}45 * \left(0{,}6 * EBIT_{EK}^{Start} * \left(1 - s_g - s_k\right) + \left(EBIT - EBIT_{EK}^{Start}\right) * \left(1 - \sigma_g - \sigma_k\right)\right) - 15.576}{0{,}6 * EBIT_{EK}^{Start} * \left(1 - s_g - s_k\right) + \left(EBIT - EBIT_{EK}^{Start}\right) * \left(1 - \sigma_g - \sigma_k\right)} \quad \text{(0-121g)}$$

$$s_{FK}^{AV} = \frac{100.000}{EBIT} * \left(0{,}29 + 0{,}426 * s_e\right) + \frac{EBIT - 100.000}{EBIT} * \left(0{,}04698 + 0{,}95302 * s_e\right)$$

$$\text{mit } s_e = \frac{0{,}45 * \left(42.600 + \left(EBIT - 100.000\right) * 0{,}95302\right) - 15.576}{42.600 + \left(EBIT - 100.000\right) * 0{,}95302} = \frac{0{,}428859 * EBIT - 39.291{,}9}{0{,}95302 * EBIT - 52.702} \quad \text{(0-121h)}$$

$$s_{FK}^{AV} = \frac{100.000}{EBIT} * \left(0{,}29 + 0{,}426 * \frac{0{,}428859 * EBIT - 39.291{,}9}{0{,}95302 * EBIT - 52.702}\right) +$$

$$+ \frac{EBIT - 100.000}{EBIT} * \left(0{,}04698 + 0{,}95302 * \frac{0{,}428859 * EBIT - 39.291{,}9}{0{,}95302 * EBIT - 52.702}\right) \quad \text{(0-121i)}$$

$$s_{FK}^{AV} = \frac{0{,}4535 * EBIT^2 - 39.363{,}33 * EBIT + 789.997.710}{0{,}95302 * EBIT^2 - 52.702 * EBIT} = 0{,}443558 \quad \text{(0-121j)}$$

- Steuervorteil der Fremdfinanzierung:

$$\Delta s = s_{EK}^{AV} - s_{FK}^{AV} =$$

$$= \frac{0{,}2052 * EBIT^2 + 18.501{,}50 * EBIT - 851.715.254{,}2}{0{,}426 * EBIT^2 + 52.702 * EBIT} - \frac{0{,}4535 * EBIT^2 - 39.363{,}33 * EBIT + 789.997.710}{0{,}95302 * EBIT^2 - 52.702 * EBIT}$$

$$= 0{,}446948 - 0{,}443558 = 0{,}00339 \quad \text{(0-124)}$$

Effektive Gesamtsteuerbelastung in der Mischfinanzierung

$$s_{Misch}^{AV} = \underbrace{\frac{EBIT_{EK}^{Start} + EBIT_{EK}^{Grenz}}{EBIT} * \left(s_g + s_k + (1 - s_g - s_k) * 0{,}6 * s_e^{Misch}\right) +}_{\text{Steuerbelastung der Start(Eigen-)kapitalausstattung und der Grenz(Eigen-)kapitalausstattung}}$$

$$+ \underbrace{\frac{EBIT_{FK}^{Start} + EBIT_{FK}^{Grenz}}{EBIT} * \left(\sigma_g + \sigma_k + (1 - \sigma_g - \sigma_k) * s_e^{Misch}\right)}_{\text{Steuerbelastung der Start(Fremd-)kapitalausstattung und der Grenz(Fremd-)kapitalausstattung}} \qquad \text{(0-125)}$$

$$\text{mit } s_e^{Misch} = \frac{0{,}42 * \left(0{,}6 * \left(EBIT_{EK}^{Start} + EBIT_{EK}^{Grenz}\right) * (1 - s_g - s_k) + \left(EBIT_{FK}^{Start} + EBIT_{FK}^{Grenz}\right) * (1 - \sigma_g - \sigma_k)\right) - 8.064}{0{,}6 * \left(EBIT_{EK}^{Start} + EBIT_{EK}^{Grenz}\right) * (1 - s_g - s_k) + \left(EBIT_{FK}^{Start} + EBIT_{FK}^{Grenz}\right) * (1 - \sigma_g - \sigma_k)}$$

$$\text{für } EBIT \in \left[\frac{52.552}{0{,}6 * \frac{EBIT_{EK}^{Start} + EBIT_{EK}^{Grenz}}{EBIT} * (1 - s_g - s_k) + \frac{EBIT_{FK}^{Start} + EBIT_{FK}^{Grenz}}{EBIT} * (1 - \sigma_g - \sigma_k)} ; \frac{250.400}{0{,}6 * \frac{EBIT_{EK}^{Start} + EBIT_{EK}^{Grenz}}{EBIT} * (1 - s_g - s_k) + \frac{EBIT_{FK}^{Start} + EBIT_{FK}^{Grenz}}{EBIT} * (1 - \sigma_g - \sigma_k)}\right]$$

$$\text{mit } s_e^{Misch} = \frac{0{,}45 * \left(0{,}6 * \left(EBIT_{EK}^{Start} + EBIT_{EK}^{Grenz}\right) * (1 - s_g - s_k) + \left(EBIT_{FK}^{Start} + EBIT_{FK}^{Grenz}\right) * (1 - \sigma_g - \sigma_k)\right) - 15.576}{\left(0{,}6 * \left(EBIT_{EK}^{Start} + EBIT_{EK}^{Grenz}\right) * (1 - s_g - s_k) + \left(EBIT_{FK}^{Start} + EBIT_{FK}^{Grenz}\right) * (1 - \sigma_g - \sigma_k)\right)}$$

$$\text{für } EBIT \in \left[\frac{250.401}{0{,}6 * \frac{EBIT_{EK}^{Start} + EBIT_{EK}^{Grenz}}{EBIT} * (1 - s_g - s_k) + \frac{EBIT_{FK}^{Start} + EBIT_{FK}^{Grenz}}{EBIT} * (1 - \sigma_g - \sigma_k)} ; +\infty\right[$$

Steuervorteil der Fremdfinanzierung in der Mischfinanzierung

$$\Delta s = s_{EK}^{AV} - s_{Misch}^{AV} \qquad \text{(0-126)}$$

$$\Delta s = \frac{EBIT_{FK}^{Start}}{EBIT} * \left(\sigma_g + \sigma_k + (1 - \sigma_g - \sigma_k) * s_e^{AV}\right) + \frac{EBIT - EBIT_{FK}^{Start}}{EBIT} * \left(s_g + s_k + (1 - s_g - s_k) * 0{,}6 * s_e^{AV}\right) +$$

$$- \frac{EBIT_{EK}^{Start} + EBIT_{EK}^{Grenz}}{EBIT} * \left(s_g + s_k + (1 - s_g - s_k) * 0{,}6 * s_e^{Misch}\right) - \frac{EBIT_{FK}^{Start} + EBIT_{FK}^{Grenz}}{EBIT} * \left(\sigma_g + \sigma_k + (1 - \sigma_g - \sigma_k) * s_e^{Misch}\right)$$

$$\text{mit } s_e^{AV} = \frac{0{,}42 * \left(EBIT_{FK}^{Start} * (1 - \sigma_g - \sigma_k) + 0{,}6 * \left(EBIT - EBIT_{FK}^{Start}\right) * (1 - s_g - s_k)\right) - 8.064}{EBIT_{FK}^{Start} * (1 - \sigma_g - \sigma_k) + 0{,}6 * \left(EBIT - EBIT_{FK}^{Start}\right) * (1 - s_g - s_k)}$$

$$\text{für } EBIT \in \left[\frac{52.552}{\frac{EBIT_{FK}^{Start}}{EBIT} * (1 - \sigma_g - \sigma_k) + \frac{EBIT - EBIT_{FK}^{Start}}{EBIT} * 0{,}6 * (1 - s_g - s_k)} ; \frac{250.400}{\frac{EBIT_{FK}^{Start}}{EBIT} * (1 - \sigma_g - \sigma_k) + \frac{EBIT - EBIT_{FK}^{Start}}{EBIT} * 0{,}6 * (1 - s_g - s_k)}\right]$$

$$\text{mit } s_e^{AV} = \frac{0{,}45 * \left(EBIT_{FK}^{Start} * (1 - \sigma_g - \sigma_k) + 0{,}6 * \left(EBIT - EBIT_{FK}^{Start}\right) * (1 - s_g - s_k)\right) - 15.576}{EBIT_{FK}^{Start} * (1 - \sigma_g - \sigma_k) + 0{,}6 * \left(EBIT - EBIT_{FK}^{Start}\right) * (1 - s_g - s_k)}$$

$$\text{für } EBIT \in \left[\frac{250.401}{\frac{EBIT_{FK}^{Start}}{EBIT} * (1-\sigma_g-\sigma_k) + \frac{EBIT-EBIT_{FK}^{Start}}{EBIT} * 0,6 * (1-s_g-s_k)} ; +\infty \right[$$

und

$$\text{mit } s_e^{Misch} = \frac{0,42 * \left(0,6 * \left(EBIT_{EK}^{Start} + EBIT_{EK}^{Grenz}\right) * \left(1-s_g-s_k\right) + \left(EBIT_{FK}^{Start} + EBIT_{FK}^{Grenz}\right) * \left(1-\sigma_g-\sigma_k\right)\right) - 8.064}{0,6 * \left(EBIT_{EK}^{Start} + EBIT_{EK}^{Grenz}\right) * \left(1-s_g-s_k\right) + \left(EBIT_{FK}^{Start} + EBIT_{FK}^{Grenz}\right) * \left(1-\sigma_g-\sigma_k\right)}$$

$$\text{für } EBIT \in \left[\frac{52.552}{0,6 * \frac{EBIT_{EK}^{Start} + EBIT_{EK}^{Grenz}}{EBIT} * (1-s_g-s_k) + \frac{EBIT_{FK}^{Start} + EBIT_{FK}^{Grenz}}{EBIT} * (1-\sigma_g-\sigma_k)} ; \frac{250400}{0,6 * \frac{EBIT_{EK}^{Start} + EBIT_{EK}^{Grenz}}{EBIT} * (1-s_g-s_k) + \frac{EBIT_{FK}^{Start} + EBIT_{FK}^{Grenz}}{EBIT} * (1-\sigma_g-\sigma_k)} \right]$$

$$\text{mit } s_e^{Misch} = \frac{0,45 * \left(0,6 * \left(EBIT_{EK}^{Start} + EBIT_{EK}^{Grenz}\right) * \left(1-s_g-s_k\right) + \left(EBIT_{FK}^{Start} + EBIT_{FK}^{Grenz}\right) * \left(1-\sigma_g-\sigma_k\right)\right) - 15.576}{\left(0,6 * \left(EBIT_{EK}^{Start} + EBIT_{EK}^{Grenz}\right) * \left(1-s_g-s_k\right) + \left(EBIT_{FK}^{Start} + EBIT_{FK}^{Grenz}\right) * \left(1-\sigma_g-\sigma_k\right)\right)}$$

$$\text{für } EBIT \in \left[\frac{250.401}{0,6 * \frac{EBIT_{EK}^{Start} + EBIT_{EK}^{Grenz}}{EBIT} * (1-s_g-s_k) + \frac{EBIT_{FK}^{Start} + EBIT_{FK}^{Grenz}}{EBIT} * (1-\sigma_g-\sigma_k)} ; +\infty \right[\tag{0-126a}$$

mit $EBIT_{EK}^{Grenz} = EBIT - EBIT_{EK}^{Start} - EBIT_{FK}^{Start} - EBIT_{FK}^{Grenz}$ und $EBIT_{FK}^{Grenz} = \frac{V * \left(EBIT - EBIT_{FK}^{Start}\right) - EBIT_{FK}^{Start}}{1+V}$:

$$\Delta s = \frac{EBIT_{FK}^{Start}}{EBIT} * \left(\sigma_g + \sigma_k + \left(1-\sigma_g-\sigma_k\right) * s_e^{AV}\right) + \frac{EBIT - EBIT_{FK}^{Start}}{EBIT} * \left(s_g + s_k + \left(1-s_g-s_k\right) * 0,6 * s_e^{AV}\right) +$$

$$- \frac{EBIT - EBIT_{FK}^{Start} - \frac{V * \left(EBIT - EBIT_{FK}^{Start}\right) - EBIT_{FK}^{Start}}{1+V}}{EBIT} * \left(s_g + s_k + \left(1-s_g-s_k\right) * 0,6 * s_e^{Misch}\right) +$$

$$- \frac{EBIT_{FK}^{Start} + \frac{V * \left(EBIT - EBIT_{FK}^{Start}\right) - EBIT_{FK}^{Start}}{1+V}}{EBIT} * \left(\sigma_g + \sigma_k + \left(1-\sigma_g-\sigma_k\right) * s_e^{Misch}\right) \tag{0-126b}$$

g. Abzugsfähigkeit der Gewerbesteuer

Ermittlung des effektiven Gewerbesteuersatzes bei Eigenfinanzierung[1]

$$s_{g(BA)} = s_g * \left(1 - s_{g(BA)}\right) \tag{0-141}$$

$$s_{g(BA)} = \frac{s_g}{1 + s_g} \tag{0-141a}$$

$$s_{g(BA)}^{HS=400\%;\,SMZ=3,5\%} = 0,1228 \tag{0-141b}$$

Ermittlung des effektiven Körperschaftsteuersatzes bei Eigenfinanzierung

$$s_{k(BA)} = \left(1 - s_{g(BA)}\right) * s_k \tag{0-142}$$

$$s_{k(BA)} = \left(1 - \frac{s_g}{1 + s_g}\right) * s_k \tag{0-142a}$$

$$s_{k(BA)}^{s_k=0,15;\,HS=400\%;\,SMZ=3,5\%} = 0,1316 \tag{0-142b}$$

[1] Vgl. auch *Schreiber, U.*, Besteuerung, 2005, S. 105.

Ermittlung des effektiven Gewerbesteuersatzes bei Fremdfinanzierung[1]

$$\sigma_{g(BA)} = s_g * \left(1 - 0,75 * Z - \sigma_{g(BA)}\right) \quad (0\text{-}143)$$

$$\sigma_{g(BA)} = s_g * \left(1 - 0,75 * \left(1 - \sigma_{g(BA)} - \sigma_{k(BA)}\right) - \sigma_{g(BA)}\right) \quad (0\text{-}143a)$$

$$\sigma_{g(BA)} = s_g * (0,25 - 0,25 * \sigma_{g(BA)} + 0,75 * \sigma_{k(BA)}) \quad (0\text{-}143b)$$

$$\sigma_{g(BA)} = \frac{s_g * \left(0,25 + 0,75 * \sigma_{k(BA)}\right)}{1 + s_g * 0,25} \quad (0\text{-}143c)$$

Ermittlung des effektiven Körperschaftsteuersatzes bei Fremdfinanzierung

$$\sigma_{k(BA)} = \left(1 - Z - \sigma_{g(BA)}\right) * s_k \quad (0\text{-}144)$$

$$\sigma_{k(BA)} = \left(1 - \left(1 - \sigma_{g(BA)} - \sigma_{k(BA)}\right) - \sigma_{g(BA)}\right) * s_k \quad (0\text{-}144a)$$

$$\sigma_{k(BA)} = 0 \quad (0\text{-}144b)$$

$$\rightarrow \quad \sigma_{g(BA)} = \frac{s_g * \left(0,25 + 0,75 * 0\right)}{1 + s_g * 0,25} \quad (0\text{-}143d)$$

$$\sigma_{g(BA)} = \frac{s_g * 0,25}{1 + s_g * 0,25} \quad (0\text{-}143e)$$

$$\sigma_{g(BA)}^{HS=400\%;SMZ=3,5\%} = 0,0338 \quad (0\text{-}143f)$$

[1] Vgl. auch *Haase, K. D./Diller, M.*, Finanzierung, 2002, S. 229.

Einfluss der Steuermesszahl bei Eigenfinanzierung ($s_{g(BA)}$) auf die Gesamtsteuerbelastung

$$s_{EK(BA)} = s_{g(BA)} + s_{k(BA)} + \left(1 - s_{g(BA)} - s_{k(BA)}\right) * s_a \tag{0-145}$$

$$s_{EK(BA)} = s_{g(BA)} * \left(1 - s_a\right) + s_{k(BA)} * \left(1 - s_a\right) + s_a \tag{0-145a}$$

$$s_{EK(BA)} = \frac{\frac{HS}{100} * \frac{SMZ}{100}}{1 + \frac{HS}{100} * \frac{SMZ}{100}} * \left(1 - s_a\right) + \left(1 - \frac{\frac{HS}{100} * \frac{SMZ}{100}}{1 + \frac{HS}{100} * \frac{SMZ}{100}}\right) * s_k * \left(1 - s_a\right) + s_a \tag{0-145b}$$

$$\frac{\partial s_{EK(BA)}}{\partial SMZ} = \frac{\frac{HS}{10.000} * \left(1 - s_a\right) * \left(1 - s_k\right)}{\left(1 + \frac{HS}{100} * \frac{SMZ}{100}\right)^2} < \frac{HS * \left(1 - s_a\right)}{10.000} = \frac{\partial s_{EK}}{\partial SMZ} \tag{0-146}$$

$$\left(\frac{\partial s_{EK(BA)}}{\partial SMZ}\right)^{s_k=15\%; s_a=25\%; HS=400\%; SMZ=3{,}5\%} = 0{,}0196 \tag{0-146a}$$

Einfluss des Hebesatzes bei Eigenfinanzierung ($s_{g(BA)}$) auf die Gesamtsteuerbelastung

$$s_{EK(BA)} = s_{g(BA)} + s_{k(BA)} + \left(1 - s_{g(BA)} - s_{k(BA)}\right) * s_a \tag{0-145}$$

$$s_{EK(BA)} = s_{g(BA)} * \left(1 - s_a\right) + s_{k(BA)} * \left(1 - s_a\right) + s_a \tag{0-145a}$$

$$s_{EK(BA)} = \frac{\frac{HS}{100} * \frac{SMZ}{100}}{1 + \frac{HS}{100} * \frac{SMZ}{100}} * \left(1 - s_a\right) + \left(1 - \frac{\frac{HS}{100} * \frac{SMZ}{100}}{1 + \frac{HS}{100} * \frac{SMZ}{100}}\right) * s_k * \left(1 - s_a\right) + s_a \tag{0-145b}$$

$$\frac{\partial s_{EK(BA)}}{\partial HS} = \frac{\frac{SMZ}{10.000} * \left(1 - s_a\right) * \left(1 - s_k\right)}{\left(1 + \frac{HS}{100} * \frac{SMZ}{100}\right)^2} < \frac{SMZ * \left(1 - s_a\right)}{10.000} = \frac{\partial s_{EK}}{\partial HS} \tag{0-147}$$

$$\left(\frac{\partial s_{EK(BA)}}{\partial HS}\right)^{s_k=15\%; s_a=25\%; HS=400\%; SMZ=3{,}5\%} = 0{,}000172 \tag{0-147a}$$

Einfluss der Steuermesszahl bei Fremdfinanzierung ($\sigma_{g(BA)}$) auf die Gesamtsteuerbelastung

$$s_{FK(BA)} = \left(\frac{\frac{HS}{100} * \frac{SMZ}{100} * 0{,}25}{1 + \frac{HS}{100} * \frac{SMZ}{100} * 0{,}25} \right) + \left(1 - \frac{\frac{HS}{100} * \frac{SMZ}{100} * 0{,}25}{1 + \frac{HS}{100} * \frac{SMZ}{100} * 0{,}25} \right) * s_e \qquad (0\text{-}148)$$

$$\frac{\partial s_{FK(BA)}}{\partial SMZ} = \frac{\frac{HS * 0{,}25 * (1 - s_e)}{10.000}}{\left(1 + \frac{HS * SMZ * 0{,}25}{10.000} \right)^2} < \frac{\partial s_{FK}}{\partial SMZ} \qquad (0\text{-}149)$$

$$\left(\frac{\partial s_{FK(BA)}}{\partial SMZ} \right)^{s_e = 45\%;\, HS = 400\%;\, SMZ = 3{,}5\%} = 0{,}0051 \qquad (0\text{-}149a)$$

Einfluss des Hebesatzes bei Fremdfinanzierung ($\sigma_{g(BA)}$) auf die Gesamtsteuerbelastung

$$s_{FK(BA)} = \left(\frac{\frac{HS}{100} * \frac{SMZ}{100} * 0{,}25}{1 + \frac{HS}{100} * \frac{SMZ}{100} * 0{,}25} \right) + \left(1 - \frac{\frac{HS}{100} * \frac{SMZ}{100} * 0{,}25}{1 + \frac{HS}{100} * \frac{SMZ}{100} * 0{,}25} \right) * s_e \qquad (0\text{-}148)$$

$$\frac{\partial s_{FK(BA)}}{\partial HS} = \frac{\frac{SMZ * 0{,}25 * (1 - s_e)}{10.000}}{\left(1 + \frac{HS * SMZ * 0{,}25}{10.000} \right)^2} < \frac{\partial s_{FK}}{\partial HS} \qquad (0\text{-}150)$$

$$\left(\frac{\partial s_{FK(BA)}}{\partial HS} \right)^{s_e = 45\%;\, HS = 400\%;\, SMZ = 3{,}5\%} = 0{,}0000449 \qquad (0\text{-}150a)$$

Einfluss des Körperschaftsteuersatzes bei Eigenfinanzierung

$$s_{EK(BA)} = \frac{\frac{HS}{100} * \frac{SMZ}{100}}{1 + \frac{HS}{100} * \frac{SMZ}{100}} * (1 - s_a) + \left(1 - \frac{\frac{HS}{100} * \frac{SMZ}{100}}{1 + \frac{HS}{100} * \frac{SMZ}{100}}\right) * s_k * (1 - s_a) + s_a \qquad \text{(0-145b)}$$

$$\frac{\partial s_{EK(BA)}}{\partial s_k} = \left(1 - \frac{\frac{HS}{100} * \frac{SMZ}{100}}{1 + \frac{HS}{100} * \frac{SMZ}{100}}\right) * (1 - s_a) < (1 - s_a) = \frac{\partial s_{EK}}{\partial s_k} \qquad \text{(0-151)}$$

$$\left(\frac{\partial s_{EK(BA)}}{\partial s_k}\right)^{HS=400\%;\, SMZ=3,5\%;\, s_a=0,25} = 0,6579 \qquad \text{(0-151a)}$$

Einfluss des Körperschaftsteuersatzes bei Fremdfinanzierung

$$s_{FK(BA)} = \left(\frac{\frac{HS}{100} * \frac{SMZ}{100} * 0,25}{1 + \frac{HS}{100} * \frac{SMZ}{100} * 0,25}\right) + \left(1 - \frac{\frac{HS}{100} * \frac{SMZ}{100} * 0,25}{1 + \frac{HS}{100} * \frac{SMZ}{100} * 0,25}\right) * s_e \qquad \text{(0-148)}$$

$$\frac{\partial s_{FK(BA)}}{\partial s_k} = 0 < \frac{\partial s_{FK}}{\partial s_k} \qquad \text{(0-152)}$$

Gesamtsteuerbelastung unter Berücksichtigung der Gewerbesteuer als abzugsfähige Betriebsausgabe

- Bei Eigenfinanzierung:

$$s_{EK(BA)} = s_{g(BA)} + s_{k(BA)} + \left(1 - s_{g(BA)} - s_{k(BA)}\right) * s_a \qquad \text{(0-145)}$$

$$s_{EK(BA)} = \frac{s_g}{1+s_g} + \left(1 - \frac{s_g}{1+s_g}\right) * s_k + \left(1 - \frac{s_g}{1+s_g} - \left(1 - \frac{s_g}{1+s_g}\right) * s_k\right) * s_a \qquad \text{(0-145c)}$$

- Bei Fremdfinanzierung:

$$s_{FK(BA)} = \sigma_{g(BA)} + \sigma_{k(BA)} + \left(1 - \sigma_{g(BA)} - \sigma_{k(BA)}\right) * s_e \qquad \text{(0-148a)}$$

$$s_{FK(BA)} = \frac{s_g * 0{,}25}{1+s_g * 0{,}25} + 0 + \left(1 - \frac{s_g * 0{,}25}{1+s_g * 0{,}25} - 0\right) * s_e \qquad \text{(0-148b)}$$

$$s_{FK(BA)} = \frac{s_g * 0{,}25}{1+s_g * 0{,}25} + \left(1 - \frac{s_g * 0{,}25}{1+s_g * 0{,}25}\right) * s_e \qquad \text{(0-148c)}$$

Berechnung des einkommensteuerlichen Indifferenzsteuersatzes

$$s_{EK(BA)} = s_{FK(BA)} \qquad \text{(0-153)}$$

$$\frac{s_g}{1+s_g} + \left(1 - \frac{s_g}{1+s_g}\right) * s_k + \left(1 - \frac{s_g}{1+s_g} - \left(1 - \frac{s_g}{1+s_g}\right) * s_k\right) * s_a = \frac{s_g * 0{,}25}{1+s_g * 0{,}25} + \left(1 - \frac{s_g * 0{,}25}{1+s_g * 0{,}25}\right) * s_e$$

$$s_e = \frac{\frac{s_g}{1+s_g} + \left(1 - \frac{s_g}{1+s_g}\right) * s_k + \left(1 - \frac{s_g}{1+s_g} - \left(1 - \frac{s_g}{1+s_g}\right) * s_k\right) * s_a - \frac{s_g * 0{,}25}{1+s_g * 0{,}25}}{1 - \frac{s_g * 0{,}25}{1+s_g * 0{,}25}} \qquad \text{(0-153a)}$$

$$s_e^{s_k=0{,}15;\, HS=400\%;\, SMZ=3{,}5\%;\, s_a=0{,}25} = 0{,}4212 \qquad \text{(0-153b)}$$

Steuervorteil der Fremdfinanzierung

$$\Delta s = s_{EK(BA)} - s_{FK(BA)} \tag{0-154}$$

$$\Delta s = \frac{s_g}{1+s_g} + \left(1 - \frac{s_g}{1+s_g}\right) * s_k + \left(1 - \frac{s_g}{1+s_g} - \left(1 - \frac{s_g}{1+s_g}\right) * s_k\right) * s_a +$$

$$- \frac{s_g * 0{,}25}{1+s_g * 0{,}25} - \left(1 - \frac{s_g * 0{,}25}{1+s_g * 0{,}25}\right) * s_e \tag{0-154a}$$

$$\Delta s^{s_k = 0{,}15;\, s_g = 0{,}14;\, s_a = 0{,}25;\, s_e = 0{,}45} = -0{,}02781 \tag{0-154b}$$

Effektive Gesamtsteuerbelastung in der Mischfinanzierung

$$s_{Misch}^{BA} = \underbrace{\frac{EBIT_{EK}^{Start} + EBIT_{EK}^{Grenz}}{EBIT} * \left(s_{g(BA)} + s_{k(BA)} + \left(1 - s_{g(BA)} - s_{k(BA)}\right) * s_a\right)}_{\text{Steuerbelastung der Start(Eigen-)kapitalausstattung und der Grenz(Eigen-)kapitalausstattung}} +$$

$$+ \underbrace{\frac{EBIT_{FK}^{Start} + EBIT_{FK}^{Grenz}}{EBIT} * \left(\sigma_{g(BA)} + \sigma_{k(BA)} + \left(1 - \sigma_{g(BA)} - \sigma_{k(BA)}\right) * s_e^{FK(Misch)}\right)}_{\text{Steuerbelastung der Start(Fremd-)kapitalausstattung und der Grenz(Fremd-)kapitalausstattung}} \tag{0-155}$$

mit $s_e^{FK(Misch)} = \frac{0{,}42 * \left(EBIT_{FK}^{Start} + EBIT_{FK}^{Grenz}\right) * \left(1 - \sigma_{g(BA)} - \sigma_{k(BA)}\right) - 8.064}{\left(EBIT_{FK}^{Start} + EBIT_{FK}^{Grenz}\right) * \left(1 - \sigma_{g(BA)} - \sigma_{k(BA)}\right)}$ für $\left(EBIT_{FK}^{Start} + EBIT_{FK}^{Grenz}\right) \in \left[\frac{52.552}{\left(1 - \sigma_{g(BA)} - \sigma_{k(BA)}\right)}; \frac{250.400}{\left(1 - \sigma_{g(BA)} - \sigma_{k(BA)}\right)}\right]$

mit $s_e^{FK(Misch)} = \frac{0{,}45 * \left(EBIT_{FK}^{Start} + EBIT_{FK}^{Grenz}\right) * \left(1 - \sigma_{g(BA)} - \sigma_{k(BA)}\right) - 15.576}{\left(EBIT_{FK}^{Start} + EBIT_{FK}^{Grenz}\right) * \left(1 - \sigma_{g(BA)} - \sigma_{k(BA)}\right)}$ für $\left(EBIT_{FK}^{Start} + EBIT_{FK}^{Grenz}\right) \in \left[\frac{250.401}{\left(1 - \sigma_{g(BA)} - \sigma_{k(BA)}\right)}; +\infty\right[$

$$s_{Misch}^{BA} = \frac{EBIT_{EK}^{Start} + EBIT_{EK}^{Grenz}}{EBIT} * \left(\frac{s_g}{1+s_g} + \left(1 - \frac{s_g}{1+s_g}\right) * s_k + \left(1 - \frac{s_g}{1+s_g} - \left(1 - \frac{s_g}{1+s_g}\right) * s_k\right) * s_a\right) +$$

$$+ \frac{EBIT_{FK}^{Start} + EBIT_{FK}^{Grenz}}{EBIT} * \left(\frac{s_g * 0{,}25}{1+s_g * 0{,}25} + \left(1 - \frac{s_g * 0{,}25}{1+s_g * 0{,}25}\right) * s_e^{FK(Misch)}\right) \tag{0-155a}$$

- Bei Eigenfinanzierung:

  für $EBIT_{EK}^{Start} = EBIT_{FK}^{Start} = EBIT_{EK}^{Grenz} = 100$ T€; s_g=0,15; s_g=0,14; s_a=0,25:

$$s_{Misch}^{BA} = \frac{200.000}{300.000} * (0{,}122807 + 0{,}131579 + 0{,}1864035) +$$

$$+ \frac{100.000}{300.000} * (0{,}033816 + 0{,}96618 * 0{,}336537) = 0{,}413517 \qquad (0\text{-}155b)$$

- Bei Fremdfinanzierung:

  für $EBIT_{EK}^{Start} = EBIT_{FK}^{Start} = EBIT_{FK}^{Grenz} = 100$ T€; s_g=0,15; s_g=0,14; s_a=0,25:

$$s_{Misch}^{BA} = \frac{100.000}{300.000} * (0{,}122807 + 0{,}131579 + 0{,}1864035) +$$

$$+ \frac{200.000}{300.000} * (0{,}033816 + 0{,}96618 * 0{,}3782695) = 0{,}413125 \qquad (0\text{-}155c)$$

<u>Steuervorteil der Fremdfinanzierung in der Mischfinanzierung</u>

$$\Delta s = s_{EK(BA)} - s_{Misch}^{BA} \qquad (0\text{-}156)$$

$$\Delta s = \frac{EBIT_{FK}^{Start}}{EBIT} * \left(\sigma_{g(BA)} + \sigma_{k(BA)} + \left(1 - \sigma_{g(BA)} - \sigma_{k(BA)}\right) * s_e^{EK}\right) + \frac{EBIT - EBIT_{FK}^{Start}}{EBIT} * \left(s_{g(BA)} + s_{k(BA)} + \left(1 - s_{g(BA)} - s_{k(BA)}\right) * s_a\right) +$$

$$- \frac{EBIT_{EK}^{Start} + EBIT_{EK}^{Grenz}}{EBIT} * \left(s_{g(BA)} + s_{k(BA)} + \left(1 - s_{g(BA)} - s_{k(BA)}\right) * s_a\right) - \frac{EBIT_{FK}^{Start} + EBIT_{FK}^{Grenz}}{EBIT} * \left(\sigma_{g(BA)} + \sigma_{k(BA)} + \left(1 - \sigma_{g(BA)} - \sigma_{k(BA)}\right) * s_e^{FK(Misch)}\right)$$

$$\text{mit } s_e^{EK} = \frac{0{,}42 * EBIT_{FK}^{Start} * \left(1 - \sigma_{g(BA)} - \sigma_{k(BA)}\right) - 8.064}{EBIT_{FK}^{Start} * \left(1 - \sigma_{g(BA)} - \sigma_{k(BA)}\right)} \quad \text{für } EBIT_{FK}^{Start} \in \left[\frac{52.552}{\left(1 - \sigma_{g(BA)} - \sigma_{k(BA)}\right)}; \frac{250.400}{\left(1 - \sigma_{g(BA)} - \sigma_{k(BA)}\right)}\right]$$

$$\text{mit } s_e^{EK} = \frac{0{,}45 * EBIT_{FK}^{Start} * \left(1 - \sigma_{g(BA)} - \sigma_{k(BA)}\right) - 15.576}{EBIT_{FK}^{Start} * \left(1 - \sigma_{g(BA)} - \sigma_{k(BA)}\right)} \quad \text{für } EBIT_{FK}^{Start} \in \left[\frac{250.401}{\left(1 - \sigma_{g(BA)} - \sigma_{k(BA)}\right)}; +\infty\right[$$

und

$$\text{mit } s_e^{FK(Misch)} = \frac{0{,}42 * \left(EBIT_{FK}^{Start} + EBIT_{FK}^{Grenz}\right) * \left(1 - \sigma_{g(BA)} - \sigma_{k(BA)}\right) - 8.064}{\left(EBIT_{FK}^{Start} + EBIT_{FK}^{Grenz}\right) * \left(1 - \sigma_{g(BA)} - \sigma_{k(BA)}\right)} \quad \text{für } \left(EBIT_{FK}^{Start} + EBIT_{FK}^{Grenz}\right) \in \left[\frac{52.552}{\left(1 - \sigma_{g(BA)} - \sigma_{k(BA)}\right)}; \frac{250.400}{\left(1 - \sigma_{g(BA)} - \sigma_{k(BA)}\right)}\right]$$

$$\text{mit } s_e^{FK(Misch)} = \frac{0{,}45 * \left(EBIT_{FK}^{Start} + EBIT_{FK}^{Grenz}\right) * \left(1 - \sigma_{g(BA)} - \sigma_{k(BA)}\right) - 15.576}{\left(EBIT_{FK}^{Start} + EBIT_{FK}^{Grenz}\right) * \left(1 - \sigma_{g(BA)} - \sigma_{k(BA)}\right)} \quad \text{für } \left(EBIT_{FK}^{Start} + EBIT_{FK}^{Grenz}\right) \in \left[\frac{250.401}{\left(1 - \sigma_{g(BA)} - \sigma_{k(BA)}\right)}; +\infty\right[$$

(0-156a)

mit $EBIT_{EK}^{Grenz} = EBIT - EBIT_{EK}^{Start} - EBIT_{FK}^{Start} - EBIT_{FK}^{Grenz}$:

$$\Delta s = \frac{EBIT_{FK}^{Grenz}}{EBIT} * \left(s_{g(BA)} + s_{k(BA)} + \left(1 - s_{g(BA)} - s_{k(BA)}\right) * s_a\right) + \frac{EBIT_{FK}^{Start}}{EBIT} * \left(\sigma_{g(BA)} + \sigma_{k(BA)} + \left(1 - \sigma_{g(BA)} - \sigma_{k(BA)}\right) * s_e^{FK}\right) + \\ - \frac{EBIT_{FK}^{Start} + EBIT_{FK}^{Grenz}}{EBIT} * \left(\sigma_{g(BA)} + \sigma_{k(BA)} + \left(1 - \sigma_{g(BA)} - \sigma_{k(BA)}\right) * s_e^{FK(Misch)}\right) \tag{0-156b}$$

mit $EBIT_{FK}^{Grenz} = \frac{V * \left(EBIT - EBIT_{FK}^{Start}\right) - EBIT_{FK}^{Start}}{1+V}$:

$$\Delta s = \frac{\frac{V * \left(EBIT - EBIT_{FK}^{Start}\right) - EBIT_{FK}^{Start}}{1+V}}{EBIT} * \left(s_{g(BA)} + s_{k(BA)} + \left(1 - s_{g(BA)} - s_{k(BA)}\right) * s_a\right) + \\ + \frac{EBIT_{FK}^{Start}}{EBIT} * \left(\sigma_{g(BA)} + \sigma_{k(BA)} + \left(1 - \sigma_{g(BA)} - \sigma_{k(BA)}\right) * s_e^{FK}\right) + \\ - \frac{EBIT_{FK}^{Start} + \frac{V * \left(EBIT - EBIT_{FK}^{Start}\right) - EBIT_{FK}^{Start}}{1+V}}{EBIT} * \left(\sigma_{g(BA)} + \sigma_{k(BA)} + \left(1 - \sigma_{g(BA)} - \sigma_{k(BA)}\right) * s_e^{FK(Misch)}\right) \tag{0-156c}$$

mit $EBIT_{FK}^{Start} = EBIT_{EK}^{Start} = 100.000$:

$$\Delta s = \frac{\frac{V * \left(EBIT - 100.000\right) - 100.000}{1+V}}{EBIT} * \left(s_{g(BA)} + s_{k(BA)} + \left(1 - s_{g(BA)} - s_{k(BA)}\right) * s_a\right) + \\ + \frac{100.000}{EBIT} * \left(\sigma_{g(BA)} + \sigma_{k(BA)} + \left(1 - \sigma_{g(BA)} - \sigma_{k(BA)}\right) * s_e^{FK}\right) + \\ - \frac{100.000 + \frac{V * \left(EBIT - 100.000\right) - 100.000}{1+V}}{EBIT} * \left(\sigma_{g(BA)} + \sigma_{k(BA)} + \left(1 - \sigma_{g(BA)} - \sigma_{k(BA)}\right) * s_e^{FK(Misch)}\right) \tag{0-156d}$$

h. Angemessenheit und Fremdvergleichsmaßstab

Faktor der unangemessenen Zinszahlung

$$\beta = \frac{r_{vereinb}^{FK} - r_{ang}^{FK}}{r_{vereinb}^{FK}} \tag{0-157}$$

Ermittlung des abzugsfähigen Zinsanteils

$$Z_{BA} = (1-\beta) * Z \tag{0-158}$$

$$Z_{BA} = (1-\beta) * (1-\sigma_g - \sigma_k) \tag{0-158a}$$

$$Z_{BA} = \left(1 - \frac{r_{vereinb}^{FK} - r_{ang}^{FK}}{r_{vereinb}^{FK}}\right) * \left(1 - \frac{0{,}25 * s_g}{1 - 0{,}75 * s_g - s_k}\right) \tag{0-158b}$$

Ermittlung des nicht abzugsfähigen Zinsanteils

$$Z_{vGA} = Z - Z_{BA} \tag{0-159}$$

$$Z_{vGA} = Z - (1-\beta) * Z \tag{0-159a}$$

$$Z_{vGA} = \beta * Z \tag{0-159b}$$

$$Z_{vGA} = \beta * (1-\sigma_g - \sigma_k) \tag{0-159c}$$

$$Z_{vGA} = \left(\frac{r_{vereinb}^{FK} - r_{ang}^{FK}}{r_{vereinb}^{FK}}\right) * \left(1 - \frac{0{,}25 * s_g}{1 - 0{,}75 * s_g - s_k}\right) \tag{0-159d}$$

<u>Ermittlung des effektiven Gewerbesatzes bei Fremdfinanzierung unter Berücksichtigung der Angemessenheitsprüfung</u>

$$\xi_g = \left(1 - Z_{BA} + 0{,}25 * Z_{BA}\right) * s_g \tag{0-160}$$

$$\xi_g = \left(1 - 0{,}75 * Z_{BA}\right) * s_g \tag{0-160a}$$

$$\xi_g = \left(1 - 0{,}75 * (1 - \beta) * \left(1 - \sigma_g - \sigma_k\right)\right) * s_g \tag{0-160b}$$

$$\xi_g = \left(1 - 0{,}75 * (1 - \beta) * \left(1 - \frac{0{,}25 * s_g}{1 - 0{,}75 * s_g - s_k}\right)\right) * s_g \tag{0-160c}$$

$$\xi_g = \left(1 - 0{,}75 * \left(1 - \frac{r_{vereinb}^{FK} - r_{ang}^{FK}}{r_{vereinb}^{FK}}\right) * \left(1 - \frac{0{,}25 * s_g}{1 - 0{,}75 * s_g - s_k}\right)\right) * s_g \tag{0-160d}$$

für $s_k = 0{,}15;\ s_g = 0{,}14;\ r_{vereinb}^{FK} = 0{,}1;\ r_{ang}^{FK} = 0{,}05:$

$$\xi_g = 0{,}089966 \tag{0-160e}$$

<u>Ermittlung des effektiven Körperschaftsteuersatzes bei Fremdfinanzierung unter Berücksichtigung der Angemessenheitsprüfung</u>

$$\xi_k = \left(1 - Z_{BA}\right) * s_k \tag{0-161}$$

$$\xi_k = \left(1 - (1 - \beta) * \left(1 - \sigma_g - \sigma_k\right)\right) * s_k \tag{0-161a}$$

$$\xi_k = \left(1 - (1 - \beta) * \left(1 - \frac{0{,}25 * s_g}{1 - 0{,}75 * s_g - s_k}\right)\right) * s_k \tag{0-161b}$$

$$\xi_k = \left(1 - \left(1 - \frac{r_{vereinb}^{FK} - r_{ang}^{FK}}{r_{vereinb}^{FK}}\right) * \left(1 - \frac{0{,}25 * s_g}{1 - 0{,}75 * s_g - s_k}\right)\right) * s_k \tag{0-161c}$$

für $s_k = 0{,}15;\ s_g = 0{,}14;\ r_{vereinb}^{FK} = 0{,}1;\ r_{ang}^{FK} = 0{,}05:$

$$\xi_k = 0{,}078524 \tag{0-161d}$$

<u>Gesamtsteuerbelastung der Fremdfinanzierung unter Berücksichtigung der Angemessenheitsprüfung (partielle vGA)</u>

$$s_{FK(p)} = \xi_g + \xi_k + Z_{BA} * s_e + Z_{vGA} * s_a \qquad (0\text{-}162)$$

$$s_{FK(p)} = (1-0{,}75*(1-\beta)*(1-\sigma_g-\sigma_k))*s_g + (1-(1-\beta)*(1-\sigma_g-\sigma_k))*s_k + (1-\beta)*(1-\sigma_g-\sigma_k)*s_e + \beta*(1-\sigma_g-\sigma_k)*s_a \qquad (0\text{-}162a)$$

$$s_{FK(p)} = s_g + s_k + (1-\sigma_g-\sigma_k)*((1-\beta)*(s_e-0{,}75*s_g-s_k)+\beta*s_a) \qquad (0\text{-}162b)$$

$$s_{FK(p)} = s_g + s_k + \left(1-\frac{0{,}25*s_g}{1-0{,}75*s_g-s_k}\right)*((1-\beta)*(s_e-0{,}75*s_g-s_k)+\beta*s_a) \qquad (0\text{-}162c)$$

$$s_{FK(p)} = s_g + s_k + \left(1-\frac{0{,}25*s_g}{1-0{,}75*s_g-s_k}\right)*\left(\left(1-\frac{r^{FK}_{vereinb}-r^{FK}_{ang}}{r^{FK}_{vereinb}}\right)*(s_e-0{,}75*s_g-s_k)+\left(\frac{r^{FK}_{vereinb}-r^{FK}_{ang}}{r^{FK}_{vereinb}}\right)*s_a\right) \qquad (0\text{-}162d)$$

für $s_k = 0{,}15;\ s_g = 0{,}14;\ s_a = 0{,}25;\ s_e = 0{,}45;\ r^{FK}_{vereinb} = 0{,}1;\ r^{FK}_{ang} = 0{,}05$:

$$s_{FK(p)} = 0{,}502047 \qquad (0\text{-}162e)$$

<u>Steuervorteil der Fremdfinanzierung unter Berücksichtigung der Angemessenheitsprüfung (partielle vGA)</u>

$$\Delta s_p = s_{EK} - s_{FK(p)} \qquad (0\text{-}163)$$

$$\Delta s_p = s_g + s_k + (1-s_g-s_k)*s_a - \left(s_g + s_k + \left(1-\frac{0{,}25*s_g}{1-0{,}75*s_g-s_k}\right)*((1-\beta)*(s_e-0{,}75*s_g-s_k)+\beta*s_a)\right) \qquad (0\text{-}163a)$$

$$\Delta s_p = (1-s_g-s_k)*s_a - \left(1-\frac{0{,}25*s_g}{1-0{,}75*s_g-s_k}\right)*((1-\beta)*(s_e-0{,}75*s_g-s_k)+\beta*s_a) \qquad (0\text{-}163b)$$

$$\Delta s_p = (1-s_g-s_k)*s_a - \left(1-\frac{0{,}25*s_g}{1-0{,}75*s_g-s_k}\right)*\left(\left(1-\frac{r^{FK}_{vereinb}-r^{FK}_{ang}}{r^{FK}_{vereinb}}\right)*(s_e-0{,}75*s_g-s_k)+\left(\frac{r^{FK}_{vereinb}-r^{FK}_{ang}}{r^{FK}_{vereinb}}\right)*s_a\right) \qquad (0\text{-}163c)$$

für $s_k = 0{,}15;\ s_g = 0{,}14;\ s_a = 0{,}25;\ s_e = 0{,}45;\ r^{FK}_{vereinb} = 0{,}1;\ r^{FK}_{ang} = 0{,}05$:

$$\Delta s_p = -0{,}034547 \qquad (0\text{-}163d)$$

Einfluss des β-Niveaus auf den Steuervorteil der Fremdfinanzierung unter Berücksichtigung der Angemessenheitsprüfung (partielle vGA)

$$\Delta s_p = (1-s_g-s_k)*s_a - \left(1-\frac{0{,}25*s_g}{1-0{,}75*s_g-s_k}\right)*\left((1-\beta)*(s_e-0{,}75*s_g-s_k)+\beta*s_a\right) \quad \text{(0-163b)}$$

$$\frac{\partial \Delta s_p}{\partial \beta} = \left(1-\frac{0{,}25*s_g}{1-0{,}75*s_g-s_k}\right)*(s_e-0{,}75*s_g-s_k-s_a)<0 \quad \wedge \quad s_e < 0{,}75*s_g+s_k+s_a \quad \text{(0-164)}$$

für $s_k = 0{,}15;\ s_g = 0{,}14;\ s_a = 0{,}25$:

$$\frac{\partial \Delta s_p}{\partial \beta} < 0 \quad \wedge \quad s_e < 0{,}505 \quad \text{(0-164a)}$$

Berechnung des einkommensteuerlichen Indifferenzsteuersatzes unter Berücksichtigung der Angemessenheitsprüfung (partielle vGA)

$$s_{EK} = s_{FK(p)} \quad \text{(0-165)}$$

$$s_g+s_k+(1-s_g-s_k)*s_a = s_g+s_k+\left(1-\frac{0{,}25*s_g}{1-0{,}75*s_g-s_k}\right)*\left((1-\beta)*(s_e-0{,}75*s_g-s_k)+\beta*s_a\right) \quad \text{(0-165a)}$$

$$\hat{s}_{e(p)} = \frac{(1-s_g-s_k)*s_a+\left(1-\frac{0{,}25*s_g}{1-0{,}75*s_g-s_k}\right)*\left((1-\beta)*(0{,}75*s_g+s_k)-\beta*s_a\right)}{(1-\beta)*\left(1-\frac{0{,}25*s_g}{1-0{,}75*s_g-s_k}\right)} \quad \text{(0-165b)}$$

für $s_k = 0{,}15;\ s_g = 0{,}14;\ s_a = 0{,}25$:

$$\hat{s}_{e(p)} = \frac{0{,}420520-0{,}481275*\beta}{(1-\beta)*0{,}95302} \quad \text{(0-165c)}$$

für $\beta = 0{,}5$:

$$\hat{s}_{e(p)} = 0{,}3775 \quad \text{(0-165d)}$$

Gesamtsteuerbelastung der Fremdfinanzierung unter Berücksichtigung der Angemessenheitsprüfung (totale vGA)

$$s_{FK(t)} = s_g + s_k + Z_{vGA} * s_a \tag{0-166}$$

$$s_{FK(t)} = s_g + s_k + \beta * (1 - \sigma_g - \sigma_k) * s_a \tag{0-166a}$$

für $\beta = 1$:

$$s_{FK(t)} = s_g + s_k + (1 - \sigma_g - \sigma_k) * s_a \tag{0-166b}$$

$$s_{FK(t)} = s_g + s_k + \left(1 - \frac{0{,}25 * s_g}{1 - 0{,}75 * s_g - s_k}\right) * s_a \tag{0-166c}$$

für $s_k = 0{,}15;\ s_g = 0{,}14;\ s_a = 0{,}25$:

$$s_{FK(t)} = 0{,}528255 \tag{0-166d}$$

Steuervorteil der Fremdfinanzierung unter Berücksichtigung der Angemessenheitsprüfung (totale vGA)

$$\Delta s_t = s_{EK} - s_{FK(t)} \tag{0-167}$$

$$\Delta s_t = s_g + s_k + (1 - s_g - s_k) * s_a - \left(s_g + s_k + \left(1 - \frac{0{,}25 * s_g}{1 - 0{,}75 * s_g - s_k}\right) * s_a\right) \tag{0-167a}$$

$$\Delta s_t = \left(\frac{0{,}25 * s_g}{1 - 0{,}75 * s_g - s_k} - s_g - s_k\right) * s_a \tag{0-167b}$$

für $s_k = 0{,}15;\ s_g = 0{,}14;\ s_a = 0{,}25$:

$$\Delta s_t = -0{,}060755 \tag{0-167c}$$

<u>Beispielberechnung mit einem Einkommensteuersatz in Höhe von 35 % und einer angemessenen Bruttorendite in Höhe von 3 %</u>

- Gesamtsteuerbelastung von Eigen- und Fremdfinanzierung und Steuervorteil der Fremdfinanzierung bei verdeckter Gewinnausschüttung

$$s_{EK} = s_g + s_k + (1 - s_g - s_k) * s_a = 0{,}15 + 0{,}14 + 0{,}71 * 0{,}25 = 0{,}4675 \quad (0\text{-}17)$$

$$s_{FK} = \sigma_g + \sigma_k + (1 - \sigma_g - \sigma_k) * s_e = 0{,}04697987 + 0{,}9530201 * 0{,}35 = 0{,}380537 \quad (0\text{-}11a)$$

$$\Delta s = 0{,}4675 - 0{,}380537 = 0{,}086963 \quad (0\text{-}19c)$$

- Gesamtsteuerbelastung von Eigen- und Fremdfinanzierung und Steuervorteil der Fremdfinanzierung bei Aufdeckung der verdeckten Gewinnausschüttung

$$s_{EK} = s_g + s_k + (1 - s_g - s_k) * s_a = 0{,}15 + 0{,}14 + 0{,}71 * 0{,}25 = 0{,}4675 \quad (0\text{-}17)$$

$$s_{FK(p)} = s_g + s_k + \left(1 - \frac{0{,}25 * s_g}{1 - 0{,}75 * s_g - s_k}\right) * \left(\left(1 - \frac{r^{FK}_{vereinb} - r^{FK}_{ang}}{r^{FK}_{vereinb}}\right) * (s_e - 0{,}75 * s_g - s_k) + \left(\frac{r^{FK}_{vereinb} - r^{FK}_{ang}}{r^{FK}_{vereinb}}\right) * s_a\right) =$$

$$= 0{,}29 + 0{,}95302 * (0{,}3 * (0{,}35 - 0{,}255) + 0{,}7 * 0{,}25) = 0{,}483940 \quad (0\text{-}162d)$$

$$\Delta s_p = (1 - s_g - s_k) * s_a - \left(1 - \frac{0{,}25 * s_g}{1 - 0{,}75 * s_g - s_k}\right) * \left(\left(1 - \frac{r^{FK}_{vereinb} - r^{FK}_{ang}}{r^{FK}_{vereinb}}\right) * (s_e - 0{,}75 * s_g - s_k) + \left(\frac{r^{FK}_{vereinb} - r^{FK}_{ang}}{r^{FK}_{vereinb}}\right) * s_a\right) =$$

$$= 0{,}1775 - 0{,}95302 * (0{,}3 * (0{,}35 - 0{,}255) + 0{,}7 * 0{,}25) = -0{,}016440 \quad (0\text{-}163c)$$

Gesamtsteuerbelastung der Fremdfinanzierung unter Berücksichtigung der Angemessenheitsprüfung (partielle vGA) im Mehrperiodenmodell

$$^{dyn}s_{FK(p)} = \sum_{l=1}^{m} \frac{s_{FK}}{(1+i_s)^l} + \frac{l*(s_{FK(p)} - s_{FK})}{(1+i_s)^n} \quad \text{mit Nettozinssatz } i_s = i - i * s_a \qquad (0\text{-}168)$$

$$^{dyn}s_{FK(p)} = \sum_{l=1}^{m} \frac{\sigma_g + \sigma_k + (1-\sigma_g-\sigma_k)*s_e}{(1+i_s)^m} + \frac{l*(\xi_g + \xi_k + Z_{BA}*s_e + Z_{vGA}*s_a - (\sigma_g+\sigma_k+(1-\sigma_g-\sigma_k)*s_e))}{(1+i_s)^n}$$

(0-168a)

$$^{dyn}s_{FK(p)} = \sum_{l=1}^{m} \frac{\frac{0{,}25*s_g*(1-s_e)}{1-0{,}75*s_g-s_k}+s_e}{(1+i_s)^l} + \frac{m*s\left(_g+s_k+\left(1-\frac{0{,}25*s_g}{1-0{,}75*s_g-s_k}\right)*((1-\beta)*(s_e-0{,}75*s_g-s_k)+\beta*s_a)-\frac{0{,}25*s_g*(1-s_e)}{1-0{,}75*s_g-s_k}-s_e\right)}{(1+i_s)^n}$$

(0-168b)

für $s_k = 0{,}15;\ s_g = 0{,}14;\ s_a = 0{,}25$:

$$^{dyn}s_{FK(p)} = \sum_{l=1}^{m} \frac{\frac{0{,}035*(1-s_e)}{0{,}745}+s_e}{(1+i_s)^l} + \frac{m*\left(0{,}29+0{,}95302*((1-\beta)*(s_e-0{,}255)+\beta*0{,}25)-\frac{0{,}035*(1-s_e)}{0{,}745}-s_e\right)}{(1+i_s)^n}$$

(0-168c)

Barwert des Steuervorteils der Fremdfinanzierung unter Berücksichtigung der Angemessenheitsprüfung (partielle vGA) im Mehrperiodenmodell

$${}^{dyn}\Delta s_p = \sum_{l=1}^{m} \frac{\Delta s}{(1+i_s)^l} - \frac{m * (s_{FK(p)} - s_{FK})}{(1+i_s)^n} \quad \text{mit Nettozinssatz } i_s = i - i * s_a \tag{0-169}$$

$${}^{dyn}\Delta s_p = \sum_{l=1}^{m} \frac{s_{EK} - s_{FK}}{(1+i_s)^l} - \frac{m * (s_{FK(p)} - s_{FK})}{(1+i_s)^n} \tag{0-169a}$$

$${}^{dyn}\Delta s_p = \sum_{l=1}^{m} \frac{s_g + s_k + (1 - s_g - s_k) * s_a - \frac{0{,}25 * s_g * (1 - s_e)}{1 - 0{,}75 * s_g - s_k} - s_e}{(1+i_s)^l} + \\ - \frac{m * \left(s_g + s_k + \left(1 - \frac{0{,}25 * s_g}{1 - 0{,}75 * s_g - s_k} \right) * ((1-\beta) * (s_e - 0{,}75 * s_g - s_k) + \beta * s_a) - \frac{0{,}25 * s_g * (1 - s_e)}{1 - 0{,}75 * s_g - s_k} - s_e \right)}{(1+i_s)^n} \tag{0-169b}$$

für $s_k = 0{,}15;\ s_g = 0{,}14;\ s_a = 0{,}25;\ s_e = 0{,}35;\ i = 0{,}1;\ \beta = 0{,}7;\ m = 1;\ n = 5$:

$${}^{dyn}\Delta s_p = \sum_{l=1}^{m} \frac{0{,}4675 - 0{,}380537}{1{,}075} - \frac{0{,}483940 - 0{,}380537}{1{,}075^5} = 0{,}0088699 \tag{0-169c}$$

Gesamtsteuerbelastung bei Fremdfinanzierung unter Berücksichtigung der Angemessenheitsprüfung (Durchschnittsbetrachtung)

$$s_{FK}^{vGA} = \frac{EBIT_{EK}^{Start}}{EBIT} * \left(s_g + s_k + (1 - s_g - s_k) * s_a\right) + \frac{EBIT_{FK}^{Start}}{EBIT} * \left(\sigma_g + \sigma_k + (1 - \sigma_g - \sigma_k) * s_e\right) + \\ + \frac{EBIT_{FK}^{Grenz}}{EBIT} * \left(\xi_g + \xi_k + Z_{BA} * s_e + Z_{vGA} * s_a\right) \quad (0\text{-}170)$$

$$\text{mit } s_e = \begin{cases} \dfrac{0{,}42 * \left(\left(EBIT_{FK}^{Start} + (1-\beta) * EBIT_{FK}^{Grenz}\right) * (1 - \sigma_g - \sigma_k)\right) - 8.064}{\left(EBIT_{FK}^{Start} + (1-\beta) * EBIT_{FK}^{Grenz}\right) * (1 - \sigma_g - \sigma_k)} & \text{für } \left(EBIT_{FK}^{Start} + (1-\beta) * EBIT_{FK}^{Grenz}\right) \in \left[\dfrac{52.552}{1 - \sigma_g - \sigma_k}; \dfrac{250.400}{1 - \sigma_g - \sigma_k}\right] \\ \dfrac{0{,}45 * \left(\left(EBIT_{FK}^{Start} + (1-\beta) * EBIT_{FK}^{Grenz}\right) * (1 - \sigma_g - \sigma_k)\right) - 15.576}{\left(EBIT_{FK}^{Start} + (1-\beta) * EBIT_{FK}^{Grenz}\right) * (1 - \sigma_g - \sigma_k)} & \text{für } \left(EBIT_{FK}^{Start} + (1-\beta) * EBIT_{FK}^{Grenz}\right) \in \left[\dfrac{250.401}{1 - \sigma_g - \sigma_k}; +\infty\right[\end{cases}$$

$$s_{FK}^{vGA} = \frac{EBIT_{EK}^{Start}}{EBIT} * \left(s_g + s_k + (1 - s_g - s_k) * s_a\right) + \frac{EBIT_{FK}^{Start}}{EBIT} * \left(\sigma_g + \sigma_k + (1 - \sigma_g - \sigma_k) * s_e\right) + \\ + \frac{EBIT_{FK}^{Grenz}}{EBIT} * \left(s_g + s_k + \left(1 - \frac{0{,}25 * s_g}{1 - 0{,}75 * s_g - s_k}\right) * \left((1-\beta) * (s_e - 0{,}75 * s_g - s_k) + \beta * s_a\right)\right)$$

$$\text{mit } s_e = \begin{cases} \dfrac{0{,}42 * \left(\left(EBIT_{FK}^{Start} + (1-\beta) * EBIT_{FK}^{Grenz}\right) * (1 - \sigma_g - \sigma_k)\right) - 8.064}{\left(EBIT_{FK}^{Start} + (1-\beta) * EBIT_{FK}^{Grenz}\right) * (1 - \sigma_g - \sigma_k)} & \text{für } \left(EBIT_{FK}^{Start} + (1-\beta) * EBIT_{FK}^{Grenz}\right) \in \left[\dfrac{52.552}{1 - \sigma_g - \sigma_k}; \dfrac{250.400}{1 - \sigma_g - \sigma_k}\right] \\ \dfrac{0{,}45 * \left(\left(EBIT_{FK}^{Start} + (1-\beta) * EBIT_{FK}^{Grenz}\right) * (1 - \sigma_g - \sigma_k)\right) - 15.576}{\left(EBIT_{FK}^{Start} + (1-\beta) * EBIT_{FK}^{Grenz}\right) * (1 - \sigma_g - \sigma_k)} & \text{für } \left(EBIT_{FK}^{Start} + (1-\beta) * EBIT_{FK}^{Grenz}\right) \in \left[\dfrac{250.401}{1 - \sigma_g - \sigma_k}; +\infty\right[\end{cases}$$

(0-170a)

für $s_k = 0{,}15;\ s_g = 0{,}14;\ s_a = 0{,}25;\ \beta = 0{,}5;\ EBIT_{EK}^{Start} = EBIT_{FK}^{Start} = 100$ T€; $EBIT = 300$ T€:

$$s_{FK}^{vGA} = \frac{100.000}{300.000} * 0{,}4675 + \frac{100.000}{300.000} * 0{,}393488 + \frac{100.000}{300.000} * 0{,}460872 = 0{,}440617 \quad (0\text{-}170b)$$

<u>Steuervorteil der Fremdfinanzierung unter Berücksichtigung der Angemessenheitsprüfung (Durchschnittsbetrachtung)</u>

$$\Delta s^{D} = s_{EK} - s_{FK}^{vGA} \tag{0-171}$$

$$\Delta s^{D} = \frac{EBIT_{FK}^{Start}}{EBIT} * \left(\sigma_g + \sigma_k + (1-\sigma_g-\sigma_k) * s_e^{EK}\right) + \frac{EBIT - EBIT_{FK}^{Start}}{EBIT} * \left(s_g + s_k + (1-s_g-s_k) * s_a\right) +$$
$$- \frac{EBIT_{EK}^{Start}}{EBIT} * \left(s_g + s_k + (1-s_g-s_k) * s_a\right) - \frac{EBIT_{FK}^{Start}}{EBIT} * \left(\sigma_g + \sigma_k + (1-\sigma_g-\sigma_k) * s_e^{FK}\right) +$$
$$- \frac{EBIT_{FK}^{Grenz}}{EBIT} * \left(s_g + s_k + \left(1 - \frac{0{,}25 * s_g}{1 - 0{,}75 * s_g - s_k}\right) * \left((1-\beta) * \left(s_e^{FK} - 0{,}75 * s_g - s_k\right) + \beta * s_a\right)\right)$$

$$\text{mit } s_e^{EK} = \frac{0{,}42 * \left(EBIT_{FK}^{Start} * (1-\sigma_g-\sigma_k)\right) - 8.064}{EBIT_{FK}^{Start} * (1-\sigma_g-\sigma_k)} \text{ für } EBIT_{FK}^{Start} = 100.000$$

$$\text{mit } s_e^{FK} = \begin{cases} \dfrac{0{,}42 * \left(\left(EBIT_{FK}^{Start} + (1-\beta) * EBIT_{FK}^{Grenz}\right) * (1-\sigma_g-\sigma_k)\right) - 8.064}{\left(EBIT_{FK}^{Start} + (1-\beta) * EBIT_{FK}^{Grenz}\right) * (1-\sigma_g-\sigma_k)} & \text{für } \left(EBIT_{FK}^{Start} + (1-\beta) * EBIT_{FK}^{Grenz}\right) \in \left[\dfrac{52.552}{1-\sigma_g-\sigma_k}; \dfrac{250.400}{1-\sigma_g-\sigma_k}\right] \\ \dfrac{0{,}45 * \left(\left(EBIT_{FK}^{Start} + (1-\beta) * EBIT_{FK}^{Grenz}\right) * (1-\sigma_g-\sigma_k)\right) - 15.576}{\left(EBIT_{FK}^{Start} + (1-\beta) * EBIT_{FK}^{Grenz}\right) * (1-\sigma_g-\sigma_k)} & \text{für } \left(EBIT_{FK}^{Start} + (1-\beta) * EBIT_{FK}^{Grenz}\right) \in \left[\dfrac{250.401}{1-\sigma_g-\sigma_k}; +\infty\right[\end{cases} \tag{0-171a}$$

$$\Delta s^{D} = \frac{EBIT_{FK}^{Start}}{EBIT} * \left((1-\sigma_g-\sigma_k) * \left(s_e^{EK} - s_e^{FK}\right)\right) + \frac{EBIT - EBIT_{FK}^{Start} - EBIT_{EK}^{Start}}{EBIT} * \left(s_g + s_k + (1-s_g-s_k) * s_a\right) +$$
$$- \frac{EBIT_{FK}^{Grenz}}{EBIT} * \left(s_g + s_k + \left(1 - \frac{0{,}25 * s_g}{1 - 0{,}75 * s_g - s_k}\right) * \left((1-\beta) * \left(s_e^{FK} - 0{,}75 * s_g - s_k\right) + \beta * s_a\right)\right) \tag{0-171b}$$

für $s_k = 0{,}15;\ s_g = 0{,}14;\ s_a = 0{,}25;\ EBIT_{EK}^{Start} = EBIT_{FK}^{Start} = 100 \text{ T€}$:

$$\Delta s^{D} = \frac{95.302 * \left(s_e^{EK} - s_e^{FK}\right)}{EBIT} + \frac{0{,}4675 * EBIT - 93.500}{EBIT} +$$
$$- \frac{EBIT - 200.000}{EBIT} * \left(0{,}29 + 0{,}95302 * \left((1-\beta) * \left(s_e^{FK} - 0{,}255\right) + \beta * 0{,}25\right)\right) \tag{0-171c}$$

für $s_k = 0{,}15;\ s_g = 0{,}14;\ s_a = 0{,}25;\ \beta = 0{,}5;\ EBIT_{EK}^{Start} = EBIT_{FK}^{Start} = 100 \text{ T€};\ EBIT = 300 \text{ T€}$:

$$\Delta s^{D} = \frac{100.000}{300.000} * (-0{,}02688) + \frac{100.000}{300.000} * 0{,}4675 - \frac{100.000}{300.000} * 0{,}460872 = -0{,}006751 \tag{0-171d}$$

Berechnung der personal-tax-penalty

$$ptp = \left(1 - \sigma_g - \sigma_k\right) * \left(s_e^{EK} - s_e^{FK}\right) \tag{0-172}$$

$$ptp = \left(1 - \frac{0{,}25 * s_g}{1 - 0{,}75 * s_g - s_k}\right) * \left(s_e^{EK} - s_e^{FK}\right)$$

$$\text{mit } s_e^{EK} = \frac{0{,}42 * \left(EBIT_{FK}^{Start} * \left(1 - \sigma_g - \sigma_k\right)\right) - 8.064}{EBIT_{FK}^{Start} * \left(1 - \sigma_g - \sigma_k\right)} \text{ für } EBIT_{FK}^{Start} = 100.000$$

$$\text{mit } s_e^{FK} = \begin{cases} \dfrac{0{,}42 * \left(\left(EBIT_{FK}^{Start} + (1-\beta) * EBIT_{FK}^{Grenz}\right) * \left(1 - \sigma_g - \sigma_k\right)\right) - 8.064}{\left(EBIT_{FK}^{Start} + (1-\beta) * EBIT_{FK}^{Grenz}\right) * \left(1 - \sigma_g - \sigma_k\right)} & \text{für } \left(EBIT_{FK}^{Start} + (1-\beta) * EBIT_{FK}^{Grenz}\right) \in \left[\dfrac{52.552}{1 - \sigma_g - \sigma_k}; \dfrac{250.400}{1 - \sigma_g - \sigma_k}\right] \\ \dfrac{0{,}45 * \left(\left(EBIT_{FK}^{Start} + (1-\beta) * EBIT_{FK}^{Grenz}\right) * \left(1 - \sigma_g - \sigma_k\right)\right) - 15.576}{\left(EBIT_{FK}^{Start} + (1-\beta) * EBIT_{FK}^{Grenz}\right) * \left(1 - \sigma_g - \sigma_k\right)} & \text{für } \left(EBIT_{FK}^{Start} + (1-\beta) * EBIT_{FK}^{Grenz}\right) \in \left[\dfrac{250.401}{1 - \sigma_g - \sigma_k}; +\infty\right[\end{cases} \tag{0-172a}$$

für $s_k = 0{,}15; s_g = 0{,}14; \beta = 0{,}5; EBIT_{EK}^{Start} = EBIT_{FK}^{Start} = 100 \text{ T€}; EBIT = 300 \text{ T€}$:

$$ptp = 0{,}95302 * \left(0{,}335385 - 0{,}363590\right) = -0{,}02688 \tag{0-172b}$$

<u>Effektive Gesamtsteuerbelastung unter Berücksichtigung der Angemessenheitsprüfung (Mischfinanzierung)</u>

$$s_{Misch}^{vGA} = \underbrace{\frac{EBIT_{EK}^{Start} + EBIT_{EK}^{Grenz}}{EBIT} * \left(s_g + s_k + (1 - s_g - s_k) * s_a\right)}_{\substack{\text{Steuerbelastung der Start(Eigen-)kapitalausstattung und} \\ \text{der Grenz(Eigen-)kapitalausstattung}}} + \underbrace{\frac{EBIT_{FK}^{Start}}{EBIT} * \left(\sigma_g + \sigma_k + (1 - \sigma_g - \sigma_k) * s_e\right)}_{\text{Steuerbelastung der Start(Fremd-)kapitalausstattung}} +$$

$$+ \underbrace{\frac{EBIT_{FK}^{Grenz}}{EBIT} * \left(\xi_g + \xi_k + Z_{BA} * s_e + Z_{vGA} * s_a\right)}_{\text{Steuerbelastung der Grenz(Fremd-)kapitalausstattung}}$$

$$\text{mit } s_e = \begin{cases} \dfrac{0{,}42 * \left(\left(EBIT_{FK}^{Start} + (1-\beta) * EBIT_{FK}^{Grenz}\right) * (1 - \sigma_g - \sigma_k)\right) - 8.064}{\left(EBIT_{FK}^{Start} + (1-\beta) * EBIT_{FK}^{Grenz}\right) * (1 - \sigma_g - \sigma_k)} & \text{für } \left(EBIT_{FK}^{Start} + (1-\beta) * EBIT_{FK}^{Grenz}\right) \in \left[\dfrac{52.552}{1 - \sigma_g - \sigma_k}; \dfrac{250.400}{1 - \sigma_g - \sigma_k}\right] \\ \dfrac{0{,}45 * \left(\left(EBIT_{FK}^{Start} + (1-\beta) * EBIT_{FK}^{Grenz}\right) * (1 - \sigma_g - \sigma_k)\right) - 15.576}{\left(EBIT_{FK}^{Start} + (1-\beta) * EBIT_{FK}^{Grenz}\right) * (1 - \sigma_g - \sigma_k)} & \text{für } \left(EBIT_{FK}^{Start} + (1-\beta) * EBIT_{FK}^{Grenz}\right) \in \left[\dfrac{250.401}{1 - \sigma_g - \sigma_k}; +\infty\right[\end{cases}$$

(0-173)

$$s_{Misch}^{vGA} = \underbrace{\frac{EBIT_{EK}^{Start} + EBIT_{EK}^{Grenz}}{EBIT} * \left(s_g + s_k + (1 - s_g - s_k) * s_a\right)}_{\substack{\text{Steuerbelastung der (Start-)Eigenkapitalausstattung und} \\ \text{der (Grenz-)Eigenkapitalausstattung}}} + \underbrace{\frac{EBIT_{FK}^{Start}}{EBIT} * \left(\sigma_g + \sigma_k + (1 - \sigma_g - \sigma_k) * s_e\right)}_{\text{Steuerbelastung der (Start-)Fremdkapitalausstattung}} +$$

$$+ \underbrace{\frac{EBIT_{FK}^{Grenz}}{EBIT} * \left(s_g + s_k + \left(1 - \frac{0{,}25 * s_g}{1 - 0{,}75 * s_g - s_k}\right) * \left((1-\beta) * \left(s_e - 0{,}75 * s_g - s_k\right) + \beta * s_a\right)\right)}_{\text{Steuerbelastung der (Grenz-)Fremdkapitalausstattung}}$$

$$\text{mit } s_e = \begin{cases} \dfrac{0{,}42 * \left(\left(EBIT_{FK}^{Start} + (1-\beta) * EBIT_{FK}^{Grenz}\right) * (1 - \sigma_g - \sigma_k)\right) - 8.064}{\left(EBIT_{FK}^{Start} + (1-\beta) * EBIT_{FK}^{Grenz}\right) * (1 - \sigma_g - \sigma_k)} & \text{für } \left(EBIT_{FK}^{Start} + (1-\beta) * EBIT_{FK}^{Grenz}\right) \in \left[\dfrac{52.552}{1 - \sigma_g - \sigma_k}; \dfrac{250.400}{1 - \sigma_g - \sigma_k}\right] \\ \dfrac{0{,}45 * \left(\left(EBIT_{FK}^{Start} + (1-\beta) * EBIT_{FK}^{Grenz}\right) * (1 - \sigma_g - \sigma_k)\right) - 15.576}{\left(EBIT_{FK}^{Start} + (1-\beta) * EBIT_{FK}^{Grenz}\right) * (1 - \sigma_g - \sigma_k)} & \text{für } \left(EBIT_{FK}^{Start} + (1-\beta) * EBIT_{FK}^{Grenz}\right) \in \left[\dfrac{250.401}{1 - \sigma_g - \sigma_k}; +\infty\right[\end{cases}$$

(0-173a)

Steuervorteil der Fremdfinanzierung (Mischfinanzierung)

$$\Delta s = s_{EK} - s_{Misch}^{vGA} \tag{0-174}$$

$$\Delta s = \frac{EBIT_{FK}^{Start}}{EBIT} * \left(\sigma_g + \sigma_k + (1-\sigma_g-\sigma_k) * s_e^{EK}\right) + \frac{EBIT - EBIT_{FK}^{Start}}{EBIT} * \left(s_g + s_k + (1-s_g-s_k) * s_a\right) +$$
$$- \frac{EBIT_{EK}^{Start} + EBIT_{EK}^{Grenz}}{EBIT} * \left(s_g + s_k + (1-s_g-s_k) * s_a\right) - \frac{EBIT_{FK}^{Start}}{EBIT} * \left(\sigma_g + \sigma_k + (1-\sigma_g-\sigma_k) * s_e^{FK(Misch)}\right) +$$
$$- \frac{EBIT_{FK}^{Grenz}}{EBIT} * \left(s_g + s_k + \left(1 - \frac{0{,}25 * s_g}{1 - 0{,}75 * s_g - s_k}\right) * \left((1-\beta) * \left(s_e^{FK(Misch)} - 0{,}75 * s_g - s_k\right) + \beta * s_a\right)\right)$$

$$\text{mit } s_e^{EK} = \frac{0{,}42 * EBIT_{FK}^{Start} * (1-\sigma_g-\sigma_k) - 8.064}{EBIT_{FK}^{Start} * (1-\sigma_g-\sigma_k)} \quad \text{für } EBIT_{FK}^{Start} \in \left[\frac{52.552}{(1-\sigma_g-\sigma_k)}; \frac{250.400}{(1-\sigma_g-\sigma_k)}\right]$$

und

$$\text{mit } s_e^{FK(Misch)} = \begin{cases} \dfrac{0{,}42 * \left(EBIT_{FK}^{Start} + (1-\beta) * EBIT_{FK}^{Grenz}\right) * (1-\sigma_g-\sigma_k) - 8.064}{\left(EBIT_{FK}^{Start} + (1-\beta) * EBIT_{FK}^{Grenz}\right) * (1-\sigma_g-\sigma_k)} & \text{für } \left(EBIT_{FK}^{Start} + (1-\beta) * EBIT_{FK}^{Grenz}\right) \in \left[\dfrac{52.552}{(1-\sigma_g-\sigma_k)}; \dfrac{250.400}{(1-\sigma_g-\sigma_k)}\right] \\ \dfrac{0{,}45 * \left(EBIT_{FK}^{Start} + (1-\beta) * EBIT_{FK}^{Grenz}\right) * (1-\sigma_g-\sigma_k) - 15.576}{\left(EBIT_{FK}^{Start} + (1-\beta) * EBIT_{FK}^{Grenz}\right) * (1-\sigma_g-\sigma_k)} & \text{für } \left(EBIT_{FK}^{Start} + (1-\beta) * EBIT_{FK}^{Grenz}\right) \in \left[\dfrac{250.401}{(1-\sigma_g-\sigma_k)}; +\infty\right[\end{cases}$$

(0-174a)

$$\Delta s = \frac{EBIT_{FK}^{Start}}{EBIT} * \left((1-\sigma_g-\sigma_k) * \left(s_e^{EK} - s_e^{FK(Misch)}\right)\right) +$$
$$+ \frac{EBIT_{FK}^{Grenz}}{EBIT} * \left((1-s_g-s_k) * s_a - \left(1 - \frac{0{,}25 * s_g}{1 - 0{,}75 * s_g - s_k}\right) * \left((1-\beta) * \left(s_e^{FK(Misch)} - 0{,}75 * s_g - s_k\right) + \beta * s_a\right)\right)$$

(0-174b)

$$\text{mit } EBIT_{FK}^{Grenz} = \frac{V * \left(EBIT - EBIT_{FK}^{Start}\right) - EBIT_{FK}^{Start}}{1+V}:$$

$$\Delta s = \frac{EBIT_{FK}^{Start}}{EBIT} * \left((1-\sigma_g-\sigma_k) * \left(s_e^{EK} - s_e^{FK(Misch)}\right)\right) +$$
$$+ \frac{\frac{V * \left(EBIT - EBIT_{FK}^{Start}\right) - EBIT_{FK}^{Start}}{1+V}}{EBIT} * \left((1-s_g-s_k) * s_a - \left(1 - \frac{0{,}25 * s_g}{1 - 0{,}75 * s_g - s_k}\right) * \left((1-\beta) * \left(s_e^{FK(Misch)} - 0{,}75 * s_g - s_k\right) + \beta * s_a\right)\right)$$

(0-174c)

i. Zinsschranke

Ermittlung der abzugsfähigen Zinszahlung

- Zinszahlung

$$Z_{ZS} = (1 - \varsigma_g - \varsigma_k) \quad (0\text{-}175)$$

$$Z_{ZS} = Z_{BA} + Z_{naBA} \quad (0\text{-}176)$$

- Nicht abzugsfähige Zinszahlung (Z_{naBA})

mit α = Faktor der Zinsschranke (derzeit 30 %)

$$Z_{naBA} = (1 - \varsigma_g - \varsigma_k - \alpha) \quad (0\text{-}177)$$

$$Z_{naBA}^{\alpha=0,3} = (1 - \varsigma_g - \varsigma_k - 0{,}3) \quad (0\text{-}177a)$$

- Abzugsfähige Zinszahlung (Z_{BA})

$$Z_{BA} = (1 - \varsigma_g - \varsigma_k - Z_{naBA}) \quad (0\text{-}178)$$

$$Z_{BA} = (1 - \varsigma_g - \varsigma_k - (1 - \varsigma_g - \varsigma_k - \alpha)) = \alpha \quad (0\text{-}178a)$$

$$Z_{BA}^{\alpha=0,3} = (1 - \varsigma_g - \varsigma_k - (1 - \varsigma_g - \varsigma_k - 0{,}3)) = 0{,}3 \quad (0\text{-}178b)$$

Ermittlung des effektiven Gewerbesatzes bei Fremdfinanzierung unter Berücksichtigung der Zinsschranke

$$\varsigma_g = (1 - Z_{BA} + 0{,}25 * Z_{BA}) * s_g \quad (0\text{-}179)$$

$$\varsigma_g = (1 - 0{,}75 * Z_{BA}) * s_g \quad (0\text{-}179a)$$

$$\varsigma_g = (1 - 0{,}75 * (1 - \varsigma_g - \varsigma_k - naBA)) * s_g \quad (0\text{-}179b)$$

$$\varsigma_g = (1 - 0{,}75 * (1 - \varsigma_g - \varsigma_k - (1 - \varsigma_g - \varsigma_k - \alpha))) * s_g \quad (0\text{-}179c)$$

$$\varsigma_g = (1 - 0{,}75 * \alpha) * s_g \quad (0\text{-}179d)$$

$$\varsigma_g^{\alpha=0,3} = (1 - 0{,}75 * 0{,}3) * s_g = 0{,}775 * 0{,}14 = 0{,}1085 \quad (0\text{-}179e)$$

$$\varsigma_g^{\alpha=0,5} = (1 - 0{,}75 * 0{,}5) * s_g = 0{,}625 * 0{,}14 = 0{,}0875 \quad (0\text{-}179f)$$

<u>Ermittlung des effektiven Körperschaftsteuersatzes bei Fremdfinanzierung unter Berücksichtigung der Zinsschranke</u>

$$\varsigma_k = (1 - Z_{ZS} + Z_{naBA}) * s_k \tag{0-180}$$

$$\varsigma_k = (1 - Z_{BA}) * s_k \tag{0-180a}$$

$$\varsigma_k = (1 - \alpha) * s_k \tag{0-180b}$$

$$\varsigma_k^{\alpha=0,3} = (1 - 0{,}3) * s_k = 0{,}7 * s_k = 0{,}7 * 0{,}15 = 0{,}1050 \tag{0-180c}$$

$$\varsigma_k^{\alpha=0,5} = (1 - 0{,}5) * s_k = 0{,}5 * s_k = 0{,}5 * 0{,}15 = 0{,}075 \tag{0-180d}$$

<u>Ermittlung der maximalen Zinszahlung (cash) bei Zinsschrankenwirkung</u>

$$Z_{ZS} = Z_{BA} + Z_{naBA} \tag{0-176}$$

$$Z_{ZS} = 0{,}3 + (1 - \varsigma_g - \varsigma_k - \alpha) = 0{,}3 + 1 - (1 - 0{,}75 * \alpha) * s_g - (1 - \alpha) * s_k - \alpha \tag{0-176a}$$

$$Z_{ZS} = 1 - (1 - 0{,}75 * \alpha) * s_g - (1 - \alpha) * s_k \tag{0-176b}$$

$$Z_{ZS}^{s_k=0,15;s_g=0,14;\alpha=0,3} = 1 - 0{,}1085 - 0{,}1050 = 0{,}7865 \tag{0-176c}$$

<u>Ermittlung der Gesamtsteuerbelastung bei Fremdfinanzierung</u>

$$s_{FK} = \begin{cases} \sigma_g + \sigma_k + (1 - \sigma_g - \sigma_k) * s_e & \text{für } Z * EBIT < 3.000.000 \\ \varsigma_g + \varsigma_k + (1 - \varsigma_g - \varsigma_k) * s_e & \text{für } Z * EBIT \geq 3.000.000 \end{cases} \tag{0-181}$$

$$s_{FK} = \begin{cases} \sigma_g * (1 - s_e) + \sigma_k * (1 - s_e) + s_e & \text{für } (1 - \sigma_g - \sigma_k) * EBIT < 3.000.000 \\ \varsigma_g * (1 - s_e) + \varsigma_k * (1 - s_e) + s_e & \text{für } (1 - \sigma_g - \sigma_k) * EBIT \geq 3.000.000 \end{cases} \tag{0-181a}$$

$$s_{FK} = \begin{cases} \dfrac{0{,}25 * s_g * (1 - s_e)}{1 - 0{,}75 * s_g - s_k} + s_e & \text{für } EBIT * (1 - \sigma_g - \sigma_k) < 3.000.000 \\ (1 - 0{,}75 * \alpha) * s_g * (1 - s_e) + (1 - \alpha) * s_k * (1 - s_e) + s_e & \text{für } EBIT * (1 - \sigma_g - \sigma_k) \geq 3.000.000 \end{cases} \tag{0-181b}$$

für $EBIT * (1 - \sigma_g - \sigma_k) \geq 3.000.000; s_g = 0{,}14; s_k = 0{,}15; s_e = 0{,}45; \alpha = 0{,}3$:

$$s_{FK} = 0{,}1085 * 0{,}55 + 0{,}105 * 0{,}55 + 0{,}45 = 0{,}567425 \tag{0-181c}$$

Steuervorteil der Fremdfinanzierung

$$\Delta s = s_{EK} - s_{FK} \tag{0-182}$$

für $EBIT * (1 - \sigma_g - \sigma_k) < 3.000.000$:

$$\Delta s = s_g + s_k + (1 - s_g - s_k) * s_a - \frac{0{,}25 * s_g * (1 - s_e)}{1 - 0{,}75 * s_g - s_k} - s_e \tag{0-182a}$$

für $EBIT * (1 - \sigma_g - \sigma_k) \geq 3.000.000$:

$$\Delta s = s_g + s_k + (1 - s_g - s_k) * s_a - (1 - 0{,}75 * \alpha) * s_g * (1 - s_e) - (1 - \alpha) * s_k * (1 - s_e) - s_e \tag{0-182b}$$

$$\Delta s = s_g + s_k + (1 - s_g - s_k) * s_a + (s_g + s_k) * (s_e - 1) - s_e + \alpha * ((0{,}75 * s_g + s_k) * (1 - s_e)) \tag{0-182c}$$

$$\Delta s = (s_g + s_k - 1) * s_e + (1 - s_g - s_k) * s_a + ((0{,}75 * s_g + s_k) * (1 - s_e)) * \alpha \tag{0-182d}$$

$$\Delta s^{s_g=0,14; s_k=0,15; s_e=0,45; s_a=0,25; \alpha=0,0} = -0{,}142 \tag{0-182e}$$

$$\Delta s^{s_g=0,14; s_k=0,15; s_e=0,45; s_a=0,25; \alpha=0,3} = -0{,}099925 \tag{0-182f}$$

$$\Delta s^{s_g=0,14; s_k=0,15; s_e=0,45; s_a=0,25; \alpha=0,5} = -0{,}071875 \tag{0-182g}$$

Einfluss des α-Niveaus auf den Steuervorteil der Fremdfinanzierung

$$\frac{\partial \Delta s}{\partial \alpha} = \begin{cases} 0, & \text{für } EBIT * (1 - \sigma_g - \sigma_k) < 3.000.000 \\ (0{,}75 * s_g + s_k) * (1 - s_e), & \text{für } EBIT * (1 - \sigma_g - \sigma_k) \geq 3.000.000 \end{cases} \tag{0-183}$$

Abzugsfähige Zinszahlung (Durchschnittsbetrachtung mit Startkapital)

$$Z_{BA}^{D} = \frac{EBIT * \alpha}{EBIT - EBIT_{EK}^{Start}} \tag{0-184}$$

Ermittlung des effektiven Gewerbesatzes bei Fremdfinanzierung unter Berücksichtigung der Zinsschranke (Durchschnittsbetrachtung mit Startkapital)

$$\varsigma_g^D = \left(1 - 0{,}75 * Z_{BA}^D\right) * s_g \tag{0-185}$$

$$\varsigma_g^D = \left(1 - 0{,}75 * \frac{EBIT * \alpha}{EBIT - EBIT_{EK}^{Start}}\right) * s_g \tag{0-185a}$$

Ermittlung des effektiven Körperschaftsteuersatzes bei Fremdfinanzierung unter Berücksichtigung der Zinsschranke (Durchschnittsbetrachtung mit Startkapital)

$$\varsigma_k^D = \left(1 - Z_{BA}^D\right) * s_k \tag{0-186}$$

$$\varsigma_k^D = \left(1 - \frac{EBIT * \alpha}{EBIT - EBIT_{EK}^{Start}}\right) * s_k \tag{0-186a}$$

Ermittlung der maximalen Zinszahlung (cash) bei Zinsschrankenwirkung (Durchschnittsbetrachtung mit Startkapital)

$$Z_{ZS}^D = Z_{BA}^D + Z_{naBA}^D \tag{0-187}$$

$$Z_{ZS}^D = 1 - \varsigma_g^D - \varsigma_k^D \tag{0-187a}$$

$$Z_{ZS}^D = 1 - \left(1 - 0{,}75 * \frac{EBIT * \alpha}{EBIT - EBIT_{EK}^{Start}}\right) * s_g - \left(1 - \frac{EBIT * \alpha}{EBIT - EBIT_{EK}^{Start}}\right) * s_k \tag{0-187b}$$

Durchschnittliche Gesamtsteuerbelastung und Steuervorteil der Fremdfinanzierung bei Zinsschrankenwirkung für $EBIT > 200$ T€

- Bei Eigenfinanzierung

für $EBIT_{FK}^{Start} * (1-\sigma_g-\sigma_k) < 3.000.000$:

$$s_{EK}^{ZS} = s_{EK}^{Progression} = \frac{EBIT_{FK}^{Start}}{EBIT} * \left(\sigma_g + \sigma_k + (1-\sigma_g-\sigma_k) * s_e^{EK}\right) + \frac{EBIT - EBIT_{FK}^{Start}}{EBIT} * \left(s_g + s_k + (1-s_g-s_k) * s_a\right)$$

$$\text{mit } s_e^{EK} = \frac{0{,}42 * \left(EBIT_{FK}^{Start} * (1-\sigma_g-\sigma_k)\right) - 8.064}{EBIT_{FK}^{Start} * (1-\sigma_g-\sigma_k)} \text{ für } EBIT_{FK}^{Start} = 100.000 \tag{0-188}$$

- Bei Fremdfinanzierung:

für $(EBIT_{FK}^{Start} + EBIT_{FK}^{Grenz}) * (1-\sigma_g-\sigma_k) < 3.000.000$ und

für $(EBIT_{FK}^{Start} + EBIT_{FK}^{Grenz}) * (1-\sigma_g-\sigma_k) \geq 3.000.000 \wedge (EBIT_{FK}^{Start} + EBIT_{FK}^{Grenz}) * (1-\sigma_g-\sigma_k) < \alpha * EBIT$:

$$s_{FK}^{ZS} = s_{FK}^{Progression} = \frac{EBIT - EBIT_{EK}^{Start}}{EBIT} * \left(\sigma_g + \sigma_k + (1-\sigma_g-\sigma_k) * s_e^{FK}\right) + \frac{EBIT_{EK}^{Start}}{EBIT} * \left(s_g + s_k + (1-s_g-s_k) * s_a\right)$$

$$\text{mit } s_e^{FK} = \begin{cases} \dfrac{0{,}42 * \left((EBIT - EBIT_{EK}^{Start}) * (1-\sigma_g-\sigma_k)\right) - 8.064}{(EBIT - EBIT_{EK}^{Start}) * (1-\sigma_g-\sigma_k)} & \text{für } (\text{EBIT-}EBIT_{EK}^{Start}) \in \left[\dfrac{52.552}{1-\sigma_g-\sigma_k}; \dfrac{250.400}{1-\sigma_g-\sigma_k}\right] \\[2ex] \dfrac{0{,}45 * \left((EBIT - EBIT_{EK}^{Start}) * (1-\sigma_g-\sigma_k)\right) - 15.576}{(EBIT - EBIT_{EK}^{Start}) * (1-\sigma_g-\sigma_k)} & \text{für } (\text{EBIT-}EBIT_{EK}^{Start}) \in \left[\dfrac{250.401}{1-\sigma_g-\sigma_k}; +\infty\right[\end{cases} \tag{0-189}$$

für $(EBIT_{FK}^{Start} + EBIT_{FK}^{Grenz}) * (1-\sigma_g-\sigma_k) \geq 3.000.000 \wedge (EBIT_{FK}^{Start} + EBIT_{FK}^{Grenz}) * (1-\sigma_g-\sigma_k) \geq \alpha * EBIT$:

$$s_{FK}^{ZS} = \frac{EBIT - EBIT_{EK}^{Start}}{EBIT} * \left(\varsigma_g^D + \varsigma_k^D + (1-\varsigma_g^D-\varsigma_k^D) * s_e\right) + \frac{EBIT_{EK}^{Start}}{EBIT} * \left(s_g + s_k + (1-s_g-s_k) * s_a\right)$$

$$\text{mit } s_e^{FK} = \begin{cases} \dfrac{0{,}42 * \left((EBIT - EBIT_{EK}^{Start}) * (1-\varsigma_g^D-\varsigma_k^D)\right) - 8.064}{(EBIT - EBIT_{EK}^{Start}) * (1-\varsigma_g^D-\varsigma_k^D)} & \text{für } (\text{EBIT-}EBIT_{EK}^{Start}) \in \left[\dfrac{52.552}{1-\varsigma_g^D-\varsigma_k^D}; \dfrac{250.400}{1-\varsigma_g^D-\varsigma_k^D}\right] \\[2ex] \dfrac{0{,}45 * \left((EBIT - EBIT_{EK}^{Start}) * (1-\varsigma_g^D-\varsigma_k^D)\right) - 15.576}{(EBIT - EBIT_{EK}^{Start}) * (1-\varsigma_g^D-\varsigma_k^D)} & \text{für } (\text{EBIT-}EBIT_{EK}^{Start}) \in \left[\dfrac{250.401}{1-\varsigma_g^D-\varsigma_k^D}; +\infty\right[\end{cases} \tag{0-189a}$$

- Steuervorteil der Fremdfinanzierung:

$$\Delta s^{D} = s_{EK}^{ZS} - s_{FK}^{ZS} \tag{0-190}$$

für $\left(EBIT_{FK}^{Start} + EBIT_{FK}^{Grenz}\right) * \left(1-\sigma_g - \sigma_k\right) < 3.000.000$ und

für $\left(EBIT_{FK}^{Start} + EBIT_{FK}^{Grenz}\right) * \left(1-\sigma_g - \sigma_k\right) \geq 3.000.000 \wedge \left(EBIT_{FK}^{Start} + EBIT_{FK}^{Grenz}\right) * \left(1-\sigma_g - \sigma_k\right) < \alpha * EBIT$:

$$\Delta s^{D} = \frac{EBIT_{FK}^{Start}}{EBIT} * \left(\sigma_g + \sigma_k + \left(1-\sigma_g-\sigma_k\right) * s_e^{EK}\right) + \frac{EBIT - EBIT_{FK}^{Start}}{EBIT} * \left(s_g + s_k + \left(1-s_g-s_k\right) * s_a\right) + $$

$$- \frac{EBIT - EBIT_{EK}^{Start}}{EBIT} * \left(\sigma_g + \sigma_k + \left(1-\sigma_g-\sigma_k\right) * s_e^{FK}\right) - \frac{EBIT_{EK}^{Start}}{EBIT} * \left(s_g + s_k + \left(1-s_g-s_k\right) * s_a\right) \tag{0-190a}$$

$$\Delta s^{D} = \frac{EBIT_{FK}^{Start}}{EBIT} * \left(\sigma_g + \sigma_k + \left(1-\sigma_g-\sigma_k\right) * s_e^{EK}\right) + \frac{EBIT - EBIT_{EK}^{Start} - EBIT_{FK}^{Start}}{EBIT} * \left(s_g + s_k + \left(1-s_g-s_k\right) * s_a\right) + $$

$$- \frac{EBIT - EBIT_{EK}^{Start}}{EBIT} * \left(\sigma_g + \sigma_k + \left(1-\sigma_g-\sigma_k\right) * s_e^{FK}\right) \tag{0-190b}$$

$$\text{mit } s_e^{EK} = \frac{0{,}42 * \left(EBIT_{FK}^{Start} * \left(1-\sigma_g-\sigma_k\right)\right) - 8.064}{EBIT_{FK}^{Start} * \left(1-\sigma_g-\sigma_k\right)} \text{ für } EBIT_{FK}^{Start} = 100.000$$

$$\text{mit } s_e^{FK} = \begin{cases} \dfrac{0{,}42 * \left(\left(EBIT - EBIT_{EK}^{Start}\right) * \left(1-\sigma_g-\sigma_k\right)\right) - 8.064}{\left(EBIT - EBIT_{EK}^{Start}\right) * \left(1-\sigma_g-\sigma_k\right)} & \text{für } \left(EBIT\text{-}EBIT_{EK}^{Start}\right) \in \left[\dfrac{52.552}{1-\sigma_g-\sigma_k}; \dfrac{250.400}{1-\sigma_g-\sigma_k}\right] \\ \dfrac{0{,}45 * \left(\left(EBIT - EBIT_{EK}^{Start}\right) * \left(1-\sigma_g-\sigma_k\right)\right) - 15.576}{\left(EBIT - EBIT_{EK}^{Start}\right) * \left(1-\sigma_g-\sigma_k\right)} & \text{für } \left(EBIT\text{-}EBIT_{EK}^{Start}\right) \in \left[\dfrac{250.401}{1-\sigma_g-\sigma_k}; +\infty\right[\end{cases}$$

für $\left(EBIT_{FK}^{Start} + EBIT_{FK}^{Grenz}\right) * \left(1-\sigma_g - \sigma_k\right) \geq 3.000.000 \wedge \left(EBIT_{FK}^{Start} + EBIT_{FK}^{Grenz}\right) * \left(1-\sigma_g - \sigma_k\right) \geq \alpha * EBIT$:

$$\Delta s^{D} = \frac{EBIT_{FK}^{Start}}{EBIT} * \left(\sigma_g + \sigma_k + \left(1-\sigma_g-\sigma_k\right) * s_e^{EK}\right) + \frac{EBIT - EBIT_{FK}^{Start}}{EBIT} * \left(s_g + s_k + \left(1-s_g-s_k\right) * s_a\right) + $$

$$- \frac{EBIT - EBIT_{EK}^{Start}}{EBIT} * \left(\varsigma_g^D + \varsigma_k^D + \left(1-\varsigma_g^D-\varsigma_k^D\right) * s_e^{FK}\right) - \frac{EBIT_{EK}^{Start}}{EBIT} * \left(s_g + s_k + \left(1-s_g-s_k\right) * s_a\right) \tag{0-190c}$$

$$\Delta s^{D} = \frac{EBIT_{FK}^{Start}}{EBIT} * \left(\sigma_g + \sigma_k + \left(1-\sigma_g-\sigma_k\right) * s_e^{EK}\right) + \frac{EBIT - EBIT_{EK}^{Start} - EBIT_{FK}^{Start}}{EBIT} * \left(s_g + s_k + \left(1-s_g-s_k\right) * s_a\right) + $$

$$- \frac{EBIT - EBIT_{EK}^{Start}}{EBIT} * \left(\varsigma_g^D + \varsigma_k^D + \left(1-\varsigma_g^D-\varsigma_k^D\right) * s_e^{FK}\right) \tag{0-190d}$$

$$\text{mit } s_e^{EK} = \frac{0{,}42 * \left(EBIT_{FK}^{Start} * \left(1-\sigma_g-\sigma_k\right)\right) - 8.064}{EBIT_{FK}^{Start} * \left(1-\sigma_g-\sigma_k\right)} \text{ für } EBIT_{FK}^{Start} = 100.000$$

$$\text{mit } s_e^{FK} = \begin{cases} \dfrac{0{,}42 * \left(\left(EBIT - EBIT_{EK}^{Start}\right) * \left(1-\varsigma_g^D-\varsigma_k^D\right)\right) - 8.064}{\left(EBIT - EBIT_{EK}^{Start}\right) * \left(1-\varsigma_g^D-\varsigma_k^D\right)} & \text{für } \left(EBIT\text{-}EBIT_{EK}^{Start}\right) \in \left[\dfrac{52.552}{1-\varsigma_g^D-\varsigma_k^D}; \dfrac{250.400}{1-\varsigma_g^D-\varsigma_k^D}\right] \\ \dfrac{0{,}45 * \left(\left(EBIT - EBIT_{EK}^{Start}\right) * \left(1-\varsigma_g^D-\varsigma_k^D\right)\right) - 15.576}{\left(EBIT - EBIT_{EK}^{Start}\right) * \left(1-\varsigma_g^D-\varsigma_k^D\right)} & \text{für } \left(EBIT\text{-}EBIT_{EK}^{Start}\right) \in \left[\dfrac{250.401}{1-\varsigma_g^D-\varsigma_k^D}; +\infty\right[\end{cases}$$

$$\Delta s^{s_g=0{,}14;\, s_k=0{,}15;\, s_a=0{,}25;\, EBIT=3.250.000;\, EBIT_{EK}^{Start}=EBIT_{FK}^{Start}=100.000;\, \alpha=0{,}3} = -0{,}09388 \left(-0{,}09555 \text{ bei } EBIT = 4.500.000\right) \tag{0-190e}$$

$$\Delta s^{s_g=0{,}14;\, s_k=0{,}15;\, s_a=0{,}25;\, EBIT=3.250.000;\, EBIT_{EK}^{Start}=EBIT_{FK}^{Start}=100.000;\, \alpha=0{,}5} = -0{,}06582 \left(-0{,}06750 \text{ bei } EBIT = 4.500.000\right) \tag{0-190f}$$

Einkommensteuerlicher Indifferenzsteuersatz

$$s_{EK}^{ZS} = s_{FK}^{ZS} \tag{0-191}$$

$$s_g + s_k + (1 - s_g - s_k) * s_a = \varsigma_g + \varsigma_k + (1 - \varsigma_g^D - \varsigma_k^D) * \hat{s}_e \tag{0-191a}$$

$$s_g + s_k + (1 - s_g - s_k) * s_a = (1 - 0{,}75 * \alpha) * s_g + (1 - \alpha) * s_k + (1 - (1 - 0{,}75 * \alpha) * s_g - (1 - \alpha) * s_k) * \hat{s}_e \tag{0-191b}$$

$$\hat{s}_e = \frac{s_g + s_k + (1 - s_g - s_k) * s_a - (1 - 0{,}75 * \alpha) * s_g - (1 - \alpha) * s_k}{(1 - (1 - 0{,}75 * \alpha) * s_g - (1 - \alpha) * s_k)} \tag{0-191c}$$

$$\hat{s}_e^{s_g = 0{,}14;\, s_k = 0{,}15;\, s_a = 0{,}25;\, \alpha = 0{,}3} = 0{,}32295 \tag{0-191d}$$

$$\hat{s}_e^{s_g = 0{,}14;\, s_k = 0{,}15;\, s_a = 0{,}25;\, \alpha = 0{,}5} = 0{,}364179 \tag{0-191e}$$

Abzugsfähige Zinszahlung bei Mischfinanzierung

$$Z_{BA}^{M} = \frac{EBIT * \alpha}{EBIT - EBIT_{EK}^{Start} - EBIT_{EK}^{Grenz}} = \frac{EBIT * \alpha}{EBIT_{FK}^{Start} + EBIT_{FK}^{Grenz}} \quad (0\text{-}192)$$

Ermittlung des effektiven Gewerbesatzes bei Fremdfinanzierung unter Berücksichtigung der Zinsschranke (Mischfinanzierung)

$$\varsigma_{g}^{M} = \left(1 - 0{,}75 * Z_{BA}^{M}\right) * s_{g} \quad (0\text{-}193)$$

$$\varsigma_{g}^{M} = \left(1 - 0{,}75 * \frac{EBIT * \alpha}{EBIT_{FK}^{Start} + EBIT_{FK}^{Grenz}}\right) * s_{g} \quad (0\text{-}193a)$$

Ermittlung des effektiven Körperschaftsteuersatzes bei Fremdfinanzierung unter Berücksichtigung der Zinsschranke (Mischfinanzierung)

$$\varsigma_{k}^{M} = \left(1 - Z_{BA}^{M}\right) * s_{k} \quad (0\text{-}194)$$

$$\varsigma_{k}^{M} = \left(1 - \frac{EBIT * \alpha}{EBIT_{FK}^{Start} + EBIT_{FK}^{Grenz}}\right) * s_{k} \quad (0\text{-}194a)$$

Ermittlung der maximalen Zinszahlung (cash) bei Zinsschrankenwirkung (Mischfinanzierung)

$$Z_{ZS}^{M} = Z_{BA}^{M} + Z_{naBA}^{M} \quad (0\text{-}195)$$

$$Z_{ZS}^{M} = 1 - \varsigma_{g}^{M} - \varsigma_{k}^{M} \quad (0\text{-}195a)$$

$$Z_{ZS}^{M} = 1 - \left(1 - 0{,}75 * \frac{EBIT * \alpha}{EBIT_{FK}^{Start} + EBIT_{FK}^{Grenz}}\right) * s_{g} - \left(1 - \frac{EBIT * \alpha}{EBIT_{FK}^{Start} + EBIT_{FK}^{Grenz}}\right) * s_{k} \quad (0\text{-}195b)$$

Effektive Gesamtsteuerbelastung in der Mischfinanzierung

für $\left(EBIT_{FK}^{Start} + EBIT_{FK}^{Grenz}\right) * \left(1 - \sigma_g - \sigma_k\right) < 3.000.000$ und

für $\left(EBIT_{FK}^{Start} + EBIT_{FK}^{Grenz}\right) * \left(1 - \sigma_g - \sigma_k\right) \geq 3.000.000 \wedge \left(EBIT_{FK}^{Start} + EBIT_{FK}^{Grenz}\right) * \left(1 - \sigma_g - \sigma_k\right) < \alpha * EBIT$:

$$s_{Misch}^{ZS} = \underbrace{\frac{EBIT_{EK}^{Start} + EBIT_{EK}^{Grenz}}{EBIT} * \left(s_g + s_k + \left(1 - s_g - s_k\right) * s_a\right)}_{\text{Steuerbelastung der Start(Eigen-)kapitalausstattung und der Grenz(Eigen-)kapitalausstattung}} + \underbrace{\frac{EBIT_{FK}^{Start} + EBIT_{FK}^{Grenz}}{EBIT} * \left(\sigma_g + \sigma_k + \left(1 - \sigma_g - \sigma_k\right) * s_e^{FK}\right)}_{\text{Steuerbelastung der Start(Fremd-)kapitalausstattung und der Grenz(Fremd-)kapitalausstattung}} \quad (0\text{-}196)$$

$$\text{mit } s_e^{FK} = \begin{cases} \dfrac{0{,}42 * \left(\left(EBIT_{FK}^{Start} + EBIT_{FK}^{Grenz}\right) * \left(1 - \sigma_g - \sigma_k\right)\right) - 8.064}{\left(EBIT_{FK}^{Start} + EBIT_{FK}^{Grenz}\right) * \left(1 - \sigma_g - \sigma_k\right)} & \text{für } \left(EBIT_{FK}^{Start} + EBIT_{FK}^{Grenz}\right) \in \left[\dfrac{52.552}{1 - \sigma_g - \sigma_k}; \dfrac{250.400}{1 - \sigma_g - \sigma_k}\right] \\ \dfrac{0{,}45 * \left(\left(EBIT_{FK}^{Start} + EBIT_{FK}^{Grenz}\right) * \left(1 - \sigma_g - \sigma_k\right)\right) - 15.576}{\left(EBIT_{FK}^{Start} + EBIT_{FK}^{Grenz}\right) * \left(1 - \sigma_g - \sigma_k\right)} & \text{für } \left(EBIT_{FK}^{Start} + EBIT_{FK}^{Grenz}\right) \in \left[\dfrac{250.401}{1 - \sigma_g - \sigma_k}; +\infty\right[\end{cases}$$

$$s_{Misch}^{ZS} = \underbrace{\frac{EBIT_{EK}^{Start} + EBIT_{EK}^{Grenz}}{EBIT} * \left(s_g + s_k + \left(1 - s_g - s_k\right) * s_a\right)}_{\text{Steuerbelastung der Start(Eigen-)kapitalausstattung und der Grenz(Eigen-)kapitalausstattung}} + \underbrace{\frac{EBIT_{FK}^{Start} + EBIT_{FK}^{Grenz}}{EBIT} * \left(\frac{0{,}25 * s_g * \left(1 - s_e^{FK}\right)}{1 - 0{,}75 * s_g - s_k} + s_e^{FK}\right)}_{\text{Steuerbelastung der Start(Fremd-)kapitalausstattung und der Grenz(Fremd-)kapitalausstattung}} \quad (0\text{-}196a)$$

für $\left(EBIT_{FK}^{Start} + EBIT_{FK}^{Grenz}\right) * \left(1 - \sigma_g - \sigma_k\right) \geq 3.000.000 \wedge \left(EBIT_{FK}^{Start} + EBIT_{FK}^{Grenz}\right) * \left(1 - \sigma_g - \sigma_k\right) \geq \alpha * EBIT$:

$$s_{Misch}^{ZS} = \underbrace{\frac{EBIT_{EK}^{Start} + EBIT_{EK}^{Grenz}}{EBIT} * \left(s_g + s_k + \left(1 - s_g - s_k\right) * s_a\right) +}_{\text{Steuerbelastung der Start(Eigen-)kapitalausstattung und der Grenz(Eigen-)kapitalausstattung}}$$

$$+ \underbrace{\frac{EBIT_{FK}^{Start} + EBIT_{FK}^{Grenz}}{EBIT} * \left(\varsigma_g^M + \varsigma_k^M + \left(1 - \varsigma_g^M - \varsigma_k^M\right) * s_e^{FK}\right)}_{\text{Steuerbelastung der Start(Fremd-)kapitalausstattung und der Grenz(Fremd-)kapitalausstattung}} \qquad \text{(0-196b)}$$

$$\text{mit } s_e^{FK} = \begin{cases} \dfrac{0{,}42 * \left(\left(EBIT_{FK}^{Start} + EBIT_{FK}^{Grenz}\right) * \left(1 - \varsigma_g^M - \varsigma_k^M\right)\right) - 8.064}{\left(EBIT_{FK}^{Start} + EBIT_{FK}^{Grenz}\right) * \left(1 - \varsigma_g^M - \varsigma_k^M\right)} & \text{für } \left(EBIT_{FK}^{Start} + EBIT_{FK}^{Grenz}\right) \in \left[\dfrac{52.552}{1 - \varsigma_g^M - \varsigma_k^M}; \dfrac{250.400}{1 - \varsigma_g^M - \varsigma_k^M}\right] \\ \dfrac{0{,}45 * \left(\left(EBIT_{FK}^{Start} + EBIT_{FK}^{Grenz}\right) * \left(1 - \varsigma_g^M - \varsigma_k^M\right)\right) - 15.576}{\left(EBIT_{FK}^{Start} + EBIT_{FK}^{Grenz}\right) * \left(1 - \varsigma_g^M - \varsigma_k^M\right)} & \text{für } \left(EBIT_{FK}^{Start} + EBIT_{FK}^{Grenz}\right) \in \left[\dfrac{250.401}{1 - \varsigma_g^M - \varsigma_k^M}; +\infty\right[\end{cases}$$

$$s_{Misch}^{ZS} = \underbrace{\frac{EBIT_{EK}^{Start} + EBIT_{EK}^{Grenz}}{EBIT} * \left(s_g + s_k + \left(1 - s_g - s_k\right) * s_a\right) +}_{\text{Steuerbelastung der Start(Eigen-)kapitalausstattung und der Grenz(Eigen-)kapitalausstattung}}$$

$$+ \underbrace{\frac{EBIT_{FK}^{Start} + EBIT_{FK}^{Grenz}}{EBIT} * \left(\left(1 - 0{,}75 * \frac{EBIT * \alpha}{EBIT_{FK}^{Start} + EBIT_{FK}^{Grenz}}\right) * s_g * \left(1 - s_e^{FK}\right) + \left(1 - \frac{EBIT * \alpha}{EBIT_{FK}^{Start} + EBIT_{FK}^{Grenz}}\right) * s_k * \left(1 - s_e^{FK}\right) + s_e^{FK}\right)}_{\text{Steuerbelastung der Start(Fremd-)kapitalausstattung und der Grenz(Fremd-)kapitalausstattung}}$$

$$\text{(0-196c)}$$

Steuervorteil der Fremdfinanzierung in der Mischfinanzierung

$$\Delta s^{M} = s_{EK}^{ZS} - s_{Misch}^{ZS} \tag{0-197}$$

für $\left(EBIT_{FK}^{Start} + EBIT_{FK}^{Grenz}\right)*\left(1-\sigma_g-\sigma_k\right) < 3.000.000$ und

für $\left(EBIT_{FK}^{Start} + EBIT_{FK}^{Grenz}\right)*\left(1-\sigma_g-\sigma_k\right) \geq 3.000.000 \wedge \left(EBIT_{FK}^{Start} + EBIT_{FK}^{Grenz}\right)*\left(1-\sigma_g-\sigma_k\right) < \alpha * EBIT$:

$$\Delta s^{M} = \frac{EBIT_{FK}^{Start}}{EBIT}*\left(\sigma_g+\sigma_k+\left(1-\sigma_g-\sigma_k\right)*s_e^{EK}\right)+\frac{EBIT-EBIT_{FK}^{Start}}{EBIT}*\left(s_g+s_k+\left(1-s_g-s_k\right)*s_a\right)+$$

$$-\frac{EBIT_{EK}^{Start}+EBIT_{EK}^{Grenz}}{EBIT}*\left(s_g+s_k+\left(1-s_g-s_k\right)*s_a\right)-\frac{EBIT_{FK}^{Start}+EBIT_{FK}^{Grenz}}{EBIT}*\left(\sigma_g+\sigma_k+\left(1-\sigma_g-\sigma_k\right)*s_e^{FK}\right)$$

(0-197a)

$$\text{mit } s_e^{EK} = \frac{0{,}42*\left(EBIT_{FK}^{Start}*\left(1-\sigma_g-\sigma_k\right)\right)-8.064}{EBIT_{FK}^{Start}*\left(1-\sigma_g-\sigma_k\right)} \text{ für } EBIT_{FK}^{Start}=100.000$$

$$\text{mit } s_e^{FK} = \begin{cases} \dfrac{0{,}42*\left(\left(EBIT_{FK}^{Start}+EBIT_{FK}^{Grenz}\right)*\left(1-\sigma_g-\sigma_k\right)\right)-8.064}{\left(EBIT_{FK}^{Start}+EBIT_{FK}^{Grenz}\right)*\left(1-\sigma_g-\sigma_k\right)} & \text{für } \left(EBIT_{FK}^{Start}+EBIT_{FK}^{Grenz}\right)\in\left[\dfrac{52.552}{1-\sigma_g-\sigma_k};\dfrac{250.400}{1-\sigma_g-\sigma_k}\right] \\ \dfrac{0{,}45*\left(\left(EBIT_{FK}^{Start}+EBIT_{FK}^{Grenz}\right)*\left(1-\sigma_g-\sigma_k\right)\right)-15.576}{\left(EBIT_{FK}^{Start}+EBIT_{FK}^{Grenz}\right)*\left(1-\sigma_g-\sigma_k\right)} & \text{für } \left(EBIT_{FK}^{Start}+EBIT_{FK}^{Grenz}\right)\in\left[\dfrac{250.401}{1-\sigma_g-\sigma_k};+\infty\right[\end{cases}$$

mit $EBIT - EBIT_{EK}^{Start} - EBIT_{FK}^{Start} - EBIT_{EK}^{Grenz} = EBIT_{FK}^{Grenz}$:

$$\Delta s^{M} = \frac{EBIT_{FK}^{Start}}{EBIT}*\left(\sigma_g+\sigma_k+\left(1-\sigma_g-\sigma_k\right)*s_e^{EK}\right)+\frac{EBIT_{FK}^{Grenz}}{EBIT}*\left(s_g+s_k+\left(1-s_g-s_k\right)*s_a\right)+$$

$$-\frac{EBIT_{FK}^{Start}+EBIT_{FK}^{Grenz}}{EBIT}*\left(\sigma_g+\sigma_k+\left(1-\sigma_g-\sigma_k\right)*s_e^{FK}\right) \tag{0-197b}$$

mit $EBIT_{FK}^{Grenz} = \frac{V*\left(EBIT-EBIT_{FK}^{Start}\right)-EBIT_{FK}^{Start}}{1+V}$:

$$\Delta s^{M} = \frac{EBIT_{FK}^{Start}}{EBIT}*\left(\sigma_g+\sigma_k+\left(1-\sigma_g-\sigma_k\right)*s_e^{EK}\right)+\frac{\frac{V*\left(EBIT-EBIT_{FK}^{Start}\right)-EBIT_{FK}^{Start}}{1+V}}{EBIT}*\left(s_g+s_k+\left(1-s_g-s_k\right)*s_a\right)+$$

$$-\frac{EBIT_{FK}^{Start}+\frac{V*\left(EBIT-EBIT_{FK}^{Start}\right)-EBIT_{FK}^{Start}}{1+V}}{EBIT}*\left(\sigma_g+\sigma_k+\left(1-\sigma_g-\sigma_k\right)*s_e^{FK}\right) \tag{0-197c}$$

für $EBIT_{FK}^{Start} * (1-\sigma_g-\sigma_k) < 3.000.000$ und

für $\left(EBIT_{FK}^{Start}+EBIT_{FK}^{Grenz}\right)*(1-\sigma_g-\sigma_k) \geq 3.000.000 \wedge \left(EBIT_{FK}^{Start}+EBIT_{FK}^{Grenz}\right)*(1-\sigma_g-\sigma_k) \geq \alpha * EBIT$:

$$\Delta s^M = \frac{EBIT_{FK}^{Start}}{EBIT}*\left(\sigma_g+\sigma_k+(1-\sigma_g-\sigma_k)*s_e^{EK}\right)+\frac{EBIT-EBIT_{FK}^{Start}}{EBIT}*\left(s_g+s_k+(1-s_g-s_k)*s_a\right)+$$
$$-\frac{EBIT_{EK}^{Start}+EBIT_{EK}^{Grenz}}{EBIT}*\left(s_g+s_k+(1-s_g-s_k)*s_a\right)-\frac{EBIT_{FK}^{Start}+EBIT_{FK}^{Grenz}}{EBIT}*\left(\varsigma_g^M+\varsigma_k^M+(1-\varsigma_g^M-\varsigma_k^M)*s_e^{FK}\right)$$

(0-198)

$$\text{mit } s_e^{EK} = \frac{0{,}42*\left(EBIT_{FK}^{Start}*(1-\sigma_g-\sigma_k)\right)-8.064}{EBIT_{FK}^{Start}*(1-\sigma_g-\sigma_k)} \text{ für } EBIT_{FK}^{Start}=100.000$$

$$\text{mit } s_e^{FK} = \begin{cases} \dfrac{0{,}42*\left(\left(EBIT_{FK}^{Start}+EBIT_{FK}^{Grenz}\right)*(1-\varsigma_g^M-\varsigma_k^M)\right)-8.064}{\left(EBIT_{FK}^{Start}+EBIT_{FK}^{Grenz}\right)*(1-\varsigma_g^M-\varsigma_k^M)} & \text{für } \left(EBIT_{FK}^{Start}+EBIT_{FK}^{Grenz}\right)\in\left[\dfrac{52.552}{1-\varsigma_g^M-\varsigma_k^M};\dfrac{250.400}{1-\varsigma_g^M-\varsigma_k^M}\right] \\ \dfrac{0{,}45*\left(\left(EBIT_{FK}^{Start}+EBIT_{FK}^{Grenz}\right)*(1-\varsigma_g^M-\varsigma_k^M)\right)-15.576}{\left(EBIT_{FK}^{Start}+EBIT_{FK}^{Grenz}\right)*(1-\varsigma_g^M-\varsigma_k^M)} & \text{für } \left(EBIT_{FK}^{Start}+EBIT_{FK}^{Grenz}\right)\in\left[\dfrac{250.401}{1-\varsigma_g^M-\varsigma_k^M};+\infty\right[\end{cases}$$

mit $EBIT-EBIT_{EK}^{Start}-EBIT_{FK}^{Start}-EBIT_{EK}^{Grenz}=EBIT_{FK}^{Grenz}$:

$$\Delta s^M = \frac{EBIT_{FK}^{Start}}{EBIT}*\left(\sigma_g+\sigma_k+(1-\sigma_g-\sigma_k)*s_e^{EK}\right)+\frac{EBIT_{FK}^{Grenz}}{EBIT}*\left(s_g+s_k+(1-s_g-s_k)*s_a\right)+$$
$$-\frac{EBIT_{FK}^{Start}+EBIT_{FK}^{Grenz}}{EBIT}*\left(\left(1-0{,}75*\frac{EBIT*\alpha}{EBIT_{FK}^{Start}+EBIT_{FK}^{Grenz}}\right)*s_g*(1-s_e^{FK})+\left(1-\frac{EBIT*\alpha}{EBIT_{FK}^{Start}+EBIT_{FK}^{Grenz}}\right)*s_k*(1-s_e^{FK})+s_e^{FK}\right)$$

(0-198a)

mit $EBIT_{FK}^{Grenz} = \dfrac{V*\left(EBIT-EBIT_{FK}^{Start}\right)-EBIT_{FK}^{Start}}{1+V}$:

$$\Delta s^M = \frac{EBIT_{FK}^{Start}}{EBIT}*\left(\sigma_g+\sigma_k+(1-\sigma_g-\sigma_k)*s_e^{EK}\right)+\frac{\dfrac{V*\left(EBIT-EBIT_{FK}^{Start}\right)-EBIT_{FK}^{Start}}{1+V}}{EBIT}*\left(s_g+s_k+(1-s_g-s_k)*s_a\right)+$$
$$-\frac{EBIT_{FK}^{Start}+\dfrac{V*\left(EBIT-EBIT_{FK}^{Start}\right)-EBIT_{FK}^{Start}}{1+V}}{EBIT}*$$
$$*\left(\left(1-0{,}75*\frac{EBIT*\alpha}{EBIT_{FK}^{Start}+\dfrac{V*\left(EBIT-EBIT_{FK}^{Start}\right)-EBIT_{FK}^{Start}}{1+V}}\right)*s_g*(1-s_e^{FK})+\left(1-\frac{EBIT*\alpha}{EBIT_{FK}^{Start}+\dfrac{V*\left(EBIT-EBIT_{FK}^{Start}\right)-EBIT_{FK}^{Start}}{1+V}}\right)*s_k*(1-s_e^{FK})+s_e^{FK}\right)$$

(0-198b)

Anwendung der Zinsschrankenregelung

$$\left(EBIT_{FK}^{Start}+EBIT_{FK}^{Grenz}\right)*\left(1-\sigma_g-\sigma_k\right)\geq 3.000.000 \wedge \left(EBIT_{FK}^{Start}+EBIT_{FK}^{Grenz}\right)*\left(1-\sigma_g-\sigma_k\right)\geq \alpha * EBIT: \quad (0\text{-}199)$$

mit $EBIT_{FK}^{Grenz}=\frac{V*\left(EBIT-EBIT_{FK}^{Start}\right)-EBIT_{FK}^{Start}}{1+V}$:

$$\left(EBIT_{FK}^{Start}+\frac{V*\left(EBIT-EBIT_{FK}^{Start}\right)-EBIT_{FK}^{Start}}{1+V}\right)*\left(1-\sigma_g-\sigma_k\right)\geq 3.000.000 \wedge$$

$$\left(EBIT_{FK}^{Start}+\frac{V*\left(EBIT-EBIT_{FK}^{Start}\right)-EBIT_{FK}^{Start}}{1+V}\right)*\left(1-\sigma_g-\sigma_k\right)\geq \alpha * EBIT: \quad (0\text{-}199a)$$

- für $EBIT_{FK}^{Start}=100.000;\ EBIT=300.000;\ s_k=0{,}15;\ s_g=0{,}14;\ \alpha=0{,}3$:

$$\left(100.000+\frac{V*(300.000-100.000)-100.000}{1+V}\right)*0{,}95302\geq 3.000.000 \wedge$$

$$\left(100.000+\frac{V*(300.000-100.000)-100.000}{1+V}\right)*0{,}95302\geq 90.000:$$

$$V\geq -1{,}10534 \quad (0\text{-}199b)$$

- für $EBIT_{FK}^{Start}=100.000;\ EBIT=1.500.000;\ s_k=0{,}15;\ s_g=0{,}14;\ \alpha=0{,}3$:

$$\left(100.000+\frac{V*(1.500.000-100.000)-100.000}{1+V}\right)*0{,}95302\geq 3.000.000 \wedge$$

$$\left(100.000+\frac{V*(1.500.000-100.000)-100.000}{1+V}\right)*0{,}95302\geq 450.000:$$

$$V\geq -1{,}91026 \quad (0\text{-}199c)$$

- für $EBIT_{FK}^{Start}=100.000;\ EBIT=3.500.000;\ s_k=0{,}15;\ s_g=0{,}14;\ \alpha=0{,}3$:

$$\left(100.000+\frac{V*(3.500.000-100.000)-100.000}{1+V}\right)*0{,}95302\geq 3.000.000 \wedge$$

$$\left(100.000+\frac{V*(3.500.000-100.000)-100.000}{1+V}\right)*0{,}95302\geq 1.050.000:$$

$$V\geq 8{,}94001 \quad (0\text{-}199d)$$

- für $EBIT_{FK}^{Start} = 100.000;\ EBIT = 4.500.000;\ s_k = 0{,}15;\ s_g = 0{,}14;\ \alpha = 0{,}3$:

$$\left(100.000 + \frac{V * (4.500.000 - 100.000) - 100.000}{1 + V}\right) * 0{,}95302 \geq 3.000.000 \wedge$$

$$\left(100.000 + \frac{V * (4.500.000 - 100.000) - 100.000}{1 + V}\right) * 0{,}95302 \geq 1.350.000:$$

$$V \geq 2{,}32813 \qquad (0\text{-}199e)$$

Nominaler Einkommensteuersatz bei Greifen der Zinsschrankenregelung

$$s_e^{FK} = \frac{0{,}45 * \left(\frac{1.000.000}{1 - \sigma_g - \sigma_k}\right) - 15.576}{\left(\frac{1.000.000}{1 - \sigma_g - \sigma_k}\right)} = 0{,}435156 \qquad (0\text{-}200)$$

Ermittlung der nicht abziehbaren Zinszahlung bei Durchschnittsbetrachtung mit Startkapitalausstattung

$$Z^{D}_{naBA} = \frac{\left(EBIT - EBIT^{Start}_{EK}\right) * \left(1 - \varsigma^{D}_{g} - \varsigma^{D}_{k}\right) - \left(EBIT * \alpha\right)}{EBIT - EBIT^{Start}_{EK}} \tag{0-201}$$

$$Z^{D}_{naBA} = \frac{\left(EBIT - EBIT^{Start}_{EK}\right) * \left(1 - \varsigma^{D}_{g} - \varsigma^{D}_{k}\right)}{EBIT - EBIT^{Start}_{EK}} - \left(\frac{EBIT * \alpha}{EBIT - EBIT^{Start}_{EK}}\right) \tag{0-201a}$$

$$Z^{D}_{naBA} = \left(1 - \varsigma^{D}_{g} - \varsigma^{D}_{k}\right) - \left(\frac{EBIT * \alpha}{EBIT - EBIT^{Start}_{EK}}\right) \tag{0-201b}$$

Ermittlung der effektiven nicht abziehbaren Zinszahlung bei Durchschnittsbetrachtung mit Startkapitalausstattung

$${}^{eff}Z^{D}_{naBA} = \frac{\left(EBIT - EBIT^{Start}_{EK}\right) * \left(1 - \varsigma^{D}_{g} - \varsigma^{D}_{k}\right) - \left(EBIT * \alpha\right)}{EBIT} \tag{0-202}$$

$${}^{eff}Z^{D}_{naBA} = \left(\frac{EBIT - EBIT^{Start}_{EK}}{EBIT}\right) * \left(1 - \varsigma^{D}_{g} - \varsigma^{D}_{k}\right) - \left(\frac{EBIT * \alpha}{EBIT}\right) \tag{0-202a}$$

$${}^{eff}Z^{D}_{naBA} = \left(\frac{EBIT - EBIT^{Start}_{EK}}{EBIT}\right) * \left(1 - \varsigma^{D}_{g} - \varsigma^{D}_{k}\right) - \alpha \tag{0-202b}$$

$${}^{eff}Z^{D}_{naBA} = \left(\frac{EBIT - EBIT^{Start}_{EK}}{EBIT}\right) * \left(1 - \left(1 - 0{,}75 * \frac{EBIT * \alpha}{EBIT - EBIT^{Start}_{EK}}\right) * s_{g} - \left(1 - \frac{EBIT * \alpha}{EBIT - EBIT^{Start}_{EK}}\right) * s_{k}\right) - \alpha \tag{0-202c}$$

$${}^{eff}Z^{D}_{naBA} = \left(\frac{EBIT - EBIT^{Start}_{EK}}{EBIT}\right) * \left(1 - s_{g} - s_{k}\right) - \alpha * \left(1 - 0{,}75 * s_{g} - s_{k}\right) \tag{0-202d}$$

für $EBIT^{Start}_{EK} = 100.000;\ EBIT = 3.247.888;\ s_{k} = 0{,}15;\ s_{g} = 0{,}14:$

$$\left({}^{eff}Z^{D}_{naBA}\right)^{\alpha=0,3} = 0{,}464640 \tag{0-202e}$$

$$\left({}^{eff}Z^{D}_{naBA}\right)^{\alpha=0,5} = 0{,}315640 \tag{0-202f}$$

für $EBIT^{Start}_{EK} = 100.000;\ EBIT = 4.500.000;\ s_{k} = 0{,}15;\ s_{g} = 0{,}14:$

$$\left({}^{eff}Z^{D}_{naBA}\right)^{\alpha=0,3} = 0{,}470722 \tag{0-202g}$$

$$\left({}^{eff}Z^{D}_{naBA}\right)^{\alpha=0,5} = 0{,}321722 \tag{0-202h}$$

Einfluss des α-Niveaus auf den effektiven Zinsvortrag in der Durchschnittsbetrachtung

$$^{eff}Z^{D}_{naBA} = \left(\frac{EBIT - EBIT^{Start}_{EK}}{EBIT}\right) * \left(1 - s_g - s_k\right) - \alpha * \left(1 - 0{,}75 * s_g - s_k\right) \quad (0\text{-}202d)$$

$$\frac{\partial\, ^{eff}Z^{D}_{naBA}}{\partial \alpha} = 0 - 1 * \left(1 - 0{,}75 * s_g - s_k\right) = -\left(1 - 0{,}75 * s_g - s_k\right) \quad (0\text{-}203)$$

$$\frac{\partial\, ^{eff}Z^{D}_{naBA}}{\partial \alpha} < 0 \qquad \text{für}\left(0{,}75 * s_g + s_k\right) < 1 \quad (0\text{-}203a)$$

$$\left(\frac{\partial\, ^{eff}Z^{D}_{naBA}}{\partial \alpha}\right)^{s_g = 014;\, s_k = 0{,}15} = -0{,}745 \quad (0\text{-}203b)$$

Einfluss des *EBIT* auf den effektiven Zinsvortrag in der Durchschnittsbetrachtung

$$^{eff}Z^{D}_{naBA} = \left(\frac{EBIT - EBIT^{Start}_{EK}}{EBIT}\right) * \left(1 - s_g - s_k\right) - \alpha * \left(1 - 0{,}75 * s_g - s_k\right) \quad (0\text{-}202d)$$

$$^{eff}Z^{D}_{naBA} = \left(EBIT - EBIT^{Start}_{EK}\right) * EBIT^{-1} * \left(1 - s_g - s_k\right) - \alpha * \left(1 - 0{,}75 * s_g - s_k\right) \quad (0\text{-}202i)$$

$$\frac{\partial\, ^{eff}Z^{D}_{naBA}}{\partial EBIT} = \left(1 - 0\right) * EBIT^{-1} * \left(1 - s_g - s_k\right) - \left(EBIT - EBIT^{Start}_{EK}\right) * EBIT^{-2} * \left(1 - s_g - s_k\right) + 0 \quad (0\text{-}204)$$

$$\frac{\partial\, ^{eff}Z^{D}_{naBA}}{\partial EBIT} = \frac{\left(1 - s_g - s_k\right)}{EBIT} - \frac{\left(EBIT - EBIT^{Start}_{EK}\right) * \left(1 - s_g - s_k\right)}{EBIT^2} \quad (0\text{-}204a)$$

$$\left(\frac{\partial\, ^{eff}Z^{D}_{naBA}}{\partial EBIT}\right)^{s_g = 014;\, s_k = 0{,}15;\, EBIT = 3.500.000;\, EBIT^{Start}_{EK} = 100.000} = 0{,}000000004 \quad (0\text{-}204b)$$

Ermittlung des effektiven Körperschaftsteuersatzes in zweiter Periode bei kurzfristiger Fremdfinanzierung unter Berücksichtigung der Zinsschranke

$$\varsigma_k^{t_{02}} = \left(1 - Z_{naBA}^{t_{01}}\right) * s_k \tag{0-205}$$

$$\varsigma_k^{t_{02}} = \left(1 - \left(1 - \varsigma_g - \varsigma_k - \alpha\right)\right) * s_k \tag{0-205a}$$

$$\varsigma_k^{t_{02}} = \left(\varsigma_g + \varsigma_k + \alpha\right) * s_k \tag{0-205b}$$

$$\varsigma_k^{t_{02}} = \left(\left(1 - 0{,}75 * \alpha\right) * s_g + \left(1 - \alpha\right) * s_k + \alpha\right) * s_k \tag{0-205c}$$

für $s_k = 0{,}15; s_g = 0{,}14;\ \alpha = 0{,}3:$

$$\varsigma_k^{t_{02}} = \left(0{,}1085 + 0{,}105 + 0{,}3\right) * 0{,}15 = 0{,}077025 \tag{0-205d}$$

Ermittlung des effektiven Gewerbesteuersatzes in zweiter Periode bei kurzfristiger Fremdfinanzierung unter Berücksichtigung der Zinsschranke

$$\varsigma_g^{t_{02}} = \left(1 - 0{,}75 * Z_{naBA}^{t_{01}}\right) * s_g \tag{0-206}$$

$$\varsigma_g^{t_{02}} = \left(1 - 0{,}75 * \left(1 - \varsigma_g - \varsigma_k - \alpha\right)\right) * s_g \tag{0-206a}$$

$$\varsigma_g^{t_{02}} = \left(0{,}25 + 0{,}75 * \left(\varsigma_g + \varsigma_k + \alpha\right)\right) * s_g \tag{0-206b}$$

$$\varsigma_g^{t_{02}} = \left(0{,}25 + 0{,}75 * \left(\left(1 - 0{,}75 * \alpha\right) * s_g + \left(1 - \alpha\right) * s_k + \alpha\right)\right) * s_g \tag{0-206c}$$

für $s_k = 0{,}15; s_g = 0{,}14;\ \alpha = 0{,}3:$

$$\varsigma_g^{t_{02}} = \left(0{,}25 + 0{,}75 * \left(0{,}1085 + 0{,}105 + 0{,}3\right)\right) * 0{,}14 = 0{,}088918 \tag{0-206d}$$

Verhältnis von nicht abziehbaren und abziehbaren Zinsaufwendungen in der ersten Periode (Grenzbetrachtung)

$$Z_{naBA}^{t_{01}} = 1 - \varsigma_g - \varsigma_k - \alpha \qquad (0\text{-}207)$$

$$Z_{BA}^{t_{01}} = \alpha \qquad (0\text{-}208)$$

$$Z_{naBA}^{t_{01}} = Z_{BA}^{t_{01}} \qquad (0\text{-}209)$$

$$1 - \varsigma_g - \varsigma_k - \alpha = \alpha \qquad (0\text{-}209a)$$

$$1 - (1 - 0{,}75 * \alpha) * s_g - (1 - \alpha) * s_k - \alpha = \alpha \qquad (0\text{-}209b)$$

$$\alpha = \frac{1 - s_g - s_k}{2 - 0{,}75 * s_g - s_k} \qquad (0\text{-}209c)$$

$$Z_{naBA}^{t_{01}} > Z_{BA}^{t_{01}} \quad \text{für} \quad \alpha < \frac{1 - s_g - s_k}{2 - 0{,}75 * s_g - s_k} \qquad (0\text{-}209d)$$

$$Z_{naBA}^{t_{01}} < Z_{BA}^{t_{01}} \quad \text{für} \quad \alpha > \frac{1 - s_g - s_k}{2 - 0{,}75 * s_g - s_k} \qquad (0\text{-}209e)$$

für $s_k = 0{,}15; s_g = 0{,}14$:

$$\alpha = \frac{1 - 0{,}14 - 0{,}15}{2 - 0{,}75 * 0{,}14 - 0{,}15} = 0{,}406876 \qquad (0\text{-}209f)$$

Steuervorteil der Fremdfinanzierung in zweiter Periode

$$\Delta s^{t_{02}} = s_{EK} - s_{FK}^{t_{02}} \tag{0-210}$$

$$\Delta s^{t_{02}} = s_g + s_k + (1 - s_g - s_k) * s_a - \varsigma_g^{t_{02}} - \varsigma_k^{t_{02}} - (1 - \varsigma_g^{t_{02}} - \varsigma_k^{t_{02}}) * s_a \tag{0-210a}$$

$$\Delta s^{t_{02}} = s_g + s_k + (1 - s_g - s_k) * s_a - \varsigma_g^{t_{02}} * (1 - s_a) - \varsigma_k^{t_{02}} * (1 - s_a) - s_a \tag{0-210b}$$

$$\begin{aligned}\Delta s^{t_{02}} &= s_g + s_k + (1 - s_g - s_k) * s_a + \\ &- (0{,}25 + 0{,}75 * ((1 - 0{,}75 * \alpha) * s_g + (1 - \alpha) * s_k + \alpha)) * s_g * (1 - s_a) + \\ &- ((1 - 0{,}75 * \alpha) * s_g + (1 - \alpha) * s_k + \alpha) * s_k * (1 - s_a) - s_a\end{aligned} \tag{0-210c}$$

für $s_k = 0{,}15; s_g = 0{,}14;\ s_a = 0{,}25;\ \alpha = 0{,}3$:

$$\Delta s^{t_{02}} = 0{,}4675 - 0{,}088918 - 0{,}07702 - (1 - 0{,}088918 - 0{,}077025) * 0{,}25 = 0{,}093043 \tag{0-210d}$$

Einkommensteuerlicher Indifferenzsteuersatz in erster Periode

$$\Delta s^{t_{01}} = \Delta s^{t_{02}}$$

für $s_k = 0{,}15; s_g = 0{,}14;\ s_a = 0{,}25;\ \alpha = 0{,}3$:

$$(s_g + s_k - 1) * s_e + (1 - s_g - s_k) * s_a + ((0{,}75 * s_g + s_k) * (1 - \hat{s}_e)) * \alpha = -0{,}093043$$

$$\hat{s}_e = 0{,}4412$$

Ermittlung des effektiven Körperschaftsteuersatzes in Periode *n+1* bei kurzfristiger Fremdfinanzierung unter Berücksichtigung der Zinsschranke

$$\varsigma_k^{t_{n+1}} = \left(1 - n * Z_{naBA}^{t_{01}}\right) * s_k \qquad (0\text{-}211)$$

$$\varsigma_k^{t_{n+1}} = \left(1 - n * \left(1 - \varsigma_g - \varsigma_k - \alpha\right)\right) * s_k \qquad (0\text{-}211a)$$

$$\varsigma_k^{t_{n+1}} = \left(1 - n * \left(1 - \left(1 - 0{,}75 * \alpha\right) * s_g - \left(1 - \alpha\right) * s_k - \alpha\right)\right) * s_k \qquad (0\text{-}211b)$$

Ermittlung des effektiven Gewerbesteuersatzes in Periode *n+1* bei kurzfristiger Fremdfinanzierung unter Berücksichtigung der Zinsschranke

$$\varsigma_g^{t_{n+1}} = \left(1 - 0{,}75 * n * Z_{naBA}^{t_{01}}\right) * s_g \qquad (0\text{-}212)$$

$$\varsigma_g^{t_{n+1}} = \left(1 - 0{,}75 * n * \left(1 - \varsigma_g - \varsigma_k - \alpha\right)\right) * s_g \qquad (0\text{-}212a)$$

$$\varsigma_g^{t_{n+1}} = \left(1 - 0{,}75 * n * \left(1 - \left(1 - 0{,}75 * \alpha\right) * s_g - \left(1 - \alpha\right) * s_k - \alpha\right)\right) * s_g \qquad (0\text{-}212b)$$

Steuervorteil der Fremdfinanzierung in Periode *n+1*

$$\Delta s^{n+1} = s_{EK} - s_{FK}^{t_{n+1}} \qquad (0\text{-}213)$$

$$\Delta s^{n+1} = s_g + s_k + \left(1 - s_g - s_k\right) * s_a - \varsigma_g^{t_{n+1}} - \varsigma_k^{t_{n+1}} - \left(1 - \varsigma_g^{t_{n+1}} - \varsigma_k^{t_{n+1}}\right) * s_a \qquad (0\text{-}213a)$$

$$\Delta s^{n+1} = s_g + s_k + \left(1 - s_g - s_k\right) * s_a - \varsigma_g^{t_{n+1}} * \left(1 - s_a\right) - \varsigma_k^{t_{n+1}} * \left(1 - s_a\right) - s_a \qquad (0\text{-}213b)$$

$$\begin{aligned}\Delta s^{n+1} = {} & s_g + s_k + \left(1 - s_g - s_k\right) * s_a + \\ & - \left(1 - 0{,}75 * n * \left(1 - \left(1 - 0{,}75 * \alpha\right) * s_g - \left(1 - \alpha\right) * s_k - \alpha\right)\right) * s_g * \left(1 - s_a\right) + \\ & - \left(1 - n * \left(1 - \left(1 - 0{,}75 * \alpha\right) * s_g - \left(1 - \alpha\right) * s_k - \alpha\right)\right) * s_k * \left(1 - s_a\right) - s_a\end{aligned} \qquad (0\text{-}213c)$$

Barwert des Steuervorteils der Fremdfinanzierung bei kurzfristiger Fremdfinanzierung unter Berücksichtigung der Zinsschranke

mit:[1] $i_s = i - i * s_a$:

$$ {}^{dyn}\Delta s = \sum_{t=1}^{n} \frac{\Delta s}{(1+i_s)^t} + \frac{\Delta s^{n+1}}{(1+i_s)^{n+1}} \tag{0-214}$$

$$ \begin{aligned} {}^{dyn}\Delta s = & \sum_{t=1}^{n} \frac{(s_g + s_k - 1) * s_e + (1 - s_g - s_k) * s_a + ((0,75 * s_g + s_k) * (1 - s_e)) * \alpha}{(1+i_s)^t} + \\ & + \frac{s_g + s_k + (1 - s_g - s_k) * s_a}{(1+i_s)^{n+1}} + \\ & - \frac{(1 - 0,75 * n * (1 - (1 - 0,75 * \alpha) * s_g - (1-\alpha) * s_k - \alpha)) * s_g * (1 - s_a)}{(1+i_s)^{n+1}} + \\ & - \frac{(1 - n * (1 - (1 - 0,75 * \alpha) * s_g - (1-\alpha) * s_k - \alpha)) * s_k * (1 - s_a) + s_a}{(1+i_s)^{n+1}} \end{aligned} \tag{0-214a}$$

für $s_k = 0,15; s_g = 0,14;\ s_a = 0,25;\ s_e = 0,45$:

$$ {}^{dyn}\Delta s = \sum_{t=1}^{n} \frac{0,14025 * \alpha - 0,142}{(1+i_s)^t} + \frac{n * (0,1357875 - 0,14248125 * \alpha)}{(1+i_s)^{n+1}} \tag{0-214b}$$

für $\alpha = 0,3;\ i = 0,1;\ n = 1$:

$$ {}^{dyn}\Delta s = \frac{-0,099925}{(1,075)^1} + \frac{0,093043125}{(1,075)^2} = -0,092953 + 0,080513 = -0,012440 \tag{0-214c}$$

---

[1] Vgl. *Schüler, A./Krotter, S.*, Finanzierungsentscheidungen (Teil 2), 2007, S. 2325; *Knobloch, A. P.*, Kapitalwertäquivalent, 2008, S. 673; *Schreiber, U.*, Besteuerung, 2008, S. 533 f., 542 f. sowie Ausführungen in Kapitel 5.3.2, S. 87, und Kapitel 6.2.2.3, S. 168.

Ermittlung des effektiven Körperschaftsteuersatzes in Periode *n+1* bei kurzfristiger Fremdfinanzierung unter Berücksichtigung der Zinsschranke (Durchschnittsbetrachtung)

$$\varsigma_k^{D_{n+1}} = \frac{EBIT_{EK}^{Start} + EBIT_{EK}^{Grenz}}{EBIT} * \left(1 - n *^{eff} Z_{naBA}^{D}\right) * s_k \tag{0-215}$$

$$\varsigma_k^{D_{n+1}} = \frac{EBIT}{EBIT} * \left(1 - n *^{eff} Z_{naBA}^{D_n}\right) * s_k \tag{0-215a}$$

$$\varsigma_k^{D_{n+1}} = \left(1 - n *^{eff} Z_{naBA}^{D_n}\right) * s_k \tag{0-215b}$$

$$\varsigma_k^{D_{n+1}} = \left(1 - n * \left(\left(\frac{EBIT - EBIT_{EK}^{Start}}{EBIT}\right) * \left(1 - s_g - s_k\right) - \alpha * \left(1 - 0{,}75 * s_g - s_k\right)\right)\right) * s_k \tag{0-215c}$$

für $s_k = 0{,}15;\ s_g = 0{,}14;\ n = 1;\ EBIT = 3.250\ \text{T€};\ EBIT_{EK}^{Start} = 100\ \text{T€}:$

$$\left(\varsigma_k^{D_{n+1}}\right)^{\alpha=0,3} = 0{,}080302 \tag{0-215d}$$

$$\left(\varsigma_k^{D_{n+1}}\right)^{\alpha=0,5} = 0{,}102652 \tag{0-215e}$$

Ermittlung des effektiven Gewerbesteuersatzes in Periode *n+1* bei kurzfristiger Fremdfinanzierung unter Berücksichtigung der Zinsschranke (Durchschnittsbetrachtung)

$$\varsigma_g^{D_{n+1}} = \frac{EBIT_{EK}^{Start} + EBIT_{EK}^{Grenz}}{EBIT} * \left(1 - 0{,}75 * n *^{eff} Z_{naBA}^{D}\right) * s_g \tag{0-216}$$

$$\varsigma_g^{D_{n+1}} = \frac{EBIT}{EBIT} * \left(1 - 0{,}75 * n *^{eff} Z_{naBA}^{D_n}\right) * s_g \tag{0-216a}$$

$$\varsigma_g^{D_{n+1}} = \left(1 - 0{,}75 * n *^{eff} Z_{naBA}^{D_n}\right) * s_g \tag{0-216b}$$

$$\varsigma_g^{D_{n+1}} = \left(1 - 0{,}75 * n * \left(\left(\frac{EBIT - EBIT_{EK}^{Start}}{EBIT}\right) * \left(1 - s_g - s_k\right) - \alpha * \left(1 - 0{,}75 * s_g - s_k\right)\right)\right) * s_g \tag{0-216c}$$

für $s_k = 0{,}15;\ s_g = 0{,}14;\ n = 1;\ EBIT = 3.250\ \text{T€};\ EBIT_{EK}^{Start} = 100\ \text{T€}:$

$$\left(\varsigma_g^{D_{n+1}}\right)^{\alpha=0,3} = 0{,}091211 \tag{0-216d}$$

$$\left(\varsigma_g^{D_{n+1}}\right)^{\alpha=0,5} = 0{,}106856 \tag{0-216e}$$

Steuervorteil der Fremdfinanzierung in Periode $n+1$ bei kurzfristiger Fremdfinanzierung unter Berücksichtigung der Zinsschranke (Durchschnittsbetrachtung)

$$\Delta s^{D_{n+1}} = s_{EK}^{ZS_{n+1}} - s_{FK}^{ZS_{n+1}} \tag{0-217}$$

$$\Delta s^{D_{n+1}} = \left(s_g + s_k + (1 - s_g - s_k) * s_a\right) - \left(\varsigma_g^{D_{n+1}} + \varsigma_k^{D_{n+1}} + \left(1 - \varsigma_g^{D_{n+1}} - \varsigma_k^{D_{n+1}}\right) * s_a\right) \tag{0-217a}$$

$$\Delta s^{D_{n+1}} = \left(s_g + s_k + (1 - s_g - s_k) * s_a\right) - \varsigma_g^{D_{n+1}} - \varsigma_k^{D_{n+1}} - \left(1 - \varsigma_g^{D_{n+1}} - \varsigma_k^{D_{n+1}}\right) * s_a \tag{0-217b}$$

$$\Delta s^{D_{n+1}} = \left(s_g + s_k + (1 - s_g - s_k) * s_a\right) - \varsigma_g^{D_{n+1}} * (s_a - 1) - \varsigma_k^{D_{n+1}} * (s_a - 1) - s_a \tag{0-217c}$$

$$\begin{aligned} \Delta s^{D_{n+1}} = {} & \left(s_g + s_k + (1 - s_g - s_k) * s_a\right) + \\ & - \left(1 - 0{,}75 * n * \left(\left(\frac{EBIT - EBIT_{EK}^{Start}}{EBIT}\right) * (1 - s_g - s_k) - \alpha * (1 - 0{,}75 * s_g - s_k)\right)\right) * s_g * (1 - s_a) \\ & - \left(1 - n * \left(\left(\frac{EBIT - EBIT_{EK}^{Start}}{EBIT}\right) * (1 - s_g - s_k) - \alpha * (1 - 0{,}75 * s_g - s_k)\right)\right) * s_k * (1 - s_a) - s_a \end{aligned} \tag{0-217d}$$

$$\begin{aligned} \Delta s^{D_{n+1}} = {} & \left(s_g + s_k + (1 - s_g - s_k) * s_a\right) - s_a + \\ & - \left(s_g + s_k - n * \left(\left(\frac{EBIT - EBIT_{EK}^{Start}}{EBIT}\right) * (1 - s_g - s_k) - \alpha * (1 - 0{,}75 * s_g - s_k)\right) * (0{,}75 * s_g + s_k)\right) * (1 - s_a) \end{aligned} \tag{0-217e}$$

für $s_k = 0{,}15;\ s_g = 0{,}14;\ s_a = 0{,}25;\ EBIT = 3.250$ T€; $EBIT_{EK}^{Start} = 100$ T€; $n = 1;\ \alpha = 0{,}3$:

$$\Delta s^{D_{n+1}} = 0{,}088865 \tag{0-217f}$$

für $s_k = 0{,}15;\ s_g = 0{,}14;\ s_a = 0{,}25;\ EBIT = 3.250$ T€; $EBIT_{EK}^{Start} = 100$ T€; $n = 1;\ \alpha = 0{,}5$:

$$\Delta s^{D_{n+1}} = 0{,}060369 \tag{0-217g}$$

<u>Barwert des Steuervorteils der Fremdfinanzierung bei kurzfristiger Fremdfinanzierung unter Berücksichtigung der Zinsschranke (Durchschnittsbetrachtung)</u>

mit:[1] $i_s = i - i * s_a$:

$$ {}^{dyn}\Delta s^{D} = \sum_{t=1}^{n} \frac{\Delta s^{D}}{\left(1+i_s\right)^{t}} + \frac{\Delta s^{D_{n+1}}}{\left(1+i_s\right)^{n+1}} = \sum_{t=1}^{n} \frac{s_{EK}^{ZS} - s_{FK}^{ZS}}{\left(1+i_s\right)^{t}} + \frac{s_{EK}^{ZS_{n+1}} - s_{FK}^{ZS_{n+1}}}{\left(1+i_s\right)^{n+1}} \tag{0-218} $$

$$ \begin{aligned} {}^{dyn}\Delta s^{D} = \sum_{t=1}^{n} & \frac{\frac{EBIT_{FK}^{Start}}{EBIT} * \left(\sigma_g + \sigma_k + \left(1-\sigma_g-\sigma_k\right) * s_e^{EK}\right) + \frac{EBIT - EBIT_{EK}^{Start} - EBIT_{FK}^{Start}}{EBIT} * \left(s_g + s_k + \left(1-s_g-s_k\right) * s_a\right)}{\left(1+i_s\right)^{t}} + \\ & - \frac{\frac{EBIT - EBIT_{EK}^{Start}}{EBIT} * \left(\varsigma_g^D + \varsigma_k^D + \left(1-\varsigma_g^D-\varsigma_k^D\right) * s_e^{FK}\right)}{\left(1+i_s\right)^{t}} + \frac{\left(s_g + s_k + \left(1-s_g-s_k\right) * s_a\right) - s_a}{\left(1+i_s\right)^{n+1}} + \\ & - \frac{\left(s_g + s_k - n * \left(\left(\frac{EBIT - EBIT_{EK}^{Start}}{EBIT}\right) * \left(1-s_g-s_k\right) - \alpha * \left(1 - 0{,}75 * s_g - s_k\right)\right) * \left(0{,}75 * s_g + s_k\right)\right) * \left(1-s_a\right)}{\left(1+i_s\right)^{n+1}} \end{aligned} \tag{0-218a} $$

$$ \text{mit } s_e^{EK} = \frac{0{,}42 * \left(EBIT_{FK}^{Start} * \left(1-\sigma_g-\sigma_k\right)\right) - 8.064}{EBIT_{FK}^{Start} * \left(1-\sigma_g-\sigma_k\right)} \text{ für } EBIT_{FK}^{Start} = 100.000 $$

$$ \text{mit } s_e^{FK} = \begin{cases} \frac{0{,}42 * \left(\left(EBIT - EBIT_{EK}^{Start}\right) * \left(1-\varsigma_g^D-\varsigma_k^D\right)\right) - 8.064}{\left(EBIT - EBIT_{EK}^{Start}\right) * \left(1-\varsigma_g^D-\varsigma_k^D\right)} & \text{für } \left(EBIT\text{-}EBIT_{EK}^{Start}\right) \in \left[\frac{52.552}{1-\varsigma_g^D-\varsigma_k^D}; \frac{250.400}{1-\varsigma_g^D-\varsigma_k^D}\right] \\ \frac{0{,}45 * \left(\left(EBIT - EBIT_{EK}^{Start}\right) * \left(1-\varsigma_g^D-\varsigma_k^D\right)\right) - 15.576}{\left(EBIT - EBIT_{EK}^{Start}\right) * \left(1-\varsigma_g^D-\varsigma_k^D\right)} & \text{für } \left(EBIT\text{-}EBIT_{EK}^{Start}\right) \in \left[\frac{250.401}{1-\varsigma_g^D-\varsigma_k^D}; +\infty\right[\end{cases} $$

$$ \text{mit } \sigma_g = \frac{0{,}25 * s_g * \left(1-s_k\right)}{1 - 0{,}75 * s_g - s_k} $$

$$ \text{mit } \sigma_k = \frac{0{,}25 * s_g * s_k}{1 - 0{,}75 * s_g - s_k} $$

$$ \text{mit } \varsigma_g^D = \left(1 - 0{,}75 * \frac{EBIT * \alpha}{EBIT - EBIT_{EK}^{Start}}\right) * s_g $$

$$ \text{mit } \varsigma_k^D = \left(1 - \frac{EBIT * \alpha}{EBIT - EBIT_{EK}^{Start}}\right) * s_k $$

---

[1] Vgl. *Schreiber, U.*, Besteuerung, 2008, S. 533 f., 542 f.

für $s_k = 0{,}15; s_g = 0{,}14; s_a = 0{,}25; EBIT_{EK}^{Start} = EBIT_{FK}^{Start} = 100$ T€; EBIT = 3.250 T€; $\alpha = 0{,}3$:

$$^{dyn}\Delta s^D = \sum_{t=1}^{n} \frac{-0{,}0939}{(1+i_s)^t} + \frac{n*0{,}0889}{(1+i_s)^{n+1}} \tag{0-218b}$$

für $i = 0{,}1;\ n = 1$:

$$^{dyn}\Delta s^D = \sum_{t=1}^{n} \frac{-0{,}0939}{(1{,}075)^1} + \frac{0{,}0889}{(1{,}075)^2} = -0{,}0873 + 0{,}0769 = -0{,}0104 \tag{0-218c}$$

für $s_k = 0{,}15; s_g = 0{,}14; s_a = 0{,}25; EBIT_{EK}^{Start} = EBIT_{FK}^{Start} = 100$ T€; EBIT = 3.250 T€; $\alpha = 0{,}5$:

$$^{dyn}\Delta s^D = \sum_{t=1}^{n} \frac{-0{,}0658}{(1+i_s)^t} + \frac{n*0{,}0604}{(1+i_s)^{n+1}} \tag{0-218d}$$

für $i = 0{,}1;\ n = 1$:

$$^{dyn}\Delta s^D = \sum_{t=1}^{n} \frac{-0{,}0658}{(1{,}075)^1} + \frac{0{,}0604}{(1{,}075)^2} = -0{,}0612 + 0{,}0523 = -0{,}0089 \tag{0-218e}$$

j. Gewerbesteuerliche Hinzurechnung

Ermittlung des maximalen Zinsabzugs

$$Z = 1 - \sigma_g - \sigma_k \tag{0-1}$$

$$Z = 1 - (1 - (1 - \gamma) * Z) * s_g - (1 - Z) * s_k \tag{0-1c}$$

$$Z = \frac{1 - s_g - s_k}{1 - (1 - \gamma) * s_g - s_k} \tag{0-1d}$$

Ermittlung des effektiven Gewerbesteuersatzes bei Fremdfinanzierung

$$\sigma_g = s_g * (1 - (1 - \gamma) * Z) \tag{0-219}$$

$$\sigma_g = s_g * \left(1 - (1 - \gamma) * \left(\frac{1 - s_g - s_k}{1 - (1 - \gamma) * s_g - s_k}\right)\right) \tag{0-219a}$$

$$\sigma_g = \frac{\gamma * s_g * (1 - s_k)}{1 - (1 - \gamma) * s_g - s_k} \tag{0-219b}$$

Ermittlung des effektiven Körperschaftsteuersatzes bei Fremdfinanzierung

$$\sigma_k = (1 - Z) * s_k \tag{0-220}$$

$$\sigma_k = \left(1 - \left(\frac{1 - s_g - s_k}{1 - (1 - \gamma) * s_g - s_k}\right)\right) * s_k \tag{0-220a}$$

$$\sigma_k = \frac{\gamma * s_g * s_k}{1 - (1 - \gamma) * s_g - s_k} \tag{0-220b}$$

Gesamtsteuerbelastung der Fremdfinanzierung in Abhängigkeit des gewerbesteuerlichen Hinzurechnungsfaktors

$$s_{FK} = \sigma_g + \sigma_k + (1 - \sigma_g - \sigma_k) * s_e \qquad \text{(0-11a)}$$

$$s_{FK} = \frac{\gamma * s_g}{1 - (1 - \gamma) * s_g - s_k} * (1 - s_e) + s_e \qquad \text{(0-11i)}$$

Steuervorteil der Fremdfinanzierung in Abhängigkeit des gewerbesteuerlichen Hinzurechnungsfaktors

$$\Delta s = s_{EK} - s_{FK} \qquad \text{(0-19)}$$

$$\Delta s = s_g + s_k + (1 - s_g - s_k) * s_a - \frac{\gamma * s_g}{1 - (1 - \gamma) * s_g - s_k} * (1 - s_e) - s_e \qquad \text{(0-19d)}$$

für $s_k = 0{,}15; s_g = 0{,}14;\ s_a = 0{,}25;\ \gamma = 0{,}25:$

$$\Delta s = -0{,}00834 \qquad \text{(0-19e)}$$

für $s_k = 0{,}15; s_g = 0{,}14;\ s_a = 0{,}25;\ \gamma = 0{,}5:$

$$\Delta s = -0{,}03186 \qquad \text{(0-19f)}$$

für $s_k = 0{,}15; s_g = 0{,}14;\ s_a = 0{,}25;\ \gamma = 0{,}0:$

$$\Delta s = 0{,}0175 \qquad \text{(0-19g)}$$

Einfluss des Hinzurechnungsfaktors auf den Steuervorteil der Fremdfinanzierung

$$\frac{\partial \Delta s}{\partial \gamma} = -\frac{s_g * (1 - s_e) * (1 - s_g - s_k)}{(1 - (1 - \gamma) * s_g - s_k)^2} < 0 \quad \forall \quad s_e; (s_g + s_k) < 1 \qquad \text{(0-221)}$$

Berechnung des einkommensteuerlichen Indifferenzsteuersatzes

$$s_{EK} = s_{FK} \tag{0-12}$$

$$s_g + s_k + (1 - s_g - s_k) * s_a = \frac{\gamma * s_g}{1 - (1-\gamma) * s_g - s_k} + \left(1 - \frac{\gamma * s_g}{1 - (1-\gamma) * s_g - s_k}\right) * s_e \tag{0-12d}$$

$$\hat{s}_e = \frac{s_g + s_k + (1 - s_g - s_k) * s_a - \frac{\gamma * s_g}{1 - (1-\gamma) * s_g - s_k}}{1 - \frac{\gamma * s_g}{1 - (1-\gamma) * s_g - s_k}} \tag{0-12e}$$

für $s_k = 0{,}15;\ s_g = 0{,}14;\ s_a = 0{,}25;\ \gamma = 0{,}25:$

$$\hat{s}_e = 0{,}44125 \tag{0-12f}$$

für $s_k = 0{,}15;\ s_g = 0{,}14;\ s_a = 0{,}25;\ \gamma = 0{,}5:$

$$\hat{s}_e = 0{,}41500 \tag{0-12g}$$

für $s_k = 0{,}15;\ s_g = 0{,}14;\ s_a = 0{,}25;\ \gamma = 0{,}0:$

$$\hat{s}_e = 0{,}46750 \tag{0-12h}$$

Berechnung des γ-Wertes

$$s_{EK} = s_{FK} \tag{0-12}$$

$$s_g + s_k + (1 - s_g - s_k) * s_a = \frac{\gamma * s_g}{1 - (1-\gamma) * s_g - s_k} * (1 - s_e) + s_e \tag{0-12i}$$

$$\gamma = \frac{(1 - s_g - s_k) * (s_g + s_k + (1 - s_g - s_k) * s_a - s_e)}{s_g * (1 - (s_g + s_k + (1 - s_g - s_k) * s_a))} \tag{0-12j}$$

für $s_k = 0{,}15;\ s_g = 0{,}14;\ s_a = 0{,}25:$

$$\gamma = 0{,}1666\overline{6} \tag{0-12k}$$

Ermittlung des maximalen Zinsabzugs (Durchschnittsbetrachtung mit Freibetrag)

$$Z = 1 - \sigma_{g(gH)} - \sigma_{k(gH)} \tag{0-221}$$

$$Z = \frac{\left(EBIT - EBIT_{EK}^{Start}\right)}{\left(EBIT - EBIT_{EK}^{Start}\right)} +$$

$$- \frac{\left(\left(EBIT - EBIT_{EK}^{Start}\right) - Z * \left(EBIT - EBIT_{EK}^{Start}\right) + \left(\left(EBIT - EBIT_{EK}^{Start}\right) * Z - FB\right) * \gamma\right) * s_g}{\left(EBIT - EBIT_{EK}^{Start}\right)} +$$

$$- \frac{\left(\left(EBIT - EBIT_{EK}^{Start}\right) - Z * \left(EBIT - EBIT_{EK}^{Start}\right)\right) * s_k}{\left(EBIT - EBIT_{EK}^{Start}\right)} \tag{0-221a}$$

$$Z = \frac{\left(EBIT - EBIT_{EK}^{Start}\right) * \left(1 - s_g - s_k\right) + \gamma * s_g * FB}{\left(EBIT - EBIT_{EK}^{Start}\right) * \left(1 - s_g - s_k + \gamma * s_g\right)} \quad \text{mit } FB = \min\left(Z; 100.000€\right) \tag{0-221b}$$

Ermittlung des effektiven Gewerbesteuersatzes bei Fremdfinanzierung (Durchschnittsbetrachtung mit Freibetrag)

$$\sigma_{g(gH)} = \frac{\left(\left(EBIT - EBIT_{EK}^{Start}\right) - Z * \left(EBIT - EBIT_{EK}^{Start}\right) + \left(\left(EBIT - EBIT_{EK}^{Start}\right) * Z - FB\right) * \gamma\right) * s_g}{\left(EBIT - EBIT_{EK}^{Start}\right)} \tag{0-222}$$

$$\sigma_{g(gH)} = \frac{\left(\left(EBIT - EBIT_{EK}^{Start}\right) * \left(1 - Z * \left(1 - \gamma\right)\right) - \gamma * FB\right) * s_g}{\left(EBIT - EBIT_{EK}^{Start}\right)} \tag{0-222a}$$

$$\sigma_{g(gH)} = \frac{\left(\left(EBIT - EBIT_{EK}^{Start}\right) * \left(1 - \frac{\left(EBIT - EBIT_{EK}^{Start}\right) * \left(1 - s_g - s_k\right) + \gamma * s_g * FB}{\left(EBIT - EBIT_{EK}^{Start}\right) * \left(1 - s_g - s_k + \gamma * s_g\right)} * \left(1 - \gamma\right)\right) - \gamma * FB\right) * s_g}{\left(EBIT - EBIT_{EK}^{Start}\right)} \tag{0-222b}$$

für $s_k = 0{,}15;\ s_g = 0{,}14;\ EBIT_{EK}^{Start} = 100\ \text{T€};\ EBIT = 300\ \text{T€};\ FB = 100\text{T€};\ \gamma = 0{,}25$:

$$\sigma_{g(gH)} = 0{,}019967 \tag{0-222c}$$

Ermittlung des effektiven Körperschaftsteuersatzes bei Fremdfinanzierung (Durchschnittsbetrachtung mit Freibetrag)

$$\sigma_{k(gH)} = \frac{\left(\left(EBIT - EBIT_{EK}^{Start}\right) - Z * \left(EBIT - EBIT_{EK}^{Start}\right)\right) * s_k}{\left(EBIT - EBIT_{EK}^{Start}\right)} \tag{0-223}$$

$$\sigma_{k(gH)} = \frac{\left(\left(EBIT - EBIT_{EK}^{Start}\right) * (1 - Z)\right) * s_k}{\left(EBIT - EBIT_{EK}^{Start}\right)} \tag{0-223a}$$

$$\sigma_{k(gH)} = \frac{\left(\left(EBIT - EBIT_{EK}^{Start}\right) * \left(1 - \frac{\left(EBIT - EBIT_{EK}^{Start}\right) * \left(1 - s_g - s_k\right) + \gamma * s_g * FB}{\left(EBIT - EBIT_{EK}^{Start}\right) * \left(1 - s_g - s_k + \gamma * s_g\right)}\right)\right) * s_k}{\left(EBIT - EBIT_{EK}^{Start}\right)} \tag{0-223b}$$

für $s_k = 0{,}15; s_g = 0{,}14;\ EBIT_{EK}^{Start} = 100$ T€; $EBIT = 300$ T€; $FB = 100$ T€; $\gamma = 0{,}25$:

$$\sigma_{k(gH)} = 0{,}003523 \tag{0-223c}$$

<u>Gesamtsteuerbelastung der Fremdfinanzierung in Abhängigkeit des gewerbesteuerlichen Hinzurechnungsfaktors (Durchschnittsbetrachtung mit Freibetrag)</u>

$$s_{FK}^{gH} = \frac{EBIT_{EK}^{Start}}{EBIT} * \left(s_g + s_k + (1 - s_g - s_k) * s_a\right) + \frac{EBIT - EBIT_{EK}^{Start}}{EBIT} * \left(\sigma_{g(gH)} + \sigma_{k(gH)} + (1 - \sigma_{g(gH)} - \sigma_{k(gH)}) * s_e\right)$$

$$\text{mit } s_e = \begin{cases} \frac{0{,}42 * \left((EBIT - EBIT_{EK}^{Start}) * (1 - \sigma_{g(gH)} - \sigma_{k(gH)})\right) - 8.064}{(EBIT - EBIT_{EK}^{Start}) * (1 - \sigma_{g(gH)} - \sigma_{k(gH)})} & \text{für } (EBIT - EBIT_{EK}^{Start}) \in \left[\frac{52.552}{1 - \sigma_{g(gH)} - \sigma_{k(gH)}}; \frac{250.400}{1 - \sigma_{g(gH)} - \sigma_{k(gH)}}\right] \\ \frac{0{,}45 * \left((EBIT - EBIT_{EK}^{Start}) * (1 - \sigma_{g(gH)} - \sigma_{k(gH)})\right) - 15.576}{(EBIT - EBIT_{EK}^{Start}) * (1 - \sigma_{g(gH)} - \sigma_{k(gH)})} & \text{für } (EBIT - EBIT_{EK}^{Start}) \in \left[\frac{250.401}{1 - \sigma_{g(gH)} - \sigma_{k(gH)}}; +\infty\right[\end{cases}$$

$$\text{mit } \sigma_{g(gH)} = \begin{cases} 0 & \text{für } (EBIT - EBIT_{EK}^{Start}) \leq 100.000€ \\ \frac{\left((EBIT - EBIT_{EK}^{Start}) * \left(1 - \frac{(EBIT - EBIT_{EK}^{Start}) * (1 - s_g - s_k) + \gamma * s_g * FB}{(EBIT - EBIT_{EK}^{Start}) * (1 - s_g - s_k + \gamma * s_g)} * (1 - \gamma)\right) - \gamma * FB\right) * s_g}{(EBIT - EBIT_{EK}^{Start})} & \text{für } (EBIT - EBIT_{EK}^{Start}) > 100.000€ \end{cases}$$

$$\text{mit } \sigma_{k(gH)} = \begin{cases} 0 & \text{für } (EBIT - EBIT_{EK}^{Start}) \leq 100.000€ \\ \frac{\left((EBIT - EBIT_{EK}^{Start}) * \left(1 - \frac{(EBIT - EBIT_{EK}^{Start}) * (1 - s_g - s_k) + \gamma * s_g * FB}{(EBIT - EBIT_{EK}^{Start}) * (1 - s_g - s_k + \gamma * s_g)}\right)\right) * s_k}{(EBIT - EBIT_{EK}^{Start})} & \text{für } (EBIT - EBIT_{EK}^{Start}) > 100.000€ \end{cases}$$

$$\text{mit } FB = \max\left(\min\left((1 - \sigma_{g(gH)} - \sigma_{k(gH)}) * (EBIT_{FK}^{Start} + EBIT_{FK}^{Grenzt}); 100.000€\right); 0\right) \tag{0-224}$$

für $s_k = 0{,}15;\ s_g = 0{,}14;\ EBIT_{EK}^{Start} = 100\ T€;\ EBIT = 300\ T€;\ FB = 100 T€;\ \gamma = 0{,}25$:

$$s_{FK}^{gH} = \frac{EBIT_{EK}^{Start}}{EBIT} * \left(s_g + s_k + (1 - s_g - s_k) * s_a\right) + \frac{EBIT - EBIT_{EK}^{Start}}{EBIT} * \left(\sigma_{g(gH)} + \sigma_{k(gH)} + (1 - \sigma_{g(gH)} - \sigma_{k(gH)}) * s_e\right)$$

$$\text{mit } s_e = 0{,}378710$$

$$\text{mit } \sigma_{g(gH)} = 0{,}019967$$

$$\text{mit } \sigma_{k(gH)} = 0{,}003523$$

$$\text{mit } FB = 100.000€$$

(0-224a)

$$s_{FK}^{gH} = \frac{100.000}{300.000} * 0{,}4675 + \frac{200.000}{300.000} * 0{,}393304 = 0{,}418036 \tag{0-224b}$$

Gesamtsteuerbelastung der Eigenfinanzierung in Abhängigkeit des gewerbesteuerlichen Hinzurechnungsfaktors (Durchschnittsbetrachtung mit Freibetrag)

$$s_{EK}^{gH} = \frac{EBIT_{FK}^{Start}}{EBIT} * s_e + \frac{EBIT - EBIT_{FK}^{Start}}{EBIT} * \left(s_g + s_k + \left(1 - s_g - s_k\right) * s_a\right) \tag{0-225}$$

$$\text{mit } s_e = \frac{0{,}42 * EBIT_{FK}^{Start} - 8.064}{EBIT_{FK}^{Start}} \quad \text{für } EBIT_{FK}^{Start} = 100.000$$

für $s_k = 0{,}15; s_g = 0{,}14; EBIT_{FK}^{Start} = 100\text{ T€}; EBIT = 300\text{ T€}; FB = 100\text{T€}$:

$$s_{EK}^{gH} = \frac{100.000}{300.00} * 0{,}33936 + \frac{200.000}{300.000} * 0{,}4675 = 0{,}424787 \tag{0-225a}$$

$$\text{mit } s_e = 0{,}33936$$

Steuervorteil der Fremdfinanzierung in Abhängigkeit des gewerbesteuerlichen Hinzurechnungsfaktors (Durchschnittsbetrachtung mit Freibetrag)

$$\Delta s^D = s_{EK}^{gH} - s_{FK}^{gH} \quad (0\text{-}226)$$

$$\Delta s^D = \frac{EBIT_{FK}^{Start}}{EBIT} * s_e^{EK} + \frac{EBIT - EBIT_{FK}^{Start} - EBIT_{EK}^{Start}}{EBIT} * \left(s_g + s_k + (1 - s_g - s_k) * s_a\right) + $$
$$- \frac{EBIT - EBIT_{EK}^{Start}}{EBIT} * \left(\sigma_{g(gH)} + \sigma_{k(gH)} + (1 - \sigma_{g(gH)} - \sigma_{k(gH)}) * s_e^{FK}\right)$$

$$\text{mit } s_e^{EK} = \frac{0{,}42 * EBIT_{FK}^{Start} - 8.064}{EBIT_{FK}^{Start}} \text{ für } EBIT_{FK}^{Start} = 100.000$$

$$\text{mit } s_e^{FK} = \begin{cases} \dfrac{0{,}42 * \left((EBIT - EBIT_{EK}^{Start}) * (1 - \sigma_{g(gH)} - \sigma_{k(gH)})\right) - 8.064}{(EBIT - EBIT_{EK}^{Start}) * (1 - \sigma_{g(gH)} - \sigma_{k(gH)})} & \text{für } (EBIT - EBIT_{EK}^{Start}) \in \left[\dfrac{52.552}{1 - \sigma_{g(gH)} - \sigma_{k(gH)}}; \dfrac{250.400}{1 - \sigma_{g(gH)} - \sigma_{k(gH)}}\right] \\ \dfrac{0{,}45 * \left((EBIT - EBIT_{EK}^{Start}) * (1 - \sigma_{g(gH)} - \sigma_{k(gH)})\right) - 15.576}{(EBIT - EBIT_{EK}^{Start}) * (1 - \sigma_{g(gH)} - \sigma_{k(gH)})} & \text{für } (EBIT - EBIT_{EK}^{Start}) \in \left[\dfrac{250.401}{1 - \sigma_{g(gH)} - \sigma_{k(gH)}}; +\infty\right[\end{cases}$$

$$\text{mit } \sigma_{g(gH)} = \begin{cases} 0 & \text{für } (EBIT - EBIT_{EK}^{Start}) \le 100.000€ \\ \dfrac{\left((EBIT - EBIT_{EK}^{Start}) * \left(1 - \dfrac{(EBIT - EBIT_{EK}^{Start}) * (1 - s_g - s_k) + \gamma * s_g * FB}{(EBIT - EBIT_{EK}^{Start}) * (1 - s_g - s_k + \gamma * s_g)} * (1 - \gamma)\right) - \gamma * FB\right) * s_g}{(EBIT - EBIT_{EK}^{Start})} & \text{für } (EBIT - EBIT_{EK}^{Start}) > 100.000€ \end{cases}$$

$$\text{mit } \sigma_{k(gH)} = \begin{cases} 0 & \text{für } (EBIT - EBIT_{EK}^{Start}) \le 100.000€ \\ \dfrac{\left((EBIT - EBIT_{EK}^{Start}) * \left(1 - \dfrac{(EBIT - EBIT_{EK}^{Start}) * (1 - s_g - s_k) + \gamma * s_g * FB}{(EBIT - EBIT_{EK}^{Start}) * (1 - s_g - s_k + \gamma * s_g)}\right)\right) * s_k}{(EBIT - EBIT_{EK}^{Start})} & \text{für } (EBIT - EBIT_{EK}^{Start}) > 100.000€ \end{cases}$$

$$\text{mit } FB = \max\left(\min\left((1 - \sigma_{g(gH)} - \sigma_{k(gH)}) * (EBIT_{FK}^{Start} + EBIT_{FK}^{Grenzt}); 100.000€\right); 0\right) \quad (0\text{-}226a)$$

für $s_k = 0{,}15$; $s_g = 0{,}14$; $EBIT_{EK}^{Start} = EBIT_{FK}^{Start} = 100$ T€; $EBIT = 300$ T€; $FB = 100$T€; $\gamma = 0{,}25$:

$$\Delta s^D = 0{,}006751 \quad (0\text{-}226b)$$

<u>Effektive Gesamtsteuerbelastung in Abhängigkeit des gewerbesteuerlichen Hinzurechnungsfaktors (Mischfinanzierung)</u>

$$s_{Misch}^{gH} = \underbrace{\frac{EBIT_{EK}^{Start} + EBIT_{EK}^{Grenz}}{EBIT} * \left(s_g + s_k + \left(1 - s_g - s_k\right) * s_a\right) +}_{\text{Steuerbelastung der Start(Eigen-)kapitalausstattung und der Grenz(Eigen-)kapitalausstattung}}$$

$$\underbrace{+ \frac{EBIT_{FK}^{Start} + EBIT_{FK}^{Grenz}}{EBIT} * \left(\sigma_{g(gH)} + \sigma_{k(gH)} + \left(1 - \sigma_{g(gH)} - \sigma_{k(gH)}\right) * s_e^{FK(Misch)}\right)}_{\text{Steuerbelastung der Start(Fremd-)kapitalausstattung und der Grenz(Fremd-)kapitalausstattung}}$$

$$\text{mit } s_e^{FK(Misch)} = \begin{cases} \dfrac{0{,}42 * \left(\left(EBIT_{FK}^{Start} + EBIT_{FK}^{Grenz}\right) * \left(1 - \sigma_{g(gH)} - \sigma_{k(gH)}\right)\right) - 8.064}{\left(EBIT_{FK}^{Start} + EBIT_{FK}^{Grenz}\right) * \left(1 - \sigma_{g(gH)} - \sigma_{k(gH)}\right)} & \text{für } \left(EBIT_{FK}^{Start} + EBIT_{FK}^{Grenz}\right) \in \left[\dfrac{52.552}{1 - \sigma_{g(gH)} - \sigma_{k(gH)}}; \dfrac{250.400}{1 - \sigma_{g(gH)} - \sigma_{k(gH)}}\right] \\ \dfrac{0{,}45 * \left(\left(EBIT_{FK}^{Start} + EBIT_{FK}^{Grenz}\right) * \left(1 - \sigma_{g(gH)} - \sigma_{k(gH)}\right)\right) - 15.576}{\left(EBIT_{FK}^{Start} + EBIT_{FK}^{Grenz}\right) * \left(1 - \sigma_{g(gH)} - \sigma_{k(gH)}\right)} & \text{für } \left(EBIT_{FK}^{Start} + EBIT_{FK}^{Grenz}\right) \in \left[\dfrac{250.401}{1 - \sigma_{g(gH)} - \sigma_{k(gH)}}; +\infty\right[\end{cases}$$

$$\text{mit } \sigma_{g(gH)} = \begin{cases} 0 & \text{für } \left(EBIT_{FK}^{Start} + EBIT_{FK}^{Grenzt}\right) \leq 100.000€ \\ \dfrac{\left(\left(EBIT_{FK}^{Start} + EBIT_{FK}^{Grenzt}\right) * \left(1 - \dfrac{\left(EBIT_{FK}^{Start} + EBIT_{FK}^{Grenzt}\right) * \left(1 - s_g - s_k\right) + \gamma * s_g * FB}{\left(EBIT_{FK}^{Start} + EBIT_{FK}^{Grenzt}\right) * \left(1 - s_g - s_k + \gamma * s_g\right)} * (1 - \gamma)\right) - \gamma * FB\right) * s_g}{\left(EBIT_{FK}^{Start} + EBIT_{FK}^{Grenzt}\right)} & \text{für } \left(EBIT_{FK}^{Start} + EBIT_{FK}^{Grenzt}\right) > 100.000€ \end{cases}$$

$$\text{mit } \sigma_{k(gH)} = \begin{cases} 0 & \text{für } \left(EBIT_{FK}^{Start} + EBIT_{FK}^{Grenzt}\right) \leq 100.000€ \\ \dfrac{\left(\left(EBIT_{FK}^{Start} + EBIT_{FK}^{Grenzt}\right) * \left(1 - \dfrac{\left(EBIT_{FK}^{Start} + EBIT_{FK}^{Grenzt}\right) * \left(1 - s_g - s_k\right) + \gamma * s_g * FB}{\left(EBIT_{FK}^{Start} + EBIT_{FK}^{Grenzt}\right) * \left(1 - s_g - s_k + \gamma * s_g\right)}\right)\right) * s_k}{\left(EBIT_{FK}^{Start} + EBIT_{FK}^{Grenzt}\right)} & \text{für } \left(EBIT_{FK}^{Start} + EBIT_{FK}^{Grenzt}\right) > 100.000€ \end{cases}$$

$$\text{mit } FB = \max\left(\min\left(\left(1 - \sigma_{g(gH)} - \sigma_{k(gH)}\right) * \left(EBIT_{FK}^{Start} + EBIT_{FK}^{Grenzt}\right); 100.000€\right); 0\right) \tag{0-227}$$

Steuervorteil der Fremdfinanzierung (Mischfinanzierung)

$$\Delta s = s_{EK}^{gH} - s_{Misch}^{gH} \tag{0-228}$$

$$\Delta s = \frac{EBIT_{FK}^{Start}}{EBIT} * s_e^{EK} + \frac{EBIT - EBIT_{FK}^{Start}}{EBIT} * \left(s_g + s_k + \left(1 - s_g - s_k\right) * s_a\right) +$$

$$- \frac{EBIT_{EK}^{Start} + EBIT_{EK}^{Grenz}}{EBIT} * \left(s_g + s_k + \left(1 - s_g - s_k\right) * s_a\right) +$$

$$- \frac{EBIT_{FK}^{Start} + EBIT_{FK}^{Grenz}}{EBIT} * \left(\sigma_{g(gH)} + \sigma_{k(gH)} + \left(1 - \sigma_{g(gH)} - \sigma_{k(gH)}\right) * s_e^{FK(Misch)}\right)$$

$$\text{mit } s_e^{EK} = \frac{0{,}42 * EBIT_{FK}^{Start} - 8.064}{EBIT_{FK}^{Start}} \quad \text{für } EBIT_{FK}^{Start} = 100.000$$

$$\text{mit } s_e^{FK(Misch)} = \begin{cases} \dfrac{0{,}42 * \left(\left(EBIT_{FK}^{Start} + EBIT_{FK}^{Grenz}\right) * \left(1 - \sigma_{g(gH)} - \sigma_{k(gH)}\right)\right) - 8.064}{\left(EBIT_{FK}^{Start} + EBIT_{FK}^{Grenz}\right) * \left(1 - \sigma_{g(gH)} - \sigma_{k(gH)}\right)} & \text{für } \left(EBIT_{FK}^{Start} + EBIT_{FK}^{Grenz}\right) \in \left[\dfrac{52.552}{1 - \sigma_{g(gH)} - \sigma_{k(gH)}}; \dfrac{250.400}{1 - \sigma_{g(gH)} - \sigma_{k(gH)}}\right] \\ \dfrac{0{,}45 * \left(\left(EBIT_{FK}^{Start} + EBIT_{FK}^{Grenz}\right) * \left(1 - \sigma_{g(gH)} - \sigma_{k(gH)}\right)\right) - 15.576}{\left(EBIT_{FK}^{Start} + EBIT_{FK}^{Grenz}\right) * \left(1 - \sigma_{g(gH)} - \sigma_{k(gH)}\right)} & \text{für } \left(EBIT_{FK}^{Start} + EBIT_{FK}^{Grenz}\right) \in \left[\dfrac{250.401}{1 - \sigma_{g(gH)} - \sigma_{k(gH)}}; +\infty\right[\end{cases}$$

$$\text{mit } \sigma_{g(gH)} = \begin{cases} 0 & \text{für } \left(EBIT_{FK}^{Start} + EBIT_{FK}^{Grenzt}\right) \leq 100.000€ \\ \dfrac{\left(\left(EBIT_{FK}^{Start} + EBIT_{FK}^{Grenzt}\right) * \left(1 - \dfrac{\left(EBIT_{FK}^{Start} + EBIT_{FK}^{Grenzt}\right) * \left(1 - s_g - s_k\right) + \gamma * s_g * FB}{\left(EBIT_{FK}^{Start} + EBIT_{FK}^{Grenzt}\right) * \left(1 - s_g - s_k + \gamma * s_g\right)} * (1 - \gamma)\right) - \gamma * FB\right) * s_g}{\left(EBIT_{FK}^{Start} + EBIT_{FK}^{Grenzt}\right)} & \text{für } \left(EBIT_{FK}^{Start} + EBIT_{FK}^{Grenzt}\right) > 100.000€ \end{cases}$$

$$\text{mit } \sigma_{k(gH)} = \begin{cases} 0 & \text{für } \left(EBIT_{FK}^{Start} + EBIT_{FK}^{Grenzt}\right) \leq 100.000€ \\ \dfrac{\left(\left(EBIT_{FK}^{Start} + EBIT_{FK}^{Grenzt}\right) * \left(1 - \dfrac{\left(EBIT_{FK}^{Start} + EBIT_{FK}^{Grenzt}\right) * \left(1 - s_g - s_k\right) + \gamma * s_g * FB}{\left(EBIT_{FK}^{Start} + EBIT_{FK}^{Grenzt}\right) * \left(1 - s_g - s_k + \gamma * s_g\right)}\right)\right) * s_k}{\left(EBIT_{FK}^{Start} + EBIT_{FK}^{Grenzt}\right)} & \text{für } \left(EBIT_{FK}^{Start} + EBIT_{FK}^{Grenzt}\right) > 100.000€ \end{cases}$$

$$\text{mit } FB = \max\left(\min\left(\left(1 - \sigma_{g(gH)} - \sigma_{k(gH)}\right) * \left(EBIT_{FK}^{Start} + EBIT_{FK}^{Grenzt}\right); 100.000€\right); 0\right) \tag{0-228a}$$

$$\Delta s = \frac{EBIT_{FK}^{Start}}{EBIT} * s_e^{EK} + \frac{EBIT_{FK}^{Grenz}}{EBIT} * \left(s_g + s_k + \left(1 - s_g - s_k\right) * s_a\right) +$$

$$- \frac{EBIT_{FK}^{Start} + EBIT_{FK}^{Grenz}}{EBIT} * \left(\sigma_{g(gH)} + \sigma_{k(gH)} + \left(1 - \sigma_{g(gH)} - \sigma_{k(gH)}\right) * s_e^{FK(Misch)}\right) \tag{0-228b}$$

mit $EBIT_{FK}^{Grenz} = \frac{V * \left(EBIT - EBIT_{FK}^{Start}\right) - EBIT_{FK}^{Start}}{1+V}$:

$$\Delta s = \frac{EBIT_{FK}^{Start}}{EBIT} * s_e^{EK} + \frac{\frac{V * \left(EBIT - EBIT_{FK}^{Start}\right) - EBIT_{FK}^{Start}}{1+V}}{EBIT} * \left(s_g + s_k + \left(1 - s_g - s_k\right) * s_a\right) + \\ - \frac{EBIT_{FK}^{Start} + \frac{V * \left(EBIT - EBIT_{FK}^{Start}\right) - EBIT_{FK}^{Start}}{1+V}}{EBIT} * \left(\sigma_{g(gH)} + \sigma_{k(gH)} + \left(1 - \sigma_{g(gH)} - \sigma_{k(gH)}\right) * s_e^{FK(Misch)}\right) \tag{0-228c}$$

k. Verlustverrechnung

Ermittlung des maximalen Zinsabzugs in Periode t_o

$$Z_{t_0} = 1 - \sigma_{g(t_0)} - \sigma_{k(t_0)} \quad (0\text{-}229)$$

$$Z_{t_0} = 1 - \left(\max\{0;\ EBIT_{t_0} * (1 + 0{,}75 * Z_{t_0})\}\right) * s_g - \left(\max\{0;\ EBIT_{t_0} * (1 + Z_{t_0})\}\right) * s_k = 1 - 0 - 0 = 1 \quad (0\text{-}229a)$$

Höhe des Verlustrücktrags

- Eigenfinanzierung

$$VR_{EK}^{KSt} = \min\left\{EBIT_{t_{-1}};\ 511.500\ €;\ \left|EBIT_{t_0}\right|\right\} \quad (0\text{-}230)$$

$$VR_{EK}^{GewSt} = 0 \quad (0\text{-}231)$$

- Fremdfinanzierung

$$VR_{FK}^{KSt} = \min\left\{EBIT_{t_{-1}} * (1 - Z);\ 511.500\ €;\ \left|EBIT_{t_0} * (1 + Z_{t_0})\right|\right\} \quad (0\text{-}232)$$

$$VR_{FK}^{GewSt} = 0 \quad (0\text{-}233)$$

Höhe des Verlustvortragvolumens

- Eigenfinanzierung

$$VV_{EK}^{KSt} = \left|EBIT_{t_0}\right| - VR_{EK}^{KSt} \quad (0\text{-}234)$$

$$VV_{EK}^{KSt} = \left|EBIT_{t_0}\right| - \min\left\{511.500\ €;\ \left|EBIT_{t_0}\right|\right\} \quad (0\text{-}234a)$$

$$VV_{EK}^{GewSt} = \left|EBIT_{t_0}\right| - VR_{EK}^{GewSt} = \left|EBIT_{t_0}\right| \quad (0\text{-}235)$$

- Fremdfinanzierung

$$VV_{FK}^{KSt} = \left|EBIT_{t_0} * (1 + Z_{t_0})\right| - VR_{FK}^{KSt} \quad (0\text{-}236)$$

$$VV_{FK}^{KSt} = \left|EBIT_{t_0} * (1 + Z_{t_0})\right| - \min\left\{EBIT_{t_{-1}} * (1 - Z);\ 511.500\ €;\ \left|EBIT_{t_0} * (1 + Z_{t_0})\right|\right\} \quad (0\text{-}236a)$$

$$VV_{FK}^{GewSt} = \left|EBIT_{t_0} * (1 + 0{,}75 * Z_{t_0})\right| - VR_{FK}^{GewSt} = \left|EBIT_{t_0} * (1 + 0{,}75 * Z_{t_0})\right| \quad (0\text{-}237)$$

Jährlicher Verbrauch des Verlustvortrags

$$\Delta VV = VV_t - VV_{t-1} \tag{0-238}$$

- Eigenfinanzierung

$$\Delta VV_{EK}^{KSt} = \begin{cases} EBIT_t \text{ für } EBIT_t \leq 1\,\text{Mio.}\,€ \\ 1\,\text{Mio.}\,€ + 0{,}6 * \left(EBIT_t - 1\,\text{Mio.}\,€\right) \text{ für } EBIT_t > 1\,\text{Mio.}\,€ \end{cases} \tag{0-239}$$

$$\Delta VV_{EK}^{GewSt} = \begin{cases} EBIT_t \text{ für } EBIT_t \leq 1\,\text{Mio.}\,€ \\ 1\,\text{Mio.}\,€ + 0{,}6 * \left(EBIT_t - 1\,\text{Mio.}\,€\right) \text{ für } EBIT_t > 1\,\text{Mio.}\,€ \end{cases} \tag{0-240}$$

- Fremdfinanzierung

$$\Delta VV_{FK}^{KSt} = \begin{cases} EBIT_t * (1 - Z_t) \text{ für } EBIT_t * (1 - Z_t) \leq 1\,\text{Mio.}\,€ \\ 1\,\text{Mio.}\,€ + 0{,}6 * \left(EBIT_t * (1 - Z_t) - 1\,\text{Mio.}\,€\right) \text{ für } EBIT_t * (1 - Z_t) > 1\,\text{Mio.}\,€ \end{cases} \tag{0-241}$$

$$\Delta VV_{FK}^{GewSt} = \begin{cases} EBIT_t * (1 - 0{,}75 * Z_t) \text{ für } EBIT_t * (1 - 0{,}75 * Z_t) \leq 1\,\text{Mio.}€ \\ 1\,\text{Mio.}€ + 0{,}6 * \left(EBIT_t * (1 - 0{,}75 * Z_t) - 1\,\text{Mio.}€\right) \text{ für } EBIT_t * (1 - 0{,}75 * Z_t) > 1\,\text{Mio.}€ \end{cases} \tag{0-242}$$

Ermittlung des maximalen Zinsabzugs unter Berücksichtigung der Verlustverrechnungsbeschränkung in Periode *t* (Szenario 2-4)

für $VV_{FK}^{KSt}; VV_{FK}^{GewSt} > EBIT_t$

$$Z_t = 1 - \sigma_{g(t)} - \sigma_{k(t)} \tag{0-243}$$

$$Z_t = 1 - \left(1 - 0{,}75 * Z_t - \frac{\Delta VV_{FK}^{GewSt}}{EBIT_t}\right) * s_g - \left(1 - Z_t - \frac{\Delta VV_{FK}^{KSt}}{EBIT_t}\right) * s_k \tag{0-243a}$$

$$Z_t = \frac{1 - s_g * \left(1 - \frac{\Delta VV_{FK}^{GewSt}}{EBIT_t}\right) - s_k * \left(1 - \frac{\Delta VV_{FK}^{KSt}}{EBIT_t}\right)}{1 - 0{,}75 * s_g - s_k} \tag{0-243b}$$

$$\text{mit } \Delta VV_{FK}^{GewSt} = \begin{cases} EBIT_t * (1 - 0{,}75 * Z_t) \text{ für } EBIT_t * (1 - 0{,}75 * Z_t) \leq 1\,\text{Mio.€} \\ 1\,\text{Mio. €} + 0{,}6 * \left(EBIT_t * (1 - 0{,}75 * Z_t) - 1\,\text{Mio. €}\right) \text{ für } EBIT_t * (1 - 0{,}75 * Z_t) > 1\,\text{Mio.€} \end{cases}$$

$$\text{mit } \Delta VV_{FK}^{KSt} = \begin{cases} EBIT_t * (1 - Z_t) \text{ für } EBIT_t * (1 - Z_t) \leq 1\,\text{Mio.€} \\ 1\,\text{Mio. €} + 0{,}6 * \left(EBIT_t * (1 - Z_t) - 1\,\text{Mio. €}\right) \text{ für } EBIT_t * (1 - Z_t) > 1\,\text{Mio.€} \end{cases}$$

für $EBIT_t = 10\,\text{Mio. €}$:

$$Z_t = \frac{1 - s_g * \left(1 - \frac{\Delta VV_{FK}^{GewSt}}{EBIT_t}\right) - s_k * \left(1 - \frac{\Delta VV_{FK}^{KSt}}{EBIT_t}\right)}{1 - 0{,}75 * s_g - s_k} \tag{0-243c}$$

$$\text{mit } \Delta VV_{FK}^{GewSt} = 1\,\text{Mio. €} + 0{,}6 * \left(EBIT_t * (1 - 0{,}75 * Z_t) - 1\,\text{Mio. €}\right)$$

$$\text{mit } \Delta VV_{FK}^{KSt} = EBIT_t * (1 - Z_t)$$

$$Z_t = \frac{1 - s_g * \left(1 - \frac{1\,\text{Mio.€} + 0{,}6 * \left(EBIT_t * (1 - 0{,}75 * Z_t) - 1\,\text{Mio.€}\right)}{EBIT_t}\right) - s_k * \left(1 - \frac{EBIT_t * (1 - Z_t)}{EBIT_t}\right)}{1 - 0{,}75 * s_g - s_k} \tag{0-243d}$$

$$Z_t = \frac{1 + 0{,}4 * s_g * \left(\frac{1\,\text{Mio. €}}{EBIT_t} - 1\right)}{1 - 0{,}3 * s_g} \tag{0-243e}$$

für $s_g = 0{,}14; s_k = 0{,}15; EBIT_t = 10\,\text{Mio. €}$:

$$Z_t = \frac{1 + 0{,}4 * 0{,}14 * \left(\frac{1\,\text{Mio. €}}{10\,\text{Mio. €}} - 1\right)}{1 - 0{,}3 * 0{,}14} = 0{,}991232 \tag{0-243f}$$

Ordinalskalierte Rangordnung der Laufzeit des Verlustvortrages

$$\theta VV = \frac{VV}{\Delta VV} \tag{0-244}$$

für $s_g = 0{,}14; s_k = 0{,}15; EBIT_{t_0} = -10\text{ Mio. €}; EBIT_t = 10\text{ Mio. €}$:

$$\theta VV_{EK}^{GewSt} = \frac{VV_{EK}^{GewSt}}{\Delta VV_{EK}^{GewSt}} = \frac{\left|EBIT_{t_0}\right|}{1\text{ Mio. €} + 0{,}6 * \left(EBIT_t - 1\text{ Mio. €}\right)} = \frac{10\text{ Mio. €}}{1\text{ Mio. €} + 0{,}6 * \left(10\text{ Mio. €} - 1\text{ Mio. €}\right)} = 1{,}5625 \tag{0-244a}$$

$$\theta VV_{EK}^{KSt} = \frac{VV_{EK}^{KSt}}{\Delta VV_{EK}^{KSt}} = \frac{\left|EBIT_{t_0}\right| - \min\left\{511.500\text{ €}; \left|EBIT_{t_0}\right|\right\}}{1\text{ Mio. €} + 0{,}6 * \left(EBIT_t - 1\text{ Mio. €}\right)} = \frac{10\text{ Mio. €} - 511.500\text{ €}}{1\text{ Mio. €} + 0{,}6 * \left(10\text{ Mio. €} - 1\text{ Mio. €}\right)} = 1{,}4826 \tag{0-244b}$$

$$\theta VV_{FK}^{GewSt} = \frac{VV_{FK}^{GewSt}}{\Delta VV_{FK}^{GewSt}} = \frac{\left|EBIT_{t_0} * \left(1 + 0{,}75 * Z_{t_0}\right)\right|}{1\text{ Mio. €} + 0{,}6 * \left(EBIT_t * \left(1 - 0{,}75 * Z_t\right) - 1\text{ Mio. €}\right)} =$$

$$= \frac{10\text{ Mio. €} * \left(1 + 0{,}75 * 1\right)}{1\text{ Mio. €} + 0{,}6 * \left(10\text{ Mio. €} * \left(1 - 0{,}75 * 0{,}9912\right) - 1\text{ Mio. €}\right)} = 9{,}0025 \tag{0-244c}$$

$$\theta VV_{FK}^{KSt} = \frac{VV_{FK}^{KSt}}{\Delta VV_{FK}^{KSt}} = \frac{\left|EBIT_{t_0} * \left(1 + Z_{t_0}\right)\right| - \min\left\{EBIT_{t_{-1}} * \left(1 - Z\right); 511.500\text{ €}; \left|EBIT_{t_0} * \left(1 + Z_{t_0}\right)\right|\right\}}{EBIT_t * \left(1 - Z_t\right)} =$$

$$= \frac{10\text{ Mio. €} * \left(1 + 1\right) - 469.800}{10\text{ Mio. €} * \left(1 - 0{,}9912\right)} = 221{,}934 \tag{0-244d}$$

$$\Rightarrow \theta VV_{EK}^{KSt} < \theta\, VV_{EK}^{GewSt} < \theta\, VV_{FK}^{GewSt} < \theta\, VV_{FK}^{KSt}$$

Ermittlung des maximalen Zinsabzugs unter Berücksichtigung der Verlustverrechnungsbeschränkung in Periode w (Szenario 5)

für $VV_{FK}^{GewSt} = 0; VV_{FK}^{KSt} > EBIT_w$:

$$Z_w = 1 - \sigma_{g(w)} - \sigma_{k(w)} \tag{0-245}$$

$$Z_w = 1 - (1 - 0{,}75 * Z_w) * s_g - \left(1 - Z_w - \frac{\Delta VV_{FK(w)}^{KSt}}{EBIT_w}\right) * s_k \tag{0-245a}$$

$$Z_w = \frac{1 - s_g - s_k * \left(1 - \frac{\Delta VV_{FK(w)}^{KSt}}{EBIT_w}\right)}{1 - 0{,}75 * s_g - s_k} \tag{0-245b}$$

$$\text{mit } \Delta VV_{FK(w)}^{KSt} = \begin{cases} EBIT_w * (1 - Z_w) \text{ für } EBIT_w * (1 - Z_w) \leq 1\,\text{Mio.€} \\ 1\,\text{Mio.€} + 0{,}6 * (EBIT_w * (1 - Z_w) - 1\,\text{Mio.€}) \text{ für } EBIT_w * (1 - Z_w) > 1\,\text{Mio.€} \end{cases}$$

für $EBIT_w = 10\,\text{Mio.€}$:

$$Z_w = \frac{1 - s_g - s_k * \left(1 - \frac{\Delta VV_{FK(w)}^{KSt}}{EBIT_w}\right)}{1 - 0{,}75 * s_g - s_k} \quad \text{mit } \Delta VV_{FK(w)}^{KSt} = EBIT_w * (1 - Z_w) \tag{0-245b}$$

$$Z_w = \frac{1 - s_g - s_k * \left(1 - \frac{EBIT_w * (1 - Z_w)}{EBIT_w}\right)}{1 - 0{,}75 * s_g - s_k} \tag{0-245c}$$

$$Z_w = \frac{1 - s_g}{1 - 0{,}75 * s_g} \tag{0-245d}$$

für $s_g = 0{,}14$:

$$Z_w = \frac{1 - 0{,}14}{1 - 0{,}75 * 0{,}14} = 0{,}960894 \tag{0-245e}$$

Ermittlung effektiver Gewerbesteuersätze bei Fremdfinanzierung

Szenario 1:

$$\sigma^{FK}_{g(t_o)} = \left(\max\left\{0;\ EBIT_{t_0} * \left(1 + 0{,}75 * Z_{t_0}\right)\right\}\right) * s_g = 0 \quad \text{mit } EBIT_{t_0} < 0 \tag{0-246}$$

$$\sigma^{FK}_{g(t_{-1})} = \left(1 - 0{,}75 * Z\right) * s_g = \sigma_g \tag{0-247}$$

$$\text{mit } Z = \frac{1 - s_g - s_k}{1 - 0{,}75 * s_g - s_k}$$

Szenario 2-4:

$$\sigma^{FK}_{g([t_1\,;\,t_{w-1}])} = \left(1 - 0{,}75 * Z_t - \frac{\Delta VV^{GewSt}_{FK}}{EBIT_t}\right) * s_g \tag{0-248}$$

$$\text{mit } Z_t = \frac{1 - s_g * \left(1 - \frac{\Delta VV^{GewSt}_{FK}}{EBIT_t}\right) - s_k * \left(1 - \frac{\Delta VV^{KSt}_{FK}}{EBIT_t}\right)}{1 - 0{,}75 * s_g - s_k}$$

$$\text{mit } \Delta VV^{GewSt}_{FK} = \begin{cases} EBIT_t * \left(1 - 0{,}75 * Z_t\right) \text{ für } EBIT_t * \left(1 - 0{,}75 * Z_t\right) \leq 1\,\text{Mio.€} \\ 1\,\text{Mio.€} + 0{,}6 * \left(EBIT_t * \left(1 - 0{,}75 * Z_t\right) - 1\,\text{Mio.€}\right) \text{ für } EBIT_t * \left(1 - 0{,}75 * Z_t\right) > 1\,\text{Mio.€} \end{cases}$$

$$\text{mit } \Delta VV^{KSt}_{FK} = \begin{cases} EBIT_t * \left(1 - Z_t\right) \text{ für } EBIT_t * \left(1 - Z_t\right) \leq 1\,\text{Mio.€} \\ 1\,\text{Mio.€} + 0{,}6 * \left(EBIT_t * \left(1 - Z_t\right) - 1\,\text{Mio.€}\right) \text{ für } EBIT_t * \left(1 - Z_t\right) > 1\,\text{Mio.€} \end{cases}$$

Szenario 5:

$$\sigma^{FK}_{g([t_w\,;\,t_x])} = \left(1 - 0{,}75 * Z_w\right) * s_g \tag{0-249}$$

$$\text{mit } Z_w = \frac{1 - s_g - s_k * \left(1 - \frac{\Delta VV^{KSt}_{FK(w)}}{EBIT_w}\right)}{1 - 0{,}75 * s_g - s_k}$$

$$\text{mit } \Delta VV^{KSt}_{FK(w)} = \begin{cases} EBIT_w * \left(1 - Z_w\right) \text{ für } EBIT_w * \left(1 - Z_w\right) \leq 1\,\text{Mio.€} \\ 1\,\text{Mio.€} + 0{,}6 * \left(EBIT_w * \left(1 - Z_w\right) - 1\,\text{Mio.€}\right) \text{ für } EBIT_w * \left(1 - Z_w\right) > 1\,\text{Mio.€} \end{cases}$$

Ermittlung effektiver Körperschaftsteuersätze bei Fremdfinanzierung

Szenario 1:

$$\sigma_{k(t_o)}^{FK} = \left(\max\left\{0;\ EBIT_{t_0} * \left(1 + Z_{t_0}\right)\right\}\right) * s_k = 0 \quad \text{mit } EBIT_{t_0} < 0 \tag{0-250}$$

$$\sigma_{k(t_{-1})}^{FK} = \left(1 - Z - \frac{VR_{FK}^{KSt}}{EBIT_{t_{-1}}}\right) * s_k \tag{0-251}$$

$$\text{mit } Z = \frac{1 - s_g - s_k}{1 - 0{,}75 * s_g - s_k}$$

$$\text{mit } VR_{FK}^{KSt} = \min\left\{EBIT_{t_{-1}} * (1 - Z);\ 511.500\ €;\ \left|EBIT_{t_0} * \left(1 + Z_{t_0}\right)\right|\right\}$$

Szenario 2-4:

$$\sigma_{k([t_1;\, t_{w-1}])}^{FK} = \left(1 - Z_t - \frac{\Delta VV_{FK}^{KSt}}{EBIT_t}\right) * s_k \tag{0-252}$$

$$\text{mit } Z_t = \frac{1 - s_g * \left(1 - \frac{\Delta VV_{FK}^{GewSt}}{EBIT_t}\right) - s_k * \left(1 - \frac{\Delta VV_{FK}^{KSt}}{EBIT_t}\right)}{1 - 0{,}75 * s_g - s_k}$$

$$\text{mit } \Delta VV_{FK}^{GewSt} = \begin{cases} EBIT_t * (1 - 0{,}75 * Z_t) & \text{für } EBIT_t * (1 - 0{,}75 * Z_t) \leq 1\ \text{Mio.}€ \\ 1\ \text{Mio.}\ € + 0{,}6 * \left(EBIT_t * (1 - 0{,}75 * Z_t) - 1\ \text{Mio.}\ €\right) & \text{für } EBIT_t * (1 - 0{,}75 * Z_t) > 1\ \text{Mio.}€ \end{cases}$$

$$\text{mit } \Delta VV_{FK}^{KSt} = \begin{cases} EBIT_t * (1 - Z_t) & \text{für } EBIT_t * (1 - Z_t) \leq 1\ \text{Mio.}€ \\ 1\ \text{Mio.}\ € + 0{,}6 * \left(EBIT_t * (1 - Z_t) - 1\ \text{Mio.}\ €\right) & \text{für } EBIT_t * (1 - Z_t) > 1\ \text{Mio.}€ \end{cases}$$

Szenario 5:

$$\sigma_{k([t_w;\, t_x])}^{FK} = \left(1 - Z_w - \frac{\Delta VV_{FK(w)}^{KSt}}{EBIT_w}\right) * s_k \tag{0-253}$$

$$\text{mit } Z_w = \frac{1 - s_g - s_k * \left(1 - \frac{\Delta VV_{FK(w)}^{KSt}}{EBIT_w}\right)}{1 - 0{,}75 * s_g - s_k}$$

$$\text{mit } \Delta VV_{FK(w)}^{KSt} = \begin{cases} EBIT_w * (1 - Z_w) & \text{für } EBIT_w * (1 - Z_w) \leq 1\ \text{Mio.}€ \\ 1\ \text{Mio.}\ € + 0{,}6 * \left(EBIT_w * (1 - Z_w) - 1\ \text{Mio.}\ €\right) & \text{für } EBIT_w * (1 - Z_w) > 1\ \text{Mio.}€ \end{cases}$$

Ermittlung effektiver Gewerbesteuersätze bei Eigenfinanzierung

Szenario 1:

$$\sigma_{g(t_o)}^{EK} = \left(\max\left\{0;\ EBIT_{t_0}\right\}\right) * s_g = 0 \quad \text{mit } EBIT_{t_0} < 0 \tag{0-254}$$

$$\sigma_{g(t_{-1})}^{EK} = s_g \tag{0-255}$$

Szenario 2-3:

$$\sigma_{g([t_1\,;\,t_{v-1}])}^{EK} = \left(1 - \frac{\Delta VV_{EK}^{GewSt}}{EBIT_t}\right) * s_g \tag{0-256}$$

$$\text{mit } \Delta VV_{EK}^{GewSt} = \begin{cases} EBIT_t & \text{für } EBIT_t \leq 1\,\text{Mio.}\,€ \\ 1\,\text{Mio.}\,€ + 0{,}6 * \left(EBIT_t - 1\,\text{Mio.}\,€\right) & \text{für } EBIT_t > 1\,\text{Mio.}\,€ \end{cases}$$

Szenario 4-5:

$$\sigma_{g([t_v\,;\,t_x])}^{EK} = s_g \tag{0-257}$$

Ermittlung effektiver Körperschaftsteuersätze bei Eigenfinanzierung

Szenario 1:

$$\sigma_{k(t_0)}^{EK} = \left(\max\left\{0;\ EBIT_{t_0}\right\}\right) * s_k = 0 \quad \text{mit } EBIT_{t_0} < 0 \tag{0-258}$$

$$\sigma_{k(t_{-1})}^{EK} = \left(1 - \frac{VR_{EK}^{KSt}}{EBIT_{t_{-1}}}\right) * s_k \tag{0-259}$$

$$\text{mit } VR_{EK}^{KSt} = \min\left\{EBIT_{t_{-1}};\ 511.500\ €; \left|EBIT_{t_0}\right|\right\}$$

Szenario 2:

$$\sigma_{k([t_1;\,t_{u-1}])}^{EK} = \left(1 - \frac{\Delta VV_{EK}^{KSt}}{EBIT_t}\right) * s_k \tag{0-260}$$

$$\text{mit } \Delta VV_{EK}^{KSt} = \begin{cases} EBIT_t & \text{für } EBIT_t \leq 1\,\text{Mio.}\,€ \\ 1\,\text{Mio.}\,€ + 0{,}6 * \left(EBIT_t - 1\,\text{Mio.}\,€\right) & \text{für } EBIT_t > 1\,\text{Mio.}\,€ \end{cases}$$

Szenario 3-5:

$$\sigma_{k([t_u;\,t_x])}^{EK} = s_k \tag{0-261}$$

Steuervorteil der Fremdfinanzierung unter Berücksichtigung der Verlustverrechnungsbeschränkungen (Szenario-Analyse)

Szenario 1:

$$\Delta s_{Sz\,1} = s_{EK}^{Sz\,1} - s_{FK}^{Sz\,1} \tag{0-262}$$

$$\begin{aligned}\Delta s_{Sz\,1} = {} & \sigma_{g(t_o)}^{EK} + \sigma_{k(t_o)}^{EK} + \sigma_{g(t_{-1})}^{EK} + \sigma_{k(t_{-1})}^{EK} + \left(1 - \sigma_{g(t_{-1})}^{EK} - \sigma_{k(t_{-1})}^{EK}\right) * s_a + \\ & - \left(\sigma_{g(t_o)}^{FK} + \sigma_{k(t_o)}^{FK} + \left(1 - \sigma_{g(t_o)}^{FK} - \sigma_{k(t_o)}^{FK}\right) * s_e + \sigma_{g(t_{-1})}^{FK} + \sigma_{k(t_{-1})}^{FK} + Z * s_e + \right. \\ & \left. + (1 - Z) * s_k * s_a \right)\end{aligned} \tag{0-262a}$$

$$\begin{aligned}\Delta s_{Sz\,1} = {} & s_g + \left(1 - \frac{VR_{EK}^{KSt}}{EBIT_{t_{-1}}}\right) * s_k + \left(1 - s_g - \left(1 - \frac{VR_{EK}^{KSt}}{EBIT_{t_{-1}}}\right) * s_k\right) * s_a + \\ & - \left(s_e + (1 - 0{,}75 * Z) * s_g + \left(1 - Z - \frac{VR_{FK}^{KSt}}{EBIT_{t_{-1}}}\right) * s_k + Z * s_e + (1 - Z) * s_k * s_a\right)\end{aligned} \tag{0-262b}$$

$$\begin{aligned}\Delta s_{Sz\,1} = {} & \left(s_g + s_k - s_k * \frac{VR_{EK}^{KSt}}{EBIT_{t_{-1}}}\right) * (1 - s_a) + s_a + \\ & - Z * \left(s_e - 0{,}75 * s_g - s_k * (1 + s_a)\right) - s_k * \left(1 - \frac{VR_{FK}^{KSt}}{EBIT_{t_{-1}}} + s_a\right) - s_e - s_g\end{aligned} \tag{0-262c}$$

$$\text{mit } VR_{EK}^{KSt} = \min\left\{EBIT_{t_{-1}}; 511.500\,€; \left|EBIT_{t_0}\right|\right\}$$

$$\text{mit } VR_{FK}^{KSt} = \min\left\{EBIT_{t_{-1}} * (1 - Z); 511.500\,€; \left|EBIT_{t_0} * \left(1 + Z_{t_0}\right)\right|\right\}$$

$$\text{mit } Z = \frac{1 - s_g - s_k}{1 - 0{,}75 * s_g - s_k}$$

für $s_g = 0{,}14;\ s_k = 0{,}15;\ s_e = 0{,}45;\ s_a = 0{,}25;\ EBIT_{t_{-1}} = 10\text{ Mio. }€;\ EBIT_{t_0} = -10\text{ Mio. }€$:

$$\Delta s_{Sz\,1} = 0{,}461746 - 0{,}45 - 0{,}470555 = -0{,}458855 \tag{0-262d}$$

Szenario 2:

$$\Delta s_{Sz\,2} = s_{EK}^{Sz\,2} - s_{FK}^{Sz\,2} \tag{0-263}$$

$$\begin{aligned}\Delta s_{Sz\,2} = {} & \sigma_{g([t_1\,;\,t_{v-1}])}^{EK} + \sigma_{k([t_1\,;\,t_{u-1}])}^{EK} + \left(1 - \sigma_{g([t_1\,;\,t_{v-1}])}^{EK} - \sigma_{k([t_1\,;\,t_{u-1}])}^{EK}\right) * s_a + \\ & - \left(\sigma_{g([t_1\,;\,t_{w-1}])}^{FK} + \sigma_{k([t_1\,;\,t_{w-1}])}^{FK} + \left(1 - \sigma_{g([t_1\,;\,t_{w-1}])}^{FK} - \sigma_{k([t_1\,;\,t_{w-1}])}^{FK}\right) * s_e\right)\end{aligned} \tag{0-263a}$$

$$\begin{aligned}\Delta s_{Sz\,2} = {} & \left(1 - \frac{\Delta VV_{EK}^{GewSt}}{EBIT_t}\right) * s_g + \left(1 - \frac{\Delta VV_{EK}^{KSt}}{EBIT_t}\right) * s_k + \left(1 - \left(1 - \frac{\Delta VV_{EK}^{GewSt}}{EBIT_t}\right) * s_g - \left(1 - \frac{\Delta VV_{EK}^{KSt}}{EBIT_t}\right) * s_k\right) * s_a + \\ & - \left(\left(1 - 0{,}75 * Z_t - \frac{\Delta VV_{FK}^{GewSt}}{EBIT_t}\right) * s_g + \left(1 - Z_t - \frac{\Delta VV_{FK}^{KSt}}{EBIT_t}\right) * s_k + \left(1 - \left(1 - 0{,}75 * Z_t - \frac{\Delta VV_{FK}^{GewSt}}{EBIT_t}\right) * s_g - \left(1 - Z_t - \frac{\Delta VV_{FK}^{KSt}}{EBIT_t}\right) * s_k\right) * s_e\right.\end{aligned} \tag{0-263b}$$

$$\begin{aligned}\Delta s_{Sz\,2} = {} & s_a * \left(1 - s_g - s_k\right) - \left(s_g * \frac{\Delta VV_{EK}^{GewSt}}{EBIT_t}\right) * \left(1 - s_a\right) - \left(s_k * \frac{\Delta VV_{EK}^{KSt}}{EBIT_t}\right) * \left(1 - s_a\right) - s_e * \left(1 - s_g - s_k\right) + \\ & + \left(s_g * \frac{\Delta VV_{FK}^{GewSt}}{EBIT_t}\right) * \left(1 - s_e\right) + \left(s_k * \frac{\Delta VV_{FK}^{KSt}}{EBIT_t}\right) * \left(1 - s_e\right) + Z_t * \left(0{,}75 * s_g + s_k\right) * \left(1 - s_e\right)\end{aligned} \tag{0-263c}$$

$$\text{mit } Z_t = \frac{1 - s_g * \left(1 - \frac{\Delta VV_{FK}^{GewSt}}{EBIT_t}\right) - s_k * \left(1 - \frac{\Delta VV_{FK}^{KSt}}{EBIT_t}\right)}{1 - 0{,}75 * s_g - s_k}$$

$$\text{mit } \Delta VV_{FK}^{GewSt} = \begin{cases} EBIT_t * \left(1 - 0{,}75 * Z_t\right) \text{ für } EBIT_t * \left(1 - 0{,}75 * Z_t\right) \leq 1 \text{ Mio.€} \\ 1 \text{ Mio. €} + 0{,}6 * \left(EBIT_t * \left(1 - 0{,}75 * Z_t\right) - 1 \text{ Mio. €}\right) \text{ für } EBIT_t * \left(1 - 0{,}75 * Z_t\right) > 1 \text{ Mio.€} \end{cases}$$

$$\text{mit } \Delta VV_{FK}^{KSt} = \begin{cases} EBIT_t * \left(1 - Z_t\right) \text{ für } EBIT_t * \left(1 - Z_t\right) \leq 1 \text{ Mio.€} \\ 1 \text{ Mio. €} + 0{,}6 * \left(EBIT_t * \left(1 - Z_t\right) - 1 \text{ Mio. €}\right) \text{ für } EBIT_t * \left(1 - Z_t\right) > 1 \text{ Mio.€} \end{cases}$$

$$\text{mit } \Delta VV_{EK}^{KSt} = \begin{cases} EBIT_t \text{ für } EBIT_t \leq 1 \text{ Mio. €} \\ 1 \text{ Mio. €} + 0{,}6 * \left(EBIT_t - 1 \text{ Mio. €}\right) \text{ für } EBIT_t > 1 \text{ Mio. €} \end{cases}$$

$$\text{mit } \Delta VV_{EK}^{GewSt} = \begin{cases} EBIT_t \text{ für } EBIT_t \leq 1 \text{ Mio. €} \\ 1 \text{ Mio. €} + 0{,}6 * \left(EBIT_t - 1 \text{ Mio. €}\right) \text{ für } EBIT_t > 1 \text{ Mio. €} \end{cases}$$

für $s_g = 0{,}14;\ s_k = 0{,}15;\ s_e = 0{,}45;\ s_a = 0{,}25;\ EBIT_t = 10 \text{ Mio. €};\ EBIT_{t_0} = -10 \text{ Mio. €}$:

$$\Delta s_{Sz\,2} = 0{,}0383 - 0{,}164828 = -0{,}126528 \tag{0-263d}$$

Szenario 3:

$$\Delta s_{Sz\,3} = s_{EK}^{Sz\,3} - s_{FK}^{Sz\,3} \qquad (0\text{-}264)$$

$$\Delta s_{Sz\,3} = \sigma_{g([t_1\,;\,t_{v-1}])}^{EK} + \sigma_{k([t_u\,;\,t_x])}^{EK} + \left(1 - \sigma_{g([t_1\,;\,t_{v-1}])}^{EK} - \sigma_{k([t_u\,;\,t_x])}^{EK}\right) * s_a + \\ - \left(\sigma_{g([t_1\,;\,t_{w-1}])}^{FK} + \sigma_{k([t_1\,;\,t_{w-1}])}^{FK} + \left(1 - \sigma_{g([t_1\,;\,t_{w-1}])}^{FK} - \sigma_{k([t_1\,;\,t_{w-1}])}^{FK}\right) * s_e\right) \qquad (0\text{-}264a)$$

$$\Delta s_{Sz\,3} = \left(1 - \frac{\Delta VV_{EK}^{GewSt}}{EBIT_t}\right) * s_g + s_k + \left(1 - \left(1 - \frac{\Delta VV_{EK}^{GewSt}}{EBIT_t}\right) * s_g - s_k\right) * s_a + \\ - \left(\left(1 - 0{,}75 * Z_t - \frac{\Delta VV_{FK}^{GewSt}}{EBIT_t}\right) * s_g + \left(1 - Z_t - \frac{\Delta VV_{FK}^{KSt}}{EBIT_t}\right) * s_k + \left(1 - \left(1 - 0{,}75 * Z_t - \frac{\Delta VV_{FK}^{GewSt}}{EBIT_t}\right) * s_g - \left(1 - Z_t - \frac{\Delta VV_{FK}^{KSt}}{EBIT_t}\right) * s_k\right) * s_e\right) \qquad (0\text{-}264b)$$

$$\Delta s_{Sz\,3} = s_a * \left(1 - s_g - s_k\right) - \left(s_g * \frac{\Delta VV_{EK}^{GewSt}}{EBIT_t}\right) * \left(1 - s_a\right) - s_e * \left(1 - s_g - s_k\right) + \\ + \left(s_g * \frac{\Delta VV_{FK}^{GewSt}}{EBIT_t}\right) * \left(1 - s_e\right) + \left(s_k * \frac{\Delta VV_{FK}^{KSt}}{EBIT_t}\right) * \left(1 - s_e\right) + Z_t * \left(0{,}75 * s_g + s_k\right) * \left(1 - s_e\right) \qquad (0\text{-}264c)$$

$$\text{mit } Z_t = \frac{1 - s_g * \left(1 - \frac{\Delta VV_{FK}^{GewSt}}{EBIT_t}\right) - s_k * \left(1 - \frac{\Delta VV_{FK}^{KSt}}{EBIT_t}\right)}{1 - 0{,}75 * s_g - s_k}$$

$$\text{mit } \Delta VV_{FK}^{GewSt} = \begin{cases} EBIT_t * \left(1 - 0{,}75 * Z_t\right) \text{ für } EBIT_t * \left(1 - 0{,}75 * Z_t\right) \leq 1\,\text{Mio.€} \\ 1\,\text{Mio.€} + 0{,}6 * \left(EBIT_t * \left(1 - 0{,}75 * Z_t\right) - 1\,\text{Mio.€}\right) \text{ für } EBIT_t * \left(1 - 0{,}75 * Z_t\right) > 1\,\text{Mio.€} \end{cases}$$

$$\text{mit } \Delta VV_{FK}^{KSt} = \begin{cases} EBIT_t * \left(1 - Z_t\right) \text{ für } EBIT_t * \left(1 - Z_t\right) \leq 1\,\text{Mio.€} \\ 1\,\text{Mio.€} + 0{,}6 * \left(EBIT_t * \left(1 - Z_t\right) - 1\,\text{Mio.€}\right) \text{ für } EBIT_t * \left(1 - Z_t\right) > 1\,\text{Mio.€} \end{cases}$$

$$\text{mit } \Delta VV_{EK}^{GewSt} = \begin{cases} EBIT_t \text{ für } EBIT_t \leq 1\,\text{Mio.€} \\ 1\,\text{Mio.€} + 0{,}6 * \left(EBIT_t - 1\,\text{Mio.€}\right) \text{ für } EBIT_t > 1\,\text{Mio.€} \end{cases}$$

für $s_g = 0{,}14;\ s_k = 0{,}15;\ s_e = 0{,}45;\ s_a = 0{,}25;\ EBIT_t = 10$ Mio. €; $EBIT_{t_0} = -10$ Mio. €:

$$\Delta s_{Sz\,3} = 0{,}1103 - 0{,}164828 = -0{,}054528 \qquad (0\text{-}264d)$$

Szenario 4:

$$\Delta s_{Sz\,4} = s_{EK}^{Sz\,4} - s_{FK}^{Sz\,4} \tag{0-265}$$

$$\Delta s_{Sz\,4} = \sigma_{g([t_v\,;\,t_x])}^{EK} + \sigma_{k([t_u\,;\,t_x])}^{EK} + \left(1 - \sigma_{g([t_v\,;\,t_x])}^{EK} - \sigma_{k([t_u\,;\,t_x])}^{EK}\right) * s_a + \\ - \left(\sigma_{g([t_1\,;\,t_{w-1}])}^{FK} + \sigma_{k([t_1\,;\,t_{w-1}])}^{FK} + \left(1 - \sigma_{g([t_1\,;\,t_{w-1}])}^{FK} - \sigma_{k([t_1\,;\,t_{w-1}])}^{FK}\right) * s_e\right) \tag{0-265a}$$

$$\Delta s_{Sz\,4} = s_g + s_k + \left(1 - s_g - s_k\right) * s_a + \\ - \left(\left(1 - 0{,}75 * Z_t - \frac{\Delta VV_{FK}^{GewSt}}{EBIT_t}\right) * s_g + \left(1 - Z_t - \frac{\Delta VV_{FK}^{KSt}}{EBIT_t}\right) * s_k + \left(1 - \left(1 - 0{,}75 * Z_t - \frac{\Delta VV_{FK}^{GewSt}}{EBIT_t}\right) * s_g - \left(1 - Z_t - \frac{\Delta VV_{FK}^{KSt}}{EBIT_t}\right) * s_k\right) * s_e\right) \tag{0-265b}$$

$$\Delta s_{Sz\,4} = s_a * \left(1 - s_g - s_k\right) - s_e * \left(1 - s_g - s_k\right) + \\ + \left(s_g * \frac{\Delta VV_{FK}^{GewSt}}{EBIT_t}\right) * \left(1 - s_e\right) + \left(s_k * \frac{\Delta VV_{FK}^{KSt}}{EBIT_t}\right) * \left(1 - s_e\right) + Z_t * \left(0{,}75 * s_g + s_k\right) * \left(1 - s_e\right) \tag{0-265c}$$

$$\text{mit } Z_t = \frac{1 - s_g * \left(1 - \frac{\Delta VV_{FK}^{GewSt}}{EBIT_t}\right) - s_k * \left(1 - \frac{\Delta VV_{FK}^{KSt}}{EBIT_t}\right)}{1 - 0{,}75 * s_g - s_k}$$

$$\text{mit } \Delta VV_{FK}^{GewSt} = \begin{cases} EBIT_t * \left(1 - 0{,}75 * Z_t\right) \text{ für } EBIT_t * \left(1 - 0{,}75 * Z_t\right) \leq 1\,\text{Mio.€} \\ 1\,\text{Mio.€} + 0{,}6 * \left(EBIT_t * \left(1 - 0{,}75 * Z_t\right) - 1\,\text{Mio.€}\right) \text{ für } EBIT_t * \left(1 - 0{,}75 * Z_t\right) > 1\,\text{Mio.€} \end{cases}$$

$$\text{mit } \Delta VV_{FK}^{KSt} = \begin{cases} EBIT_t * \left(1 - Z_t\right) \text{ für } EBIT_t * \left(1 - Z_t\right) \leq 1\,\text{Mio.€} \\ 1\,\text{Mio.€} + 0{,}6 * \left(EBIT_t * \left(1 - Z_t\right) - 1\,\text{Mio.€}\right) \text{ für } EBIT_t * \left(1 - Z_t\right) > 1\,\text{Mio.€} \end{cases}$$

für $s_g = 0{,}14;\ s_k = 0{,}15;\ s_e = 0{,}45;\ s_a = 0{,}25;\ EBIT_t = 10$ Mio. €; $EBIT_{t_0} = -10$ Mio. € :

$$\Delta s_{Sz\,4} = 0{,}1775 - 0{,}164828 = 0{,}012672 \tag{0-265d}$$

Szenario 5:

$$\Delta s_{Sz\,5} = s_{EK}^{Sz\,5} - s_{FK}^{Sz\,5} \tag{0-266}$$

$$\begin{aligned}\Delta s_{Sz\,5} &= \sigma_{g([t_v\,;\,t_x])}^{EK} + \sigma_{k([t_u\,;\,t_x])}^{EK} + \left(1 - \sigma_{g([t_v\,;\,t_x])}^{EK} - \sigma_{k([t_u\,;\,t_x])}^{EK}\right) * s_a + \\ &\quad - \left(\sigma_{g([t_w\,;\,t_x])}^{FK} + \sigma_{k([t_w\,;\,t_x])}^{FK} + \left(1 - \sigma_{g([t_w\,;\,t_x])}^{FK} - \sigma_{k([t_w\,;\,t_x])}^{FK}\right) * s_e\right)\end{aligned} \tag{0-266a}$$

$$\begin{aligned}\Delta s_{Sz\,5} &= s_g + s_k + \left(1 - s_g - s_k\right) * s_a + \\ &\quad - \left(\left(1 - 0{,}75 * Z_w\right) * s_g + \left(1 - Z_w - \frac{\Delta VV_{FK(w)}^{KSt}}{EBIT_w}\right) * s_k + \left(1 - \left(1 - 0{,}75 * Z_w\right) * s_g - \left(1 - Z_w - \frac{\Delta VV_{FK(w)}^{KSt}}{EBIT_w}\right) * s_k\right) * s_e\right)\end{aligned} \tag{0-266b}$$

$$\begin{aligned}\Delta s_{Sz\,5} &= s_a * \left(1 - s_g - s_k\right) - s_e * \left(1 - s_g - s_k\right) + \\ &\quad + \left(s_k * \frac{\Delta VV_{FK(w)}^{KSt}}{EBIT_w}\right) * \left(1 - s_e\right) + Z_w * \left(0{,}75 * s_g + s_k\right) * \left(1 - s_e\right)\end{aligned} \tag{0-266c}$$

$$\text{mit } Z_w = \frac{1 - s_g - s_k * \left(1 - \frac{\Delta VV_{FK(w)}^{KSt}}{EBIT_w}\right)}{1 - 0{,}75 * s_g - s_k}$$

$$\text{mit } \Delta VV_{FK(w)}^{KSt} = \begin{cases} EBIT_w * \left(1 - Z_w\right) & \text{für } EBIT_w * \left(1 - Z_w\right) \leq 1\,\text{Mio.€} \\ 1\,\text{Mio.€} + 0{,}6 * \left(EBIT_w * \left(1 - Z_w\right) - 1\,\text{Mio.€}\right) & \text{für } EBIT_w * \left(1 - Z_w\right) > 1\,\text{Mio.€} \end{cases}$$

für $s_g = 0{,}14;\ s_k = 0{,}15;\ s_e = 0{,}45;\ s_a = 0{,}25;\ EBIT_w = 10$ Mio. €; $EBIT_{t_0} = -10$ Mio. €:

$$\Delta s_{Sz\,5} = 0{,}1775 - 0{,}181508 = -0{,}004008 \tag{0-266d}$$

Kumulativer Steuervorteil der Fremdfinanzierung unter Berücksichtigung der Verlustverrechnungsbeschränkungen

$$\theta VV_{FK(w)}^{KSt} = \theta VV_{FK}^{GewSt} + \frac{VV_{FK}^{KSt} - \theta VV_{FK}^{GewSt} * \Delta VV_{FK(t)}^{KSt}}{\Delta VV_{FK(w)}^{KSt}} =$$

$$= \frac{\left|EBIT_{t_0} * \left(1 + 0{,}75 * Z_{t_0}\right)\right|}{1\,\text{Mio.}\,€ + 0{,}6 * \left(EBIT_t * \left(1 - 0{,}75 * Z_t\right) - 1\,\text{Mio.}\,€\right)} +$$

$$+ \frac{\left|EBIT_{t_0} * \left(1 + Z_{t_0}\right)\right| - \min\left\{EBIT_{t_{-1}} * (1 - Z); 511.500\,€; \left|EBIT_{t_0} * \left(1 + Z_{t_0}\right)\right|\right\} - \frac{\left|EBIT_{t_0} * \left(1 + 0{,}75 * Z_{t_0}\right)\right|}{1\,\text{Mio.}\,€ + 0{,}6 * \left(EBIT_t * \left(1 - 0{,}75 * Z_t\right) - 1\,\text{Mio.}\,€\right)} * EBIT_t * \left(1 - Z_t\right)}{EBIT_w * \left(1 - Z_w\right)}$$

(0-267)

für $s_g = 0{,}14;\ s_k = 0{,}15;\ s_e = 0{,}45;\ s_a = 0{,}25;\ EBIT_w = 10\,\text{Mio.}\,€;\ EBIT_{t_0} = -10\,\text{Mio.}\,€$:

$$\theta VV_{FK(w)}^{KSt} = 9{,}00 + \frac{195{,}302 - 9{,}00 * 0{,}88}{3{,}91} = 9{,}00 + 47{,}92 = 56{,}92 \qquad (0\text{-}267a)$$

$$\Delta s = \Delta s_{Sz\,1} + \theta VV_{EK}^{KSt} * \Delta s_{Sz\,2} + \left(\theta VV_{EK}^{GewSt} - \theta VV_{EK}^{KSt}\right) * \Delta s_{Sz\,3} +$$

$$+ \left(\theta VV_{FK}^{GewSt} - \theta VV_{EK}^{GewSt}\right) * \Delta s_{Sz\,4} + \left(\theta VV_{FK(w)}^{KSt} - \theta VV_{FK}^{GewSt}\right) * \Delta s_{Sz\,5} \qquad (0\text{-}268)$$

für $s_g = 0{,}14;\ s_k = 0{,}15;\ s_e = 0{,}45;\ s_a = 0{,}25;\ EBIT_w = 10\,\text{Mio.}\,€;\ EBIT_{t_0} = -10\,\text{Mio.}\,€$:

$$\Delta s = -0{,}4588 + 1 * (-0{,}1265) + (1 - 1) * (-0{,}0545) + (9 - 1) * (+0{,}0127) + (56 - 9) * (-0{,}0040) =$$

$$= -0{,}4588 - 0{,}1265 + 0{,}1016 - 0{,}188 = -0{,}6717 \qquad (0\text{-}268a)$$

Durchschnittlicher Steuervorteil je Periode:

$$\varnothing\,\Delta s = \frac{\Delta s_{Sz\,1} + \theta VV_{EK}^{KSt} * \Delta s_{Sz\,2} + \left(\theta VV_{EK}^{GewSt} - \theta VV_{EK}^{KSt}\right) * \Delta s_{Sz\,3} + \left(\theta VV_{FK}^{GewSt} - \theta VV_{EK}^{GewSt}\right) * \Delta s_{Sz\,4} + \left(\theta VV_{FK(w)}^{KSt} - \theta VV_{FK}^{GewSt}\right) * \Delta s_{Sz\,5}}{\theta VV_{FK(w)}^{GewSt}} =$$

$$= \frac{-0{,}6717}{56} = -0{,}011995 \qquad (0\text{-}268b)$$

Dynamischer Steuervorteil der Fremdfinanzierung unter Berücksichtigung der Verlustverrechnungsbeschränkungen (Barwert)

$$
\begin{aligned}
{}^{dyn}\Delta s = \Delta s_{Sz\,1} &+ \sum_{n=1}^{u-1} \frac{\theta VV_{EK}^{KSt} * \Delta s_{Sz\,2}}{(1+i_s)^n} + \sum_{n=u}^{v-1} \frac{\left(\theta VV_{EK}^{GewSt} - \theta VV_{EK}^{KSt}\right) * \Delta s_{Sz\,3}}{(1+i_s)^n} + \\
&+ \sum_{n=v}^{w-1} \frac{\left(\theta VV_{FK}^{GewSt} - \theta VV_{EK}^{GewSt}\right) * \Delta s_{Sz\,4}}{(1+i_s)^n} + \sum_{n=w}^{x} \frac{\left(\theta VV_{FK(w)}^{KSt} - \theta VV_{FK}^{GewSt}\right) * \Delta s_{Sz\,5}}{(1+i_s)^n} \qquad (0\text{-}269)
\end{aligned}
$$

mit $i_s = i - i * s_a$

für $s_g = 0{,}14;\ s_k = 0{,}15;\ s_e = 0{,}45;\ s_a = 0{,}25;\ EBIT_w = 10$ Mio. €; $EBIT_{t_0} = -10$ Mio. €; $i = 0{,}1$:

$$ {}^{dyn}\Delta s = -0{,}4588 - 0{,}1177 + 0{,}0692 - 0{,}0269 = -0{,}5342 \qquad (0\text{-}269a)$$

Durchschnittlicher Steuervorteil je Periode:

$$ \varnothing\, \Delta s = \frac{{}^{dyn}\Delta s}{\theta VV_{FK(w)}^{GewSt}} = \frac{-0{,}5342}{56} = -0{,}0095 \qquad (0\text{-}269b)$$

<u>Ermittlung kritischer Werte</u>

$VV_{EK}^{KSt} > \Delta VV_{EK}^{KSt}$ für: (0-270)

$$\left|EBIT_{t_0}\right| - \min\left\{511.500\,€;\left|EBIT_{t_0}\right|\right\} > 1\,\text{Mio.}\,€ + 0{,}6 * \left(EBIT_t - 1\,\text{Mio.}\,€\right) \quad (0\text{-}270a)$$

$$EBIT_t - 511.500\,€ > 1\,\text{Mio.}\,€ + 0{,}6 * \left(EBIT_t - 1\,\text{Mio.}\,€\right) \quad (0\text{-}270b)$$

$$EBIT_t > 2.278.750\,€ \quad (0\text{-}270c)$$

Erhöhung der Laufzeit des gewerbesteuerlichen Verlustvortrags im Bereich der Fremdfinanzierung von vollen sieben auf volle acht Perioden:

$$\frac{VV_{FK}^{GewSt}}{\Delta VV_{FK}^{GewSt}} = 8 \quad (0\text{-}271)$$

$$\frac{\left|EBIT_{t_0} * \left(1 + 0{,}75 * Z_{t_0}\right)\right|}{1\,\text{Mio.}\,€ + 0{,}6 * \left(EBIT_t * \left(1 - 0{,}75 * Z_t\right) - 1\,\text{Mio.}\,€\right)} = 8 \quad (0\text{-}271a)$$

$$EBIT_t * 1{,}75 = 8 * \left(1\,\text{Mio.}\,€ + 0{,}6 * \left(EBIT_t * \left(1 - 0{,}75 * Z_t\right) - 1\,\text{Mio.}\,€\right)\right) \quad (0\text{-}271b)$$

$$EBIT_t = \frac{3{,}2\,\text{Mio.}\,€}{3{,}6 * Z_t - 3{,}05} = 6.010.970 \quad (0\text{-}271c)$$

$$\text{mit } Z_t = \frac{1 - s_g * \left(1 - \frac{\Delta VV_{FK}^{GewSt}}{EBIT_t}\right) - s_k * \left(1 - \frac{\Delta VV_{FK}^{KSt}}{EBIT_t}\right)}{1 - 0{,}75 * s_g - s_k} = 0{,}99510$$

Erhöhung der Laufzeit des gewerbesteuerlichen Verlustvortrags im Bereich der Fremdfinanzierung von vollen acht auf volle neun Perioden:

$$\frac{VV_{FK}^{GewSt}}{\Delta VV_{FK}^{GewSt}} = 9 \quad (0\text{-}272)$$

$$\frac{\left|EBIT_{t_0} * \left(1 + 0{,}75 * Z_{t_0}\right)\right|}{1\,\text{Mio.}\,€ + 0{,}6 * \left(EBIT_t * \left(1 - 0{,}75 * Z_t\right) - 1\,\text{Mio.}\,€\right)} = 9 \quad (0\text{-}272a)$$

$$EBIT_t * 1{,}75 = 9 * \left(1\,\text{Mio.}\,€ + 0{,}6 * \left(EBIT_t * \left(1 - 0{,}75 * Z_t\right) - 1\,\text{Mio.}\,€\right)\right) \quad (0\text{-}272b)$$

$$EBIT_t = \frac{3{,}6\,\text{Mio.}\,€}{4{,}05 * Z_t - 3{,}65} = 9.868.273 \quad (0\text{-}272c)$$

$$\text{mit } Z_t = \frac{1 - s_g * \left(1 - \frac{\Delta VV_{FK}^{GewSt}}{EBIT_t}\right) - s_k * \left(1 - \frac{\Delta VV_{FK}^{KSt}}{EBIT_t}\right)}{1 - 0{,}75 * s_g - s_k} = 0{,}99131$$

$s_{EK} = 0{,}4413 \text{ für}:$ (0-273)

$$\frac{0{,}45 * EBIT - 15.576}{EBIT} = 0{,}4413 \tag{0-273a}$$

$$EBIT = \frac{15.576}{0{,}0087} = 1.790.345 \text{ €} \tag{0-273b}$$

Literaturverzeichnis

Adam, Dietrich [Entscheidungen, 1998]: Ertragsteuern, ein für betriebswirtschaftliche Entscheidungen relevantes Thema?, in: *Heribert Meffert/Norbert Krawitz* (Hrsg.), Unternehmensrechnung, 1998, S. 347-388

Aggarwal, Raj [Structure, 1981]: International Differences in Capital Structure Norms: An Empirical Study of Large European Companies, in: MIR 21 (1981), S. 75-88

Albach, Horst [Finanzierung, 1962]: Zur Finanzierung von Kapitalgesellschaften durch ihre Gesellschafter, in: ZgS 118 (1962), S. 653-687

Albers, Willi et al. (Hrsg.) [Wirtschaftswissenschaft, 1978]: Handwörterbuch der Wirtschaftswissenschaft – Vierter Band, Stuttgart/Tübingen/Göttingen: Fischer/Mohr/Vandenhoeck, 1978

Albert, Hans [Theorien, 1972]: Theorien in den Sozialwissenschaften, in: *Hans Albert* (Hrsg.), Wissenschaftslehre, 1972, S. 3-25

Albert, Hans (Hrsg.) [Wissenschaftslehre, 1972]: Theorie und Realität – Ausgewählte Aufsätze zur Wissenschaftslehre der Sozialwissenschaften, 2. Aufl., Tübingen: Mohr/Siebeck, 1972

Alefs, Ralf [Abgeltungsteuer, 2009]: Abgeltungsteuer und Teileinkünfteverfahren – Vergleich zwischen altem und neuem Recht, in: GmbH-StB 13 (2009), S. 39-45

Aleth, Franz/Reichel, Georg [Eigenkapitalfinanzierung, 2008]: Eigenkapitalfinanzierung durch die Gesellschafter, in: *Stephan Eilers/Adalbert Rödding/Dirk Schmalenbach* (Hrsg.), Unternehmensfinanzierung, 2008, S. 75-120

Altfelder, Stefan [Mindestbesteuerung, 2000]: Mindestbesteuerung – Chaos mit System?, in: FR 82 (2000), S. 18-43

Alti, Aydogan [Timing, 2006]: How Persistent Is the Impact of Market Timing on Capital Structure?, in: JF 61 (2006), S. 1681-1710

Altshuler, Rosanne/Grubert, Harry [policy, 2003]: Repatriation taxes, repatriation strategies and multinational financial policy, in: JPE 87 (2003), S. 73-107

Alworth, Julian/Arachi, Giampaolo [Italian, 2001]: The Effect of Taxes on Corporate Financing Decisions: Evidence from a Panel of Italian Firms, in: ITPF 8 (2001), S. 353-376

Auerbach, Alan J. [Determinants, 1985]: Real Determinants of Corporate Leverage, in: *Benjamin M. Friedman* (Hrsg.), Structures, 1985, S. 301-322

Auerbach, Alan J. [Policy, 2002]: Taxation and Corporate Financial Policy, in: *Alan J. Auerbach/Martin Feldstein* (Hrsg.), Economics, 2002, S. 1251-1292

Auerbach, Alan J./Feldstein, Martin (Hrsg.) [Economics, 2002]: Handbook of Public Economics, Vol. 3, Amsterdam et al.: Elsevier, 2002

Auerbach, Alan J./Jorgenson, Dale W. [depreciation, 1980]: Inflation-proof depreciation of assets, in: HBR 58 (1980), S. 113-118

Auerbach, Alan J./Poterba, James M. [Carryforwards, 1987]: Tax-Loss Carryforwards and Corporate Tax Incentives, in: *Martin Feldstein* (Hrsg.), Accumulation, 1987, S. 305-338

Auerbach, Alan J./Rosen, Harvey S. [Burden, 1980]: Will the Real Excess Burden Please Stand Up? (Or, Seven Measures in Search of a Concept), Working Paper Nr. 495, National Bureau of Economic Research, 01.06.1980, download unter: http://www.nber.org/papers/w0495.v5.pdf (28.01.2008)

Ayers, Benjamin C./Cloyd, Bryan C./Robinson, John R. [Influence, 2001]: The Influence of Income Taxes on the Use of Inside and Outside Debt by Small Businesses, in: NTJ 54 (2001), S. 27-55

Bach, Stefan/Buslei, Hermann [Zinsschranke, 2009]: Empirische Analysen zur Zinsschranke auf Grundlage von Handelsbilanzdaten, 31.03.2009, download unter: http://diw.de/documents/publikationen/73/96142/rn30.pdf (24.04.2009)

Bachmann, Carmen/Schultze, Wolfgang [Unternehmensbewertung, 2008]: Unternehmensteuerreform 2008 und Unternehmensbewertung – Auswirkungen auf den Steuervorteil der Fremdfinanzierung von Kapitalgesellschaften, in: DBW 68 (2008), S. 9-34

Baker, Malcolm/Wurgler, Jeffrey [Market, 2002]: Market timing and capital structure, in: JF 57 (2002), S. 1-32

Ballwieser, Wolfgang [Komplexitätsreduktion, 1990]: Unternehmensbewertung und Komplexitätsreduktion, 3. Aufl., Wiesbaden: Gabler, 1990 (zugl. Habil. Univ. Frankfurt am Main, 1981)

Ballwieser, Wolfgang [Theorie, 1991]: Das Rechnungswesen im Lichte ökonomischer Theorie, in: *Dieter Ordelheide/Bernd Rudolph/Elke Büsselmann* (Hrsg.), Betriebswirtschaftslehre, 1991, S. 97-124

Ballwieser, Wolfgang [Unternehmensbewertung, 1995]: Unternehmensbewertung und Steuern, in: *Rainer Elschen/Theodor Siegel/Franz W. Wagner* (Hrsg.), Unternehmenstheorie, 1995, S. 15-37

Ballwieser, Wolfgang [Kalkulationszinsfuß, 2002]: Der Kalkulationszinsfuß in der Unternehmensbewertung – Komponenten und Ermittlungsprobleme, in: WPg 55 (2002), S. 736-743

Ballwieser, Wolfgang [Unternehmensbewertung, 2007]: Unternehmensbewertung – Prozeß, Methoden und Probleme, 2. Aufl., Stuttgart: Schäffer-Poeschel, 2007

Ballwieser, Wolfgang et al. (Hrsg.) [Kapitalmarkt, 1994]: Bilanzrecht und Kapitalmarkt, Düsseldorf: IDW-Verlag, 1994

Ballwieser, Wolfgang/Kruschwitz, Lutz/Löffler, Andreas [Unternehmensbewertung, 2007]: Einkommensteuer und Unternehmensbewertung – Probleme mit der Steuerreform 2008, in: WPg 60 (2007), S. 765-769

Bamberg, Günter/Coenenberg, Adolf G./Krapp, Michael [Entscheidungslehre, 2008]: Betriebswirtschaftliche Entscheidungslehre, 14. Aufl., München: Vahlen, 2008

Bamberg, Günter/Richter, Wolfram F. [Effects, 1984]: The Effects of Progressive Taxation on Risk-Taking, in: JE 44 (1984), S. 93-102

Bancel, Franck/Mittoo, Usha R. [Survey, 2004]: Cross-Country Determinants of Capital Structure Choice: A Survey of European Firms, in: FM 33 (2004), S. 103-132

Banerjee, Saugata/Heshmati, Almas/Wihlborg, Clas [Dynamics, 2004]: The Dynamics of Capital Structure, in: RBF 4 (2004), S. 275-297

Bareis, Peter [Belastungswirkungen, 2009]: "Belastungswirkungen" verdeckter Gewinnausschüttungen – Ergänzende Anmerkungen zum Aufsatz von Binz, DStR 2008, 1820, in: DStR 47 (2009), S. 600-604

Bareis, Peter [Gewinnausschüttungen, 2009]: Korrektur verdeckter Gewinnausschüttungen außerhalb der Bilanz? Ergänzung zu Harle, GmbHR 2008, 1257 ff., in: GmbHR 100 (2009), S. 813-816

Barlev, Benzion/Levy, Haim [Loss, 1975]: Loss Carryback and Carryover Provision: Effectiveness and Economic Implications, in: NTJ 28 (1975), S. 173-184

Barnea, Amir/Haugen, Robert/Senbet, Lemma W. [Financing, 1981]: An Equilibrium Analysis of Debt Financing under Costly Tax Arbitrage and Agency Problems, in: JF 36 (1981), S. 569-581

Baron, David P. [Taxes, 1975]: Firm Valuation, Corporate Taxes, and Default Risk, in: JF 30 (1975), S. 1251-1264

Bauer, Anna [Unterkapitalisierungsregelungen, 2009]: Unterkapitalisierungsregelungen in Europa – eine Analyse, in: StuW 86 (2009), S. 163-183

Bäuml, Swen/Gageur, Patrick [Kapitaleinkünfte, 2006]: Die geplante Abgeltungssteuer auf Kapitaleinkünfte, in: FR 88 (2006), S. 213-218

Baxter, Nevins D. [Capital, 1967]: Leverage, Risk of Ruin and the Cost of Capital, in: JF 22 (1967), S. 395-404

BDI [Zinsschranke, 2009]: Die Zinsschranke – Eine ungewollte Verschärfung der Krise, 06.02.2009, download unter: http://www.bdi.eu/download_content/Publikation_Die_Zinsschranke.pdf (12.02.2010)

BDI/PWC [Verlustberücksichtigung, 2006]: Verlustberücksichtigung über Grenzen hinweg – Vergleichende Gegenüberstellung der Verlustverrechnungsmöglichkeiten in 33 Ländern, 31.01.2006, download unter: http://www.bdi-online.de/BDI ONLINE_INEAASP/iFILE.dll/X800FEC8B206E44CAA1DA81B4995B7B40/2F 252102116711D5A9C0009027D62C80/PDF/verlustberuecksichtigung%202006-01-11.PDF (20.07.2009)

BDI/VCI [Steuerbelastung, 2006]: Die Steuerbelastung der Unternehmen in Deutschland, Essen: Bacht, 2006

Bea, Franz X./Friedl, Birgit/Schweitzer, Marcell (Hrsg.) [Grundfragen, 2004]: Allgemeine Betriebswirtschaftslehre – Band 1: Grundfragen, 9. Aufl., Stuttgart: Lucius & Lucius/UTB, 2004

Becker, Helmut [Steuerprogression, 1994]: Steuerprogression und Steuergerechtigkeit, in: *Paul Kirchhof/Klaus Offerhaus/Horst Schöberle* (Hrsg.), Finanzpolitik, 1994, S. 379-392

Bender, Timo [Verlustverrechnungsbeschränkungen, 2002]: Verlustverrechnungsbeschränkungen im EStG – Ein systematischer Verbesserungsvorschlag, Frankfurt u.a.: Lang, 2002 (zugl. Diss. Univ. Bamberg, 2002)

Bergemann, Achim/Markl, Richard/Althof, Michael [Gewerbesteuer, 2007]: Die Gewerbesteuer im Lichte des Regierungsentwurfs zur Unternehmensteuerreform 2008 – Die Auswirkungen der geplanten Änderungen für die Praxis, in: DStR 45 (2007), S. 693-700

Betge, Peter/Theisen, Manuel R. (Hrsg.) [Finanzierung, 1991]: Finanzierung und Besteuerung der Unternehmung und des Konzerns, Stuttgart: C. E. Poeschel, 1991

Beußer, Thomas [Zinsvortrag, 2009]: Der Zinsvortrag bei der Zinsschranke, in: FR 91 (2009), S. 49-55

Bhatttacharya, Sudipto/Constantinides, George M. (Hrsg.) [Information, 1989]: Financial Markets and Incomplete Information, New York: Rowman & Littlefield, 1989

Bieg, Hartmut [Entscheidung, 1984]: Der Einfluß der Besteuerung auf die Entscheidung zwischen Einlagen- und Kreditfinanzierung, in: WiSt 13 (1984), S. 547-553

Bieg, Hartmut [Eigenkapitalausstattung, 1989]: Zur Eigenkapitalausstattung der Unternehmungen in der Bundesrepublik Deutschland, in: *Gerd John* (Hrsg.), Unternehmenspolitik, 1989, S. 25-48

Bigus, Jochen [Abgrenzung, 2007]: Zur bilanziellen Abgrenzung von Eigen- und Fremdkapital, in: DBW 67 (2007), S. 7-21

Binz, Hans-Bert [Belastungswirkungen, 2008]: Verdeckte Gewinnausschüttung – gestern und morgen – Belastungswirkungen an einem praktischen Beispiel, in: DStR 46 (2008), S. 1820-1823

Binz, Mark/Sorg, Martin H. [Gewinnausschüttung, 2001]: Die verdeckte Gewinnausschüttung nach der Unternehmensteuerreform, in: DStR 39 (2001), S. 1457-1462

Bitz, Michael [Kapitalstruktur, 2001]: Theorie der Kapitalstruktur, in: *Wolfgang Gerke/Manfred Steiner* (Hrsg.), Handwörterbuch, 2001, Sp. 1317-1340

Blaufus, Kay/Lorenz, Daniela [Zinsschranke, 2009]: Wem droht die Zinsschranke? Eine empirische Untersuchung zur Identifikation der Einflussfaktoren, in: ZfB 79 (2009), S. 503-526

Blumenberg, Jens [Steuerbelastung, 1991]: Zur Vergleichbarkeit der Steuerbelastung von deutschen und US-amerikanischen Kapitalgesellschaften – Zugleich Erweiterung zu Otto H. Jacobs in DStR 1991, 257, in: DStR 29 (1991), S. 852-857

Blumenberg, Jens/Benz, Sebastian (Hrsg.) [Unternehmensteuerreform, 2007]: Die Unternehmensteuerreform 2008 – Erläuterungen und Gestaltungshinweise, Köln: Schmidt, 2007

Blumenberg, Jens/Lechner, Florian [Zinsschranke, 2007]: Zinsschranke, in: *Jens Blumenberg/Sebastian Benz* (Hrsg.), Unternehmensteuerreform, 2007, S. 107-171

BM für Finanzen [Steuerreform, 2004]: Die wesentlichen Eckpfeiler der Steuerreform 2005, download unter: http://www.grantthornton.at/news/Reform2005.pdf (30.01.2008)

BMF [Eurowings, 2000]: Gleichlautender Erlass betr. Auswirkungen des Urteils des Europäischen Gerichtshofs vom 26. Oktober 1999 C-294/97 (BStBl. II S. 851) – "Eurowings" – zur Vereinbarkeit gewerbesteuerlicher Hinzurechnungsvorschriften für gemietete Anlagegüter mit dem Gebot des freien Dienstleistungsverkehrs nach Art. 59 EG-Vertrag (nunmehr Art. 49 EG-Vertrag), Schreiben v. 26.04.2000, BStBl. I 2000, S. 486

BMF [Auswirkungen, 2000]: Gleichlautender Erlass der obersten Finanzbehörden der Länder: Auswirkungen des Urteils des EuGH vom 26. Oktober 1999 C-294/97, BStBl. II S. 851, zur Vereinbarkeit gewerbesteuerlicher Hinzurechnungsvorschriften für gemietete Anlagegüter mit dem Gebot des freien Dienstleistungsverkehrs nach Art. 59 EGV (nunmehr Art. 49 EGV); Gleichlautender Erlass der obersten Finanzbehörden der Länder vom 26. April 2000, BStBl. I S. 486, Schreiben v. 18.10.2006, BStBl. I 2006, S. 611

BMF [Gewinnausschüttung, 2002]: Schreiben betr. Korrektur einer verdeckten Gewinnausschüttung innerhalb oder außerhalb der Steuerbilanz, Schreiben v. 28.05.2002, BStBl. I 2002, S. 603

BMF [Gesellschafter-Fremdfinanzierung, 2004]: Gesellschafter-Fremdfinanzierung (§ 8a KStG), IV A 2 – S 2742a – 20/04, Schreiben v. 15.07.2004, BStBl. I 2004, S. 539

BMF [Vergleich 2005, 2006]: Die wichtigsten Steuern im internationalen Vergleich 2005, in: Monatsbericht des BMF Januar (2006), S. 33-44

BMF [Hinzurechnung, 2007]: Gleichlautender Erlass betr. Anwendungsfragen zur Hinzurechnung von Finanzierungsanteilen nach § 8 Nr. 1 GewStG in der Fassung des Unternehmensteuerreformgesetzes 2008 vom 14.08.2007 (BGBl. I S. 1912, BStBl. I S. 630), Schreiben v. 04.07.2008, BStBl. I 2008, S. 730

BMF [Zinsschranke, 2008]: Zinsschranke (§ 4h EStG; § 8a KStG), Schreiben v. 04.07.2008, S. 1-21, http://www.bundesfinanzministerium.de/nn_92/DE/BMF__Startseite/Aktuelles/BMF__Schreiben/Veroffentlichungen__zu__Steuerarten/koerperschaftsteuer__umwandlungsteuerrecht/052__a__zinsschranke,templateId=raw,property=publicationFile.pdf (22.05.2009)

BMF [Abgeltungsteuer, 2008]: Die Abgeltungsteuer von R – Z, 21.07.2008, download unter: http://www.bundesfinanzministerium.de/nn_3380/DE/Wirtschaft__und__Verwaltung/Steuern/025__4__R__bis__Z.html (18.02.2009)

BMF [Vergleich 2008, 2009]: Die wichtigsten Steuern im internationalen Vergleich 2008, 31.03.2009, download unter: http://www.bundesfinanzministerium.de/nn_3380/DE/Wirtschaft__und__Verwaltung/Steuern/0901281a2002,templateId=raw,property=publicationFile.pdf (08.07.2009)

Bogner, Stefan/Frühwirth, Manfred/Höger, Andreas [Eigenkapitalzuwachsverzinsung, 2002]: Die optimale Kapitalstruktur österreichischer Kapitalgesellschaften nach der Steuerreform 2000 unter besonderer Berücksichtigung der Eigenkapitalzuwachsverzinsung, in: zfbf 54 (2002), S. 233-245

Bradford, David F./Fullerton, Don [Effective, 1981]: Pitfalls in the Construction and Use of Effective Tax Rates, in: *Charles R. Hulten* (Hrsg.), Income, 1981, S. 251-278

Bradley, Michael/Jarrell, Gregg A. /Kim, Han E. [Existence, 1984]: On the Existence of an Optimal Capital Structure: Theory and Evidence, in: JF 39 (1984), S. 857-880

Brähler, Gernot [Steuerbelastungsvergleiche, 2008]: Statische versus dynamische Steuerbelastungsvergleiche, in: DBW 68 (2008), S. 654-670

Brähler, Gernot/Lösel, Christian (Hrsg.) [Steuerrecht, 2008]: Deutsches und internationales Steuerrecht – Gegenwart und Zukunft, Wiesbaden: Gabler, 2008

Brander, James A./Lewis, Tracy R. [Structure, 1986]: Oligopoly and Financial Structure: The Limited Liability Effect, in: AER 76 (1986), S. 956-970

Brealey, Richard A./Myers, Stewart C./Allen, Franklin [Finance, 2006]: Corporate Finance, 8. Aufl., Boston et al.: McGraw-Hill/Irwin, 2006

Brennan, Michael J. [Valuation, 1970]: Taxes, Market Valuation and Corporate Financial Policy, in: NTJ 23 (1970), S. 417-427

Brennan, Michael J./Schwartz, Eduardo S. [Policy, 1984]: Optimal Financial Policy and Firm Valuation, in: JF 39 (1984), S. 593-607

Breuer, Wolfgang [Finanzierung, 2008]: Finanzierung – eine systematische Einführung, 2. Aufl., Wiesbaden: Gabler, 2008

Brosens, Linda [rules, 2004]: Thin capitalization rules and EU law, in: ECTR 13 (2004), S. 188-213

Brounen, Dirk/Jong, Abe de/Koedijk, Kees [Survey, 2006]: Capital structure policies in Europe: Survey evidence, in: JBF 30 (2006), S. 1409-1442

Brzezinski, Bogumil/Hayder, Renata [Poland, 2005]: Poland, in: ET 45 (2005), S. 424-426

Busse von Colbe, Walther et al. (Hrsg.) [Betriebswirtschaft, 2007]: Betriebswirtschaft für Führungskräfte, 3. Aufl., Stuttgart: Schäffer-Poeschel, 2007

Büttner, Thiess et al. [Taxation 2006]: Taxation and Capital Structure Choice – Evidence from a Panel of German Multinationals, Working Paper Nr. 1841, CESifo, 01.11.2006, download unter: http://www.cesifo-group.de/pls/guestci/download/CESifo%20Working%20Papers%202006/CESifo%20Working%20Papers%20November%202006/cesifo1_wp1841.pdf (22.11.2007)

Büttner, Thiess et al. [Thin-Capitalization, 2006]: The Impact of Thin-Capitalization Rules on Multinationals' Financing and Investment Decisions, Working Paper Nr. 1817, CESifo, 01.10.2006, download unter: http://www.cesifo-group.de/pls/guestci/download/CESifo%20Working%20Papers%202006/CESifo%20Working%20Papers%20October%202006/cesifo1_wp1817.pdf (12.02.2010)

Büttner, Thiess/Ruf, Martin [incentives, 2007]: Tax incentives and the location of FDI: Evidence from a panel of German multinationals, in: ITPF 14 (2007), S. 151-164

CDU/CSU/SPD [Koalitionsvertrag, 2005]: Gemeinsam für Deutschland, mit Mut und Menschlichkeit – Koalitionsvertrag von CDU, CSU und SPD vom 11.11.2005, download unter: http://www.cdu.de/doc/pdfc/091026-koalitionsvertrag-cducsu-fdp.pdf (12.02.2010)

Chmielewicz, Klaus [Forschungskonzeptionen, 1994]: Forschungskonzeptionen der Wirtschaftswissenschaft, 3. Aufl., Stuttgart: Schäffer-Poeschel, 1994

Cloyd, Bryan C./Limberg, Stephen T./Robinson, John R. [Impact, 1997]: The Impact of Federal Taxes on the Use of Debt by Closely Held Corporations, in: NTJ 50 (1997), S. 261-277

Constantinides, George M./Harris, Milton/Stulz, René M. (Hrsg.) [Economics, 2003]: Handbook of the Economics of Finance, Amsterdam et al.: Elsevier, 2003

Cordes, Joseph J./Sheffrin, Steven M. [Advantage, 1983]: Estimating the Tax Advantage of Corporate Debt, in: JF 38 (1983), S. 95-105

Cordewener, Axel [Financing, 2003]: Company Taxation, Cross-Border Financing and Thin Capitalization in the EU Internal Market: Some Comments on Lankhorst-Hohorst GmbH, in: ET 43 (2003), S. 102-113

Cordewener, Axel/Schnitger, Arne [Vorgaben, 2006]: Europarechtliche Vorgaben für die Vermeidung der internationalen Doppelbesteuerung im Wege der Anrechnungsmethode, in: StuW 83 (2006), S. 50-78

Crüger, Arwed [Fremdvergleich, 2009]: Fremdvergleich im Rahmen der deutschen Unterkapitalisierungs-Gesetzgebung der § 8a KStG a. F., § 8b Abs. 3 KStG sowie der allgemeinen Dokumentationsvorschriften nach § 90 Abs. 3 AO, in: IStR 18 (2009), S. 159-161

Dammon, Robert M./Senbet, Lemma W. [Leverage, 1988]: The Effect of Taxes and Depreciation on Corporate Investment and Financial Leverage, in: JF 43 (1988), S. 357-373

De Angelo, Harry/Masulis, Ronald W. [Structure, 1980]: Optimal Capital Structure under Corporate and Personal Taxation, in: JFE 8 (1980), S. 3-29

Degesys, Robertas [Lithuania, 2005]: Lithuania, in: ET 45 (2005), S. 410-413

Delp, Udo A. [Abgeltungsteuer, 2008]: Die Anlegerseite der Abgeltungsteuer, in: DB 61 (2008), S. 2381-2390

Demirgüc-Kunt, Asli/Maksimovic, Vojislav [Debt, 1999]: Institutions, Financial Markets, and Firm Debt Maturity, in: JFE 54 (1999), S. 295-336

Desai, Mihir A./Foley, Fritz C./Hines, James R. [Perspective, 2004]: A Multinational Perspective on Capital Structure Choice and Internal Capital Markets, in: JF 59 (2004), S. 2451-2487

Deutsche Bundesregierung [Korb II – Entwurf, 2003]: Entwurf eines Gesetzes zur Umsetzung der Protokollerklärung der Bundesregierung zur Vermittlungsempfehlung zum Steuervergünstigungsabbaugesetz (Korb II) in: BT-Drs. 15/1518 v. 08.09.2003

Deutsche Bundesregierung [UntStRefG – Entwurf, 2007]: Entwurf eines Unternehmensteuerreformgesetzes 2008, in: BT-Drs. 16/4841 v. 27.03.2007

Deutscher Bundesrat [Bürgerentlastungsgesetz – Empfehlungen, 2009]: Empfehlungen der Ausschüsse zu einem Entwurf eines Gesetzes zur verbesserten steuerlichen Berücksichtigung von Vorsorgeaufwendungen (Bürgerentlastungsgesetz Krankenversicherung), in: BR-Drs. 168/1/09 v. 23.03.2009

Deutscher Bundestag [JStG 2008 – Bericht, 2007]: Bericht des Finanzausschusses zu dem Entwurf eines Jahressteuergesetzes 2008 (JStG 2008) – Drucksachen 16/6290, 16/6739, in: BT-Drs. 16/7036 v. 08.11.2007

Deutscher Bundestag [UntStRefG 2008 – Entwurf, 2007]: Entwurf eines Unternehmensteuerreformgesetzes 2008, in: BT-Drs. 16/4841 v. 27.03.2007

Devereux, Michael P. [Impact, 1992]: The Impact of Taxation on International Business: Evidence from the Ruding Committee Survey, in: ECTR 1 (1992), S. 105-117

Devereux, Michael P./Griffith, Rachel [location, 1998]: Taxes and the location of production: evidence from a panel of US multinationals, in: JPE 68 (1998), S. 335-367

Diamond, Peter A./Mirrlees, James A. [Taxation, 1971]: Optimal Taxation and Public Production II: Production Efficiency, in: AER 61 (1971), S. 8-27

Dichtl, Erwin/Issing, Otmar (Hrsg.) [Wirtschaftslexikon, 1994]: Vahlens Großes Wirtschaftslexikon, 2. Aufl., München: Vahlen, 1994

DIHK [Hebesätze 2008, 2009]: Realsteuer-Hebesätze deutscher Städte über 50.000 Einwohner, download unter: http://www.dihk.de/inhalt/themen/rechtundfairplay/steuerrecht/gewerbesteuer/hebesaetze_2008.xls (14.01.2009)

Diller, Markus [Steuerbelastungen, 2008]: Effektive Steuerbelastungen bei unvollständigem Verlustausgleich und unsicheren Erwartungen, in: DBW 68 (2008), S. 404-417

Dirrigl, Hans/Müller, Rolf [Eigenkapitalkosten, 1990]: Eigenfinanzierung und Eigenkapitalkosten bei begünstigter Besteuerung von Veräußerungsgewinnen, in: zfbf 42 (1990), S. 396-417

Dirrigl, Hans/Schaum, Wolfgang [Ausschüttungsplanung, 1989]: Ausschüttungsplanung nach der Steuerreform 1990, in: ZfB 59 (1989), S. 291-309

Dirrigl, Hans/Wagner, Franz W. [Ausschüttungspolitik, 1993]: Ausschüttungspolitik unter Berücksichtigung der Besteuerung, in: *Günther Gebhardt/Wolfgang Gerke/Manfred Steiner* (Hrsg.), Finanzmanagement, 1993, S. 261-286

Dirrigl, Hans/Wellisch, Dietmar/Wenger, Ekkehard (Hrsg.) [Kapitalmarkt, 2004]: Steuern, Rechnungslegung und Kapitalmarkt, Wiesbaden: Gabler/DUV, 2004

Djanani, Christiana/Pummerer, Erich [Risikoverteilung, 2004]: Auswirkungen der Verlustverrechnungsbeschränkungen des Verlustvortrages auf die Risikoverteilung zwischen Steuerpflichtigen und Fiskus, in: StuW 81 (2004), S. 158-166

Domar, Evsey D. /Musgrave, Richard A. [Taxation, 1944]: Proportional Income Taxation and Risk Taking, in: QJE 58 (1944), S. 388-422

Donaldson, Gordon [Capacity, 1961]: Corporate Debt Capacity: A Study of Corporate Debt Policy and the Determination of Corporate Debt Capacity, Boston: Harvard Graduate School of Business Administration, 1961

Dörfler, Oliver/Heurung, Rainer/Adrian, Gerrit [Korrespondenzprinzip, 2007]: Korrespondenzprinzip bei verdeckter Gewinnausschüttung und verdeckter Einlage, in: DStR 45 (2007), S. 514-520

Dötsch, Ewald et al. (Hrsg.) [Dötsch-Kommentar, 2009]: Die Körperschaftsteuer – Kommentar zum Körperschaftsteuergesetz, Umwandlungssteuergesetz und zu den einkommensteuerlichen Vorschriften der Anteilseignerbesteuerung, Stand: 67. EL, Oktober 2009, Stuttgart: Schäffer-Poeschel, 2009

Dötsch, Ewald/Pung, Alexandra [JStG 2007, 2007]: JStG 2007: Die Änderungen des KStG und des GewStG, in: DB 60 (2007), S. 11-17

DRSC u.a. [Equity, 2008]: Distinguishing between Liabilities and Equity, Discussion Paper, 28.01.2008, download unter: http://www.standardsetter.de/drsc/docs/press_releases/0801_PAAinE_DP_Equity-Liabilities.pdf (27.10.2008)

Drüen, Klaus-Dieter [Unternehmerfreiheit, 2008]: Unternehmerfreiheit und Steuerumgehung, in: StuW 85 (2008), S. 154-166

Drukarczyk, Jochen [Finanzierung, 2008]: Finanzierung – Eine Einführung mit sechs Fallstudien, 10. Aufl., Stuttgart: Lucius & Lucius/UTB, 2008

Dwenger, Nadja [restrictions, 2008]: Tax loss offset restrictions – Last resort for the treasury? An empirical evaluation of tax loss offset restrictions based on micro data, Diskussionsbeitrag Nr. 44, arqus – Arbeitskreis Quantitative Steuerlehre, 28.05.2008, download unter: http://www.diw.de//documents/dokumentenarchiv/17/84746/Dwenger_arqus_dp44.pdf (23.07.2008)

Dziadkowski, Dieter [Steuerlehre, 1983]: Die Entwicklung der betriebswirtschaftlichen Steuerlehre von einer "Steuerbetriebslehre" zu einer unternehmenstheoretisch orientierten Steuerwissenschaft, in: DB 36 (1983), S. 2045-2050

Dziadkowski, Dieter [Umgestaltung, 1987]: Umgestaltung, Revitalisierung oder Ersatz der Gewerbesteuer?, in: StuW 64 (1987), S. 330-342

Eberl, Stephan [Steuervorteil, 2009]: Weitere Erkenntnisse zum Steuervorteil von Fremdkapital nach der Unternehmensteuerreform 2008, in: zfbf 61 (2009), S. 251-282

Ebling, Iris (Hrsg.) [Besteuerung, 2001]: Besteuerung von Einkommen, DStJG Band 24, Köln: Schmidt, 2001

Eckhoff, Rolf [Abgeltungsteuer, 2007]: Abgeltungsteuer – Steuersystematische und verfassungsrechtliche Aspekte in: FR 89 (2007), S. 989-998

Eggert, Wolfgang/Weichenrieder, Alfons [Unternehmensfinanzierung, 2002]: Steuerreform und Unternehmensfinanzierung in: JNS 5 (2002), S. 531-555

Eickhorst, Daniel [Auswirkungen, 2007]: Auswirkungen der Unternehmensteuerreform 2008 auf Krisenunternehmen und ihre Sanierung, in: BB 62 (2007), S. 1707-1715

Eilers, Stephan [Unternehmensfinanzierung, 2008]: Grundlagen der Unternehmensfinanzierung, in: *Stephan Eilers/Adalbert Rödding/Dirk Schmalenbach* (Hrsg.), Unternehmensfinanzierung, 2008, S. 1-73

Eilers, Stephan/Bühring, Franziska [Schönwetter-Steuerrecht, 2009]: Das Ende des Schönwetter-Steuerrechts – Die Finanzmarktkrise gebietet Änderungen im deutschen Sanierungssteuerrecht, in: DStR 47 (2009), S. 137-141

Eilers, Stephan/Ottermann, Torsten [Fremdkapitalmaßnahmen, 2008]: Fremdkapitalmaßnahmen von Gesellschaftern und Dritten, in: *Jochen Lüdicke/Christian Sistermann* (Hrsg.), Unternehmensteuerrecht, 2008, S. 317-348

Eilers, Stephan/Rödding, Adalbert/Schmalenbach, Dirk (Hrsg.) [Unternehmensfinanzierung, 2008]: Unternehmensfinanzierung – Gesellschaftsrecht, Steuerrecht, Rechnungslegung, München: Beck, 2008

Elicker, Michael [Einkommensbesteuerung, 2000]: Kritik der direkt progressiven Einkommensbesteuerung – Plädoyer für die "flache Steuer" aus rechtswissenschaftlicher Sicht, in: StuW 77 (2000), S. 3-17

Elmendorff, Wilhelm/Thoennes, Horst [Einfluss, 1970]: Einfluss der Finanzierung auf den Unternehmenswert, in: *Karl-Heinz Forster/Peter Schuhmacher* (Hrsg.), Unternehmensfinanzierung, 1970, S. 35-53

Elsas, Ralf/Florysiak, David [Structure, 2008]: Empirical Capital Structure Research: New Ideas, Recent Evidence, and Methodological Issues, in: ZfB Special Issue 6/2008, 78 (2008), S. 39-71

Elschen, Rainer [Entscheidungsneutralität, 1991]: Entscheidungsneutralität, Allokationseffizienz und Besteuerung nach der Leistungsfähigkeit, in: StuW 68 (1991), S. 99-115

Elschen, Rainer/Siegel, Theodor/Wagner, Franz W. (Hrsg.) [Unternehmenstheorie, 1995]: Unternehmenstheorie und Besteuerung, Wiesbaden: Gabler, 1995

Endres, Dieter/Spengel, Christoph/Reister, Timo [Unternehmensteuerreform, 2007]: Neu Maß nehmen: Auswirkungen der Unternehmensteuerreform 2008, in: WPg 60 (2007), S. 478-489

Engl, Richard L./Rädler, Albert J. [Dividends, 1981]: Germany: Taxes on Constructive Dividends to Foreign Shareholders, in: Intertax 9 (1981), S. 280-288

Englisch, Joachim [Abgeltungssteuer, 2007]: Verfassungsrechtliche und steuersystematische Kritik der Abgeltungssteuer, in: StuW 84 (2007), S. 221-240

Ernst & Young/BDI (Hrsg.) [Unternehmensteuerreform, 2007]: Die Unternehmensteuerreform 2008, Bonn/Berlin: Stollfuß, 2007

European Commission [Conclusions, 1998]: Conclusions of the ECOFIN Council Meeting on 1 December 1997 concerning taxation policy, Abl. EG v. 06.01.1998, C2, mit Anhängen (Anhang 1: EU Code of Conduct, Anhang 2: Taxation of Savings)

European Commission [Taxation, 2001]: Company Taxation in the Internal Market, Commission Staff Working Paper v. 23.10.2001, SEC (2001) 1681 endg.

European Commission [trends, 2008]: Taxation trends in the European Union – Data for the EU Member States and Norway, 01.01.2008, download unter: http://ec.europa.eu/taxation_customs/resources/documents/taxation/gen_info/economic_analysis/tax_structures/Structures2008.pdf (01.08.2008)

Fama, Eugene F./French, Kenneth R. [Decisions, 1998]: Taxes, Financing Decisions, and Firm Value, in: JF 53 (1998), S. 819-843

Fama, Eugene F./French, Kenneth R. [Predictions, 2002]: Testing Trade-Off and Pecking Order Predictions About Dividends and Debt, in: RFS 15 (2002), S. 1-33

Farrar, Donald E./Selwyn, Lee L. [Investors, 1967]: Taxes, Corporate Financial Policy and Return to Investors, in: NTJ 20 (1967), S. 444-454

Feldstein, Martin (Hrsg.) [Accumulation, 1987]: The Effects of Taxation on Capital Accumulation, Chicago/London: The University of Chicago Press, 1987

Fieten, Paul et al. [shields, 2005]: Comment on "The value of tax shield is NOT equal to the present value of tax shields", in: QREF 45 (2005), S. 184-187

Fischer, Carola [Problemfelder, 2007]: Problemfelder bei der Abgeltungsteuer – ein Appell für Korrekturen noch vor 2009, in: DStR 45 (2007), S. 1898-1900

Fischer, Edwin O./Heinkel, Robert/Zechner, Josef [Choice, 1989]: Dynamic Capital Structure Choice: Theory and Tests, in: JF 44 (1989), S. 19-40

Fischer, Lutz [Finanzierungsneutralität, 1970]: Die Finanzierungsneutralität der Besteuerung als Forderung der Betriebswirtschaftslehre, in: ZfB 40 (1970), S. 313-328

Fischer, Lutz [Steuerbelastung, 1989]: Die effektive Steuerbelastung von Unternehmen, in: *Gerd John* (Hrsg.), Unternehmenspolitik, 1989, S. 133-155

Fischer, Lutz/Schneeloch, Dieter/Sigloch, Jochen [Steuerlehre, 1980]: Betriebswirtschaftliche Steuerlehre und Steuerberatung – Gedanken zum 60jährigen "Jubiläum" der Betriebswirtschaftlichen Steuerlehre, in: DStR 18 (1980), S. 699-705

Flämig, Christian [Gewerbesteuer, 1989]: Die Ausgestaltung der Gewerbesteuer als verfassungsrechtliches Problem, in: *Karl Heinrich Friauf* (Hrsg.), Steuerrecht, 1989, S. 33-59

Föhl, Carl [Einkommensbesteuerung, 1953/54]: Kritik der progressiven Einkommensbesteuerung, in: FA 14 (1953/54), S. 88-109

Forster, Karl-Heinz/Schuhmacher, Peter (Hrsg.) [Unternehmensfinanzierung, 1970]: Aktuelle Fragen der Unternehmensfinanzierung und Unternehmensbewertung, Stuttgart: Poeschel, 1970

Fossen, Frank/Bach, Stefan [Reforming, 2008]: Reforming the German Local Business Tax – Lessons from an International Comparison and a Microsimulation Analysis, in: FA 64 (2008), S. 245-272

Francfort, Alfred J./Rudolph, Bernd [Kapitalstrukturen, 1992]: Zur Entwicklung der Kapitalstrukturen in Deutschland und in den Vereinigten Staaten von Amerika, in: zfbf 44 (1992), S. 1059-1079

Frank, Murray Z./Goyal, Vidhan K. [Theories, 2007]: Trade-off and Pecking Order Theories of Debt, SSRN, 08.12.2007, download unter: http://papers.ssrn.com/sol3/Delivery.cfm/SSRN_ID1067505_code.pdf?abstractid=670543&mirid=1 (31.10.2008)

Franke, Günter/Hax, Herbert [Finanzwirtschaft, 2004]: Finanzwirtschaft des Unternehmens und Kapitalmarkt, 5. Aufl., Berlin/Heidelberg/New York: Springer, 2004

Friauf, Karl Heinrich (Hrsg.) [Steuerrecht, 1989]: Steuerrecht und Verfassungsrecht, Köln: Schmidt, 1989

Friedman, Benjamin M. (Hrsg.) [Structures, 1985]: Corporate Capital Structures in the United States, Chicago/London: The University of Chicago Press, 1985

Frotscher, Gerrit [§ 8a KStG, 2004]: Die rechtlichen Wirkungen des § 8a KStG n.F., in: DStR 42 (2004), S. 377-386

Frydenberg, Stein [Theory, 2004]: Theory of Capital Structure – A Review, SSRN, 29.04.2004, download unter: http://papers.ssrn.com/sol3/Delivery.cfm/SSRN_ID556631_code327089.pdf?abstractid=556631&mirid=1 (23.10.2008)

Führich, Gregor [Zinsschranke, 2007]: Ist die geplante Zinsschranke europarechtskonform?, in: IStR 16 (2007), S. 341-345

Fullerton, Don [Effective, 1984]: Which Effective Tax Rate?, in: NTJ 37 (1984), S. 23-41

Furubotn, Eirik G. [Development, 1994]: Future Development of the New Institutional Economics: Extension of the Neoclassical Model or New Construct?, Lectiones Jenenses, Jena: Max-Planck-Institute, 1994

Gäfgen, Gérard [Entscheidung, 1974]: Theorie der wirtschaftlichen Entscheidung, 3. Aufl., Tübingen: Mohr/Siebeck, 1974

Galeano, Giuseppe A./Rhode, Alan M. [Barrier, 2008]: Italy Sets the Barrier to Deduction of Financing Costs at 30 Per Cent of EBITDA, in: Intertax 36 (2008), S. 292-301

Gebauer, Wolfgang/Rudolph, Bernd (Hrsg.) [Erfolgsanalyse, 1994]: Erfolgsmessung und Erfolgsanalyse im Portfolio-Management, Frankfurt am Main: Knapp, 1994

Gebhardt, Günther/Gerke, Wolfgang/Steiner, Manfred (Hrsg.) [Finanzmanagement, 1993]: Handbuch des Finanzmanagements, München: Beck, 1993

Genser, Bernd [Einkommensteuer, 2003]: Ist eine duale Einkommensteuer einfacher und gerechter als eine umfassende Einkommensteuer?, in: *Manfred Rose* (Hrsg.), Sozialsystem, 2003, S. 176-190

Gerard, Marcel [Equity, 2006]: Belgium Moves to Dual Allowance for Corporate Equity, in: ET 46 (2006), S. 156-162

Gerke, Wolfgang/Bank, Matthias [Finanzierungsentscheidungen, 2003]: Finanzierung – Grundlagen für die Investitions- und Finanzierungsentscheidungen in Unternehmen, 2. Aufl., Stuttgart/Berlin/Köln: Kohlhammer, 2003

Gerke, Wolfgang/Steiner, Manfred (Hrsg.) [Handwörterbuch, 2001]: Handwörterbuch des Bank- und Finanzwesens, 3. Aufl., Stuttgart: Schäffer-Poeschel, 2001

Geurts, Matthias [Abgeltungssteuer, 2007]: Die neue Abgeltungssteuer – das Ende einer steuerinduzierten Kapitalanlage?, in: DStZ 95 (2007), S. 341-347

Gintrowski, Georg/Marettek, Alexander [Steuerfinanzpolitik, 1972]: Bemerkungen zu Entscheidungsmodellen für die betriebliche Steuerfinanzpolitik, in: StuW 49 (1972), S. 231-238

Givoly, Dan et al. [Evidence, 1992]: Taxes and Capital Structures: Evidence form Firms' Response to the Tax Reform Act of 1986, in: RFS 5 (1992), S. 331-355

Glasenapp, Gero von [Kapitalvermögen, 2008]: Die Auswirkungen der Unternehmenssteuerreform 2008 auf die Einkünfte aus Kapitalvermögen, in: BB 63 (2008), S. 360-367

Gocke, Rudolph/Gosch, Dietmar/Lang, Michael (Hrsg.) [Körperschaftsteuer, 2005]: Körperschaftsteuer, Internationales Steuerrecht, Doppelbesteuerung, Festschrift für Franz Wassermeyer zum 65. Geburtstag, München: Beck, 2005

Goldstein, Robert/Ju, Nengjiu/Leland, Hayne [Dynamic, 2001]: An EBIT-Based Model of Dynamic Capital Structure, in: JB 74 (2001), S. 483-512

Gordon, Myron G. [Finance, 1989]: Corporate Finance under the MM Theorems, in: FM 18 (1989), S. 19-28

Gordon, Roger H./Lee, Young [Evidence, 2001]: Do taxes affect corporate debt policy? Evidence from U.S. corporate tax return data, in: JPE 82 (2001), S. 195-224

Gordon, Roger H./MacKie-Mason, Jeffrey K. [Effects, 1990]: Effects of the Tax Reform Act of 1986 on Corporate Financial Policy and Organizational Form, in: *Joel Slemrod* (Hrsg.), Impact, 1990, S. 91-131

Gosch, Dietmar [Fremdvergleich, 1997]: Der BFH und der Fremdvergleich, in: DStZ 85 (1997), S. 1-10

Gosch, Dietmar [Gewerbesteuer, 1998]: Einige aktuelle und zugleich grundsätzliche Bemerkungen zur Gewerbesteuer, in: DStZ 86 (1998), S. 327-334

Gouthière, Bruno [Capitalization, 2005]: A Comparative Study of the Thin Capitalization Rules in the Member States of the European Union and Certain Other States, in: ET 45 (2005), S. 367-369

Gouthière, Bruno [France, 2005]: France, in: ET 45 (2005), S. 389-394

Graham, John R. [Debt, 1996]: Debt and the marginal tax rate, in: JFE 41 (1996), S. 41-73

Graham, John R. [Proxies, 1996]: Proxies for the corporate marginal tax rate, in: JFE 42 (1996), S. 187-221

Graham, John R. [Decisions, 1999]: Do Personal Taxes Affect Corporate Financing Decisions?, in: JPE 73 (1999), S. 147-185

Graham, John R. [Benefits, 2000]: How Big Are the Tax Benefits of Debt?, in: JF 55 (2000), S. 1901-1941

Graham, John R. [Benefits, 2001]: Estimating the Tax Benefits of Debt, in: JACF 14 (2001), S. 42-54

Graham, John R. [Review, 2003]: Taxes and Corporate Finance: A Review, in: RFS 16 (2003), S. 1075-1129

Graham, John R. [Review, 2006]: A Review of Taxes and Corporate Finance, in: FTFIN 1 (2006), S. 2006

Graham, John R./Harvey, Campbell R. [evidence, 2001]: The theory and practice of corporate finance: evidence from the field, in: JFE 60 (2001), S. 187-243

Graham, John R./Lemmon, Michael L. /Schallheim, James S. [Endogeneity, 1998]: Debt, Leases, Taxes, and the Endogeneity of Corporate Tax Status in: JF 53 (1998), S. 131-162

Green, Richard C./Hollifield, Burton [advantages, 2003]: The personal-tax advantages of equity, in: JFE 67 (2003), S. 175-216

Green, Richard C./Talmor, Eli [Liabilities, 1985]: The Structure and Incentive Effects of Corporate Tax Liabilities, in: JF 40 (1985), S. 1095-1114

Grinblatt, Mark/Titman, Sheridan [Strategy, 2002]: Financial Markets and Corporate Strategy, 2. Aufl., New York u.a.: McGraw-Hill/Irwin, 2002

Grotherr, Siegfried [Steuerlehre, 1995]: Die Hauptaufgabe der Betriebswirtschaftlichen Steuerlehre, in: SteuerStud 16 (1995), S. 101-111

Grotherr, Siegfried [Unterkapitalisierungsregelungen, 1995]: Ausländische Unterkapitalisierungsregelungen, in: *Detlev Piltz/Harald Schaumburg* (Hrsg.), Unternehmensfinanzierung, 1995, S. 49-87

Gutenberg, Erich [Betriebswirtschaftslehre, 1957]: Betriebswirtschaftslehre als Wissenschaft, Krefeld: Scherpe, 1957

Gutenberg, Erich [Verschuldungsgrad, 1966]: Zum Problem des optimalen Verschuldungsgrades, in: ZfB 36 (1966), S. 681-703

Gutenberg, Erich [Finanzen, 1969]: Grundlagen der Betriebswirtschaftslehre, Dritter Band: Die Finanzen, 2. Aufl., Berlin/Heidelberg/New York: Springer, 1969

Haase, Florian (Hrsg.) [Heidelberger Kommentar, 2009]: Heidelberger Kommentar: Außensteuergesetz/Doppelbesteuerungsabkommen, Heidelberg: Müller, 2009

Haase, Klaus D. [Steuerpolitik, 1986]: Steuerpolitik einer personenbezogenen Kapitalgesellschaft, in: DB 39 (1986), S. 1-6

Haase, Klaus D. [Steuerbelastungsvergleich, 2008]: Steuerbelastungsvergleich für deutsche Investitionen in Bulgarien und in Estland, in: *Gernot Brähler/Christian Lösel* (Hrsg.), Steuerrecht, 2008, S. 297-312

Haase, Klaus D./Diller, Markus [Finanzierung, 2002]: Steueroptimale Finanzierung einer personenbezogenen Kapitalgesellschaft, in: DB 55 (2002), S. 229-230

Haase, Klaus D./Lüdemann, Lars [Finanzierungspolitik, 2000]: Auswirkungen der Unternehmenssteuerreform auf die Finanzierungspolitik der Kapitalgesellschaften, in: DStR 38 (2000), S. 747-752

Haase, Klaus D./Schneeloch, Dieter [Analyse, 1983]: Analyse des Referentenentwurfs eines § 8a KStG: Steuerbelastung, Konzeption und Alternativen, in: *Klaus D. Haase/Dieter Schneeloch/Theodor Siegel* (Hrsg.), Gesellschafter-Fremdfinanzierung, 1983, S. 37-172

Haase, Klaus D./Schneeloch, Dieter/Siegel, Theodor (Hrsg.) [Gesellschafter-Fremdfinanzierung, 1983]: Besteuerung der Gesellschafter-Fremdfinanzierung – Eine betriebswirtschaftliche Stellungnahme zum geplanten § 8a KStG, Stuttgart: Fachverlag für Wirtschafts- und Steuerrecht Schäffer, 1983

Haberstock, Lothar [Partialmodelle, 1970]: Zum Ansatz des Kalkulationszinsfußes vor und nach Steuern in investitionstheoretischen Partialmodellen, in: zfbf 22 (1970), S. 510-516

Haberstock, Lothar [Kapitalwert, 1972]: Kapitalwert oder Interner Zinsfuß?, in: ZfB 42 (1972), S. 216-218

Hackbarth, Dirk/Hennessy, Christopher A./Leland, Hayne E. [Trade-off, 2007]: Can the Trade-off Theory Explain Debt Structure?, in: RFS 20 (2007), S. 1389-1428

Hahne, Klaus D. [Abgeltungsteuer, 2007]: Einführung der Abgeltungsteuer: Folgen für Anlage und Finanzierung, in: DB Status Recht (2007), S. 324-326

Harris, Milton/Raviv, Artur [Informational, 1990]: Capital Structure and the Informational Role of Debt, in: JF 45 (1990), S. 321-349

Harris, Milton/Raviv, Artur [Structure, 1991]: The Theory of Capital Structure in: JF 46 (1991), S. 297-355

Haugen, Robert/Senbet, Lemma W. [Agency, 1981]: Resolving the Agency Problems of External Capital through Options, in: JF 36 (1981), S. 629-647

Hauschildt, Jürgen [Ziele, 1973]: Die Struktur von Zielen in Entscheidungsprozessen – Bericht aus einem empirischen Forschungsprojekt, in: zfbf 25 (1973), S. 709-738

Hauschildt, Jürgen [Forschung, 2003]: Zum Stellenwert der empirischen betriebswirtschaftlichen Forschung, in: *Manfred Schwaiger/Dietmar Harhoff* (Hrsg.), Betriebswirtschaft, 2003, S. 3-24

Hauschildt, Jürgen/Wacker, Wilhelm [Entscheidungsprozesse, 1974]: Zum unangemessenen Gewicht steuerlicher Gesichtspunkte in unternehmenspolitischen Entscheidungsprozessen, in: StuW 51 (1974), S. 252-254

Hax, Herbert [Entscheidungsmodelle, 1967]: Bewertungsprobleme bei der Formulierung von Zielfunktionen für Entscheidungsmodelle, in: zfbf 19 (1967), S. 749-761

Hax, Herbert [Theorie, 1991]: Theorie der Unternehmung – Information, Anreize und Vertragsgestaltung, in: *Dieter Ordelheide/Bernd Rudolph/Elke Büsselmann* (Hrsg.), Betriebswirtschaftslehre, 1991, S. 51-72

Hechtner, Frank [Konjunkturpaket, 2009]: Die Änderungen der Einkommensteuertarife 2009/2010 durch das zweite Konjunkturpaket – weitere unsystematische Belastungswirkungen und fehlende Abstimmung mit bisherigen (Tarif-)Normen, in: DStZ 97 (2009), S. 233-242

Hechtner, Frank/Hundsdoerfer, Jochen [Steuerbelastung, 2008]: Steuerbelastung privater Kapitaleinkünfte nach Einführung der Abgeltungsteuer unter besonderer Berücksichtigung der Günstigerprüfung: Unsystematische Grenzbelastungen und neue Gestaltungsmöglichkeiten, Diskussionsbeitrag Nr. 52, arqus – Arbeitskreis Quantitative Steuerlehre, 01.08.2008, download unter: http://www.wiwiss.fu-berlin.de/institute/pruefungs-steuerlehre/hundsdoerfer/interne_downloads/arqus_wp52_Hechtner_Hundsdoerfer_Abgeltungsteuer.pdf (17.02.2009)

Hechtner, Frank/Hundsdoerfer, Jochen [Schedulenbesteuerung, 2009]: Schedulenbesteuerung von Kapitaleinkünften mit der Abgeltungsteuer: Belastungswirkungen und neue Problemfelder, in: StuW 86 (2009), S. 23-41

Heering, Niels [Denmark, 2005]: Denmark, in: ET 45 (2005), S. 382-383

Heigl, Anton [Steuerplanung, 1971]: Bedingungen der unternehmerischen Steuerplanung, in: StuW 48 (1971), S. 127-138

Heinen, Edmund [Ansatz, 1971]: Der entscheidungsorientierte Ansatz der Betriebswirtschaftslehre, in: *Gerd von Kortzfleisch* (Hrsg.), Betriebswirtschaftslehre, 1971, S. 21-37

Henselmann, Klaus [Steuerbelastung, 1994]: Erfolgsmessung und Steuerbelastung: Eine Analyse geltender Vorschriften und ausgewählter Reformvorschläge zur Erfolgsmessung und ihre Wirkung auf die Steuerbelastung von Unternehmen, Heidelberg: Physica, 1994

Hermanns, Julia [Kapitalstruktur, 2006]: Optimale Kapitalstruktur und Market Timing – Empirische Analyse börsennotierter deutscher Unternehmen, Wiesbaden: Gabler/DUV, 2006 (zugl. Diss Univ. Wuppertal, 2006)

Herrmann, Carl/Heuer, Gerhard/Raupach, Arndt (Hrsg.) [HHR-Kommentar, 2009]: Einkommensteuer- und Körperschaftsteuergesetz – Kommentar, Stand: 238. EL, Dezember 2009, Köln: Schmidt, 2009

Herzig, Norbert [Divergenzeffekt, 1985]: Divergenzeffekt verdeckter Gewinnausschüttungen und Ausschüttungsverhalten, in: DB 38 (1985), S. 353-356

Herzig, Norbert (Hrsg.) [Steuerlehre, 1991]: Betriebswirtschaftliche Steuerlehre und Steuerberatung, Wiesbaden: Gabler, 1991

Herzig, Norbert [Finanzierungsfreiheit, 1994]: Spannungsverhältnis zwischen Finanzierungsfreiheit und fehlender Finanzierungsneutralität der Besteuerung, in: FR 76 (1994), S. 589-602

Herzig, Norbert (Hrsg.) [Kooperationen, 1996]: Körperschaftsteuerguthaben bei grenzüberschreitenden Kooperationen, Köln: Schmidt, 1996

Herzig, Norbert [Unternehmensbesteuerung, 2007]: Reform der Unternehmensbesteuerung, in: WPg 60 (2007), S. 7-14

Herzig, Norbert/Bohn, Alexander [Unternehmensfinanzierung, 2007]: Modifizierte Zinsschranke und Unternehmensfinanzierung, in: DB 60 (2007), S. 1-10

Herzig, Norbert/Bohn, Alexander [Zinsabzugsbeschränkung, 2009]: Internationale Vorschriften zur Zinsabzugsbeschränkung – Systematisierung denkbarer Alternativmodelle zur Zinsschranke, in: IStR 18 (2009), S. 253-261

Herzig, Norbert/Lochmann, Uwe [§ 8a KStG, 2004]: Die Belastungswirkungen von § 8a KStG n.F., in: DB 57 (2004), S. 825-837

Herzig, Norbert/Lochmann, Uwe/Liekenbrock, Bernhard [Study, 2008]: Impact Study of the New German Interest Capping Rule, in: Intertax 36 (2008), S. 577-584

Herzig, Norbert/Lochmann, Uwe/Liekenbrock, Bernhard [Unternehmensbefragung, 2008]: Die Zinsschranke im Lichte einer Unternehmensbefragung, in: BB 63 (2008), S. 593-602

Herzig, Norbert/Wagner, Thomas [Mindestbesteuerung, 2004]: Mindestbesteuerung durch die Begrenzung der Verrechnung von Verlustvorträgen, in: WPg 57 (2004), S. 53-64

Herzig, Norbert/Watrin, Christoph [Anforderungen, 2000]: Betriebswirtschaftliche Anforderungen an die Unternehmensteuerreform, in: StuW 77 (2000), S. 378-388

Heuermann, Bernd (Bearb.) [Blümich, § 8a KStG, 2007]: § 8a KStG – Betriebsausgabenabzug für Zinsaufwendungen bei Körperschaften (Zinsschranke), Stand: 97. EL, Dezember 2007, in: *Bernd Heuermann* (Hrsg.), Blümich-Kommentar, 2009

Heuermann, Bernd (Hrsg.) [Blümich-Kommentar, 2009]: Blümich: EStG, KStG, GewStG – Kommentar, Stand: 104. EL, September 2009, München: Vahlen, 2009

Hey, Johanna [Harmonisierung, 1997]: Harmonisierung der Unternehmensbesteuerung in Europa, Köln: Schmidt, 1997

Hey, Johanna [Besteuerungsfolgen, 2001]: Bedeutung und Besteuerungsfolgen der verdeckten Gewinnausschüttung nach der Unternehmenssteuerreform, in: GmbHR 92 (2001), S. 1-7

Hey, Johanna [Besteuerungsprinzipien, 2007]: Verletzung fundamentaler Besteuerungsprinzipien durch die Gegenfinanzierungsmaßnahmen des Unternehmensteuerreformgesetzes 2008, in: BB 62 (2007), S. 1303-1309

Hey, Johanna [Körperschaftsteuer, 2010]: Körperschaftsteuer, in: *Klaus Tipke/Joachim Lang* (Hrsg.), Steuerrecht, 2010, S. 423-466

Hey, Johanna [Missbrauchsgesetzgebung, 2008]: Spezialgesetzliche Missbrauchsgesetzgebung aus steuersystematischer, verfassungs- und europarechtlicher Sicht, in: StuW 85 (2008), S. 167-183

Hidien, Jürgen W. [Zins-/Lizenzgebühren-Richtlinie, 2008]: § 8 Nr. 1 GewStG n.F. verstößt gegen die europäische Zins-/Lizenzgebühren-Richtlinie!, in: DStZ 96 (2008), S. 131-133

Hierstetter, Felix [Zinsvortrag, 2009]: Zinsvortrag und Restrukturierung, in: DB 62 (2009), S. 79-84

Hirshleifer, Jack [Capital, 1970]: Investment, Interest and Capital, Englewood Cliffs: Prentice Hall, 1970

Hoffmann, Christine [Zinsschranke, 2009]: Zinsschranke – Gibt es die Freigrenze noch?, in: DStR 47 (2009), S. 1461-1462

Hoffmann, Wolf-Dieter [Gewinnausschüttung, 1998]: Das Telos der verdeckten Gewinnausschüttung und die Rechtsprechung des Bundesfinanzhofs, in: DStR 36 (1998), S. 313-319

Hoffmann, Wolf-Dieter [Zinsschranke, 2008]: Zinsschranke – Fremdfinanzierung nach dem Unternehmensteuerreformgesetz 2008, Stuttgart: Schäffer-Poeschel, 2008

Hofmeister, Ferdinand (Bearb.) [Blümich, § 1 GewStG, 2008]: § 1 GewStG – Steuerberechtigte, Stand: 99. EL, Juni 2008, in: *Bernd Heuermann* (Hrsg.), Blümich-Kommentar, 2009

Hofmeister, Ferdinand (Bearb.) [Blümich, § 8 GewStG, 2009]: § 8 GewStG – Hinzurechnungen, Stand: 102. EL, April 2009, in: *Bernd Heuermann* (Hrsg.), Blümich-Kommentar, 2009

Homburg, Stefan [Company, 2007]: Germany's Company Tax Reform Act of 2008, in: FA 63 (2007), S. 591-612

Homburg, Stefan [Steuerinnovation, 2007]: Die Zinsschranke – eine beispiellose Steuerinnovation, in: FR 89 (2007), S. 717-728

Homburg, Stefan [Steuerlehre, 2007]: Allgemeine Steuerlehre, 5. Aufl., München: Vahlen, 2007

Homburg, Stefan [Unternehmensfinanzierung, 2007]: Die Abgeltungsteuer als Instrument der Unternehmensfinanzierung, in: DStR 45 (2007), S. 686-690

Homburg, Stefan/Houben, Henriette/Maiterth, Ralf [Eigenfinanzierung, 2007]: Optimale Eigenfinanzierung der Personenunternehmen nach der Unternehmensteuerreform 2008/2009, Discussion Paper Nr. 365, Universität Hannover, 01.05.2007, download unter: http://econstor.eu/bitstream/10419/22477/1/dp-365.pdf (15.02.2010)

Hovakimian, Armen [Timing, 2005]: Are Observed Capital Structures Determined by Equity Market Timing?, in: JFQA 41 (2005), S. 221-243

Hovakimian, Armen/Opler, Tim/Titman, Sheridan [Choice, 2001]: The Debt-Equity Choice, in: JFQA 36 (2001), S. 1-24

Huang, Samuel G./Song, Frank M. [Determinants, 2006]: The Determinants of Capital Structure: Evidence from China, in: CER 17 (2006), S. 14-36

Hubbard, Glenn R. (Hrsg.) [Finance, 1990]: Asymmetric Information, Corporate Finance, and Investment, Chicago/London: The University of Chicago Press, 1990

Huizinga, Harry/Laeven, Luc/Nicodème, Gaëtan [Debt-Shifting, 2007]: Capital Structure and International Debt-Shifting, Working Paper Nr. 39, International Monetary Fund 2007, download unter: http://www.imf.org/external/pubs/ft/wp/2007/wp0739.pdf (04.02.2010)

Hulten, Charles R. (Hrsg.) [Income, 1981]: Depreciation, Inflation, and the Taxation of Income from Capital, Washington: The Urban Institute, 1981

Hundsdoerfer, Jochen/Kiesewetter, Dirk/Sureth, Caren [Forschungsergebnisse, 2008]: Forschungsergebnisse in der Betriebswirtschaftlichen Steuerlehre – eine Bestandsaufnahme, in: ZfB 78 (2008), S. 61-138

Husmann, Sven [Finanzierung, 2007]: Bewertung von Investitionsprojekten bei steuerlich optimaler Finanzierung, in: DBW 67 (2007), S. 369-380

IFA (Hrsg.) [Deductibility, 1994]: Deductibility of interest and other financing charges in computing income, Volume LXXIXa, Deventer/Boston: Kluwer, 1994

IHK München [Vorschläge, 2009]: 25 Vorschläge für ein wettbewerbsfähiges Steuerrecht, 01.05.2009, download unter: http://www.muenchen.ihk.de/mike/ihk_ geschaeftsfelder/standortpolitik/Anhaenge/25-Vorschlaege-fuer-ein-wettbewerbs-faehiges-Steuerrecht.pdf (24.06.2009)

Jääskeläinen, Veikko [Financing, 1966]: Optimal Financing and Tax Policy of the Corporation, Helsinki: Publications of the Helsinki Research Institute for Business Economics 31, 1966

Jachmann, Monika [Ansätze, 2000]: Ansätze zu einer gleichheitsgerechten Ersetzung der Gewerbesteuer, in: BB 55 (2000), S. 1432-1442

Jachmann, Monika [Abgeltungssteuer, 2003]: Eine deutsche Abgeltungssteuer auf Kapitalerträge im europäischen Kontext, in: BB 58 (2003), S. 2712-2719

Jacobs, Otto H. [Financing, 1989]: The effects of business taxation on shareholder financing of corporations – An analysis of taxation concepts in France, Germany and the United States, in: Intertax 17 (1989), S. 464-476

Jacobs, Otto H. [Einflußfaktoren, 1991]: Einflußfaktoren der internationalen Steuerbelastung: Dargestellt am Vergleich Deutschland – USA, in: *Norbert Herzig* (Hrsg.), Steuerlehre, 1991, S. 255-270

Jacobs, Otto H. [Steuerbelastungsanalyse, 1991]: Die Steuerbelastung deutscher Kapitalgesellschaften im Vergleich zur Steuerbelastung nach US-amerikanischem Recht – Eine EDV gestützte Steuerbelastungsanalyse, in: DStR 29 (1991), S. 257-262

Jacobs, Otto H. [Konzernfinanzierung, 1996]: Steuerliche Vorteilhaftigkeit des Einsatzes von Eigen- und Fremdkapital bei der internationalen Konzernfinanzierung, in: StuW 73 (1996), S. 26-42

Jacobs, Otto H. [Systems, 1999]: Corporation Income Tax Systems in the European Union – An Analysis of Their Effects on Competition and Reform Proposals, in: Intertax 27 (1999), S. 264-278

Jacobs, Otto H. [Entwicklungstendenzen, 2004]: Stand und Entwicklungstendenzen der Betriebswirtschaftlichen Steuerlehre in: StuW 81 (2004), S. 251-259

Jacobs, Otto H. [Unternehmensbesteuerung, 2007]: Internationale Unternehmensbesteuerung: Deutsche Investitionen im Ausland – Ausländische Investitionen im Inland, 6. Aufl., München: Beck, 2007

Jacobs, Otto H. [Unternehmensbesteuerung, 2009]: Unternehmensbesteuerung und Rechtsform, 4. Aufl., München: Beck, 2009

Jacobs, Otto H./Spengel, Christoph [Finanzierung (Teil I), 1992]: Besteuerung und Finanzierung verbundener Unternehmen in Deutschland, Frankreich und Großbritannien (Teil I), in: IStR 1 (1992), S. 84-88

Jacobs, Otto H./Spengel, Christoph [Unternehmensbesteuerung, 1996]: Unternehmensbesteuerung im internationalen Vergleich – Eine Bestandsaufnahme, in: *Horst Siebert* (Hrsg.), Steuerpolitik, 1996, S. 49-98

Jacobs, Otto H./Spengel, Christoph [Burden, 2000]: Measurement and Development of the Effective Tax Burden of Companies – An Overview and International Comparison, in: Intertax 28 (2000), S. 334-351

Jacobs, Otto H. et al. [Kapitalgesellschaften, 2003]: Steueroptimale Rechtsformwahl: Personengesellschaften besser als Kapitalgesellschaften, in: StuW 80 (2003), S. 308-325

Jaeger, Claudia [Körperschaftsteuersysteme, 2001]: Die Körperschaftsteuersysteme in Europa – Eine europarechtliche und betriebswirtschaftliche Analyse, Lohmar/Köln: Eul, 2001 (zugl. Diss. Univ. Mannheim, 2001)

Jalilvand, Abolhassan/Harris, Robert S. [Behavior, 1984]: Corporate Behavior in Adjusting to Capital Structure and Dividend Targets: an Econometric Study, in: JF 39 (1984), S. 127-145

Jarass, Lorenz [Zinsbesteuerung, 2002]: Zinsbesteuerung in Europa – Möglichkeiten einer Abgeltungssteuer in Deutschland, in: IStR 11 (2002), S. 46-50

Jensen, Michael C./Meckling, William H. [Behavior, 1976]: Theory of the Firm: Managerial Behavior, Agency Costs and Ownership Structure, in: JFE 3 (1976), S. 305-360

Johansson, Sven-Erik [Decisions, 1969]: Income Taxes and Investment Decisions, in: SJE 71 (1969), S. 104-110

John, Gerd (Hrsg.) [Unternehmenspolitik, 1989]: Besteuerung und Unternehmenspolitik – Festschrift für Günter Wöhe, München: Vahlen, 1989

Jonas, Martin [Unternehmensbewertung, 2008]: Relevanz persönlicher Steuern? – Mittelbare und unmittelbare Typisierung der Einkommensteuer in der Unternehmensbewertung, in: WPg 61 (2008), S. 826-833

Kahneman, Daniel/Tversky, Amos [Prospect, 1979]: Prospect theory: An analysis of decision under risk, in: Econometrica 47 (1979), S. 263-292

Kale, Jayant R./Noe, Thomas H./Ramirez, Gabriel G. [Effect, 1991]: The Effect of Business Risk on Corporate Capital Structure: Theory and Evidence, in: JF 46 (1991), S. 1693-1715

Kaminski, Bert [Zinsschranke, 2008]: Entwurf eines BMF-Schreibens zur Zinsschranke (§ 4h EStG, § 8a KStG), in: Stbg 51 (2008), S. 196-211

Kaminski, Bert/Strunk, Günther [Entscheidungen, 2003]: Einfluss von Steuern auf unternehmerische Entscheidungen, München/Neuwied: Luchterhand, 2003

Kane, Alex/Marcus, Alan J./McDonald, Robert L. [Advantage, 1984]: How Big is the Tax Advantage of Debt?, in: JF 39 (1984), S. 841-853

Kavcic, Claudia/Vogel, Andrea [Ziele, 2008]: Gefährdet die Gewerbesteuer die Ziele der Unternehmensteuerreform 2008?, in: StuB 10 (2008), S. 121-126

Kempf, Andreas/Straubinger, Petra [EU-Zins-/Lizenzrichtlinie, 2005]: Nochmals: Die EU-Zins-/Lizenzrichtlinie und § 8 Nr. 1 GewStG, in: IStR 14 (2005), S. 773-775

Kemsley, Deen/Nissim, Doron [Shield, 2002]: Valuation of the Debt Tax Shield, in: JF 57 (2002), S. 2045-2073

Kessler, Wolfgang [Konzernbesteuerung, 2008]: Konzernbesteuerung in Deutschland, in: *Wolfgang Kessler/Michael Kröner/Stefan Köhler* (Hrsg.), Konzernsteuerrecht, 2008, S. 1-18

Kessler, Wolfgang/Eicker, Klaus/Schindler, Jörg [Hinzurechnung, 2004]: Hinzurechnung von Dauerschuldzinsen nach § 8 Nr. 1 GewStG verstößt gegen die Zins-/Lizenzgebühren-Richtlinie, in: IStR 13 (2004), S. 678-680

Kessler, Wolfgang/Köhler, Stefan/Knörzer, Daniel [Zinsschranke, 2007]: Die Zinsschranke im Rechtsvergleich: Problemfelder und Lösungsansätze, in: IStR 16 (2007), S. 418-422

Kessler, Wolfgang/Kröner, Michael/Köhler, Stefan (Hrsg.) [Konzernsteuerrecht, 2008]: Konzernsteuerrecht: National – International, München: Beck, 2008

Kiesewetter, Dirk/Lachmund, Andreas [Kapitalstruktur, 2004]: Wirkung einer Abgeltungssteuer auf Investitionsentscheidungen und Kapitalstruktur von Unternehmen, in: DBW 64 (2004), S. 395-411

Kiesewetter, Dirk et al. [Reform, 2008]: arqus-Stellungnahme zur notwendigen Reform der Abgeltungsteuer, in: DB 61 (2008), S. 957-958

Kiesewetter, Dirk/Rumpf, Dominik [Besteuerung, 2009]: Was kostet eine finanzierungsneutrale Besteuerung von Kapitalgesellschaften?, Diskussionsbeitrag Nr. 71, arqus – Arbeitskreis Quantitative Steuerlehre, 01.05.2009, download unter: http://www.arqus.info/paper/arqus_71.pdf (07.09.2009)

Kim, Han E. [Capacity, 1978]: A Mean-Variance Theory of Optimal Capital Structure and Corporate Debt Capacity, in: JF 33 (1978), S. 45-63

Kim, Han E. [Structure, 1989]: Optimal Capital Structure in Miller's Equilibrium, in: *Sudipto Bhatttacharya/George M. Constantinides* (Hrsg.), Information, 1989, S. 36-48

King, Mervyn A./Fullerton, Don [Taxation, 1984]: The Taxation of Income from Capital – A Comparative Study of the United States, the United Kingdom, Sweden, and West Germany, Chicago/London: The University of Chicago Press, 1984

Kirchhof, Paul/Offerhaus, Klaus/Schöberle, Horst (Hrsg.) [Finanzpolitik, 1994]: Steuerrecht, Verfassungsrecht, Finanzpolitik – Festschrift für Franz Klein, Köln: Otto Schmidt, 1994

Kleineidam, Hans-Jochen [Steuerlehre, 1970]: Zur Weiterentwicklung der betriebswirtschaftlichen Steuerlehre, in: ZfB 40 (1970), S. 105-118

Klett, Kathrin [Leistungsfähigkeitsgrundsatz, 1995]: Progressive Einkommenssteuer und Leistungsfähigkeitsgrundsatz in der Schweiz – 100 Jahre nach Georg Schanz, in: *Joachim Lang* (Hrsg.), Steuerrechtsordnung, 1995, S. 599-616

Klingebiel, Jörg (Bearb.) [Dötsch, § 8 Abs. 3 KStG Teil C, 2009]: § 8 Abs. 3 KStG Teil C – Ermittlung des Einkommens, Stand: 65. EL, März 2009, in: *Ewald Dötsch et al.* (Hrsg.), Dötsch-Kommentar, 2009

Knobloch, Alois Paul [Kapitalwertäquivalent, 2008]: Ein Kapitalwertäquivalent bei zeitversetzten Steuerzahlungen, in: ZfB 78 (2008), S. 671-700

Koch, Helmut [Optimalitätskriterium, 1968]: Der Begriff des ökonomischen Gewinns – Zur Frage des Optimalitätskriteriums in der Wirtschaftlichkeitsrechnung, in: zfbf 20 (1968), S. 389-441

Koch, Helmut [Handlungstheorie, 1971]: Die theoretische Ökonomik als individualanalytische Handlungstheorie, in: ZgS 127 (1971), S. 686-743

Koch, Helmut [Theorie, 1974]: Die betriebswirtschaftliche Theorie als spezielle Handlungstheorie, in: zfbf 26 (1974), S. 73-95

Koch, Karl [Steuersatz, 1981]: Steuersatz, in: *Georg Strickrodt et al.* (Hrsg.), Handwörterbuch, 1981, S. 1342

Köhler, Richard/Küpper, Hans-Ulrich/Pfingsten, Andreas (Hrsg.) [Betriebswirtschaft, 2007]: Handwörterbuch der Betriebswirtschaft, 6. Aufl., Stuttgart: Schäffer-Poeschel, 2007

Köhler, Stefan [Steuerrecht, 2005]: Aktuelles Beratungs-Know-how Internationales Steuerrecht, in: DStR 43 (2005), S. 227-232

Köhler, Stefan [Zinsschranke, 2007]: Erste Gedanken zur Zinsschranke nach der Unternehmensteuerreform, in: DStR 45 (2007), S. 597-604

Kohlhaas, Karl-Friedrich [Kommentar, 2006]: Verfassungswidrigkeit der Mindestbesteuerung a. F. – Kommentar zum Beschluss des BFH vom 06.09.2006, in: DStR 44 (2006), S. 2240-2243

Kohlhepp, Ralf [Korrespondenzprinzipien, 2007]: Die Korrespondenzprinzipien der verdeckten Gewinnausschüttung, in: DStR 45 (2007), S. 1502-1507

Kollruss, Thomas/Michaelis, Magnus [Zinsschranke, 2008]: Die Zinsschranke bei konzernfreien Kapitalgesellschaften: Ausweitung der Gesellschafter-Fremdfinanzierung und Besonderheiten beim Zinsvortrag, in: StuB 10 (2008), S. 822-830

König, Rolf [Steuerplanungslehre, 2004]: Theoriegestützte betriebswirtschaftliche Steuerwirkungs- und Steuerplanungslehre, in: StuW 81 (2004), S. 260-266

König, Rolf/Wosnitza, Michael [Steuerwirkungslehre, 2004]: Betriebswirtschaftliche Steuerplanungs- und Steuerwirkungslehre, Heidelberg: Physica, 2004

Kornblum, Udo [Rechtstatsachen, 2009]: Bundesweite Rechtstatsachen zum Unternehmens- und Gesellschaftsrecht, Stand 1.1.2008, in: GmbHR 100 (2009), S. 25-32

Kortzfleisch, Gerd von (Hrsg.) [Betriebswirtschaftslehre, 1971]: Wissenschaftsprogramm und Ausbildungsziele der Betriebswirtschaftslehre, Berlin: Duncker & Humblot, 1971

Kosiol, Erich [Modellanalyse, 1961]: Modellanalyse als Grundlage unternehmerischer Entscheidungen, in: ZfhF 13 (1961), S. 318-334

Kotyrba, Marc H. [Beziehungen, 2008]: Beziehungen Unternehmen/Gesellschafter, in: *Jochen Lüdicke/Christian Sistermann* (Hrsg.), Unternehmensteuerrecht, 2008, S. 183-219

Kraft, Cornelia/Kraft, Gerhard [Unternehmensbesteuerung, 2006]: Grundlagen der Unternehmensbesteuerung, 2. Aufl., Wiesbaden: Gabler, 2006

Kraus, Alan/Litzenberger, Robert H. [Leverage, 1973]: A State-Preference Model of Optimal Financial Leverage, in: JF 28 (1973), S. 911-922

Krelle, Wilhelm [Einkommensbesteuerung, 1955/56]: Zur Wirkung der progressiven Einkommensbesteuerung, in: FA 16 (1955/56), S. 22-30

Krengel, Ronald [Mindestbesteuerung, 2006]: Mindestbesteuerung und Effizienz, Wiesbaden: Gabler/DUV, 2006 (zugl. Diss. Univ. Halle-Wittenberg, 2006)

Krolop, Kaspar [Finanzierungsfolgenverantwortung, 2009]: Zur Anwendung der MoMiG-Regelungen zur Gesellschafterdarlehen auf gesellschaftsfremde Dritte – Von der Finanzierungsfolgenverantwortung des Gesellschafters zur Risikoübernahmeverantwortung des Risikokapitalgebers?, in: GmbHR 100 (2009), S. 397-405

Kronbergs, Zigurds G. [Latvia, 2005]: Latvia, in: ET 45 (2005), S. 407-410

Kruhl, Alfred [Einkommensteuertarif, 2009]: Reform des Einkommensteuertarifs durch das Konjunkturpaket II, in: BB 64 (2009), S. 987-990

Kruschwitz, Lutz [Investitionsrechenverfahren, 2001]: Investitionsrechenverfahren, dynamische, in: *Wolfgang Gerke/Manfred Steiner* (Hrsg.), Handwörterbuch, 2001, Sp. 1117-1126

Kruschwitz, Lutz [Investitionsrechnung, 2009]: Investitionsrechnung, 12. Aufl., München: Oldenbourg, 2009

Kruschwitz, Lutz/Löffler, Andreas [Unternehmensbewertung, 2004]: Mehr Fragen als Antworten im Zusammenhang mit Steuervorteilen bei der Unternehmensbewertung, in: *Hans Dirrigl/Dietmar Wellisch/Ekkehard Wenger* (Hrsg.), Kapitalmarkt, 2004, S. 85-100

Kubota, Keiichi/Takehara, Hitoshi [Effects, 2007]: Effects of Tax Rate Changes on the Cost of Capital: The Case of Japanese Firms, in: FA 63 (2007), S. 163-185

Kudert, Stephan/Kaiser, Ivonne [Lock-in-Effekte, 2007]: Die Unternehmenssteuerreform 2008: Eine Untersuchung zur Existenz von steuerlichen Lock-in-Effekten, Discussion Paper Nr. 260, Europa-Universität Viadrina Frankfurt, 01.05.2007, download unter: http://www.wiwi.euv-frankfurt-o.de/de/forschung/publikationen_projekte/discussionpaper/dp/260_Kudert_Kaiser.pdf (15.02.2010)

Kußmaul, Heinz [Betriebswirtschaftslehre, 1995]: Die Betriebswirtschaftliche Steuerlehre als steuerliche Betriebswirtschaftslehre?, in: StuW 72 (1995), S. 3-14

Kußmaul, Heinz [Steuerlehre, 2008]: Betriebswirtschaftliche Steuerlehre, 5. Aufl., München: Oldenbourg, 2008

Kußmaul, Heinz/Dreger, Martina [Finanzierungsplanung, 1996]: Steuerlich orientierte grenzüberschreitende Finanzierungsplanung – Kapitalausstattung einer ausländischen Tochtergesellschaft, in: DStR 34 (1996), S. 1376-1380

Kußmaul, Heinz/Dreger, Martina [Finanzierungsvergleich, 1996]: Eigen- oder Fremdfinanzierung bei "unternehmensbezogenen" Kapitalgesellschaften – ein steuerlich orientierter Finanzierungsvergleich, in: DStR 34 (1996), S. 1179-1183

Kußmaul, Heinz/Klein, Nicole [Analyse, 2001]: Maßgeblichkeitsprinzip bei verdeckter Einlage und verdeckter Gewinnausschüttung? Gleichzeitig Analyse der handels- und steuerrechtlichen Wirkungen von verdeckter Einlage und verdeckter Gewinnausschüttung, in: DStR 39 (2001), S. 189-194

Kußmaul, Heinz/Ruiner, Christoph/Schappe, Christian [Zinsschranke, 2008]: Ausgewählte Gestaltungsmaßnahmen zur Vermeidung der Anwendung der Zinsschranke, in: GmbHR 99 (2008), S. 505-514

Lang, Joachim (Hrsg.) [Steuerrechtsordnung, 1995]: Die Steuerrechtsordnung in der Diskussion – Festschrift für Klaus Tipke zum 70. Geburtstag, Köln: Otto Schmidt, 1995

Lang, Joachim [Systeme, 2001]: Prinzipien und Systeme der Besteuerung von Einkommen, in: *Iris Ebling* (Hrsg.), Besteuerung, 2001, S. 49-133

Lang, Joachim (Bearb.) [Dötsch, § 8 Abs. 3 KStG, 2003]: § 8 Abs. 3 KStG – Ermittlung des Einkommens, Stand: 48. EL, Juni 2003, in: *Ewald Dötsch et al.* (Hrsg.), Dötsch-Kommentar, 2009

Lang, Joachim [Einkommen, 2003]: Einfachheit und Gerechtigkeit der Besteuerung von investierten Einkommen, in: *Manfred Rose* (Hrsg.), Sozialsystem, 2003, S. 83-146

Lang, Joachim [Allgemeines Steuerschuldrecht, 2010]: Allgemeines Steuerschuldrecht, in: *Klaus Tipke/Joachim Lang* (Hrsg.), Steuerrecht, 2010, S. 177-195

Lang, Joachim [Einführung, 2010]: Einführung, in: *Klaus Tipke/Joachim Lang* (Hrsg.), Steuerrecht, 2010, S. 1-20

Lang, Joachim [Einkommensteuer, 2010]: Einkommensteuer, in: *Klaus Tipke/Joachim Lang* (Hrsg.), Steuerrecht, 2010, S. 233-416

Lang, Joachim [Ordnung, 2010]: Rechtsstaatliche Ordnung des Steuerrechts, in: *Klaus Tipke/Joachim Lang* (Hrsg.), Steuerrecht, 2010, S. 69-137

Lang, Joachim [Rechtsanwendung, 2010]: Rechtsanwendung im Steuerrecht, in: *Klaus Tipke/Joachim Lang* (Hrsg.), Steuerrecht, 2010, S. 139-172

Lang, Joachim [Steuerschuldrecht, 2010]: Einführung in das besondere Steuerschuldrecht, in: *Klaus Tipke/Joachim Lang* (Hrsg.), Steuerrecht, 2010, S. 197-231

Lang, Joachim (Bearb.) [Dötsch, § 8 Abs. 3 KStG Teil C, 2009]: § 8 Abs. 3 KStG Teil C – Ermittlung des Einkommens, Stand: 65. EL, März 2009, in: *Ewald Dötsch et al.* (Hrsg.), Dötsch-Kommentar, 2009

Laß, Frank [Finanzierungsentscheidungen, 1999]: Der Einfluß der Besteuerung auf unternehmerische Finanzierungsentscheidungen, Aachen: Shaker, 1999 (zugl. Diss. Univ. Bielefeld, 1999)

Lausberg, Friedrich-Wilhelm [Finanzierungsneutralität, 1970]: Die Finanzierungsneutralität der Besteuerung: Zur Herleitung der an betriebswirtschaftlichen Faktoren ausgerichteten Forderung nach gleichmäßiger Steuerbelastung der Finanzierungsalternativen, München: vervielfältigt, 1970 (zugl. Diss. Univ. München, 1970)

Lausberg, Friedrich-Wilhelm [Kapitalstruktur, 1973]: Der Einfluß der Besteuerung auf die Kapitalstruktur der Unternehmung, in: StuW 50 (1973), S. 45-60

Lehmann, Matthias [Finanzierung, 1991]: Finanzierung – Ein Beispiel für die Zusammenarbeit zwischen Betriebswirtschaftslehre und Recht, in: *Dieter Rückle* (Hrsg.), Finanzwirtschaft, 1991, S. 399-446

Lehmann, Matthias [Gewinnausschüttungen, 1994]: "Verdeckte Gewinnausschüttungen" – Eine Analyse aus der Sicht der betriebswirtschaftlichen Steuerlehre, in: *Wolfgang Ballwieser et al.* (Hrsg.), Kapitalmarkt, 1994, S. 1027-1067

Leland, Hayne E./Pyle, David H. [Asymmetries, 1977]: Informational Asymmetries, Financial Structure and Financial Intermediation, in: JF 32 (1977), S. 371-387

Lewis, Craig M. [Taxation, 1990]: A Multiperiod Theory of Corporate Financial Policy under Taxation, in: JFQA 25 (1990), S. 25-43

Linn, Alexander [Missbrauchsverhinderungsnormen, 2007]: Missbrauchsverhinderungsnormen und Standortwahl – Eine rechtsvergleichende und modelltheoretische Analyse des Einflusses von CFC-Regeln und Unterkapitalisierungsregeln, Wiesbaden: Gabler/DUV, 2007 (zugl. Diss. Univ. München, 2006)

Lipfert, Helmut [Unternehmensfinanzierung, 1965]: Theorie der optimalen Unternehmensfinanzierung, in: zfbf 17 (1965), S. 58-77

Loitlsberger, Erich [Finanzierungsinstrumentarium, 1984]: Innovationsfinanzierung und Finanzierungsinstrumentarium, in: JfB 34 (1984), S. 54-69

Loose, Falk/Maier, Anette [Krisenfinanzierung, 2008]: Krisenfinanzierung und Sanierung, in: *Jochen Lüdicke/Christian Sistermann* (Hrsg.), Unternehmensteuerrecht, 2008, S. 781-831

Lüdicke, Jochen (Hrsg.) [Unternehmensteuerreform, 2008]: Unternehmensteuerreform 2008 im internationalen Umfeld, Köln: Schmidt, 2008

Lüdicke, Jochen/Sistermann, Christian (Hrsg.) [Unternehmensteuerrecht, 2008]: Unternehmensteuerrecht – Gründung, Finanzierung, Umstrukturierung, Übertragung, Liquidation, München: Beck, 2008

Lutter, Marcus (Hrsg.) [Holding, 2004]: Holding Handbuch – Recht, Management, Steuern, 4. Aufl., Köln: Schmidt, 2004

Lutter, Marcus/Scheffler, Eberhard/Schneider, Uwe H. [Konzern, 1998]: Der Konzern als finanzwirtschaftliche Einheit, in: *Marcus Lutter/Eberhard Scheffler/Uwe H. Schneider* (Hrsg.), Konzernfinanzierung, 1998, S. 1-29

Lutter, Marcus/Scheffler, Eberhard/Schneider, Uwe H. (Hrsg.) [Konzernfinanzierung, 1998]: Handbuch der Konzernfinanzierung, Köln: Schmidt, 1998

MacKie-Mason, Jeffrey K. [Decisions, 1990]: Do Taxes Affect Corporate Financing Decisions?, in: JF 45 (1990), S. 1471-1493

MacKie-Mason, Jeffrey K. [Firms, 1990]: Do Firms Care Who Provides Their Financing?, in: *Glenn R. Hubbard* (Hrsg.), Finance, 1990, S. 63-103

Mai, Jan M. [Zinsabzugsbeschränkungen, 2008]: Die Bewertung verschuldeter Unternehmen unter Berücksichtigung von Zinsabzugsbeschränkungen, in: DBW 68 (2008), S. 35-51

Maiterth, Ralf/Sureth, Caren [Unternehmensfinanzierung, 2006]: Unternehmensfinanzierung, Unternehmensrechtsform und Besteuerung, Diskussionsbeitrag Nr. 15, Arbeitskreis Quantitative Steuerlehre, 01.01.2006, download unter: http://pbfb5 www.uni-paderborn.de/www/fb5/wiwi-web.nsf/id/BCF813783A49B5E0C12570 81003B4921/$file/wpMaiterthSureth15.pdf (22.11.2007)

Maksimovic, Vojislav [Capital, 1988]: Capital Structure in Repeated Oligopolies, in: RJE 19 (1988), S. 389-407

Maksimovic, Vojislav/Titman, Sheridan [Policy, 1991]: Financial Policy and a Firm's Reputation for Product Quality, in: RFS 4 (1991), S. 175-200

Marettek, Alexander [Steuerbilanzpolitik, 1970]: Entscheidungsmodell der betrieblichen Steuerbilanzpolitik – unter Berücksichtigung ihrer Stellung im System der Unternehmenspolitik, in: BFuP 22 (1970), S. 7-31

Marsh, Paul [Choice, 1982]: The Choice Between Equity and Debt: An Empirical Study, in: JF 37 (1982), S. 121-144

Marx, Franz J. [Aufdeckung, 2003]: Steuerwirkungen bei der Aufdeckung verdeckter Gewinnausschüttungen, in: DB 56 (2003), S. 673-679

Maßbaum, Alexandra/Sureth, Caren [Financing, 2008]: The Impact of Thin Capitalization Rules on Shareholder Financing, Diskussionsbeitrag Nr. 39, arqus – Arbeitskreis Quantitative Steuerlehre, 01.02.2008, download unter: http://pbfb5www.uni-paderborn.de/www/fb5/wiwi-web.nsf/id/Dep2_Publikationen/$file/wpMassbaum Sureth200802.pdf (15.02.2010)

Matschke, Manfred J. [Investitionsrechenverfahren, 2001]: Investitionsrechenverfahren, statische, in: *Wolfgang Gerke/Manfred Steiner* (Hrsg.), Handwörterbuch, 2001, Sp. 1126-1140

Meffert, Heribert/Krawitz, Norbert (Hrsg.) [Unternehmensrechnung, 1998]: Unternehmensrechnung und -besteuerung, Wiesbaden: Gabler, 1998

Meilicke, Wienand [Diskriminierungsverbot, 2006]: Die Hinzurechnung von Dauerschuldzinsen nach § 8 Nr. 1 GewStG – Ein Verstoß gegen das Diskriminierungsverbot nach Marks & Spencer in: IStR 15 (2006), S. 130

Mellwig, Winfried [Handlungstheorie, 1978]: Handlungstheorie, in: *Willi Albers et al.* (Hrsg.), Wirtschaftswissenschaft, 1978, S. 20-26

Mellwig, Winfried [Besteuerung, 1985]: Investition und Besteuerung, Wiesbaden: Gabler, 1985

Menger, Carl [Oekonomie, 1883]: Untersuchungen über die Methode der Socialwissenschaften, und der politischen Oekonomie insbesondere, Leipzig: Duncker/Humblot, 1883

Merks, Paulus [Tax, 2007]: Corporate Tax and the OECD, in: Intertax 35 (2007), S. 322-330

Mertes, Horst/Hagen, Alexander [Privatanleger, 2007]: Einführung einer Abgeltungssteuer – Besteuerung der Privatanleger, in: *Ernst & Young/BDI* (Hrsg.), Unternehmensteuerreform, 2007, S. 216-251

Michielse, Geerten M. [Gesellschafter-Fremdfinanzierung, 1998]: Gesellschafter-Fremdfinanzierung in den Mitgliedstaaten der Europäischen Union – Standortbezogene Steuerplanung, in: *Manuel R. Theisen* (Hrsg.), Umbruch, 1998, S. 33-57

Miller, Merton H. [Debt, 1977]: Debt and Taxes, in: JF 32 (1977), S. 261-275

Mintz, Jack M. [Investment, 1981]: Some Additional Results on Investment, Risk Taking, and Full Loss Offset Corporate Taxation with Interest Deductibility, in: QJE 96 (1981), S. 631-642

Modigliani, Franco/Miller, Merton H. [Capital, 1958]: The Cost of Capital, Corporation Finance and the Theory of Investment, in: AER 48 (1958), S. 261-297

Modigliani, Franco/Miller, Merton H. [Correction, 1963]: Corporate Income Taxes and the Cost of Capital: A Correction, in: AER 53 (1963), S. 433-443

Mödinger, Patrizia [Unternehmensregister, 2007]: Erweiterte Auswertungen mit dem Unternehmensregister, in: WS 59 (2007), S. 342-351

Möhlenbrock, Rolf/Pung, Alexandra (Bearb.) [Dötsch, § 8a KStG, 2009]: § 8a KStG – Betriebsausgabenabzug für Zinsaufwendungen bei Körperschaften (Zinsschranke), Stand: 67. EL, Oktober 2009, in: *Ewald Dötsch et al.* (Hrsg.), Dötsch-Kommentar, 2009

Montag, Heinrich [Gewerbesteuer, 2010]: Gewerbesteuer, in: *Klaus Tipke/Joachim Lang* (Hrsg.), Steuerrecht, 2010, S. 467-487

Mössner, Manfred [Zinsschranke, 2008]: International-steuerrechtliche Aspekte der Zinsschranke, in: *Jochen Lüdicke* (Hrsg.), Unternehmensteuerreform, 2008, S. 1-54

Moxter, Adolf [Betriebswirtschaftslehre, 1957]: Methodologische Grundfragen der Betriebswirtschaftslehre, Köln/Opladen: Westdeutscher Verlag, 1957

Moxter, Adolf [Kapitalmarkttheorie, 1963]: Lineares Programmieren und betriebswirtschaftliche Kapitalmarkttheorie, in: ZfhF 15 (1963), S. 285-309

Moxter, Adolf [Präferenzstruktur, 1964]: Präferenzstruktur und Aktivitätsfunktion des Unternehmers, in: zfbf 16 (1964), S. 6-34

Moxter, Adolf [Finanzierungstheorie, 1965]: Offene Probleme der Investitions- und Finanzierungstheorie, in: zfbf 17 (1965), S. 1-10

Moxter, Adolf [Verschuldungsumfang, 1970]: Optimaler Verschuldungsumfang und Modigliani-Miller-Theorem, in: *Karl-Heinz Forster/Peter Schuhmacher* (Hrsg.), Unternehmensfinanzierung, 1970, S. 128-155

Moxter, Adolf [Unternehmensbewertung, 1976]: Grundsätze ordnungsmäßiger Unternehmensbewertung, Wiesbaden: Gabler, 1976

Moxter, Adolf [Unternehmensbewertung, 1983]: Grundsätze ordnungsmäßiger Unternehmensbewertung, 2. Aufl., Wiesbaden: Gabler, 1983

Muche, Thomas [Kapitalkosten, 2008]: Unternehmens- und Investitionsbewertung mit durchschnittlichen Kapitalkosten unter Berücksichtigung von persönlichen Steuern und Verlusten, in: DBW 68 (2008), S. 67-84

Müller-Dott, Johannes P. [Kooperationshemmnisse, 1996]: Kooperationshemmnisse aus dem körperschaftsteuerlichen Anrechnungsverfahren bei internationalen Verflechtungen, in: *Norbert Herzig* (Hrsg.), Kooperationen, 1996, S. 1-12

Müller, Heiko [Verlustverrechnung, 2007]: Ausmaß der einkommensteuerlichen Verlustverrechnung, in: DBW 67 (2007), S. 179-200

Munkert, Michael J. [Finanzierungsberatung, 2008]: Finanzierungsberatung durch Steuerberater – Prozessschritte zur Qualitätssicherung, in: DStR 46 (2008), S. 1546-1553

Musil, Andreas/Volmering, Björn [Zinsschranke, 2008]: Systematische, verfassungsrechtliche und europarechtliche Probleme der Zinsschranke, in: DB 61 (2008), S. 12-16

Myers, Stewart C. [Puzzle, 1984]: The Capital Structure Puzzle, in: JF 39 (1984), S. 575-592

Myers, Stewart C. [Capital, 1993]: Still Searching for Optimal Capital Structure, in: JACF 6 (1993), S. 4-14

Myers, Stewart C. [Structure, 2001]: Capital Structure, in: JEP 15 (2001), S. 81-102

Myers, Stewart C. [Financing, 2003]: Financing of corporations, in: *George M. Constantinides/Milton Harris/René M. Stulz* (Hrsg.), Economics, 2003, S. 216-253

Myers, Stewart C./Majluf, Nicholas S. [Information, 1984]: Corporate Financing and Investment Decisions when Firms have Information that Investors do not have, in: JFE 13 (1984), S. 187-221

Naumann, Manfred [Finanzierungsbeziehungen, 2006]: Angemessenheit und Dokumentation von Finanzierungsbeziehungen, in: *Detlev Piltz/Harald Schaumburg* (Hrsg.), Unternehmensfinanzierung, 2006, S. 1-19

Neus, Werner/Walter, Andreas [Theory, 2008]: Lines of Research in Fifty Years of Corporate Financial Theory, in: ZfB Special Edition 6/2008, 78 (2008), S. 1-38

Nias, Peter /Purcell, Nicola [United Kingdom, 2005]: United Kingdom, in: ET 45 (2005), S. 435-441

Niemann, Rainer [Verlustverrechnung, 2003]: Wie schädlich ist die Mindestbesteuerung? Steuerparadoxa in der Verlustverrechnung, Diskussionsbeitrag Nr. 259, Eberhard-Karls-Universität Tübingen, 01.04.2003, download unter: http://w210.ub.uni-tuebingen.de/volltexte/2005/1872/pdf/259.pdf (15.02.2010)

Niemann, Rainer [Verlustverrechnungsbeschränkungen, 2004]: Entscheidungswirkungen von Verlustverrechnungsbeschränkungen bei der Steuerplanung grenzüberschreitender Investitionen, Diskussionsbeitrag Nr. 276, Eberhard-Karls-Universität Tübingen, 01.02.2004, download unter: http://www.econstor.eu/bitstream/10419/22076/1/276.pdf (15.02.2010)

Niemann, Rainer [Verlustvorträge, 2004]: Investitionswirkungen steuerlicher Verlustvorträge – Wie schädlich ist die Mindestbesteuerung?, in: ZfB 74 (2004), S. 359-384

Niemann, Rainer/Bachmann, Mark/Knirsch, Deborah [Effektivsteuersätze, 2003]: Was leisten die Effektivsteuersätze des European Tax Analyzer?, in: DBW 63 (2003), S. 123-137

Niemann, Rainer/Sureth, Caren [risk, 2004]: Tax neutrality under irreversibility and risk aversion, in: EL 84 (2004), S. 43-47

Niemann, Rainer/Sureth, Caren [Risikobereitschaft, 2008]: Steuern und Risikobereitschaft in Modellen irreversibler Investitionen, in: JfB 58 (2008), S. 121-140

Nitschke, Hartmut/Rödding, Adalbert [Fremdfinanzierung, 2008]: Fremdfinanzierung durch Gesellschafter, in: *Stephan Eilers/Adalbert Rödding/Dirk Schmalenbach* (Hrsg.), Unternehmensfinanzierung, 2008, S. 361-404

Obser, Ralph [Gesellschafter-Fremdfinanzierung, 2005]: Gesellschafter-Fremdfinanzierung im europäischen Konzern – Länderprofile, Doppelbesteuerungsabkommen, Europäisches Gemeinschaftsrecht, Düsseldorf: IDW, 2005

OECD [Competition, 1998]: Harmful Tax Competition – An Emerging Global Issue, Paris: OECD Publications, 1998

OECD [Burdens, 2000]: OECD Tax Policy Studies No. 02: Tax Burdens: Alternative Measures, Paris: OECD, 2000

Oestreicher, Andreas/Klett, Melanie/Koch, Reinald [Auswirkungen, 2008]: Empirisch basierte Analyse von Auswirkungen der Unternehmensteuerreform 2008 mit Hilfe unternehmensbezogener Mikrodaten, in: StuW 85 (2008), S. 15-26

Oldenburg, Alexander [Grenzsteuersätze, 1998]: Zur Ermittlung effektiver Grenzsteuersätze vorteilhafter und unvorteilhafter Handlungsmöglichkeiten in Anknüpfung an den Ansatz von König, in: zfbf 50 (1998), S. 41-48

Ordelheide, Dieter/Rudolph, Bernd/Büsselmann, Elke (Hrsg.) [Betriebswirtschaftslehre, 1991]: Betriebswirtschaftslehre und Ökonomische Theorie, Stuttgart: Poeschel, 1991

Orth, Manfred [Verlustverwertungsstrategien, 2008]: Verlustverwertungsstrategien, in: *Wolfgang Kessler/Michael Kröner/Stefan Köhler* (Hrsg.), Konzernsteuerrecht, 2008, S. 967-1089

Ortmann-Babel, Martina/Zipfel, Lars [Besteuerung, 2007]: Besteuerung von Kapitalgesellschaften, in: *Ernst & Young/BDI* (Hrsg.), Unternehmensteuerreform, 2007, S. 71-93

Ortmann-Babel, Martina/Zipfel, Lars [Unternehmensteuerreform, 2007]: Unternehmensteuerreform 2008 Teil I: Gewerbesteuerliche Änderungen und Besteuerung von Kapitalgesellschaften und deren Anteilseignern, in: BB 62 (2007), S. 1869-1882

Osterweil, Eric [Compared, 1999]: OECD Report of Harmful Tax Competition and European Code of Conduct Compared, in: ET 39 (1999), S. 198-202

Ott, Hans [Gewerbesteuer, 2007]: Unternehmensteuerreform 2008: Die Änderungen bei der Gewerbesteuer, in: StuB 9 (2007), S. 563-568

Park, Sang Y./Williams, Joseph [Clienteles, 1985]: Taxes, Capital-Structure and Bondholder Clienteles, in: JB 58 (1985), S. 203-224

Patek, Guido [Entscheidungsfelder, 2007]: Auswirkungen der Unternehmensteuerreform 2008 auf ausgewählte Entscheidungsfelder der betrieblichen Steuerpolitik in: BFuP 59 (2007), S. 443-463

Pellens, Bernhard/Bonse, Andreas [Gewinnverwendungspolitik, 1998]: Die Innenfinanzierung und die Gewinnverwendungspolitik, in: *Marcus Lutter/Eberhard Scheffler/Uwe H. Schneider* (Hrsg.), Konzernfinanzierung, 1998, S. 378-399

Perridon, Louis/Steiner, Manfred [Finanzwirtschaft, 2009]: Finanzwirtschaft der Unternehmung, 15. Aufl., München: Vahlen, 2009

Petersen, Sven Alexander [Organisationsform, 2006]: Einfluss der Besteuerung auf die Wahl der Organisationsform – Eine institutionenökonomische Analyse der Auswirkungen auf Integration und Konzernierung, Wiesbaden: Gabler/DUV, 2006 (zugl. Diss. Univ. München, 2006)

Pezzer, Heinz-Jürgen [Anmerkungen, 1996]: Zur Dogmatik der verdeckten Gewinnausschüttung – Anmerkungen zum BFH-Urteil vom 06.12.1995, in: FR 78 (1996), S. 379-380

Pezzer, Heinz-Jürgen [Prüfmaßstab, 2002]: Der Fremdvergleich als Prüfmaßstab für Verträge zwischen nahestehenden Personen – Sachverhaltswürdigung oder rechtliche Subsumtion?, in: DStZ 90 (2002), S. 850-855

Picot, Arnold/Nordmeyer, Andreas/Pribilla, Peter (Hrsg.) [Akquisitionen, 2000]: Management von Akquisitionen, Stuttgart: Schäffer-Poeschel, 2000

Piltz, Detlev/Schaumburg, Harald (Hrsg.) [Unternehmensfinanzierung, 1995]: Unternehmensfinanzierung im Internationalen Steuerrecht, Köln: Schmidt, 1995

Piltz, Detlev/Schaumburg, Harald (Hrsg.) [Unternehmensfinanzierung, 2006]: Internationale Unternehmensfinanzierung, Köln: Schmidt, 2006

Pinto, Carlo [Path, 1998]: EU and OECD to Fight Harmful Tax Competition: Has the Right Path Been Undertaken?, in: Intertax 26 (1998), S. 386-410

Pohmer, Dieter [Steuerlehre, 1958]: Grundlagen der betriebswirtschaftlichen Steuerlehre, Berlin: Duncker/Humblot, 1958

Prinz, Ulrich [Systemgrundsatz, 2009]: Finanzierungsfreiheit im Steuerrecht – Plädoyer für einen wichtigen Systemgrundsatz, in: FR 91 (2009), S. 593-599

PSP/vbw [Zinsschranke, 2008]: Unternehmensteuerreform 2008: Zinsschranke und Hinzurechnung schaffen Überlast, 28.05.2008, download unter: http://www.psp muc.de/media/presse/Studie_PSP_vbw_psp_eu.pdf (24.04.2009)

Rädler, Albert J. [Steuerstandort, 1996]: Eine Europareform für den Steuerstandort Deutschland, in: StuW 73 (1996), S. 252-255

Rädler, Albert J. [Schlechterstellung, 2007]: Die Schlechterstellung des inländischen Portfolioaktionärs nach dem Regierungsentwurf und die Reaktionsmöglichkeit des Aktionärs, in: DB 60 (2007), S. 988-993

Raffée, Hans [Betriebswirtschaftslehre, 1993]: Grundprobleme der Betriebswirtschaftslehre – Betriebswirtschaftslehre im Grundstudium der Wirtschaftswissenschaft: Band 1, Göttingen: Vandenhoeck/Ruprecht, 1993

Rajan, Raghuram G./Zingales, Luigi [Evidence, 1995]: What Do We Know about Capital Structure? Some Evidence from International Data, in: JF 50 (1995), S. 1421-1460

Ramb, Fred [Finanzierungsstrukturen, 1998]: Finanzierungsstrukturen im Vergleich – Eine Analyse europäischer Unternehmen, Discussion Paper Nr. 17, Zentrum für Europäische Wirtschaftsforschung (ZEW), 01.05.1998, download unter: http:// www.econstor.eu/bitstream/10419/24269/1/dp1798.pdf (15.02.2010)

Ramb, Fred [carryforwards, 2007]: Corporate marginal tax rate, tax loss carryforwards and investment functions – empirical analysis using a large German panel data set, Discussion Paper Nr. 21, Deutsche Bundesbank,, 01.01.2007, download unter: http://www.econstor.eu/dspace/bitstream/10419/19698/1/200721dkp.pdf (15.02.2010)

Rau, Thomas [Prinzipien, 2007]: Verfassungsdirigierte Prinzipien für das Unternehmenssteuerrecht – Die Trias der Unternehmensträger und ihr Markteinkommen im Lichte von Gleichheit, Leistungsfähigkeit, Neutralität und Freiheit, Münster u.a.: LIT-Verlag, 2007

Raupach, Arndt/Böckstiegel, Martin [Verlustregelungen, 1999]: Die Verlustregelungen des Steuerentlastungsgesetzes 1999/2000/2002, in: FR 81 (1999), S. 487-503

Rautenberg, Hans G. (Hrsg.) [Unternehmensbesteuerung, 1998]: Ökonomische und rechtliche Aspekte der Unternehmensbesteuerung, Stuttgart: Boorberg, 1998

Regierung des Fürstentums Liechtenstein [Steuerstandort, 2009]: Zukunft Steuerstandort Liechtenstein – Konzept zur Totalrevision des Gesetzes über die Landes- und Gemeindesteuern, 01.07.2009, download unter: http://www.llv.li/pdf-llv-rk-vernehm_2009_totalrevision_landes-_und_gemeindegesetz_beilage_i.pdf (17.08.2009)

Reiss, Wolfram [Korrektur, 2003]: Verdeckte Gewinnausschüttung und Steuerbilanzgewinn – zur nachträglichen Korrektur nicht erfasster verdeckter Gewinnausschüttungen, in: StuW 80 (2003), S. 21-39

Remmers et al. [Determinants, 1974]: Industry and Size as Debt Ratio Determinants in Manufactoring Internationally, in: FM 3 (1974), S. 24-32

Rengers, Jutta (Bearb.) [Blümich, § 8 KStG, 2005]: § 8 KStG – Ermittlung des Einkommens, Stand: 88. EL, Oktober 2005, in: *Bernd Heuermann* (Hrsg.), Blümich-Kommentar, 2009

Richter, Rudolf [Theorie, 1991]: Institutionenökonomische Aspekte der Theorie der Unternehmung, in: *Dieter Ordelheide/Bernd Rudolph/Elke Büsselmann* (Hrsg.), Betriebswirtschaftslehre, 1991, S. 395-429

Ritzer, Claus [Finanzierungsanteile, 2008]: Anwendungsfragen zur Hinzurechnung von Finanzierungsanteilen nach § 8 Nr. 1 GewStG i.d.F. des UntStRefG 2008, in: DStR 46 (2008), S. 1613-1621

Robichek, Alexander A./Myers, Stewart C. [Financing, 1965]: Optimal Financing Decisions, Englewood Cliffs: Prentice Hall, 1965

Rödder, Thomas [Unternehmensteuerreform, 2007]: Überblick über die Unternehmensteuerreform 2008, in: *Harald Schaumburg/Thomas Rödder* (Hrsg.), Unternehmensteuerreform, 2007, S. 351-392

Rödder, Thomas [Unternehmensteuerreformgesetz, 2007]: Unternehmensteuerreformgesetz 2008, in: DStR Beihefter zu Heft 40, 45 (2007), S. 2-19

Rödder, Thomas/Stangl, Ingo [Zinsschranke, 2007]: Zur geplanten Zinsschranke, in: DB 60 (2007), S. 479-485

Rödding, Adalbert [Zinsschranke, 2009]: Änderungen der Zinsschranke durch das Wachstumsbeschleunigungsgesetz, in: IStR 47 (2009), S. 2649-2652

Rose, Gerd [Vorteilsgeneigtheit, 2005]: Die "Vorteilsgeneigtheit" als unerlässliche Voraussetzung für die Annahme verdeckter Gewinnausschüttungen, in: DB 58 (2005), S. 2596-2598

Rose, Manfred (Hrsg.) [Sozialsystem, 2003]: Integriertes Steuer- und Sozialsystem, Heidelberg: Physica, 2003

Ross, Stephen A. [Signalling, 1977]: The Determination of Financial Structure: The Incentive-Signalling Approach, in: BJE 8 (1977), S. 23-40

Rückle, Dieter (Hrsg.) [Finanzwirtschaft, 1991]: Aktuelle Fragen der Finanzwirtschaft und der Unternehmensbesteuerung, Wien: Linde, 1991

Rüd, Eberhard [Doktrin, 2009]: Verdeckt ausschütten (vGA), ohne auszuschütten? – Kritische Überlegungen zur aktuellen Doktrin der vGA, in: FR 91 (2009), S. 703-711

Rudolph, Bernd [Portfolio-Management, 1994]: Performancemessung im Portfolio-Management, in: *Wolfgang Gebauer/Bernd Rudolph* (Hrsg.), Erfolgsanalyse, 1994, S. 7-13

Rudolph, Bernd [Kapitalstruktur, 1998]: Die konzernweiten Finanzierungsregeln und Kapitalstruktur, in: *Marcus Lutter/Eberhard Scheffler/Uwe H. Schneider* (Hrsg.), Konzernfinanzierung, 1998, S. 30-58

Rudolph, Bernd [Akquisitionsfinanzierung, 2000]: Ökonomische Gesichtspunkte für die Wahl der Akquisitionswährung und Akquisitionsfinanzierung, in: *Arnold Picot/Andreas Nordmeyer/Peter Pribilla* (Hrsg.), Akquisitionen, 2000, S. 131-151

Rudolph, Bernd [Unternehmensfinanzierung, 2006]: Unternehmensfinanzierung und Kapitalmarkt, Tübingen: Mohr Siebeck, 2006

Rudolph, Bernd [Finanzkrise, 2008]: Lehren aus den Ursachen und dem Verlauf der internationalen Finanzkrise, in: zfbf 60 (2008), S. 713-741

Ruppe, Hans G. (Bearb.) [HHR, Einführung, 1990]: Einführung zum EStG, Stand: 162. EL, Februar 1990, in: *Carl Herrmann/Gerhard Heuer/Arndt Raupach* (Hrsg.), HHR-Kommentar, 2009

Saïac, Julien [Losses, 2007]: Deduction of Losses Incurred in Another Member State by a Non-Resident Subsidiary following Marks & Spencer, in: ET 47 (2007), S. 550-561

Samuelson, Paul A. [Economic, 1964]: Tax Deductibility of Economic Depreciation to Insure Invariant Valuations, in: JPoE 72 (1964), S. 604-606

Schaden, Michael/Käshammer, Daniel [Zinsschranke, 2007]: Die Neuregelung des § 8a KStG im Rahmen der Zinsschranke, in: BB 62 (2007), S. 2259-2266

Schaden, Michael/Käshammer, Daniel [Zinsvortrag, 2007]: Der Zinsvortrag im Rahmen der Regelungen zur Zinsschranke, in: BB 62 (2007), S. 2317-2323

Schanz, Günther [Methodologie, 1988]: Methodologie für Betriebswirte, 2. Aufl., Stuttgart: Poeschel, 1988

Schanz, Günther [Theorie, 1994]: Theorie, in: *Erwin Dichtl/Otmar Issing* (Hrsg.), Wirtschaftslexikon, 1994, Sp. 2086-2087

Schaumburg, Harald/Rödder, Thomas (Hrsg.) [Unternehmensteuerreform, 2007]: Unternehmensteuerreform 2008, München: Beck, 2007

Scheffler, Eberhard [Fremdfinanzierung, 1998]: Die Gestaltung der konzerninternen Fremdfinanzierung, in: *Marcus Lutter/Eberhard Scheffler/Uwe H. Schneider* (Hrsg.), Konzernfinanzierung, 1998, S. 669-694

Scheffler, Wolfram [Veranlagungssimulation, 1991]: Veranlagungssimulation versus Teilsteuerrechnung, in: WiSt 20 (1991), S. 69-75

Scheffler, Wolfram [Finanzierungspolitik, 1992]: Einfluß der Besteuerung auf die Finanzierungspolitik eines internationalen Konzerns, in: IStR 1 (1992), S. 118-125

Scheffler, Wolfram [Außenfinanzierung, 1993]: Grenzüberschreitendes Leasing als Instrument der konzerninternen Außenfinanzierung, Teil I und II, in: IStR 2 (1993), S. 490-496 und S. 538-543

Scheffler, Wolfram [Finanzierung, 2000]: Der Einfluss der Steuerreform auf die Finanzierung von deutschen Kapitalgesellschaften, in: BB 55 (2000), S. 2441-2450

Scheffler, Wolfram [Vertragsbeziehungen, 2002]: Korrektur von unangemessenen Vertragsbeziehungen zwischen einer Kapitalgesellschaft und ihren Anteilseignern in: BB 57 (2002), S. 543-550

Scheffler, Wolfram [Gewinnvorverlagerung, 2003]: Strategien der Steuerbilanzpolitik: Vorteile einer Gewinnvorverlagerung, in: BB 58 (2003), S. 1719-1724

Scheffler, Wolfram [Besteuerung, 2007]: Besteuerung von Unternehmen I: Ertrag-, Substanz- und Verkehrsteuern, 10. Aufl., Heidelberg: Müller, 2007

Scheunemann, Marc P./Müller-Duttiné, Tino [Expenses, 2007]: New German Tax Rules on Financing Expenses, in: Intertax 35 (2007), S. 518-525

Schirmer, Hans-Jürgen [Steuerrechtsänderungen, 2007]: Der Einfluss von Steuerrechtsänderungen auf die Kapitalwertkurve einer Investition, in: SteuerStud 28 (2007), S. 275-280

Schlenker, Anette (Bearb.) [Blümich, § 10d EStG, 2005]: § 10d EStG – Verlustabzug, Stand: 87. EL, September 2005, in: *Bernd Heuermann* (Hrsg.), Blümich-Kommentar, 2009

Schlotter, Carsten/Freeden, Arne von [Ertragsteuerbelastung, 2007]: Ertragsteuerbelastung von Kapitalgesellschaften und Besteuerung der Anteilseigner, in: *Harald Schaumburg/Thomas Rödder* (Hrsg.), Unternehmensteuerreform, 2007, S. 393-408

Schlotter, Josef/Jansen, Gabi [Abgeltungsteuer, 2008]: Abgeltungsteuer, Stuttgart: Schäffer-Poeschel, 2008

Schmalenbach-Gesellschaft für Betriebswirtschaft e.V. [Kapitalstrukturpolitik, 2009]: Kapitalstrukturpolitik und Kapitalgeberinteressen – Ergebnisse einer explorativen Befragung von Vertretern börsennotierter Unternehmen in Deutschland, in: zfbf 61 (2009), S. 323-354

Schmalenbach, Eugen [Beteiligungsfinanzierung, 1966]: Die Beteiligungsfinanzierung, 9. Aufl., Köln/Opladen: Westdeutscher Verlag, 1966

Schmidt, Reinhard H./Terberger, Eva [Finanzierungstheorie, 1997]: Grundzüge der Investitions- und Finanzierungstheorie, 4. Aufl., Wiesbaden: Gabler, 1997

Schmiel, Ute [Steuerlehre, 2005]: Rechtskritik als Aufgabe der Betriebswirtschaftlichen Steuerlehre, Berlin: Schmidt, 2005

Schmitz-Dörner, Horst J. [Konzernfinanzierung, 2000]: Internationale Konzernfinanzierung vor dem Hintergrund der Körperschaft- und (Kapital-)Einkommenbesteuerung, Lohmar/Köln: Eul, 2000 (zugl. Diss. Univ. Mannheim, 1999)

Schneeloch, Dieter [Gesellschafterdarlehen, 1984]: Eigenfinanzierung oder Finanzierung durch Gesellschafterdarlehen – Eine Untersuchung nach geltendem und geplantem Recht, in: StuW 61 (1984), S. 40-52

Schneeloch, Dieter [Steuerpolitik, 2009]: Betriebswirtschaftliche Steuerlehre – Band 2: Betriebliche Steuerpolitik, 3. Aufl. , München: Vahlen, 2009

Schneeloch, Dieter [Steuerplanung, 2006]: Rechtsformwahl und Rechtsformwechsel mittelständischer Unternehmen – Auswahlkriterien, Steuerplanung, Gestaltungsempfehlungen, 2. Aufl., München: Vahlen, 2006

Schneeloch, Dieter/Trockels-Brand, Tanja [Anrechnungsverfahren, 2000]: Körperschaftsteuerliches Anrechnungsverfahren versus Reformpläne in: DStR 38 (2000), S. 907-915

Schneider, Dieter [Einfluß, 1969]: Korrekturen zum Einfluß der Besteuerung auf die Investitionen, in: zfbf 21 (1969), S. 297-325

Schneider, Dieter [Risk-Taking, 1980]: The Effects of Progressive and Proportional Income Taxation on Risk-Taking, in: NTJ 33 (1980), S. 67-75

Schneider, Dieter [Steuerbelastungsvergleiche, 1988]: Wider leichtfertige Steuerbelastungsvergleiche, in: WPg 41 (1988), S. 281-291

Schneider, Dieter [Meßkonzepte, 1990]: Meßkonzepte zur Steuerbelastung von Unternehmen, in: WiSt 19 (1990), S. 497-502

Schneider, Dieter [Finanzierung, 1992]: Investition, Finanzierung und Besteuerung, 7. Aufl., Wiesbaden: Gabler, 1992

Schneider, Dieter [Betriebswirtschaftslehre, 1993]: Betriebswirtschaftslehre – Band 1: Grundlagen, München/Wien: Oldenbourg, 1993

Schneider, Dieter [Unternehmensbesteuerung, 1994]: Grundzüge der Unternehmensbesteuerung, 6. Aufl., Wiesbaden: Gabler, 1994

Schneider, Dieter [Theorie, 1997]: Betriebswirtschaftslehre – Band 3: Theorie der Unternehmung, München/Wien: Oldenbourg, 1997

Schneider, Dieter [Steuerwirkung, 2002]: Steuerlast und Steuerwirkung, München/Wien: Oldenbourg, 2002

Schneller, Meir I. [Structure, 1980]: Taxes and the Optimal Capital Structure of the Firm, in: JF 35 (1980), S. 119-127

Schnitger, Arne [Jahressteuergesetz, 2008]: Änderungen im Jahressteuergesetz 2008 (JStG 2008), in: IStR 17 (2008), S. 124-129

Schöck, Thomas A./Tanski, Joachim S. (Hrsg.) [Steuervorteile, 1986]: Handbuch der Steuervorteile bei unternehmerischen Entscheidungen, Stand: 2. EL, 1986, Landsberg: Verlag Moderne Industrie, 1986

Schöll, Sebastian [Abgeltungsteuer, 2007]: Abgeltungsteuer, in: AR 4 (2007), S. 113

Scholze, Andreas [Relevanz, 2009]: Zur Relevanz des Fremdkapitalbuchwerts in der Unternehmensbewertung, in: DBW 69 (2009), S. 427-437

Schön, Wolfgang (Hrsg.) [Gedächtnisschrift, 1997]: Gedächtnisschrift für Brigitte Knobbe-Keuk, Köln: Schmidt, 1997

Schön, Wolfgang [Kapitalverkehrsfreiheit, 1997]: Europäische Kapitalverkehrsfreiheit und nationales Steuerrecht, in: *Wolfgang Schön* (Hrsg.), Gedächtnisschrift, 1997, S. 743-777

Schön, Wolfgang [Steuerpolitik, 2008]: Steuerpolitik 2008 – Das Ende der Illusionen?, in: DStR Beihefter zu Heft 17, 46 (2008), S. 10-19

Schönfeld, Jens [Abgeltungsteuer, 2007]: Abgeltungsteuer und Kapitalertragsteuer, in: *Harald Schaumburg/Thomas Rödder* (Hrsg.), Unternehmensteuerreform, 2007, S. 621-669

Schönwald, Stefan [Anteilseigner, 2008]: Besteuerung der Anteilseigner einer Kapitalgesellschaft – Rechtslage bis 2008 und ab 2009, in: SteuerStud 29 (2008), S. 524-533

Schreiber, Ulrich [Unternehmensbesteuerung, 1987]: Rechtsformabhängige Unternehmensbesteuerung? Eine Kritik des Verhältnisses von Einkommen- und Körperschaftsteuer auf der Grundlage eines Modells für mehrperiodige Steuerbelastungsvergleiche, Köln: Deubner, 1987 (zugl. Habil. Univ. Mannheim, 1985)

Schreiber, Ulrich (Hrsg.) [Steuerpolitik, 1989]: Steuerreform 1990 – Steuerpolitik und Marktwirtschaft, Stuttgart: Poeschel, 1989

Schreiber, Ulrich [Steuerpolitik, 1989]: Die Steuerreform 1990: Ein Schritt auf dem Weg zu einer marktwirtschaftlichen Steuerpolitik?, in: *Ulrich Schreiber* (Hrsg.), Steuerpolitik, 1989, S. 1-27

Schreiber, Ulrich [Unternehmensbesteuerung, 1991]: Betriebswirtschaftliche Forderungen an eine systematische Unternehmensbesteuerung, in: *Peter Betge/Manuel R. Theisen* (Hrsg.), Finanzierung, 1991, S. 60-83

Schreiber, Ulrich [Besteuerung, 2005]: Besteuerung der Unternehmen - Eine Einführung in Steuerrecht und Steuerwirkung, Berlin/Heidelberg/New York: Springer, 2005

Schreiber, Ulrich [Steuerplanung, 2007]: Steuerplanung, in: *Richard Köhler/Hans-Ulrich Küpper/Andreas Pfingsten* (Hrsg.), Betriebswirtschaft, 2007, Sp. 1679-1688

Schreiber, Ulrich [Besteuerung, 2008]: Besteuerung der Unternehmen – Eine Einführung in Steuerrecht und Steuerwirkung, 2. Aufl., Berlin/Heidelberg: Springer, 2008

Schreiber, Ulrich/Overesch, Michael [Analyse, 2007]: Reform der Unternehmensbesteuerung – Eine ökonomische Analyse aus Sicht der internationalen Besteuerung, in: DB 60 (2007), S. 813-820

Schreiber, Ulrich/Ruf, Martin [Auswirkungen, 2007]: Reform der Unternehmensbesteuerung: ökonomische Auswirkungen bei Unternehmen mit inländischer Geschäftstätigkeit, in: BB 62 (2007), S. 1099-1105

Schreiber, Ulrich/Spengel, Christoph/Lammersen, Lothar [Impact, 2002]: Measuring the Impact of Taxation on Investment and Financing Decisions, in: sbr 54 (2002), S. 2-23

Schüler, Andreas/Krotter, Simon [Finanzierungsentscheidungen, 2007]: Unternehmenswertorientierte Finanzierungsentscheidungen vor dem Hintergrund der Unternehmensteuerreform 2008, in: DB 60 (2007), S. 2325-2326

Schult, Eberhard [Differenzsteuerrechnung, 1979]: Grenzsteuerrechnung versus Differenzsteuerrechnung, in: WPg 32 (1979), S. 376-386

Schult, Eberhard/Freyer, Thomas/Blaufus, Kay [Dimensionen, 2001]: Unternehmenssteuerreform 2001: Neue Dimensionen für die Finanzierung mittelständischer Unternehmen, in: FB 3 (2001), S. 353-361

Schulte, Karl-Werner [Wirtschaftlichkeitsrechnung, 1986]: Wirtschaftlichkeitsrechnung, 4. Aufl., Heidelberg/Wien: Physica, 1986

Schulte, Wilfried/Behnes, Stephan [Entwicklungen, 2007]: Jüngere Entwicklungen zur verdeckten Gewinnausschüttung in der Rechtsprechung, in: BB BB-Special 9, 62 (2007), S. 1-9

Schultze, Wolfgang [Steuervorteile, 2005]: Unternehmensbewertung und Halbeinkünfteverfahren – Steuervorteile aus der Finanzierung deutscher Kapitalgesellschaften, in: DBW 65 (2005), S. 237-257

Schultze, Wolfgang/Zimmermann, Ruth-Caroline [Werteinfluss, 2006]: Unternehmensbewertung und Halbeinkünfteverfahren: Der Werteinfluss des steuerlichen Eigenkapitals in: ZfB 76 (2006), S. 867-901

Schulz, Andreas/Vogt, Rita [Unternehmensfinanzierung, 2008]: Unternehmensfinanzierung mittelständischer Unternehmen nach Inkrafttreten der Abgeltungsteuer im Jahr 2009, in: DStR 46 (2008), S. 2189-2196

Schulze-Osterloh, Joachim [Gewinnausschüttungen, 1994]: Verdeckte Gewinnausschüttungen im Grenzgebiet zwischen Handels- und Steuerrecht, in: StuW 71 (1994), S. 131-137

Schulze zur Wiesche, Dieter [Definition, 1990]: Zur neuen Definition der verdeckten Gewinnausschüttung, in: GmbHR 81 (1990), S. 44-47

Schwaiger, Manfred/Harhoff, Dietmar (Hrsg.) [Betriebswirtschaft, 2003]: Empirie und Betriebswirtschaft – Entwicklungen und Perspektiven, Stuttgart: Schäffer-Poeschel, 2003

Schwedhelm, Rolf [Gewinnausschüttung, 2000]: Aktuelle Probleme der verdeckten Gewinnausschüttung, in: BB 55 (2000), S. 693-701

Schweitzer, Marcell [Methoden, 2004]: Gegenstand und Methoden der Betriebswirtschaftslehre, in: *Franz X. Bea/Birgit Friedl/Marcell Schweitzer* (Hrsg.), Grundfragen, 2004, S. 23-82

Scott, James H. [Structure, 1976]: A Theory of Optimal Capital Structure, in: BJE 7 (1976), S. 33-54

Seeger, Siegbert F. [Voraussetzungen, 1998]: Verträge zwischen nahestehenden Personen – Grundsätzliche Überlegungen und Voraussetzungen ihrer steuerlichen Anerkennung, in: DStR 36 (1998), S. 1339-1343

Seer, Roman [Verfassungsrecht, 1998]: Gewerbesteuer im Visier des Verfassungsrechts – Anmerkungen zu dem Vorlagebeschluß des FG Niedersachsen vom 24.06.1998, in: FR 80 (1998), S. 1022-1024

Seer, Roman [Tax, 2004]: Einkommensteuerreform – Flat Tax oder Dual Income Tax?, in: BB 59 (2004), S. 2272-2278

Shevlin, Terry [Losses, 1990]: Estimating Corporate Marginal Tax Rates with Asymmetric Tax Treatment of Gains and Losses, in: JATA 11 (1990), S. 51-67

Shum, Pauline M. [Taxes, 1996]: Taxes and corporate debt policy in Canada: an empirical investigation, in: CJE 29 (1996), S. 556-572

Shyam-Sunder, Lakshmi/Myers, Stewart C. [Tradeoff, 1999]: Testing Static Tradeoff against Pecking Order Models of Capital Structure, in: JFE 51 (1999), S. 219-244

Siebert, Horst (Hrsg.) [Steuerpolitik, 1996]: Steuerpolitik und Standortqualität – Expertisen zum Standort Deutschland, Tübingen: Mohr, 1996

Siegel, Theodor [Optimierung, 1981]: Ein Ansatz zur simultanen Optimierung von Gewinnausweis und Ausschüttung in der personenbezogenen Kapitalgesellschaft, in: StuW 58 (1981), S. 126-134

Siegel, Theodor [Steuerwirkungen, 1982]: Steuerwirkungen und Steuerpolitik in der Unternehmung, Würzburg/Wien: Physica, 1982

Siegel, Theodor [Kapitalstruktur, 1984]: Besteuerung und Kapitalstruktur, in: BFuP 36 (1984), S. 223-242

Siegel, Theodor [Finanzierung, 2001]: Steuern und Finanzierung, in: *Wolfgang Gerke/Manfred Steiner* (Hrsg.), Handwörterbuch, 2001, Sp. 1999-2019

Sigloch, Jochen [Ertragsteuerparadoxa, 2009]: Ertragsteuerparadoxa – Ursachen und Erklärungsansätze, Diskussionsbeitrag Nr. 79, arqus – Arbeitskreis Quantitative Steuerlehre, 01.05.2009, download unter: http://www.arqus.info/paper/arqus_79.pdf (15.02.2010)

Slemrod, Joel (Hrsg.) [Impact, 1990]: Do Taxes Matter? The Impact of the Tax Reform Act of 1986, Cambridge/London: The MIT Press, 1990

Smit, Pim/Smith, Erik [Netherlands, 2005]: Netherlands, in: ET 45 (2005), S. 417-423

Spengel, Christoph [Steuerbelastungsvergleiche, 1995]: Europäische Steuerbelastungsvergleiche: Deutschland – Frankreich – Großbritannien, Düsseldorf: IDW, 1995 (zugl. Diss. Univ. Mannheim, 1995)

Spengel, Christoph [Unternehmensbesteuerung, 2003]: Internationale Unternehmensbesteuerung in der Europäischen Union – Steuerwirkungsanalyse, Empirische Befunde, Reformüberlegungen, Düsseldorf: IDW-Verlag, 2003 (zugl. Habil. Univ. Mannheim, 2002)

Spengel, Christoph/Braunagel, Ralf U. [Konzernbesteuerung, 2006]: EU-Recht und Harmonisierung der Konzernbesteuerung in Europa, in: StuW 83 (2006), S. 34-49

Spengel, Christoph/Ernst, Christof [Analyse, 2008]: Private Kapitalanlagen vor und nach der Einführung der Abgeltungsteuer – eine steuerplanerische Analyse, in: DStR 46 (2008), S. 835-841

Spengel, Christoph/Lammersen, Lothar [Methoden, 2001]: Methoden zur Messung und zum Vergleich von internationalen Steuerbelastungen, in: StuW 78 (2001), S. 222-238

Spengel, Christoph/Reister, Timo [Unternehmenssteuerreform, 2006]: Die Pläne zur Unternehmenssteuerreform 2008 drohen ihre Ziele zu verfehlen, in: DB 59 (2006), S. 1741-1747

Stahlecker, Peter/Trenkler, Götz [Prediction, 1993]: Some Further Results on the Use of Proxy Variables in Prediction, in: RES 75 (1993), S. 707-711

Stangl, Ingo/Hageböke, Jens [Finanzierungsentgelte, 2007]: Zinsschranke und gewerbesteuerliche Hinzurechnung von Finanzierungsentgelten, in: *Harald Schaumburg/Thomas Rödder* (Hrsg.), Unternehmensteuerreform, 2007, S. 447-520

Statistisches Bundesamt [Realsteuervergleich, 2007]: Finanzen und Steuern – Realsteuervergleich 2006, Fachserie 14, Reihe 10.1, 22.08.2007, download unter: https://www-ec.destatis.de/csp/shop/sfg/bpm.html.cms.cBroker.cls?cmspath=struktur,vollanzeige.csp&ID=1020816 (05.02.2008)

Statistisches Bundesamt [Körperschaftsteuerstatistik 2004, 2009]: Finanzen und Steuern – Körperschaftsteuerstatistik 2004, Fachserie 14, Reihe 7.2, 24.04.2009, download unter: https://www-ec.destatis.de/csp/shop/sfg/bpm.html.cms.cBroker.cls?cmspath=struktur,vollanzeige.csp&ID=1023923 (19.07.2009)

Steiger, Werner [Wahrscheinlichkeit, 1987]: Wahrscheinlichkeit von Planungen und Prognosen, Halbergmoos/Zürich: Verlag Industrielle Organisation, 1987

Stiglitz, Joseph E. [Theorem, 1969]: A Re-examination of the Modigliani-Miller Theorem, in: AER 59 (1969), S. 784-793

Stiglitz, Joseph E. [Taxation, 1973]: Taxation, corporate financial policy and the cost of capital, in: JPE 2 (1973), S. 1-34

Stiglitz, Joseph E. [Structure, 1988]: Why Financial Structure Matters, in: JEP 2 (1988), S. 121-126

Stöber, Birgit [Gleichbehandlung, 2002]: Steuerliche Gleichbehandlung von Eigen- und Fremdkapital – die Situation in Österreich, in: IStR 11 (2002), S. 265-268

Stöppler, Siegmar (Hrsg.) [Unternehmenstheorie, 1985]: Information und Produktion – Beiträge zur Unternehmenstheorie und Unternehmensplanung, Stuttgart: Poeschel, 1985

Strickrodt, Georg et al. (Hrsg.) [Handwörterbuch, 1981]: Handwörterbuch des Steuerrechts, 2. Aufl., München: Beck, 1981

Striegel, Andreas [Zinszahlungen, 2008]: Generalthema II: Grenzüberschreitende Zinszahlungen unter Körperschaften, in: IStR 17 (2008), S. 530-536

Strunk, Günther/Kaminski, Bert [Hinzurechnung, 2008]: Hinzurechnung von Finanzierungsanteilen gem. § 8 Nr. 1 GewStG – Entwurf eines gleich lautenden Erlasses der obersten Finanzbehörden der Länder vom 20.2.2008, in: Stbg 51 (2008), S. 167-173

Sureth, Caren/Halberstadt, Alexander/Bischoff, Dennis [Einfluss, 2009]: Der Einfluss von Internationalisierung, Vermögens- und Kapitalstruktur auf die Konzernsteuerquote im Branchenvergleich – eine empirische Analyse, in: StuW 86 (2009), S. 50-62

Sureth, Caren/Voß, Armin [Investitionsbereitschaft, 2005]: Investitionsbereitschaft und zeitliche Indifferenz bei Realinvestitionen unter Unsicherheit und Steuern, Diskussionsbeitrag Nr. 2, arqus – Arbeitskreis Quantitative Steuerlehre, 01.03.2005, download unter: http://www.arqus.info/paper/arqus_2.pdf (15.02.2010)

Swoboda, Peter [Einflüsse, 1967]: Einflüsse der Besteuerung auf die Ausschüttungs- und Investitionspolitik von Kapitalgesellschaften, in: zfbf 19 (1967), S. 1-16

Swoboda, Peter [Risikograd, 1985]: Der Risikograd als Abgrenzungskriterium von Eigen- versus Fremdkapital, in: *Siegmar Stöppler* (Hrsg.), Unternehmenstheorie, 1985, S. 343-361

Swoboda, Peter [Kapitalstruktur, 1991]: Irrelevanz oder Relevanz der Kapitalstruktur und Dividendenpolitik von Kapitalgesellschaften in Deutschland und in Österreich nach der Steuerreform 1990 bzw. 1989?, in: zfbf 43 (1991), S. 851-866

Swoboda, Peter [Finanzierung, 1994]: Betriebliche Finanzierung, 3. Aufl., Heidelberg: Physica, 1994

Taggart, Robert A. [Decisions, 1977]: A Model of Corporate Financing Decisions, in: JF 32 (1977), S. 1467-1484

Taggart, Robert A. [Patterns, 1985]: Secular Patterns in the Financing of U.S. Corporations, in: *Benjamin M. Friedman* (Hrsg.), Structures, 1985, S. 13-75

Theisen, Manuel R. [Steuerklauseln, 1980]: Steuerklauseln im Gesellschaftsvertrag der GmbH, in: GmbHR 71 (1980), S. 132-143 (Teil I) und S. 182-194 (Teil II)

Theisen, Manuel R. [Clauses, 1981]: Germany: Tax Clauses in GmbH Bylaws, in: Intertax 9 (1981), S. 289-295

Theisen, Manuel R. [Eigengeschäfte, 1981]: Eigengeschäfte des Gesellschafter-Geschäftsführers, in: GmbHR 72 (1981), S. 295-298

Theisen, Manuel R. (Bearb.) [Finanzierungsform, 1986]: Stille Gesellschaft und partiarisches Darlehen als Finanzierungsform, Stand: 2. EL, 1986, in: *Thomas A. Schöck/Joachim S. Tanski* (Hrsg.), Steuervorteile, 1986, Kapitel D. 7

Theisen, Manuel R. [Finanzierungsalternative, 1987]: Partiarisches Darlehen als Finanzierungsalternative zur stillen Gesellschaft, in: GmbHR 78 (1987), S. 64-69

Theisen, Manuel R. [Risiken, 1991]: Steuerliche Probleme und Risiken bei der Veräußerung mittelständischer Unternehmen, in: *Peter Betge/Manuel R. Theisen* (Hrsg.), Finanzierung, 1991, S. 105-119

Theisen, Manuel R. [Finanzierungsgesellschaften, 1998]: Konzerneigene Finanzierungsgesellschaften, in: *Marcus Lutter/Eberhard Scheffler/Uwe H. Schneider* (Hrsg.), Konzernfinanzierung, 1998, S. 717-743

Theisen, Manuel R. (Hrsg.) [Umbruch, 1998]: Der Konzern im Umbruch – Organisation, Besteuerung, Finanzierung und Überwachung, Stuttgart: Schäffer-Poeschel, 1998

Theisen, Manuel R. [Konzern, 2000]: Der Konzern, 2. Aufl., Stuttgart: Schäffer-Poeschel, 2000

Theisen, Manuel R. [Finanzwirtschaft, 2004]: Finanzwirtschaft der Holding, in: *Marcus Lutter* (Hrsg.), Holding, 2004, S. 468-522

Theisen, Manuel R. [Steuerpolitik, 2007]: Steuerpolitik der Unternehmen, in: *Walther Busse von Colbe et al.* (Hrsg.), Betriebswirtschaft, 2007, S. 419-435

Theisen, Manuel R./Wenz, Martin (Hrsg.) [Aktiengesellschaft, 2005]: Die Europäische Aktiengesellschaft, 2. Aufl., Stuttgart: Schäffer-Poeschel, 2005

Theisen, Manuel R./Widmayer, Gerhard [Kapitalausstattung, 2005]: Finanzierung und Kapitalausstattung, in: *Manuel R. Theisen/Martin Wenz* (Hrsg.), Aktiengesellschaft, 2005, S. 377-403

Thömmes, Otmar [Anrechnung, 1996]: Grenzüberschreitende Anrechnung von Körperschaftsteuern, in: *Norbert Herzig* (Hrsg.), Kooperationen, 1996, S. 13-39

Thömmes, Otmar [Missbrauchsverhütung, 2005]: Missbrauch und Missbrauchsverhütung aus EG-rechtlicher Sicht, in: *Rudolph Gocke/Dietmar Gosch/Michael Lang* (Hrsg.), Körperschaftsteuer, 2005, S. 207-240

Tiedtke, Klaus [Wirksamkeit, 1993]: Zur steuerlichen Bedeutung der bürgerlich-rechtlichen Wirksamkeit von Verträgen zwischen der GmbH und ihrem beherrschenden Gesellschafter, in: DStR 31 (1993), S. 933-938

Tipke, Klaus [Steuerrechtsordnung I, 2000]: Die Steuerrechtsordnung – Band I: Wissenschaftsorganisatorische, systematische und grundrechtlich-rechtsstaatliche Grundlagen, 2. Aufl., Köln: Schmidt, 2000

Tipke, Klaus [Steuerrechtsordnung II, 2003]: Die Steuerrechtsordnung – Band II: Steuerrechtfertigungstheorie, Anwendung auf alle Steuerarten, sachgerechtes Steuersystem, 2. Aufl., Köln: Schmidt, 2003

Tipke, Klaus/Lang, Joachim (Hrsg.) [Steuerrecht, 2010]: Steuerrecht, 20. Aufl., Köln: Schmidt, 2010

Titman, Sheridan [Effect, 1984]: The Effect of Capital Structure on a Firm's Liquidation Decision, in: JFE 13 (1984), S. 137-151

Titman, Sheridan/Wessels, Roberto [Determinants, 1988]: The Determinants of Capital Structure Choice, in: JF 43 (1988), S. 1-19

Tobin, James E. [Risk, 1958]: Liquidity Preference as Behavior Towards Risk, in: REStud 25 (1958), S. 65-86

Treiber, Andreas (Bearb.) [Blümich, § 32d EStG, 2009]: § 32d EStG – Gesonderter Steuertarif für Einkünfte aus Kapitalvermögen, Stand: 102. EL, April 2009, in: *Bernd Heuermann* (Hrsg.), Blümich-Kommentar, 2009

Treisch, Corinna [Entscheidungsneutralität, 2000]: Entscheidungsneutralität der Besteuerung: Ökonomische Anforderungen an ein "gutes" Steuersystem, in: SteuerStud 21 (2000), S. 368-374

Trezevant, Robert [Financing, 1992]: Debt Financing and Tax Status: Tests of the Substitution Effect and the Tax Exhaustion Hypothesis Using Firms' Responses to the Economic Recovery Tax Act of 1981, in: JF 47 (1992), S. 1557-1568

Twickel, Degenhard Freiherr von (Bearb.) [Blümich, § 10a GewStG, 2009]: § 10a GewStG – Gewerbeverlust, Stand: 102. EL, April 2009, in: *Bernd Heuermann* (Hrsg.), Blümich-Kommentar, 2009

Vegh, Perla G./Szücs, Balint [Hungary, 2005]: Hungary, in: ET 45 (2005), S. 398-402

Vera, Antonio [Zielsystem, 2001]: Das steuerliche Zielsystem einer international tätigen Großunternehmung – Ergebnisse einer empirischen Untersuchung, in: StuW 78 (2001), S. 308-315

Vormbaum, Herbert [Finanzierung, 1996]: Finanzierung der Betriebe, 9. Aufl., Wiesbaden: Gabler, 1996

Wagner, Franz W. [Unternehmung, 1972]: Der Einfluß der Einkommensteuer auf die Entscheidung über den Verkauf einer Unternehmung, in: DB 25 (1972), S. 1637-1642

Wagner, Franz W. [Entwicklungstendenzen, 1984]: Grundfragen und Entwicklungstendenzen der betriebswirtschaftlichen Steuerplanung in: BFuP 36 (1984), S. 201-222

Wagner, Franz W. [Unternehmenstheorie, 1991]: Steuersystem und Unternehmenstheorie, in: *Dieter Ordelheide/Bernd Rudolph/Elke Büsselmann* (Hrsg.), Betriebswirtschaftslehre, 1991, S. 75-96

Wagner, Franz W. [Neutralität, 1992]: Neutralität und Gleichmäßigkeit als ökonomische und rechtliche Kriterien steuerlicher Normkritik, in: StuW 69 (1992), S. 2-13

Wagner, Franz W. [Steuerplanung, 1993]: Steuerplanung, in: *Waldemar Wittmann et al.* (Hrsg.), Betriebswirtschaft, 1993, Sp. 4051-4062

Wagner, Franz W. [Steuerbemessungsgrundlagen, 1998]: Ist noch breiter noch besser? – Ein Beitrag zum optimalen Umfang von Steuerbemessungsgrundlagen, in: *Hans G. Rautenberg* (Hrsg.), Unternehmensbesteuerung, 1998, S. 15-31

Wagner, Franz W. [Abgeltungssteuer, 1999]: Die Integration einer Abgeltungssteuer in das Steuersystem – Ökonomische Analyse der Kapitaleinkommensbesteuerung in Deutschland und der EU, in: DB 52 (1999), S. 1520-1528

Wagner, Franz W. [Steuerforschung, 2004]: Gegenstand und Methoden betriebswirtschaftlicher Steuerforschung, in: StuW 81 (2004), S. 237-250

Wagner, Franz W. [Steuerforschung, 2008]: Steuerforschung: Welche Probleme finden Ökonomen interessant, und welche sind relevant?, in: StuW 85 (2008), S. 97-116

Wagner, Franz W./Dirrigl, Hans [Steuerplanung, 1980]: Die Steuerplanung der Unternehmung, Stuttgart/New York: UTB/Fischer, 1980

Wagner, Franz W./Dirrigl, Hans [Unternehmenswert, 1981]: Der Einfluß der Körperschaftsteuer auf den Unternehmenswert, in: BFuP 36 (1981), S. 130-145

Wagner, Franz W./Schwenk, Anja [Steuerwirkungen, 2003]: Empirische Steuerwirkungen als Grundlage einer Reform der Gewinnbesteuerung – Ergebnisse aus den DAX 100-Unternehmen, in: *Manfred Schwaiger/Dietmar Harhoff* (Hrsg.), Betriebswirtschaft, 2003, S. 373-398

Wang, Huili [Besteuerung, 2006]: Besteuerung deutscher Direktinvestitionen in China – Laufende Besteuerung, Unternehmenskauf, -veräußerung und -umstrukturierung, Herne/Berlin: NWB, 2006 (zugl. Diss. Univ. München, 2006)

Wassermeyer, Franz [Gewinnausschüttung, 1989]: Zur neuen Definition der verdeckten Gewinnausschüttung, in: GmbHR 80 (1989), S. 298-301

Wassermeyer, Franz [Gewinnausschüttungen, 1991]: Verdeckte Gewinnausschüttungen im Zusammenhang mit Gesellschafter-Geschäftsführern, in: DStR 29 (1991), S. 1065-1068

Wassermeyer, Franz [Replik, 1993]: Replik zu: Bernhard Paus, Anmerkungen zu dem BFH-Urteil vom 14.10.1992 – I R 14/92, in: DB 46 (1993), S. 1258-1261

Wassermeyer, Franz [Fremdvergleich, 1994]: Der Fremdvergleich als Tatbestandsmerkmal der verdeckten Gewinnausschüttung, in: DB 47 (1994), S. 1105-1109

Wassermeyer, Franz [Einkünftekorrekturnormen, 2001]: Einkünftekorrekturnormen im Steuersystem, in: IStR 10 (2001), S. 633-638

Wassermeyer, Franz [Definition, 2002]: Neues zur Definition der verdeckten Gewinnausschüttung, in: DB 55 (2002), S. 2668-2671

Wassermeyer, Franz [Gewinnausschüttung, 2002]: Verdeckte Gewinnausschüttung – Bundesfinanzhof versus Finanzverwaltung, in: GmbHR 93 (2002), S. 1-5

Watrin, Christoph/Pott, Christiane/Richter, Frank [Zinsschranke, 2009]: Auswirkungen der Zinsschranke auf die steuerliche Bemessungsgrundlage – eine empirische Untersuchung, in: StuW 86 (2009), S. 256-268

Weber-Grellet, Heinrich [Mindestbesteuerung, 2003]: Mindestbesteuerung/Verlustverrechnung, 14.11.2003, download unter: http://www.dstv.de/presseservice/vortrag-weber-grellet.pdf (30.01.2008)

Weber-Grellet, Heinrich [Abgeltungsteuer, 2008]: Die Abgeltungsteuer: Irritiertes Rechtsempfinden oder Zukunftschance?, in: NJW 61 (2008), S. 545-550

Weber-Grellet, Heinrich [Konzernbegriff, 2009]: Der Konzernbegriff des § 4h EStG, in: DStR 47 (2009), S. 557-560

Wehrheim, Michael/Haussmann, Katrin [Darlehensvergabe, 2009]: Darlehensvergabe im Konzernverbund und Zinsschranke, in: StuW 86 (2009), S. 269-279

Weichenrieder, Alfons [Unternehmensfinanzierung, 2007]: Steuern und die Empirie der Unternehmensfinanzierung, Working Paper, Johann Wolfgang Goethe-Universität Frankfurt & CESifo, 01.06.2007, download unter: http://www2.wiwi.hu-berlin.de/fiwi/fiwiaussch/weichenrieder.pdf (15.02.2010)

Weinelt, Andrea [Körperschaftsteuersystem, 2007]: Das deutsche Körperschaftsteuersystem im Spannungsfeld zwischen nationaler Steuerordnung und europäischem Steuerwettbewerb, Lohmar: EUL, 2007 (zugl. Diss. Univ. Eichstätt-Ingolstadt, 2007)

Wendt, Rudolf [Gleichheitssatz, 1987]: Zur Vereinbarkeit der Gewerbesteuer mit dem Gleichheitssatz und dem Prinzip der Besteuerung nach der Leistungsfähigkeit, in: BB 42 (1987), S. 1257-1265

Wenz, Martin/Linn, Alexander [Heidelberger, Art. 11 OECD-MA, 2009]: Art. 11 OECD-MA, in: *Florian Haase* (Hrsg.), Heidelberger Kommentar, 2009

Weston, Fred [Wrought, 1989]: What MM Have Wrought, in: FM 18 (1989), S. 29-38

Widdau, Peter [Steuerbelastung, 1984]: Die Quantifizierung der Steuerbelastung im internationalen Bereich: Unter Berücksichtigung der Möglichkeiten der Steuerbilanzpolitik im Investitionsland, Frankfurt u.a.: Lang, 1984

Wiedermann-Ondrej, Nadine [Payments, 2007]: Tax Treatment of Revenue Based Payments, Discussion Paper Nr. 20, SFB International Tax Coordination, 31.12.2007, download unter: http://epub.wu-wien.ac.at/dyn/virlib/wp/mediate/epub-wu-01_bac.pdf?ID=epub-wu-01_bac (15.02.2010)

Wiegard, Wolfgang [Unternehmensteuerreform, 2007]: Abgeltungsteuer: Achilles' Ferse der Unternehmensteuerreform, in: FR 89 (2007), S. 1011-1014

Wiese, Götz T./Klass, Tobias/Möhrle, Tobias [Unternehmensteuerreform, 2007]: Der Regierungsentwurf zur Unternehmensteuerreform 2008, in: GmbHR 98 (2007), S. 405-414

Wiese, Jörg [Nachsteuer-CAPM, 2004]: Unternehmensbewertung mit dem Nachsteuer-CAPM?, Working Paper Nr. 2004-01, LMU München, Fakultät für Betriebswirtschaft, 29.04.2004 (Version vom 09.07.2006), download unter: http://www.bwl.uni-muenchen.de/forschung/diskus_beitraege/workingpaper/3418.pdf (15.02.2010)

Wilhelmy, Claudia [Gewinnausschüttung, 2007]: Lösung für das Problem der verdeckten Gewinnausschüttung, in: FR 89 (2007), S. 470-479

Wittmann, Franz [Einfluß, 1986]: Der Einfluß der Steuern auf die Investitionsentscheidungen der Unternehmen – Eine empirische Analyse, Frankfurt/New York: Campus Verlag, 1986

Wöhe, Günter [Besteuerung, 1981]: Finanzierung und Besteuerung, in: *Georg Strickrodt et al.* (Hrsg.), Handwörterbuch, 1981, S. 483-490

Wöhe, Günter [Betriebswirtschaftslehre, 2008]: Einführung in die Allgemeine Betriebswirtschaftslehre, 23. Aufl., München: Vahlen, 2008

Wöhe, Günter/Bieg, Hartmut [Steuerlehre, 1995]: Grundzüge der Betriebswirtschaftlichen Steuerlehre, 4. Aufl., München: Vahlen, 1995

Wöhe, Günter/Bilstein, Jürgen [Unternehmensfinanzierung, 2002]: Grundzüge der Unternehmensfinanzierung, 9. Aufl., München: Vahlen, 2002

Wosnitza, Michael [Steuerreform, 1992]: Steuerreform und optimale Gewinnausschüttungs- und Wiedereinlageplanung in der personenbezogenen Kapitalgesellschaft, in: WiSt 21 (1992), S. 71-75

Wosnitza, Michael [Kapitalstrukturentscheidungen, 1995]: Kapitalstrukturentscheidungen in Publikumsaktiengesellschaften – ein informationsökonomischer Ansatz, Wiesbaden: Gabler, 1995 (zugl. Habil. Univ. Trier, 1993)

Wosnitza, Michael/Treisch, Corinna [Leistungsfähigkeitskonzeptionen, 1999]: Leistungsfähigkeitskonzeptionen und steuerliche Behandlung des Existenzminimums, in: DBW 59 (1999), S. 351-368

Zechner, Josef [Kapitalstruktur, 1989]: Der Einfluß von Steuern auf die optimale Kapitalstruktur von Unternehmungen, Wien: Verlag der österreichischen Akademie der Wissenschaften, 1989

Zechner, Josef/Swoboda, Peter [Critical, 1986]: The Critical Implicit Tax Rate and Capital Structure, in: JBF 10 (1986), S. 327-341

Zeller, Florian [Portfoliomanagement, 2005]: Investmentfonds, Portfoliomanagement und Besteuerung, Lohmar/Köln: Eul, 2005 (zugl. Diss. Univ. München, 2004)

Zielke, Rainer [Steuerplanung, 2009]: Internationale Steuerplanung mit Gesellschafter-Fremdfinanzierung in der Europäischen Union, Norwegen und der Schweiz, in: StuW 86 (2009), S. 63-77

Rechtsprechungsverzeichnis

I. Rechtsprechung des EuGH

Die EuGH-Urteile sind im amtlichen Volltext mit Randziffern online abrufbar unter: http://curia.europa.eu/en/content/juris/c2.htm

Gericht	Datum	Aktenzeichen	Bezeichnung
EuGH	Urt. v. 26.10.1999	Rs. C-294/97	*Eurowings*
EuGH	Urt. v. 04.10.2001	Rs. C-294/99	*Athinaiki Zythopoiia*
EuGH	Urt. v. 12.12.2002	Rs. C-324/00	*Lankhorst-Hohorst*
EuGH	Urt. v. 26.06.2008	Rs. C-284/06	*Burda*

II. Rechtsprechung deutscher Gerichte

1. Rechtsprechung des Bundesverfassungsgerichts

Gericht	Datum	Aktenzeichen	Fundstelle
BVerfG	Urt. v. 13.07.1965	1 BvR 771/59	NJW 18 (1965), S. 1581
BVerfG	Beschl. v. 21.12.1966	1 BvR 33/64	NJW 20 (1967), S. 545
BVerfG	Beschl. v. 13.05.1969	1 BvR 25/65	NJW 22 (1969), S. 1243
BVerfG	Beschl. v. 23.11.1976	1 BvR 150/75	BVerfGE 43, S. 108
BVerfG	Urt. v. 03.11.1982	1 BvR 620/78	NJW 36 (1983), S. 271
BVerfG	Urt. v. 23.01.1990	1 BvL 4/87	BVerfGE 81, S. 228
BVerfG	Beschl. v. 22.07.1991	1 BvR 313/88	DStR 29 (1991), S. 1278
BVerfG	Beschl. v. 10.04.1997	2 BvL 77/92	BVerfGE 96, S. 1
BVerfG	Urt. v. 20.04.2004	1 BvR 1748/99	BVerfGE 2004, S. 110
BVerfG	Urt. v. 09.12.2008	2 BvL 1/07 2 BvL 2/07 2 BvL 1/08 2 BvL 2/08	DStRE 2009, S. 63
BVerfG	Anhängiges Normenkontrollverfahren, 2 BvL 59/06, vorhergehend: BFH, Beschl. v. 06.09.2006 (XI R 26/04), DStR 44 (2006), S. 2019		

2. Rechtsprechung des Bundesgerichtshofs

Gericht	Datum	Aktenzeichen	Fundstelle
BGH	Urt. v. 01.12.1986	II ZR 306/85	NJW 40 (1987), S. 1194
BGH	Urt. v. 19.09.1988	II ZR 255/87	NJW 41 (1988), S. 3143
BGH	Urt. v. 13.11.1995	II ZR 113/94	GmbHR 87 (1996), S. 111

3. Rechtsprechung des Bundesfinanzhofs

Gericht	Datum	Aktenzeichen	Fundstelle
BFH	Urt. v. 25.11.1964	I 116/63 U	BStBl. III 1965, S. 176
BFH	Urt. v. 28.10.1964	I 198/62 U	BStBl. III 1965, S. 119
BFH	Urt. v. 15.12.1965	I 181/63 U	BStBl. III 1966, S. 123
BFH	Urt. v. 16.03.1967	I 261/63	BStBl. III 1967, S. 626
BFH	Urt. v. 08.01.1969	I R 91/66	BStBl. II 1969, S. 347
BFH	Urt. v. 21.07.1976	I R 223/74	BStBl. II 1976, S. 734
BFH	Urt. v. 08.06.1977	I R 95/75	BStBl. II 1977, S. 704
BFH	Urt. v. 21.07.1982	I R 56/78	BStBl. II 1982, S. 761
BFH	Urt. v. 23.05.1984	I R 294/81	BStBl. II 1984, S. 673
BFH	Urt. v. 29.04.1987	I R 176/83	BStBl. II 1987, S. 733
BFH	Urt. v. 07.12.1988	I R 25/82	BStBl. II 1989, S. 248
BFH	Urt. v. 13.12.1989	I R 99/87	BStBl. II 1990, S. 454
BFH	Urt. v. 26.04.1989	I R 172/87	BStBl. II 1989, S. 673
BFH	Urt. v. 22.02.1989	I R 44/85	BStBl. II 1989, S. 475
BFH	Urt. v. 28.02.1990	I R 83/87	BStBl. II 1990, S. 649
BFH	Urt. v. 02.12.1992	I R 54/91	BStBl. II 1993, S. 311
BFH	Urt. v. 05.02.1992	I R 127/90	BStBl. II 1992, S. 532
BFH	Urt. v. 02.02.1994	I R 78/92	BStBl. II 1994, S. 479
BFH	Urt. v. 21.12.1994	I R 65/94	BFHE 176, S. 571
BFH	Urt. v. 29.06.1994	I R 137/93	BStBl. II 2002, S. 366
BFH	Urt. v. 17.05.1995	I R 147/93	BStBl. II 1996, S. 204
BFH	Urt. v. 12.10.1995	I R 27/95	BStBl. II 2002, S. 367
BFH	Urt. v. 04.12.1996	I R 54/95	NJW 50 (1997), S. 2004

Gericht	Datum	Aktenzeichen	Fundstelle
BFH	Urt. v. 19.03.1997	I R 75/96	BStBl. II 1997, S. 577
BFH	Urt. v. 17.10.2001	I R 103/00	BStBl. II 2004, S. 171
BFH	Urt. v. 09.05.2001	XI B 151/00	BStBl. II 2001, S. 552
BFH	Beschl. v. 09.05.2001	XI B 151/00	DStR 39 (2001), S. 1109
BFH	Urt. v. 07.08.2002	I R 2/02	BStBl. II 2004, S. 131
BFH	Urt. v. 06.03.2003	XI B 76/02	BStBl. II 2003, S. 523
BFH	Beschl. v. 06.03.2003	XI B 7/02	BStBl. II 2003, S. 516
BFH	Urt. v. 05.10.2004	VIII R 9/03 (NV)	GmbHR 96 (2005), S. 176
BFH	Beschl. v. 25.06.2004	XI B 20/03 (NV)	BFH/NV 2005, S. 176
BFH	Urt. v. 22.02.2005	VIII R 24/03 (NV)	GmbHR 96 (2005), S. 945
BFH	Beschl. v. 06.09.2006	XI R 26/04	DStR 44 (2006), S. 2019
BFH	Urt. v. 21.08.2007	I R 74/06	BStBl. II 2008, S. 277
BFH	Urt. v. 08.10.2008	I R 61/07	GmbHR 100 (2009), S. 323

4. Rechtsprechung der Finanzgerichte

Gericht	Datum	Aktenzeichen	Fundstelle
FG Niedersachsen	Beschl. v. 24.06.1998	IV 317/91	FR 80 (1998), S. 1041

Quellenverzeichnis

I. Deutsche Quellen

1. Deutsche Gesetze

Aktiengesetz (AktG) in der Fassung der Bekanntmachung vom 06.09.1965 (BGBl. I, S. 1089) zuletzt geändert durch Art. 1 Gesetz zur Angemessenheit der Vorstandsvergütung (VorstAG) vom 31.07.2009 (BGBl. I, S. 2509)

Abgabenordnung (AO) in der Fassung der Bekanntmachung vom 01.10.2002 (BGBl. I, S. 3866, ber. 2003 S. 61) zuletzt geändert durch Art. 2 Gesetz über die Internetversteigerung in der Zwangsvollstreckung und zur Änderung anderer Gesetze vom 30.07.2009 (BGBl. I, S. 2474)

Gesetz über die Besteuerung bei Auslandsbeziehungen (Außensteuergesetz – AStG) vom 08.09.1972 (BGBl. I, S. 1713) zuletzt geändert durch Art. 9 Jahressteuergesetz 2009 (JStG 2009) vom 19.12.2008 (BGBl. I, S. 2794)

Einkommensteuergesetz (EStG) in der Fassung der Bekanntmachung vom 19.10.2002 (BGBl. I, S. 4210, ber. 2003 S. 179) zuletzt geändert durch Art. 1 Gesetz zur Beschleunigung des Wirtschaftswachstums (Wachstumsbeschleunigungsgesetz) vom 22.12.2009 (BGBl. I 2009, S. 3950)

Gewerbesteuergesetz (GewStG) in der Fassung der Bekanntmachung vom 15.10.2002 (BGBl. I, S. 4167) zuletzt geändert durch Art. 3 Gesetz zur Beschleunigung des Wirtschaftswachstums (Wachstumsbeschleunigungsgesetz) vom 22.12.2009 (BGBl. I 2009, S. 3950)

Gewerbesteuergesetz 1937 (GewStG 1937) in der Fassung der Bekanntmachung vom 01.12.1936, RStBl. 1937, S. 696

Grundgesetz für die Bundesrepublik Deutschland (GG) vom 23.05.1949 (BGBl. I, S. 1) zuletzt geändert durch Art. 1 Gesetz zur Änderung des Grundgesetzes (Art. 91c, 91d, 104b, 109, 109a, 115, 143d) vom 29.07.2009 (BGBl. I, S. 2248)

Gesetz betreffend die Gesellschaften mit beschränkter Haftung (GmbHG) in der Fassung der Bekanntmachung vom 20.05.1898 (RGBl., S. 846) zuletzt geändert durch Art. 5 Gesetz zur Angemessenheit der Vorstandsvergütung (VorstAG) vom 31.07.2009 (BGBl. I, S. 2509)

Handelsgesetzbuch (HGB) vom 10.05.1897 (BGBl., S. 219) zuletzt geändert durch Art. 6a Gesetz zur Neuregelung der Rechtsverhältnisse bei Schuldverschreibungen aus Gesamtemissionen und zur verbesserten Durchsetzbarkeit von Ansprüchen von Anlegern aus Falschberatung vom 31.07.2009 (BGBl. I, S. 2512)

Insolvenzordnung (InsO) vom 05.10.1994 (BGBl. I, S. 2866) zuletzt geändert durch Art. 8 Abs. 7 Gesetz zur Umsetzung der Verbraucherkreditrichtlinie, des zivilrechtlichen Teils der Zahlungsdiensterichtlinie sowie zur Neuordnung der Vorschriften über das Widerrufs- und Rückgaberecht vom 29.07.2009 (BGBl. I, S. 2355)

Körperschaftsteuergesetz (KStG) in der Fassung der Bekanntmachung vom 15.10.2002 (BGBl. I, S. 4144) zuletzt geändert durch Art. 2 Gesetz zur Beschleunigung des Wirtschaftswachstums (Wachstumsbeschleunigungsgesetz) vom 22.12.2009 (BGBl. I 2009, S. 3950)

2. Änderungsgesetze

Gesetzes zur Wiederbelebung der Wirtschaft und Beschäftigung und zur Entlastung des Bundeshaushalts (Haushaltsbegleitgesetz 1983) vom 20.12.1982, BGBl I S. 1857

Gesetz zur Verbesserung der steuerlichen Bedingungen zur Sicherung des Wirtschaftsstandorts Deutschland im Europäischen Binnenmarkt (Standortsicherungsgesetz – StandOG) vom 13.09.1993, BGBl. I 1993, S. 1569.

Gesetz zur Senkung der Steuersätze und zur Reform der Unternehmensbesteuerung (Steuersenkungsgesetz – StSenkG) vom 23.10.2000, BGBl. I 2000, S. 1433

Gesetz zur Ergänzung des Steuersenkungsgesetzes (Steuersenkungsergänzungsgesetz – StSenkErgG) vom 19.12.2000, BGBl. I 2000, S. 1812

Gesetzes zur Umsetzung der Protokollerklärung der Bundesregierung zur Vermittlungsempfehlung zum Steuervergünstigungsabbaugesetz vom 22.12.2003, BGBl. I 2003, S. 2840

Jahressteuergesetz 2007 (JStG 2007) von 13.12.2006, BGBl. I 2006, S. 2878

Unternehmensteuerreformgesetz 2008 (UntStRefG) vom 14.08.2007, BGBl. I 2007, S. 1912

Jahressteuergesetz 2008 (JStG 2008) vom 20.12.2007, BGBl. I 2007, S. 3150

Gesetz zur Modernisierung des GmbH-Rechts und zur Bekämpfung von Missbräuchen (MoMiG) vom 23.10.2008, BGBl. I 2008, S. 2026

Gesetz zur Sicherung von Beschäftigung und Stabilität in Deutschland (StabSiG) vom 02.03.2009, BGBl. I 2009, S. 416

Gesetz zur Modernisierung des Bilanzrechts (Bilanzrechtsmodernisierungsgesetz – BilMoG) vom 25.05.2009, BGBl. I 2009, S. 1102

Gesetz zur verbesserten steuerlichen Berücksichtigung von Vorsorgeaufwendungen (Bürgerentlastungsgesetz Krankenversicherung) vom 16.07.2009, BGBl. I 2009, S. 1959

Jahressteuergesetz 2009 (JStG 2009) vom 19.12.2008, BGBl. I, S. 2794

Gesetz zur Beschleunigung des Wirtschaftswachstums (Wachstumsbeschleunigungsgesetz) vom 22.12.2009, BGBl. I 2009, S. 3950

3. Richtlinien

Allgemeine Verwaltungsvorschrift zur Anwendung des Gewerbesteuerrechts (Gewerbesteuer-Richtlinien – GewStR 1998) vom 21.12.1998, BStBl. I Sondernummer 2 S. 91

Allgemeine Verwaltungsvorschrift zur Körperschaftsteuer (Körperschaftsteuer-Richtlinien – KStR 2004) vom 13.12.2004, BStBl. I Sondernummer 2, S. 2

II. Europäische Quellen

Vertrag zur Gründung der Europäischen Gemeinschaft (EGV) vom 25.03.1957 in der konsolidierten Fassung vom 25.04.2005, Abl. v. 29.12.2006, C 321/E, http://eur-lex.europa.eu/LexUriServ/LexUriServ.do?uri=OJ:C:2006:321E:0001:0331:DE:pdf (18.09.2009)

Verordnung Nr. 2157/2001/EG des Rates vom 08.10.2001 über das Statut der Europäischen Gesellschaft (SE), ABl. EG Nr. L 294 vom 10.11.2001, S. 1-21

Richtlinie 2003/49/EG des Rates vom 03.06.2003 über eine gemeinsame Steuerregelung für Zahlungen von Zinsen und Lizenzgebühren zwischen verbundenen Unternehmen verschiedener Mitgliedstaaten (Zins- und Lizenzrichtlinie), Abl. v. 26.06.2003, L 157, S. 49

STEUER, WIRTSCHAFT UND RECHT

Herausgegeben von vBP StB Prof. Dr. Johannes Georg Bischoff, Wuppertal, Dr. Alfred Kellermann, Vorsitzender Richter am BGH (a. D.), Karlsruhe, Prof. (em.) Dr. Günter Sieben, Köln, und WP StB Prof. Dr. Norbert Herzig, Köln

Band 297
Hendrik Jacobsen
Steuerliche Gestaltungssuche im Rahmen der Unternehmensumstrukturierung
Lohmar – Köln 2009 • 480 S. • € 72,- (D) • ISBN 978-3-89936-778-2

Band 298
Sabine Herbold
Steuerliche Anreize für Forschung und Entwicklung im internationalen Vergleich – Eine qualitative und quantitative Analyse für die EU-27-Mitgliedstaaten und die USA unter besonderer Berücksichtigung Deutschlands
Lohmar – Köln 2009 • 428 S. • € 67,- (D) • ISBN 978-3-89936-801-7

Band 299
Thomas Loose
Tax Management der kapitalmarktorientierten internationalen Unternehmung
Lohmar – Köln 2009 • 388 S. • € 65,- (D) • ISBN 978-3-89936-872-7

Band 300
Simon Lixfeld
Planung und Beschaffung von Liquidität in Insolvenzverfahren
Lohmar – Köln 2010 • 384 S. • € 65,- (D) • ISBN 978-3-89936-906-9

Band 301
Martin Raßhofer
Der Einfluss von Ertragsteuern auf die Kapitalstruktur von personenbezogenen Kapitalgesellschaften – Tax Shield und Tax Drivers in einer quantitativen Modelluntersuchung
Lohmar – Köln 2010 • 452 S. • € 69,- (D) • ISBN 978-3-89936-908-3

JOSEF EUL VERLAG